KCI-B-16-002

제2판

콘크리트와 환경

Concrete & Environment

친환경콘크리트위원회

사단법인 한국콘크리트학회
Korea Concrete Institute

발간사

콘크리트를 다루고 있는 전문 연구자, 설계자, 시공 기술자, 학생 등 콘크리트 관련자에게 주요 관심사는 재료적 거동과 더불어 구조물의 안전성, 사용성, 내구성 등이었으나, 21세기에 들어 지속가능성 역시 중요한 과제로 부상하고 있습니다. 한경 경제용어사전에 따르면 "지속가능성이란 생태계가 미래에도 유지할 수 있는 제반 환경이란 의미로 한마디로 '미래 유지 가능성'으로 요약되며, 인간 활동, 경제나 경영, 기후와 환경, 국가정책 등에 광범위하게 사용되고 있다."고 합니다. 지속가능성이란 지구온난화뿐만 아니라 자원 재활용 등을 포함한 광범위한 분야를 망라하고 있는 개념으로 사용되고 있는 것입니다.

콘크리트는 인류가 물 다음으로 많이 사용하고 있는 재료이지만, 여러 가지 긍정적 · 부정적 환경영향을 함께 갖고 있는 것도 무시할 수 없는 사실입니다. 「콘크리트와 환경」 초판은 원래 2010년 우리학회 친환경콘크리트위원회를 중심으로 하여 집필하였는데, 그간 국내 · 외적인 환경에 많은 변화가 있어 이를 반영하기 위해 이번에 제2판을 준비하게 되었습니다.

제2판의 내용은 친환경 시멘트, 자원순환, 친환경 레디믹스트 콘크리트, 친환경 알칼리 활성 콘크리트, 전과정 평가를 포함한 콘크리트 구조물의 환경경영 등 매우 광범위한 주제를 동시에 다루고 있으며, 특히 시멘트 및 콘크리트 분야의 지속가능성에 대한 제반 최신 자료를 담은 참고서적 역할과 함께 대학교에서 건설 관련 학과의 교재로 사용할 수 있도록 기획함으로써 독자들이 제1판에 비하여 보다 손쉽게 시멘트 및 콘크리트 산업의 환경적 영향을 이해하고 그 대처 방안을 수립할 수 있을 것으로 기대합니다.

「콘크리트와 환경」 제2판이 집필진의 의도대로 여러 콘크리트 전문가에게 필독서가 됨과 동시에 대학교에서도 교재로 많이 사용되어 친환경 콘크리트와 지속가능성에 대한 이해가 더욱 확대되는 계기가 되기를 기원하면서, 제2판 개정이 가능하도록 협찬 지원해주신 한국시멘트협회와 대표집필위원 최동욱 교수를 비롯한 여러 집필진, 특별히 조언을 아끼지 않으신 자문위원, 그리고 인쇄 및 교정을 담당하신 기문당 여러분의 노고에 깊은 감사의 말씀을 드립니다.

2016년 2월

한국콘크리트학회 회장 신현목

제1판 머리말

산업혁명 이후 인류에 의한 자원의 소비가 급속히 팽창하여 이에 따라 천연자원이 빠른 속도로 고갈되고 있습니다. 또한 화석연료를 남용하여 온실가스가 증가하고, 인구 증가 및 지구 기후변화에 기인하여 물과 식량 부족 현상이 일어나고 있는 것은 우리가 21세기에 극복해 나가지 않을 수 없는 어려운 현실입니다. 우리나라 온실가스의 약 10% 이상을 배출하고 있는 것으로 추정되는 콘크리트 산업 역시 이러한 어려움을 더 이상 도외시할 수만은 없는 시점에 도달한 것으로 사료됩니다. 따라서 시멘트 및 콘크리트 산업에 종사하고 있는 모든 구성원들은 콘크리트 산업의 환경영향을 저감시킬 수 있는 최선의 기술을 개발하고, 이를 실천하고 발전시키기 위한 노력을 기울여야 할 것으로 생각합니다. 이러한 중요한 주제를 다루고 있는 「콘크리트와 환경」 책자는 환경 분야의 첫 번째 학회 출판물이며, 우리학회 친환경콘크리트 위원회를 중심으로 출간을 준비하였고, 시멘트 및 콘크리트 산업의 환경적 영향 및 대처 방안에 대한 기술적 내용을 담고 있습니다.

「콘크리트와 환경」은 총 13장 및 부록으로 구성되어 있으며, 시멘트의 환경영향에 대한 제1편에 해당하는 첫 4장은 시멘트 산업의 개요, 시멘트 제조 공정 및 이와 관련된 온실가스 배출 등 환경영향과 저감 기술, 그리고 시멘트 산업과 중금속 문제 등의 주제로 구성하였습니다. 콘크리트의 환경영향에 대한 제2편은 국내외 콘크리트 산업의 현황과 환경성, 전력 및 철강 산업의 부산물을 이용한 콘크리트 기술, 폐콘크리트의 순환 골재 활용 등 건설 및 기타 산업의 순환자원 이용, 지오폴리머, 그리고 콘크리트 구조물의 전과정(life cycle)에 걸친 온실가스 배출을 정량적으로 평가하고자 하는 시도인 $LCCO_2$(Life Cycle CO_2) 등의 내용을 담고 있습니다. 마지막으로 제3편은 콘크리트의 환경영향을 평가하기 위한 LCI(Life Cycle Inventory) 데이터베이스, 환경영향의 평가체계, 평가도구 및 평가방법, ISO를 비롯한 환경 관련 기준 및 표준 등의 내용을 담고 있습니다.

콘크리트 및 콘크리트 구조물의 환경성을 평가하는 중요한 도구인 전과정평가(LCA), 환경성능, 환경영향 지표, ISO 환경경영 등은 모두 우리에게 낯선 단어들이지만, 향후 10년 이내에 이 개념들은 모두 지금보다 훨씬 더 잦은 빈도로 사용될 것이며, 콘크리트 기술자들이 이해해야 하는 매우 중요한 개념이 될 것으로 생각됩니다.

우리학회 친환경콘크리트위원회는「콘크리트와 환경」의 발간을 위하여 3개의 Working Group(WG)을 구성하였으며, 특히 WG1(시멘트)의 위원장과 간사로 수고하신 이승헌 교수, 엄태선 박사, WG2(콘크리트)의 김진만, 박선규 교수, 그리고 WG3(환경경영)의 김장호, 박기봉 교수, 총괄 간사로 수고하신 하상수 교수께 감사의 말씀을 드립니다. 이 책의 내용이 시멘트 및 콘크리트 기술자 제위의 환경에 대한 경각심과 전문지식을 더욱 함양시킬 수 있는 계기가 되기를 희망하면서, 이 책자의 발간에 애써 주신 친환경콘크리트위원회 집필위원 여러분의 노고에 다시 한 번 감사드립니다.

2010년 12월

제2판 머리말

「콘크리트와 환경」 제1판이 우리학회 친환경위원회의 노력으로 출판된 지 벌써 5년이 지났습니다. 그간 국내 · 외적으로 지속가능한 발전에 대한 많은 여건 변화가 있었으며, 우리나라 시멘트 및 콘크리트 산업에서 지속가능성에 대한 관심과 이해도 적지 않게 발전하였습니다. 반면에 지구기후변화를 포함한 지속가능성의 여러 이슈는 어느덧 경제적 우선 성장의 논리에 뒷전으로 밀리고 있지 않은가? 하는 우려가 작금의 상황입니다.

이러한 환경 하에 집필된 「콘크리트와 환경」 제2판은 그간 국 · 내외 제반 여건의 변화와 함께 기술적인 진보를 포함하여 기술하고자 하였습니다. 이를 위해 기존 판의 제1편인 시멘트 편은 '시멘트 산업에서의 지속가능한 기술'로 유지하고, 콘크리트 편은 '콘크리트 산업과 자원순환' 그리고 '친환경 레디믹스트 콘크리트 기술'을 중심으로 한 제2, 3편으로 각각 나누어 구성하였습니다. 아울러 제4편에서 '알칼리 활성 콘크리트'에 대해 전 편을 할애하여 자세히 기술하였습니다. 제5편은 '콘크리트 및 콘크리트 구조물의 환경경영'입니다. 제1편에서는 특히 시멘트 산업에서의 온실가스 산정방법이 IPCC 방법론에 의하여 추가되었고, 자원순환과 미량성분의 문제를 자세히 기술하였습니다. 제2편은 전편에 걸쳐 콘크리트의 순환자원 관련 자료 및 데이터를 갱신하였습니다. 제3편에서는 순환자원 사용을 고려한 콘크리트 배합설계, 회수수의 이용과 내구성에 대한 장을 추가하였습니다. 제4편은 알칼리 활성 콘크리트에 대해 배경, 기술적 발전 및 한계, 배합방법, 국내 · 외 적용 사례 등을 자세히 기술하고자 하였습니다. 제5편은 전과정 평가에 대한 기술적 내용을 자세히 기술하였으며 전과정 CO_2 평가($LCCO_2$) 예제를 추가하였습니다.

특히 「콘크리트와 환경」 제2판은 시멘트 및 콘크리트 분야의 지속가능성에 대한 제반 최신 자료를 담은 참고서적 역할과 함께 대학교에서 건설 관련 학과의 교재로 사용할 수 있도록 기획하였으며, 일부 내용이 학부 수준에서 지나치게 어려운 장과 절에는 '*' 표시를 차례에 추가하여 비교적 심도 있는 내용을 다룬 장과 절임을 독자가 알 수 있도록 하였습니다.

제1편(시멘트 산업에서의 지속가능한 기술)의 위원장으로 수고하신 이승헌 교수, 제2편(콘크리트 산업과 자원순환)의 김진만 교수, 제3편(친환경 레디믹스트 콘크리트)의 한천구 교수, 제4편(알칼리 활성 콘크리트) 담당 및 총괄 간사 양근혁 교수께 감사의 말씀을 드립니다. 제2판의 발간에 애써 주신 친환경콘크리트위원회의 여러 집필위원, 자문을 맡아 주신 김상식 명예교수, 신현목 교수, 정하선 박사, 차수원 교수 및 출판을 담당한 기문당 여러분의 노고에 다시 한 번 감사드립니다.

2016년 2월

대표집필위원 최동욱

집필진

• 1편

이승헌 : 책임집필자, 군산대학교 신소재공학과
구자술 : 동양시멘트 기술연구소
김원기 : 아세아시멘트 기술영업팀
정연식 : 쌍용양회 기술연구소
정찬일 : 현대시멘트 연구개발팀
조재우 : 한국건설생활환경시험연구원 건축환경재료센터

• 2편

김진만 : 책임집필자, 공주대학교 건축공학과
강석표 : 우석대학교 건축 · 인테리어디자인학과
강수태 : 대구대학교 토목공학과
권성준 : 한남대학교 건설시스템공학과
이방연 : 전남대학교 건축학부
최세진 : 원광대학교 건축공학과

• 3편

한천구 : 책임집필자, 청주대학교 건축공학과
김경민 : 대우건설기술연구원
김현우 : 아주산업 기술연구소
박선규 : 목원대학교 건축공학과

• 4편

양근혁 : 책임집필자, 경기대학교 플랜트 · 건축공학과
류금성 : 한국건설기술연구원 구조융합연구소
송진규 : 전남대학교 건축공학과
최영철 : KCL 첨단건설재료센터

• 5편

최동욱 : 대표집필위원, 책임집필자, 한경대학교 건축학부
심현보 : 서울특별시의회 도시안전건설전문위원실
양근혁 : 경기대학교 플랜트 · 건축공학과
채창우 : 한국건설기술연구원 건축도시연구소
홍건호 : 호서대학교 건축공학과

콘크리트와 환경 자문위원

김상식 : 인하대학교 건축학부 명예교수
신현목 : 성균관대학교 건축토목공학부 교수
정하선 : (주)전우구조건축사사무소 고문
차수원 : 울산대학교 건설환경공학부 교수

차 례

제1편 시멘트 산업에서의 지속가능한 기술

제1편 머리말 ······ 16

제1장 자원순환과 시멘트 산업 ······ 17

1.1 포틀랜드 시멘트의 제조공정 ······ 17

1.2 시멘트 클링커 원료로서 순환자원 활용 ······ 24

1.3 소성에너지 대체연료로서 순환자원 ······ 32

1.4* 시멘트 산업의 친환경 생산기술 ······ 37

1.5 맺음말 ······ 43

제2장 시멘트 산업에서 온실가스 저감 ······ 45

2.1 저탄소녹색성장기본법 ······ 45

2.2 시멘트 산업과 온실가스 배출 ······ 46

2.3 우리나라 시멘트 산업의 온실가스 배출 저감 노력 ······ 47

2.4* 시멘트계 광물의 온실가스 고정화 ······ 51

2.5* 시멘트 산업의 온실가스 산정방법 ······ 55

2.6 맺음말 ······ 60

제3장 자원순환과 미량 성분 ······ 63

3.1 시멘트 · 콘크리트와 미량 성분 ······ 63

3.2 시멘트 제조 원 · 연료 중의 미량 성분 함유량 ······ 67

3.3 시멘트 중의 미량 성분 함유량 수준 ······ 70

3.4 시멘트 경화체의 미량 성분 용출 ······ 73

3.5 실제 구조물을 고려한 콘크리트의 중금속 용출 평가 ······ 75

3.6* 시멘트 수화물에 의한 미량 성분의 고정화 ······ 78

3.7 맺음말 ······ 80

제2편 콘크리트 산업과 자원순환

제2편 머리말 ······ 84

제4장 건설 폐기물의 재활용 ······ 85

4.1 개요 ······ 85
4.2 건설 폐기물의 발생 및 재활용 현황 ······ 86
4.3 건설 폐기물 재활용 관련 법규 및 표준 ······ 89
4.4 순환골재 재활용 기술 ······ 93
4.5 기타 건설 폐기물 재활용 기술 ······ 105
4.6 맺음말 ······ 109

제5장 석탄회의 재활용 ······ 113

5.1 개요 ······ 113
5.2 전력산업 부산물의 발생 및 활용 현황 ······ 115
5.3 전력산업 부산물 활용 건설재료 ······ 126
5.4 맺음말 ······ 135

제6장 철강 슬래그의 활용 ······ 139

6.1 개요 ······ 139
6.2 철강 슬래그의 발생 및 재활용 ······ 140
6.3 철강 슬래그의 특성 ······ 144
6.4 철강 슬래그 관련 표준 ······ 152
6.5 철강 슬래그 사용 콘크리트의 활용 현황 및 전망 ······ 160
6.6 맺음말 ······ 162

제7장 기타 산업 폐기물의 재활용 ······ 165

7.1 개요 ······ 165
7.2 실리카 퓸 ······ 166
7.3 동 슬래그 ······ 170
7.4 석회석 미분말 ······ 174
7.5 기타 ······ 177
7.6 맺음말 ······ 182

제3편 친환경 레디믹스트 콘크리트

제3편 머리말 ······ 186

제8장 레디믹스트 콘크리트의 현황 ······ 187

8.1 레디믹스트 콘크리트의 구성 재료 ······ 187

8.2 국내외 레디믹스트 콘크리트 산업 현황 ······ 192

8.3 맺음말 ······ 198

제9장 친환경 콘크리트의 배합설계 ······ 201

9.1 친환경 배합설계의 개요 ······ 201

9.2 배합설계의 순서 ······ 202

9.3 배합설계 방법 ······ 203

9.4 순환자원을 이용한 콘크리트의 배합설계 ······ 212

9.5 맺음말 ······ 219

제10장 회수수의 유효이용 ······ 221

10.1 회수수의 개요 ······ 221

10.2 회수수를 사용한 콘크리트의 특성 ······ 224

10.3 회수수 관련 설비 ······ 228

제11장 순환자원을 이용한 콘크리트의 특성 ······ 233

11.1 광물질 혼화재 치환 콘크리트의 특성 ······ 233

11.2 순환골재를 사용한 콘크리트의 특성 ······ 244

11.3 석회석 미분말을 사용한 콘크리트의 특성 ······ 250

제12장 콘크리트의 내구성 평가 및 향상 기술 ······ 255

12.1 내구성의 종류 및 메커니즘 ······ 255

12.2 내구성 평가 ······ 268

12.3 콘크리트의 장수명화 기술 ······ 277

제4편 알칼리 활성 콘크리트

제4편 머리말 ······ 286

제13장 기술의 중요성 및 재료특성 ······ 289

13.1 알칼리 활성 콘크리트 기술의 중요성 ······ 289

13.2 재료 특성 ······ 291

제14장 수화생성물 및 미세구조 ······ 301

14.1 수화반응기구 ······ 301

14.2* 수화생성물 ······ 309

14.3* 내부 겔구조 ······ 317

제15장 알칼리 활성 콘크리트의 배합설계 ······ 325

15.1 사용재료 ······ 325

15.2 배합구성 및 배합설계 ······ 325

제16장 알칼리 활성 콘크리트의 특성 ······ 329

16.1 굳지 않은 콘크리트의 특성 ······ 329

16.2 역학적 특성 ······ 341

16.3 장기 거동 ······ 352

16.4 내구성 ······ 357

제17장 알칼리 활성 콘크리트 적용 사례 및 분석 ······ 375

17.1 우리나라 적용 사례 ······ 375

17.2 국외 적용 사례 ······ 383

제5편 콘크리트 및 콘크리트 구조물의 환경경영

제5편 머리말 ··· 392

제18장 콘크리트 및 콘크리트 구조물의 환경경영 ··· 393

18.1 개요 ··· 393
18.2 콘크리트와 지속가능성 ··· 393
18.3 유럽의 동향 ··· 397
18.4 콘크리트의 환경성 표시 및 선언 ··· 407
18.5 친환경 시방서 관련 국내·외 동향 ··· 410
18.6 맺음말 ··· 420

제19장 전과정 평가 ··· 423

19.1 개요 ··· 423
19.2 ISO 14000 시리즈(환경경영 시스템) ··· 423
19.3 전과정 평가 ··· 425
19.4 LCI 데이터베이스(LCI DB) ··· 438

제20장 콘크리트 구조물의 전과정 CO_2 평가 ··· 443

20.1 개요 ··· 443
20.2 전과정 CO_2 평가 방법론 ··· 443
20.3 전과정 CO_2 평가 예 ··· 454

부 록

부록 Ⅰ 콘크리트 구조물의 친환경 시방서(안) ··· 467
부록 Ⅱ LCI DB ··· 485
부록 Ⅲ 환경용어 ··· 491

찾아보기 ··· 501

제1편

시멘트 산업에서의 지속가능한 기술

제1편 머리말

이승헌, 군산대학교 신소재공학과 교수, shlee@kunsan.ac.kr

시멘트는 여러 건설재료 중 우리 주위에서 가장 쉽게 접할 수 있고 광범위하게 사용되고 있다. 우리나라 시멘트 산업은 1919년 최초 시멘트 공장이 설립된 이후, 사회간접자본 및 주택 건설 활성화로 시멘트 수요가 급증하여 비약적인 발전을 이루어왔고 최근에는 국가기반 산업으로서 성숙기에 접어들었으며, 폐기물 재활용 등을 적극 추진하는 친환경 산업으로 변모하고 있다.

온실가스에 의한 지구온난화 및 천연자원 고갈 등의 환경문제가 활발하게 논의되고 있다. 우리나라는 에너지 소비량 세계 10위, 온실가스 배출량 세계 7위 수준의 국가로서, 지구온난화 방지를 위한 국제적 노력에 동참하고자 1993년 12월 국제연합기후변화협약(UN Framework Convention on Climate Change, UNFCCC)에 가입하였다.

환경보호, 자원의 절약과 재활용을 위하여 시멘트와 콘크리트에 있어서도 자원순환과 폐기물 처리가 중요한 과제가 되고 있다. 시멘트의 경우에는 기존의 원료인 석회석, 점토, 규석, 철광석 등의 천연원료 외에 다양한 산업 부산물과 폐기물을 사용하고 있으며, 연료 또한 기존의 유연탄 외에 각종 가연성 부산물, 폐기물을 사용하고 있다.

1990년대 이후 폐기물 대책이 환경 문제로 대두되면서, 선진국은 폐기물 감량 및 재자원화를 적극 추진하였다. 미국환경청(Environmental Protection Agency, EPA)은 시멘트 제조설비인 소성로를 이용하여 폐기물을 재활용하는 경우, 2차 오염 발생 없이 안정적으로 무해화 처리할 수 있음을 인정하였으며, 이후 우리나라를 비롯한 유럽, 미국, 일본 등 전 세계적으로 시멘트 산업에서의 폐 · 부산물의 재활용이 보편화되어 왔다.

시멘트는 석회석, 점토, 규석, 철광석 등 천연원료를 사용하므로 토양에 존재하는 정도의 중금속을 포함한 미량 원소 성분이 함유되어 있다. 또한 폐기물의 원료, 연료의 사용량 증가에 따라 시멘트 중의 중금속 등과 같은 미량 성분의 함량이 다소 증가할 수 있다. 따라서 시멘트 중의 미량 성분이 환경에 미치는 영향에 대해 검토할 필요가 있다. 이를 위해 제1편에서는 시멘트 산업에서의 지속가능한 기술을 중심으로 제1장에서는 자원순환과 시멘트 산업, 제2장에서는 시멘트 산업에서 온실가스 저감, 제3장에서는 자원순환과 미량 성분을 다루었다.

제1장 자원순환과 시멘트 산업

정연식, 쌍용양회 기술연구소 콘크리트연구실 실장, cyss@ssrc.ssy.co.kr
정찬일, 현대시멘트 연구개발팀 팀장, jcil@hdcement.co.kr

1.1 포틀랜드 시멘트의 제조공정

1.1.1 시멘트의 정의

시멘트는 '자른 돌' 또는 '대리석 쇄석'을 의미하는 라틴어인 'cementum'에서 유래한 말이다. 오늘날 시멘트라고 하면 일반적으로 포틀랜드 시멘트(Portland cement)를 말하지만 넓은 의미의 시멘트는 고형물 또는 그 표면과 결합하여 굳는 가소성의 물질인 무기질 접착제를 의미한다. 우리나라 KS L 5210에는 '주성분인 석회석, 실리카, 알루미나 및 산화철을 함유하는 원료를 적당한 비율로 충분히 혼합하여 그 일부가 용융하여 소결된 클링커에 적당량의 석고를 투입하여 분말로 한 것'이라고 규정하고 있다.[1-1)]

1.1.2 포틀랜드 시멘트의 역사[1-2,3)]

사람들이 시멘트를 사용하여 만든 현존하는 최고의 구조물은 기원 전 2500년경에 건설된 이집트 쿠푸왕의 피라미드로 외장 석재 표면에 모르타르가 도포되어 있는데, 지금도 이 구조물의 상부에 그대로 존재해 있으며, 이때 사용된 시멘트는 석회를 구워서 만든 생석회와 석고를 구워서 만든 소석고이다.

고대 그리스, 로마사람들은 석회에 화산재를 혼합하면 수경성 모르타르가 된다는 것을 알게 되었고, 이 시기에 수경성 석회를 제조하기 위하여 수직형 가마를 사용했다는 기록이 있다. 오늘날 수경성 결합재의 주축을 이루고 있는 포틀랜드 시멘트의 출발점이 된 것은 수경성 시멘트의 발견이라고 할 수 있다. 1756년 영국의 스미턴(J. Smeaton)은 에디스톤 등대를 재건할 때, 점토분이 있는 석회석을 굽게 되면 우수한 수경성을 갖게 됨을 발견하고 수경성 시멘트를 제조하였다.

그로부터 40년 후인 1796년 영국의 파커(J. Parker)는 점토질 석회석을 높은 온도에서 구워 클링커로 만들고, 이를 분쇄하여 시멘트를 제조하는 방법을 발명하였다. 이 점토질 석회석을 원료로 한 시멘트는 색깔이 이탈리아산 포졸란과 비슷하여 로만 시멘트라고 부르게 되었다. 이 시멘트는 수중 도장용으로 수요가 증가했는데, 1825년에 완공된 템즈강 터널공사 및 국회의사당 재건공사에 쓰여 더욱 유명해졌다. 이후 1810년대에 프로스트(J. Frost, 영국)나 비카(L. J. Vicat, 프랑스)에 의하여 개량되었다.

1824년에 영국 리드시의 벽돌공인 애스프딘(J. Aspdin)이 석회석을 구워 생석회를 만들고 이에 물을 가해 미분말의 소석회를 만든 다음 점토를 혼합하고 다시 석회로에서 800℃까지 소성하여 클링커를 형성한 후 미분쇄하여 시멘트를 제조하는 방법을 개발하고 특허를 얻었다. 이 제조법은 이중 소성 방식을 이용함으로써 로만 시멘트보다 품질이 우수하였으며, 현재 널리 사용되는 포틀랜드 시멘트의 시초가 되었다. 이 시멘트는 굳은 상태가 영국의 포틀랜드 섬에서 산출되는 석재와 비슷하다고 하여 포틀랜드 시멘트(Portland cement)라는 이름이 붙여졌다. 그후 20여 년간 시멘트 제조법이 개량되고 연구되어, 1845년 영국의 존슨(I. C. Johnson)은 석회석과 점토의 배합 비율, 소성 온도 등의 제조 조건을 밝히는 등 시멘트 제조화학의 기반을 닦았다.

이와 같이 포틀랜드 시멘트는 영국에서 발달하여, 1850년에는 4개의 제조공장이 조업을 개시하였다. 그 이듬해인 1851년 런던 박람회에서는 그 품질의 우수성이 널리 알려졌다. 이후 시멘트 제조 방법이 전 세계로 전해짐으로써 19세기 후반에 들어와 시멘트 산업은 세계 각국에서 그 형태를 갖추게 되었다.

1.1.3 우리나라 시멘트 산업의 성장과정[1-4]

우리나라의 시멘트 산업은 1919년 평양 근교의 승호리에 건설된 승호리 공장으로부터 시작되었다. 그후 1945년에 이르기까지 6개의 공장이 건설되었으며, 시멘트의 총 생산 능력은 연간 170만 톤이었다. 국토의 분단으로 남한에는 1942년 동해안 삼척에 건설된 연간 생산 8만 톤의 반건식 공정인 삼척공장 하나만 남게 되었다. 삼척 시멘트 공장은 1956년에 동양시멘트(주)로 발족하여 1959년에 대보수, 1961년의 증설로 연간 36만 톤의 생산능력을 갖추게 되었다.

한편, 1957년에는 경상북도 문경에 연간 생산 24만 톤의 습식 공정 대한양회(주) 문경공장이 준공되었으며, 1961년에 증설함으로써 연간 36만 톤 규모의 생산능력을 갖추게 되었다. 전후의 국토 부흥 사업과 경제개발계획에 따른 시멘트 수요는 날로 증가하여, 정부는 시멘트 산업을 국가 발전의 기간산업으로 적극 육성하게 되었다. 1964년에는 쌍용양회(주), 한일시멘트(주), 현대시멘트(주)가 설립되었고, 1966년에는 아세아시멘트(주), 1969년에는 성신양회(주)가 설립됨으로써 1971년도 연간 시멘트 생산능력은 700만 톤에 이르렀으며, 시멘트 수입국에서 시멘트의 자급자족은 물론, 수출국으로 전환하기에 이르렀다.

1973년 고려시멘트(주), 1985년에는 한라시멘트(주)가 가동되었다. 한편, 1964년 유니온백시멘트(주), 1978년 한국고로슬래그시멘트(주)가 생산을 시작함으로써 시멘트 품종의 다양화도 이루어졌으며, 1976년 내황산염 시멘트, 1982년 중용열 시멘트, 1983년 조강 시멘트, 1987년 유니온(주)에서 알루미나 시멘트, 1996년 저열 시멘트를 생산, 공급하게 되었다.

기술적인 면에서도, 1960년대 초의 기술도입기를 거쳐 1960년대 말에는 자립적 기술개발 능력을 갖추게 되었고, 1970년대 및 1980년대의 확장기를 거쳐 1990년대 후반에는 세계 5위권의 시멘트 생산국으로 도약하였다. 그러나 IMF의 금융위기를 거치면서 선진 경영기법과 공정기술을 앞세운 세계 우수업체들의 자본이 국내시장으로 들어오게 되었다. 특히 2000년에는 프랑스의 라파즈사와 일본의 태평양시멘트(주)의 해외 자본이 들어왔다.

요약하면, 우리나라의 시멘트 산업은 1960년대의 경제개발정책, 1980년대 중반부터는 서울올림픽과 사회간접자본 확충 등의 수요, 건설산업의 호조로 1997년 외환위기 이전까지 시멘트 수요는 지속적으로 증가되었다. 즉 우리나라 시멘트 산업은 1975년에 1,000만 톤, 1983년에 2,000만 톤, 1990년에 4,000만 톤, 1993년에 5,000만 톤, 1998년에 6,000만 톤을 초과하는 생산능력을 보유하게 되었다.

2014년 현재 우리나라에서 포틀랜드 시멘트를 생산하는 회사는 표 1.1에 나타낸 바와 같이 동양시멘트(주), 쌍용양회공업(주), 한일시멘트(주), 현대시멘트(주), 아세아시멘트(주), 성신양회(주), 라파즈한라(주), 고려시멘트(주) 등 8개의 회사가 있으며, 이들 회사가 보유한 백색시멘트, 특수 시멘트를 제외한 50기의 시멘트 소성로의 연간 클링커 생산능력은 약 6,037만 톤,

표 1.1 우리나라의 보통 포틀랜드 시멘트 생산 회사와 회사별 생산능력[1-5)]

회사명/설립연도	소성로 보유 수 및 소재지	연 생산능력(천 톤)
동양시멘트(주)/1957	7(삼척)	10,045
쌍용양회공업(주)/1962	7(동해), 5(영월), 4(문경)	15,160
한일시멘트(주)/1961	6(단양)	7,131
현대시멘트(주)/1963	1(단양), 2(영월)	5,365
아세아시멘트(주)/1957	4(제천)	4,146
성신양회(주)/1967	5(단양)	9,686
고려시멘트(주)/1962	1(장성)	660
라파즈한라(주)/1978	4(옥계), 1(신기)	8,184
합계	50	60,377

2014년도의 시멘트 총 생산량은 4,481만 톤이었다. 그림 1.1에 우리나라 포틀랜드 시멘트 생산 공장의 위치와 생산능력을 나타내었다.

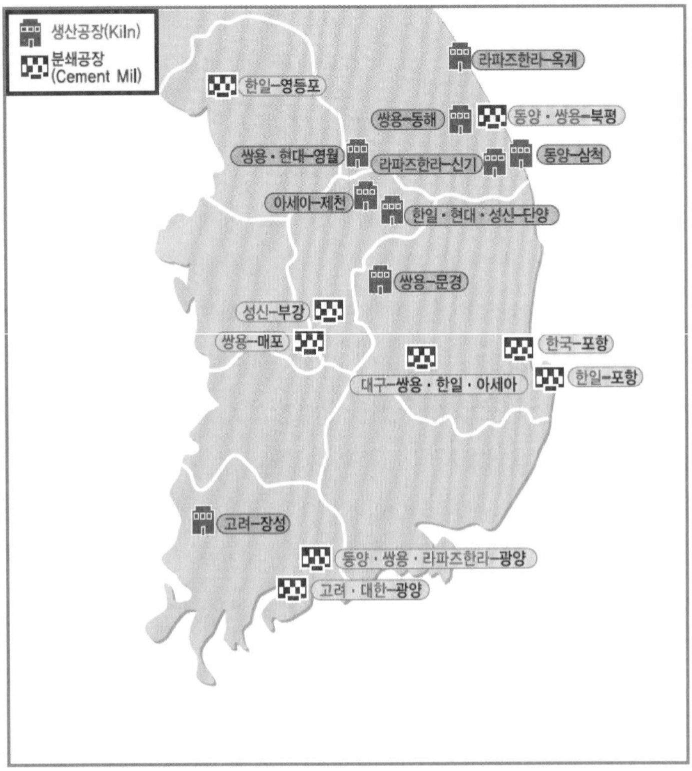

그림 1.1 우리나라 시멘트 클링커 생산 공장의 위치[1-2)]

1.1.4 포틀랜드 시멘트의 제조공정

포틀랜드 시멘트의 제조공정은 석회석을 캐내는 채석(채광)공정, 채광된 석회석을 부수는 조쇄공정, 부서진 석회석을 섞는 혼합공정, 석회석과 부원료를 혼합하여 분쇄하는 원료분쇄공정, 원료를 고온으로 가열시켜 화학반응을 유도하여 클링커를 제조하는 소성공정, 고온의 클링커를 냉각시키는 냉각공정, 이 클링커에 석고를 첨가하고 분쇄하여 시멘트를 제조하는 분쇄공정으로 설명할 수 있다. 이를 크게는 석회석 채석공정, 원료 분쇄 및 소성공정, 제품공정의 3단계로 구분한다.

가. 석회석 채석공정

우리나라의 석회석은 주로 강원도 일부와 충청북도 지역에 분포하고 있다. 석회석은 $CaCO_3$로 구성된 퇴적암으로 결정의 형태에 따라 방해석(calcite), 아라고나이트(aragonite), 바테라이트(vaterite)로 구분된다. 우리나라의 석회석 자원은 약 320억 톤 정도가 매장되어 있는 것으로 추정되며, 경제성을 고려한 실제 매장량은 약 130억 톤으로 추정된다.

석회석 채석은 시멘트 제조의 첫 공정이다. 석회석 채석법에는 경사면 공법(slop cut), 수직홀 타입 공법(glory hole), 벤치 타입 공법(bench cut)이 있다. 우리나라에서는 1960년대 초반까지 수직홀 타입 공법(glory hole)을 사용하였는데 이는 독일에서 개발되어 미국, 캐나다, 멕시코, 일본을 거쳐 도입된 방법이다. 이 공법에서는 소형 착암기를 사용하여 비탈면에 구멍을 뚫고 여기에 폭약을 넣어 발파하고, 광석이 평지로 굴러 내리면 이를 인력으로 조쇄 호퍼까지 운반한 다음 해머로 파쇄한다. 그러나 1970년대로 접어들면서 석회석 채석법은 glory hole 방법에서 bench cut 방법으로 변경되었다. 이 공법은 산을 계단식(bench)으로 평면 채굴을 하는 작업으로 안정성 및 중장비 투입이 용이하며, 대규모 채굴이 가능한 것이 특징이다. 채굴 방법은 표토와 피복암을 벗겨낸 석회석 광산을 일단 또는 다단의 수평범위 형태로 만든 후 천공기를 사용하여 구멍을 뚫은 다음 구멍에 화약을 넣고 발파한다.

채굴된 원석은 덤프트럭으로 운반하고 1차, 2차, 3차 분쇄기를 통해 조쇄한다. 석회석은 반제품인 클링커의 품질에 막대한 영향을 미치기 때문에 품질의 편차를 줄이기 위해 스택커(stacker)에 의해 자동 혼합되어 치장에 적치되고, 이 석회석은 리클레이머(reclaimer)에 의해 원료 저장소로 운반된다.

나. 원료 분쇄 및 소성공정

1) 원료 분쇄

시멘트를 만드는 데 필요한 원료는 클링커 소성용 원료와 시멘트 분쇄 단계에서 클링커와 함께 투입되는 첨가 원료로 나눠진다. 클링커 소성용으로 쓰이는 주원료는 석회석이고 부원료는 실리카, 알루미나 및 산화철 성분을 각각 공급하기 위한 규석, 점토류, 철광석 등이다. 부원료는 천연원료 대신에 전로 슬래그, 플라이애시 등 산업 부산물을 사용하기도 한다. 석회석, 규석, 점토류 및 철광석의 적절한 조합은 원료성분 조정상 가장 중요한 공정으로 높은 정밀도의 CFW(constant feeding weigher)가 사용된다.

석회석 및 부원료를 각 배합비에 맞게 정확히 조합한 다음 원료 분쇄기 킬른에서 나오는 폐열을 이용하여 건조와 동시에 분쇄한다. 분쇄된 분말은 분급기에서 미분과 조분으로 분리되고 조분은 다시 원료 분쇄기로 보내져 재분쇄되는 공정을 거치며 미분 원료는 원료 저장시설인 사일로로 이송 저장된다. 원료 분쇄에는 볼 밀(ball mill)과 롤러 밀(roller mill) 같은 분쇄기를 사용한다. 미분말의 분말도는 88μm 잔사로 관리하는데 일반적으로 10~20퍼센트 수준으로 관리하고 있다.

한편 시멘트 제조방식은 원료를 분쇄하는 방법에 따라 건식법과 습식법으로 나눠진다. 건식법은 원료를 건조시켜 조합한 다음 분쇄·혼합하여 소성하는 방법이고, 습식법은 원료를 물에 넣어 슬러리 상태에서 소성하는 방법을 말한다. 건식법은 분쇄 원료의 균일화가 어렵지만 상대적으로 연료 사용량이 적으며, 습식법의 경우 원료 균일화가 용이하지만 수분 증발을 위한 부가열량이 필요하다는 단점이 있다. 최근의 시멘트 제조는 대부분 건식법을 채택하고 있다.

2) 소성공정

소성공정은 시멘트 제조의 핵심공정으로 원료 분쇄기에서 공급하는 원료를 예열기(preheater)에서 약 850~900℃까지 예열하고, 이를 시멘트 소성로에서 약 1,450℃ 고온으로 소성한 후 냉각시켜 크기 20~60 mm 정도의 시멘트 반제품인 클링커를 생산하는 공정이다. 예열기는 수직방향으로 설치된 4~5단의 사이클론(cyclone)으로 이루어져 있다. 원료는 최상단 사이클론의 입구로 투입되어 각 사이클론과 하소로(calciner)를 거쳐 약 850~900℃까지 예열된 후 소성로로 투입된다.

우리나라에서는 서스펜션 프리히터(suspension preheater, SP)가 달린 SP 킬른이나 하소로가 부착되어 킬른 입구에서의 석회석 탈탄산율을 약 85~90퍼센트로 한 뉴서스펜션 프리히터(new suspension preheater, NSP)가 부착된 NSP 킬른(그림 1.2) 등 에너지 효율적인 킬른이 주로 이용되고 있다.

시멘트 제조공정 중에서 원료 건조 공정과 함께 가장 많은 연료가 필요한 단계가 바로 클링커 소성 공정이다. 소성로는 그 용량에 따라 차이가 있지만 2~6 m의 직경에 길이가 10~100 m인 원통형의 설비로 3~5퍼센트의 경사를 갖고 2~4 rpm의 속도로 회전한다. 예열기를 거친 원료가 소성로에 투입되어 소성로의 출구 방향으로 이동하면서 내부 온도는 1,350~1,450℃까지 상승하고 이 과정에서 새로운 수경성 화합물이 합성되고, 냉각기를 거치면서 시멘트 반제품인 클링커가 만들어지게 된다. 시멘트 킬른은 소성하기 위한 버너가 설치되어 있으며, 연료로는 과거 벙커C유가 가장 널리 쓰였으나 석유 파동 등의 각종 원인으로 지금은 석탄을 주로 사용하고 있다. 클링커의 소성열량은 이론적으로 400 kcal/kg-clinker 정도이나 실제는 700~850 kcal/kg-clinker이다.

냉각기는 킬른에서 배출된 클링커를 냉각시키는 기능을 하는 것으로 냉각 특성에 따라 시멘트의 품질이 달라질 수 있으므로 소성공정과 함께 중요한 공정이다. 냉각기는 약 1,300~1,450℃의 클링커를 냉각시키고, 연소용 2차 공기를 가열함으로써 소성효율을 향상시키는 일종의 열교환기이다. 냉각기에는 수냉식과 공냉식이 있으며, 현재는 대부분 강제 냉각이 가능한 공기 급랭식 냉각기(air quenching cooler)를 사용하고 있다.

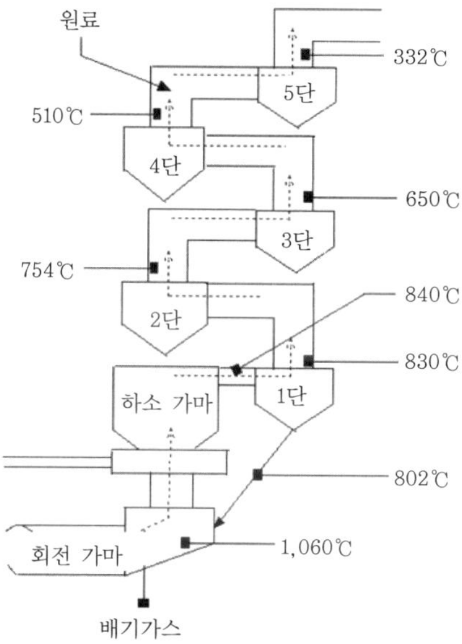

그림 1.2 NSP가 부착된 킬른[1-4]

다. 제품공정

제품공정은 소성된 클링커에 석고 약 3~5퍼센트와 혼합재를 10퍼센트 미만 첨가하여 시멘트 분쇄기에서 분쇄하는 공정을 말한다. 석고는 시멘트의 응결시간을 조절하는 결정적 원료이며, 과거에는 천연 이수석고가 주로 쓰였지만 최근에는 화학공업의 부산품인 화학석고를 사용하는 경우가 대부분이다. 화학석고는 수분을 15~30퍼센트 정도 포함하고 있고 불순물이 많았으나, 최근에는 불순물을 제거한 석고가 공급되고 있다.

시멘트 클링커와 석고를 함께 분쇄하는 과정은 볼 밀이나 롤러 밀 등의 분쇄기에서 이루어진다. 이때 사용되는 에너지는 주로 전력인데, 시멘트 1톤을 분쇄하는 데 약 40 kw/h의 전력이 소요된다.

위와 같은 공정을 통하여 생산된 시멘트는 여러 가지 방법으로 소비자들에게 출하된다. 가장 일반적인 출하 방법은 종이 등으로 포장된 포장품의 형태이지만, 그밖에도 벌크 상태로 선박 · 화차 · 트럭 등을 통해 출하가 이루어진다. 시멘트 포장이 내수용인 경우 3~4겹의 종이 포대가 사용되고, 수출용인 경우는 폴리프로필렌 재질의 포대가 사용되고 있다. 최근에는 레디믹스트 콘크리트 공급이 활성화됨으로써 갈수록 벌크 상태의 출하가 늘어나고 있다.

1.2 시멘트 클링커 원료로서 순환자원 활용

1.2.1 폐기물의 발생현황

우리나라 "폐기물관리법"에서는 폐기물을 '사람의 생활이나 사업 활동에 필요하지 아니하게 된 물질'로써 '쓰레기, 연소재, 오니, 폐유, 폐산, 폐플라이애시, 동물의 사체 등'을 예시하고 있다(법 제2조). 1차적으로 발생원에 따라 생활 폐기물, 사업장 폐기물(건설 폐기물)로 구분하고 있으며, 2차적으로는 유해성에 따라 사업장 일반 폐기물, 지정 폐기물(의료 폐기물)로, 3차적으로는 발생 특성에 따라 사업장 생활계 폐기물, 사업장 배출시설계 폐기물, 건설 폐기물, 의료 폐기물 등으로 분류하고 있다.[1-6] 표 1.2에 "폐기물관리법"에 따른 폐기물 분류 체계를 나타냈다.

생활계 및 사업계 폐기물을 포함한 총 발생량은 생활수준 향상 및 산업발전 등에 따라 크게 증가해 왔으며, 특히 건설 폐기물 발생량 증가에 크게 영향을 주었다. 사업장 폐기물의 경우 우리나라 경제성장과 관련하여 지속적으로 증가하는 경향을 나타내고 있으며, 1990년 말부터 2000년대 말까지 건설 폐기물의 발생량이 크게 증가하였다. 최근에는 산업생산 증가에 따른 사업장 배출시설계 폐기물의 발생량이 증가하는 경향을 나타내고 있다.

우리나라는 자원 및 에너지가 부족하지만 도시화 및 산업화의 진행에 따라 에너지 자원을 다량 소비하는 국가로 전체 에너지의 약 96퍼센트를 수입에 의존하고 있다. 또한 단위면적당 폐기물 발생량은 OECD 국가 중 4위로 독일의 1.2배, 미국의 5.5배로 상당히 높은 편에 속해 있다. 우리나라는 폐기물을 보관할 장소가 협소하고, 에너지의 대부분 수입하고 있기 때문에 자체적인 순환자원(원료용, 연료용) 활용과 그 방안을 강구하는 것이 중요하다.

1.2.2 시멘트 제조공정에서 순환자원의 활용[1-7]

그림 1.3에 나타낸 것과 같이 시멘트 제조공정에서는 여러 가지의 순환자원이 활용된다. 무기계 순환자원은 원료의 일부로 사용되는데, 예를 들면 석탄회는 점토 대체원료로서 사용된

다. 또한, 슬래그류나 일부의 오니는 점토 대체원료가 된다. 주물사는 주물공정에서 배출되는 규사로 규석 대체원료가 된다. 폐주물사 등과 같은 덩어리 상태의 순환자원, 수분이 많은 오니류 및 단시간 내에 열분해하지 않으면 안 되는 순환자원은 하소로 하부 또는 인렛(inlet)이라고 불리는 로터리 킬른 뒤쪽에 투입되어 처리되는 경우가 많다. 일반적으로 유기물은 연료의 일부로서, 무기물은 원료의 일부로 이용된다. 예를 들면, 폐타이어는 그대로의 모양이나 잘린 상태로 하소로 하부 또는 인렛 부분으로 투입되어 고무 등의 유기물은 연소하여 열에너지로 되며, 스틸 와이어는 철질 원료의 일부로 이용된다. 폐플라스틱이나 나무부스러기 등은 조분쇄된 후 투입되며, 주로 열에너지로 이용된다. 하수 오니는 약 80퍼센트의 수분을 포함하며, 원료계로 넣는 것은 곤란하다. 또한 유기물을 다량 함유한 순환자원은 시간이 경과하면 부패·발효가 진행되어 위생상 문제가 많기 때문에 반입되면 바로 하소로 하부 또는 인렛 부분에 투입한다.

표 1.2 폐기물 관리법에 따른 폐기물 분류체계[1-9)]

<table>
<tr>
<td rowspan="5">[폐기물]
쓰레기, 연소재, 오니, 폐유, 폐산, 폐알칼리, 동물의 사체 등으로 사람의 생활이나 사업활동에 필요하지 아니 하게 된 물질</td>
<td colspan="3">[생활 폐기물]
사업장 폐기물 외의 폐기물</td>
</tr>
<tr>
<td rowspan="4">[사업장 폐기물]
「대기환경보전법」, 「수질 및 수생태계 보전에 관한 법률」, 또는 「소음·진동관리법」에 따라 배출 시설을 설치·운영하는 사업장이나 그 밖에 대통령령으로 정하는 사업장에서 발생하는 폐기물</td>
<td rowspan="3">[사업장 일반폐기물]
공업배치 및 공장 설립에 관한 법률 제2조 제1호의 규정에 의한 공장으로서 대기환경보전법·수질환경보전법 또는 소음·진동 규제법의 규정에 의하여 배출시설을 설치·운영하는 자로서 폐기물을 1일 평균 100 kg 이상 배출하는 사업장</td>
<td>[사업장 생활계 폐기물]
폐기물을 1일 평균 300 kg 이상 배출하는 사업장</td>
</tr>
<tr>
<td>[사업장 배출시설계 폐기물]
법에 의한 폐수종말처리시설, 분뇨처리시설, 하수종말처리시설, 축산폐수공공처리시설, 폐기물처리시설로서 일평균 100 kg 이상 배출하는 사업장</td>
</tr>
<tr>
<td>[사업장 건설 폐기물]
건설공사 과정으로 인하여 폐기물을 5톤(공사를 착공하거나 작업을 시작할 때부터 마칠 때 까지 발생하는 폐기물의 양을 말함) 이상 배출하는 사업장</td>
</tr>
<tr>
<td colspan="2">[지정 폐기물]
사업장 폐기물 중 폐유·폐산 등 주변 환경을 오염시킬 수 있거나 의료 폐기물 등 인체에 위해를 줄 수 있는 유해한 물질로서 대통령령이 정하는 폐기물
※ 의료 폐기물
지정 폐기물 중 인체조직 등 적출물, 탈지면, 실험동물의 사체 등 의료기관이나 시험·검사기관 등에서 배출되는 인체에 위해를 줄 수 있는 물질로서 대통령령이 정하는 폐기물</td>
</tr>
</table>

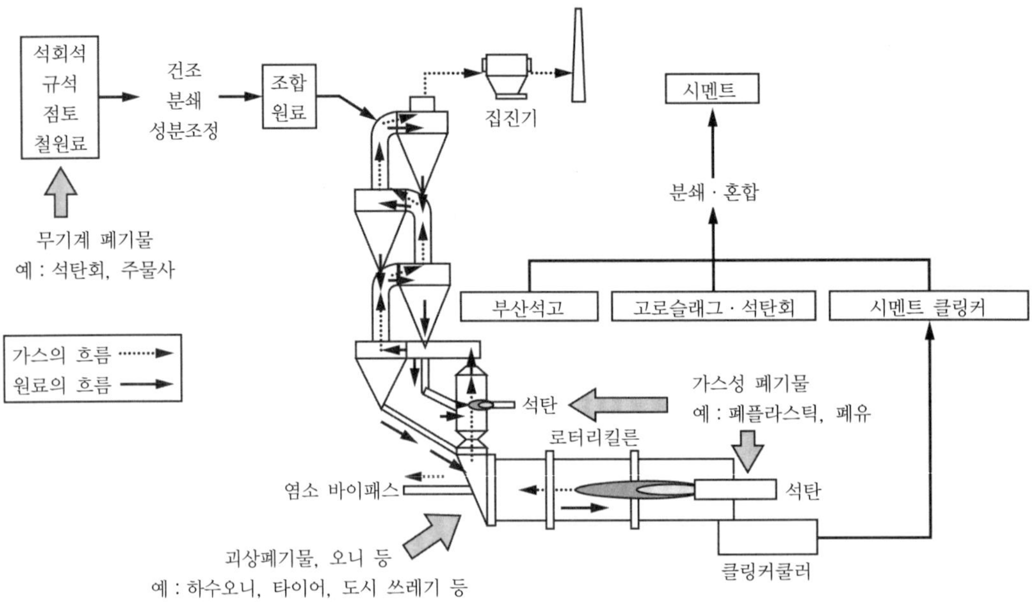

그림 1.3 시멘트 제조공정과 순환자원의 처리 · 이용[1-7]

그러나 하수 오니 등의 높은 함수물을 고온 부분으로 직접 투입하면 부분적으로 온도가 내려가며, 동시에 급격한 기체의 팽창이 일어나기 때문에 제조 프로세스가 불안정한 경우가 있다.

또한 화학반응열이나 배기가스의 미이용 열에너지 등을 이용하여 건조 후 제조 프로세스에 투입하는 방법도 시행되고 있다. 폐유나 잘게 파쇄된 폐플라스틱은 미분탄과 마찬가지로 주 버너 또는 하소로에서 연료로서 이용된다. 유럽에서는 건조 하수 오니나 폐유를 함침한 톱밥이 메인 버너용 연료로서 석탄과 함께 이용되고 있다.

1.2.3 시멘트 클링커 원료로서 순환자원의 활용

가. 시멘트 클링커 원료의 배합

클링커는 광물질 원료를 반용융상태로 한 괴상의 것을 말한다. 시멘트 클링커는 알루미나 시멘트 클링커나 아윈계 클링커 등도 있으나 클링커라고 하면 주로 포틀랜드 시멘트용 클링커를 의미한다. 클링커의 원료는 석회석이 가장 많고 점토, 규석, 철질원료 등이 추가된다. 클링커 1톤을 제조하기 위해서는 석회석 1,100 kg, 점토 220 kg, 경석 70 kg, 철질원료 30 kg이 필요하다.

클링커는 크게 4가지 주요 화합물로 구성되어 있는데, 알라이트(C_3S), 벨라이트(C_2S), 알루미네이트(C_3A) 및 페라이트(C_4AF)의 4종류이다. 괄호 안은 화학성분을 나타내는 약어로 C, S, A, F는 각각 CaO, SiO_2, Al_2O_3, Fe_2O_3를 의미한다. 화학적 화합물을 형성하기 위해서는 C, S, A, F를 함유하고 있는 원료 광물이 필요하게 되고 이에 사용되는 것이 석회석, 규석, 점토, 철광석이다. 이 클링커를 구성하는 주요 화합물의 비율에 따라 시멘트의 특성이 다르게 나타난다. 클링커의 주요 화합물 형성을 위해서는 원료 배합이 중요한데 이것의 기준으로 흔히 석회포화도(LSF, lime saturation factor), 규산율(SM, silica modulus), 철률(IM, iron modulus)이라는 계수(modulus)를 사용하고 있다. 이 계수에 따라 소성조건 및 클링커 생성광물의 함량이 달라지기 때문에 이 값을 잘 설정하고 세밀하게 조정하는 것이 중요하다.

나. 클링커 원료 대체를 위한 순환자원의 활용

시멘트 제조의 원료로 사용되는 대표적인 순환자원으로는 석탄회, 정수장 슬러지, 무기성 슬러지, 폐주물사, 철질부산물, 하수슬러지 등이다. 표 1.3에 시멘트 제조에 사용되는 천연원료와 순환자원의 화학성분을 나타내었다. 순환자원 중 석탄회의 경우 SiO_2 및 Al_2O_3 성분이 점토와 유사함을 알 수 있으며, 폐주물사의 경우는 규석과 유사한 성분을 갖고 있는 것을 확인할 수 있다. 성분의 유사성은 석탄회나 폐주물사 등의 무기성 폐기물을 천연자원인 점토나 규석의 대체원료로 사용할 수 있음을 의미한다. 즉 CaO, SiO_2, Al_2O_3 및 Fe_2O_3를 함유하고 있는 대부분의 무기성 순환자원은 천연원료의 대체원료로 활용할 수 있다. 순환자원을 클링커 원료로 사용하는 경우 화학성분의 함량을 고려하여 앞에서 설명한 LSF, SM, IM의 설정값에 맞도록 배합을 세부 조정하여 조합원료를 생산하여야 한다.

표 1.3 시멘트 제조에 사용되는 천연원료와 순환자원의 화학성분[1-8)]

구분		주요 화학성분(%)			
		SiO_2	Al_2O_3	Fe_2O_3	CaO
보통 포틀랜드 시멘트		20~23	3.8~5.8	2.5~3.6	63~65
주요 천연원료	석회석	1~4	1~2	1~2	47~55
	점토	45~55	10~30	3~10	1~5
	규석	70~95	2~10	0~5	0~2
	철광석	20~30	0~10	30~55	10~15
순환자원 부원료	석탄회	40~65	10~30	3~10	5~20
	폐주물사	50~80	5~15	5~15	0~5
	정수 오니	20~50	20~50	5~15	5~30
	제강 슬래그	5~15	5~10	30~45	30~40
	고로 슬래그	20~45	10~20	0~5	30~60

1.2.4 시멘트 원료로서 순환자원 재활용 기준

시멘트 소성로에서 폐기물의 활용은 일본, 미국, 유럽 등 선진국에서는 이미 일반화되어 있으며 폐기물의 종류별로 그 재활용량도 증가 추세에 있다. 우리나라에서는 지정폐기물이 아닌 사업장폐기물을 대체원료로 이용하여 시멘트(클링커를 포함)를 제조하는 경우에는 표 1.4에 나타낸 재활용 기준을 만족하는 폐기물만을 반입하여 사용하도록 폐기물관리법 시행규칙 별표 5의 2에 규정되어 있다. 별표 5의 2에 규정된 원료로서의 폐기물 반입기준을 살펴보면 철질원료와 기타 원료로 구분되어 있고, 철질원료 중에서 발생처의 발생특성을 고려하여 동 제련소에서 발생하는 슬래그, 아연 제련소에서 발생하는 슬래그, 제철소 집진시설에서 발생하는 철 함유 부산물의 경우는 별도의 반입기준을 설정하여 적용하고 있다.

일반적으로 시멘트 공장에서 공통적으로 적용되는 순환자원의 반입기준은 다음과 같다. 폐기물관리법 등 국내외 관련 법규를 준수하고 규제치를 만족하고 시멘트의 생산 및 판매에 이르는 사업 활동 전 과정에서 새로운 환경부하가 발생하지 않아야 한다. 그리고 생산공정 및 제품에서 문제가 발생하지 않으면서 현재의 기술수준에서 충분히 관리가 가능해야 한다. 또한 작업자의 건강에 피해를 일으키지 않으면서 지역과 지역주민의 불편을 야기하지 않아야 한다.

표 1.4 시멘트 소성로 폐기물의 재활용기준[1-9] (단위 : mg/kg, kcal/kg)

구분		Pb	Cu	Cd	As	Hg	Cl	발열량
대체원료	철	<1,000	<3,000	<60	<500	<2	–	–
	기타	<150	<800	<50	<50	<2	–	–
대체연료		<200	<800	<9	<13	<1.2	<2%	>4,500

주) 1. 재활용 제품은 동 기준 적용에서 제외한다.
2. 철 대체원료 중 동 제련소에서 발생하는 슬래그는 다음 기준을 적용한다.
(Pb<3,200 mg/kg, Cu<10,000 mg/kg, Cd<100 mg/kg, As<900 mg/kg, Hg<2 mg/kg)
3. 철 대체원료 중 아연 제련소에서 발생하는 슬래그는 Pb<7,000 mg/kg, Cu<14,000 mg/kg을 적용하고 나머지 항목은 철 대체원료와 동일한 기준을 적용한다.
4. 철 대체원료 중 제철소의 집진시설에서 발생하는 철 함유 부산물은 Pb<4,000 mg/kg, Cd<100 mg/kg, 나머지 항목들은 철 대체원료와 동일한 기준을 적용한다.
5. 폐목재(대체연료)에 대한 중금속, 발열량은 WCF(wood chip fuel) 기준을 적용한다.
(WCF 기준에 없는 Cu 항목은 상기 기준 적용)

1.2.5 순환자원을 활용한 친환경 시멘트

도시쓰레기 소각재와 하수슬러지 조성은 시멘트 원료의 점토 성분과 유사하다. 이 소각재와 하수슬러지를 시멘트 원료 중 점토 대체용으로 사용하기 위한 연구가 일본에서 진행되었으며 그 결과 '에코시멘트'를 개발하게 되었다.

JIS R 5214(2003년)에 따르면 에코시멘트는 "소각회를 주로 하고 필요에 따라 하수 오니 등의 폐기물을 에코시멘트의 클링커 원료로 써서 제품 1톤에 이들 폐기물 500 kg 이상을 사용하여 만들어지는 시멘트"라고 되어 있다.[1-10]

소각재의 경우 염화물 함량이 높아 보통 포틀랜드 시멘트의 원료로 직접 사용하기는 곤란하여 사용을 위해서는 수세와 같은 전처리 공정을 거쳐야 한다는 문제점이 있다. 하지만 일본에서는 이 소각재 내의 염화물을 활용하여 염화물을 수경성 광물의 구성원소로 하는 속경성의 에코시멘트를 개발하여 이 문제를 해결하였다. 또한 제조공정 중에서 염화물을 중금속 등과 함께 제거하여 염화물 함유량을 보통 포틀랜드 시멘트 수준으로 저감한 보통 에코시멘트도 개발하였다.

중금속류는 염화 휘발법을 사용하여 클링커로부터 제거 · 회수되고 추가적으로 인공 광석으로써 재자원화하기 위해 중금속 추출공정이 설치된다. 결과적으로 공정으로부터 2차적인 폐기물이 배출되지 않고 리사이클되는 시스템을 갖추고 있다. 염화물의 응집이 사이클론 막힘 현상을 야기할 가능성이 있기 때문에 부유예열기(suspension preheater)를 사용하지 않고 로터리 킬른에 배합원료를 직접 투입하는 방법이 채택되고 있다. 또한 다이옥신류에 대해서는 소성과정에서 고온으로 분해하고 냉각탑을 설치하여 재합성을 방지하고 있다. 에코시멘트는 다음과 같은 4가지 측면에서 보통 포틀랜드 시멘트와 차이가 있다.

① 원료물질의 킬른 직접 투입에 따른 다이옥신의 즉각적인 제거

② 냉각탑은 다이옥신 재생성 방지

③ 염소기화법에 의한 중금속 추출과 염화물의 제거

④ 중금속 염화물로부터 중금속의 회수

에코시멘트 제품으로부터 중금속류 용출에 관한 안전성은 2000년 일본폐기물학회의 "에코시멘트 제품의 중금속류 용출시험에 관한 검토위원회 보고서"에 종합되어 있다.[1-11] 중금속류의 용출은 일본의 환경기본법 제16조 제1항에 의한 토양의 오염에 관계되는 환경기준을 만족시켰다. 에코시멘트의 제조공정은 그림 1.4와 같다.

1.2.6 순환자원 원료화 증대 목적의 재료설계[1-5]

시멘트 대체원료로 사용이 가능한 순환자원 중에는 일반적인 보통 포틀랜드 시멘트 제조에 필요한 SiO_2, Al_2O_3의 함유량보다도 높은 것들이 많다. 따라서 클링커 광물 중 Al_2O_3가 들어 있는 알루미네이트상(C_3A) 또는 페라이트상(C_4AF) 간극상의 함량을 높이도록 원료를 설계하면 순환자원의 사용량을 증대시킬 수 있는데 이러한 클링커 광물 조성의 변화는 시멘트 성질

을 변화시키게 된다. 즉 간극상이 많은 시멘트의 경우 초기 수화 활성이 크기 때문에 콘크리트의 유동성, 응결, 수화열 및 초기강도에 영향을 미친다. 따라서 폐기물 원료 사용을 증대하기 위해서는 클링커 광물 조성의 변화와 시멘트 성질의 변화를 고려하여 충분한 검토를 거쳐 그 조성을 결정하는 것이 중요하며, 필요에 따라서는 석고, 혼화재 기술을 활용하여 초기 수화 활성과 유동성을 제어하는 기술이 검토될 필요가 있다.

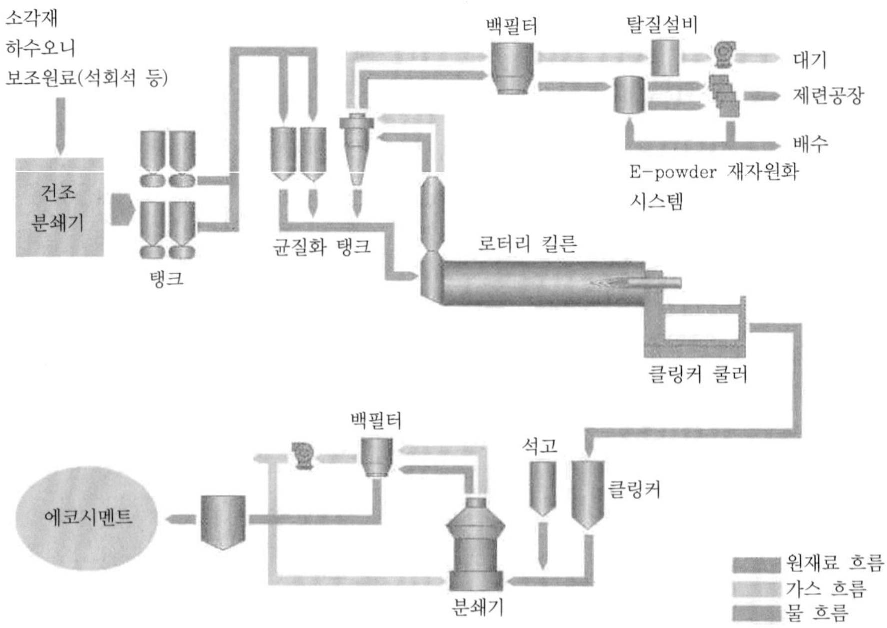

그림 1.4 에코시멘트 제조공정[1-12)]

순환자원 원료화 증대 목적의 재료설계 시 선형계획법이 적용된다. 선형계획법은 최적화 문제의 일종으로 주어진 선형조건을 만족시키면서 선형인 목적함수를 최적화하는 기법이다. 그림 1.5에 나타낸 바와 같이 간극상의 함량을 높이는 광물의 조성설계는 폐기물의 원단위뿐만 아니라 시멘트의 특성인 강도, 수화열 등을 만족시켜야 하기 때문에 이를 만족시키는 영역을 찾기 위해 선형계획법을 적용한다. 그림 1.6에 선형계획법을 적용한 사례를 나타내었다. 그림 1.6에 나타낸 바와 같이 광물 조성설계와 시멘트의 특성인 강도, 수화열을 만족하는 그림 1.6에서 짙게 표시한 부분의 영역을 찾고 이 영역 중에서 폐기물 사용 원단위가 최대가 되는 지점을 찾아 재료를 설계한다.

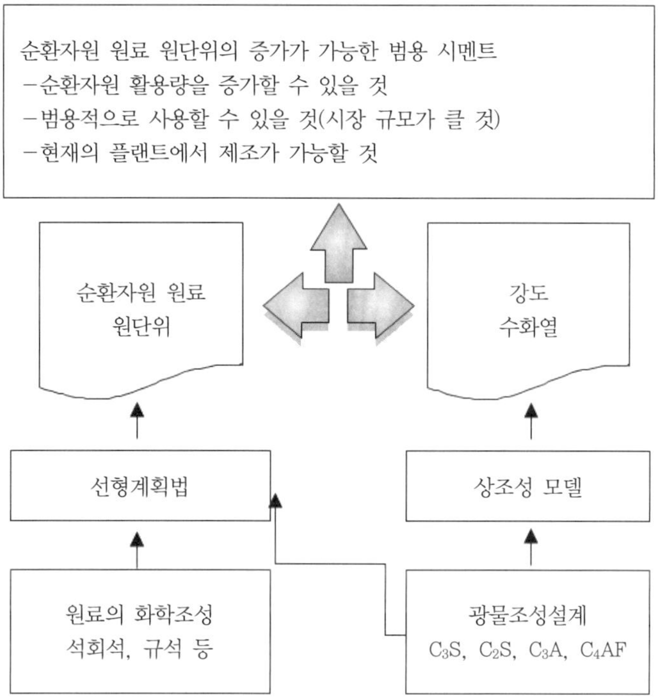

그림 1.5 순환자원의 이용 증대를 목적으로 한 시멘트 재료설계 방법의 개요[1-7]

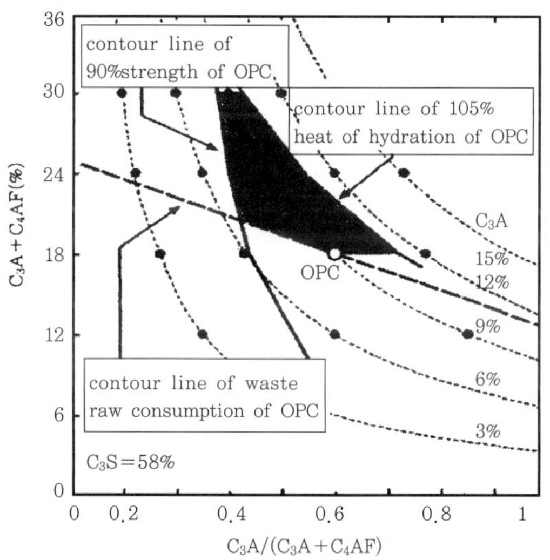

그림 1.6 선형계획법을 활용한 간극상 함량 증대를 위한 재료설계의 예[1-7]

1.3 소성에너지 대체연료로서 순환자원

시멘트 산업에 있어서 소성 에너지원으로 순환자원을 이용하여 연료대체를 적극적으로 추진하는 것은 지속가능성 측면에서 매우 시급한 과제이다. 시멘트 산업에서는 1997년부터 폐타이어, 폐플라스틱, 폐유 등을 대체연료로 활용하여 왔으며, 유연탄 사용량을 약 80퍼센트 정도까지 줄였다.

1.3.1 대체연료로서 순환자원 활용현황

우리나라에서는 1978년 제2차 석유파동 이후 중유로부터 석탄으로 연료 전환이 이루어졌다. 석탄은 연소 후 석탄회가 재로 남는다. 이때 석탄회의 화학조성은 주로 SiO_2, Al_2O이므로, 시멘트 원료의 일부가 되어 부산물은 발생하지 않는다. 최근 이용률 증가를 보이고 있는 폐플라스틱도 같은 양상을 나타낸다. 폐플라스틱의 대부분을 점하고 있는 열가소성 필름은 $CaCO_3$ 등의 충전재를 함유하고 있거나 알루미늄을 증착시킨 경우도 있다. 이를 시멘트 제조에 활용할 경우 시멘트 원료로 이용되므로 부산물이 발생하지 않는다.

대체연료로 이용되는 순환자원은 재생유, 폐유, 폐합성수지, 폐타이어, 고무류, 폐목재, 오니류 등이 있고, 원료와 열에너지의 양쪽 용도로 이용되는 폐기물에는 타고 남은 재(석탄회는 제외), 더스트, 나무 부스러기, 저질탄(경석), 폐타이어 및 육골분 등이 있다. 2000년부터 우리나라에서 사용되는 연료계 순환자원의 종류 및 사용량 추이를 표 1.5에 정리하여 나타냈다. 표 1.5에서 우리나라에서 발생하는 폐타이어와 고무류 사용량은 2012년보다 2013년에 감소하였고, 폐플라스틱과 재생유는 꾸준히 사용량이 증가하고 있다.

2013년의 경우, 순환자원의 사용량은 폐타이어 및 고무류 약 30만 톤, 폐플라스틱 등 폐합성수지 77만 톤, 정제유 및 재생유 36만 톤 등 총 144만 톤이었으며, 2004년의 사용량 68만 톤 보다 약 2배 이상 증가하였다. 특히 폐타이어 및 고무류는 감소하는 경향이지만, 정제유 및 재생유, 플라스틱 등 폐합성수지의 사용량은 지속적으로 큰 폭으로 증가하고 있다.

일반적으로 시멘트 산업에서 사용 가능한 순환자원의 양은 시멘트 원료의 약 20퍼센트, 연료의 약 30퍼센트까지 대체가 가능하므로 재활용을 확대하면 소각/매립처리로 발생할 수 있는 환경부하를 감소하는 데 크게 기여한다. 시멘트 산업에서 사용되는 대체연료의 평균 발열량은 건조기준으로 폐타이어 8,613 kcal/kg, 폐플라스틱 6,679 kcal/kg, 폐유 4,832 kcal/kg, RDF 8,185 kcal/kg이다. 연료계 순환자원의 주요 성분 및 발열량은 표 1.6과 같다.

표 1.5 에너지 대체연료 종류 및 사용량의 추이(천 톤)[1-13]

구분	2000년	2004년	2008년	2012년	2013년
폐타이어 및 고무류	76	363	230	359	304
재생유 및 정제유	35	151	231	265	363
폐합성수지류	6	162	465	728	769
계	117	676	926	1,352	1,436

표 1.6 대체연료의 주요 성분 및 발열량[1-14]

구분	구성비(%)		발열량	염소
	가연물	재	(kcal/kg)	(%)
유연탄	90	10~15	6,000~7,000	–
폐타이어	90	10~20	7,600	0.1
폐합성수지	90	5~10	5,500~7,000	1~2
폐목재	90	5~10	3,500~4,000	1
재생유	95	1~4	3,500	0.1

표 1.7 시멘트 공장 킬른 설비별 대체연료 사용비 추이(퍼센트)

구분	생산능력 (톤/일)	예열기 형태	버너 형태	설비개조	연도		
					2012	2013	2014
A사	1호기(6,000)	NSP	MAS	폐연료 투입설비 설치(2001)	24.2	25.8	26.9
	2호기(6,000)	NSP	MAS		24.3	25.7	25.9
B사	1호기(2,000)	NSP	Rota flam	–	14.9	18.2	21.1
	3호기(4,500)	MFC	Rota flam	폐연료 투입설비 설치(1998)	12.8	12.8	17.0
	4호기(4,500)	RSP	Rota flam		13.9	17.5	21.4
C사	1호기(2,000)	NSP	Rota flam	버너 교체(1998)	24.3	29.5	25.6
	2호기(2,100)	NSP	3-Channel	–	30.3	31.3	27.1
	3호기(4,500)	RSP	Rota flam	폐연료 투입설비 설치(1998) 버너 교체(1996)	23.1	23.3	19.5
	4호기(3,600)	NSP	3-Channel		14.4	–	–
	5호기(4,700)	RSP	Rota flam		27.8	27.6	21.9
	6호기(4,700)	RSP	Rota flam		28.4	29.8	25.8
D사	2호기(4,000)	MFC	Rota flam	MFC 개조(1990), 버너 교체(2001)	–	5.9	4.6
	3호기(5,500)	MFC	Rota flam		7.5	8.4	6.3
	5호기(6,000)	KPR	Pyro-jet	–	17.1	14.6	14.4
	6호기(9,100)	MFC	Rota flam	버너 교체(1998)	12.6	15.1	7.9

주) 1. 사용비는 유연탄 열량 대비로 환산되었음.
2. NSP : New suspension preheater, RSP : Reinforced suspension preheater
MFC : Mitsubishi fluidized calciner, KPR : Krupp polysius pre-calciner
3. MAS : Mono air duct system 버너
4. Channel : 3개의 channel를 통해 불꽃이 방사하는 버너
5. Rota flame : 불꽃이 회전하는 형태의 버너
6. Pyro-jet : 제트 기류 형성 버너

우리나라 시멘트 공장의 대부분은 건식 NSP 킬른을 채택하고 있지만, 각 공장마다 설비규모나 하소로의 형식이 다르다는 특징이 있다. 그렇기 때문에 시멘트 제조설비에서 연료로 폐기물을 이용하는 방법은 각 공장마다 설비의 특징을 고려하여 조금씩 다르게 운영되고 있다. 시멘트 공장 킬른 설비별 대체연료의 사용비 추이를 표 1.7에 나타냈다.

시멘트 산업에서 대체연료의 50퍼센트 정도는 폐플라스틱이 점유하고 있다. 시멘트 소성공정에서 연료를 투입할 수 있는 곳은 킬른 앞쪽의 주 버너쪽, 킬른의 뒤쪽 및 하소로가 있다. 그렇기 때문에 폐플라스틱의 종류, 사이즈, 성상 및 설비의 특징에 따라 투입 장소를 선택하여 이용의 최적화 및 투입량의 최대화가 결정된다. 시멘트 클링커를 생성시키기 위한 총 열량은 1,030 kcal/kg-clinker 정도이며, 킬른 뒤쪽 및 하소로가 있는 예열기에서 원료 가열에 405 kcal/kg과 탄산칼슘 분해에 475 kcal/kg 등 총 열량 중 약 85퍼센트가 필요하게 된다. 실제 NSP 소성공정에서는 킬른 앞쪽에서 넘어오는 열량을 계산하여 예열기쪽에 60퍼센트와 킬른 앞쪽에 40퍼센트 비율로 열에너지를 공급하고 있다. 폐타이어, 고무류 및 폐플라스틱처럼 크기가 큰 대체연료들은 예열기쪽에 투입되며, 일반적으로 예열기쪽 열공급의 60퍼센트 중 30퍼센트 정도를 대체할 수 있다.

따라서 소성 에너지원으로서 연료계 폐기물의 사용량을 증가시키기 위해서는 킬른의 앞쪽(주 버너)에서 사용 가능량을 증가시켜야 한다. 그 이유는 시멘트 소성 공정 중에서 최고온도에 도달하는 영역이고, 매우 안전하게 이용이 가능한 부분이기 때문이다. 따라서 향후 사용량이 가장 많은 폐플라스틱을 킬른 앞쪽에서 연소시키는 기술 개발이 필요하다.

1.3.2 순환자원 활용 시 문제점 및 대책

시멘트 제조공정에서 사용하고 있는 순환자원의 물리화학적 다양성 때문에 품질관리와 소성공정 관리조건 및 환경안정성을 만족시키기 위해서는 이에 준하는 시멘트 킬른 공정 및 설비의 개발이 필요하다.

우리나라에서는 2009년 3월부터 시멘트 소성로 폐기물 사용 · 관리기준을 설정하여 사용 폐기물의 종류를 제한하고 있다. 대기배출규제는 표 1.8과 같이 소각로 수준으로 강화하여 적용 중이다. 또한 우리나라는 2008년부터 시멘트 제품의 6가 크로뮴의 관리기준을 일본, 유럽에 이어 3번째로 도입하였다. 표 1.8은 순환자원 활용을 위한 시멘트 공장의 공정별 품질관리 기준의 예시이다.

폐기물이나 부산물을 대체연료로 사용하는 경우, 화학 성분에 따라 원료 조합을 조정하여야 하고, 대체연료로 사용되는 가연성 폐기물은 정밀한 계량을 통해 유연탄과 함께 열량을 기준으로 사용하여야 한다. 대체원료나 대체연료와 같은 순환자원을 사용하면 중금속이나 염소 함유량이 증가될 수 있으므로 기존 자료를 기초로 하고, 사용 전 시험을 통해 품질 규격을 만족하도록 관리하여야 한다.

표 1.8 시멘트 소성로 및 소각로 대기배출 허용기준[1-9] (단위 : ppm, mg/Sm^3)

	벤젠	페놀	Zn	Hg	As	Cd	Pb	Cr	Cu	Ni	다이옥신
소각로	20	10	10	0.1	0.5	0.02	0.2	0.5	10	20	0.1~10
소성로	20	10	10	0.1	0.5	0.02	0.2	0.5	10	20	0.1

	분진	SO_X	NO_X	HCl	NH_4OH	SO_2	HCHO	H_2S	F	HCN	Br
소각로	20	30	70	20	30	30	10	2	2	10	5
소성로	40	30	330	15	30	30	10	2	2	10	5

1.3.3 해외에서의 활용현황

가. 일본 시멘트 산업에 있어서 대체연료의 유효 활용현황[1-14]

일본은 연간 발생되는 약 5억6천7백만 톤의 폐기물 중 약 40퍼센트인 2억4천4백만 톤을 순환자원으로 이용하고 있고, 그중 약 10퍼센트를 시멘트 공장에서 활용하고 있다. 2013년도에 순환자원 사용량이 시멘트 1톤당 486 kg까지 도달한 일본 시멘트 산업에서의 순환자원 사용현황은 표 1.9와 같다.

사용량이 가장 많은 고로 슬래그는 1990년대에 전체 사용량의 약 50퍼센트 정도를 점유하다가 2010년대에 약 30퍼센트 정도로 사용량이 감소하였고, 고로 슬래그 다음으로 많이 사용하는 석탄회는 1990년대에 전체 사용량의 약 10퍼센트 정도를 점유하다가 2010년대에 약 25퍼센트 정도로 사용량이 크게 증가하였다.

대체연료로 사용되는 5종의 폐기물 · 부산물(목재류, 폐플라스틱, 폐유, 폐백토, 재생유)의 합계 사용 원단위(kg/t-clinker)는 매년 증가하고 있다. 폐기물 · 부산물의 대체 열에너지로서 사용 원단위에 대해 2003년부터 2013년도까지의 평균은 14.1퍼센트인데 비해서 최근 2011~2013년 3년간 평균은 30.2퍼센트로 약 2배로 증가하고 있다.

나. 미국 및 유럽

시멘트 소성로에서 사용할 수 있는 순환자원의 종류는 원칙적으로 제한하고 있지 않으나 각국의 시멘트 소성로 관련법이나 설비수준, 기술력, 폐기물의 처리정책 등의 차이로 인하여 몇몇 종류는 차이가 있다. 유럽 시멘트 산업의 경우 에너지의 약 40퍼센트를 대체연료로 활용하고 있으며, 독일에서는 시멘트 산업의 전체 연료에너지 소비의 약 49퍼센트를 대체연료로 사용하고 있다. 우리나라의 경우 연료계 순환자원은 일반폐기물에 한정되어 있으나, 독일에서는 지정폐기물에 해당하는 폐솔벤트 등도 재활용하고 있으며, 하수처리장에서 발생하는 하수 슬러지도 연간 157천 톤 정도를 사용하고 있다.

노르웨이는 아주 오랜 동안의 실험과 검증과정을 통해 매우 유해한 순환자원으로 알려진 PCB(polychlorinated biphenyl, 폴리염화비페닐)를 시멘트 공장에서 처리하도록 국가 정책으로 추진하고 있다. 연료계 순환자원의 사용비율은 서유럽이 42퍼센트로 가장 높고, 미국 26퍼센트, 캐나다 15퍼센트, 남미 12퍼센트 수준이다.

표 1.9 일본 시멘트 산업에서 순환자원 사용현황[1-14] (단위 : 만 톤)

종류	주용도	년도							
		1990	1995	2000	2005	2010	2011	2012	2013
고로 슬래그	원료, 혼합재	1,223	1,249	1,216	921	741	808	849	899
석탄회	원료, 혼합재	202	310	515	718	663	670	687	733
오니.슬러지	원료	31	91	191	253	263	267	299	321
건설발생토	원료	–	–	–	210	193	195	201	241
부산석고	원료(첨가재)	230	250	264	271	204	216	229	240
배기더스트	원료, 연료	48	49	73	119	131	139	151	141
비철광재등	원료	123	140	150	132	68	68	72	77
목재류	원료, 연료	–	–	–	34	57	59	63	66
주물사	원료	17	40	48	60	52	52	49	46
폐플라스틱	연료	0	0	10	30	42	44	43	46
제강 슬래그	원료	78	118	80	47	40	45	41	42
폐유	연료	14	11	12	22	28	26	27	27
폐백토	원료, 연료	4	9	11	17	24	25	25	27
재생유	연료	0	13	24	23	19	19	19	19
폐타이어	연료	10	26	32	19	9	7	7	7
육골분	원료, 연료	0	0	0	8	7	6	7	6
저질탄	원료, 연료	160	166	67	28	0	0	0	0
기타	원료, 연료	36	38	43	47	59	61	83	89
합계		4,130	4,467	4,693	4,917	4,551	4,657	4,781	4,951
시멘트 1 톤당 사용량(kg)		251	257	332	400	465	471	481	486

1.4* 시멘트 산업의 친환경 생산기술

1.4.1 폐열발전[1-15)]

우리나라 시멘트 각사들은 시멘트 제조과정에서 발생되는 폐열을 이용하여 전기를 생산하는 폐열발전 설비를 구축하고 있다. 폐열발전이란 시멘트 제조공정에서 발생한 고온의 폐열 배가스를 보일러의 열원으로 사용하여 고온/고압의 증기를 생산하여 증기터빈 발전기를 통해 전기를 생산하는 설비를 말한다. 즉 예열기와 냉각기에서 나오는 폐열을 이용하여 1.27~3.43 MPa, 340~435℃의 스팀을 만들어 전기를 생산하는 것이다. 우리나라는 2015년까지 총 6기의 설치를 완료하였다(표 1.10 참고).

2000년 초기에는 약 500~600억 원의 막대한 건설비용을 에너지이용 합리화 자금을 이용하여 자가발전을 목적으로 폐열발전 설비를 설치하였지만, 최근에는 매전방식으로 폐열발전을 추진하고 있다. 즉 시멘트 각사는 킬른 폐열을 특수목적법인(special purposed company)에 판매하고, 특수목적법인은 구입한 폐열로 전력을 생산하여 전력거래소에 판매하는 방식이다. 또한 폐열발전 다음 단계로 고형연료(RPF, WCF)를 이용한 소각발전도 고려하고 있다.

한편, 폐열발전은 중국, 태국, 베트남, 파키스탄 등 여러 국가에도 설치되고 있다. 일본에서는 1980년대부터 예열기로부터의 배기가스를 이용하는 폐열발전을 도입하였다.

표 1.10 시멘트사별 폐열발전 현황

	동양	라파즈	한일	성신	쌍용	아세아
설치년도	2004	1992	2004	2012	2014	2014
전력생산(MW)	20	9.1	26	28	43	16.2

1.4.2* 염소 및 알칼리 바이패스(by-pass) 시스템

가. 미량성분 및 휘발성분에 대한 공정상태 영향분석

시멘트 조합원료 및 연료 등 소성공정 내에 투입물질 중 순환물질을 일정 농도 이상 포함하고 있으면 코팅 등에 의해 킬른의 안정운전을 저해한다. 게다가 IDF(induced draft fan) 및 열교환기에서도 코팅을 유발한다. 따라서 킬른의 안정적인 운전을 유지하기 위해서는 알칼리, 염소의 순환을 허용한도 이하로 조정할 필요가 있다. 또한 경우에 따라서는 킬른 배기가스의 일부를 빼내는 바이패스 설비의 가동과 아울러 발생된 더스트의 폐기처리 및 재활용도 필요하다. 순환물질이 시멘트 제조공정 내에 공정 및 품질에 미치는 영향을 간단하게 요약하면 다음과 같다.

① 예열실 적분에 의한 공정 불안정
② 예열실 온도증가 및 열원단위 증가
③ 킬른 시스템계의 압손 증가
④ 내화연와 손상
⑤ 시멘트 저장 사일로 럼프(lump) 발생
⑥ 바이패스 설비 발생 더스트 문제 발생
⑦ 클링커 free-CaO 상승
⑧ 시멘트 강도저하 및 응결 불안정

나. 알칼리 및 염소 바이패스 시스템의 분류

바이패스 시스템은 알칼리와 염소성분이 많은 원료를 사용하는 중동 국가와 저알칼리 시멘트를 제조할 목적으로 미국에서 개발되었다. 그러나 최근에는 순환자원을 최대한 사용하고자 주로 염소성분을 제거할 목적으로 바이패스율을 5퍼센트 이하로 하는 소규모 설비가 주로 개발되어 적용되고 있다.

1) 알칼리 바이패스 시스템

시멘트 중의 알칼리 제한 규격 만족을 위한 알칼리 바이패스 시스템은 일반적으로 킬른 인렛 가스의 약 10퍼센트 이상을 바이패스 시킴으로써 열 및 더스트 손실을 동반한다. 일반적인 시스템 구성은 킬른 인렛에서 더스트를 함유한 가스를 추출해 공냉시켜 약 350~450℃로 낮추고 다시 수냉시켜 150~200℃로 내린 후, 전기집진기 또는 백필터로 더스트를 제거한다. 바이패스율을 증가시킴에 따라 염소 함량이 알칼리보다도 더 감소하여 알칼리의 휘발률이 낮아지게 되고 알칼리 바이패스 효과는 감소하게 되므로 이를 보완하기 위하여 보통 $CaCl_2$ 용액을 2단 사이클론 출구에 분사하여 효과를 증진시키기도 한다.

2) 염소 바이패스 시스템

알칼리 바이패스 시스템의 경우 킬른 배기가스의 10퍼센트 이상을 시스템 외로 배출하면 고온의 배기가스 열손실 및 배출 비산 먼지 처리 문제가 발생되며 염소의 경우 휘발률이 높아

약간의 바이패스만 실시하여도 염소의 급격한 감소 효과를 얻을 수 있다. 따라서 클링커 중 알칼리 감소 목적이 아닌 공정상의 코팅 트러블 감소와 순환자원 사용 증대 목적에는 인렛 가스 중 1~5퍼센트만 바이패스하는 염소 바이패스 시스템을 적용하는 것이 경제적이다. 대표적인 염소 바이패스 시스템으로는 일본의 태평양시멘트와 우베시멘트사에서 개발한 설비가 있다. 태평양시멘트 시스템은 고농도 염소만을 분리하여 비산 먼지 배출량이 적지만, 설치비 및 유지관리비가 많이 든다. 반면에 우베시멘트 시스템은 구조가 간단하여 설비투자비 저렴하지만 비산 먼지 배출량이 많다.

3) 염소 바이패스 용량 검토

염소 바이패스 용량은 킬른 인렛의 총 가스량 중 바이패스 시키는 양을 기준으로 한다. 일반적으로 우리나라 시멘트업계의 바이패스 설비는 1.0~5.0퍼센트로 설치 운영되고 있다. 바이패스 설비 용량을 1.0~5.0퍼센트로 설계하는 것은 그림 1.7과 같이 5.0퍼센트 바이패스 시키면 염소 제거율이 90퍼센트까지 제거할 수 있기 때문이다. 단, 알칼리는 20퍼센트까지 바이패스시켜도 제거율 20퍼센트 정도의 효율만 얻을 수 있다. 바이패스 설비 제작사별 용량은 투입 염소량, 바이패스 효율에 따라 결정된다.

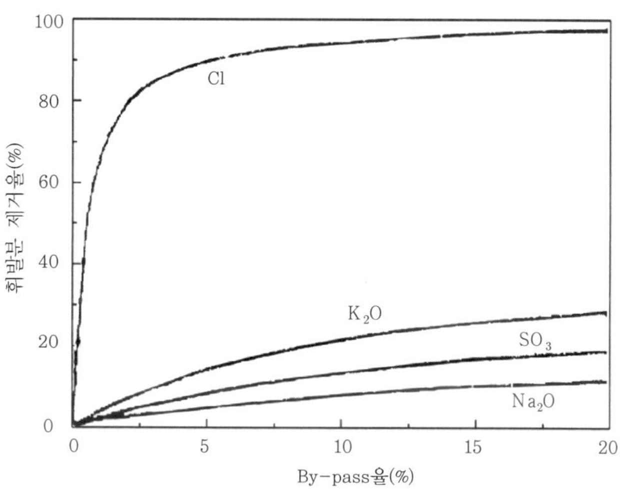

그림 1.7 바이패스에 의한 휘발성분 제거율(%)[1-16]

염소 투입량의 변동 요인은 폐플라스틱의 염소 함량에 따라 좌우된다. 실제 투입되는 폐플라스틱 염소는 10,000 ppm 이하로 관리하고 있으나, 저농도 염소를 함유한 폐플라스틱의 양이 감소함에 따라 향후 염소 농도가 지속적으로 상승될 것으로 판단된다. 이에 따라 2.0~3.0퍼센트 바이패스 설비를 설치할 경우 투입량이 감소될 것으로 예상되며, 현장에서는 종종 사이클론 하부의 염소 농도가 17,000~20,000 ppm으로 상승되고, 클링커 염소 농도가 500~1,000 ppm으로 상승되는 경우가 있다. 향후 염소 농도가 상승될 것으로 판단됨에 따라 염소 바이패스 설비 용량은 5퍼센트로 설치하는 것이 타당할 것으로 사료된다.

1.4.3* 하수슬러지 활용기술

하수슬러지 처리기술의 개발은 경제적인 측면뿐만 아니라 매립을 하거나 해양 투기를 하여 또 다른 환경오염을 야기하지 않기 때문에 사회복지 측면에서도 매우 중요한 과제이다. 그러므로 슬러지를 효과적으로 처리할 수 있는 방안으로 폐기물처리의 기본목표인 높은 감량효과와 환경적인 안정화 및 자원화를 동시에 이룰 수 있는 시멘트 산업에서의 자원화가 그 중 하나이다.

하수처리 사업장으로부터 발생하는 슬러지는 탈수 슬러지, 건조 탄화분 및 소각회의 형태로 발생되며, 그중 일부가 시멘트 산업에서 재자원화되고 있다. 최근에는 탈수 슬러지 처리가 늘어나고 있으며, 하수처리장 신·증설, 하수관거 정비, 방류수 수질기준 강화 등으로 하수슬러지 발생량은 지속적으로 증가할 것으로 예상된다(표 1.11 참조).

하수슬러지는 발열량이 1,500~5,000 kcal/kg에 달하므로 시멘트 원료 및 연료로서 이용할 수 있는 자원이라 할 수 있다. 현재 슬러지의 탈수에 이용되고 있는 벨트프레스 탈수방식으로는 함수율을 50퍼센트 이하까지 낮추는 것은 불가능하나 함수율을 낮추기 위해 탈수 공정을 거친 탈수 케익을 소각로의 연소배기가스 방출열을 이용하여 함수율 25~30퍼센트까지 건조시키면 발열량이 1,200 kcal/kg 정도를 나타내므로 소각이 가능하며, 하수슬러지의 투입방법은 적용기술 및 현장여건을 토대로 건조 슬러지의 시멘트 원료화 방법, 킬른 인렛 직접 투입 방법, 냉각기 직접 투입 방법의 3가지가 있다.[1-16)]

표 1.11 하수슬러지 발생량[1-16)] (단위 : 천 톤)

2007년	2008년	2009년	2010년	2011년	2012년	2013년	2014년
2,744	2,817	3,028	3,080	3,342	3,332	3,456	3,500

건조 슬러지의 원료화 적용은 이송 및 저장 시 악취 발생으로 사용이 불가능하고, 슬러지의 냉각기 직접 투입은 공정 불안정 발생 시 슬러지가 클링커에 바로 유입되어 품질에 막대한 영향을 미친다. 현재 우리나라 대부분의 시멘트 공장은 슬러지를 킬른 인렛에 직접 투입하고 있다. 그러나 이 방법은 수분이 다량 함유된 슬러지를 직접 투입함에 따라 배기가스량 증가로 소성 공정의 불안정을 발생시켜 클링커 품질이 저하되는 단점이 있다. 따라서 향후 가장 이상

적인 처리방법은 수분이 많은 슬러지를 폐열을 이용하여 건조시킨 후 그 슬러지 건조분을 킬른 인렛에 연료로 직접 투입하는 방법이 가장 이상적이다.

1.4.4 해외 시멘트 산업의 온실가스 저감방안

세계 공통적으로 시멘트 산업에서의 대표적인 CO_2 저감 방안은 에너지 효율 설비 확충(냉각기, 예비분쇄기, 버너, 분급기 등), 대체연료 및 대체원료 사용 증대, 클링커 대체재 개발(포틀랜드 시멘트 혼합재의 비율 증대 및 혼합시멘트 생산비율 확대), CO_2 포집 저장기술 개발을 들 수 있다. WBCSD/IEA에서는 2050년까지 시멘트 산업에서의 전체 CO_2 저감량 중 각 저감 기술의 비율을 시멘트 기술 로드맵 2009를 통하여 보고하고 있으며, 각 비율은 에너지 효율 향상에 의한 CO_2 저감량을 10퍼센트, 대체연료 및 대체원료 사용 증대에 따른 CO_2 저감량을 24퍼센트, 클링커 대체재에 의한 CO_2 저감량을 10퍼센트, 그리고 CO_2 포집 저장기술에 의한 CO_2 저감량을 56퍼센트로 보고하고 있다.[2-8]

일본 시멘트 업계의 주요 대응 전략은 고효율 설비 도입, 대체연료의 재활용 및 원료로의 폐기물 재활용 등이 있으며, 사용 원단위 향상을 통해 에너지 절감 및 CO_2 감축을 시행하고 있다. 일본시멘트협회는 1990년 대비 에너지 원단위 3퍼센트 감축 목표를 제시하고, 에너지는 화석연료와 구입 전력만을 대상으로 하고, 폐타이어, 폐플라스틱 등 대체연료 활용 효과를 감축량으로 처리하였다. 그 결과 에너지 원단위는 1990년 대비 2007년에 3.6퍼센트 감축을 달성하였으며, 시멘트 수요 감소로 에너지 관련 CO_2 배출량은 23퍼센트 감소하였으나, 최근에 공공부문 투자 감소에 따른 혼합시멘트 감소로 CO_2 원단위는 다소 증가한 것으로 보고되었다.

독일시멘트협회는 CO_2 감축목표로서, 에너지 관련 CO_2 원단위를 28퍼센트 감축하는 것을 제시하였으며, 추진방법은 정부와 자발적 협약을 통해 진행하고 있다. 주요 감축방법으로 가연성 폐기물 연료의 재활용, 구형 타입의 소성로를 고효율 신형 타입으로 교체 등을 시도하였고, 또한 시멘트 관련 표준에 혼합시멘트에 대한 차별을 제거함으로써 혼합시멘트 확대를 도모하고 있다.

미국은 에너지 사용량 감소에 초점을 맞추어 감축 활동을 진행 중에 있으며, 플랜트 업그레이드를 통한 에너지 효율 향상, 에너지 · 천연자원 사용량 저감을 위한 최적 제품 설계, 에너지 효율과 내구성이 개선된 시멘트 및 콘크리트의 새로운 응용법에 대한 연구를 진행 중에 있다. 또한 미국시멘트협회는 CMS(cement manufacturing sustainability) 프로그램 개발을 통해 45개 회사, 101개의 공장에서 제품 생산 또는 판매 1톤당 CO_2 발생 원단위를 2020년까지 1990년 대비 10퍼센트 감축하는 자발적 장기 목표를 수립하여 운영 중에 있다. 또한

EMC(energetically modified cement)를 도입하여 산업부산물에 새로운 분쇄기법(혼합재 입자에 균열, 디스로케이션 발생 등)을 적용한 기술을 도입하여 혼합재 함량 증대를 도모하고 있다.

Texas EMC Products, Inc.에서 CemPozz(highly reactive pozzolan)라는 상품명으로 제품을 판매하고 있으며, 1일 재령 압축강도 값이 약 25퍼센트 수준으로 향상되었고, 혼합재 함량을 최대 70퍼센트까지 사용하여도 보통 포틀랜드 시멘트와 동등한 물성발현이 가능하다고 보고하였다.

APP(asia-Pacific-Partnership)는 시멘트 산업에서 에너지 절감 및 자원 절약기술을 정리 · 배포하였다. 이러한 기술은 이미 상업화된 것으로 독일, 프랑스 등 유럽 국가들이 대부분의 원천기술을 보유하고 있으며 일부 기술은 일본이 보유하고 있다. 이에 따라 우리나라 시멘트 제조시설의 많은 부분이 유럽이나 일본 모델을 도입 · 운영하고 있는 실정이다. 고효율 설비의 일례로 라파즈 그룹의 버너설비 · 운영기술 및 F.L. Smith사의 냉각기 등을 들 수 있다. 크로스 바 냉각기는 기존 그레이트 냉각기보다 높은 에너지 효율, 높은 온도의 2차 및 3차 공기, 전력 소모량의 감소, 냉각기 수명의 연장, 냉각기 하부로의 클링커 낙하 방지 및 손쉬운 운전 등의 장점을 갖고 있다.

유럽 및 캐나다 등은 혼합재 함량 및 종류를 다양화하여 다양한 혼합시멘트 규격 제정을 하고 있다. 특히 최근 세계적으로 혼합재 중 석회석의 사용이 활발해지고 있으며 이에 관련된 표준이 새롭게 제정되고 있는 실정이다. 표 1.12에 CO_2 저감을 위한 시멘트 혼합재 중 석회석 사용에 대한 각 국의 표준 현황을 나타내었다.

표 1.12 각국의 석회석 시멘트 표준에서 석회석 최대 사용량[2-9]

국가/지역	표준에서의 석회석 최대 사용량 (%)
유럽 및 남아프리카	20(CEM Ⅱ/A-L)
	35(CEM Ⅱ/B-L)
아르헨티나	20
멕시코	35
브라질	10
미국	15
캐나다	15
호주	15

1.5 맺음말

시멘트 산업은 철강 · 석유화학 산업 등과 함께 대표적인 국가기간산업의 하나인 건축 · 토목 산업의 필수 불가결한 기초소재이다. 시멘트 산업은 우리나라의 급속한 경제발전과 더불어 주택, 도로 및 항만 등 사회간접자본 건설을 위한 매우 중요한 국가기간산업으로서 성장하였고 이미 성숙기에 접어들었으며, 건설기반 재료인 시멘트를 공급함과 동시에 각종 폐기물과 부산물을 시멘트 원료로 사용하여 국가의 자원순환정책에 기여하고 있다. 우리 주변에서 흔히 발생하는 무기성 폐기물은 클링커 제조에 필요한 성분인 CaO, SiO_2, Al_2O_3, Fe_2O_3를 다량 함유하고 있기 때문에 시멘트 원료로 사용하는 석회석, 규석, 점토, 철광석 등의 천연자원을 대체할 수 있다. 이러한 천연자원의 대체는 천연자원 보전 및 폐기물의 자원순환이라는 측면에서 자원순환사회구축에 기여한다. 또한 우리나라 시멘트 산업은 폐기물을 사용하면서 관련법의 기준을 준수하며 사용량 및 분석결과를 공개함으로써 폐기물을 투명하고 안전하게 사용하고 있다.

현재 우리나라 시멘트 산업은 매년 2~3퍼센트 정도씩 성장이 감소하는 추세이므로 과거와 같이 외적 성장에 의한 유지 · 발전은 이미 한계점에 와 있다. 따라서 향후 기업의 지속적인 유지 · 발전과 사회적 책임을 다하고 국가 기간산업으로서 국가 경제발전에 계속 이바지하기 위해서는 에너지 절감을 위한 폐자원 적극 활용 및 설비 개선을 통한 원가절감으로 내적 성장을 기하고, 친환경적인 산업으로 전환하여 순환자원 활용을 통한 환경오염 예방 및 방지에도 이바지해야 한다.

참고문헌

1-1 KS L 5201, "포틀랜드 시멘트", 산업통상자원부 기술표준원, 2013.

1-2 무역위원회, 시멘트 산업 경쟁력조사, 2005.

1-3 월간세라믹스, 한국세라믹스 연감, 2000.

1-4 교육인적자원부, 응결 · 경화세라믹, 2003.

1-5 한국세라믹학회 시멘트부회, 시멘트 산업 중장기 수요예측 및 경쟁력 강화방안, 2009.

1-6 환경부, 환경백서, 2013.

1-7 한국세라믹학회 시멘트부회, 사회환경머티리얼, 한림원, 2009.

1-8 한국시멘트협회 홈페이지, http://www.cement.or.kr.(2015. 09)

1-9 환경부, 폐기물관리법, 2013.

1-10 JIS R 5214, "Ecocement", 일본표준협회, 2009.

1-11 일본폐기물학회, "에코시멘트 제품의 중금속류 용출시험에 관한 검토위원회 보고서", 2000.

1-12 Rokuro Tomita, "Contribution of Japanese Cement Industry towards Addressing Environmental Issues", 환경과 콘크리트 국제심포지움, 한국콘크리트학회, 2006.

1-13 쌍용양회공업(주) 홈페이지, http://www.ssangyongcement.or.kr.co.kr.(2015. 09)

1-14 일본시멘트협회 홈페이지, http://www.jcassoc.or.jp.(2015. 09)

1-15 산업자원부, "환경부하저감형 포틀랜드 시멘트 제조공정 및 소재기술 개발 보고서", 2003.

1-16 원주지방환경청, 시멘트 소성로를 활용한 지자체의 하수슬러지 자원순환 촉진 세미나 발표집, 2013.

제2장 시멘트 산업에서 온실가스 저감

구자술, 동양시멘트 기술연구소 수석연구원, jasul.koo@sampyo.co.kr
조재우, 한국건설생활환경시험연구원 건축환경재료센터 센터장, jwcho@kcl.re.kr

2.1 저탄소녹색성장기본법

우리나라에서 온실가스 문제를 해결하고, 녹색성장을 실현하기 위한 기본적인 법제도는 2010년 4월부터 시행된 저탄소녹색성장기본법과 동 시행령이다. 저탄소녹색성장기본법에서는 저탄소 녹색성장 정책의 기본원칙을 정하고, 녹색기술 · 녹색산업에 대한 지원, 기후변화 대응 및 에너지 목표관리, 녹색생활과 지속가능 발전과 같은 정책의 큰 틀을 정하고 있고, 동 시행령에서는 법에서 위임한 사항의 시행에 필요한 세부적인 사항을 규정하여 저탄소 녹색성장 정책을 실제로 실천하기 위한 제도적 틀이 마련되어 있다. 저탄소녹색성장기본법은 기후변화 · 에너지 · 환경문제뿐만 아니라 녹색기술과 R&D, 녹색산업구조로의 전환과 발전, 녹색국토 · 도시 · 건물 · 교통 등 저탄소 녹색성장에 관한 내용을 포괄적으로 규정하고 있는 종합법이자 경제 산업 발전을 지원하는 법이라는 점에서 미국 · 호주 · 일본 · 프랑스 등의 다른 선진 국가들보다 우리나라가 앞서 법을 시행하는 것이라고 볼 수 있다. 이에 따라 향후 우리나라가 국제적으로 녹색성장을 선도하는 역할을 하는 데 도움을 줄 수 있을 것으로 기대된다.

저탄소녹색성장기본법 시행령(이하 "시행령")에서 가장 중요한 사항 중 하나가 온실가스의 감축 목표인데, 시행령 제25조는 국가 온실가스 감축 목표를 명시하였다. 특히 온실가스감축 목표관리제의 주관부처를 환경부로 단일화하여 대표기관으로 정하였다. 환경부는 온실가스 · 에너지 정보의 신뢰성 및 정확성 제고를 위한 검증과 부문별 목표 관리업무의 적절성 여부를 종합적으로 평가해 개선명령 등 시정조치를 요청할 수 있고, 관리업체에 대해 부문별 관리기관과 합동조사를 실시할 수 있다. 또한 시행령에서 사업체 전체의 온실가스 배출량과 에너지 사용량, 또 특정 사업장별로 배출량, 사용량을 기준으로 관리업체를 정하면서 단계별로 관리업체의 기준을 강화하도록 하였다. 그리고 정부는 관리업체에 대해 배출목표를 정해주고 이를 따르도록 하였다. 관리업체는 5년 단위 및 연차별 목표와 전망, 사업장별 생산설비 현황과 가

동률, 배출되는 온실가스 물질과 에너지 사용 유형, 온실가스 배출량 및 에너지 사용량 현황, 사업장별 온실가스 감축, 에너지 절약 및 에너지 이용 효율 목표와 이행방법 등을 포함한 다음 연도 온실가스 감축, 에너지 절약 및 에너지 이용 효율 목표, 그 이행계획을 매년 9월말까지 관리기관에 제출하도록 하였다. 또한, 환경부는 국가 온실가스 종합정보체계의 국제적 신뢰성 확보를 위하여 온실가스 정보 및 통계에 관한 검증업무를 수행하며 대외적 대표기관의 지위와 역할을 갖도록 하였다.

2.2 시멘트 산업과 온실가스 배출

2013년 우리나라의 클링커 생산량은 4,438만 톤, 시멘트 생산량 4,729만 톤이었으며, 시멘트 생산과정에서 약 4,223만 톤의 CO_2가 배출된 것으로 보고됐다. 이는 클링커 1톤당 약 0.95 톤-CO_2에 해당된다. 2011년의 경우 우리나라 CO_2 배출 총량은 697.7백만 톤으로 이 중 약 6.1퍼센트에 해당되는 CO_2가 시멘트 산업에서 발생된 것이다.[2-1] 표 2.1은 2011년 온실가스·에너지 목표관리제가 시작되면서부터 시멘트 업체가 연간 배출한 온실가스 실적을 정리한 자료이다.[2-2]

온실가스 배출량 기준으로 봤을 때, 각 사별로 탈탄산, 에너지, 간접배출(전력)에서 약 1~2퍼센트의 차이는 있으나, 대체로 시멘트 제조 공정 시 탈탄산 60퍼센트, 에너지 35퍼센트, 간접배출 5퍼센트 정도의 배출비율을 보이고 있다. 시멘트 제조 시, 원료 분쇄(전력, CO_2 약 1.5퍼센트), 클링커 분쇄(전력, CO_2 약 2.0퍼센트), 소성 공정(에너지 약 90퍼센트 이상, CO_2 약 96퍼센트)에서 온실가스 배출량이 약 99퍼센트 이상 배출되고 있다. 따라서 시멘트를 제조할 때의 CO_2 배출은 소성 공정에서 석회석의 탈탄산 및 소성용 연료의 연소에 기인하는 것이 약 90퍼센트를 차지하고 있다. 석회석의 탈탄산은 석회석의 주성분인 $CaCO_3$가 고온(900℃ 전후)에서 분해되어 CaO가 생성되는 과정이며, 이때 발생되는 CO_2가 시멘트를 제조할 때 배출되는 전체 CO_2 배출량의 59퍼센트에 해당된다. 소성용 연료는 크게 화석연료와 대체연료로 구분된다. 화석연료로는 유연탄, 정제유, pet-cokes 등이 있으며 대체연료로는 폐합성수지, 폐타이어, 재생유 등이 사용되고, 이러한 연료의 연소에 의해 시멘트를 제조할 때 배출되는 CO_2의 배출량은 약 34~35퍼센트 정도이다. 전력은 주로 분쇄에 필요한 에너지원으로 사용되고 있으며, 석회석 조분쇄, 원료분쇄, 클링커 분쇄 등에 이용되며, 이때 배출되는 CO_2의 양은 전체 배출량의 5~6퍼센트 정도이다.[2-3]

표 2.1 우리나라 시멘트 산업의 연도별 온실가스 배출량[2-2] (단위 : 천 톤-CO_2)

구분 / 업체명	배출실적(톤-CO_2)		
	2011년	2012년	2013년
동양시멘트(주)	7,550,545	7,926,380	7,588,961
쌍용양회공업(주)	12,189,236	11,955,329	11,539,065
한일시멘트(주)	4,595,201	4,424,689	4,738,663
현대시멘트(주)	3,573,353	3,801,375	3,703,577
아세아시멘트(주)	2,952,788	2,914,162	3,048,394
성신양회(주)	4,263,489	4,776,390	5,574,198
라파즈한라시멘트(주)	5,590,942	4,768,371	5,062,547
상기 7사 합계	40,715,554	40,566,696	41,255,405
시멘트 합계	41,682,306	41,487,887	42,235,029
시멘트 업종 합계	43,402,559	43,239,161	43,940,967

2.3 우리나라 시멘트 산업의 온실가스 배출 저감 노력

우리나라는 1970년대 이후 시멘트 제조 공정에서 에너지 사용량 저감을 위해 기존 공정 개선 및 새로운 설비 설치 등의 노력을 진행해 왔으나, 이는 CO_2 감축을 위한 노력이라기보다는 에너지 절약 및 원가절감 개념에서의 노력이었다. 현재 시멘트 산업에서의 CO_2 감축을 통한 녹색성장을 위한 노력은 신규 설비의 보완 및 개발, 혼합재 · 혼화재의 함량 증대 등을 들 수 있다. 그렇지만 직접적인 CO_2 감축을 이루어야 하는 공장에서는 신기술 개발 및 설비의 개발 · 설치에 따른 초기 투자비용 증대라는 부가적인 부담을 감수해야 하는 어려움이 있다. 현재 우리나라 시멘트 업계에서 추진하고 있는 CO_2 저감 노력은 다음과 같다.[2-3]

① 냉각기, 예비분쇄기, 버너, 분급기 등의 에너지 효율 설비 확충

② 버려지는 폐열 회수를 위한 폐열발전 설비 도입

③ 폐합성수지, 폐유, 폐목재 등의 대체연료 사용 증대

④ 슬래그, 석탄회, 비탄산염 CaO 공급원 등의 대체원료 사용 증대

⑤ 포틀랜드 시멘트 혼합재 사용 확대

⑥ 에너지 저소비형 클링커 제조

국내 시멘트 산업에서 ① 냉각기, 예비분쇄기, 버너, 분급기 등의 에너지 효율 설비 확충은 기 도입 완료된 상태이며, ④ 슬래그, 석탄회, 비탄산염 CaO 공급원 등의 대체원료 사용 증대는 충분한 비탄산염 확보가 어렵기 때문에 시멘트 산업의 이산화탄소 감축방안으로는 어려움이 따르고 있다. 또한 ⑥ 에너지 저소비형 클링커 제조는 R/D 단계로 도입까지는 시간이 걸릴 것으로 판단된다.

가. 대체연료 사용

대체연료로는 폐합성수지, 폐타이어, 하수 슬러지 건조분, 재생유 등이 사용되고 있으며, 우리나라에서 대부분의 대체연료는 킬른의 입구 부분에 투입되고 있으나, 유럽 등의 선진국에서는 메인 버너에서도 대체연료 투입이 이루어지고 있다. 2020년에는 재생연료유, 폐타이어, 폐합성수지, 산업 혼합 쓰레기 등의 대체연료 사용량이 2005년 대비 약 42만 톤(전체 연료 사용량의 17.4퍼센트) 정도의 증가가 예상된다.[2-3)]

나. 고효율 설비

우리나라 시멘트 제조설비는 1990년대에 대부분 최신형인 NSP(new suspension preheater)가 부착된 킬른으로 대체하였으며, 예열기의 고단화, 롤러 밀의 도입, 예비분쇄기의 도입, 분급기의 설비 교체 및 개조, 냉각기의 개조 등 1970년대 이후 현재까지 꾸준히 고효율화가 추진되어 왔다. 앞으로도 설비의 개조 및 설치에 의해서도 CO_2의 배출 저감이 이루어지겠지만 저감률은 그리 크지 않을 것으로 전망된다. 이는 우리나라 설비가 선진국과 비교하여도 상당 수준의 신형으로 구성되어 있어, 공정 개선으로 CO_2를 감축하는 데는 한계가 있기 때문이다. 현재 추진되고 있는 설비 개선 항목은 다음과 같다.

1) 폐열발전 설비의 도입

일본에서는 1980년대부터 공장 전력 소모량의 일부를 자체 공급하기 위하여 폐열발전 설비가 도입되기 시작하였으며, 최근에는 중국, 태국, 베트남, 파키스탄 등 다양한 국가에도 설치되고 있다. 우리나라 시멘트 공장에서도 공장 전력 소모량의 일부를 자체 공급하기 위하여 폐열발전 설비가 설치되어 운전되고 있으며, 2013년에 총 5기의 설치가 완료되어 가동 중에 있고 2020년까지 총 96 MW까지 설치용량을 증대시키는 방안을 감축수단으로 삼고 있다. 이때 연간 486,000 W의 전력이 생산된다고 가정할 경우, 1W의 전력 생산에 해당되는 0.424톤-CO_2를 적용하면 총 206,064톤-CO_2의 연간 감축이 가능하다. 이는 시멘트 1톤당 약 0.50퍼센트의 감축에 해당된다.

2) 냉각기의 개조 및 개선

우리나라 클링커 냉각기는 대부분 그레이트 냉각기로 구성되어 있다. 최근에 F.L. Smith사 등에서는 그레이트 냉각기 방식이 아닌 크로스 바 냉각기를 새롭게 개발 설치하여 CO_2 감축 등에 기여하고 있다. 크로스 바 냉각기는 일반적으로 시멘트 클링커 생산 시 그레이트 냉각기보다 약 20~30 kcal/kg-클링커의 열량을 감소할 수 있다. 따라서 클링커 제조 때 기존 냉각기의 50퍼센트를 크로스 바 냉각기로 개조한다고 가정할 경우, 시멘트 1톤당 CO_2의 감축량은 0.63퍼센트이다.

다. 혼합재 사용량 증대 및 혼합시멘트 확대 사용

CO_2 감축을 위한 방법 중 가장 효과적인 방법은 혼합재 및 혼합시멘트의 사용량을 증가시키는 것이다. 고로 슬래그 시멘트의 경우, KS에서 최대 고로 슬래그 혼합량은 70퍼센트로 규정되어 있으나 실제 사용량은 약 40~50퍼센트 전후로 최대 혼합량 보다 낮은 범위에서 사용되고 있다. 혼합량을 증가시키지 못하는 큰 이유는 초기강도 저하와 응결지연이다. 따라서 혼합재를 다량으로 사용할 수 있는 기술개발이 요구된다. 또한 석회석을 활용한 혼합시멘트의 사용은 CO_2 저감을 위한 효과적인 방법이나 고로 슬래그 시멘트와 같은 문제점으로 현재 우리나라에서는 사용되지 않는다. 그러므로 CO_2 저감을 위해 유럽 등과 같이 석회석 혼합시멘트의 사용도 적극적으로 추진할 필요가 있다.

1) 보통 포틀랜드 시멘트의 혼합재 함량 증가

우리나라에서는 보통 포틀랜드 시멘트의 혼합재 사용 증대 기술개발을 통하여 2013년 12월에 KS L 5201에 규정되어 있는 보통 포틀랜드 시멘트 혼합재 함유량을 5퍼센트에서 10퍼센트로 사용량을 증가시킨 표준으로 개정을 하였다.[2-4] 이는 ASTM C150을 참고하였다.[2-5] 주된 개정 내용을 표 2.2에 나타내었다.

표 2.2 KS L 5201의 주요 개정 내용[2-4]

항목		KS L 5201 (개정 전)	KS L 5201 (개정 후)
첨가재	고로 슬래그, 플라이애시, 포졸란	5% 이하	5% 이하
	석회석		5% 이하
석회석 중의 탄산칼슘 함량		-	$CaCO_3$ 80% 이상
강열감량		3% 이하	3% 이하
기타		-	첨가재 종류 및 사용량, 석회석 중의 탄산칼슘 함량 표시

KS L 5201에 규정되어 있는 보통 포틀랜드 시멘트 혼합재 함유량을 5퍼센트에서 10퍼센트로 증가시키면, 2004~2008년 평균 클링커의 생산량은 45,427천 톤이므로 5퍼센트는 2,271,350톤에 해당된다. 이만큼의 클링커 생산량이 감소하고, 이때에 227,135톤(클링커 1톤당 0.1톤의 유연탄 사용)의 유연탄이 절감되므로 533,767톤의 CO_2가 감축된다. 또한 원료 조합물의 감축량은 3,520천 톤(클링커×1.55로 가정)이며, 이중 약 90퍼센트인 3,168천 톤이 석회석에 해당된다. 따라서 석회석 투입량 절감에 따른 감축량은 1,172,160톤이므로, 시멘트 1톤당 CO_2 감축량은 3.13퍼센트이다. 그러므로 보통 포틀랜드 시멘트의 혼합재 사용량 5퍼센트에서 10퍼센트 증대에 따른 시멘트 1톤당 CO_2 감축량은 4.63퍼센트이다.

2) 고로 슬래그 시멘트의 사용 확대

고로 슬래그 시멘트는 매년 생산량과 소비량이 증가하고 있는 추세로 2008년 전체 시멘트 출하량에서 고로 슬래그 시멘트의 출하 비율은 21.4퍼센트를 점유하고 있으며, 매년 증가하는 추세에 있다. 이와 같은 증가 요인으로는 포틀랜드 시멘트에 비해 가격이 저렴한 점, 내구성을 요하는 해양 콘크리트의 증가, 고내구성 콘크리트의 요구 등을 들 수 있다. 당진에 위치한 현대제철의 고로 가동 및 POSCO의 조강 생산량 확충에 따라 2015년 국내 조강 생산량은 POSCO 3,500만 톤과 현대제철 1,200만 톤을 합쳐 약 4,700만 톤 정도이다. 이에 따라 2015년 이후 수쇄 고로 슬래그의 공급량은 수쇄화율 80퍼센트를 기준으로 하였을 때 현재보다 400만 톤 이상 증가한 1,400~1,500만 톤이다.

고로 수쇄 슬래그 증가량 중 약 100만 톤/년을 고로 슬래그 시멘트의 혼합재로 사용한다고 가정하면 약 80만 톤(시멘트 대체량 100만 톤×0.8 톤-CO_2/톤-시멘트)의 CO_2 감량이 가능하다. 따라서 시멘트 1톤당 CO_2의 감축량은 2.13퍼센트로 추정된다.

3) 3성분계 혼합 시멘트의 개발

3성분계 혼합 시멘트는 클링커 또는 포틀랜드 시멘트에 고로 슬래그, 플라이애시 및 석회석 중에 두 종류를 다량 혼합하여 클링커 또는 시멘트의 사용량을 최소화한 시멘트이다. 최근 콘크리트의 성능은 기존의 콘크리트와 달리 고강도, 고유동, 저발열, 고내구성 등 다양한 성능을 요구하고 있어, 이러한 요구 성능에 맞는 콘크리트를 제조하기 위하여 포틀랜드 시멘트에 다수의 혼합재료를 적당한 비율로 혼합한 3성분계 혼합 시멘트가 필요하고, 이에 따른 품질 관리가 더욱 요구되고 있으며, 또한 온실가스 다량 발생원인 시멘트 사용량을 줄이려는 노력을 기울이고 있어, 다양한 혼합시멘트가 개발되고 있다.[2-6]

미국 ASTM C595에서는 3성분계 시멘트의 포졸란 성분은 혼합 시멘트 질량의 최대 40퍼센트를 한도로 하며, 포졸란과 고로 슬래그의 전체 구성은 혼합 시멘트의 70퍼센트 미만이 되도록 규정하고 있다.[2-7] 3성분계 혼합 시멘트의 경우, 혼합재를 최대 70퍼센트 미만까지 사용했을 경우 시멘트 1톤당 약 30퍼센트의 CO_2 감축이 예상되지만 사용 용도에 따른 혼합재의 종류 및 혼합량의 선택에 주의할 필요가 있다.

2.4* 시멘트계 광물의 온실가스 고정화

2.4.1 광물탄산화 기술

국제에너지기구(IEA)는 에너지기술전망보고서(Energy Technology Perspectives 2008)를 통해 정부간 기후변화 패널(IPCC)에서 요구한 「2050년까지의 기후변화 2℃ 이내」를 위해서는 2050년 CO_2 예상 배출량(620억 톤)을 2005년 배출량(280억 톤)의 약 50퍼센트까지 감축한 140억 톤으로 유지할 것을 권고하고 있다. 이러한 요구를 실현하기 위해 IEA는 에너지효율 향상기술, 재생에너지, 원자력, 이산화탄소 포집 및 저장기술(carbon capture & storage, CCS)을 적극 활용할 것을 제시하고 있다.[2-8]

CCS는 배출원에서 발생되는 CO_2를 그림 2.1과 같이 분리, 포집, 압축, 수송하여 지중 또는 해저의 지층에 대규모로 안전하게 저장시켜 장기간 격리시킴으로써 원천적으로 CO_2의 대기방출을 봉쇄하는 기술이다. 현재 CCS 기술개발에 관한 연구는 각국에서 활발히 진행 중에 있는데, 그 방법으로는 지중저장법, 광물탄산화법, 해저면 처분법 등이 있다.

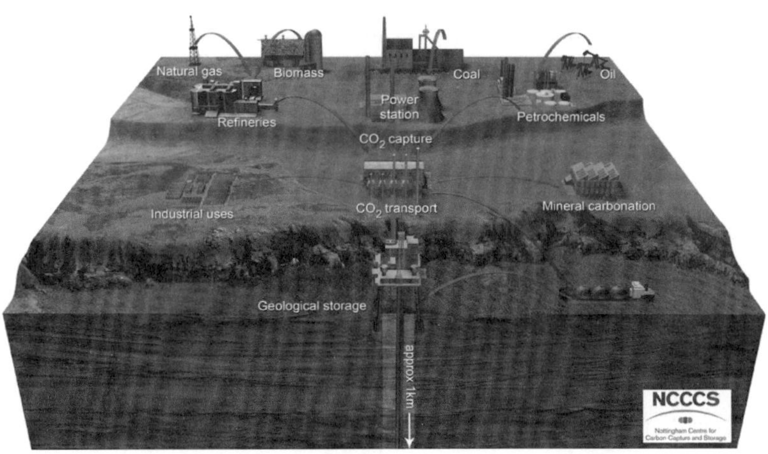

그림 2.1 이산화탄소 포집 및 저장 기술(CCS) 개념도[2-9]

그중 광물탄산화 기술은 화력발전소, 제철소 등의 배출원에서 포집된 CO_2를 산업체에서 배출되는 무기계 산업부산물(inorganic industrial waste) 또는 자연산 광물과 반응시켜 방해석($CaCO_3$), 마그네사이트($MgCO_3$) 등으로 만들어 탄산염 광물의 결정구조 내에 온실가스를 고정화시켜 저장하는 기술이다.

현재 국내에서 온실가스 저장에 응용할 수 있는 무기계 산업부산물은 슬래그, 폐콘크리트, 석고 등으로 연간 약 5,000만 톤이 발생되고 있으며 이를 광물탄산화법에 활용 시 이론적으로 매년 약 1,200만 톤의 온실가스를 고정화할 수 있다. 이렇게 저감된 온실가스를 금액으로 환산하면 약 3,500억 원의 온실가스 배출권 구입액에 해당되므로 환경적인 측면뿐만 아니라 산업·경제적인 측면에서도 큰 효과를 거둘 수 있다.[2-10]

2.4.2 시멘트의 광물조성 및 수화반응

포틀랜드 시멘트의 수화과정은 매우 복잡하고 더구나 긴 시간에 걸쳐 반응하지만 상온에서 시멘트 화합물의 수화반응을 요약하여 화학식으로 나타내면 다음과 같다.

$$C_3S \text{ 수화반응} : 2C_3S + 6H_2O \rightarrow C_3S_2H_3 + 3Ca(OH)_2 \tag{2.1}$$

$$C_2S \text{ 수화반응} : 2C_2S + 4H_2O \rightarrow C_3S_2H_3 + Ca(OH)_2 \tag{2.2}$$

$$C_3A \text{ 수화반응} : 2C_3A + 27H_2O \rightarrow C_4AH_{19} + C_2AH_8 \tag{2.3}$$

$$C_4AH_{19} + C_2AH_8 \rightarrow 2[C_3AH_6] + 15H_2O \tag{2.4}$$

석고 존재 하에서 C_3A 수화반응

$$C_3A + 3CaSO_4 + 32H_2O \rightarrow C_3A \cdot 3CaSO_4 \cdot 32H_2O \tag{2.5}$$

$$2C_3A + C_3A \cdot 3CaSO_4 \cdot 32H_2O + 4H_2O \rightarrow 3[C_3A \cdot CaSO_4 \cdot 12H_2O] \tag{2.6}$$

$$C_4AF \text{ 수화반응} : C_4AF + (8+n)H_2O \rightarrow C_2AH_8 + C_2FH_n \tag{2.7}$$

석고 존재 하에서 C_4AF 수화반응 :

$$C_4AF + 3CaSO_4 + 32H_2O \rightarrow C_3(AF) \cdot 3CaSO_4 \cdot 32H_2O + Ca(OH)_2 \tag{2.8}$$

2.4.3 시멘트 수화물의 온실가스 고정화 반응

시멘트의 4대 광물인 C_3S, C_2S, C_3A, C_4AF는 모두 불안정한 칼슘염이지만 그 자체로는 온실가스를 고정화시킬 수 없다. 그러나 시멘트에 물을 가해 수용액으로 만들면 C_3S나 C_2S의 수화반응[식 (2.1), 식 (2.2) 참조]으로 생성되는 $Ca(OH)_2$가 액상 속으로 유리되면서 알칼리 토금속인 Ca^{2+} 이온이 다량 용출되고, 여기에 CO_2를 주입하는 습식 광물탄산화법으로 CO_2의 고정화가 가능하다.

$$Ca(OH)_2 + H_2O \rightarrow Ca^{2+} + 2OH^- \quad (2.9)$$

$$OH^- + CO_2 \rightarrow HCO_3^- \quad (2.10)$$

$$HCO_3^- + OH^- \rightarrow H_2O + CO_3^{2-} \quad (2.11)$$

$$Ca^{2+} + CO_3^{2-} \rightarrow CaCO_3 \quad (2.12)$$

또한, 시멘트가 주재료인 콘크리트도 오랜 시간동안 공기 중의 CO_2(탄산가스), SO_2(아황산가스)의 작용을 받아 서서히 중성화, 탄산화되면서 CO_2가 고정화된다.

① 알칼리성이 있는 수산화칼슘[$Ca(OH)_2$]이 탄산가스(CO_2)와 반응하여 식 (2.13)과 같이 탄산칼슘($CaCO_3$)을 생성한다.

$$Ca(OH)_2 + CO_2 \rightarrow CaCO_3 + H_2O \quad (2.13)$$

② 알칼리성이 있는 시멘트 겔($3CaO \cdot 2SiO_2 \cdot 3H_2O$)이 탄산가스($CO_2$)와 반응하여 식 (2.14)와 같이 탄산칼슘을 생성한다.

$$3CaO \cdot 2SiO_2 \cdot 3H_2O + 3CO_2 \rightarrow 3CaCO_3 + 2SiO_2 + 3H_2O \quad (2.14)$$

③ 알칼리성이 있는 수산화칼슘[$Ca(OH)_2$]이 아황산가스(SO_2)와 반응하여 식 (2.15)와 같이 중성의 이수석고($CaSO_4 \cdot 2H_2O$)를 생성한다.

$$2Ca(OH)_2 + 2SO_2 + 2H_2O + O_2 \rightarrow 2(CaSO_4 \cdot 2H_2O) \quad (2.15)$$

2.4.4 온실가스 고정화에 활용 가능한 시멘트계 광물

가. 석고

석고는 자발적으로 상온상압 하에서 식 (2.16)과 같이 탄산화반응이 진행되기 때문에 온실가스 고정화에 적합한 재료가 될 수 있다.

$$CaSO_4 + CO_2 + 2(NH_4)OH \rightarrow CaCO_3 + (NH_4)_2SO_4 \quad (2.16)$$

최근 국내의 발전소, 비료공장 등에서 다량의 폐석고가 산업부산물로 발생되고 있는데, 이러한 폐석고는 공정에서 분말상태로 배출되므로 광물탄산화에 사용되는 자연산 광물에 비해 채광, 분쇄 등의 비용을 절약할 수 있어 온실가스 고정이 가능하다.

나. $\gamma-C_2S$

$\gamma-C_2S$는 $\beta-C_2S$의 동질 이형 광물로 수경성은 없지만 콘크리트의 충전재로 사용해 탄산화 시키는 경우 식 (2.17)과 같이 $CaCO_3$와 SiO_2겔과 같은 물질의 생성에 의해 조직을 치밀하게 만들어 중성화 억제나 염화물의 차폐효과, 콘크리트 중 칼슘 이온의 용탈 억제 등 내구성 향상을 기대할 수 있는 것으로 알려져 있다.[2-11)]

$$\gamma-C_2S+2CO_2 \rightarrow 2CaCO_3+SiO_2(\text{겔상}) \tag{2.17}$$

이러한 반응은 그림 2.2 및 2.3의 반사전자이미지(back scattered electron image)로 확인할 수 있다. 즉 그림 2.2는 탄산화 전 $\gamma-C_2S$의 반사전자이미지로 검정부분은 공극이고, 회색부분은 $\gamma-C_2S$이다. 그림 2.3은 탄산화 후 $\gamma-C_2S$의 반사전자이미지로 그림 2.2의 검정부분(공극)이 회색부분의 $CaCO_3$와 SiO_2 겔과 같은 물질로 밀실하게 충전된 것을 볼 수 있다. $\gamma-C_2S$의 탄산화에 의해 생성된 $CaCO_3$는 바테라이트인데, 이는 $\gamma-C_2S$와 바테라이트의 결정 구조와 관련지어 다음과 같이 설명할 수 있다.

$\gamma-C_2S$의 결정 구조는 그림 2.4와 같고, 바테라이트의 결정 구조는 XRD 정성 분석에 의해 확인한 결정 구조 데이터를 기초로 삼차원 가시화 프로그램 VENUS를 사용하여 그림 2.5와 같이 묘사하였다. 양자의 결정 구조를 비교하면 결정 중에 존재하는 O^{2-}와 Ca^{2+}는 어느 것이나 Ca^{2+}가 O^{2-}의 6배위 위치에 존재하여 Ca^{2+}를 사이에 두고 아래 위에 3개씩의 O^{2-}가 규칙적으로 배열된 구조를 이루고 있고, Ca-O 사이의 원자간 거리도 매우 가까운 값을 나타내고 있는데, 이러한 배열 상태와 원자간 거리의 특징은 칼사이트나 아라고나이트에서는 볼 수 없기 때문에 $\gamma-C_2S$의 탄산화 반응으로 생성되는 것은 이들의 동질 이상인 바테라이트이다.[2-12)]

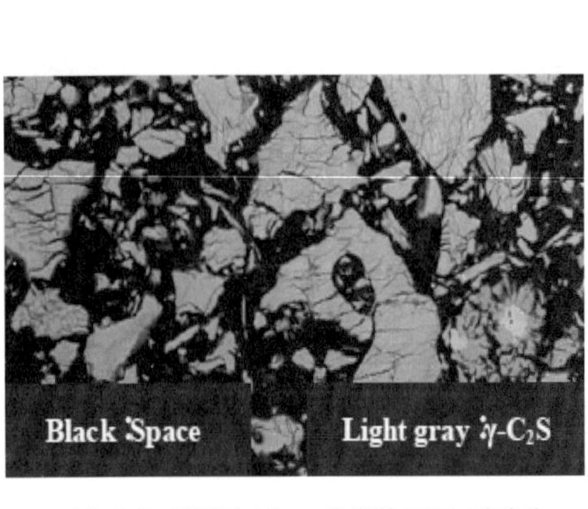

그림 2.2 탄산화 전 $\gamma-C_2S$의 BSE 이미지

그림 2.3 탄산화 후 $\gamma-C_2S$의 BSE 이미지

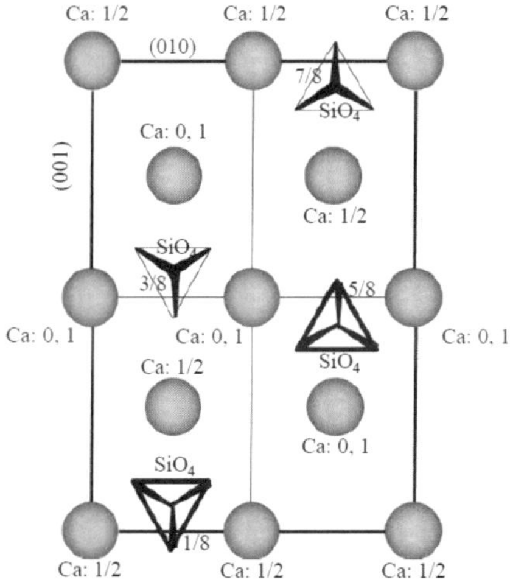

그림 2.4 γ-C_2S의 결정 구조

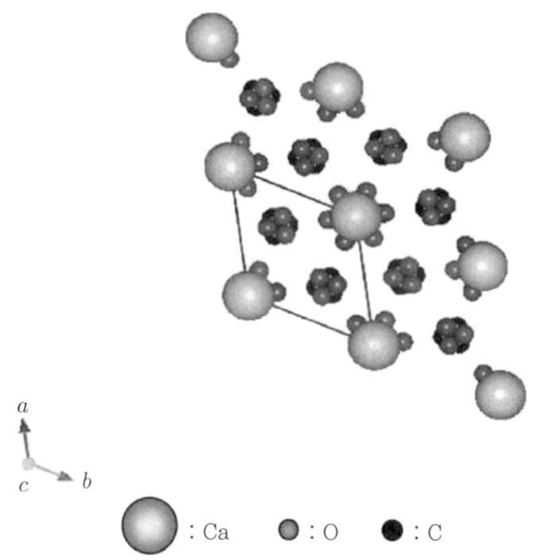

그림 2.5 바테라이트의 결정 구조

2.5* 시멘트 산업의 온실가스 산정방법[2-13)]

2010년 '저탄소녹색성장기본법'이 시행됨에 따라 환경부가 국가 온실가스 통계 총괄기관의 업무를 수행하여 국가 온실가스 통계를 산정·발표하게 되어 있다. 시멘트의 온실가스 산정방법은 환경부가 2011년 3월 제정·고시한 '온실가스·에너지 목표관리 운영 등에 관한 지침'에서 제시하였으며, 시멘트 산업의 CO_2 배출량은 3가지 방법으로 산출할 수 있다.

가. 시멘트에서 CO_2 배출활동 개요

시멘트 공정에서의 온실가스 배출원은 클링커의 제조공정인 소성 공정에서 탄산칼슘의 식 (2.18)과 같은 탈탄산 반응에 의하여 이산화탄소가 배출된다.

$$CaCO_3(\text{고상}) + \text{가열} \rightarrow CaO(\text{고상}) + CO_2(\text{기상}) \quad (2.18)$$

시멘트 공정에서의 CO_2 배출특성은 킬른의 생석회 생성량과 연료 사용량 및 폐기물 사용량에 의해서도 영향을 받으며, 그 밖에 점토 등 부원료의 사용량에 의해서도 영향을 받을 수 있다. 온실가스 산정지침에 의하면 연료 중 목재와 같은 바이오매스 재활용 연료는 배출량 산정에서 제외되지만 합성수지 및 폐타이어 등 폐기물 연료는 배출량 산정에 포함된다.

참고로, 소성로에서 발생되는 비산먼지인 시멘트 킬른 더스트(CKD)도 온실가스 배출과 연관 있다. CKD는 소성공정의 회수시스템에 의해 다량 회수되어 소성공정에 재사용되므로 회수되지 못한 CKD 내 탄산염 성분은 탈탄산 반응에 포함되지 않으므로 보정이 필요하다.

CKD가 완전히 소성되거나 모두가 킬른으로 회수된다면 CKD에 의한 보정은 필요 없으나 소성되지 못한 CKD를 고려하지 않을 경우 배출량이 과다 산정될 수 있다. 시멘트를 수입 클링커로부터 100퍼센트로 생산하는 경우 시멘트 소성공정에서의 CO_2 배출은 일어나지 않는다.

나. 배출량 산정 방법

1) Tier 1

Tier 1에 의한 CO_2 배출량(E_i)은 다음과 같이 구한다.

$$E_i = (EF_i + EF_{toc}) \times (Q_i + Q_{CKD} \times F_{CKD}) \tag{2.19}$$

여기서, E_i : 클링커(i) 생산에 따른 CO_2 배출량(t-CO_2)

EF_i : 클링커(i) 생산량 당 CO_2 배출계수(t-CO_2/t-clinker)

EF_{toc} : 투입원료 중 탄산염 성분이 아닌 기타 탄소성분(제강 슬래그 등)에 기인하는 CO_2 배출계수(기본값으로 0.010t-CO_2/t-clinker를 적용한다)

Q_i : 클링커(i) 생산량(톤)

Q_{CKD} : 킬른에서 시멘트 킬른 더스트(CKD)의 유실량(톤)

F_{CKD} : 킬른에서 유실된 시멘트 킬른 더스트(CKD)의 하소율(퍼센트)

표 2.3 IPCC 국가 인벤토리에서의 가이드라인[2-14)]

구 분	t-CO_2/t-클링커
클링커 생산량 당 CO_2 배출계수	0.510

클링커 생산량 당 배출계수(EF_i)는 IPCC 가이드라인의 기본 배출계수를 사용한다. 시멘트 킬른 더스트(CKD)의 하소율(F_{CKD})은 공장 내 측정값이 있는 경우 측정값을 적용하고, 측정값이 없다면 1.0(100퍼센트 하소가정)을 적용한다.

2) Tier 2

Tier 2에 의한 CO_2 배출량(E_i)은 다음과 같이 구한다.

$$E_i = (EF_i + EF_{toc}) \times (Q_i + Q_{CKD} \times F_{CKD}) \tag{2.20}$$

클링커 생산량 당 배출계수(EF_i)는 '온실가스 · 에너지 목표관리 운영 등에 관한 지침' 제46

조 제2항에 따른 클링커 생산량 당 국가 고유 배출계수를 적용한다. 다만, 동 자료가 없을 경우에는 사업자가 클링커 CaO 및 MgO 성분을 측정 · 분석하여 다음 식 (2.21)에 따라 배출계수(EF_i)를 개발하여 활용한다. 시멘트 킬른 더스트(CKD)의 하소율(FCKD)은 공장 내 측정값이 있다면 측정값을 적용하고, 측정값이 없는 경우 100퍼센트 하소로 가정하고 1.0을 적용한다.

$$EF_i = \text{FCaO} \times (CO_2 \text{ 분율}/\text{CaO 분율}) + \text{FMgO} \times (CO_2 \text{ 분율}/\text{MgO 분율})$$
$$= \text{FCaO} \times 0.785 + \text{FMgO} \times 1.092 \tag{2.21}$$

여기서, FCaO : 생산된 클링커(i) 중 CaO 함량(퍼센트)

FMgO : 생산된 클링커(i) 중 MgO 함량(퍼센트)

$CaCO_3$ 분자량 : 100.09

$MgCO_3$ 분자량 : 84.31

$CaCO_3$에서 CO_2 분율 : 43.97

$CaCO_3$에서 CaO 분율 : 56.03

$MgCO_3$에서 CO_2 분율 : 52.19

$MgCO_3$에서 MgO 분율 : 47.81

3) Tier 3

Tier 3 산정방법은 활동자료의 수집 및 시료의 분석 방법 등에 따라 Tier 3A(클링커 생산량 기반 산정방법)과 Tier 3B(투입 원료량 기반 산정방법)으로 구분한다.

① Tier 3A

클링커 생산량 당 배출계수(EF_i)는 다음과 같이 구한다.

$$E_i = (Q_i \times EF_i) + (Q_{CKD} \times EF_{CKD}) + (Q_{toc} \times EF_{toc}) \tag{2.22}$$

여기서, E_i : 클링커(i) 생산에 따른 CO_2 배출량(tCO_2)

Q_i : 클링커(i) 생산량(ton)

EF_i : 클링커(i) 생산량 당 CO_2 배출계수(tCO_2/t-clinker)

Q_{CKD} : 시멘트 킬른 더스트(CKD)의 생산량(ton)

EF_{CKD} : 시멘트 킬른 더스트(CKD)의 배출계수(tCO_2/t-CKD)

Q_{toc} : 원료 투입량(ton)

EF_{toc} : 투입원료 중 탄산염 성분이 아닌 기타 탄소성분(제강 슬래그 등)에 기인하는 CO_2 배출계수(기본 값으로 0.0073t CO_2/t-원료를 적용한다)

염소 투입량의 변동 요인은 폐플라스틱의 염소 함량에 따라 좌우된다. 실제 투입되는 폐플라스틱 염소는 10,000 ppm 이하로 관리하고 있으나 저농도 염소를 함유한 폐플라스틱의 양이 감소함에 따라 향후 염소 농도가 지속적으로 상승될 것으로 판단된다. 이에 따라 2.0~3.0퍼센트 바이패스 설비를 설치할 경우 투입량이 감소될 것으로 예상되며, 현장에서는 종종 사이클론 하부의 염소 농도가 17,000~20,000 ppm으로 상승되고, 클링커 염소 농도가 500~1,000 ppm으로 상승되는 경우가 있다. 향후 염소 농도가 상승될 것으로 판단됨에 따라 염소 바이패스 설비 용량은 5퍼센트로 설치하는 것이 타당한 것으로 사료된다.

② Tier 3B

투입 원료량 기반 배출계수(EF_i)는 다음과 같이 구한다.

$$E_i = (Q_i \times EF_i \times F_i) - (Q_{CKD} \times EF_{CKD} \times (1 - F_{CKD})) + (Q_{toc} \times EF_{toc}) \qquad (2.23)$$

여기서, E_i : 킬른에서 탄산염 원료(i)의 소성으로 인한 CO_2 배출량(tCO_2)

Q_i : 킬른에 투입된 순수 탄산염(i)의 소비량

EF_i : 순수 탄산염 원료(i)의 소성에 따른 CO_2 배출계수(tCO_2/t-탄산염)

F_i : 킬른에서 순수 탄산염(i)의 하소율(퍼센트)

Q_{CKD} : 킬른에서 시멘트 킬른 더스트(CKD)의 생산량(ton)

EF_{CKD} : 킬른에서 유실된 시멘트 킬른 더스트(CKD)의 기본배출계수

F_{CKD} : 킬른에서 유실된 시멘트 킬른 더스트(CKD)의 하소율(퍼센트)

Q_{toc} : 원료 투입량(ton)

EF_{toc} : 투입원료 중 탄산염 성분이 아닌 기타 탄소성분(제강 슬래그 등)에 기인하는 CO_2 배출계수(기본값으로 0.0073 tCO_2/t-원료를 적용한다)

다. 시멘트 산업에서 CO^2 배출량 산출(예)

표 2.4는 환경부에서 시멘트 산업에 대한 온실가스 배출량을 계산한 값이며, 산정방식은 Tier 1 방법을 적용하였다. 시멘트 제조공정에서 온실가스 배출은 직접배출 부분으로 원료의 탈탄산 공정과 연료의 연소공정, 간접배출 부분으로는 한국전력으로부터 수전하여 사용하는 전력으로 구분한다.

시멘트 생산 시 CO_2 배출량은 다음 산정 식에 따라 계산하였으며, 중간 산출물인 클링커 생산량과 함께 분진상태로 공기 중에 배출되는 시멘트 소성로의 비산 먼지(CKD)의 CO_2를 배출량 산정에 포함한다. CKD에서 발생하는 CO_2 배출량은 IPCC의 기본값인 2퍼센트 CKD 보

정계수를 적용하여 산정한다. 배출계수는 1996 IPCC 가이드라인에 제시된 기본 배출계수인 0.5071톤 CO_2/t 클링커를 사용하였다.[2-15)]

표 2.4 시멘트 산업에서 CO_2 배출량(단위 : 천 톤)[2-16)]

구분	1990년	2000년	2010년	2011년
시멘트	33,575	51,255	47,420	48,249
클링커	29,281	45,719	44,988	45,771
CO_2 배출량	15,145	23,648	23,269	23,675
톤-CO_2/시멘트 1톤	0.451	0.461	0.491	0.491

$$\text{배출량} = \text{배출계수} \times \text{클링커 생산량} \times \text{CKD 보정계수}$$
$$= 0.5071 \times 45,771 \times 1.02 = 23,675\text{톤 } CO_2 \text{ (2011년)} \quad (2.24)$$

여기서, 배출량 : t-CO_2

배출계수 : t-CO_2/t-클링커

표 2.5는 우리나라 시멘트사 온실가스 발생량 현황자료로 2011~2013년 기간 중 7개사 9개 사업장에서 발생한 온실가스 산출량을 가중 평균한 것이며, 3개년 평균 클링커 생산량은 44.9백만 톤이다. 사업장 전체의 온실가스 배출량은 총 배출량 3개년 평균이 40.0백만 톤-CO_2이며, 배출원별로는 직접배출은 공정(원료)배출 부분이 총 24.4백만 톤-CO_2이고 연소배출 부분이 총 13.6백만 톤-CO_2이며, 간접배출은 2백만 톤-CO_2이다.

사업장별 온실가스 배출 기초자료는 공정(원료)배출의 경우 Tier 3에 의한 공정배출계수를 산출하여 적용하였으며, 연소배출(직접배출)의 경우 개별 사업장에서 사용된 에너지와 에너지원별 발열량, 그리고 에너지원별 CO_2, CH_4, N_2O의 배출계수를 조사하여 직접 계산하였다. 간접배출량 계산에 적용되는 전력배출계수는 모든 사업장에서 동일하게 0.4653을 적용하였다.

사업장별로 볼 때 클링커 1톤 생산하는데 온실가스 배출은 0.851~0.931톤-CO_2 수준으로 나타났다. 한편 직접(연료)배출 원단위는 9개 사업장 가중평균이 0.303톤-CO_2/톤-클링커로 나타났으며, 공정(원료)배출은 0.542톤-CO_2/톤-클링커인 것으로 산정되었다. 한편 사업장 전체의 배출원별 배출원단위를 살펴보면 9개 사업장 가중 평균한 총 배출원단위는 약 0.891 톤-CO_2/톤-클링커로 나타났다. 또한 우리나라 포틀랜드 시멘트 1톤을 생산하기 위해서 클링커 약 0.94톤과 석고 약 0.06톤을 분쇄밀로 분쇄할 경우 CO_2 배출량은($0.891 \times 0.94 + 0.0183 = 0.856$) 0.856 톤-$CO_2$를 발생하는 것으로 산출되었다.

표 2.5 우리나라 시멘트사 온실가스 발생량 현황 예[2-17]

구 분			단위	A 사	I 사	우리나라 총계
직접 배출	공정(원료)배출량		톤-CO_2	2,748,504	1,320,395	24,419,134
	직접(연료)배출량		톤-CO_2	1,565,748	707,676	13,643,779
간접 배출	전력	일반	톤-CO_2	233,366	132,039	2,027,109
		폐열발전	톤-CO_2	54,169	0	118,125
총 계			톤-CO_2	4,547,618	2,160,110	40,090,021
클링커 생산량			톤/년	5,337,965	2,516,449	44,992,927
클링커 1 톤 당 CO_2톤			톤-CO_2/톤-클링커	0.852	0.858	0.891

2.6 맺음말

우리나라에서 시멘트 산업의 CO_2 배출량은 전체 배출량의 약 6퍼센트 정도를 차지하고 있으며, 석회석의 분해과정(탈탄산)에서 배출되는 CO_2의 양이 시멘트 산업 전체 CO_2 배출량의 59퍼센트 정도를 점유하고 있다. 이러한 상황에서 최선의 CO_2 저감 대책은 배출 원단위의 최소화이며 이를 위해 시멘트업계에서는 공정설비 개선, 대체연료 사용, 혼합재 사용 비율 증대 등 다양한 시도를 중점적으로 추진하고 있다.

시멘트 산업은 광물탄산화법에 활용할 수 있는 무기계 산업부산물인 슬래그, 폐콘크리트, 석고 등에 대한 다양한 경험이 있으므로 향후 광물탄산화에 의한 CO_2 고정화 기술에 대한 연구 및 실증의 매개체로서 역할을 수행한다면 시멘트 산업은 친환경적 산업으로 자리매김할 수 있고, 이를 통해 경제적인 측면에서도 큰 효과를 거둘 수 있을 것이다.

우리나라의 시멘트 사업장 전체의 배출원별 배출원단위를 살펴보면 9개 사업장 가중 평균한 클링커 1톤 생산 시 CO_2 배출량은 0.891톤-CO_2 수준으로 나타났으며, 우리나라 포틀랜드 시멘트 1톤을 생산하기 위해 클링커 약 0.94톤과 석고 약 0.06톤을 분쇄밀로 분쇄할 경우 CO_2 배출량은 0.856톤-CO_2이다. 온실가스를 많이 배출하는 시멘트 산업에서 최선의 CO_2 대책은 현 세대의 소비요구를 충족시키는 동시에 미래의 발전을 추구하기 위한 배출원단위의 최소화이다. 이를 위해 우리나라 시멘트 산업은 국가 비전인 저탄소녹색성장에 기여한다는 목적으로 공정설비 개선, 대체연료 사용, 혼합재 사용 비율 증대, 신기술 개발, CO_2 회수처리 기술 등 다양한 시도를 통해 CO_2 감축을 위해 노력하고 있으며, 현재 시멘트 산업에서 중점적으로 추진하고 있는 공정설비 개선, 대체연료 사용 및 혼합재 사용량 확대 등이 성공적으로 완수될 경우 시멘트 1톤당 약 10퍼센트 이상의 CO_2를 감축시킬 수 있을 것으로 예상된다.

참고문헌

2-1 한국에너지기술평가원, "고온 용융 슬래그를 사용한 에너지 · CO_2 미니멈 시멘트제조의 상세기획 보고서", 2010.

2-2 온실가스종합정보센터, http://www.gir.go.kr.(2015. 09).

2-3 산업자원부, "환경부하저감형 포틀랜드 시멘트 제조공정 및 소재기술 개발", 2003.

2-4 KS L 5201, "포틀랜드 시멘트", 산업통상자원부 기술표준원, 2013.

2-5 ASTM C150, "Specification for Portland Cement", ASTM International, 2009.

2-6 EN 197-1, "Cement-Part 1 : Composition, Specification and Conformity Criteria for Common Cements", BSI, 2000.

2-7 ASTM C595, "Specification for Blended Hydraulic Cements", ASTM International, 2009.

2-8 International Energy Agency, Energy Technology Perspectives, 2008.

2-9 GeoEnergy Research Centre 홈페이지, http://ncccs.ac.uk/.(2015. 09).

2-10 장영남, "CO_2 저장을 위한 광물탄산화 기술", Technology plus Management, 한국산업기술진흥협회, 2014.

2-11 한국세라믹학회 시멘트부회, 사회환경머터리얼, 한림원, 2009.

2-12 T. Saito, "Carbonation of γ-Ca_2SiO_4 and Mechanism of Vaterite Formation", Journal of Advanced Concrete Technology, Vol. 8, No. 3, 2010.

2-13 환경부, 온실가스 · 에너지 목표관리 운영 등에 관한 지침, 2011.

2-14 IPCC, IPCC Guidelines for National Greenhouse Gas Inventories, 2006.

2-15 IPCC, Revised 1996 Guidelines for National Greenhouse Gas Inventories, 1996.

2-16 환경부, 2013년 국가 온실가스 인벤토리 보고서, 2014.

2-17 한국시멘트협회, "무상할당 업종선정 및 벤치마크 방식 연구보고서", 2014.

제3장 자원순환과 미량 성분

이승헌, 군산대학교 신소재공학과 교수, shlee@kunsan.ac.kr
김원기, 아세아시멘트 기술영업팀 팀장, kimwk16@asiacement.co.kr

3.1 시멘트 · 콘크리트와 미량 성분

3.1.1 미량 성분과 환경기준

시멘트 · 콘크리트에서 전 세계적으로 문제가 되는 미량 성분은 수용성 6가 크로뮴(Cr)이다. 시멘트 관련 수용성 6가 크로뮴이란 시멘트가 물과 접촉했을 때 시멘트에서 녹아나와 물 속에서 이온으로 존재하는 6가 크로뮴을 말하는 것으로, 시멘트에서 용출되는 6가 크로뮴은 사람의 피부와 직접 접촉했을 때 일부 민감한 사람들에게는 알레르기 접촉성 피부염을 일으킬 수 있다. 또한, 최근 환경에 대한 관심이 높아지고 시멘트 원료나 연료로서 부산물 및 폐기물이 사용됨에 따라 시멘트에서 6가 크로뮴 이외의 미량 성분에 대해서도 관심의 대상이 되고 있다. 일반적으로 시멘트 중의 중금속 함유량은 토양의 함유량과 비교하여 설명하고 있으며, 대체로 토양 함유량 범위 내에 존재하는 것으로 알려져 있다.[3-1] 국내 · 외 시멘트 회사는 홈페이지를 통해 자사 시멘트 중의 중금속 함유량을 공지하고 있다. 공지하는 중금속의 종류는 각국 마다 약간 다르며, 예로서 시멘트 중의 관리 대상 중금속은 표 3.1과 같다.

우리나라 환경법에는 환경보전에 대한 기본 이념이 규정되어 있다. 그 중에서 환경부하는 인간의 활동에 의해 환경에 가해진 영향으로 환경을 보전하는 데 지장을 줄 만한 원인이 되는 것으로 정의하고 있으며, 이러한 환경법에 기초하여 여러 가지 환경기준이 설정되고 있다. 환경기준은 인간의 건강을 보호하고, 생활환경을 보전하기 위해 필요한 기준으로 수질오염 및 토양오염에 관한 환경기준이 그 중 하나이다. 또한 수도수에 관해서는 수도법이 설정되어 있으며, 배수에 대해서는 수질기준이 정해져 있다. 시멘트 및 모르타르, 콘크리트, 고화처리토 등의 시멘트 경화체와 관련 있는 항목은 주로 중금속에 해당된다. 우리나라의 중금속에 대한 각종 환경기준은 표 3.2에 나타냈다.

표 3.1 각국에서 관리하고 있는 시멘트 중의 중금속 현황

국가	관리 주체	대상 중금속
일본	태평양시멘트	총 크로뮴, 6가 크로뮴, 아연, 납, 구리, 비소, 수은, 셀레늄, 카드뮴
	토양오염 환경규제	6가 크로뮴, 구리, 카드뮴, 납, 비소, 셀레늄, 수은
	산업폐기물 판정기준	6가 크로뮴, 카드뮴, 납, 비소, 셀레늄, 수은
프랑스	라파즈시멘트	카드뮴, 수은, 타륨, 안티모니, 비소, 납, 크로뮴, 코발트, 니켈, 바나듐, 주석, 셀레늄, 텔루륨
한국	국립환경과학원	6가 크로뮴, 납, 구리, 카드뮴, 비소, 수은
	산업폐기물 판정기준	6가 크로뮴, 납, 구리, 카드뮴, 비소, 수은
	토양오염 대책기준	6가 크로뮴, 납, 구리, 카드뮴, 비소, 수은, 아연

표 3.2 우리나라의 미량 성분에 대한 환경기준

항목	환경정책기본법 (수질환경기준)		폐기물 관리법 (mg/L)	토양환경 보전법(mg/L)			수도법 (mg/L)	먹는물 관리법 (mg/L)	지하수법 (mg/L)
	하천 (mg/L)	해역 (mg/L)		1지역	2지역	3지역			
6가 크로뮴	0.05	0.05	1.5	5	15	40	0.005	0.05	0.05
망간	–	–	–	–	–	–	0.03	–	–
니켈	–	–	–	100	200	500		–	–
철	–	–	–	–	–	–	0.03	–	–
구리	–	0.02	3	150	200	2,000	0.1	–	–
아연	–	0.1	–	300	600	2,000	0.1	–	–
비소	0.05	0.05	1.5	25	50	200	0.005	0.05	0.05
셀레늄	–	–	–	–	–	–	0.001	0.01	0.01
카드뮴	0.005	0.01	0.3	4	10	60	0.0005	0.005	0.005
수은	0.001	0.0005	0.005	4	10	20	0.0001	0.001	0.001
납	0.05	0.05	3	200	400	700	0.005	0.05	0.05

3.1.2 시멘트 중의 수용성 6가 크로뮴의 규제

시멘트 중 6가 크로뮴에 의한 알레르기성 접촉성 피부염을 방지하기 위한 각국의 규정은 크게 두 가지로 나눌 수 있다. 첫 번째는 피부에 젖은 시멘트가 접촉하지 않도록 충분한 보호 장비를 갖추는 등 효과적인 관리와 교육에 대한 규제이다. 현재 접촉성 알레르기 피부염을 방지하는 최선의 대책으로 간주되고 있으며, 각국에서는 여기에 대해 엄격한 지침을 두고 건설 근로자와 소비자의 건강을 보호하고 있다. 두 번째는 첫 번째 규정을 좀 더 보완한 것으로 시멘트 중의 수용성 6가 크로뮴의 양을 규제하는 것이다. 이는 건설 근로자나 시멘트를 접촉하는 사람들의 안전을 고려한 조치로서 현재 우리나라, 일본, 유럽에서 시행되고 있다.

가. 일본

일본 시멘트 업계에서는 1998년 9월 시멘트 중 수용성 6가 크로뮴의 함유량을 20 mg/kg 이하로 하는 가이드라인을 설정하여, 각 제조사는 여기에 근거하여 관리하고 있다. 일본에서 수용성 6가 크로뮴이 문제가 된 것은 시멘트가 주재료인 일반 연약토용 고화재를 이용하여 고화처리토를 만들었을 때이다. 일부 고화처리토에서 일본의 토양오염에 대한 환경기준값 0.05 mg/L을 넘는 경우가 발생함에 따라 2000년 3월 일본 건설성은 시멘트를 이용하여 흙을 고화처리했을 때 토양오염 기준을 만족시켜야 한다고 규정하였다. 또한, 2008년 4월 일본시멘트협회는 시멘트 중의 수용성 6가 크로뮴에 대한 자체 가이드라인을 다음과 같이 구체화하였다.[3-2)]

① 각 공장별로 시멘트 중의 수용성 6가 크로뮴의 관리 기준을 설정하고, 최대 함유량이 20 mg/kg을 넘지 않도록 한다.

② 수용성 6가 크로뮴의 함유량 관리를 위해 원칙적으로 하루 1회 이상, 조합 원료, 클링커 또는 시멘트의 크로뮴 함유량을 측정하며, 이때 클링커 또는 시멘트의 경우는 수용성 6가 크로뮴을 측정할 수 있다.

③ 월 1회 이상, 시멘트의 수용성 6가 크로뮴의 함유량을 측정하고, 시멘트의 수용성 6가 크로뮴의 함유량과 총 크로뮴의 함유량(조합 원료, 클링커 또는 시멘트)과의 관계를 구하고, 측정값(하루 1회 이상의 크로뮴 함유량과 월 1회 이상의 시멘트 수용성 6가 크로뮴의 함유량)의 기록은 일정 기간 보관한다.

④ 시멘트의 수용성 6가 크로뮴의 함유량은 일본시멘트협회 표준시험방법 JCAS I-51(시멘트 및 시멘트 원료 중의 미량 성분 정량방법)에 의해 측정한다.

나. 유럽

환경문제에 대해 민감한 스칸디나비아 국가인 덴마크, 네덜란드 등에서는 1980년대부터 젖은 시멘트에 접촉하는 건설 근로자를 알레르기 접촉성 피부염으로부터 보호하기 위해 시멘트 중의 수용성 6가 크로뮴의 양을 2 mg/kg으로 제한하였다. 유럽의회에서도 2003년 3월 시멘트 중의 수용성 6가 크로뮴이 피부에 직접 접촉 또는 장기간 누적에 의해 알레르기 반응을 일으킬 수 있다는 결론을 내려 수용성 6가 크로뮴의 양을 건조 무게 기준으로 0.0002퍼센트(2 mg/kg)

로 제한하였다. 유럽의회의 내용을 요약하면 다음과 같다.[3-3)]

① 시멘트 및 시멘트 함유 혼합물을 물에 개어 사용하는 경우, 수용성 6가 크로뮴을 시멘트의 총 건조무게의 2 mg/kg(0.0002퍼센트)을 초과하여 포함하는 시멘트 및 시멘트 함유 혼합물은 사용 또는 시장출시를 금지한다.

② 환원제가 사용되는 경우, 물질의 종류, 포장 및 표지에 관한 규정을 준수하면서 시멘트 또는 시멘트 함유 혼합물의 포장에 포장일자뿐만 아니라 수용성 6가 크로뮴이 2 mg/kg 이하로 유지할 수 있는 적절한 보관 조건 및 기간을 정확히 명시한다.

③ 단, 시멘트 및 시멘트 함유 혼합물이 단지 기계에 의해 조작되어 사람과의 피부 접촉 가능성이 없는 전 자동 폐쇄 시스템에서는 이 규정이 적용되지 않는다.

다. 미국

미국 노동성의 직업안전위생관리국은 2004년 6월 관보에서 6가 크로뮴의 직업적인 노출에 대한 주의를 촉구하였고, 통합유럽(EU)에서 실시하고 있는 시멘트에 대한 수용성 6가 크로뮴 규제에 대하여 미국 직업안전위생관리국은 경제적인 문제와 기술적인 문제가 명확하지 않다는 결론을 내려 2 mg/kg 상한선의 도입을 유보하였다. 현재 미국 노동성의 직업안전위생관리국 규정은 시멘트로 인한 알레르기 접촉성 피부염을 방지하기 위해 개인 보호 장비를 의무화하고 있다.

라. 기타 국가

시멘트 세계 최대 생산국가인 중국과 제2위 생산국가인 인도에서는 아직까지 시멘트 중의 미량 성분 함유량에 대한 규제는 없다. 남아프리카공화국에서 보통 포틀랜드 시멘트 중 크로뮴 양은 추출액에 따라 다르나 총 크로뮴은 80~180 mg/kg 정도이고, 이중에서 6가 크로뮴은 34~130 mg/kg으로 총 크로뮴에 대해 27~81퍼센트 정도를 차지하고 있으며, 수용성 6가 크로뮴에 대한 전환율은 8.0~26.0퍼센트로 보고되고 있다.[3-4)]

마. 우리나라

우리나라는 2005년 이후 시멘트에 함유된 6가 크로뮴의 발생원인 규명 및 저감 방안에 대해 활발한 논의가 이루어져 환경부를 소관으로 하는 시멘트 민관정책협의회를 구성하였다. 민관정책협의회는 정부와 업계, 학계, 연구기관, 시민단체, 지역주민 등이 참여하고, 발생원인,

인체 유해성 규명, 외국의 규제 및 시험방법, 가이드라인, 시멘트 소성로 환경관리 개선계획 등을 만들고 2008년 6월에 다음과 같은 사항을 확정하였다.[3-5)]

① 시멘트 중 6가 크로뮴 시험 방법은 용이성, 재현성 등을 고려하여 일본시멘트협회 시험법(JCAS I-51)이 적정하므로 이를 근거로 하여 KS L 5221(시멘트 중 6가 크로뮴의 정량분석 방법)[3-5)]을 제정한다. 함유량 기준은 일본과 동등한 20 mg/kg 이하로 결정하여, 이를 업계 자체 가이드라인으로 설정한다.

② 시멘트 중 6가 크로뮴의 함유량 기준은 2009년부터 20 mg/kg 이하로 한다.

③ 2008년부터 매월 한국시멘트협회와 국립환경과학원 공동으로 수용성 6가 크로뮴의 함유량에 대한 측정 결과를 국립환경과학원 및 한국시멘트협회 홈페이지에 게재하는 방법 등으로 공지하여 업계의 자율적인 수용성 6가 크로뮴 저감 노력을 유도한다.

④ 향후 환경부는 시멘트 업계 부원료의 총 크로뮴 관리, 6가 크로뮴 자율 관리 기준의 준수 노력이 계획대로 이행될 수 있도록 철저히 관리하고, 저감 기술 개발을 추진토록 하는 등 업계를 독려한다.

3.2 시멘트 제조 원 · 연료 중의 미량 성분 함유량[3-6,7)]

포틀랜드 시멘트는 천연광물인 석회석, 점토, 규석, 철광석 및 유연탄을 원 · 연료로 사용하여 제조해왔다. 그러나 최근에는 자원 활용이라는 관점에서 각종 부산물 및 폐기물이 원료 및 연료로 활용되고 있다. 이러한 천연광물, 유연탄, 부산물 및 폐기물 중에는 시멘트의 주요 구성 성분 이외에도 중금속이 미량 함유되고 있어, 최종 시멘트 제품에 포함되거나 일부는 연도를 통해 배기가스로 배출되기도 한다. 이에 따라 시멘트 제조공장에서는 우수한 제품 생산이 주요 목적이기 때문에 폐기물 재활용을 위해서는 품질에 영향을 미치지 않는지, 폐기물 재활용에 따른 새로운 오염물질 발생이 없는지, 중금속 등 유해물질 함유량이 법 규정에 적합한지 등에 대한 사전 점검과 설비 적용 가능성을 검토한 후 사용하고 있다. 시멘트 산업에서 폐기물 재활용은 "폐기물관리법 제25조 5항"에 근거하여 폐기물을 재활용하고 있다.

시멘트 1톤 제조 시 필요한 석회석의 양은 각 공장 간에 차이는 있지만 약 1,150 kg 정도로 시멘트 원료의 약 80퍼센트를 차지하고 있어 주 원료라 부른다. 우리나라 시멘트 제조에 사용되는 석회석 중의 중금속 함유량을 표 3.3에 나타냈다. 석회석 중의 중금속은 크로뮴이 제일 많았으며, 8.9~63.1 mg/kg의 함유량을 나타냈다. 크로뮴 이외의 함유량은 석회석의 산지에 따라 광범위한 함유량을 나타냈다. 일본시멘트협회에서 10개의 석회석에 대하여 크로뮴의 함유량을 조사한 결과 석회석 중 크로뮴의 양은 2.4~30.0 mg/kg으로 우리나라 석회석보다 약간 작은 것으로 나타났으며, 또한 독일에서 조사된 석회석 중의 크로뮴 함유량은 0.7~12 mg/kg으로 우리나라보다는 작은 값이었다. 크로뮴 이외의 중금속은 독일의 경우와 비교하면 비소는 작은 값을 나타냈으나, 다른 중금속은 상한 값에서 차이를 나타냈다.

점토질 원료는 SiO_2 성분, Al_2O_3 성분, Fe_2O_3 성분을 공급하는 원료로서, 시멘트 1톤당 약 214 kg 정도가 사용된다. 기존에는 점토질 광물이 사용되었으나 자원이 풍부하지 못해 현재 산업 부산물인 석탄회, 오니, 소각재 등으로 대체되고 있다. 우리나라에서 점토질 원료로 사용되는 부산물에 대한 중금속 함유량 예를 표 3.4에 나타냈다. 참고로 시멘트 공장에서 점토질 원료로 널리 사용되는 천연 납석의 중금속 함량도 같이 나타냈다. 대체로 최대량과 최소량의 범위차가 크게 나타났다. 특히 점토 원료로 널리 쓰이는 경석은 총 크로뮴이 13~337 mg/kg으로 넓은 범위의 함유량을 나타냈다. 최근 점토 대체원료로 사용되는 플라이애시를 포함한 석탄회도 천연광물인 납석과 비슷한 함유량을 나타냈다. 오니류의 경우 비소의 함유량 범위가 매우 커서 사용 시 주의할 필요가 있다. 기타 중금속으로는 구리, 납, 카드뮴, 수은 등을 함유하고 있으며 납석, 점토와 유사하거나 약간 높은 값을 나타냈다.

규산질 원료는 점토질 원료만으로 SiO_2 성분이 모자라는 경우에 이를 보충하기 위해 사용되는 원료로 규석, 규사 등이 사용되고 있으며 폐·부산물로 폐주물사가 사용되고 있다. 규산질 원료로 사용되는 폐주물사의 중금속 분석 결과의 일례를 규석과 비교하여 표 3.5에 나타냈다. 폐주물사는 규석과 비교하여 크로뮴의 함량이 높았다. 크로뮴 이외의 중금속을 규석과

표 3.3 석회석 중의 중금속 함유량 예[3-7] (단위 : mg/kg)

구분	크로뮴	구리	비소	납	카드뮴	수은	시료 수
우리나라 (평균)	14.3~63.1 (28.3)	ND~21.7 (13.0)	1.4~4.2 (2.2)	8.4~14.5 (12.6)	ND	ND	4
독일 (평균)	0.7~12.0 (9.0)	-	0.21~2.0 (6.0)	0.3~21.0 (7.0)	0.02~050 (0.07)	0.005~0.10 (0.03)	-

주) 검출한계 이하는 ND로 표기하였음.

표 3.4 점토질 원료로 사용되는 대체원료의 중금속 함유량 예[3-7] (단위 : mg/kg)

시료	크로뮴	구리	비소	납	카드뮴	수은	시료 수
경석 (평균)	13.4~107.7 (45.7)	25.2~85.0 (55.4)	ND~18.7 (8.5)	9.0~186.2 (72.2)	ND	0.11~0.18 (0.16)	3
석탄회 (평균)	12.9-67.1 (31.5)	ND-14.6 (11.5)	2.6-29.3 (16.7)	ND-14.6 (7.6)	ND-0.8 (0.4)	ND-0.25 (0.09)	3
납석	26.2	23.5	29.9	30.5	ND	ND	1

주) 검출한계 이하는 ND로 표기하였음.

표 3.5 규산질 원료로 사용되는 대체원료의 중금속 함유량 예[3-7] (단위 : mg/kg)

시료	크로뮴	구리	비소	납	카드뮴	수은	시료 수
규석 (평균)	18.2~187.2 (135.7)	7.1~29.0 (14.5)	1.2~66.2 (18.7)	ND~112.8 (30.9)	ND	ND~1.96 (0.49)	4
폐주물사	240.2	246.2	4.6	82.6	0.52	ND	1

주) 검출한계 이하는 ND로 표기하였음.

비교하면 구리는 높은 값을 나타냈으나 나머지 중금속은 유사 내지는 이하의 값을 나타냈다. 일본시멘트협회 보고에 의하면 일본 규석질 원료(9개 규석, 1개 기타)의 크로뮴 함유량은 규석의 원료 원단위를 시멘트 1톤당 62 kg으로 고려할 때 4.8~883.9 mg/kg으로 우리나라 규석질 원료와 비교하여 하한값은 적으나 상한값은 매우 높은 수치를 나타냈다.

보통 포틀랜드 시멘트 중에는 Fe_2O_3 성분이 약 3~4퍼센트 포함되어 있다. Fe_2O_3 성분은 석회석이나 점토질 원료 중에 적은 양이 들어가 있지만, 그 정도의 양으로는 부족하므로 별도로 공급을 해주어야 한다. Fe_2O_3 성분 원료로는 천연광물인 철광석이 좋으나 가격이 비싸므로 우리나라에서는 주로 제철소의 부산물인 제강 슬래그, 철질 슬러지 등을 사용하고 있다. 따라서 철질 원료로 사용되는 폐기물은 제련과정에서 배출되는 폐·부산물이 사용되고 있기 때문에 중금속의 함유량이 다른 원료에 비해 많다는 특징이 있다. 우리나라에서 사용되었던 철질 원료의 중금속 함유량 일례를 표 3.6에 나타냈다. 총 크로뮴은 최고 1,180 mg/kg로 함유하고 있었으며, 특히 제강 슬래그에 크로뮴의 함유량이 높았다. 철질 원료로 사용되는 폐·부산물의 특징적인 것은 크로뮴 외에 구리, 비소, 납, 카드뮴 등의 중금속을 상당량 함유하고 있었다. 일본시멘트협회 보고에 의하면, 일본 철질 원료(6개)의 크로뮴 함유량은 13.9~747.2 mg/kg이고, 특히 전로 슬래그(4개) 중의 크로뮴 함유량은 175~1,777.8 mg/kg으로 우리나라 철질 원료와 비교할 때 비슷한 수준을 나타냈다.

시멘트 혼합재로 사용되는 고로 슬래그, 응결시간 조절제인 석고에 사용되는 폐·부산물의 중금속 함유량 예를 표 3.7에 나타냈다. 고로 슬래그, 석고 등은 중금속 함유량이 매우 적었다. 고로 슬래그는 크로뮴을 약간 함유하고 있었으며, 일부 탈황석고에서는 비소, 납, 카드뮴 등이 함유되었다.

연료로 사용되는 폐·부산물의 중금속 함유량 예를 표 3.8에 나타내었다. 폐타이어의 중금속 함유량은 유연탄과 비교하여 유사하거나 약간 많은 양을 나타냈고, 일부 RPF에서 납, 카드뮴의 양이 유연탄보다 높은 값을 보였다. 그러나 대체적으로 원료용으로 사용되는 폐·부산물보다는 적은 양을 나타냈다.

표 3.6 철질 원료로 사용되는 대체원료의 중금속 함유량 예[3-7] (단위 : mg/kg)

시료	총 크로뮴	구리	비소	납	카드뮴	수은	시료 수
제강 슬래그 (평균)	79.4~820.6 (251.5)	15.4~107.4 (64.4)	1.0~21.4 (13.1)	13.5~1,000 (592.8)	ND~11.6 (8.7)	Nd~1.73 (0.64)	3
철광석 (평균)	ND~186 (93)	62~2,545 (1303.5)	ND	ND~1,085 (543)	ND~19 (10)	ND	2

주) 검출한계 이하는 ND로 표기하였음.

표 3.7 혼합재/석고로 사용되는 대체원료의 중금속 함유량 예[3-7] (단위 : mg/kg)

시료	크로뮴	구리	비소	납	카드뮴	수은	시료 수
고로슬래그 (평균)	35.6~101.9 (64.5)	ND~18.9 (6.3)	ND~1.1 (0.6)	ND1~2.2 (4.1)	ND	ND	3
탈황석고 (평균)	5.2~9.2 (7.8)	14.2~342.5 (128.4)	1.8~50.0 (17.0)	ND~120.9 (44.5)	ND~48.1 (16.6)	0.09~0.57 (0.38)	3
중화석고 (평균)	12-16 (14)	ND-8 (4)	ND	ND	ND	ND	2

주) 검출한계 이하는 ND로 표기하였음.

표 3.8 연료로 사용되는 폐 · 부산물의 중금속 함유량 예[3-7] (단위 : mg/kg)

시료	크로뮴	구리	비소	납	카드뮴	수은	시료 수
폐타이어 (평균)	ND~23.2 (9.3)	14.2~39.2 (22.7)	ND~0.7 (0.2)	14.4~102.5 (41.2)	ND~0.9 (0.4)	ND~0.86 (0.35)	4
WDF (평균)	5.4~21.2 (13.3)	ND~23.0 (11.5)	0.7~0.9 (0.8)	7.5~20.4 (14.0)	ND~0.1 (0.1)	ND~0.13 (0.07)	2
RDF	14.7	21.8	2.6	42.7	1.7	ND	1
RPF	487.4	60.3	ND	92.4	8.8	ND	1
유연탄 (평균)	6.4~13.1 (8.6)	3.3~54.4 (18.0)	ND~1.2 (0.5)	12.1~32.9 (23.3)	ND~0.3 (0.2)	ND	4

주) 검출한계 이하는 ND로 표기하였음

3.3 시멘트 중의 미량 성분 함유량 수준

2008년 9월부터 환경부와 국립환경원에서는 시멘트 소성로 환경관리 개선계획의 일환으로 국내 시멘트 생산 공장(9개 공장)에서 생산한 시멘트 제품에 대한 6가 크로뮴 및 중금속 함유량을 매월 조사하여 국립환경원 및 한국시멘트협회 홈페이지에 게재하기 시작하였다. 표 3.9에 국립환경원에서 2014년 9월 우리나라에서 사용되는 국내 · 외 시멘트 중금속 분석 결과를 도시하였다.[3-8] 그 결과를 Bowen의 흙의 중금속 범위와 비교하여 표 3.10과 같이 고찰하면 다음과 같다.[3-9] 6가 크로뮴은 2009년 자율기준 20 mg/kg 이하를 만족하고 있으며 수입 시멘트와 유사한 값을 나타냈다. 납, 비소, 카드뮴, 구리, 수은 등은 Bowen의 흙 범위 내에 포함되어 있다.

환경문제와 관련하여 시멘트 중의 여러 가지 중금속 수준을 평가하는 것은 매우 어려운 일이다. 현재 수용성 6가 크로뮴을 제외하고 여기에 대해 명확하게 정의하는 방법은 제시되고 있지 않다. 그러므로 시멘트 중의 중금속 함유량을 평가방법 중 하나는 시멘트를 암석의 산업전환제품으로서, 그리고 자연전환제품으로 간주하여 암석, 토양에서의 중금속 함유량 수준과 비교하는 것이다.

표 3.9 우리나라 시멘트의 중금속 분석 결과 예[3-8] (단위 : mg/kg)

업체	6가 크로뮴	비소	카드뮴	구리	수은	납	비고
A	ND	4.159	ND	57.712	0.0100	3.527	국내산
B	1.31	4.308	ND	51.506	0.0910	13.981	
C	2.62	7.135	ND	71.215	0.0100	29.064	
D	11.68	6.803	ND	141.943	0.0430	41.484	
E	2.66	15.335	ND	113.801	0.0140	42.008	
F	4.61	5.365	ND	45.960	ND	30.311	
G	6.17	6.791	ND	51.569	0.0260	64.138	
H	ND	6.583	ND	61.246	0.0230	13.338	
I	11.26	18.002	ND	241.076	0.0630	74.674	
J	3.95	2.976	ND	10.508	0.0480	19.330	
K	ND	1.291	ND	ND	0.0110	2.990	
L	6.65	9.152	ND	44.641	0.0010	20.927	수입산

주) ① 6가 크로뮴의 검출한계는 0.29mg/kg이며 그 이하는 ND로 표기하였음.
② 카드뮴의 검출한계는 0.004mg/L이며 그 이하는 ND로 표기하였음.
③ 구리의 검출한계는 0.01mg/L이며 그 이하는 ND로 표기하였음.
④ 납의 검출한계는 0.005mg/L이며 그 이하는 ND로 표기하였음.
⑤ 수은의 검출한계는 0.001ng이며, 그 이하는 ND로 표기하였음.

표 3.11은 독일 경작토양에 대해 규정한 농도의 특성치를 나타낸 것이다.[3-7] 여기서 열거된 수치는 식물에 이용이 가능하거나 재흡수될 수 있는 양으로 비율이 아닌 총량을 나타낸 것이다. 2014년 9월 국립환경원에서 조사한 국내 시멘트 중 6개 중금속의 함유량에 대해 표 3.11의 독일 경작토양 중 미량 원소 표준치 및 허용치와 비교하였다. 이때 강열감량의 차이에 의한 농도의 변화 영향이라든가, 시험방법의 차이가 있어 절대적이라고는 할 수 없지만 하

나의 참고 데이터로 평가할 수 있고, 2014년 9월 기준 시멘트는 모두 허용치 이내로 나타났다.

시멘트는 콘크리트 제조를 위한 매개 재료이다. 일반적으로 콘크리트의 골재비는 시멘트에 대해 약 5~6배이므로 그 만큼 미량 원소, 즉 중금속의 함유량을 줄이는 셈이다. 표 3.12에 골재로 사용되는 각종 천연 암석 중의 미량 성분 함량의 조사 평균값을 나타낸 것이다.[3-10] 시멘트 중의 중금속 함유량과 비교할 때 유사한 수준을 나타냈다. 따라서 시멘트에 의한 콘크리트 중의 중금속 수준은 관리와 감독이 이루어지는 경우 대체로 경작 토양에 상응하는 범위 내에 있다.

표 3.10 흙 속의 중금속 함유량[3-9] (단위 : mg/kg)

크로뮴	구리	아연	비소	셀레늄	카드뮴	수은	납
5~1,500	2~250	1~900	0.1~40	0.01~12	0.01~2.0	0.01~0.5	2~300

표 3.11 독일의 경작토양 중 중금속의 총 허용치 및 표준치[3-7] (단위 : mg/kg)

중금속	표준치	허용치	한계치	특별치
비소	220	20	40	<8,000
납	0.1~20	100	300	<4,000
카드뮴	0.1~50	3	2(pH<6.5)	<200
크로뮴	2~50	100	100	<20,000
니켈	2~50	50	100	<10,000
수은	0.1~1	2	2	<500
탈륨	0.1~0.5	1	1	<40
바나듐	10~100	50	-	<1,000
아연	3~50	300	500	<20,000

표 3.12 천연 암석과 지각의 각종 미량 성분 함유량 조사 평균값[3-10] (mg/kg)

종류	납	카드뮴	크로뮴	니켈	수은	탈륨	아연
퇴적암	22	0.13	90	68	0.45	0.68	95
경질사암	14	0.09	50	40	0.11	0.20	105
석회암	5	0.16	11	15	0.03	0.05	23
화강암	32	0.09	12	7	0.03	1.10	50
편마암	16	0.10	76	25	0.02	0.55	65
현무암	4	0.10	168	134	0.02	0.08	100
백립암	10	0.10	88	33	0.02	0.28	65
지각	15	0.10	88	45	0.02	0.49	65

3.4 시멘트 경화체의 미량 성분 용출

시멘트는 모르타르나 콘크리트의 구성 재료로서 물로 경화시켜 사용하므로 물이나 토양에 접촉하였을 때 주변 환경에 미치는 영향을 고려해야 한다. 이러한 관점에서 보면 미량 성분 함유량보다 용출 특성에 대한 검토가 현실적으로 더 중요하다. 그림 3.1은 콘크리트에서 미량 성분이 용출되는 메커니즘을 나타낸 모식도이다. 콘크리트 중의 미량 성분은 일차적으로 시멘트 경화체의 결합력에 의해 내부에 고정되고, 기공 용액에 용해한 미량의 원소 이온들은 콘크리트의 기공 구조상 확산에 의해 용출되므로 실제 용출되는 양은 함량에 비해 극히 미미하다.

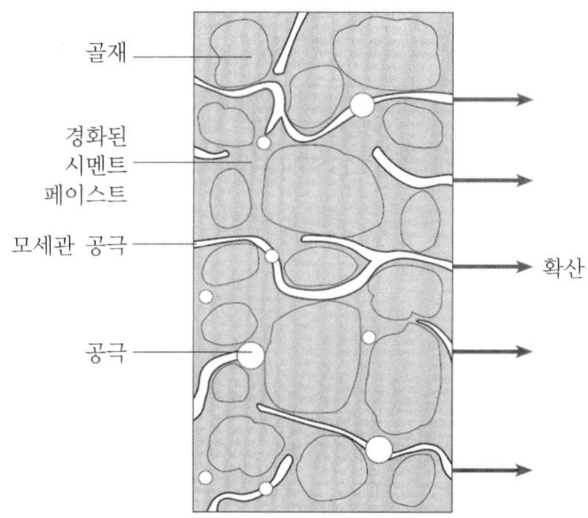

그림 3.1 콘크리트에서 미량 성분의 용출 모식도[3-10)]

3.4.1 밀폐 양생시킨 경화체로부터 6가 크로뮴의 용출[3-11,12)]

밀폐 양생시킨 경화체로부터 6가 크로뮴의 용출을 시험하기 위하여 모르타르 및 콘크리트를 4.75 mm 이하로 조분쇄하고, 0.5~4.75 mm의 크기를 시료로 하여, 중량비로 시료 : 물 =1 : 10으로 하고, 6시간 진탕하여 여과한 여액에 대해 미량 성분을 측정하였다. 6가 크로뮴 용출 농도 결과를 그림 3.2에 나타냈다. 모르타르, 콘크리트를 밀폐 양생한 경우, 모르타르 및 콘크리트로부터 6가 크로뮴의 용출은 매우 작았다. 이는 시멘트의 수화에 의해 6가 크로뮴이 시멘트 경화 과정에서 수화물로 고정되었기 때문이다.

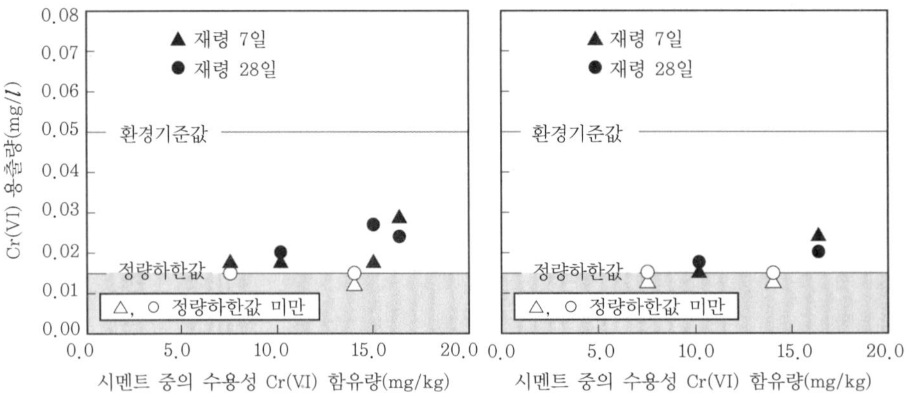

(a) 모르타르 (b) 콘크리트

그림 3.2 모르타르 및 콘크리트로부터 6가 크로뮴의 용출량[3-11]

3.4.2 실제 구조물에서 채취한 콘크리트로부터 6가 크로뮴의 용출

사용되고 있는 콘크리트 구조물로부터 6가 크로뮴의 용출 실태를 파악하기 위해 건설 연대가 다른 구조물로부터 코어를 채취하여 압축강도, 중성화 깊이에 따른 용출시험결과를 표 3.13에 나타냈다. 용출하는 6가 크로뮴의 농도는 중성화되어 있는 표면부가 내부와 비교하여 높은 것을 알 수 있다. 단, 사용하고 있는 콘크리트로부터 용출 거동 파악이라는 점에서는 0.50~4.75 mm의 크기를 시료로 하여, 중량비로 시료 : 물=1 : 10으로 하고, 6시간 진탕한 용출시험은 다소 과격한 시험조건이지만, 용출농도는 환경기준인 0.05 mg/L 이하였다.

표 3.13 실제 구조물로부터 채취한 콘크리트의 6가 크로뮴 용출 농도[3-11]

구조물	사용 년수 (년)	압축 강도 (MPa)	중성화 깊이 (mm)	6가 크로뮴 농도(mg/L)		
				표면부터의 거리 0–10 mm	표면부터의 거리 1–20 mm	내부
1	1	33.9	1.6	0.036	–	0.022
			–	0.036		
2	약 30	24.1	9.6	0.032	0.027	0.027
3	25	51.3	–	0.020	–	0.002
4	약 30	65	–	0.027	0.013	–
			–	0.027		
5		–	–	0.027	–	0.032
			–	0.020		
6		–	–	0.029	–	0.019
			–	0.032		

3.4.3 콘크리트 해체 후 중금속의 용출

콘크리트 구조물의 해체에 의해 발생한 콘크리트 덩어리는 순환골재로 재이용할 수 있다. 일본에서 상용화되고 있는 순환골재로부터 용출 농도를 조사한 결과를 표 3.14에 나타냈다. 또한 용출시험은 순환골재를 4.75 mm 이하로 조분쇄한 후, 0.5~4.75 mm의 크기를 시료로 하여 중량비 시료 : 물=1 : 10으로 하고, 6시간 진탕하여 용출시험을 하였다. 모든 미량 성분의 용출 농도는 매우 작았다. 그러나 32개 시료를 용출 시험한 결과, 6가 크로뮴의 농도가 0.05 mg/L를 초과하는 시료가 1개 있었다. 그러므로 해체 콘크리트로부터 6가 크로뮴의 용출에 관해서는 한층 더 검토가 필요할 것으로 사료된다.

표 3.14 일본 순환골재의 용출시험 결과(시료수 : 10개)[3-11]

성분	농도(mg/L)
붕소	0.072 미만 : 9 시료, 0.091
플루오르	0.10 미만 : 8 시료, 0.10, 0.14
6가 크로뮴	0.006 미만~0.024 (평균 : 0.018)
비소	0.006 미만 : 10 시료
셀레늄	0.002 미만 : 9 시료, 0.010
카드뮴	0.0002 미만 : 10 시료
수은	0.00031 미만 : 10 시료
납	0.003 미만 : 5 시료, 0.003~0.007

3.5 실제 구조물을 고려한 콘크리트의 중금속 용출 평가

실제 사용되고 있는 콘크리트 구조물이 물과 접했을 때, 콘크리트로부터 미량 성분에 대한 용출거동을 파악하는 경우, 현재 사용되고 있는 용출시험 방법은 실제 상태와 차이가 있어 적절하지 않다. 따라서 경화 콘크리트를 조분쇄하지 않고 형태를 갖고 있는 경화체를 이용한 탱크 용출시험 방법(tank leaching method)이 이용되고 있다. 탱크 용출시험의 개념도를 그림 3.3에 나타냈다. 네덜란드에서는 탱크 용출시험 방법이 NEN 7345로 정해져 있다.[3-13] 또 1997년에 간행된 European Commission의 보고서에서도 탱크 용출시험 방법이 언급되어 있다(CEN법). 각 시험방법의 개요를 표 3.15에 나타낸 방법에 의해 콘크리트로부터 미량 성분의 유효확산계수를 구할 수 있다. 이 유효확산계수와 NEN 7341의 Availability Test에 의해 구한 최대 용출량을 이용하여 식 (3.1)에 의해 임의시간에서 적산 용출량을 계산할 수 있다.[3-14]

$$E = 2d \times U_{max} \times (D_e \times t/\pi)1/2 \qquad (3.1)$$

여기서, E : 시간 t에서 적산 용출량(mg/m^2)

d : 시료의 밀도(kg/m^3)

U_{max} : 최대 용출량(mg/kg)

D_e : 유효확산계수

t : 시간(sec)

European Commission의 보고서에서는 적산 용출량에 관한 기준값은 특별히 표시하지 않았다. 네덜란드에서는 건설재료법령(The Building Materials Degree, BMD)이 1998년 6월 1일에 시행되어 건설재료로부터 미량 성분의 용출량에 관한 기준치가 정해졌다. 표 3.16과 표 3.17에 기준치를 나타냈다. 건설재료는 100년 간의 적산 허용치에 의해 범주①과 범주②로 분류된다. 범주①의 건설재료는 함유량이 기준치(C) 이하이고, 100년간 적산 용출량 또한 기준치(I) 이하로서 문제없이 사용할 수 있다. 범주②의 건설재료는 함유량이 기준치(C) 이하이지만,

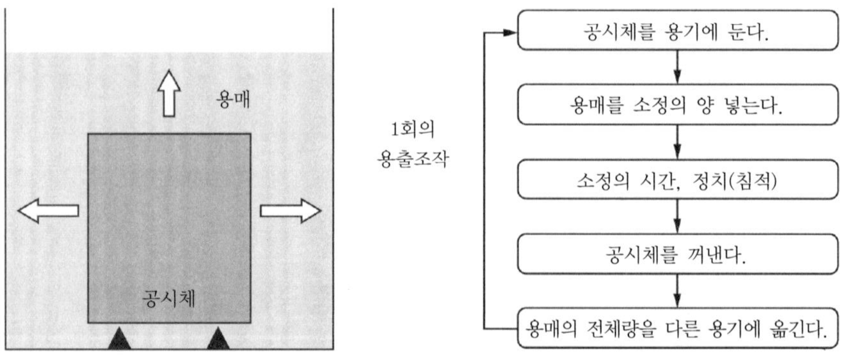

그림 3.3 탱크 용출시험 방법의 예[3-11)]

표 3.15 유럽에서의 콘크리트 탱크 용출시험방법의 개요[3-12)]

구분	CEN법	네덜란드
시료	최소의 크기 : 4cm×4cm×4cm	10cm×10cm×10cm
용매	탈이온수	증류수에 초산을 가해 pH 4로 조정
액체/고체 비	4~6	5
용출시간 (적산시간)	(1) 0.25일, (2) 1.00일, (3) 3.25일, (4) 7일, (5) 14일	(1) 0.25일, (2) 1.00일, (3) 2.25일, (3) 2.25일 (4) 4일, (5) 9일, (6) 16일, (7) 36일, (8) 64일
용출 조건	정치, 18~22℃	정치
검액의 제조	0.45μm membrane filter 여과	-

표 3.16 BMD에서 설정된 중금속 용출량의 기준치[3-12] (단위 : g/m^2)

성분	100년 간의 적산 용출량(I)	성분	100년 간의 적산 용출량(I)
비소	435	주석	300
바륨	6,300	바나듐	2,400
카드뮴	12	아연	2,100
코발트	1,500	셀레늄	15
구리	300	안티몬	39
수은	4.5	니켈	525
크로뮴	1,500	납	1,275

표 3.17 BMD에서 설정된 미량 성분 함유량 기준치[3-12]

성분	함유량 기준치(mg/kg)
Aromatic compound	1.25
PAH individual	5~50
PAH total	50~75
PCB	0.5
EOCL (total)	3
Organochtono-pestcjdes	0.5
Mineral oil	500

100년 간의 적산 용출량이 기준치(I)를 넘어서는 것으로, 이 때문에 차단 조치가 필요하다. 이러한 사전 조치에 의해 100년 간의 적산 용출량은 기준치 이하가 되므로 사용이 가능하다.

일본의 경우, 일본토목학회 기준으로서 JSCE G575-2005(경화 콘크리트로부터 미량 성분 용출시험방법)가 정해져 있다.[3-15] JSCE G575-2005에서 용매의 양은 시료의 표면적을 S(cm^2)에 대해 용매의 체적을 5×S(mL)로 하고, 정치(침적)시간은 매회 1일로 정해져 있다. 용매의 비율을 바꾸지 않고, 정치시간을 변경하는 방법에 준하여 콘크리트를 실내에서 공기 중에 28일간 밀봉한 후 기중에서 14일간 건조시킨 콘크리트의 용출시험 결과 예를 그림 3.4에 나타냈다. 총 용출시간 : 1일의 제1회째 용출의 경우, 6가 크로뮴의 용출농도는 컸지만 제2회째 이후에서는 용출농도의 증가는 작았다. 제1회째의 용출은 공기 중에 건조할 때 콘크리트의 표면이 중성화되어 그 부분으로부터 6가 크로뮴이 용출된 것으로 생각된다. 그러나 제2회째 이후에는 콘크리트 내부로부터 콘크리트 표면으로 6가 크로뮴이 확산되어 서서히 용출된 것이라고 생각된다. 단위시간당 용출량은 서서히 감소해 가는 것으로부터 콘크리트 내부에서부터 표면까지의 6가 크로뮴의 확산속도는 느리다고 할 수 있다. JSCE G575-2005에서는 용출시험 결과에 대한 평가는 언급되어 있지 않다. 다만, 사용 실태에 가까운 상태에서의 시멘트 경화체로부터 미량 성분 용출 거동을 조사한 것이므로 탱크 용출시험은 유용하다고 판단된다.

콘크리트로부터 미량 성분 용출량 시험방법과 환경에의 영향에 대한 평가기준은 콘크리트의 사용 상태 또는 해체 콘크리트의 리사이클 방법에 의해 결정되지만, 현 시점에서는 이에 대해 충분한 검토가 되어 있지 않다. 그러나 콘크리트의 시공에서부터 사용, 해체 콘크리트의 재이용까지 각 단계에 걸쳐 미량 성분 용출이 환경에 미치는 영향에 대해서는 환경 보전의 입장에서 중요한 과제이므로 충분히 검토할 필요가 있다.

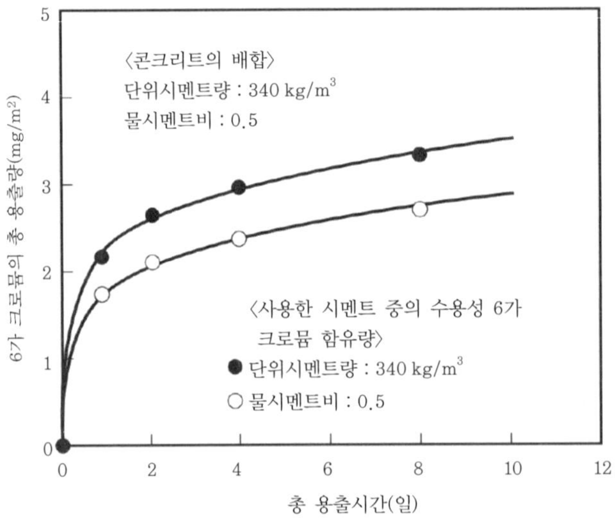

그림 3.4 총 용출시간에 따른 콘크리트의 단위면적당 6가 크로뮴의 총 용출량[3-11]

3.6* 시멘트 수화물에 의한 미량 성분의 고정화

3.6.1 6가 크로뮴의 고정화

일반적으로 시멘트 수화물은 알칼리성이기 때문에 6가 크로뮴은 CrO_4^{2-} 이온 형태로 존재하고, 수화물 중에서 에트린자이트(AFt) 또는 모노설페이트(AFm)에 고정되는 것으로 알려져 있다.[3-16] 직경 100 μm로 분쇄한 칼슘알루미네이트, 칼슘페라이트, 석고, 알라이트 등의 분말과 6가 크로뮴 수용액을 혼합하여 고정화 실험을 한 결과, 6가 크로뮴의 고정화에 크게 기여하는 것은 AFm상이고, 이때에 수용액 중의 6가 크로뮴 농도가 초기값 50 ppm으로부터 0.05ppm으로 감소되었다. 6가 크로뮴이 고정된 AFm상은 다음과 같은 형태로서, 6가 크로뮴은 OH^- 또는 CO_3^{2-}가 CrO_4^{2-}로 치환되는 것에 의해 고정화된다.[3-17,18)]

$3CaO \cdot Al_2O_3 \cdot Ca[(OH)_2,\ CrO_4] \cdot 18H_2O$

$3CaO \cdot (Al,\ Fe)_2O_3 \cdot Ca[(OH)_2,\ CrO_4] \cdot 18H_2O$

$3CaO \cdot Fe_2O_3 \cdot Ca[CO_3,\ CrO_4] \cdot 18H_2O$

$3CaO \cdot Al_2O_3 \cdot CaCrO_4 \cdot 12H_2O$

AFt상이나 C-S-H 겔은 6가 크로뮴을 크게 고정화시키지는 않지만, AFt는 SO_4^{2-} 이온이 CrO_4^{2-} 이온과 치환하는 것에 의해 고정화되고, C-S-H 겔은 흡착에 의해 고정화되는 것으로 알려져 있다. 6가 크로뮴 농도 10 mg/L을 함유하고 있는 크로뮴산칼륨 수용액과 무기분체를 반응시킨 실험에서 6가 크로뮴은 주로 칼슘알루미네이트와 반응하여 AFt 또는 AFm 고용체 생성에 의해 고정화된다. 그리고 이러한 고정화는 용액 중의 SO_4^{2-} 이온 농도 감소에 의해 촉진되므로 과잉된 석고의 첨가는 6가 크로뮴의 고정화를 지연시키든지 방해한다. 마찬가지로 염화물 첨가는 6가 크로뮴의 고정화를 지연 또는 방해한다.[3-16)] AFt나 C-S-H 겔에 대한 6가 크로뮴의 상세한 고정화 메커니즘에 대해서는 앞으로 상세한 규명이 필요하다. 그렇지만 AFm의 고정화에 대해서는 고정화 능력이 크다는 것과 더불어 메커니즘에 대해서도 대부분 밝혀졌다. 6가 크로뮴 함유 칼슘알루미네이트 수화물의 조성식은 다음과 같이 나타낼 수 있다.

AFm : $3CaO \cdot (Al_2O_3,\ Fe_2O_3) \cdot Ca(SO_4,\ CrO_4) \cdot xH_2O$

AFt : $3CaO \cdot (Al_2O_3,\ Fe_2O_3) \cdot 3Ca(SO_4,\ CrO_4) \cdot yH_2O$

시멘트 수화물에 의한 6가 크로뮴의 고정화 능력의 한 예를 표 3.18에 나타냈다.[3-12)] 일반적으로 시멘트 클링커 구성광물의 비율을 C_3S 50퍼센트, C_2S 20퍼센트, C_3A 10퍼센트, C_4AF 10퍼센트로 하고, 완전 수화하였을 때 6가 크로뮴의 고정화 양을 계산하면 시멘트에 대해 87.9 mg/kg이다. 이러한 계산에 의하면 최종적으로 시멘트 중의 거의 모든 6가 크로뮴은 시멘트 수화물에 고정되어 용출되지 않는다.

3.6.2 기타 중금속의 고정화

미량의 중금속을 함유한 포틀랜드 시멘트를 이용하여 모르타르의 용출시험을 한 결과를 보면 아연은 pH가 높을수록 고정화율이 높아지고, pH=8~13에서는 난용성 염을 형성한다. 납은 pH=12.5 이상에서는 부분적으로 용출하지만, pH=7~12.5에서는 시멘트 수화물에 거의 고정화된다.[3-12] 포틀랜드 시멘트의 높은 pH 특성은 많은 중금속을 수산화물, 수화물 또는 탄산염으로 침전시킨다. 중금속이 수화물에 고정될 때의 형태는 다음과 같다.

AFm : $[M^{2+}{}_2(M^{3+})(OH)_6] \cdot X \cdot nH_2O$

AFt : $[M^{2+}{}_3(M^{3+})(OH)_6 \cdot 12H_2O] \cdot X_3 \cdot nH_2O$

여기서 M은 양이온, X는 1가 또는 2가의 음이온이다. 일반적으로 M^{2+}, M^{3+}, X^{2-}는 각각 칼슘, 알루미늄 혹은 철, 황산이온이다. 결정학적으로 Cd^{2+}, Co^{2+}, Ni^{2+}이온은 Ca^{2+}로, Cr^{3+}, Mn^{3+}, Ni^{3+}, Co^{3+}이온은 Al^{3+}나 Fe^{3+}로, $CrO_4{}^{2-}$, $SeO_4{}^{2-}$, $B(OH)^-$는 $SO_4{}^{2-}$로 치환이 가능하다. 또한 시멘트 페이스트의 표면은 표면적이 매우 크고, 대전하고 있기 때문에 전기적인 흡착현상에 의해서도 고정화된다.[3-12]

표 3.18 시멘트 수화물에 의한 6가 크로뮴 고정능력[3-12]

클링커 광물	생성 수화물	6가 크로뮴 첨가량 (mg/kg-광물)	재령 (일)	6가 크로뮴 고정능력(mg/kg-광물)
C_3S	C-S-H	100	21	97.0
$C_3A+3CaSO_4 \cdot 2H_2O$	에트린자이트		14	88.2
$C_3A+CaSO_4 \cdot 2H_2O$	모노설페이트			>99.8
C_3A	C_3AH_6			>99.8

3.7 맺음말

우리나라 시멘트의 경우, 수용성 6가 크로뮴을 제외한 중금속의 함유량은 대부분 토양 중에 함유되어 있는 중금속 범위 내에 있고, 모르타르 및 콘크리트도 경화 1일 이후의 용출시험에서 환경기준 이하의 극미량이 용출되어 콘크리트 구조물로부터의 중금속 용출에 의한 환경오염의 우려는 없는 것으로 나타났다. 이는 일본을 비롯한 외국의 조사 연구 사례와 유사하다. 우리나라는 2005년부터 시작하여 최근까지 수용성 6가 크로뮴의 시험방법 제정, 가이드라인 설정, 매월 시멘트 내 중금속 함량 조사 결과 발표 및 시멘트 공장 주변 지역 주민의 건강 영향 조사 등을 실시하여 왔으나, 앞으로도 꾸준한 데이터 수집, 중금속 저감 기술 개발, 건설재료의 환경 위해성 평가 방법 개발 및 정보 공개가 필요하다고 사료된다.

참고문헌

3-1 이승헌, "친환경 및 미래 소재로서의 시멘트", 시멘트 및 콘크리트 산업 경쟁력 향상을 위한 국제심포지엄, 한국콘크리트학회, 2006.

3-2 日本セメント協会, "セメント中の水溶性六価クロム含有量に關するガイドライン", 2008.

3-3 EU Directive, 2003/53/EC of the European Parliament and of the Council, 2003.

3-4 S. S. Potgieter, "Determination of hexavalent chromium in South African cements and cement-related materials with electrothermal atomic absorption spectrometry", Cement and Concrete Research, Vol. 33, 2003, pp.1589~1593.

3-5 KS L 5221, "시멘트 중 6가 크로뮴의 정량분석방법", 산업통상자원부 기술표준원, 2012.

3-6 국립환경과학원, "시멘트 중금속 함량 분석결과", 환경부, 2009.

3-7 이승헌, "국내 시멘트 중의 중금속 수준에 대한 고찰", 시멘트, 2009, pp.10~19.

3-8 국립환경과학원, "국내 · 외 시멘트 중금속 분석결과", 환경부, 2014.

3-9 H. J. Bowen(淺見輝南, 日本語飜譯), 環境無機化學, 博友社, 1983.

3-10 VDZ, Environmental Compatibility of Cement and Concrete, 1998.

3-11 한국세라믹학회 시멘트부회, 사회환경머터리얼, 한림원, 2009.

3-12 Japan Society of Civil Engineers, Leaching Minor Elements from Concrete, 2003.

3-13 NEN 7345, "Leaching Characteristics of Solid Earthy and Stony Building and Waste Materials-Leaching Tests-", 1995.

3-14 NEN 7341, "Leaching Characteristics of Solid Earthy and Stony Building and Waste Materials-Determination of the Leaching Behavior of Inorganic Compounds", 1995.

3-15 JSCE G575, "硬化コンクリートから微量成分溶出試験方法", 日本土木學會, 2005.

3-16 S. Takahashi, "The Effects of the Trace Elements in Cement on the Environment", Cement and Concrete, Vol. 37, No. 640, 2000, pp.20~29.

3-17 Hongye He and Hideaki Suito, "Immobilization of Hexavalent Chromium in Aqueous Solution through the Formation of $3CaO \cdot (Al, Fe)_2O_3 \cdot Ca(OH)_2 \cdot xH_2O$ Phase, Ettringite and CSH Gel", ISIJ International, Vol. 42, No. 2, 2002, pp.139~145.

3-18 牛山宏隆, "セメント水和物による六価クロム固定化に関する研究", セメント・コンクリート論文集, No. 54, 2000, pp.123~128.

제2편

콘크리트 산업과 자원순환

제2편 머리말

김진만, 공주대학교 건축공학과 교수, jmkim@kongju.ac.kr

인류의 문명을 지속하기 위해 각종 산업에서 무수히 많은 부산물이 발생하고 있다. 우리나라의 각종 산업에서 발생하는 부산물 중 건설산업에서 발생하는 부산물은 양적으로 가장 많다. 우리나라에서 발생하는 건설산업 부산물은 매년 6,000만 톤 이상으로 전체 폐기물 발생량의 50% 수준이며, 이중에서 약 4,000만 톤 정도는 콘크리트계 폐기물이다. 전력산업 부산물인 석탄회는 연간 850만 톤 정도 발생하며, 재활용률이 75% 정도이지만 아직도 많은 양이 매립에 의존하고 있는 실정이다. 철강산업 부산물은 연간 2,300만 톤 정도 발생하고, 고로 슬래그의 재활용률은 95% 이상이지만, 제강 슬래그는 여전히 잘 활용되고 있지 못한 상황이다. 이러한 산업 부산물 외에도 석회석 미분말, 동 슬래그 등의 산업 부산물도 발생량이 꾸준히 증가하고 있다. 이들 부산물의 총량은 1억 4천만 톤에 상당하는 우리나라 발생 폐기물의 많은 부분을 점유하고 있다. 이러한 폐기물들을 그대로 방치하면 매우 중요한 환경오염원이 될 것이다. 하지만 콘크리트는 이러한 재료를 효율적으로 안전하게 사용할 수 있는 수단을 제공한다. 이는 콘크리트가 갖는 큰 장점이며, 이 장점을 잘 활용하여 콘크리트의 친환경성을 배가시킬 필요가 있다.

제2편에서는 콘크리트계 재료로 활용이 가능한 건설산업 부산물, 전력산업 부산물, 철강산업 부산물 및 기타 산업 부산물들을 대상으로 콘크리계 재료로 활용하기 위한 기술을 다양하게 소개한다. 이러한 정보가 앞으로 콘크리트가 환경을 훼손하는 것이 아니라 환경을 보호하면서 인류에 기여하는 재료라는 인식을 확산할 수 있기를 희망한다.

제4장 건설 폐기물의 재활용

강석표, 우석대학교 건축 · 인테리어디자인학과 부교수, ksp0404@woosuk.ac.kr
김진만, 공주대학교 건축공학과 교수, jmkim@kongju.ac.kr

4.1 개요

건설산업은 사회간접자본 형성이라는 측면에서 산업경제 발전에 미치는 영향이 매우 크며, 이러한 건설산업은 사회경제적 발전과 더불어 계속적으로 변모해 가고 있다. 우리나라는 1970년대를 전후로 하여 전체적인 고도성장을 이루면서 산업 인프라 구축, 국민 삶의 질 향상을 위한 주택보급률 향상 등으로 건설산업이 급격히 성장해 왔으며, 이에 따라 국민 개개인의 삶의 질은 크게 향상되었고, 사회 인프라도 어느 정도 구축된 상태이다. 또한, 앞으로도 경제 규모가 더욱 커지고 더 많은 사회간접 시설에 대한 투자가 요구되고 있어 건설산업은 지속적으로 성장할 것으로 예측된다.

한편, 이러한 산업화 과정에서 발생하는 사회적 문제도 점차 증가하고 있는데 이러한 문제점 중 하나가 폐기물 발생량의 증가와 이의 처리에 대한 것이다. 이에 대한 방안으로 현대 사회에서 대량 소비와 대량 폐기로 인한 지구환경 오염과 자원 유출을 방지하기 위해 여러 가지 대책이 마련되고 있으며 그 중에서 자원순환형 사회의 구축에 의한 효율적이고도 효과적인 정책 및 기술 개발 보급에 많은 기대를 하고 있다.

이러한 경제 및 사회적 요구에 부응하여 우리나라의 폐기물 관리정책도 지속가능한 순환자원 사회 구축을 목표로 폐기물의 최소화에서 자원화 및 관리 선진화에 이르기까지 종합적인 방안을 제시하고 있다. 이러한 점에서 볼 때 건설 폐기물을 매립하고 지반을 다지는 방법보다는 귀중한 자원으로 재활용하는 것이 지구환경보전 측면에서도 중요하며, 향후 반드시 추진해야 할 부분이다.

4.2 건설 폐기물의 발생 및 재활용 현황

4.2.1 건설 폐기물의 발생 현황

그림 4.1 및 표 4.1은 환경부 · 국립환경과학원의 통계자료 '전국 폐기물 발생 및 처리 현황'에 의한 2006년부터 2011년까지 폐기물 종류별 발생 현황을 나타낸 것이다.[4-1,2] 그림에서 보는 바와 같이 생활 폐기물 발생량은 더 이상 증가하지 않고 있는데 비해, 건설 폐기물과 사업장 폐기물의 발생량은 꾸준히 증가하고 있다. 특히, 건설 폐기물은 2011년 이후 총 폐기물량의 50%를 초과하고 있어 우리나라 전체 폐기물에서 점유하는 비중이 매우 높다. 표 4.2의 환경부 '제4차(2011~2012) 전국 폐기물 통계조사'에 의한 건설 폐기물의 주요 성상을 살펴보면, 폐콘크리트 발생량이 44,241,321톤/년으로서 전체 건설 폐기물 발생량의 약 65%, 폐아스팔트 콘크리트의 발생량이 12,869,982톤/년으로서 약 18.9%, 그 뒤를 이어 혼합 건설 폐기물의 발생량이 7,104,238톤/년으로서 약 10.4%, 건설폐토석의 발생량이 1,766,055톤/년으로서 약 2.6%를 차지하고 있다. 이들 주요 네 가지 건설 폐기물이 전체 건설 폐기물 발생량의 대부분을 점유하고 있음을 알 수 있다.

이들 건설 폐기물의 성상별 처리현황을 살펴보면, 다른 건설 폐기물에 비해 폐콘크리트, 건설폐토석, 폐아스팔트 콘크리트는 발생량도 많지만 이에 대한 재활용률도 거의 100%에 달하는 것으로 조사되어 재활용이 상대적으로 용이한 것을 알 수 있다.

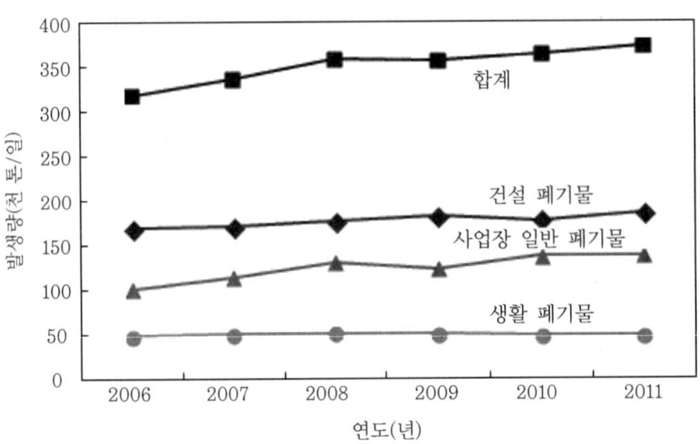

그림 4.1 폐기물 종류별 발생 추이[4-1,2]

표 4.1 폐기물 종류별 발생 추이[4-1,2](단위 : 톤/일)

발생량	2006	2007	2008	2009	2010	2011
생활 폐기물	48,844	50,346	52,072	50,906	49,159	48,934
사업장 일반폐기물	101,099	114,807	130,777	123,604	137,875	137,961
건설 폐기물	168,985	172,005	176,447	183,351	178,120	186,417
합 계	318,928	337,158	359,296	357,861	365,154	373,312

표 4.2 건설 폐기물 성상별 발생 현황[4-2](단위 : 톤/일)

	발생량		처리량			
	발생량	비율(%)	소계	매립	소각	재활용
건설오니	509,983	0.7	512,189	10,823	0	501,366
건설폐토석	1,766,055	2.6	1,766,057	204,368	0	1,561,689
폐금속류	222	0.0	222	140	0	82
폐기와	7,258	0.0	7,258	4	0	7,254
폐목재류	216,308	0.3	216,129	1	32,166	183,962
폐벽돌	560,796	0.8	560,812	605	0	560,207
폐벽지	279	0.0	279	0	34	245
폐보드류	34,457	0.1	34,457	12,617	100	21,740
폐블록	285,586	0.4	285,586	739	0	284,847
폐섬유류	7,015	0.0	7,015	4,572	2,387	56
폐아스팔트	12,869,982	18.9	12,864,567	12	0	12,864,555
폐유리	1,176	0.0	1,173	603	0	570
폐콘크리트	44,241,321	65.0	44,230,957	8,350	0	44,222,608
폐타일	5,973	0.0	5,973	2,414	0	3,559
폐패널	1,709	0.0	1,709	559	23	1,126
폐합성수지	399,987	0.6	399,961	1,900	316,316	81,745
혼합건설폐기물	7,104,238	10.4	7,092,289	667,877	8,589	6,415,823
기타	55,640	0.1	55,640	32,500	798	22,342
합계	68,167,982	100.0	68,042,273	948,083	360,413	66,733,776

4.2.2 건설 폐기물의 재활용 현황과 전망

건설 폐기물은 여러 가지 방법으로 처리되고 있으며, 일반적으로 처리 방법을 대별하면 매립, 소각, 재활용으로 구분된다. 환경부 통계자료에 의하면 2003년도 현재 전국 333개 매립 시설의 잔여 매립용량은 24,982만 m^3이며, 2003년도의 매립량은 1,761만 m^3인 것으로 나타나 있다.[4-4] 그러므로 향후 폐기물 발생량이 전혀 변화하지 않고 매립시설도 증설되지 않을 경우 14년 후에는 폐기물을 매립할 장소조차 없게 된다. 표 4.3은 2007년부터 2012년까지의 건설 폐기물 처리 방법별 변화 추이를 나타낸 것이다. 여기서 매립비율은 1.8%에서 2.2%로 0.4% 상승하였으며 재활용 비율은 97.5%에서 97.3%로 0.2% 감소하였지만 양호한 추세를 나타내고 있다.

그러나 이와 같은 재활용률이 고부가가치의 용도로 재활용된 비율을 의미하지 않는다. 즉 폐콘크리트 및 폐아스팔트 콘크리트의 재활용 현황에 대한 2008년도 환경부 자료를 보면 86.1%가 단순 매립되거나 성토용 등의 저부가가치 용도로 사용되고, 비교적 고부가가치 용도로 사용된 것은 36%에 불과한 것으로 나타나고 있다. 따라서 정부에서는 표 4.4에서 보는 바와 같이 순환골재의 실질 재활용률 목표값을 설정함으로써 고도의 순환골재 재활용 기술을 통하여 고부가가치 용도로 사용하도록 유도하고 있다.

한편, 건설 폐기물이 발생되는 현장에서 재활용하면 건설 폐기물을 외부로 반출하지 않고 신규로 소요되는 건설 자재 반입도 필요 없게 되므로 교통 환경오염 및 경제성 등의 측면에서 매우 유용한 방법이다. 건설 폐기물 처리 주체는 자치단체, 처리업체, 자가처리로 구분되는데, 현재는 처리업체가 대부분의 폐기물을 처리하고 있으므로 폐기물은 발생지로부터 활용지까지 몇 단계에 걸쳐 이동되고 있는 상황이다.

표 4.3 건설 폐기물의 처리 현황[4-2]

구분	2007		2008		2009		2010		2011		2012	
	발생량 (천톤/년)	비율 (%)	발생량 (천톤/년)	비율 (%)	발생량 (천톤/년)	비율 (%)	발생량 (천톤/년)	비율 (%)	발생량 (천톤/년)	비율 (%)	발생량 (천톤/년)	비율 (%)
매립	1,157	1.8	1,063	1.7	1,019	1.5	803	1.2	948	1.4	1,503	2.2
소각	413	0.7	520	0.8	468	0.7	336	0.5	360	0.5	371	0.5
재활용	61,212	97.5	62,820	97.5	65,436	97.8	63,875	98.3	66,734	98.1	66,245	97.3
계	62,782	100.0	64,403	100.0	66,923	100.0	65,014	100.0	68,042	100.0	68,119	100.0

표 4.4 순환골재의 실질 재활용률 목표값[4-3]

연도	2012	2013	2014	2015	2016
목표율(%)	36	39	41	43	45

주) 상기의 수치는 제2차(2012~2016) 건설 폐기물 재활용기본계획(환경부)에서 설정한 목표값임.

4.3 건설 폐기물 재활용 관련 법규 및 표준

4.3.1 재활용 관련 법규

건설 폐기물과 관련된 중앙정부의 부처는 폐기물 관리의 전체적인 정책방향을 수립 · 관리하는 환경부와 건설 폐기물의 활용과 관련한 건설 분야의 업무를 관장하는 국토교통부이며, 건설 폐기물 관련 주요 법규 및 관련 지침은 표 4.5와 같다. 즉 「폐기물관리법」은 폐기물 분류 체계, 폐기물 관리 책무, 폐기물 관리 계획, 폐기물 관리 기준, 폐기물 처리업 등에 관한 사항을, 「자원의 절약과 재활용 촉진에 관한 법률」은 자원 재활용 기본 계획, 폐기물 예치금 및 부담금 제도, 포장재 · 1회용품 폐기물 관리 등에 관한 사항을 각각 다루고 있으며, 2003년 제정된 「건설 폐기물 재활용 촉진에 관한 법률」은 건설공사 등으로 인하여 발생한 건설 폐기물을 친환경적으로 적정처리하고 재활용을 촉진하여 국가자원의 효율적 이용은 물론 국민 경제발전과 공공복리 증진에 기여함을 목적으로 하고 있다.

「건설 폐기물의 재활용 촉진에 관한 법률」이 제정되기 이전까지는 「폐기물관리법」에 의하여 모든 것이 관리되었으나, 동 법 제정 이후에는 지정 폐기물의 관리 등을 제외한 모든 건설 폐기물 관련 사항을 동 법에서 관리하고 있다.

표 4.5 건설 폐기물 재활용 관련 주요 법규 및 지침[4-4)]

구분	법률 및 지침	주요내용
환경부	폐기물관리법	폐기물의 처리 방법, 재활용 자재의 품질 기준 등 규정
	자원의 절약과 재활용 촉진에 관한 법률	지정 부산물(토사, 폐콘크리트, 폐아스팔트콘크리트 등)을 규정하고, 건설업체에 대하여 지정 부산물에 대한 재활용 계획 수립과 재활용 의무 부여
환경부 · 국토교통부	건설 폐기물 재활용 촉진에 대한 법률	건설공사 등으로 인하여 발생한 건설 폐기물을 친환경적으로 적정처리하고, 재활용을 촉진하기 위한 법률
	건설 폐재 배출 사업자의 재활용 지침	건설 폐기물 배출 사업자가 재활용을 촉진하기 위하여 준수하여야 할 규제
국토교통부	건축법	건축 폐자재의 사용 비율에 따라 용적률 등 건축기준의 완화를 규정
	건축 폐자재의 활용기준	건축물에 건축 폐자재 사용 비율 및 기준 완화에 대한 세부 규정
	건설기술관리법	발주자 및 건설업체의 재활용 의무, 폐기물처리비 산정 기준을 규정
	건설 폐기물의 재활용 요령	건설 폐기물의 처리 및 재활용에 대한 제도 현황 및 기준을 정리
국무총리실	공공기관의 폐기물 재활용 촉진을 위한 지침	재활용 제품의 수요 확대의 일환으로서 국가 등 공공기관부터 재활용 제품을 우선 사용토록 하는 "공공기관의 재활용 제품 우선 구매제도"를 시행

4.3.2 순환골재 품질 관련 표준

표 4.6은 국가별 콘크리트용 순환골재의 품질 기준을 나타낸 것이다. 우리나라의 순환골재에 대한 품질은 KS F 2573(콘크리트용 순환골재)에서 규정하고 있으며, 폐콘크리트로부터 생산된 굵은골재 및 잔골재에 대하여 규정하고 있다. 콘크리트용 순환골재는 1999년 처음 제정되었고, 2000년도 초반 천연골재의 부족 및 골재 생산에 따른 환경 파괴 등으로 인해 순환골재 사용의 필요성이 대두됨에 따라 폐콘크리트에서 발생하는 순환골재를 콘크리트용 골재로 사용할 수 있도록 하기 위하여 2002년에 개정되었다. 그러나 이렇게 개정된 규정을 만족하는 순환골재의 경우도 구조용 콘크리트의 골재 등으로 사용하기에는 품질에 대한 신뢰성이 저하할 수 있는 가능성을 내포함에 따라 구조용 또는 레디믹스트 콘크리트 등의 골재로 충분히 사용 가능한 품질로서 규정하기 위하여 2006년 개정에서는 국토교통부에서 제정한 순환골재 품질 기준과 부합하도록 전반적인 골재 품질 규정을 강화하였다. 콘크리트용 순환골재의 품질은 단일 규정이며, 주요 기준사항은 절건밀도를 굵은골재 2.5 이상, 잔골재 2.2 이상으로 하고, 흡수율을 굵은골재 3.0 이하, 잔골재 5.0 이하로 하였다.[4-5]

일본에서는 재생골재 품질기준의 골격은 품질에 따라 고품질(H), 중품질(M), 저품질(L)로 구분하여 품질 수준에 따라 재활용될 수 있도록 하고 있으며, 각각의 품질에 따라 절건밀도, 흡수율, 입자모양 판정 실적률, 미립분량, 알칼리골재 반응성, 안정성, 이물질함유량의 기준을 가지고 있다. 또한 이물질의 종류를 A, B, C, D, E, F, G의 7개 그룹으로 분류하여 각 그룹의 이물질량이 규정을 만족할 뿐만 아니라 이물질의 총량도 규정을 만족하도록 하여 이물질에 관한 규정이 매우 까다롭게 규정되어 있다.[4-6]

독일의 경우에는 순환골재의 품질을 콘크리트 및 골재 이외 재료 혼입률에 따라 1, 2, 3, 4종으로 분류하고 있다. 상대적으로 고품질에 해당하는 1종 및 2종의 경우에는 콘크리트 및 골재의 혼입률을 70% 이상으로 제한하고 있지만, 절건밀도 기준값은 2.0 g/cm^3 이상으로 규정하고 있어 우리나라 및 일본의 저품질 기준인 2.2 g/cm^3와 유사한 수준이다. 이러한 정황을 고려하면 독일의 경우 폐콘크리트로 고품질의 재생골재를 제조하는 것이 그다지 환경적으로 유리하지 않은 것으로 판단하고 있는 듯하다.[4-7]

순환골재의 입도분포는 전반적으로 2차 또는 3차 이상의 파쇄 공정을 거쳤을 경우 대부분의 골재가 표준입도 분포에 들어오는 것으로 보고됨에 따라 KS F 2573에서는 KS F 2527의 콘크리트용 부순골재와 동일한 입도범위로 규정하고 있다.

「건설 폐기물의 재활용 촉진에 관한 법률」 제35조에서 국토교통부장관은 환경부장관과 협의하여 건설 폐기물의 재활용을 촉진하기 위하여 순환골재의 용도별 품질 기준 및 설계·시공지침 등에 관하여 필요한 기준을 정하도록 하고 있으며, 2009년 개정된 콘크리트표준시방서

표 4.6 국가별 콘크리트용 순환골재 관련 기준의 비교

항 목		우리나라	일본			독일
		콘크리트용	고품질 (Class H)	중품질 (Class M)	저품질 (Class L)	
절건밀도 (g/cm3)	굵은골재	2.5 이상	2.5 이상	2.3 이상	2.2 이상	1,2,종 : 2 이상 3종 : 1.8 이상 4종 : 1.5 이상
	잔골재	2.2 이상	2.5 이상	2.2 이상	2.2 이상	
흡수율 (%)	굵은골재	3.0 이하	3.0 이하	5.0 이하	7.0 이하	1종 : 10 이하 2종 : 15 이하 3종 : 20 이하 4종 : -
	잔골재	5.0 이하	3.5 이하	7.0 이하	13.0 이하	
마모율 (%)	굵은골재	40 이하				
	잔골재	-				
입자 모양 판정 실적률(%)	굵은골재	55 이상	55 이상	55 이상	55 이상	
	잔골재	53 이상	53 이상	53 이상	53 이상	
0.08 mm 체 통과량(%)	굵은골재	1.0 이하	1.0 이하	미립분량(%) : 2.0 이하	미립분량(%) : 3.0 이하	
	잔골재	7.0 이하	7.0 이하	미립분량(%) : 8.0 이하	미립분량(%) : 10.0 이하	
알칼리골재 반응성		무해	무해, 무독	무해, 무독	무해, 무독	
점토덩어리 (%)	굵은골재	0.2 이하				
	잔골재	1.0 이하				
안정성 (%)	굵은골재	12 이하	12 이하	12 이하	12 이하	
	잔골재	10 이하	10 이하	10 이하	10 이하	
이물질 함유량 (%)	유기(용적)	1.0 이하	불순물량의 합계 : 2.0 개개 불순물의 최대 함유량에 관하여 별도로 규정함	불순물량의 합계 : 2.0 개개 불순물의 최대 함유량에 관하여 별도로 규정함	불순물량의 합계 : 3.0 개개 불순물의 최대 함유량에 관하여 별도로 규정함	산가용성 염화물- 1, 2, 3종 : 0.04 미만 4종 : 0.15 미만
	무기(질량)	1.0 이하				
기타			개개 불순물량의 상한치(%) A-타일, 벽돌, 도자기류, 아스콘덩어리 : 1.0(저급은 2.0) B-유리파편 : 0.5 C-석고 및 석고보드 조각 : 0.1 D-C 이외의 무기계 보드조각 : 0.5 E-플라스틱 조각 : 0.2(저급은 0.5) F-나무, 대나무, 천, 휴지 조각, 아스팔트덩어리 : 0.1 G-금속조각 : 1.0			
기 준		KS F 2573 : 2011 콘크리트용 순환골재	JIS A 5021 : 2011 콘크리트용 재생골재 H	JIS A 5022 : 2012 재생골재 M을 사용한 콘크리트 부속서 A	JIS A 5023 : 2012 재생골재 L을 사용한 콘크리트 부속서 A	DIN 4226-100 : 2002

에서는 순환골재를 사용할 수 있도록 순환골재 콘크리트의 재료 품질, 배합, 시공 등 기준을 추가하고 있다. 여기서 순환골재를 사용한 콘크리트의 설계기준 압축강도는 27 MPa 이하로 하고 있으며, 이를 사용한 콘크리트의 적용 가능 부위는 표 4.7과 같이 구분하고 있다. 또한, 순환골재를 사용하여 설계기준 압축강도 21 MPa 이상 27 MPa 이하의 콘크리트를 제조할 경우 순환 굵은골재의 최대 치환량은 총 굵은골재 용적의 30% 이하를 사용하도록 권장하고 있어 비교적 보수적으로 규정되어 있다.[4-8] 앞으로 기술의 발달 정도에 연계하여 순환골재의 사용량 증대 및 적용 가능한 설계기준 압축강도 기준을 상향시키는 노력이 지속적으로 필요할 것이다. 대표적인 순환골재의 구조체 적용 사례로서는 그림 4.2에 나타낸 바와 같이 대한건설폐기물공제조합에서 순환골재 100% 사용 건축물 시범사업으로서 경부고속도로 서울방면 입장휴게소에 "되돌림화장실"을 2013년 신설하여 실구조물 개방관람을 통해 순환골재에 대한 대국민 인식이 제고될 수 있는 계기를 마련하였다.

표 4.7 순환골재 사용 방법 및 적용 가능 부위[4-8]

설계기준 압축강도 (MPa)	사용 골재		적용 가능 부위
	굵은골재	잔골재	
21 이상 27 이하	일반 굵은골재 및 순환 굵은골재	일반 잔골재	기둥, 보, 슬래브, 내력벽, 교량 하부공, 옹벽, 교각, 교대, 터널 라이닝공 등
21 미만		일반 잔골재 및 순환 잔골재	콘크리트 블록, 도로 구조물 기초, 측구, 집수받이 기초, 중력식 옹벽, 중력식 교대, 강도가 요구되지 않는 채움재 콘크리트, 건축물의 비구조체 콘크리트 등

그림 4.2 순환골재 100% 구조체 적용 사례 "되돌림화장실" 시범사업

4.4 순환골재 재활용 기술

4.4.1 순환골재 생산시스템

콘크리트 구조물의 해체 현장에서는 폐콘크리트를 파쇄기로 일정 크기로 파쇄하여 건설 폐기물 중간처리업체로 반출한다. 중간처리업체에서는 이 폐콘크리트를 다시 가공공정을 거쳐서 각종 용도의 순환골재를 생산하게 되는데, 이를 위해 기본적으로 필요한 설비를 갖추어야 한다.

순환골재 생산의 기본공정은 여러 가지 요인에 의해 달라진다. 즉 입도와 품질이 어느 정도 수준의 순환골재를 생산할 것인가, 생산방식은 건식 또는 습식 생산 시스템인가에 따라 생산 공정 및 필요 설비가 크게 달라질 수 있다. 그러나 기본적인 순환골재 생산방식은 파쇄, 선별, 분급을 포함하고 있다. 그림 4.3에 순환골재 생산 전경 및 기본 흐름 일례를 나타내었다.

(a) 생산 전경

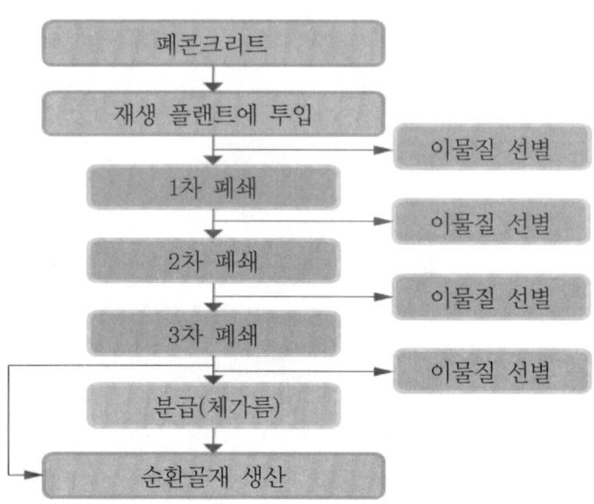

(b) 생산 기본 흐름 일례

그림 4.3 순환골재 생산 전경 및 기본 흐름 일례

가. 파쇄 장치

파쇄설비는 순환골재 생산과정에서 가장 기본적인 설비로서, 폐콘크리트 덩어리를 일정한 크기로 잘게 부수어 필요한 용도의 순환골재 입경으로 제조하기 위한 설비이다.

주요 파쇄 장치로는 표 4.8에 나타낸 것과 같이 조크러셔, 콘크러셔, 롤크러셔 및 임팩트 크러셔 등으로 대별될 수 있으며, 우리나라 건설 폐기물 중간처리업체의 경우 조크러셔는 폐콘크리트의 1차 또는 2차 파쇄용으로, 콘크러셔는 2차 또는 3차용으로, 롤크러셔 및 임팩트 크러셔는 후기 파쇄단계에서의 입도 조절용이나 잔골재 제조용으로 주로 사용된다.

표 4.8 순환골재 생산용 파쇄장치의 종류별 특성[4~9]

<table>
<tr><th>파쇄기의 종류</th><th>파쇄 작용</th><th>용 도</th><th>입도 (mm)</th><th colspan="2">형태 및 외관</th></tr>
<tr><td>조크러셔</td><td rowspan="3">압축</td><td>1차 파쇄 (대립형 파쇄)</td><td>500~ 150</td><td></td><td></td></tr>
<tr><td>콘크러셔</td><td rowspan="3">2차 파쇄 (중립형 파쇄)</td><td>100~ 10</td><td>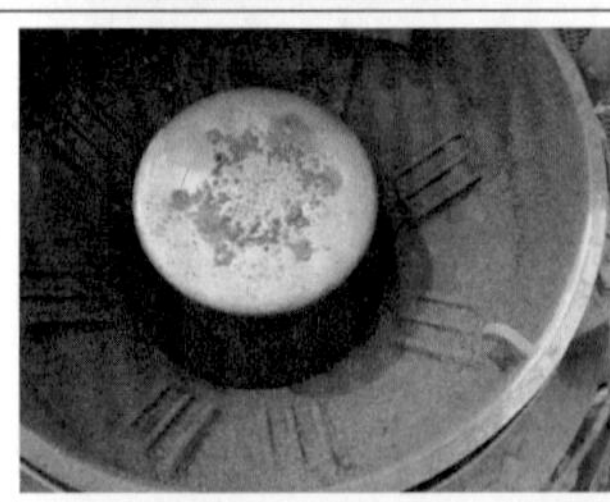</td><td></td></tr>
<tr><td>롤크러셔</td><td>20~ 10</td><td></td><td></td></tr>
<tr><td>임팩트 크러셔</td><td>충격</td><td>5 mm 이하</td><td></td><td></td></tr>
</table>

나. 선별 장치

폐콘크리트에는 나무조각, 비닐, 천조각, 플라스틱, 폐벽돌, 자기류 등 각종 이물질이 함유될 수 있으며, 양질의 순환골재를 생산하기 위해서는 이와 같은 이물질을 선별할 수 있는 장치가 필요하다. 선별방법으로 대표적인 것은 그림 4.4와 같이 인력 선별, 자력 선별, 풍력 선별, 부유 선별 등이 있다. 인력 및 자력 선별은 주로 1차 또는 2차 파쇄 후 이루어지는 것으로 인력 선별은 컨베이어벨트로 이송하는 과정에서 육안에 의해 이루어지며, 자력 선별은 컨베이어벨트 상부에 설치하여 철근, 못 등을 선별하는 용도로 사용된다. 풍력 및 부유 선별은 그 이후의 공정에서 주로 이루어진다.

(a) 인력 선별 (b) 자력 선별

(c) 풍력 선별 (d) 부유 선별

그림 4.4 선별 장치의 종류[4-9)]

다. 분급 장치

순환골재의 분급 방법으로는 비교적 입자가 큰 골재를 분리시키는 분립(sizing)과 미립분을 분리시키는 분급(classification)으로 구분할 수 있다(그림 4.5 참고). 분립의 대표적인 방법으로는 경사형 진동 스크린 또는 트롬멜 등을 사용하여 대소립자를 분리하는 방법이 있으며, 분급은 체가름으로 처리되지 않은 미립분을 제거하는 것으로써 기류나 물의 흐름에 의해 미립자를 분리하는 건식분급과 습식분급으로 구분된다. 건식분급은 일반적으로 풍력에 의한 싸이클론 타입(cyclone type)의 원심분리기가 있으며 미립분을 분리시켜 집진기로 채취하는 방법으로써 원료가 완전히 건조되어 있을 경우에는 분급효과가 우수하지만, 수분이 있을 경우에는 분급능력이 저하되고 작은 골재입자에 부착된 미분이 잘 제거되지 않는다는 문제가 있다. 습식분급은 스파이럴 분급기가 대표적이며 드럼 내부에 물을 넣고 나선형 칼날을 회전하여 입자를 이동시킴으로써 미립분을 부상시켜 세척하는 방법이다.

(a) 스크린 분립

(b) 트롬멜 분립

(c) 사이클론형 분급

(d) 스파이럴형 분급

그림 4.5 분급 장치의 종류[4-9)]

4.4.2 순환골재 생산기술

가. 국외 생산기술

순환골재에 대한 연구는 일본을 중심으로 활발하게 진행되어 왔다. 최근에는 환경보존 및 자원의 유효이용 측면에서 연구가 더욱 활발히 이루어지고 있으며, 순환골재 콘크리트를 철근콘크리트보, 합성기둥, 그리고 half PC 골조 등의 주요 구조재료로 적용한 구조부재에 대한 실험 및 이론적 연구가 활발히 진행되고 있다. 이러한 연구를 바탕으로 일본에서는 순환골재의 품질별 등급을 상, 중, 하의 3가지로 규정하고, 각 등급별 구조부재의 적용범위 및 구조설계 시의 고려사항 등을 제안하고 있다. 일본의 대표적인 고품질 순환골재 생산기술은 다음과 같다.

1) 가열마쇄방식

그림 4.6은 가열마쇄방식(heating and rubbing method)의 개념도를 나타낸 것으로 가열마쇄방식은 순환골재의 품질에 가장 큰 영향을 주는 시멘트 모르타르 및 페이스트를 모두 제거하여 골재품질을 천연골재의 품질과 유사한 수준으로 생산함으로써 구조체 콘크리트용 골재로 사용 가능하게 하는 기술이다.

가열마쇄방식의 제조공정은 콘크리트 덩어리를 약 50 mm 이하로 파쇄하여 호퍼에 투입한 후, 충전형 가열설비 상부에 콘크리트 덩어리를 투입하여 하부에서 최대온도 450℃의 열풍을 불어 투입된 콘크리트 덩어리를 300℃까지 가열시키며, 가열된 시멘트페이스트 부분을 탈수하여 약하게 만든 후 최대 60 mm의 강제 원형구를 투입한 튜브밀에 연속적으로 투입하여 콘크리트 덩어리를 강제구와 골재 간의 마찰을 통하여 5 mm 이하의 순환골재를 생산하는 공정을 거친다.

(a) 전경

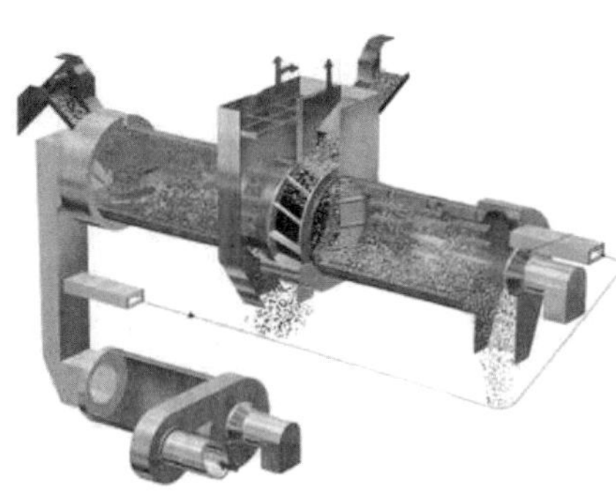

(b) 개념도

그림 4.6 가열마쇄장치

2) 편심로터방식

편심로터에 의한 순환골재 생산방식은 고품질의 순환 굵은골재를 생산하기 위한 시스템으로 2단계로 구성된다. 1단계는 우선 폐콘크리트에 포함되어 있는 이물질을 제거하고, 폐콘크리트를 조크러셔로 약 40 mm 이하의 크기로 파쇄하며, 5 mm 이하의 잔입자를 제거하는 전처리 과정이다. 2단계는 전처리 과정에서 파쇄된 폐콘크리트를 편심로터에 투입하여 입자의 표면에 부착되어 있는 모르타르를 제거하기 위한 마쇄처리 과정이다.

편심로터에 의한 마쇄처리의 원리는 기계적으로 편심로터라고 불리는 편심회전하는 내부원통과 외부원통 사이에 폐콘크리트를 투입하여 폐콘크리트 입자끼리 서로 마쇄작용을 일으켜서 골재 표면의 모르타르만 제거되도록 하는 메커니즘이다. 전처리 과정에서 폐콘크리트의 입자 크기를 40 mm 이하로 하는 것은 편심로터 장치가 콘크리트를 파쇄할 정도의 능력이 거의 없기 때문이다. 그림 4.7은 편심로터에 의한 부착모르타르 제거기술의 메커니즘을 나타내었다.

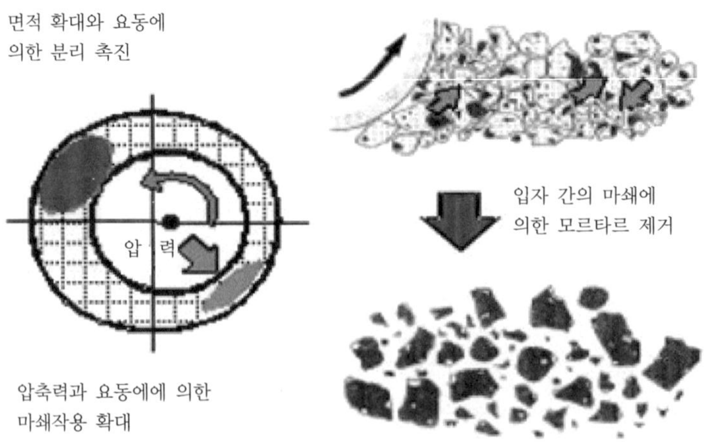

그림 4.7 편심로터에 의한 부착모르타르 제거기술

3) 스크류 마쇄 방식

스크류 마쇄 방식은 고품질의 순환골재를 제조하기 위하여 폐콘크리트에 압축이나 충격과 같은 작용을 주지 않고 입자끼리의 마쇄작용을 통하여 골재 표면에 부착되어 있는 마쇄식 순환 굵은골재 제조시스템이다.

이 방식은 그림 4.8과 같이 원통형의 케이싱축에 설치되어 있는 날개부와 중앙콘 및 배출콘으로 구성되어 있는 수평형 일축의 구조로 되었다. 처리과정은 전처리 단계와 1차 마쇄단계 및 2차 마쇄단계의 3단계로 구성된다.

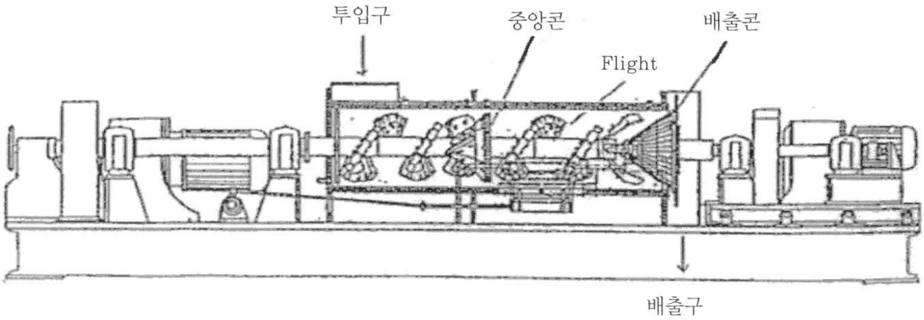

그림 4.8 스크류 마쇄 방식

4) 마이크로파 가열방식

마이크로파 가열을 이용한 골재 회수형 콘크리트 리사이클 기술은 그림 4.9와 같은 프로세스로 나타낼 수 있다. 즉 굵은골재의 표면에 높은 유전율(誘電率)을 가지는 재료를 혼합한 표면 처리재를 도포한다. 이후 구조물 해체 시 발생되는 유전재료가 도포된 순환골재의 계면 부분을 마이크로파에 의해 선택적으로 가열 및 취약화시켜 그림 4.10과 같이 저에너지로 고품질 순환골재의 효과적 회수가 가능하다. 따라서 이 기술은 저에너지를 통한 고품질 순환골재의 생산성 향상과 더불어 CO_2 배출 감소, 환경부하 저감 등의 효과로 인해 에너지 단가를 큰 폭으로 저감시킬 수 있어 골재의 완전리사이클화 실현과 더불어 마이크로파 반응프로세스기술의 실용화가 가능할 것으로 기대된다.[4-10,11]

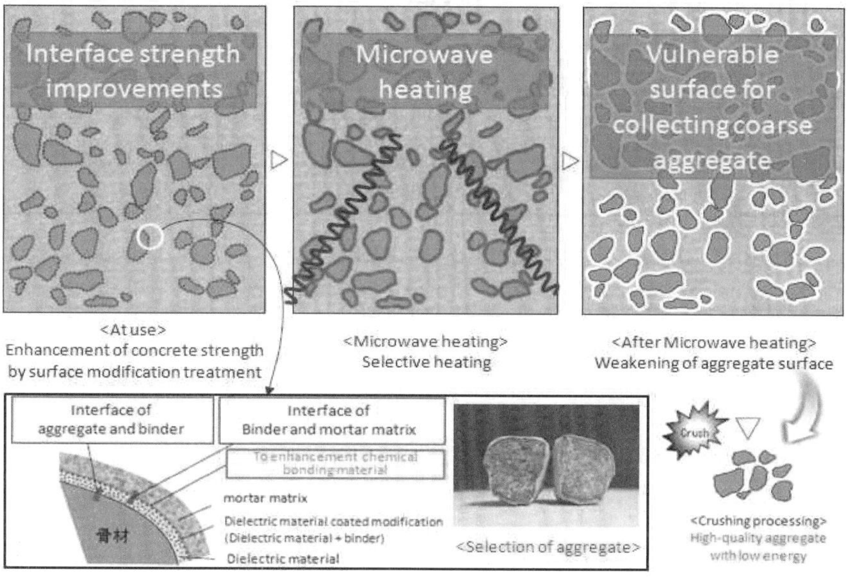

그림 4.9 마이크로파 가열방식 메커니즘[4-10]

A RCA particle before beneficiation | Same particle broken into three pieces after microwave heating

그림 4.10 마이크로파 가열 전·후의 순환골재 표면[4-11)]

마이크로파 가열을 통한 콘크리트 리사이클의 최대 특징은 저에너지로 고품질의 순환골재를 제조할 수 있는 것이다. 마이크로파 가열을 이용한 경우 실험에서 사용된 전자레인지의 정격소비전력이 2.8 kW임을 고려하여 산출한 결과에 의하면, 배출되는 CO_2량은 전체적으로 마이크로파 가열법이 일반 가열법에 비해 낮은 CO_2 배출량 수치를 나타냈다. 또한 전술한 파쇄·분쇄법과 비교한 경우에도 대체로 CO_2 배출량이 적었으며, 마이크로파 가열시간이 가장 긴 120초의 경우가 파쇄·분쇄법과 동일한 정도의 CO_2 배출량 결과를 나타냈다.

나. 우리나라의 생산기술

우리나라의 중간처리업체에서 폐콘크리트 등의 건설 폐기물을 투입하여 순환골재를 생산하는 설비시스템은 여러 가지 형태로 다양하게 나누어져 있으며, 비록 파쇄단계가 같더라도 각 업체마다 부분적으로라도 다른 방법을 채용하고 있다. 순환골재 생산시스템에서 가장 중요한 것은 파쇄과정이며, 2013년 용역이행능력평가를 위해 488개 중간처리업체가 신고한 2012년도 시설장비 현황을 근거로 건설 폐기물 중간처리업체의 단계별 파쇄시설 보유현황을 살펴보면 표 4.9와 같다.[4-12)]

도로보조기층용 이상의 고품질 골재 생산이 원활한 3차 파쇄 이상의 시설을 갖춘 업체는 전체 488개 업체 중 65.8%인 321개 업체이었으며, 콘크리트용 잔골재 생산이 가능한 4차 파쇄 이상도 31.1%인 103개 업체인 것으로 조사되었다.

「건설 폐기물의 재활용 촉진에 관한 법률」 제36조에 근거하여 순환골재의 품질을 확보하기 위한 순환골재의 품질인증 현황을 2013년 10월 25일 기준으로 살펴보면 도로공사용 순환골재 품질인증의 경우 307개사 309건, 콘크리트용 순환골재 품질인증의 경우 59개사 62건, 아스팔트콘크리트용 순환골재 품질인증의 경우 16개사가 획득하고 있다.

한편 우리나라 순환골재의 최신 생산기술인 건설 폐기물 관련 환경신기술 현황 2013.10.22 기준)은 총 34건으로서 다음 표 4.10과 같다.[4-13]

표 4.9 건설 폐기물 중간처리업체의 단계별 파쇄시설 보유현황

구분	1차 파쇄	2차 파쇄	3차 파쇄	4차 파쇄	5차 파쇄 이상
비율 (업체수)	5.3% (26개사)	28.9% (141개사)	44.7% (218개사)	11.3% (55개사)	9.8% (48개사)

주) '13년도 용역이행능력평가를 위해 488개사가 신고한 '12년도 시설장비 현황을 근거로 함

표 4.10 우리나라 순환골재 관련 환경신기술 현황(2013.10.22 기준)

업 체 명	인증번호	기 술 명	인 증 일	만료일	검증 여부
우광개발㈜	환경 제238호	파형 박리판 및 압밀바가 장착된 박리기로 모르타르를 제거하여 순환 굵은골재를 생산하는 기술	2007.11.28	2013.11.27	
㈜금성환경산업	환경 제248호	요철 진동판과 요철롤러를 이용하여 순환골재에 부착된 모르타르 박리 효율을 향상시킨 기술	2008.3.20	2014.3.19	
㈜신텍/문화기업㈜/현대환경산업㈜/(유)진영환경/(유)그린환경건설/부호산업개발㈜/(합)강원환경/㈜삼우리콘산업	환경 제249호	건설폐기물 중간처리시설에서 PE스크린, 편심형 사이클론, 고속컨베이어를 이용한 미세이물질 분리장치에 의한 순환골재 전처리 기술	2008.3.20	2014.3.19	환경 제133호 (검증)
성안이엔티㈜/천지환경㈜/대형환경㈜/충남대학교 산학협력단/한밭대학교 산학협력단/한국토지주택공사	환경 제253호	고속회전 충격식 파쇄 및 분리장치와 미세립분리회수 장치에 의한 순환 잔골재 건식 생산기술	2008.7.7	2014.7.6	
㈜수도권환경/㈜파워텍	환경 제267호	2단 4롤 유압식 롤크러셔를 이용한 순환 잔골재 생산방법 및 그 장치	2008.11.21	2014.11.20	
삼흥산업개발㈜/ 도시환경산업㈜/중동환경㈜/㈜하이콘엔지니어링/㈜세림이엔아이	환경 제280호	밀폐형, 원형 스크류 박리장치를 이용한 순환골재 이물질 제거 기술	2009.5.14	2015.5.13	환경 제129호 (검증)
남양기업(주)/진주산업대학교 산학협력단	환경 제284호	오일순환 윤활방식으로 개량한 Direct Drive Cone Crusher를 이용한 순환잔골재 생산기술	2009.7.17	2015.7.16	
금강환경산업(주)/(주)대명크라샤/(주)디앤씨엔텍	환경 제295호	수평형 Impact Crusher의 Blow Bar와 타격판의 크기 및 각도를 개량하여 도로보조기층용 순환골재를 생산하는 기술	2009.12.23	2018.12.22	환경 제142호 (검증)

업 체 명	인증번호	기 술 명	인 증 일	만료일	검증 여부
(주)세창이엔텍	환경 제297호	수평으로 다중설치된 롤 스크류를 이용한 순환 굵은골재의 시멘트모르타르 습식 박리기술	2009.12.31	2017.12.30	
㈜포스벨	환경 제302호	내부회전러버비터가 장착된 트롬멜 스크린과 U자형 진동테이블 컨베이어가 장착된 회전레이크를 이용한 순환형 매립지 폐기물 선별 토사의 선별 장치	2010.1.7	2015.1.6	
(주)거산기계/(주)정우개발/(주)중앙환경/(주)초당산업/대진환경산업㈜	환경 제306호	맨틀과 콘케이브 표면의 사선형 요철과 익센트릭의 기울기를 조절한 고속회전 콘크라셔의 도로보조기층용 순환골재 생산기술	2010.2.18	2018.2.17	환경 제127호 (검증)
(주)영흥산업환경	환경 제313호	소각로 폐열을 이용한 스팀분사방식의 버블와류형 장치가 장착된 스파이럴 분급기에 의한 콘크리트용 순환 잔골재의 이물질 제거기술	2010.4.7	2018.4.6	환경 제141호 (검증)
교하환경(주)/산양환경산업(주)/(주)광산기공/한국토지주택공사/한밭대학교 산학협력단	환경 제314호	사이클론과 플럭스탱크를 조합한 샌드플럭스(Sand Flux)로 모래(잔골재)의 이물질을 제거하는 기술	2010.5.4	2018.5.3	
㈜동양환경	환경 제318호	유동성 봉상스크린망 트롬멜을 이용한 폐기물 선별 · 분리 기술	2010.9.14	2016.9.13	
마평산업개발㈜/㈜서원건설산업/이정재/김경자	환경 제326호	혼합건설폐기물 처리공정에서 상승와류에 의한 원심분리 세정장치를 이용한 도로보조기층용 순환골재 생산 기술	2010.12.29	2013.12.28	환경 제158호 (검증)
놀뫼환경(주)/대길산업(주)/대길환경산업(주)/(주)방태/수성산업(주)	환경 제329호	다수의 임팩트 바와 임팩트패널이 장착된 시멘트페이스트 박리기를 건설폐기물 중간처리 공정에 적용한 콘크리트용 순환 잔골재 생산기술	2011.2.15	2014.2.14	환경 제132호 (검증)
㈜인광환경/조선덕	환경 제334호	콘형 구동체와 진동 콘케이브로 구성된 일체형 복합장치를 이용한 콘크리트용 순환 굵은골재 생산기술	2011.4.6	2014.4.5	
(주)세영/(유)대한환경	환경 제335호	전기 가열 회전장치로 골재와 시멘트페이스트의 부착력을 약화시켜 콘크리트용 순환 굵은골재 및 순환 잔골재를 생산하는 기술	2011.5.2	2014.5.1	환경 제135호 (검증)
(주)동양환경	환경 제338호	평면 분쇄기와 역경사식 다단 요철 롤 마쇄기를 이용한 모르타르 박리 기술	2011.5.16	2014.5.15	환경 제160호 (검증)
(주)세명산업개발/대성골재(주)/(주)상원엔텍/(주)케이디에스	환경 제340호	체인형 해머 크러셔를 이용하여 도로보조기층용 순환골재를 생산하는 기술	2011.6.1	2014.5.31	환경 제149호 (검증)

업 체 명	인증번호	기 술 명	인 증 일	만료일	검증 여부
(유)강성산업개발/(유)대한환경/(주)일진도시환경/(유)전일환경	환경 제344호	순환골재 생산공정에서 프레임 일체형 T-angle bar와 스프링유닛 및 분할스크린보드에 의해 진동이 유도되는 트롬멜을 이용하여 토사를 분리하는 기술	2011.7.25	2014.7.24	환경 제136호 (검증)
(주)파워텍/(주)장형기업/호남산업(주)/(주)진흥중공업/(주)수도권환경/(주)순환골재협회/(주)신명	환경 제348호	타이어와 원통형 회전체의 정·역회전 시스템을 이용한 순환 굵은골재 모르타르 박리 제거 기술	2011.10.10	2014.10.9	
인선이엔티(주)/인선기업(주)/(합)우창환경산업/(주)보령환경산업	환경 제350호	콘크러셔와 임팩트크러셔 일체형 설비를 적용한 콘크리트용 순환 굵은골재 생산기술	2011.10.20	2014.10.19	환경 제151호 (검증)
(주)두남환경/(주)일성산업/정일산업㈜	환경 제354호	합성고무 패널이 장착된 수직형 다단 임팩트 파쇄기를 이용한 도로공사 및 콘크리트용 순환골재 생산기술	2012.1.5	2015.1.4	환경 제150호 (검증)
(주)한국종합기술/(주)도화엔지니어링/(주)대우건설/인선이엔티(주)/수도권매립지공사/한국건설기술연구원	환경 제355호	드래그체인형 습식선별기, 에어나이프형 비중선별기, 더블사이클론형 풍력선별기를 이용한 혼합건설폐기물 중 폐목재 선별 기술	2012.2.16	2015.2.15	
㈜신텍/대한환경산업㈜/삼원환경산업㈜/현대이엔티(주)/동성환경산업㈜	환경 제359호	흡입풍속 조절 사이클론과 디스크 브러시를 이용하여 가연성 물질을 선별하는 기술	2012.3.27	2015.3.26	환경 제144호 (검증)
한국건설기술연구원/삼영플랜트(주)/하나환경산업(주)/우진환경개발(주)/수성산업㈜	환경 제362호	회분식 회전믹서형 반응기를 적용한 급속탄산화 공정에 의한 도로공사용 순환골재 pH 저감 기술	2012.5.1	2015.4.30	환경 제146호 (검증)
두제산업개발(주), 탄용환경개발(주), 동부이엔티㈜	환경 제366호	다중회전체와 요철형 라이너가 장착된 복합마쇄장치를 이용한 건식 콘크리트용 순환 굵은골재 제조 기술	2012.6.13	2015.6.12	환경 제153호 (검증)
㈜그린파워텍, 자원개발㈜, ㈜케이디에스	환경 제370호	수직 원심 해머 크러셔를 이용한 도로보조기층용 순환골재 생산기술	2012.7.23	2015.7.22	
대형환경㈜	환경 제381호	건설폐기물 소각 폐열과 이중관 회전형 건조장치를 이용한 순환 잔골재 생산 기술	2012.10.25	2015.10.24	
(주)모악환경산업/(유)전주환경/(주)그린환경	환경 제385호	고무 블레이드와 미세타공이 되어 있는 원심수차 회전분리장치를 이용한 순환 굵은골재의 이물질 선별 기술	2012.12.20	2015.12.19	환경 제154호 (검증)
(주)해솔산업개발	환경 제394호	회전속도가 다른 두 개의 드럼이 장착된 수조를 이용하여 건설 폐기물 처리 과정에서 생산되는 순환 굵은골재의 유기이물질 제거 기술	2013.3.5	2016.3.4	
현대환경(주)/정화환경산업(주)/삼환환경(주)	환경 제411호	단위용적 질량 측정 장치와 분급 및 재파쇄 시스템을 이용한 순환골재 생산기술	2013.9.25	2016.9.24	
홍진환경(주)/(주)대신환경	환경 제417호	표면 요철형 컨베이어 및 슬롯형 노즐을 적용한 도로공사용 순환골재 이물질 제거 기술	2013.10.18	2016.10.17	

4.4.3 순환골재 재활용 용도

가. 국내의 순환골재 재활용 용도

우리나라에서의 순환골재 재활용이라 함은 건설 폐기물을 처리하는 과정에서 생산된 순환골재와 건설 폐기물을 처리하는 과정에서 선별된 순환토사를 당해 건설공사에 직접 사용하거나 다른 건설공사 또는 다른 용도로 사용하는 것으로서 대통령령이 정하는 것(법 제2조 제14호)으로 규정되어 있으며, 용도로는 도로공사용, 건설공사용, 주차장 또는 농로 등의 표토용, 매립시설의 복토용, 농지개량을 위한 성토용, 전기·통신공사의 되메우기용 등(시행령 제4조)이 있다.

나. 한국과 일본의 순환골재 재활용 용도 비교

우리나라와 일본의 법령에서 규정하고 있는 순환골재 재활용 용도를 살펴보면(표 4.11 참조), 우리나라의 경우 크게 도로공사의 도로보조기층용, 동상방지층, 노상 및 노체용, 아스팔트 콘크리트용과 건설공사의 콘크리트용, 콘크리트제품 제조용, 되메우기 및 뒷채움용, 성토·복토용으로 재활용 용도를 다양하게 구분하고 있다.

반면 일본의 경우 2000년에 제정된 건설리사이클법에 따르면 건설 폐기물을 처리하여 생산된 순환골재는 전기공동구, 경계블록, 재생쇄석, 배수로, 보도용 쇄석, 경계벽, 공원시설, 굴착 뒷채움재, 호안블록재, 기초재 등으로 재활용할 수 있도록 규정하고 있는 등 그 적용범위가 넓고 다양하며, 순환골재의 사용이 용이하고, 원활한 용도에 우선적으로 순환골재를 사용하고 있다(그림 4.11).

표 4.11 한국과 일본의 순환골재 재활용 용도 비교[4-14)]

건설 폐기물의 재활용 촉진에 관한 법률(한국)	건설리사이클법(일본)
• 도로공사용	· 전기공동구
–도로보조기층	· 경계블록
–동상방지층, 노상 및 노체용	· 재생쇄석
–아스팔트콘크리트용	· 배수로
• 건설공사용	· 보도용 쇄석
–콘크리트용, 콘크리트제품 제조용	· 경계벽
–되메우기 · 뒷채움 용도	· 공원시설
• 성토용 · 복토용	· 굴착 뒷채움재
–건설공사 성토 · 복토용	· 호안블록재
–폐기물처리시설 중 매립시설의 복토용	· 기초재

4.5 기타 건설 폐기물 재활용 기술

4.5.1 완전 리사이클링 및 미분말의 재활용 기술

건설 폐기물의 대부분을 차지하고 있는 폐콘크리트를 100% 재활용하기 위하여 순환골재를 구조용 콘크리트 골재로 이용하고 미분말을 콘크리트용 원료 및 지반개량재로서 활용하고자 하는 폐콘크리트 완전 리사이클링 기술(closed-loop concrete system)을 일본의 토모자와가 그림 4.12와 같이 제안하였다.[4-21] 폐콘크리트의 완전 리사이클링을 위해서는 구조용 콘크리트로서 순환골재의 활용도 중요하지만, 순환골재가 고품질화 될수록 발생량이 증가하고, 순환골재와 비교하여 아직까지는 기초 연구단계인 미분말에 대한 관심도 점차적으로 높아질 것이 예상된다.

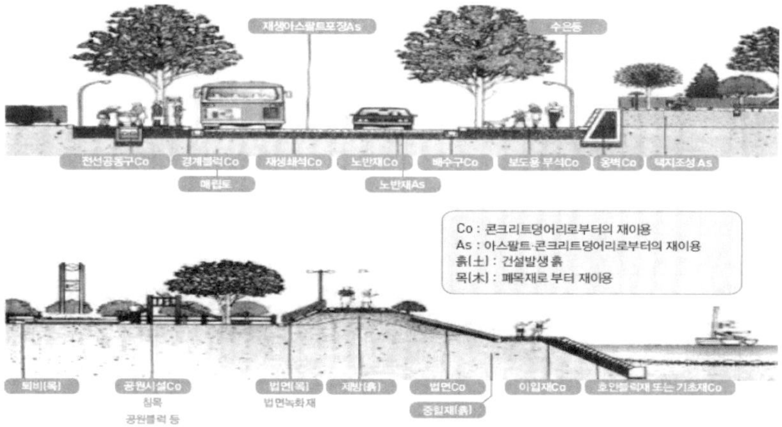

그림 4.11 일본의 건설부산물 활용 예

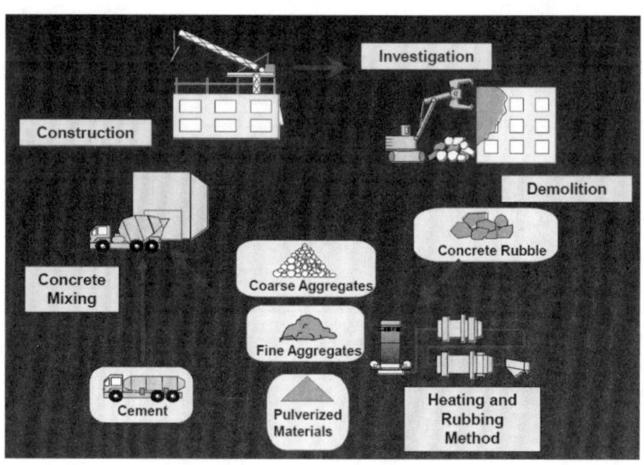

그림 4.12 완전 리사이클링(안)[4-21]

폐콘크리트를 대상으로 파쇠 횟수를 증가시켜 골재에 부착된 구 콘크리트 및 구 모르타르 부분을 제거하기 위한 연구결과에 의하면, 3종 이상의 파쇄기를 적절히 배치하여 파쇄하면 일반골재와 동등한 수준의 순환골재를 얻을 수 있지만 굵은골재 회수율은 약 30%에 불과하고 잔골재와 미분말 발생량이 70%로서 특히 미분말의 재활용에 대한 기술개발의 필요성을 강조하고 있다.[4-22] 이와 같은 순환골재의 고품질화 기술에서 공통적인 문제점으로 지적되고 있는 미분말의 재활용을 확대하기 위한 용도를 그림 4.13에 나타냈다.

우리나라의 경우에는 2007년도에 폐콘크리트 미분말을 지정폐기물에서 일반폐기물로 변경하여 재활용을 활성화하기 위해 노력하고 있으나 미분말 발생 및 수거, 특성 및 용도개발 등에 대한 연구가 미진하여 대부분 토사와 함께 혼합하여 매립하고 있는 실정이다.[4-23]

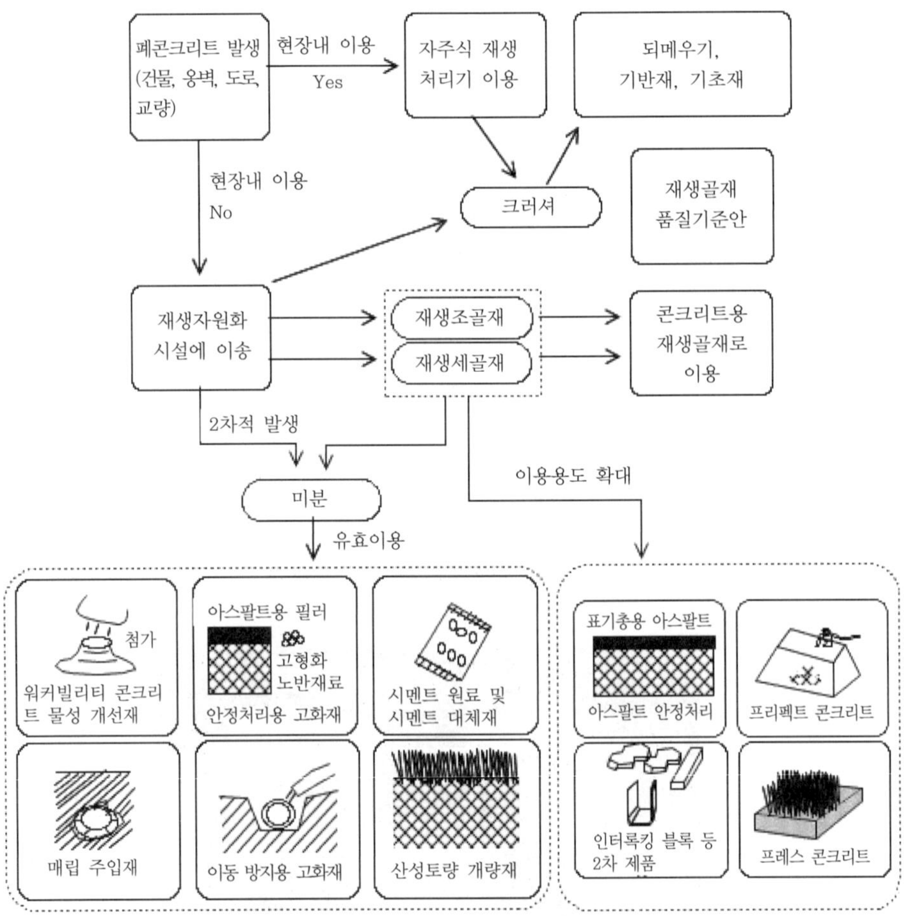

그림 4.13 미분말 활용방안[4-23]

4.5.2 분별해체

가. 필요성 및 기대효과

현재 우리나라의 해체공사 수행방식은 0.8~1.2m^3급의 대형 중장비로 구조물을 파쇄한 다음 발생된 잔재를 분리, 선별하는 "선철거 후분별 방식"이다(그림 4.14 참조). 이 방식은 짧은 기간 내에 높은 파쇄효율을 얻을 수 있기 때문에 지금까지 대부분의 해체공사에 적용되어 왔다.[4-23)]

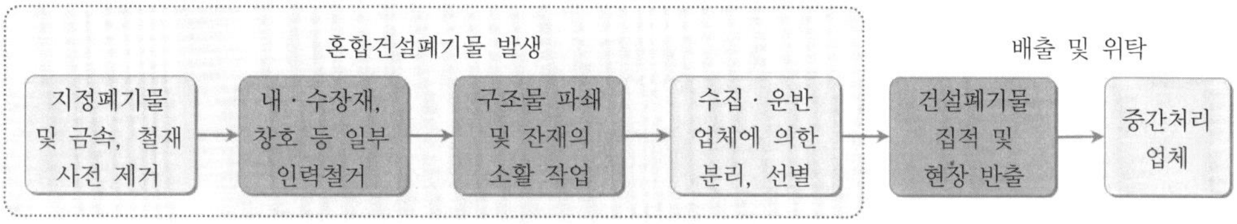

그림 4.14 현 해체공사의 주요 작업공정[4-23)]

반면 공사가 "인력에 의한 내장재 철거", 압쇄기와 브레이커를 이용한 "본 구조물 파쇄" 및 "콘크리트 덩어리의 파쇄/잘게 부수기" 등 단순한 공정으로 수행되므로 발생 폐기물을 완전하게 분리, 선별하기 어렵다는 단점이 있다. 따라서 현장에서 최종 반출되는 폐기물은 다양한 이물질을 포함한 혼합 건설 폐기물의 형태이며, 이는 폐기물의 실질적인 재활용률 저하와 막대한 처리 비중 및 매립 비용 발생 등으로 이어지는 악순환의 주된 요인으로 작용하고 있다.

분별해체 방식은 건설 폐기물이 발생되는 초기단계에서부터 폐기물을 종류별, 성상별로 분리, 선별하여 배출하기 때문에 현장에서 최종 배출되는 혼합건설 폐기물을 최소화할 수 있다. 그러므로 일반 해체방식과는 달리 양호한 성상의 폐콘크리트 확보가 가능해져 고품질, 고부가가치의 순환골재의 생산을 기대할 수 있다. 아울러 폐기물의 최종 처리 비용의 절감과 혼합건설 폐기물로 인한 2차 환경오염 저감 등 부수적인 효과도 지닌다.

나. 건설 폐기물의 처리 현황

건설 폐기물은 신축현장에서도 발생되지만 대부분 해체현장에서 발생된다. 현재 우리나라의 해체현장에서 적용되고 있는 건축 구조물 해체공법은 그림 4.15와 같이 대부분 대형 브레이커, 대형 압쇄기, 워터제트 및 강구 등에 의한 기계식 해체공법으로 행해지고 있다. 이러한 해체공법은 단독으로 사용되는 경우도 있으나 대부분의 경우 2~3종류의 공법을 조합한 형태로 작업이 실시되고 해체건물의 종류에 따라 여러 종류의 공법을 조합하여 사용하기도 한다.[4-24] 또한 내장재나 설비 등을 사전에 철거한 후 본 구조물을 해체하는 분별해체공법은 아직도 많이 시행되지 않고, 구조물을 해체한 후 해체잔재를 성상별로 분리 · 선별하는 일반해체공법이 적용되고 있다.

단, 석면이나 지정폐기물은 법적 규정에 따라 사전에 제거하고 일부의 비싸게 팔 수 있는 철물이나 금속물질 등은 제거하고 해체한다. 이로 인하여 해체잔재에는 각종 물질이 혼재되므로 백호의 선단에 특수한 장치를 부착하여 성상별로 분리 · 선별한 후 중간처리업체로 배출하는 것이 일반적이다.

(a) 저층 해체

(b) 고층 해체

그림 4.15 건축구조물의 기계식 해체 장면

다. 분별해체의 장단점

분별해체는 건설 부산물의 재활용을 고려하여 구조체와 이외의 부분을 나누어 분리, 선별, 부재절단 등의 해체하는 작업과 더불어 금속류, 폐콘크리트류, 토사, 목재, 가연성 폐기물, 불연성 폐기물로 분리하여 해체 반출을 위한 제반작업을 말한다.[4-24] 일반해체는 본구조물 해체 이전에 성상별로 분리하지 않고 해체하는 방법이지만, 시공사에서는 폐기물 처리비용의 절감을 위하여 건설 폐기물 분리배출 기준에 따라 성상별로 분리 · 선별하여 반출하고 있다. 그러나 일반해체를 하면 각종 자재가 부서지고 혼합되게 되므로 이들 자재의 재활용이 어렵게 될 뿐만 아니라 해체 이후에 성상별로 분리 · 선별하는 것도 한계가 있기 마련이다. 그러므로 혼합폐기물이 많이 발생되어 처리비용이 증가하는 것이 일반적인 현상이며, 혼합폐기물의 판정방법이 모호하여 분리배출 시 시공사와 폐기물 처리업체와의 분쟁이 발생될 수 있다는 문제점을 내포하고 있다.

반면 분별해체는 해체 이전에 성상별로 분리하기 위한 작업이 수반되므로 작업인부의 품이 많이 소요되고 공사기간이 길어지며, 폐기물 처리비용은 절감되지만 해체공사 비용은 증가하게 된다. 기존의 연구결과에 의하면 분별해체가 일반해체의 경우보다 전체 공사비가 5.8% 상승된다는 보고도 있으나 표 4.12에 나타낸 일본의 사례에서는 0.5% 밖에 상승되지 않는다는 보고도 있다.

표 4.12 일반해체와 분별해체의 전체 공사비 비교[4-23]

구분		해체 공사비	폐기물 처리비	계
일반해체	비용	134,036천 원	119,263천 원	253,299천 원
	비율	53%	47%	100%
분별해체	비용	168,322천 원	99,783천 원	268,115천 원
	비율	63%	37%	100%

4.6 맺음말

21세기에 들어서면서 환경 문제와 자원 고갈의 위협이 확산되고 전 지구적 차원에서 지속가능한 발전이 필수적인 패러다임으로 부상하고 있다. 이러한 과제에 직면하여 자원을 완전하게 순환적으로 이용하여 폐기물이 제로화되는 자원순환형 사회 구축 및 지속적인 발전이 바람직하다.

우리나라는 연간 약 3억 톤의 콘크리트가 제조되어 새로운 건설재료로 사용되고 있고, 연간 약 4천만 톤 이상의 콘크리트가 폐콘크리트로 발생되고 있다.[4-4,25] 그러므로 최근 발생량이 매년 급증하고 있는 막대한 양의 폐콘크리트를 파쇄 가공한 순환골재를 적절하게 재활용해야 한다. 환경규제 및 골재원의 고갈로 인하여 우리나라의 건설용 골재 수급도 갈수록 어려워지고 있어 순환골재를 다시 건설용 골재로 환원하여 재활용하는 것이 필요하다는 인식이 일반화되고 있다. 순환골재를 구조체 콘크리트용으로 사용하기 위한 노력을 적극적으로 기울여야 할 필요가 있다.

참고문헌

4-1 환경부, "제4차 전국폐기물통계조사 : 2011~2012년", 2013.

4-2 환경부 · 국립환경과학원, "2012 전국폐기물 발생 및 처리현황", 2013.

4-3 환경부, "제2차 건설폐기물 재활용 기본계획 수립을 위한 연구", 2011.

4-4 환경부 · 국토해양부, 순환골재 의무사용 건설공사의 의무사용량 고시(환경부 고시 제2008-219호, 국토해양부 고시 제2008-867호), 2008.

4-5 KS F 2573, "콘크리트용 순환골재", 산업통상자원부 기술표준원, 2011.

4-6 日本建築學會, 日本建築工事標準仕様書 · 同解説 JASS 5, 鐵筋コンクリート工事, 28節 再生骨材コンクリート, 2009.

4-7 DIN 4226-100 "Aggregate for mortar and concrete Part 100 : Recycled aggregate", German National Standard, 2002.

4-8 한국콘크리트학회, 콘크리트표준시방서, 2009.

4-9 이도헌, "제1회 기술강좌 건설폐기물 및 순환골재 생산과 활용기술", 한국건설순환자원학회, 2006.

4-10 Takafumi Noguchi, "Sustainable Recycling of Concrete Structures", Sustainability Workshop, Takamatsu, Japan, 2014.

4-11 A. Akbarnezhad, K.C.G. Ong, M.H. Zhang, C.T. Tam, T.W.J. Foo, "Microwave-assisted beneficiation of recycled concrete aggregates", Construction and Building Materials, 25, 2011. pp.3469~3479.

4-12 환경부, 국토해양부, 한국건설자원협회, 2013 순환골재 · 재생아스콘 우수 활용 사례집, 2013.

4-13 한국환경산업기술원, http://www.keiti.re.kr.(2015.)

4-14 한국건설자원협회, "순환골재 의무사용에 따른 실태조사 · 분석연구", 2005.

4-15 국토해양부, "순환골재 품질기준 제정 및 인증제도 시행방안 연구", 2006.

4-16 Leite, M. B., "Evaluation of mechanical properties of concrete produced with recycled aggregates from construction and demolition waste", Porto Alegre-RS, 2001.

4-17 유영찬, "순환골재콘크리트 구조기준 설정에 관한 연구", 한국건설기술연구원 보고서, 2014.

4-18 박원준, "순환골재를 사용한 콘크리트의 압축강도와 각종 역학특성과의 관계에 관한 연구", 대한건축학회논문집 구조계, 대한건축학회, Vol. 28, No. 3, 2012.

4-19 Katz, A., "Properties of concrete made with recycled aggregate from partially hydrated old concrete", Cement and Concrete Research, Vol. 33, 2003, pp.703~711.

4-20 Ryu, J. S. "Improvement on strength and impermeability of recycled concrete made from crushed concrete coarse aggregate", Journal of Materials Science Letters, Vol. 21, 2002, pp.1565~1567.

4-21 F. Tomosawa, "An Advanced Concrete Recycling Plant and Completely Recyclable Concrete Products come into Market -The recent development of recycling concrete in Japan", ACI Concrete Sustainability Forum, New Orleans, U.S., 2009.

4-22 高橋泰一ほか, "再生骨材のコンクリ□トの適用の現状と将来", コンクリ□ト工学, Vol. 33, No. 2, 1995.

4-23 김진만, "순환자원으로서의 폐콘크리트 재활용 공정부산물인 폐콘크리트 미분의 활용기술", 한국건설순환학회지, 한국건설순환학회, Vol. 8, No. 3, 2013.

4-24 대한주택공사, "공동주택 철거잔재의 활용성 향상을 위한 해체기술 및 시스템 개발", 2004.

4-25 국토교통부, "건축공사표준시방서 제23장 해체 및 자원 재활용", 2013.

4-26 한국환경산업기술원, http://www.edp.or.kr.(2015)

4-27 정종석 외 5인, "폐콘크리트 재활용 방식에 따른 이산화탄소 발생량 분석", 대한건축학회논문집, 대한건축학회, 2008, pp.109~116.

제5장 석탄회의 재활용

권성준, 한남대학교 건설시스템공학과, 조교수, jjuni98@hnu.kr

5.1 개요

석탄 화력발전소에서 석탄을 미분기로 200번체에 중량비로 70~80%를 통과하도록 분쇄하여 뜨거운 공기와 함께 노 내로 주입하면 1,500±200℃ 온도 범위에서 부유 상태로 순간적으로 연소하게 된다. 이때, 연소 후 남는 물질을 석탄회라고 하며, 무연탄의 경우는 26~50%, 유연탄에서는 8~15% 정도가 발생한다. 이 전력산업의 부산물인 석탄회는 연소 후 포집되는 장소에 따라 플라이애시, 바텀애시, 신더애쉬로 구분되는데, 이들은 전체 석탄회 발생량 중 각각 75~80%, 10~15% 및 5% 정도를 차지한다.[5-1] 석탄회의 성상은 사용하는 연료의 종류에 따라 영향을 받으며 무연탄과 유연탄, 그리고 국가별, 탄종별로 다소의 차이가 있다. 우리나라에서 전량 수입에 의존하는 유연탄의 사용 탄종은 수십 개에 달하므로 각 탄종에 따른 성상의 차이를 구분하는 것은 어렵다. 일반적으로 표 5.1에 나타낸 것과 같이 유연탄회가 무연탄회에 비해 CaO와 Fe_2O_3 성분이 많다.

플라이애시는 전기를 사용해 입자를 채집하는 전기집진기에 의해 집진되며, 재활용을 위해 공기이송 설비를 통해 플라이애시 사일로에서 저장된다. 플라이애시의 입경은 탄종이나 연소조건에 따라 다르나 보통 10~30 μm이다. 플라이애시 중 내부가 CO_2나 N_2 가스로 채워져 수면에 부유하는 세노스페어는 플라이애시 전 중량의 약 2% 정도이다. 세노스페어는 입경이 20~30 μm 정도이며, 경량성, 절연성, 내화학성 및 보온성 등이 우수하여 최근에는 단열재에 널리 재활용되고 있다. 바텀애시는 노벽, 과열기, 재열기 등에 부착되어 있다가 자중 또는 부하변동에 의해 보일러 연소실 바닥으로 떨어지며, 입경은 1~40 mm 정도이다. 보일러 하부에 모인 바텀애시는 분쇄기로 분쇄 후 재활용되거나 처리장에 보내 매립된다. 연소가스 흐름을 따라 이동하다가 절탄기와 공기예열기 하부의 호퍼에 모이는 것을 신더애쉬라 하는데, 그 입경은 0.3~1.0 mm 정도이다.

석탄회의 적절한 재활용을 위하여 정제된 플라이애시의 품질규격을 KS L 5405에 규정하고 있으며, 프리캐스트 콘크리트 골재 활용을 위하여 KS F 4570에 바텀애시 품질규격을 규정하고 있다. 석탄회는 일반적으로 표 5.2의 화학적 조성 및 특성을 가지고 있다. 표 5.3에서는 석탄회의 특성에 따른 용도를 나타냈는데, 콘크리트 혼화재, 골재 및 단열재 등으로 재활용되고 있다.

표 5.1 무연탄회와 유연탄회의 전형적인 화학적 조성(% 중량비)

구 분	SiO_2	Al_2O_3	Fe_2O_3	CaO	MgO	Na_2O	K_2O	SO_3	TiO_2	기타
무연탄회	54.1	28.8	4.8	0.2	0.8	0.2	3.8	0.1	1.5	5.7
유연탄회	50.7	21.0	8.7	6.4	2.3	0.7	1.1	2.6	1.5	5.0

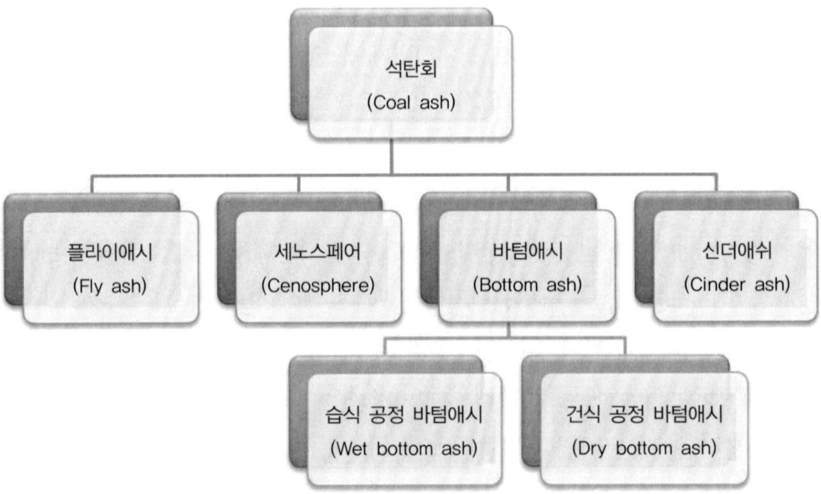

그림 5.1 석탄회 발생 구분[5-2]

표 5.2 석탄회의 전형적인 화학적 조성(% 중량비)

종류		CaO	SiO_2	Al_2O_3	Fe_2O_3	MgO	Na_2O	K_2O	LOI(1)
플라이애시	F급	1.7	56.0	25.7	8.3	1.1	0.3	2.8	1.8
	C급	11.6	50.5	17.7	6.6	3.4	3.5	1.2	0.5
바텀애시		0.6	55.4	23.9	5.6	0.6	8.9	3.7	1.3
세노스페어		3.6	53.0	38.0	1.3	0.7	0.1	1.5	1.8

1) LOI(Loss of ignition) : 강열감량

표 5.3 석탄회의 특성 및 용도

종류	비중	분말도(cm^2/g)	입경(mm)	주요용도
플라이애시	2.1~2.5	2,800~3,200	0.01~0.03	콘크리트 혼화재, 잔골재
바텀애시	2.0~2.5	-	1~40	골재, 비료
세노스페어	0.44	2,500~4,500	0.02~0.03	단열재

5.2 전력산업 부산물의 발생 및 활용 현황

5.2.1 석탄회 발생 공정 및 발전소 현황

가. 석탄회 부산물 발생 화력발전소 현황

우리나라는 매장량이 풍부하고 공급이 안정적인 저렴한 가격의 유연탄을 발전연료로 사용하기 위해 유연탄 발전소인 삼천포, 보령화력을 건설하였고 이후 하동, 당진, 태안, 영흥화력 등 대용량 유연탄 화력발전소를 운영하고 있다(표 5.4 및 그림 5.2 참고). 한편 우리나라 석탄개발 정책에 힘입어 1960년대 중반부터 건설되기 시작한 무연탄 화력발전소는 점차 감소 추세에 있다. 석탄 화력발전소는 2012년도 우리나라 총 전력발전량의 약 44.5%를 담당하고 있다.

2012년 사용된 석탄으로부터 발생한 석탄회는 860만 톤이며, 이는 2007년도에 발생한 석탄회 양의 약 1.5배에 상당하는 양이다. 우리나라 연도별 석탄회 발생량은 전력 수요량의 증가로 인해 지속적으로 증가하고 있으며, 우리나라에서 연간 발생되는 석탄회는 2009년도를 기점으로 800만 톤을 넘어선다고 조사되었다.

표 5.4 우리나라에 건설 중인 화력발전소 현황(2013년 전기연감)

사업명	설비용량 (MW)	공기(착공~준공)	주요 추진 현황
당진화력 #9,10 (동서발전)	1,020MW×2기	2011.06~2016.06	· 전원개발사업 실시계획 변경승인 · 9호기 보일러 압력부 설치
삼척그린파워 #1,2 (남부발전)	1,022MW×2기	2012.06~2016.06	· 제3연료 하역부두 케이슨 진수 · 보일러 건물 최초 철골 입주
태안화력 #9,10 (서부발전)	1,050MW×2기	2012.09~2016.12	· 착공(본관 기초굴착) · 기전공사 계약 체결
신보령화력 #1,2 (중부발전)	1,000MW×2기	2011.11~2017.06	· 본 공사 착공 · 보일러 철골 입주
북평화력 #1,2 (STX전력㈜)	595MW×2기	2013.02~2016.06	· 건축허가 취득 · 본관 기초굴착(착공)

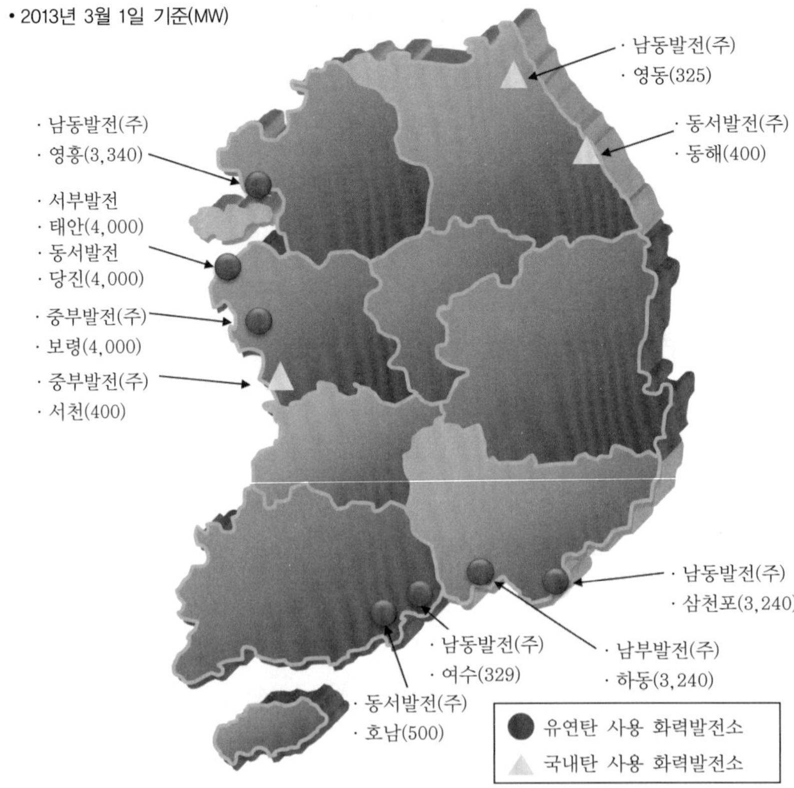

그림 5.2 우리나라 석탄 화력발전소 위치별 발전량(전력거래소)[5-2]

이와 같이 지속적으로 증가하는 석탄회를 재활용하지 않고 회처리장에 매립처분할 경우 기존 회처리장 용량 부족으로 신규 회처리장을 확보해야 하는 문제가 발생하며, 이 경우 막대한 건설 예산뿐만 아니라 다양한 환경문제를 동반하게 된다. 따라서 석탄회의 재활용 확대는 발전소의 안정운영을 위해서도 선결되어야 할 과제이다.

나. 화력발전에서 발생하는 부산물

일반적인 석탄 연소 공정을 그림 5.3에 나타냈다. 미분탄의 연소에 의해 발생하는 석탄회는 연소 배기가스 중에 먼저 보일러의 바닥에 낙하하여 물에 의해 냉각된 덩어리 모양의 재(바텀애시)가 발생한다. 다음으로 절탄기와 공기 예열기의 열회수 부분에 낙하해 신더애쉬가 발생하며, 그 후 대부분의 플라이애시는 전기를 사용해 입자를 포집하는 전기집진기에 의해 포집된다. 신더애쉬와 플라이애시는 채집공정 중에 혼합되는데, 혼합된 후의 재가 일반적으로 플라이애시 원분으로 불리고 있다.

플라이애시 처리 공정은 그림 5.4에 나타낸 바와 같이 발전소의 집진설비에 의해 저장용 사일로에 저장된 플라이애시를 밀폐식 차량인 B.C.T 벌크 트레일러를 이용하여 저장 사일로에서 슈트를 통해 흩날림 없이 직접 상차하여 정제공장으로 운송한다.

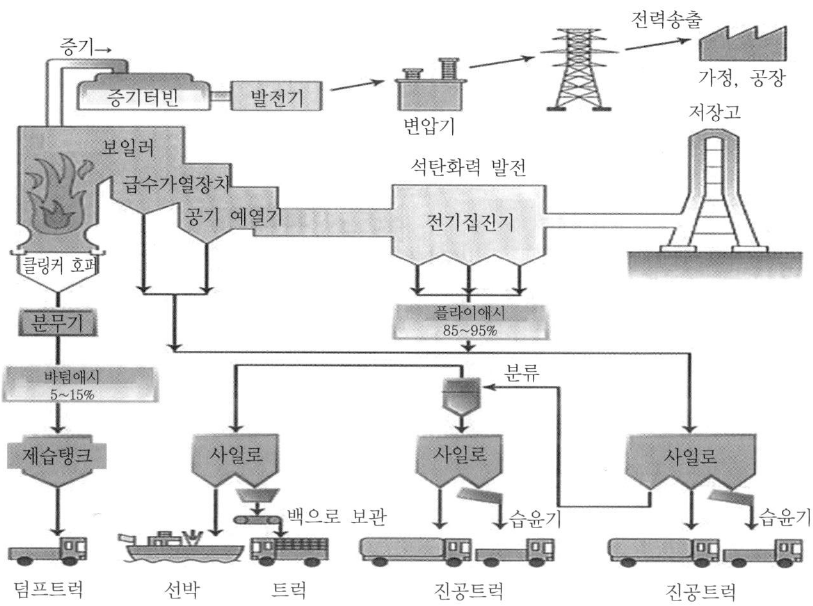

그림 5.3 석탄회 발생 공정[5-2)]

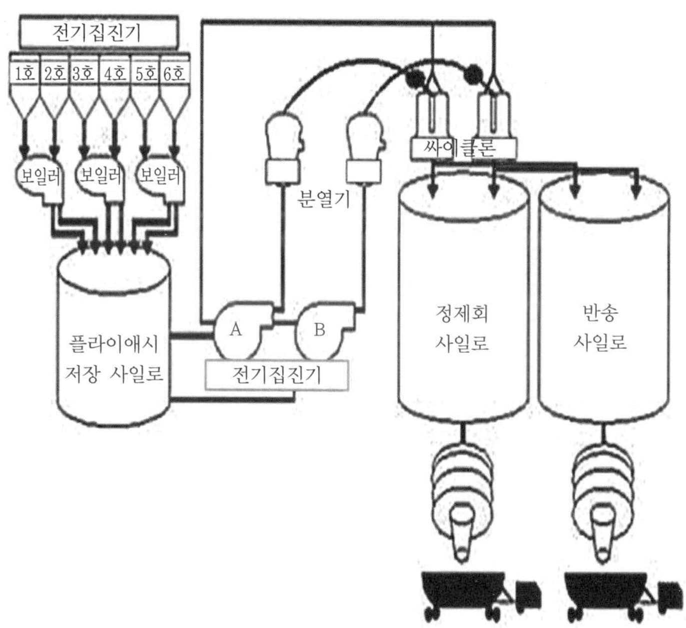

그림 5.4 플라이애시 정제 공정[5-2)]

정제공장에서 하차는 공기 압축식에 의해 사업장 일반폐기물 저장용 사일로로 운송되며, 분별기에 의해 플라이애시를 탄소함량과 입경에 따라 선별한다. 원료로 투입된 플라이애시 중에서 탄소분이 다량 함유된 부분은 반송용 사일로에 저장된다. 분별기로 선별된 플라이애시는 사이클론을 통해 2차 선별된 후 정제 사일로에 저장된다.

바텀애시의 매립처리는 담수식과 건식으로 구분할 수 있는데, 일반적으로 노 내로부터 떨어지는 슬래그 및 재는 바텀애시 저장소에 일시적으로 저장되었다가 ATT(ash transfer tank)로 이송되어 다시 슬러리 펌프를 통하여 최종 처리장소인 회처리장에 보내 매립한다. 과거 영월 화력발전소에서는 강물인 담수를 이용하여 회처리장에서 바텀애시를 일정기간 저장하여 탈수시킨 다음 덤프트럭을 이용하여 건식 매립하는 혼합방식을 이용하였다.[5-8] 한편, 바텀애시의 재활용을 위한 처리는 용도에 따라 처리방식이 매우 상이하다. 골재 대체 분야가 일반적인 재활용 분야에서는 염분/입도 분리 공정 및 일반 골재 선별에 사용하는 시설 등의 추가 처리공정들이 이용된다.

다. 보일러(순환유동층)에서 발생하는 부산물

순환유동층 연소방식은 노 내 탈황을 하기 위해 인위적으로 석회석을 첨가하는데 이때 탈황반응에 참여하지 못한 잉여 석회성분이 비산재 내에 잔재하여 CaO 화합물 형태로 존재하게 된다. CaO 화합물이 다량 함유된 재료를 레디믹스트 콘크리트 혼화재나 시멘트의 원료로 사용할 경우 Free-CaO 성분이 콘크리트의 이상 응결현상, 슬럼프의 손실, 지연제의 사용량 증가, 내구성 저하 등의 문제를 발생시키고, 특히 콘크리트의 팽창, 균열 등의 문제를 발생하여 물성을 저하시킨다고 알려져 있다.[5-10,11] 순환유동층 연소방식은 연료의 종류, 회분, 수분 함유량 등이 변해도 연소에 미치는 영향이 적고, 미분탄 연소 등 기존 연소로에는 적합하지 않는 고유황탄, 저품위탄, 폐기물 등 모든 가연성 물질에 대하여 광범위한 연료 사용이 가능하다.[5-9] 연소로의 온도를 약 850℃ 정도로 유지하면 질소산화물의 생성을 억제할 수 있으며, 석회석으로 노 내에서 집적 탈황할 수 있는 장점 때문에 현재 순환유동층 연소방식의 화력발전소가 점점 증가하는 추세이다. 오스트리아, 일본, 이탈리아, 스페인 등 많은 해외국가에서 약 600여 기가 가동 중에 있다. 순환유동층 연소방식의 가장 큰 장점으로는 연소 중 석회석과의 반응에 의한 연소실 내 탈황이 가능하다는 것이다(그림 5.5 참고). 연소실 내에 석회석을 주입하여 석탄과 함께 연소시키면 연소가스 중의 이산화황과 석회석이 노 내에서 반응하여 연소가스 중 황은 제거되고 석고가 생성되어 석탄재와 함께 배출된다(표 5.5 참고). 일종의 건식탈황의 개념으로 연료의 유황분 함량에 따라 석회석의 주입량을 조절함으로써 배기가스의 황산화물 배출농도를 쉽게 조절한다. 이러한 공정관리에 의해 순환유동층 연소방식의 석탄재는 화학적 특성이 일반적 화력발전소의 미분탄 연소방식에서 발생하는 F급 석탄재와 완전히 상이한 CaO 함량이 높은 상태로 배출되고 있다. 즉 순환유동층 연소방식의 석탄재는 미분탄 연소방식의 석탄재와 연소방식의 차이로 인해 광물조성, 화학조성 및 형태가 매우 다르다.

미분탄 연소방식의 화력발전소에서 발생하는 비산재의 경우 80% 이상이 레디믹스트 콘크리트 혼화재와 시멘트의 원료로 활용되고 있는데 반해, 현재 우리나라 15곳의 유동층 방식의 발전소에서 약 50만 톤/년 이상이 배출되고 있는 순환유동층 보일러 석탄재의 경우 KS 규격(KS L 5405)에 부합하지 못하여 레디믹스트 콘크리트 용도로는 재활용이 어렵고, 모르타르 제품, 콘크리트 2차제품, 지반고화재 등으로 활용이 가능하다.[5-12)]

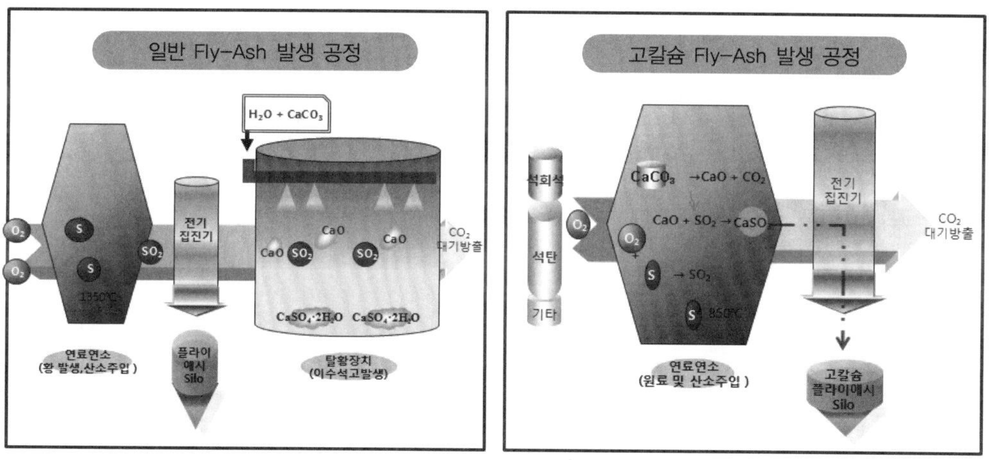

그림 5.5 미분탄 연소방식과 순환유동층 연소방식의 탈황공정[5-13)]

표 5.5 연소방식에 따른 석탄회 발생 현황

연소방식	미분탄 연소방식	노 내 탈황방식(유동층 연소방식)
발생되는 폐기물	석탄회	석탄회
발생량(년간)	900만 톤	50만 톤
규격	KS L 5405(적합)[주1)] ASTM C 618(적합)[주2)]	KS L 5405(부적합) ASTM C 618(부적합)
주 처리방법	Fly ash : 80% 이상 재활용 Bottom ash : 일부 재활용	Fly ash : 시멘트 공장 등 위탁처리 Bottom ash : 전량 매립

주1) KS L 5405 : $SiO_2 \geq 45wt\%$

주2) ASTM C 618 : F-type fly ash($SiO_2 + Al_2O_3 + Fe_2O_3 \geq 70wt\%$)
C-type fly ash($SiO_2 + Al_2O_3 + Fe_2O_3 \geq 50wt\%$)

5.2.2 우리나라의 석탄회 발생량과 활용현황

우리나라 발전소의 석탄회 배출은 1930년대 당인리 화력발전소 준공 이후 계속되어 왔으나 1983년 삼천포 및 보령 화력발전소가 준공되기 이전까지 배출되는 석탄회는 모두 무연탄회였으며, 우리나라나 외국 규격에 비추어 미연탄소분이나 알칼리성분이 많아 재활용이 사실상 어려워 대부분 회매립장 등에 매립해 왔다. 정부에서는 산업부산물의 재활용을 촉진하고자 1993년 「철강 슬래그 및 석탄재 배출사업자의 재활용지침」을 제정하였다. 용도별 규격에 따른 재활용법, 재활용계획을 수립하여 매년 재활용 목표율을 설정 · 운영하고 있다(표 5.6 참고). 정제회를 중심으로 일부 지역에서 7～15% 정도를 레디믹스트 콘크리트 혼화재로 사용하고 있으며, 점토의 대용으로 무연탄 회를 시멘트 클링커 제조공장에서 원료로 사용하는 등 대량소비가 가능해졌다. 이러한 정부의 노력 및 관련기관과 업체 간의 상호 협력으로 우리나라 석탄회 재활용은 1990년 15.1%, 1995년 20%를 밑도는 저조한 수준을 나타냈지만, 1997년부터 재활용률이 점진적으로 증가하여 2000년에는 54.6%에 이르러 거의 선진국 수준에 이르게 되었다.[5-14)]

플라이애시의 경우 2012년 재활용률이 78% 수준을 보이고 있다(그림 5.6 참고). 우리나라 석탄회 발생량, 플라이애시의 재활용량 및 재활용 비율은 매년 크게 증가하고 있으며, 향후에도 이러한 추세는 지속될 전망이다. 반면, 바텀애시는 발생량의 약 40%가 시멘트 부원료 및 프리캐스트 콘크리트 골재, 성토용 골재로서 재활용되었으며, 약 60%가 매립되고 있는 실정이다.

바텀애시의 재활용에 장애요인이 되는 염분세척 및 입도분리 등의 공정을 개선하기 위하여 영흥화력발전소를 비롯한 신규로 건설되는 석탄화력 후속기는 바텀애시 처리시스템을 담수 또는 건식처리를 채용하고 있어 재활용 확대를 위해 노력하고 있지만, 건식처리된 바텀애시의 상이한 물리적 특성과 미연탄소분 함량 등을 고려하면 콘크리트용 혼화재로의 재활용은 아직 한계가 있다. 반면, 높은 보수력과 통기성 등의 특성을 가지고 있어 농업 분야에 활용이 가능하여 수입에 의존하는 펄라이트, 질석을 대체하는 상토 분야와 옥상녹화 분야의 육성토양, 배수층 골재, 골프장 및 조경 분야에 자갈과 모래 대용으로 연구개발 결과를 활용하여 상용화를 추진 중에 있다[5-15)](표 5.7 참고).

표 5.6 우리나라 발전소별 석탄회 발생량 및 재활용 현황(각 발전소 현황보고서)

구분	발생량(만 톤)				재활용량(만 톤)				재활용률(%)			
	'10	'11	'12	'13	'10	'11	'12	'13	'10	'11	'12	'13
남동	209	226	223	212	133	140	143	161	63.6	61.9	64.1	75.9
중부	169	166	168	–	97	93	103	–	57.5	56.1	61.8	–
동서	199	212	211	181	116	137	170	183	58.3	64.6	80.6	101.1
서부	121	129	125	122	106	107	143	138	87.6	82.9	114.4	113.1
남부	143	132	133	–	130	105	115	–	90.9	79.5	86.5	–
합계	841	865	860	–	582	582	674	–	69.2	67.3	78.4	–

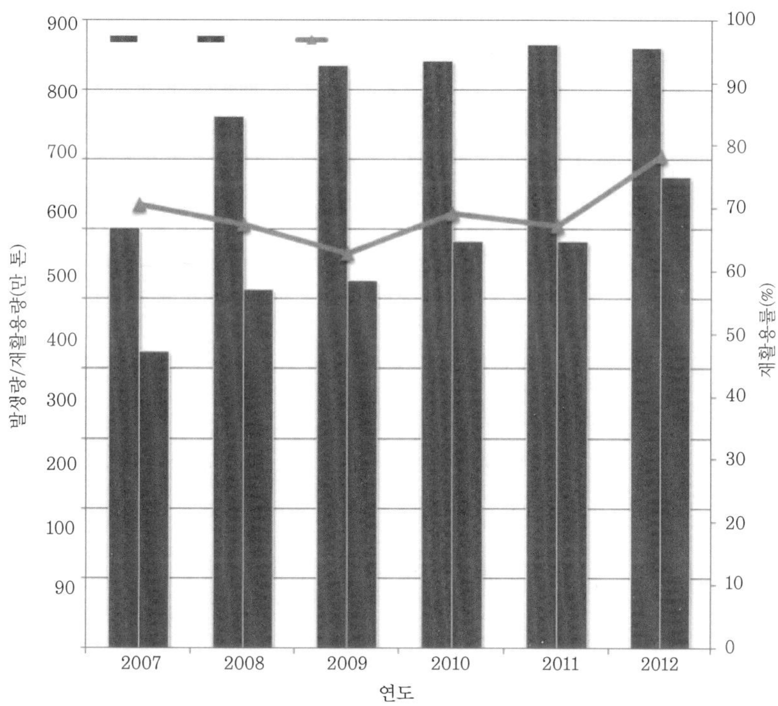

그림 5.6 우리나라 석탄회 발생량 및 재활용 현황

표 5.7 농업 분야 바텀애시 입도별 용도[5-15)]

규격	용도	평균 구성비
0.5 mm 이하	보습용 육성 모래	15%
0.5~2 mm	육성용 모래	25%
2~4 mm	상토 원료	30%
4~13 mm	양액배지용 골재	25%
13 mm 이상	조경용 배수층 골재	5%

플라이애시에 대한 우리나라 표준은 표 5.8에 나타낸바와 같이 시멘트 원료, 콘크리트 혼화재 및 시멘트 클링커 제조원료 대체용으로서 각각 KS L 5211(플라이애시 시멘트), KS L 5405(플라이애시) 및 KS L 5201(포틀랜드 시멘트)에 규정하고 있다. 반면, 바텀애시는 프리캐스트 콘크리트용 골재로서 KS F 4570(프리캐스트 콘크리트용 바텀애시 골재)에 규정하고 있다. 석탄회의 재활용을 위한 신규 활용 분야로서 인공 경량 골재, 촉매제 및 흡착제 등을 들 수 있다.[5-16] 플라이애시 및 바텀애시를 활용한 인공 경량 골재 실용화 실적은 극소수이지만 최근 경량 콘크리트의 수요 증가와 환경 녹화사업에 응용될 수 있어 수요는 지속적으로 증가할 전망이다.[5-17] 또한, 석탄회로부터 추출, 제조되는 고순도 알루미나는 A형 및 Y형 제올라이트로 이온 교환제, 촉매제, 흡착제 및 탈수제 등의 다양한 용도로 활용이 가능하여 최근에는 제올라이트 합성이나 무기필러 제조 등의 고부가가치 재료로서 재활용을 위한 연구도 활발하게 진행되고 있다.[5-18]

석탄회 관련 법규를 살펴보면 「폐기물관리법」에서는 석탄회를 폐기물 및 재활용 대상 폐기물로 규정하고 있으며 「자원의 절약과 재활용 촉진에 관한 법률 · 시행령」에서는 지정부산물로 석탄재를 규정하고 있다(표 5.8 참고). 동법률과 「철강 슬래그 및 석탄재 배출사업자의 재활용지침」에서는 지정부산물인 석탄재를 일정비율 이상 재활용하도록 정하고 있으며, 재활용 용도를 레디믹스트 콘크리트 등 콘크리트 혼화재, 시멘트 원료, 경량골재, 시멘트 2차제품 원료, 성토용 골재, 복토용 골재, 도로용 골재, 목재 접착재 원료, 시멘트 클링커 제조원료 대체용으로 명시하고 있다. 이와 같이 석탄회의 재활용 촉진을 위한 관련법 상의 적용범위는 광범위하게 선정되어 있으므로 석탄회 활용을 위한 법적 기틀은 마련되었다고 볼 수 있다.[5-14]

표 5.8 석탄회의 용도별 관련 표준 및 표준 · 시방서 지침

용 도	관련규격 및 표준 · 시방서 지침
시멘트원료(플라이애시)	한국산업표준 KS L 5211
레디믹스트 콘크리트 등 콘크리트 혼화재	한국산업표준 KS L 5405
시멘트 클링커 제조 원료 대체용	한국산업표준 KS L 5201
프리캐스트 콘크리트용 바텀애시 골재	한국산업표준 KS L 4570
요업용 재료	한국산업표준 KS L 4201, GRE (재활용 점토 벽돌 기준) 4014
도로용 골재	도로공사표준시방서(건설교통부 고시)
성토 · 복토용 및 배수층 골재	인허가된 건축 · 토목공사의 설계시공지침에 의한 품질기준에 적합할 것

표 5.9 석탄회의 유효이용 분야[5-16)]

분야	용도	활용기술 개요
시멘트 분야	시멘트 제조용 원료	· 점토 대용으로 원료량의 4~5% 대체 가능
	시멘트 혼화재	· 플라이애시 시멘트에 5~30% 사용 · 보통 포틀랜드 시멘트의 5% 이하 대체 가능
	콘크리트용 혼화재	· 일반 레디믹스트 콘크리트 혼화재로 약 10~15% 혼화 가능 · 매스 콘크리트, 수리 구조물에 시멘트의 2~30% 혼합 · 주로 토목공사에 사용
	그라우트	· 플라이애시를 혼합재로 이용(작업성 개선)
	신혼화재	· 플라이애시가 용융되는 고온에서 재처리하여 미분말상 제조
	신경화재	· 석탄회에 황산, 석회 등을 첨가하여 새로운 시멘트 제조, 주로 비구조용으로 이용
골재 분야	골재	· 경량콘크리트 골재, 콘크리트의 잔골재 대용 · 입도 조정용으로 대체
	인공 경량 골재	· 팽창성 혈암 대체로 이용
	인공 골재	· 용융 냉각하여 결정질 골재 또는 유리질 골재 제조
건축 분야	벽돌, 기와, 세라믹 제조	· 점토 대체
	단열재	· 중공화 특성 이용 건축재, 부력재, 경량콘크리트 등 구조재료로 이용
	애쉬 울	· 플라이애시, 석회석, 돌로마이트 첨가 제조(내화도 우수)
	콘크리트 제품	· 시멘트, 골재, 석회, 플라이애시로 벽돌, 기포콘크리트 제조
	불연 외벽재	· 경석, 석탄회, 유리섬유를 전압하여 제조
토목 분야	아스팔트 필러	· 아스팔트 안정화와 골재 틈새 채움재
	포장재	· 시멘트, 콘크리트 포장의 시멘트 혼화재로 사용
	노반재	· 모래의 대체재로 이용, 석회 보완재로 사용
	노상재	· 한냉지에서 동상 억제재층 및 연약노반의 도로 건설 시 모래 대체 사용
	충진재	· 폐석 대용으로 갱 내에 충진재로 사용
	지반 안정재	· 다른 재료와 배합, 흙입자 계면 물성 변화 또는 입자간 견고한 결합
	매립조성	· 연약지반 개량공사 및 해안 매립
농업 수산 분야	비료	· 규산비료 원료로 사용
	토양 개량재	· 하수오니, 축분 등을 첨가하여 제조
	인공 어초	· 플라이애시를 수지, 모래와 함께 성형 또는 탈황석고, 시멘트 등으로 경화
기 타 분 야	수처리제	· 흡착, 응집작용에 의해 유기물 제거
	배연탈황재	· 배연 탈황장치 흡수액으로 이용
	소화재	· 슬러리화하여 소화재로 이용
	고화재	· 석회, 석고 등과 혼합하여 폐기물 고형화
	고무용 충진재	· 석탄회를 가공하여 고무의 강화, 증점재로 이용

최근 발생 석탄회 중 재활용되지 않고 매립 처분되고 있는 매립 석탄회는 부지조성 성토재, 도로 배수재, 연약지반 고화처리용 및 골프장 조성 성토재 등으로 재활용이 확대되고 있다. 또한, 매립 석탄회의 경제적인 대량 유효이용을 위해 저강도고유동 경량 채움재로 개발 · 활용 및 CSP(coal ash slurry placing system) 공법을 개발하기 위한 연구개발이 진행되고 있다. 이에 따라 항만 매립공사나 연약지반 개량 등 대규모 토목공사와 전력구공사, 하수관거공사의 지중 충전, 지하 구조물 및 지하공동 채움 등의 토목, 건축 재료로서 활용성이 증가하고 있다. 따라서 석탄회의 재활용 분야와 수요는 표 5.9에 나타낸 바와 같이 지속적으로 증가할 전망이다.

5.2.3 국외의 석탄회 활용 현황

선진국에서는 대략 50년 전부터 토목과 건축 분야에 석탄회 재활용을 적극 추진하였으며, 표 5.10에 나타낸 바와 같이 다양한 정책적 지원이 이루어지고 있다.

표 5.10 국가별 석탄회의 재활용 추진 현황

국가	재활용 추진 현황
영국	· 중앙 발전국에서 석탄회를 관리하며, 중앙정부 건설연구소에서 석탄회 관련 기술지도를 실시함 · 유효 이용 기업 및 공장이 활성화됨
네덜란드	· 통산성 및 후생성에서 석탄회 처분 위원회를 설치함 · 동 위원회의 지도로 유효 이용 연구개발이 활발함
독일	· 발전기술협회에서 기초 기술 연구들을 수행함 · 발전소 및 민간단체에서 응용기술을 개발함
프랑스	· 정부, 전력청, 전력공사 및 석탄공사 중앙연구소가 기술을 지도함 · 중앙연구소 예산의 50% 이상을 산업성과 석탄청에서 부담함 · 1920년대부터 혼합시멘트 연구 수행. 시멘트소비량의 90%가 혼합 시멘트임
캐나다	· 석탄회 이용 프로젝트를 지원하는 공익회사가 있음 · 플라이애시를 원료로 하는 새로운 경화재를 개발함 · 콘크리트에 플라이애시 사용을 의무화함 · High-volume 플라이애시 콘크리트에 대한 다양한 연구개발이 활발함
미국	· 정부 계약공사에 석탄회 이용을 장려함 · 에너지 연구 개발국, 석탄재 협회, 전력연구소 등이 석탄회 재활용을 촉구함
일본	· 석탄 기술 연구소, 전력 중앙연구소 등의 단체가 유효 이용기술 개발을 지원함 · 통산성에서 보조금을 지급함 · 플라이애시를 사용한 콘크리트 배합설계 · 시공 지침을 마련함 · High-volume 플라이애시 콘크리트의 실용화 연구가 활발하게 진행됨

우리나라의 경우 화학적 성질 이용 분야에서 대부분 시멘트 원료 및 콘크리트 혼화재로서 사용되고 있으나 이와 비교해 유럽은 화학적 성질보다는 물리적 성질을 이용하는 분야로의 활용이 우리나라와 달리 토목·건축용으로 그 활용률이 높다.

미국의 경우 2012년 화력발전소에서 발생되는 석탄회는 10,975만 톤으로 재활용량은 5,188만 톤이다(표 5.11). 이중 플라이애시는 약 5,210만 톤, 바텀애시는 약 1,410만 톤으로 재활용률은 각각 44.53%와 38.78%이다.

표 5.11 미국 플라이애시, 바텀애시 재활용 현황(ACAA2012)(단위 : 만 톤)

	플라이애시	바텀애시	합계
전체 현황(만톤)	5,210	1,410	6,620
콘크리트 관련, 그라우트	1,177.9	73.2	1,251.1
혼합 시멘트, 클링커 원료	228.1	128.7	356.8
유동 매립재	14.1	0.9	15
구조용 매립재/채움재	308.3	171.6	479.9
도로기층/보조기층	19.3	35.2	54.5
지반개량/안정화	30.3	14.0	44.3
제설/제빙 제어	0	19.8	19.8
폭발 분말/표면보호재	1.1	1.5	2.6
광석 응용	208.6	43.7	252.3
석고패널 제조	0	0	0
폐기물 안정화/고형화	218.7	0	218.7
농업용	2.6	0.1	2.7
골재용	0	38.1	38.1
유류 지역 관련	56.8	1.8	58.6
기타	54.3	18.2	72.5
분류에 따른 현황(만톤)	2,320.1	546.8	2,866.9
생산율에 따른 활용비율(%)	44.53	38.78	43.31

유럽의 경우(ecoba 2010) 2010년 석탄회 발생량은 4,832만 톤이며, 재활용량은 2,529만 톤이다(표 5.12 참고). 이중 플라이애시는 3,161만 톤, 바텀애시는 405만 톤 발생되었고 재활용률은 각각 43.60%, 46.64%로 우리나라에 비해 바텀애시의 활용이 높은 수치로 나타났다. 특히 영국의 경우 주택이 콘크리트 구조물보다는 조적식 주택이 많아, 이에 사용되는 블록의 원료로 바텀애시를 전량 사용하고 있으며, 오히려 플라이애시는 연소설비의 노후화 등으로 품질이 저하하여 매립되고 있는 실정이다.[5-14]

표 5.12 유럽 플라이애시, 바텀애시 재활용 현황(ecoba 2010)(단위 : 만 톤)

구분	플라이애시	바텀애시	합계
전체 현황(만톤)	3,161.6	405.2	3,566.8
시멘트 원재료	215.2	17.8	233
혼합 시멘트	194.7	0.1	194.8
콘크리트 혼화재용	494.7	6.2	500.9
경량 콘크리트 블록	53.6	0.8	54.4
일반 콘크리트 블록	22.4	79	101.4
경량 골재	0	1.8	1.8
벽돌 및 세라믹원료	8.3	1.6	9.9
그라우팅	25.3	0	25.3
아스팔트 채움재	5.9	0	5.9
보조층 안정재	15.4	14	29.4
도로 포장용	0.5	14.4	14.9
일반용 매립재	112.6	39.3	151.9
구조용 매립재	166.8	12	178.8
지반 개량용	11.5	0	11.5
매립재/치환재	38.0	0	38
기타	13.6	2	15.6
분류에 따른 현황(만톤)	1,378.5	189	1,567.5
생산율에 따른 활용비율(%)	43.60	46.64	43.95

5.3 전력산업 부산물 활용 건설재료

5.3.1 바텀애시 골재

바텀애시는 SiO_2와 Al_2O_3가 전체 성분의 70% 이상 차지하는 인공 포졸란 물질로서 수경성에 의해 강도가 장기적으로 증가하는 석탄회의 일종이다. 화력발전소에서 발생되는 바텀애시의 일반적인 특성은 표 5.13 및 5.14에 제시된 바와 같다. 대부분 각 화력발전소의 연소 특성에 따라 큰 차이를 보이지만, 입도분포는 입경 1 mm 이하의 입자가 50%, 그리고 1 mm 이상의 입자가 50%를 차지하고 있으며, 색상은 검은색을 띠는 경향을 가진다. 밀도는 2.0~2.4 g/cm^3 범위에 속하고 단위용적질량은 약 1.20~1.30 g/cm^{3}로서 일반 해사보다 25% 정도 작게 나타나는 경향을 가지는데, 이는 석탄회 입자의 중공화에 의한 영향 때문으로 사료된다. 또한 물에 매우 민감하여 최적함수비(O.M.C)보다 큰 함수비에서 이토화하는 경향을 가지는 것이 특징이다. 또한 4일 침수 후 95% 수정 CBR(California bearing ratio)은 약 20% 정도이고, 내부마찰각은 대부분 30° 이상으로 모래질과 유사한 경향을 나타낸다. 최적 함수비로 다져진 바텀애시의 투수계수(k)는 10^{-2}~10^{-1}cm/sec로 나타나 깨끗한 자갈질 모래와 유사하다.[5-14)]

우리나라의 바텀애시 처리 시스템은 대부분이 해수를 사용한 습식으로서 바텀애시의 염화물 함유량이 콘크리트용 잔골재의 염화물 규정값인 0.02%를 모두 상회한다고 보고되고 있다.[5-21)] 또한 우리나라 발전소에서 생산되는 바텀애시의 조립률은 약 1.9~3.4의 범위로서 세척사에 비하여 전반적으로 낮은 값을 보일뿐만 아니라 콘크리트용 잔골재의 표준입도 범위에서 벗어나는 경우가 많다. 따라서 바텀애시를 콘크리트용 잔골재로 활용하기 위해서는 염화물 함유량 및 조립률에 대한 충분한 고려가 필요하다.

표 5.13 바텀애시에 대한 물리 · 역학적 특성시험 결과 및 해사와의 비교[5-14)]

특성	바텀애시	해사
입도분포	1 mm 이하의 입자 50% 1 mm 이상의 입자 50%	0.1~4.76 mm 내외의 균등한 입도분포
색상 및 형상	대부분 회백색을 띠며 입자는 모래형상으로 다공질이 많음	연노랑색을 띠며, 둥근 형상과 모난 형상으로 구성됨
밀도	2.0~2.4 g/cm^3	2.65 g/cm^3
전체단위질량	1.2~1.4 g/cm^3	1.75~1.86 g/cm^3
액 · 소성한계	비소성(NP)	비소성(NP)
분말도	1,300~2,400 cm^2/g	–
다짐	O.M.C : 15~25% $\gamma_{d(max)}$: 1.10~1.50 g/cm^3	O.M.C : 11.2~15% $\gamma_{d(max)}$: 1.73~1.89 g/cm^3
CBR 특성	약 20%	15% 이하
전단강도	점착력 : 0.5~1.50 kg/cm^2 내부마찰각 : 30~45°	점착력 : 0 kg/cm^2 내부마찰각 : 34~42°
투수성	$K = 10^{-2} \sim 10^{-1}$ cm/sec 깨끗한 자갈질 모래와 유사	$K = 10^{-2} \sim 1$ cm/sec

또한 직접 채취되는 바텀애시뿐만 아니라 화력발전소 주위의 매립지에 주로 쌓여 있는 매립회(pond ash, PA)는 내부에 플라이애시 및 바텀애시, 그리고 탄소미립분과 미세토 등을 포함하게 된다(표 5.15 참고). 화력발전소에서 직접적인 집진이 가능한 바텀애시와는 다르게 매립회의 경우 매립지의 환경 요건에 따른 제한 사항이 따른다. 매립되는 석탄회는 40% 이상이 습식 매립되므로 재활용하기 어려우며, 해수와 인접한 매립지에서는 유해물 및 염화물에 대한 관리가 필요하다. 또한 일부 플라이애시 및 미연탄소 등의 이물질이 포함되어 있으므로 품질

관리에 어려움이 따른다.

매립지별 매립회의 품질 특성과 매립회를 혼입한 콘크리트 및 모르타르의 특성을 분석한 기존의 연구결과를 다음과 같이 정리하였다. 6개의 화력발전소(태안 TA, 보령 BR, 서천 SC, 동해 DH, 하동 HD, 삼천포 SCP)에서 채취한 매립회의 화학성분은 표 5.15와 같다.[5-22] 매립회에는 0.08 mm 이하의 미립분이 최대 40%까지 포함되어 있으며, 이러한 미립분의 매립회는 세골재로 재활용되지 못하고 재매립처리되고 있다.

매립회 50 wt%-점토 50 wt% 조성으로 성형·건조하여 전기로에서 소성한 인공경량골재의 밀도/흡수율 측정치를 그림 5.7에 나타내었다. 그림 5.7에 나타낸 바와 같이 BR, HD, SCP 매립회 미립분의 경우 1,150℃ 소성온도에서 경량콘크리트용 경량골재로 적합한 밀도와 흡수율을 갖는 인공경량 골재의 제조가 가능하였으나, DH 매립회의 경우 발포가 1,175℃ 이상의 비교적 높은 온도에서 이루어졌다. 한편, 미연탄소함량이 2% 이하인 TA 매립회의 경우 경량화가 일어나지 않았고 소결에 의한 치밀화가 일어났다. HD 매립회는 CaO와 MgO 알칼리토류 산화물들이 7.99%와 2.26%로 분석한 매립회 중 가장 높게 나타났으며, 특히 강열감량이 8.12%로 높게 나타나 HD 매립회도 인공경량골재 원료로 적합할 것으로 판단된다. 그러나 TA 매립회는 다른 매립회와 달리 Fe_2O_3의 성분이 12.81%로 매우 높은 반면, 강열감량이 0.35%와 0.34%로 매우 낮았다.[5-14]

표 5.14 바텀애시의 화학적 조성(% 중량비)

CaO	SiO_2	Al_2O_3	Fe_2O_3	MgO	Na_2O	K_2O	LOI
0.6	55.4	23.9	5.6	0.6	8.9	3.7	1.3

표 5.15 매립지별 매립회 화학조성[5-22]

Type	SiO_2	Al_2O_3	Fe_2O_3	CaO	MgO	Na_2O	K_2O	TiO_2	ZrO_2	P_2O_5	C	LOI
TA	55.47	23.75	12.81	2.93	1.20	0.64	0.78	1.21	0.10	0.34	0.35	0.34
BR	51.08	17.58	13.54	9.00	1.39	0.49	0.83	0.82	0.13	0.34	4.66	-
SC	48.53	24.04	6.27	0.80	0.91	0.46	2.93	1.38	0.03	0.15	14.36	-
DH	53.47	28.25	3.65	1.99	0.72	0.65	2.88	1.20	0.03	0.10	6.90	0.27
HD	47.04	20.44	12.12	2.65	1.04	0.68	0.55	1.10	0.09	0.32	13.84	-
SCP	43.55	22.30	4.62	5.25	1.58	0.41	0.60	0.99	0.03	0.48	17.70	2.34

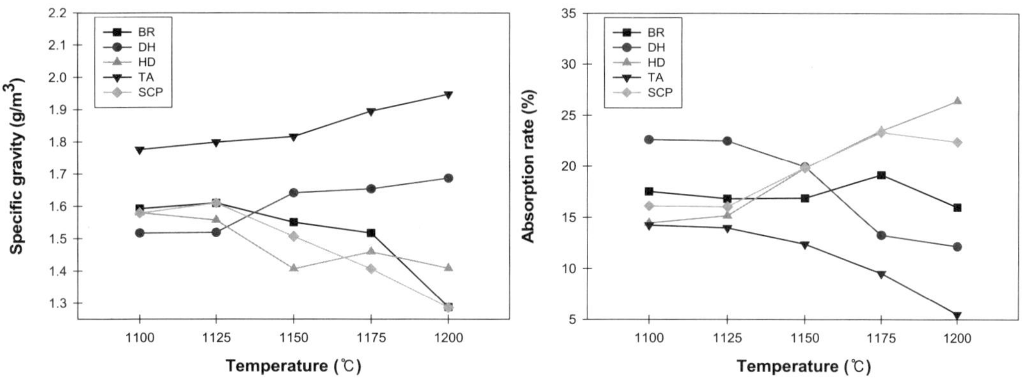

(a) 밀도 (b) 흡수율

그림 5.7 매립회 미립분으로 제조한 인공경량골재의 밀도와 흡수율[5-14)]

각종 매립회에는 산화철 성분이 3~13%까지 넓은 범위를 갖고 존재한다. 매립회 중에 존재하는 산화철 성분의 양은 원탄에 포함된 산화철 성분의 양에 의해 결정되며, 석탄 연소과정에서 회성분이 약 20% 정도가 발생하므로 석탄회에는 원탄에 비해 철성분이 농축되어 있다고 볼 수 있다. 자성성분과 비자성성분의 분리는 자력의 세기, 매립회 입자에 포함된 자성성분의 양과 입자의 중량에 의해 결정되며, 입도분리된 매립회에 대해서 입자의 중량은 입자의 밀도에 의해서 결정된다. 매립회에 존재하는 조립입자는 크게 슬래그 입자와 다공성 입자로 구분이 가능하며, 자력선별에 의해 낮은 밀도와 미연탄소 함량을 갖는 다공성 매립회 입자의 분리가 가능할 것으로 판단된다. 표 5.16에 매립회를 구성하는 입자의 종류와 Fe 함량에 따른 자력선별 효과를 정리하였다.[5-14)]

자력 선별된 매립회의 자성성분과 비자성성분에 대해서 염산수용액을 가하여 50℃의 온도에서 1주일 이상 유지한 후 광학현미경을 통해 입자 표면을 관찰한 결과 매립회 입자의 표면에 붉은 녹이 발생하는 것이 관찰되었다. 따라서 매립회를 콘크리트용 세골재로 2차제품을 제조하는 경우에는 매립회 중의 철성분에 대한 조절이 필요할 것으로 판단된다.[5-14)]

표 5.16 매립회를 구성하는 입자와 자력선별 기구[5-14)]

성분	형태	Fe 함량	밀도	자력선별
석탄회	다공성	높음	낮음	적용함
	슬래그	높음	높음	적용 안 함
미연탄소	석탄입자	낮음	–	적용 안 함
	석탄회 중의 미연탄소	–	–	적용, 비적용 모두 가능

5.3.2 플라이애시 골재

플라이애시는 그 자체로서는 수화하지 않으며, 유리상의 실리카(SiO_2), 알루미나(Al_2O_3) 또는 시멘트의 수화에 의해 생성되는 수산화칼슘($Ca(OH)_2$) 등의 첨가에 의해 수화하고 경화한다(표 5.17 참고). 이러한 포졸란반응으로 인해 플라이애시는 주로 잔골재 치환 보다는 시멘트 혼화재로서 콘크리트 제품에 널리 사용되고 있다.

5.3.3 보일러(순환유동층) 플라이애시 골재

구형을 띠고 있는 미분탄 연소방식의 석탄재와는 달리 순환유동층 연소(circulating fluidized bed combustion, CFBC)방식에서 발생되는 석탄재는 부정형 형상을 가지고 있으며, 이러한 입형으로 인해 경화반응이 일어나기 쉬운 것으로 알려져 있다[5-23,24](그림 5.8 참고). 화학조성은 주성분의 SiO_2 외에 CaO나 $CaSO_4$에 의해 생성된 석고를 포함하고 있다. 약 50% 가까운 높은 CaO 성분은 간극수의 수화와 함께 자경효과에 의한 초기 강도를 결정짓게 되며, $Ca(OH)_2$에서 방출되는 Ca^{2+} 이온은 고로 슬래그(미분말) 등에 포함되어 있는 규산염(SiO_2)이나 알루민산염(Al_2O_3)과 반응하여 역시 C-S-H 및 C-A-H 등을 생성한다. 이러한 반응은 결국 시멘트와 본질적으로 동일한 수화 메커니즘이다.[5-25]

순환유동층 연소방식의 석탄재는 CaO 함량 및 강열감량이 높고 수화반응 시 수화발열과 팽창 특성 때문에 레디믹스트 콘크리트용으로 활용은 곤란하지만, 수경성을 지니고 있어 고로 슬래그(미분말)의 자극제로 활용하는 방안에 관한 연구가 진행되고 있다.[5-26]

표 5.17 플라이애시의 화학성분 및 광물조성[5-14]

화학성분(%)							
SiO_2	Al_2O_3	Fe_2O_3	CaO	MgO	SO_3	Na_2O	K_2O
40~65	20~30	3~10	0.1~1	0.1~2	0.1~5	0.2~1	0.2~1

광물조성(%)				
Mullite ($3Al_2O_3SiO_2$)	Magnetite (Fe_2O_3)	Quartz (SiO_2)	Sulphate	Unburnt carbon
60~85	5~25	1~10	1~4	1~10

* 구성비율의 수치는 플라이애시 품질에 따라 다를 수 있으며, 그 개략치를 나타냄.

(a) PC- Fly ash (b) CFBC-Fly ash

그림 5.8 미분탄 연소방식 석탄재(PC-Fly ash)와 순환유동층 연소방식 석탄재(CFBC-Fly ash)의 SEM 이미지

순환유동층 연소방식 석탄재의 팽창 특성을 이용하여 고로 슬래그(미분말) 기반 무기결합재의 자극제 및 결합재로 사용하여 건조수축 현상이 없는 온돌바닥 마감용 모르타르에 관하여 실험한 내용은 다음과 같다. 사용 결합재는 비교군으로 보통 포틀랜드 시멘트(OPC)와 고로 슬래그(미분말) 기반 결합재의 자극제로 순환유동층 연소방식 석탄재를 활용한 무기결합재(non sintering binder, NSB)를 사용하였으며, 그 화학조성은 표 5.18 및 표 5.19와 같다. 바닥 모르타르 타설 시 작업성과 관련이 있는 유동성을 평가하기 위해 KS L 5105 및 KS L 5220에 준하여 실험을 실시하였다.

W/C 24%를 적용하여 측정한 NSB의 유동성은 OPC와 비교하여 10~15 mm 정도 적게 측정되었는데 이는 NSB에 혼입한 순환유동층 연소방식 석탄재의 입형이 부정형을 지니고 있으며, 석탄재에 함유되어 있는 CaO가 가수에 의해 반응을 시작하면서 일부 유동성이 상실되기 때문으로 판단된다.

표 5.18 순환 유동층 연소방식 석탄재의 발생원별 화학성분

CFBC-FA	화학성분						
	SiO_2	Al_2O_3	Fe_2O_3	CaO	MgO	SO_3	Cl
H발전소	17.40	8.41	5.88	56.60	4.92	5.66	0.03
Y발전소	24.20	11.80	5.69	46.70	5.13	4.01	0.05
K발전소	20.50	10.20	5.90	45.90	8.50	7.11	0.03
B발전소	18.90	5.09	5.38	51.40	5.47	9.95	0.15

표 5.19 순환유동층 연소방식 석탄재를 활용한 결합재의 화학조성[5-13](단위 : %)

	CaO	SiO_2	Al_2O_3	Fe_2O_3	MgO	SO_3	Free CaO
OPC	67.1	18.5	3.76	1.96	2.38	3.84	0.6
NSB1	49.38	26.37	11.06	1.24	3.23	6.41	1.7
NSB2	50.48	24.43	10.80	0.73	5.81	5.83	1.7

그림 5.9에서 재령별 압축강도 측정 결과로, 재령 초기인 3일의 NSB는 OPC에 비해 1.0~1.5 MPa 정도 낮은 압축강도 성상을 보이고 있으나 재령 7일 이후부터는 OPC와 동등 이상의 강도를 발현하였다. 재령 28일의 압축강도는 OPC 및 NSB 모두 17.5 MPa 이상으로 한국토지주택공사의 전문시방서에서 제시하고 있는 압축강도 조건인 14.7 MPa 이상을 만족하고 있음을 확인할 수 있다.

그림 5.10은 결합재를 페이스트의 상태로 비빔을 실시한 후 피펫을 이용하여 수화반응 과정 중 발생하는 체적 변화를 측정한 결과로, OPC에 비해 NSB의 수축량이 매우 적음을 알 수 있다. 특히, NSB의 경우 비빔 후 10시간 전까지는 오히려 체적이 증가한다. 이는 순환유동층 연소방식 석탄재에 포함된 CaO 성분이 물과 반응하여 $Ca(OH)_2$를 형성할 때 생기는 체적 팽창으로 인해 결합재의 수화 메커니즘에 의한 수축량을 보상하기 때문으로 타설 직후 2~4시간에 일어나는 소성 수축을 저감하는 효과를 기대할 수 있을 것으로 판단된다.

5.3.4 기타 전력산업 부산물

가. 페트로 코크스 탈황석고

페트로 코크스는 화력발전소에서 석유를 이용한 보일러 발전 시 발생되는 석유 부산물로(그림 5.11 참고), 정유공장에서 원유를 정제하는 과정에서 상압 및 감압 중유를 고온 열분해하여 경질부분 LPG · 나프타 등유 · 경유를 만들고 남은 부산물로 코킹과정을 통해 생산된 고체 형태의 석유 제품이다. 열량(Kcal)은 석탄의 1.5배 이상으로 순환 유동층 보일러의 연료로써 사용량이 증가추세에 있다.

페트로 코크스 탈황석고는 페트로 코크스를 원료로 하는 보일러에서 노내 탈황을 위해 석회석을 혼소하는 과정에서 페트로 코크스에 포함되어 있는 황성분과 석회석이 고온에서 탈탄산된 CaO 성분이 반응하여 생성된 분진과 같은 입자상 석고 물질로서 pH가 11.5 이상의 강알칼리성을 띄며, 무수석고(anhydrite), 산화칼슘(calcium oxide), 수산화칼슘(portlandite)의 결정상을 갖는 산업부산물이다(그림 5.12 참고). 상기 석고에 포함된 황산염과 높은 pH가 황산염 자극 및 pH에 따른 알칼리 자극을 고로 슬래그 미분말에 가하게 되면 고로 슬래그 미분말이 잠재수경성 반응을 개시하여 강도를 발현한다.

페트로 코크스를 연료로 사용하는 순환유동층 보일러의 탈황공정에서는 연소실 내에 석회석을 주입하여 연료와 함께 연소시켜 연소가스 중의 인산화황과 석회석이 노내에서 반응하여 연소가스 중의 황은 제거되고 석고가 생성되어 연소재 형태로 배출된다.

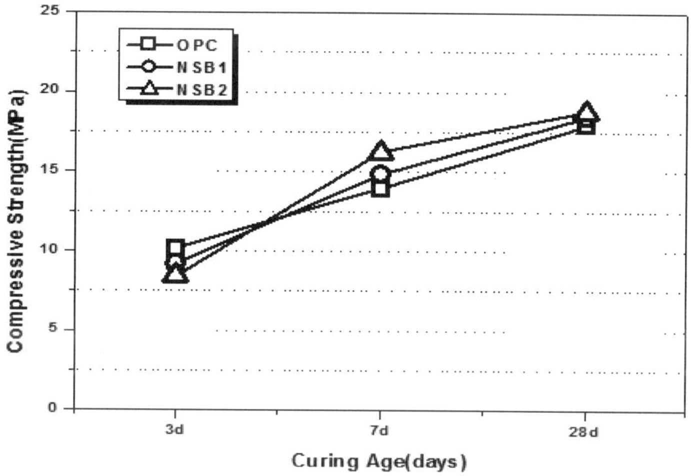

그림 5.9 순환유동층 연소방식 석탄재를 활용한 모르타르의 압축강도[5-13]

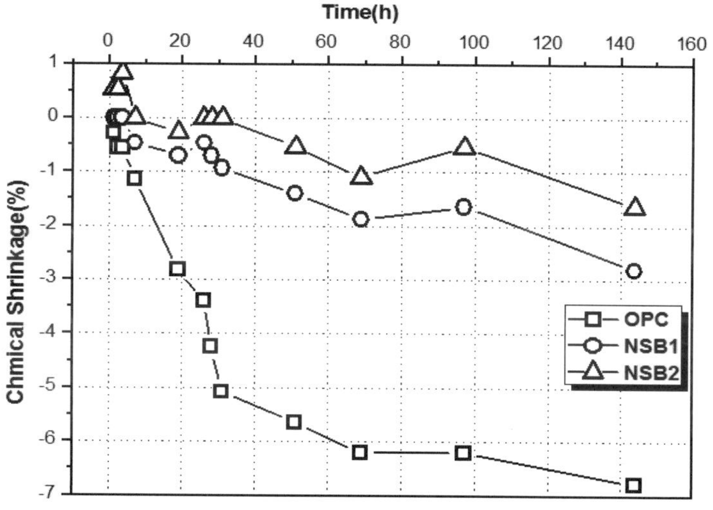

그림 5.10 순환유동층 연소방식 석탄재를 활용한 무기결합재의 화학적 수축률[5-13]

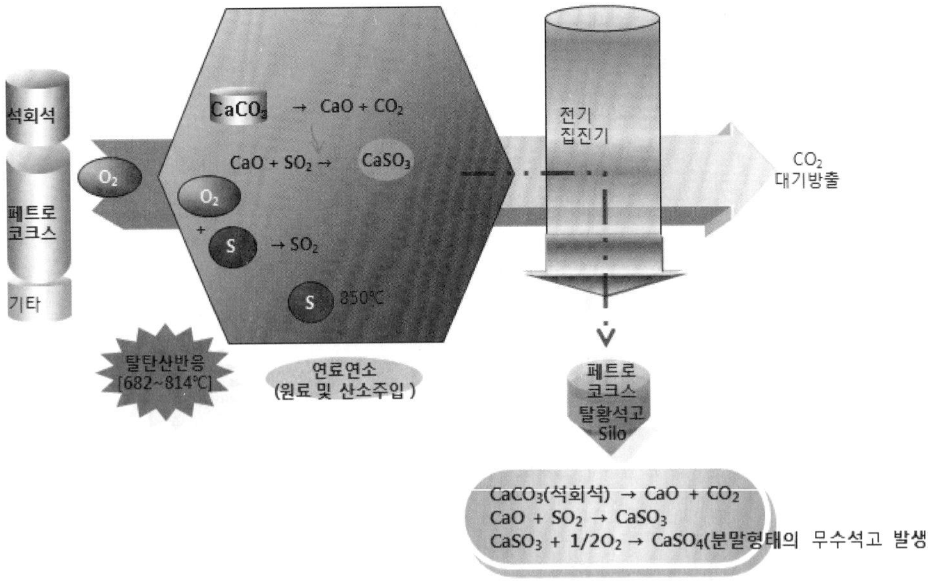

그림 5.11 페트로 코크스 탈황석고의 발생 공정[5-13)]

(a) ×10000 (b) ×30000

그림 5.12 순환유동층 연소방식 석탄재(페트로 코크스 탈황석고) SEM 이미지

페트로 코크스 탈황석고는 CaO 및 $CaSO_4$ 성분으로 구성되어 있으며, 팽창성분을 가지고 있어 바닥미장용 모르타르 등의 첨가제로 일부 재활용되고 있으나 대부분 위탁 처분되고 있다. 정제 석유 제품에 대한 수요 증가와 잠재 성장 지속성, 원유의 점진적 품질저하로 보다 많은 코크스 원료화의 필요성이 대두됨에 따라 연료와 에너지원으로서의 생산량 및 소비량의 증가로 인해 페트로 코크스 탈황 부산물의 발생량이 현재 연간 40만 톤에서 더욱 증가할 것으로 예상됨에 따라 이에 대한 활용방안이 필요한 실정이다.

나. 배연 탈황석고

석탄화력 발전소에서 배출가스 중에 포함되어 있는 아황산가스를 제거하기 위한 배연 탈황설비(flue gas desulphurization, FGD)의 운영과정에서 부산물로 석고가 발생하는데, 배연 탈황설비에서 발생하므로 배연 탈황석고라 불리고 있다.

우리나라의 석탄화력 발전소에 설치된 탈황설비는 흡착제로 석회석 분말을 사용하고 부산물로 석고를 생성하는 습식공정으로서, 석회석 분말 1 kg 주입 시 약 1.5~1.7 kg의 배연탈황 이수석고(calcium sulfate dihydrate, $CaSO_4 \cdot 2H_2O$)가 생성되는데, pH가 중성이며 높은 순도의 균일한 품질을 가지고 있어 발생 전량이 대부분 석고보드 원료로서 재활용되고 있다.[5-27]

우리나라의 건설경기는 2004년도를 정점으로 계속 위축되는 추세에 있으며 중국산 건축자재의 수입은 계속 증가하고 있어, 이에 따라 우리나라산 석고보드의 생산량과 소비량이 향후 몇 년 간은 증가할 수 없으리라 예상된다. 그러므로 배연 탈황석고의 공급이 수요를 초과하는 현상이 발생할 가능성이 높은 현실이기 때문에 효율적이고 부가가치가 높은 배연 탈황석고의 용도개발에 관한 연구가 필요한 실정이다. 배연 탈황석고의 재활용 방안으로는 콘크리트 분야에서 천연 무수석고 대신에 활용하는 것이 타당하며, 이수석고의 상태의 배연 탈황석고를 무수석고로 전이시킨 후 석고 70%, 고로 슬래그 미분말 20%, 플라이애시 10%의 비율로 시멘트 치환재를 제조하여 시멘트 페이스트 및 콘크리트 원심력 공시체를 성형하고 상압증기 표준양생을 실시하여 탈형 강도 및 7일 강도를 측정한 결과 일반 시멘트만 사용하였을 때 보다 강도가 훨씬 향상되는 결과를 보이는 것으로 보고된 바 있다.[5-27] 따라서 천연석고와의 성능비교에 관한 내용을 포함하여 콘크리트의 미세분석에 관한 심층적인 연구 수행이 필요하며, 배연 탈황석고가 전량 수입되고 있는 천연석고를 대체할 수 있는 기능성 콘크리트 재료가 될 수 있으리라 기대한다.

5.4 맺음말

플라이애시를 콘크리트에 사용하면 콘크리트의 장기강도는 손실되지 않으면서도 수화열 저감과 유동성 증진이라는 효과를 얻을 수 있다. 현재는 시멘트의 20% 내외의 치환율로 사용되고 있지만, 앞으로는 대부분을 플라이애시를 사용한 콘크리트의 실용화가 추진되고 있어 플라이애시의 사용은 급속도로 증가할 것으로 예상된다.

또한 바텀애시는 부족한 골재의 대체 자원으로서의 가치가 높다. 특히 공극을 대량으로 포함하고 있어 콘크리트의 단위중량을 경감시키는데 기여할 수 있기 때문에 앞으로 그 사용량이 지속적으로 증대될 것으로 예상된다.

참고문헌

5-1 한국전력공사, "석탄회 이용 가치와 재활용 기술", 1994.

5-2 전력통계정보시스템 홈페이지 http://epsis.kpx.or.kr/.(2015. 8.)

5-3 KS L 5405, "플라이애시", 산업통상자원부 기술표준원, 2009.

5-4 ASTM C618-12a, "Standard Specification for Coal Fly Ash and Raw or Calcined Natural Pozzolan for use in Concrete", 2012.

5-5 BS EN 450-1, "Fly Ash for Concrete, Part 1", BSI Standards Publication, 2012.

5-6 GB/T 1596, "Fly Ash Used for Cement and Concrete", 중국국가표준, 2005.

5-7 JIS A 6201, "コンクリート用フライアッシュ", 2015.

5-8 권기주, "화력발전 부산물의 콘크리트에의 활용", 대한건축학회지, 대한건축학회, Vol. 54, No. 2, 2010, pp.46~49.

5-9 Jeong, E.D. et al., "Co-combustion Characteristics of Mixed Coal with Anthracite and Bituminous in a Circulating Fluidized Bed Boiler", J. Plant., Vol. 6, No. 1, 2010, pp.70~77.

5-10 Ahn, N.S., Lee, J.H., Lee, Y.H., "Sulfate Attack According to the Quantity of Composition of Cement and Mineral Admixtures", J. Korea Institute of Building Construction., Vol. 11, No. 6, 2011.

5-11 Kim, K.H. et al., "The Present Situation of Production and It's Utilization of Electronic Arc Furnace Oxidizing Slag in Korea and Other Countries", J. Korea Concrete Institudte, Vol. 19, No. 6, 2007, pp.51~57.

5-12 심준수, 이기강, 김유택, 강승구, "CaO 화합물이 다량 함유된 비산재의 수화특성에 관한 연구", 한국세라믹학회지, 한국세라믹학회, Vol. 4, No. 2, 2012.

5-13 안양진, 문경주, 윤성진, 이민희, 송영찬, 김용로, "고칼슘 플라이애시를 활용한 온돌 바닥 마감용 모르타르 물성", 한국폐기물자원순환학회지, 한국폐기물자원순환학회, Vol. 30, No. 7, 2013, pp.660~669.

5-14 한국건자재시험연구원, "발전소 매립회의 친환경적 활용을 위한 규격화 요소기술", 2010.

5-15 동해씨티, "석탄바닥재(Bottom Ash)의 농업적 이용 실용화기술 개발", 2009.

5-16 한국남부발전, "석탄회 재활용 선진화 전력", 2009.

5-17 김유택, "인공경량골재 제조산업 타당성 조사연구", 한국남동발전, 2006.

5-18 한국전력공사 전력연구원, "석탄회로부터 마이크로파를 이용한 제올라이트 합성기술 개발", 2007.

5-19 환경부 고시, 자원의 절약과 재활용 촉진에 관한 법률, 전문개정 2002.

5-20 환경부 고시, 철강 슬래그 및 석탄재 배출사업자의 재활용 지침, 2009.

5-21 송민섭, 장재봉, 조봉석, 김재환, 김용로, 김무한, "국내 발전소별 바텀애시를 잔골재 대체재로 사용한 모르터의 특성에 대한 실험적 연구", 대한건축학회 학술발표논문집, 대한건축학회, Vol. 23, No. 1, 2003, pp.203~206.

5-22 이봉춘, 정상화, 김주형, 권성준, "국산 매립회의 골재특성 평가 및 매립회 콘크리트의 내구성능 평가", 한국콘크리트학회 논문집, 한국콘크리트학회, Vol. 23, No. 3, 2011, pp.311~320.

5-23 泊正雄, "石炭灰の利用に関する研究(1)", 日本磁力選鉱(株)研究報告書, 平成4年.

5-24 泊正雄, "石炭灰の利用に関する研究(2)", 日本磁力選鉱(株)研究報告書, 平成9年.

5-25 씨엠디기술단, "순환자원을 활용한 Zero Emission Binder의 상용화 및 제조시스템 개발", 국토교통과학기술진흥원 건설교통기술촉진연구사업 2차년도 보고서, 2013.

5-26 堀口至, 市坪誠, 田中雅章, 福本直, "耐硫酸性を有するPFBC 灰硬化体の圧縮強度", コンクリート工学年次論文集, Vol. 30, No. 2, 2008, pp.529~534.

5-27 문경주, 박원춘, 소승영, 소양섭, 권우택, "탈황석고를 혼합한 시멘트 혼화재의 제조", 한국콘크리트학회 봄학술대회논문집, 한국콘크리트학회, 2007, pp.979~982.

제6장 철강 슬래그의 활용

이방연, 전남대학교 건축학부, 조교수, bylee@jnu.ac.kr
최세진, 원광대학교 건축공학과, 조교수, csj2378@wku.c.kr

6.1 개요

우리나라는 1960년대 이후 경제발전이 지속적으로 진행되어 왔으며, 그 중에서도 철강산업은 눈부신 발전을 거듭해왔다. 그림 6.1과 같이 한국철강협회의 자료에 의하면 우리나라의 조강 생산능력은 1998년 IMF 시기에 다소 주춤하였으나, 매년 꾸준히 증가하여 2008년에는 약 53,624천 톤으로 세계 6위의 조강생산량을 나타내었다. 2009년에 다소 실적이 저조한 것은 세계적인 경기침체에 기인한 것이며, 2013년에 약 66,061천 톤의 강재가 생산되었다. 1992년 이후 연평균 증가율은 전로 3.9%, 전기로 6.1%, 합계 4.5%이며, 생산량의 증가는 전기로에 의한 생산 증가율이 기여한 바가 크다.[6-1)]

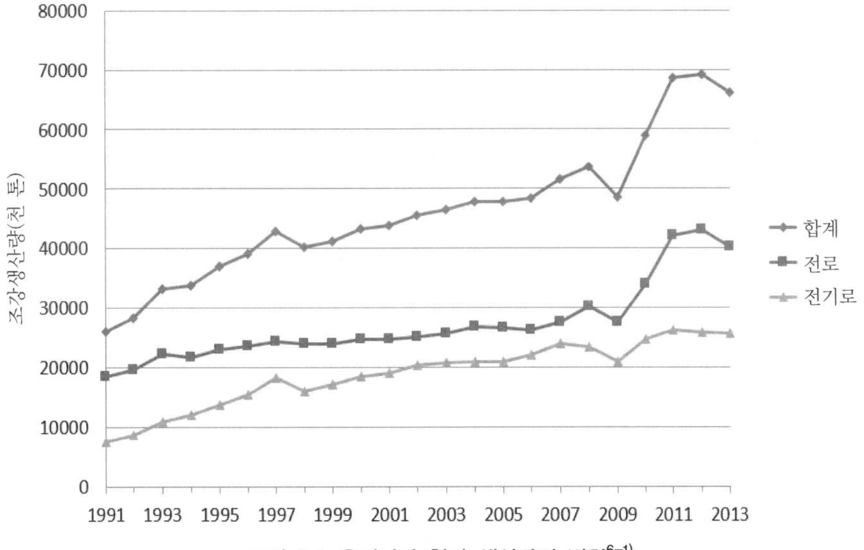

그림 6.1 우리나라 철강 생산량의 변화[6-1)]

철강산업은 다량의 원료와 에너지를 소비하는 대표적인 업종으로 제선, 제강, 압연 등의 복잡한 생산 공정이 수반된다. 특히 제철에 사용되는 용광로에는 선철을 만들어내는 고로와 제강을 만들어내는 전로와 전기로가 있으며, 각각의 제철 공정에서 사용되는 원재료도 다르다. 고로의 경우 철광석, 코크스 등을 원료로 사용하고 있으나 전로의 경우에는 선철을, 전기로의 경우에는 고철을 사용하고 있다. 또한 이와 같은 제철 공정에서는 다량의 원료가 사용되어 복잡한 생산 공정을 거치는데, 이러한 생산 공정에 수반하여 부산물인 여러 종류의 철강 슬래그를 발생시키고 있다.

6.2 철강 슬래그의 발생 및 재활용

6.2.1 철강 슬래그의 종류

철강 슬래그는 제철 공정에서 용강 또는 용선을 주조하는 과정에서 발생하는 부산물로서, 그림 6.2와 같이 제철 공정에서 사용되는 용광로의 종류 및 제강 공정에 사용되는 원료에 따라 그 특성이 다르다. 철강 슬래그는 크게 고로에서 발생되는 고로 슬래그와 제강 슬래그로 구분되는데, 제강 슬래그는 다시 전로 슬래그와 전기로 슬래그로 구분된다. 고로 슬래그는 철광석, 코크스, 석회석을 원료로 하는 고로(용광로)에서 선철을 제조하는 공정에서 발생되며, 발생 슬래그의 냉각방식에 따라 급랭 수쇄 슬래그와 서랭 슬래그로 구분된다.

제강 슬래그는 선철 또는 고철을 사용한 제강 공정에서 발생하는 슬래그로서 고로에서 제조된 선철을 주원료로 사용하는 전로 슬래그와 일반 고철을 주원료로 사용하는 전기로 슬래그로 구분된다. 특히 전기로 슬래그는 정련공정에 따라 산화 정련(1차 정련)할 때 발생하는 산화 슬래그와 환원 정련(2차 정련)할 때 발생하는 환원 슬래그(혹은 래들 슬래그)로 구분할 수 있다. 이외에 탈탄 슬래그, 탈인 슬래그, 탈황 슬래그, 예비처리 슬래그 등이 있다. 또한 합금강 및 합금강에 필요한 원료를 생산하는 과정에서 발생하는 페로니켈 슬래그, 스테인리스강 슬래그, 실리콘망간 슬래그 등도 있다.

6.2.2 철강 슬래그의 발생 현황

국내에서 고로 및 전로를 동시에 운영하는 일관 제철 업체는 POSCO(포항, 광양) 및 현대제철(당진) 3곳이고, 동국제강 등 이외의 업체에서는 전기로에 의한 제강만 가능하다. 그림 6.3에 국내 철강 생산업체 현황을 나타내었다. 전술한 바와 같이 생산량은 매년 완만히 증가해 왔으며, 이후 POSCO 파이넥스 설비 가동, 당진 현대제철 고로의 가동 등으로 철강 생산량은 계속 증가 추세를 보일 것으로 예상되며, 이에 따라 철강 슬래그 발생량도 지속적으로 증가할 것이다. 철강 슬래그의 발생량은 제철 공정에 따라 슬래그의 종류별 발생량에 차이가 있다.

고로 슬래그는 용강 1톤을 생산할 때 약 300 kg 내외가 발생되며, 이중 20%는 서랭 슬래그로 발생되고 80%는 수쇄 슬래그로 발생된다. 제강 슬래그의 경우에는 용강 1톤을 생산할 때 약 150 kg 내외가 발생하는데, 전로의 경우 용강 1톤을 생산할 때 약 170 kg 내외가 발생되는 반면, 전기로에서는 약 140 kg 내외가 발생된다. 철강 슬래그 종류에 따른 발생량은 표 6.1에 나타낸 바와 같이 2012년에는 고로 슬래그 13,653천 톤, 제강 슬래그 10,756천 톤이 발생되었다.[6-4] 이는 2008년에 비하여 각각 33%와 19% 증가한 양으로 주 원인은 2010년 현대제철의 당진공장 고로 1호기와 2호기 가동에 따른 증가로 인한 것이다. 2013년에는 고로 슬래그 13,987천 톤, 제강 슬래그 10,317천 톤이 발생하였으며, 2012년에 비하여 증가량이 크지 않았으나 2013년 가동을 시작한 현대제철 당진공장 고로 3호기로 인하여 다시 증가할 것으로 예상된다.

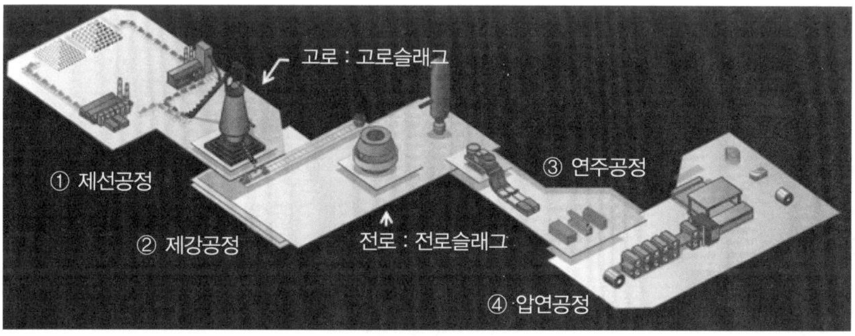

(a) 일관 제철 공정[6-2]

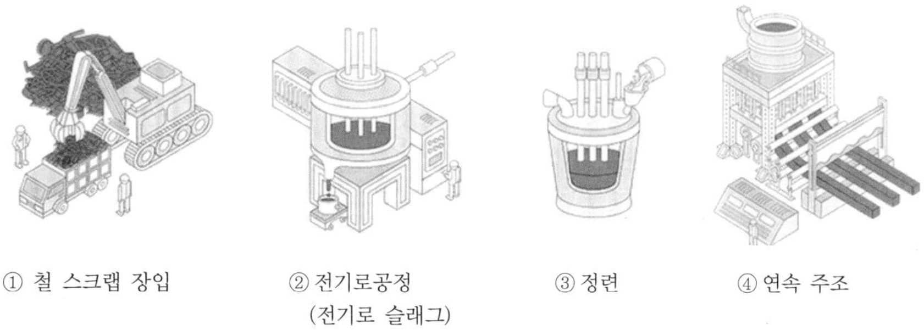

(b) 전기로 제강 공정[6-3]

그림 6.2 주요 제철 공정

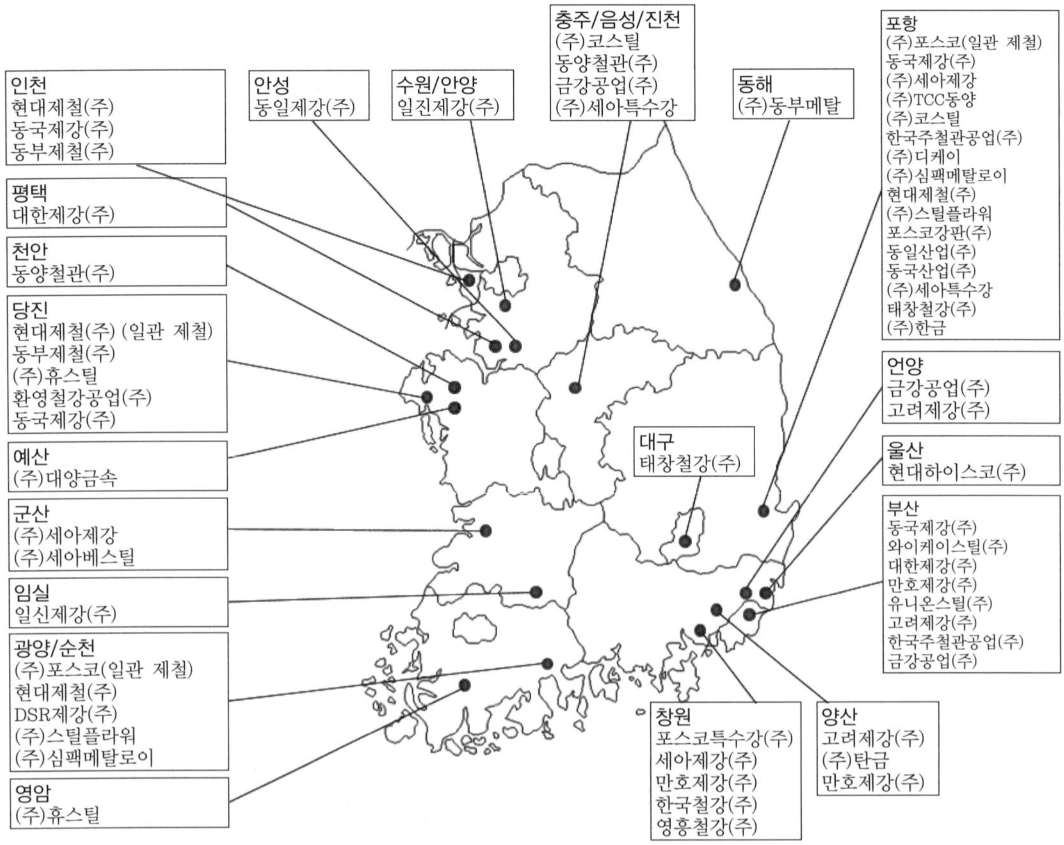

그림 6.3 우리나라 철강 생산업체 현황[6-1)]

표 6.1 철강 슬래그 발생 및 재활용 추이[6-4)](단위 : 천 톤, %)

	2008년			2012년			2013년		
	고로	제강	계	고로	제강	계	고로	제강	계
발생량	10,228	8,991	24,304	13,653	10,756	24,409	13,987	10,317	24,304
재활용량	10,228	9,039	24,063	13,895	10,851	24,746	13,857	10,206	24,063
재활용률	100.0	100.5	100.2	101.8	100.9	101.4	99.1	98.9	99.0

주) 제강 : 전로 및 전기로 슬래그 발생량 합계

6.2.3 철강 슬래그의 재활용

연도별 철강 슬래그의 발생량과 함께 재활용을 나타낸 표 6.1에서 알 수 있는 바와 같이 철강 슬래그는 거의 100% 재활용되는 것으로 나타나고 있다. 그러나 이것이 당해 연도에 발생된 슬래그를 모두 재활용했다는 것을 의미하는 것은 아니다. 재활용 통계값은 슬래그의 당해 연도 발생량과 당해 연도 재활용량을 비교한 것이므로 재활용률 100%라는 의미는 당해 연도에 발생한 슬래그 양에 상당하는 양을 재활용하였다는 의미이다. 따라서 재활용이 활성화되기 이전에 배출된 많은 양의 슬래그는 활용되지 못하고 그대로 존치되어 있는 실정으로 이를 활용하기 위한 좀 더 적극적인 노력이 필요하다. 철강 슬래그 종류에 따른 재활용 비교를 표 6.2에 나타내었다. 고로 슬래그의 경우, 재활용에 대한 다양한 연구가 진행되어 2013년도에는 84.1%의 슬래그가 시멘트 원료 및 비료용으로 사용되고 나머지가 도로용, 성토용 등으로 활용되고 있어 비교적 부가가치가 높은 분야에 재활용되고 있음을 알 수 있다. 반면 제강 슬래그의 재활용은 공정 내 재사용의 비율이 13.2%에 머물러 있고, 80%에 상당하는 대부분의 슬래그가 대부분 도로용, 성토용, 잡석용 등의 저부가가치 용도에 한정되어 재활용되고 있는 실정이다. 전술한 바와 같이 제강 슬래그는 크게 전로 슬래그, 전기로 산화 슬래그, 전기로 환원 슬래그 등으로 구분된다. 이와 같이 제조특성상 다양한 종류의 공정에서 슬래그가 제조되다 보니 구성 성분 등에 차이가 있고, 종류에 따라서 다르지만 제조 공정에 따라 유리석회(free CaO) 및 유리 마그네슘(free MgO)과 같은 팽창성 물질을 함유하고 있기 때문에 재활용이 어려운 것도 있다.[6-5] 전기로 산화 슬래그의 경우 상대적으로 팽창 위험성이 낮기 때문에 KS F 4571(콘크리트용 전기로 산화 슬래그 골재)로 기준화되어 있지만, 기타의 경우에는 경화체로서 활용할 수 없는 높은 수준의 함유량을 보이고 있다. 이러한 배경 때문에 제강 슬래그는 대부분 도로용, 성토용 등의 저부가가치 용도로 재활용할 수밖에 없는 상황이다. 철강 슬래그의 재활용을 고도화하기 위한 연구 개발이 적극적으로 행해질 필요가 있다.

한편, 전로 슬래그, 전기로 산화 슬래그, 전기로 환원 슬래그로 분류되는 제강 슬래그는 종류에 따라 성질이 다르기 때문에 재활용을 고려할 때 일괄적인 접근이 아닌 개별적 접근이 요구된다. 발생량이 가장 적은 전기로 환원 슬래그도 연간 70만 톤 정도가 발생되는 것으로 추정되고 있어 비교적 배출량이 많은 부산물로 고려할 수 있으므로 슬래그에 관한 배출 및 재활용 양을 산정할 때 각각의 슬래그를 세분하여 통계화할 필요성가 있다.

표 6.2 철강 슬래그의 재활용 용도 비교[6-10)]

용도	2005년		2008년		2012년		2013년	
	고로	제강 (전기로)	고로	제강 (전로+전기로)	고로	제강 (전기로)	고로	제강 (전로+전기로)
	사용량 (천톤)	사용량 (천톤)	사용량 (천톤)	사용량 (천톤)	사용량 (천톤)	사용량 (천톤)	사용량 (천톤)	사용량 (천톤)
시멘트	5,908 (69.3)	5 (0.2)	7,098 (69.4)	62 (0.7)	10,421 (75.0)	–	11,296 (81.5)	407 (4.0)
도로용	2,043 (24.0)	590 (18.4)	2,628 (25.7)	2,874 (32.0)	729 (5.2)	3,795 (35.0)	701 (5.1)	2,671 (26.2)
성토용	21 (0.2)	2,216 (63.5)	69 (0.7)	3,878 (43.0)	2,210 (15.9)	4,791 (44.2)	1,260 (9.1)	4,725 (46.3)
비료	485 (5.7)	106 (3.3)	329 (3.2)	59 (0.7)	380 (2.7)	–	358 (2.6)	–
잡석용	–	156 (4.6)	–	267 (3.0)	–	53 (0.5)	–	53 (0.5)
재사용	–	88 (2.7)	–	1,557 (17.3)	–	1,428 (13.2)	–	1,349 (13.2)
벽돌용	–	32 (1.0)	–	16 (0.2)	–	501 (4.6)	–	517 (5.1)
기타	67 (0.8)	202 (6.3)	104 (1.0)	278 (3.1)	155 (1.1)	283 (2.6)	242 (1.7)	484 (4.7)
합계	8,526 (100.0)	3,204 (100.0)	10,228 (100.0)	8,991 (100.0)	13,895 (100.0)	10,851 (100.0)	13,857 (100.0)	10,206 (100.0)

주) ( )는 비율(%)을 의미

6.3 철강 슬래그의 특성

6.3.1 고로 슬래그

가. 고로 슬래그의 발생

고로와 관련된 공정을 그림 6.4에 나타냈다. 고로는 철광석과 원료탄인 유연탄을 높이 약 100 m의 로에 투입한 뒤 1,200℃ 정도의 뜨거운 바람을 불어 넣어 원료탄이 타면서 나오는 열에 의해 철광석을 녹여 쇳물, 즉 용선을 만드는 용광로이다. 고로 슬래그는 선철의 원료가 되는 철광석과 석회석 중 철 이외의 성분이 용해되어 밀도차에 의해 용선과 분리·부유된 부산물이다.

나. 고로 슬래그의 생산 방법에 따른 분류 및 특징

고로에서 배출되는 슬래그는 약 1,500℃ 내외의 고온의 용융상태에서 상온으로 냉각하는 방법에 따라 급랭 슬래그와 서랭 슬래그로 구분된다.

1) 급랭 고로 슬래그

수쇄 슬래그라고 불리는 것으로서, 배출된 고온 · 용융상태의 슬래그에 고압의 냉각수를 다량 방출하여 급랭시킨 슬래그이다. 냉각속도가 빠르기 때문에 결정질 조직이 형성되지 못하고 유리질이 90% 이상을 차지하는 비정질상을 가지며 모래와 유사한 입상을 형성한다. 급랭 슬래그는 화학조성이 일반 시멘트와 유사하고 화학반응성이 활발하며, 시멘트의 수화반응에서 생성된 수산화칼슘($Ca(OH)_2$)과 수화반응을 일으키는 잠재수경성을 나타내기 때문에 미분쇄하여 시멘트 원재료 또는 콘크리트용 혼화재로 널리 활용되고 있다.

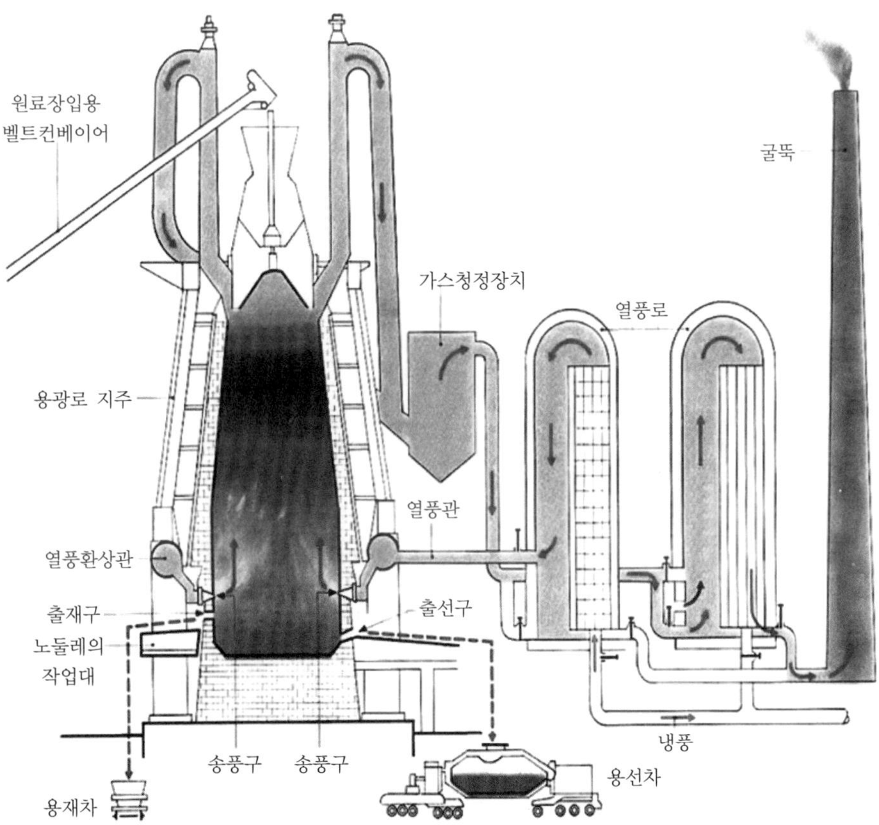

그림 6.4 고로 슬래그 발생도

2) 서랭 고로 슬래그

괴재 슬래그라고 불리는 것으로서, 고로에서 배출된 용융상태의 슬래그를 고로 옆에 설치되어 있는 슬래그 냉각장에 흘려 넣어 공기에 의해 서서히 냉각시킨 슬래그이다. 냉각속도가 느리기 때문에 결정질 조직이 안정화되어 있고 조립한 입형 특성을 갖고 있으며, 대부분 파쇄하여 골재로 재활용되고 있다.

다. 고로 슬래그의 용도

고로 슬래그 중 70~80%가 급랭 슬래그이고 나머지는 서랭 슬래그이다. 고로 슬래그 종류에 따른 특성 및 주요 용도를 표 6.3에 나타내었다. 급랭 슬래그는 혼합시멘트 원료 및 콘크리트용 혼화재 등으로 주로 활용되고 있으며, 서랭 슬래그는 도로용 골재 또는 성토용 골재로서 많이 활용되고 있다.

고로 슬래그 골재를 그림 6.5에 나타내었다. 고로 슬래그 골재를 잔골재로 사용할 경우 급랭 슬래그를 입도 조정하여 사용하고 있으며, 굵은골재로 사용할 경우에는 서랭 슬래그를 파쇄 및 체가름하여 활용한다.

표 6.3 고로 슬래그의 특성 및 용도

종류	특성	용 도
급랭 슬래그	- 잠재수경성 - 저알칼리성 - 경량, 경질 - 높은 투수성 - 유해물질 미함유 - 비료성분(CaO) 함유	- 고로 슬래그 시멘트 원료 및 콘크리트용 혼화재 - 지반 개량재 - 시멘트 클링커 원료 - 토목공사용 재료(매립, 복토, 성토, 지반 배수층 등) - 콘크리트용 골재 - 규산석회비료
서랭 슬래그	- 비수경성 - 비반응성 - 저알칼리성 - 단열, 보온 - 비료성분(CaO) 함유	- 도로용(노반재) - 콘크리트용 골재 - 시멘트 클링커 원료 - 규산석회비료 - 암면[주)]

주) 락 울(Rock wool), 미네랄 울(Mineral wool), 미네랄 섬유(Mineral fiber) 등으로 불리며 단열재, 흡음재 등을 만드는 데 사용됨.

(a) 굵은골재

(b) 잔골재

그림 6.5 고로 슬래그 골재 형상

6.3.2 전로 슬래그

고로에서 생산된 쇳물(선철)은 탄소 함유량이 많고 인, 유황과 같은 불순물이 포함되어 있어 부스러지기 쉽다. 이러한 쇳물을 강도 및 연성을 갖춘 강철로 만들기 위하여 탄소의 양을 줄이고 불순물을 제거하는 과정이 필요한데, 이러한 과정이 제강 공정이다. 제강 공정은 용선 예비처리, 전로 제강, 2차 정련이라는 3단계 공정으로 구분된다. 전로 제강 공정은 전로에 쇳물을 부은 후 고압, 고순도의 산소를 불어넣어 탄소를 태우고 불순물을 없애는 공정으로서, 순산소 공정으로 불리며 철강의 강도 및 연성을 확보하는 공정이다. 전로 내에 용선 및 고철을 함께 넣은 후 순도 높은 산소가스를 위에서 고압으로 취입하여 선철에 함유되어 있는 탄소, 망간, 규소, 인, 황 등을 산화 연소시키며, 이 과정에서 발생되는 산화물은 슬래그로 배출되는데, 배출되는 슬래그를 전로 슬래그라고 한다. 전로 슬래그는 제강 공정에서 고순도 산소를 사용하면서 산소가 집적 쇳물에 충돌하기 때문에 석회에 의한 슬래그화가 신속히 진행된다. 그런데 석회의 슬래그화는 냉각과정에서 유리화되어 팽창 반응성이 높은 유리석회가 생성되기 때문에 냉각되어 배출된 슬래그는 높은 팽창 반응성을 갖고 있어서 슬래그의 재활용 범위는 매우 제한되어 있다.

6.3.3 전기로 슬래그

가. 전기로 슬래그의 발생

전기로 슬래그는 아크식 전기로에 고철을 용해하여 정련할 때 발생되는 고온의 용융 슬래그를 서랭시킨 것이다. 현대의 전기로 제강법에서는 전기로에서 철 슬래그를 용해시켜 산화 정련하여 얻어진 용강을 2차 정련 공정으로 이송하여 환원 정련을 실시한 후, 연속 주조에서 주철을 제조하고 있다. 1차 산화 정련 공정에서 배출된 것을 산화 슬래그, 2차 정련 공정에서

생성된 것을 환원 슬래그로 구분한다. 그림 6.6에 전기로 슬래그 발생 공정을 나타내었다.[6-6]

나. 전기로 슬래그의 생산 방법에 따른 분류 및 특징

전기로 슬래그는 아크식 전기로에 의해 철 슬래그를 용해하여 정련할 때 발생되는데, 1980년대까지는 산화 및 환원 정련을 동일한 로에서 실시하였다. 그러나 현대의 전기로 제강법에서는 전기로에서 철 슬래그를 용해시켜 산화 정련을 시행하여 얻어진 용강을 2차 정련 공정으로 이송하여 환원 정련을 실시한 후, 연속 주조하여 주철을 제조하고 있다. 따라서 과거와 달리 산화 및 환원 정련 공정이 분리되어 있어서 발생되는 슬래그도 산화 슬래그 및 환원 슬래그로 구분이 가능하게 되었다. 산화 슬래그의 경우 환원 슬래그와 달리 팽창반응을 일으키는 유리석회 및 유리마그네슘의 함량이 매우 적은 특징을 갖고 있다.

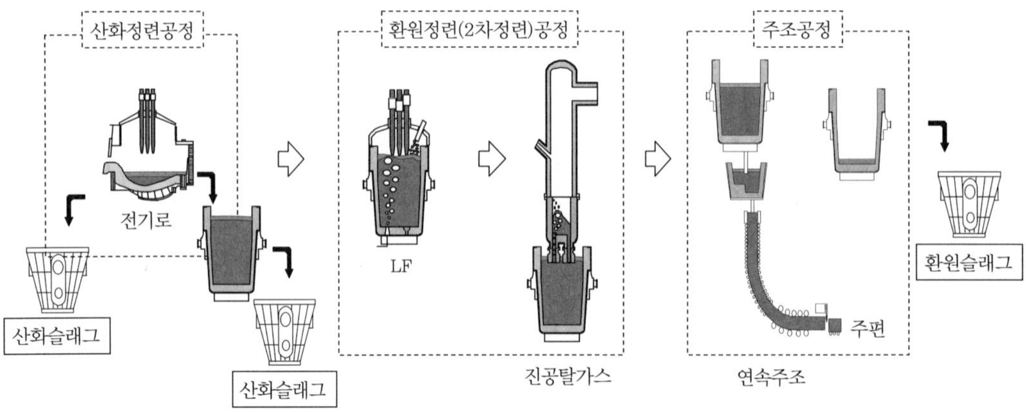

그림 6.6 전기로의 산화 · 환원 정련에 따른 슬래그 발생 공정도[6-6]

1) 전기로 산화 슬래그

전기로 산화 슬래그 골재 제조 공정의 개요를 그림 6.7에 나타내었다. 전기로 산화 슬래그는 응고한 단계에서 금속철분을 함유하고 있기 때문에 파쇄 또는 체가름 공정에서 수차례 자력선별을 실시하며, 최종단계에서는 600가우스 이상의 자력으로 금속철분을 제거한다. 이 처리로부터 전기로 산화 슬래그 골재에 잔류한 금속철분은 굵은골재에서는 5% 이하, 잔골재에서는 2% 이하로 된다. 이러한 과정을 거쳐 제조된 전기로 산화 슬래그 골재를 사용한 다양한 콘크리트 시험체에서 5년의 폭로기간을 경과한 시점에서도 금속철분의 부식에 의한 팝아웃의 발생은 확인되지 않는 것으로 알려져 있다.

2) 전기로 환원 슬래그

2차 정련(환원 정련) 공정에서 슬래그를 처리하기 위한 용재로서 유해물인 인(P), 황(S)을 제거하며, 이때 강의 품질을 향상시키기 위해 다량 사용되는 산화칼슘(CaO) 중 일부는 환원 슬래그 내에서 유리석회(free CaO) 상태로 잔존하게 된다. 이로 인하여 전기로 환원 슬래그는 배출 직후 수 시간 내에 자체 팽창을 유발하여 자연 분화되어 배출 후 분말상으로 존재하게 되며, 이러한 자체 분화특성에 의해 환원 슬래그는 팽창 붕괴성이 잠재하고 있기 때문에 산화 슬래그와 같이 골재로 사용할 수 없고, 산화 슬래그의 배출 시 분리 배출하도록 슬래그 재활용 지침에 규정되어 있다. 이러한 이유로 환원 슬래그는 관련 기준이 제정되어 있지 않으며 콘크리트 재료와 같은 고부가가치 부산물로 활용되지 못하고 매립처리되고 있는 실정이다. 다만, 최근 조사에 따르면 국내에서 배출되는 환원 슬래그는 분말의 반응성을 나타내는 염기도(basicity)가 KS F 2563(고로 슬래그 미분말)에 규정된 염기도 기준인 1.60 보다 높은 것으로 나타나 골재보다는 반응성 결합재로서 활용이 가능한 것으로 나타났다. 그러나 환원 슬래그의 주요 광물인 CA계와 C_2S가 서랭 배출되는 과정에서 반응성을 상실하게 되는 특징을 갖고 있으며, 잠재 수경성을 갖고 있는 고로 슬래그와는 달리 물과 접촉하면 즉각적인 반응에

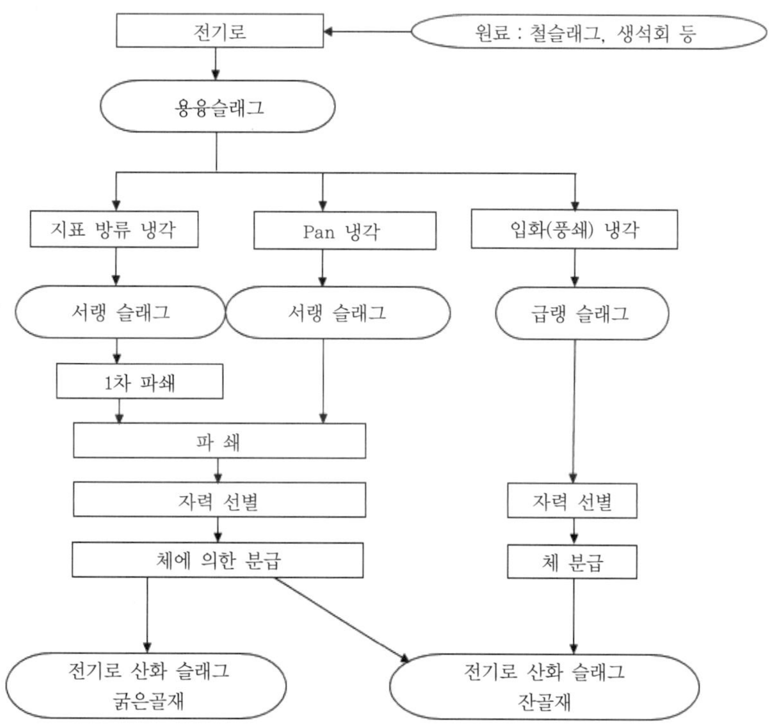

그림 6.7 전기로 산화 슬래그의 골재 자원화 흐름도[6-7)]

따라 수경성을 상실하기 때문에 수쇄에 의한 급랭은 불가능하여 공기 급랭 방식(아토마이징, atomizing)을 적용하는 연구가 진행되고 있다.[6-8]

다. 전기로 슬래그의 활용 용도

전기로 슬래그의 주성분은 산화칼슘 및 이산화규소로서 이는 천연 암석의 구성 성분과도 같다. 하지만 환원 슬래그의 경우 팽창 붕괴 물질인 유리석회, 유리 마그네슘의 함유율이 높아 콘크리트용 원자재로서 사용할 수 없다. 산화 슬래그의 경우에는 철 성분의 함유량이 다소 많지만, 팽창반응성을 유발하는 유리 석회의 함유량은 매우 적은 것으로 나타나고 있어서 콘크리트용 원자재로서 활용 가능성이 높으며, 특히 골재 자원으로 활용에 따른 기대효과가 높다.

현재 국내에서 발생하는 전기로 산화 슬래그는 도로용 및 성토용 골재로의 재활용이 80%를 상회하고 있어서 발생량의 대부분을 차지하고 있으나, 고로 슬래그와 달리 콘크리트 및 시멘트용 원자재로의 활용은 매우 미미하다. 이는 아직까지 우리나라 전기로 생산업체의 슬래그 반출 공정에서 산화 슬래그와 환원 슬래그를 구분하여 반출하지 않고 있기 때문에 유리석회 등의 함유량 제어가 불명확하여 콘크리트용 원자재로서 사용하기에는 부적합하므로 재활용 확대를 위한 사회적 인식의 전환 및 생산업체의 기술 및 설비 투자가 요구된다.

서랭 전기로 슬래그의 절건밀도는 $2.9\,g/cm^3 \sim 3.3\,g/cm^3$의 범위를 갖고, 공기 급랭 전기로 슬래그의 절건밀도는 대략 $3.5\,g/cm^3 \sim 3.7\,g/cm^3$의 범위를 갖는다. 즉 전기로 슬래그는 일반 골재에 비하여 밀도 및 경도가 크다는 것을 의미하여, 최근 이러한 중량성을 이용하여 고부가 가치 용도로 사용하기 위한 시도가 진행되고 있다. 예를 들어 선박 및 강교 등의 부식층을 제거하기 위한 연마재나 엘리베이터, 크레인 등의 카운터 웨이트(counter weight) 또는 세탁기, 모터 등의 균형추(balance weight)용으로 활용될 수 있다.

라. 새로운 슬래그 재활용 기술(예)

고로 슬래그와 대조적으로 제강 슬래그는 현재 대부분 서랭되어 배출되고 있으며, 1개월에서 최대 3개월 이상의 에이징(aging)을 하고 있다. 이는 특히 환원슬래그가 산화슬래그와 혼합 배출된 경우 환원슬래그 내의 유리 석회의 안정화를 통해 체적 안정성을 높이기 위한 것이다. 이러한 기존 슬래그 재활용 방법은 오랜 시간과 넓은 야적장의 요구, 고알칼리 침출수 및 비산, 먼지 등과 같은 환경문제가 발생하게 된다. 이러한 문제를 해결하고자 개발된 방법은 아토마이징(atomizing)과 급랭처리(BSSF) 등이 있다. 아토마이징은 용융상태의 슬래그를 공기 중으로 비산시키는 기술로서 급랭 공정에서 유리 석회가 빠르게 안정화되어 에이징이 불

필요하게 되고, 용융슬래그의 열에너지가 반응에너지로 내부에 잠재되는 장점을 갖고 있다.[6-8] 급랭처리는 중국 Bao Steel에서 개발된 기술로 5 rpm 정도의 속도로 회전하는 드럼에 용융슬래그를 투입하고 냉각수, 압축공기, 강철구를 이용하여 급속으로 냉각시킴과 동시에 분쇄하는 기술이다. 현재 포항제철소와 광양제철소에 설치되어 운영중이다.

6.3.4 기타 슬래그

철강 슬래그는 발생 과정 및 처리 방법에 따라 다양하며, 그 특성 또한 다르다. 배출량이 많은 고로 슬래그, 제강 슬래그 이외에 특수 철강 및 특수 철강에 필요한 원료를 생산하는 과정에서 발생하는 페로니켈(FeNi) 슬래그, 스테인리스강 슬래그, 실리콘망간(SiMn) 슬래그 등도 있다. 페로니켈 슬래그는 스테인리스의 주원료인 페로니켈을 전기로 또는 로터리 킬른에서 제련하여 생산할 때 발생하는 부산물로서 마그네슘 함유량이 높은 특징을 갖고 있다. 스테인리스강 슬래그는 스테인리스강을 생산할 때 발생하는 부산물이며, 실리콘망간 슬래그는 합금강에 사용되는 실리콘망간을 생산할 때 발생한다. 표 6.4는 특수 철강 슬래그 종류에 따른 화학조성을 비교한 예이다. 포틀랜드 시멘트와 같이 이산화규소와 산화칼슘의 함량이 높은 특성을 갖고 있으나 페로니켈 슬래그는 산화마그네슘의 함량이 높고 실리콘망간 슬래그는 산화망간이 다량 함유되어 있다.

표 6.4 특수 철강 슬래그 종류에 따른 화학조성 비교 예

		페로니켈 슬래그	스테인리스강 슬래그	실리콘망간 슬래그	포틀랜드 시멘트
화학 조성 (%)	SiO_2	53.5	28	36	22.0
	CaO	0.7	34.7	18	64.2
	Al_2O_3	1.5	6.6	18	5.5
	T-Fe[1)]	4.5	20	-	3.0
	MgO	35.5	6	6	1.5
	SO_3	-	-	-	2.0
	MnO	-	-	19	-
	TiO_2	-	-	-	-
	합계	95.7	95.3	97.0	98.2

1) FeO와 Fe_2O_3의 함량

특수 철강 슬래그 중 페로니켈 슬래그는 KS F 2790(콘크리트용 페로니켈 슬래그 잔골재)가 제정되어 잔골재로 주로 활용되고 있다.[6-15)]

6.4 철강 슬래그 관련 표준

철강 슬래그에 대한 KS 제정 내역은 표 6.5와 같다. 생산량과 화학적 안정성이 높은 고로 슬래그, 전기로 산화 슬래그 및 페로니켈 슬래그는 제정되어 있는 반면 아직까지 품질 안정성 확보가 어려운 전로 및 전기로 환원 슬래그와 스테인리스강 및 실리콘망간 슬래그에 대해서는 KS가 제정되어 있지 않다.

6.4.1 고로 슬래그

가. 고로 슬래그 관련 KS 표준

고로 슬래그 관련 KS 표준은 고로 슬래그를 콘크리트 및 모르타르의 혼화재로 사용하는 고로 슬래그 미분말, 시멘트와 혼합한 고로 슬래그 시멘트, 골재로 활용하는 고로 슬래그 골재 등 3가지가 제정되어 있다. 콘크리트용 고로 슬래그 미분말에 관한 표준은 1997년에 제정된 이후 2009년까지 3차례에 걸쳐 개정되었으며, 고로 슬래그 시멘트 표준은 1975년에 제정된 이후 2013년까지 3차례의 확인과 4차례에 걸쳐 개정되었다. 고로 슬래그 관련 KS 표준 제정 내역은 다음과 같다.

-1975년 : KS L 5210(고로 슬래그 시멘트) 제정
-1981년 : KS F 2544(콘크리트용 고로 슬래그 굵은골재) 제정
-1983년 : "고로 슬래그 굵은골재 콘크리트 설계 시공 지침" 제정
KS F 2599(콘크리트용 고로 슬래그 잔골재) 제정
-1997년 : KS F 2544(콘크리트용 고로 슬래그 골재)로 통합 제정 후 KS F 2599는 폐지
KS F 2563(콘크리트용 고로 슬래그 미분말) 제정
-2002년 : KS F 2544(콘크리트용 고로 슬래그 골재) 내용 개정

나. KS F 2563 콘크리트용 고로 슬래그 미분말[6-9)]

고로 슬래그 미분말은 콘크리트 및 모르타르의 혼화재로 사용되는 재료로서 고로 수쇄 슬래그를 건조 분쇄한 것 또는 여기에 석고를 첨가한 것을 뜻한다. 고로 슬래그 미분말의 품질은 표 6.6에 나타낸 바와 같이 비표면적, 활성도 지수에 따라 1종, 2종, 3종으로 구분되어 있다. 물성 중에서 활성도 지수와 플로값 비는 KS F 2563의 부속서 A에 규정되어 있다. 원재료에 해당하는 고로 수쇄 슬래그의 염기도가 1.60 이상인 것을 사용하고 석고는 KS L 5313 (시멘트용 천연 석고)에 규정된 것 또는 이것에 준하는 것을 사용하여야 한다.

표 6.5 철강 슬래그의 종류 및 관련 표준

종류		관련 규격
고로 슬래그		KS F 2563 : 2009 콘크리트용 고로 슬래그 미분말 KS L 5210 : 2013 고로 슬래그 시멘트 KS F 2544 : 2002 콘크리트용 고로 슬래그 골재
전로 슬래그		미제정
전기로	산화 슬래그	KS F 4571:2011 콘크리트용 전기로 산화 슬래그 골재
	환원 슬래그	미제정
페로니켈 슬래그		KS F 2970:2009 콘크리트용 페로니켈 슬래그 잔골재
스테인리스강 슬래그		미제정
실리콘망간 슬래그		미제정

표 6.6 고로 슬래그 미분말의 품질(KS F 2563)

항 목		고로 슬래그 미분말 종류		
		1종	2종	3종
밀도(g/cm^3)		2.80 이상	2.80 이상	2.80 이상
비표면적(cm^2/g)		8,000~10,000	6,000~8,000	4,000~6,000
활성도 지수(%)	재령 7일	95 이상	75 이상	55 이상*
	재령 28일	105 이상	95 이상	75 이상
	재령 91일	105 이상	105 이상	95 이상
플로값 비(%)		95 이상	95 이상	95 이상
산화마그네슘(MgO)(%)		10.0 이하	10.0 이하	10.0 이하
삼산화황(SO_3)(%)		4.0 이하	4.0 이하	4.0 이하
강열 감량(%)		3.0 이하	3.0 이하	3.0 이하
염화물 이온(%)		0.02 이하	0.02 이하	0.02 이하

주) 이 값은 인수·인도 당사자 사이의 협정에 의해 변경할 수도 있다.

다. KS L 5210 고로 슬래그 시멘트[6-10]

고로 슬래그 시멘트는 KS L 5201에 따른 포틀랜드 시멘트 클링커와 염기도가 1.4 이상인 급랭 고로 슬래그에 적당량의 석고를 가하여 분말로 하거나 포틀랜드 시멘트 클링커, 고로 슬래그 또는 석고를 각각 또는 조합하여 분말로 한 것을 충분히 혼합한 것으로 고로 슬래그 함유량과 화학성분에 따라 표 6.7과 같이 분류하고 있다. 물리적 성능은 표 6.8과 같다.

표 6.7 고로 슬래그 시멘트 종류 및 화학 성분(KS L 5210)

종류	고로 슬래그 함유량(%)	화학성분(%)		
		삼산화황(SO_3)	산화마그네슘(MgO)	강열 감량
1종	5 초과 30 이하	3.5 이하	5.0 이하	3.0 이하
2종	30 초과 60 이하	4.0 이하	6.0 이하	3.0 이하
3종	60 초과 70 이하	4.5 이하	6.0 이하	3.0 이하

표 6.8 고로 슬래그 시멘트의 물리적 성능(KS L 5210)

항 목			고로 슬래그 미분말 종류		
			1종	2종	3종
분말도	비표면적(cm^2/g)		3,000 이상	3,000 이상	3,300 이상
안정도	오토클레이브 팽창도(%)		0.2 이하	0.2 이하	0.2 이하
	르샤틀리에(mm)		10 이하	10 이하	10 이하
응결 시간	비카 시험	초결 분	45 이상	60 이상	60 이상
		종결 시간	7 이하	10 이하	10 이하
압축강도 (MPa)	3일		12.5 이상	10.0 이상	7.5 이상
	7일		22.5 이상	17.5 이상	15.0 이상
	28일		42.5 이상	42.5 이상	40.0 이상

주) 안정도 시험방법은 수요자의 요구에 따라 오토클레이브 팽창도 시험(KS L5107)과 르샤틀리에 시험(KS L ISO 9597) 중 택일하여 실시

라. KS F 2544 콘크리트용 고로 슬래그 골재[6-11]

고로 슬래그 골재의 화학조성은 표 6.9에 나타낸 바와 같이 산화칼슘, 이산화규소, 산화알루미늄이 주요 성분을 구성하고 있다. 고로 슬래그 골재의 종류는 표 6.10에 나타낸 바와 같이 고로 슬래그 굵은골재는 서랭 슬래그를 대상으로 하고 있으며, 고로 슬래그 잔골재는 급랭

슬래그를 대상으로 하고 있다.

고로 슬래그 굵은골재는 절대건조밀도, 흡수율, 단위용적질량에 의해 구분되며, 표 6.11과 같이 구분하고 있다. B종에 해당하는 고로 슬래그 굵은골재는 내부조직이 비교적 밀실하여 흡수율이 낮기 때문에 부순 자갈과 같이 일반 콘크리트용 골재로서의 사용이 가능하지만 A종에 해당하는 굵은골재는 조직이 다공질이어서 흡수율이 높기 때문에 내구성을 고려하지 않고 설계기준강도가 21 MPa 이하의 콘크리트에만 한정시켜 사용하도록 규정하고 있다.[6-12] 고로 슬래그 굵은골재의 입도 구분은 표 6.12와 같다. 고로 슬래그 굵은골재는 다공성으로서 흡수율과 마모감량이 높은 특성을 갖고 있어서 천연골재에 비해 다소 약한 골재이다.[6-13] 천연 부순골재와의 품질 특성 비교 사례를 표 6.13에 나타내었다. 고로 슬래그 잔골재는 천연 잔골재의 입도를 보정하거나 바다모래를 사용할 때 염분 함유량의 저감을 목적으로 혼합하여 사용하며, 표 6.14와 같이 KS F 2544(콘크리트용 고로 슬래그 골재)에서는 입도에 따라 4가지로 분류하고 있다.

표 6.9 철강 슬래그 종류에 따른 화학조성 및 품질 특성 비교 예

		고로 슬래그		전로	전기로	포틀랜드	안산암
		굵은골재	잔골재	슬래그	산화 슬래그	시멘트	
화학 조성 (%)	SiO_2	33.8		13.8	17.7	22.0	59.6
	CaO	42.0		44.3	26.2	64.2	5.8
	Al_2O_3	14.4		1.5	12.2	5.5	17.3
	T-Fe1)	0.3		17.5	21.2	3.0	3.1
	MgO	6.7		6.4	5.3	1.5	2.8
	SO_3	0.84		0.07	0.1	2.0	-
	MnO	0.3		5.3	7.9	-	0.2
	TiO_2	1.0		1.5	0.7	-	0.8
물리적 특성	절건밀도(g/cm^3)	2.5~2.7	2.5~2.7	3.2~3.6	3.2~4.1	3.15	2.5~2.7
	흡수율(%)	2.4~3.3	0.4~1.5	0.7~3.2	0.6~3.0	-	0.6~1.5

1) FeO와 Fe_2O_3의 함량

표 6.10 고로 슬래그 골재의 종류(KS F 2544)

종류	정 의
굵은골재	용광로에서 선철과 동시에 생성되는 용융 슬래그를 서랭시켜 입도 조정한 것
잔골재	용광로에서 선철과 동시에 생성되는 용융 슬래그를 물, 공기 등에 의해 급랭하여 입도 조정한 것

표 6.11 고로 슬래그 굵은골재의 구분(KS F 2544)

구 분	절건밀도(g/cm^3)	흡수율(%)	단위용적질량(g/cm^3)
A	2.2 이상	6.0 이하	1.25 이상
B	2.4 이상	4.0 이하	1.35 이상

표 6.12 고로 슬래그 굵은골재의 입도에 의한 구분 (KS F 2544)

구 분	입자 크기의 범위 (mm)
고로 슬래그 굵은골재 467	40~5
고로 슬래그 굵은골재 4	40~20
고로 슬래그 굵은골재 57	25~5
고로 슬래그 굵은골재 67	20~5
고로 슬래그 굵은골재 7	15~5

표 6.13 천연 골재와 고로 슬래그 골재의 물성 비교 예

구 분	고로 슬래그	부순 자갈
최대치수(mm)	25	25
표건밀도(g/cm^3)	2.63	2.66
흡수율(%)	3.51	1.10
단위 용적질량(g/cm^3)	1.50	1.58
실적률(%)	57.0	60.0
마모감량(%)	44.0	26.5

표 6.14 고로 슬래그 잔골재의 입도에 의한 구분(KS F 2544)

구 분	입자 크기의 범위(mm)
5 mm 고로 슬래그 잔골재	5 이하
2.5 mm 고로 슬래그 잔골재	2.5 이하
1.2 mm 고로 슬래그 잔골재	1.2 이하
5~0.3 mm 고로 슬래그 잔골재	5~0.3

표 6.15 고로 슬래그 골재의 물리 · 화학적 성질(KS F 2544)

항 목	고로 슬래그 굵은골재		고로 슬래그 잔골재
	A	B	
산화칼슘(CaO)(%)	45.0 이하		45.0 이하
황(S)(%)	2.0 이하		2.0 이하
삼산화황(SO_3)(%)	0.5 이하		0.5 이하
철(FeO)(%)	3.0 이하		3.0 이하
절대건조밀도(g/cm^3)	2.2 이상	2.4 이상	2.5 이상
흡수율(%)	6.0 이하	4.0 이하	3.5 이하
단위용적질량(g/cm^3)	1.25 이상	1.35 이상	1.45 이상

고로 슬래그 골재의 물리 · 화학적 성질을 표 6.15에 나타내었다. 고로 슬래그 잔골재의 경우 급랭 슬래그로서 유리질의 특성을 갖고 있기 때문에 골재 입형이 매우 날카로운 특성이 있으므로 골재로 사용할 때 주의해야 한다.

6.4.2 전기로 슬래그

제강 슬래그 중 전로 슬래그 및 전기로 환원 슬래그는 앞에서 언급한 바와 같이 유리 석회의 함유량이 비교적 높아서 골재로서의 품질 안정성 확보가 곤란하기 때문에 콘크리트용 골재 등과 같은 부가가치가 높은 골재 자원으로서 활용에 대한 기준 제시가 미비한 실정이며, 다만 전기로 산화 슬래그의 경우에는 콘크리트용 골재로서 활용에 대한 KS 관리 표준이 제정되어 있다.

이 표준은 전기로 산화 슬래그 골재의 전 제조공정에 있어서 환원 슬래그가 혼입하지 않는 시스템을 갖춘 공장에서 제조된 것에 한정하고 있으며, 전기로 산화 슬래그 골재의 종류는 표 6.16에 나타난 바와 같이 규정하고 있다. 전기로 산화 슬래그 골재의 입도 구분은 표 6.17에 나타내었으며, 전기로 산화 슬래그 절건밀도에 의한 구분은 표 6.18에 나타내었다.

전기로 산화 슬래그 잔골재의 경우 입도에 따라 골재를 구분하고 있다. 제강 슬래그에는 유리석회가 함유되어 있으며, 특히 유리 석회의 함유량이 많은 전로 슬래그 및 전기로 환원 슬래그의 경우 콘크리트용 재료로 활용할 때 팽창반응으로 인한 콘크리트의 붕괴가 발생할 가능성이 있어서 사용이 곤란하다. 유리 석회의 함유량에 대한 별도의 관리기준은 제정되어 있지 않고, 유리 석회와 염기도의 상관성을 고려하여 염기도의 함량을 제한하고 있다.[6-14]

또한 골재의 절건밀도와 단위용적질량에 따라 전기로 산화 슬래그 골재의 종류를 N형과 H형으로 구분하고 있다. 전기로 산화 슬래그 잔골재의 화학성분 및 물리적 성질은 표 6.19와 같다.

표 6.16 전기로 산화 슬래그 골재의 종류(KS F 4571)

종 류	기호	정 의
전기로 산화 슬래그 굵은골재	EFG	전기로에서 용강과 동시에 생성되는 용융 산화 슬래그를 서랭 후, 철분을 제거하여 입도 조정한 것.
전기로 산화 슬래그 잔골재	EFS	전기로로 용강과 동시에 생성되는 용융 산화 슬래그를 서랭 또는 물과 공기 등에 의하여 급랭 후 철분을 제거하여 입도 조정한 것.

주) 최종 파쇄 공정 후, 반송용 벨트 컨베이어 면에서 자장 세기 600가우스 이상으로 금속 입자를 포함하는 슬래그를 제거한다.

표 6.17 전기로 산화 슬래그 골재의 입도에 의한 구분(KS F 4571)

구 분	입자 크기의 범위(mm)	기 호
전기로 산화 슬래그 굵은골재 4호	40~20	EFG 4
전기로 산화 슬래그 굵은골재 57호	25~5	EFG 57
전기로 산화 슬래그 굵은골재 67호	20~5	EFG 67
전기로 산화 슬래그 굵은골재 7호	13~5	EFG 7
5 mm 전기로 산화 슬래그 잔골재	5 이하	EFS 5
2.5 mm 전기로 산화 슬래그 잔골재	2.5 이하	EFS 2.5
1.2 mm 전기로 산화 슬래그 잔골재	1.2 이하	EFS 1.2

표 6.18 전기로 산화 슬래그의 절건밀도에 의한 구분(KS F 4571)

구 분	절건밀도(g/cm^3)
N	3.1 이상 4.0 미만
H	4.0 이상 4.5 미만

표 6.19 전기로 산화 슬래그의 화학성분 및 물리적 성질(KS F 4571)

항 목		전기로 산화 슬래그 굵은골재		전기로 산화 슬래그 잔골재	
		N	H	N	H
화학성분	산화칼슘(CaO)(%)	40.0 이하			
	산화마그네슘(MgO)(%)	10.0 이하			
	모든 철(FeO)(%)	50.0 이하			
	염기도(CaO/SiO_2)	2.0 이하			
절건 밀도(g/cm^3)		3.1 이상 4.0 미만	4.0 이상 4.5 미만	3.1 이상 4.0 미만	4.0 이상 4.5 미만
흡수율(%)		2.0 이하			
단위용적질량(g/cm^3)		1.6 이상	2.0 이상	1.8 이상	2.2 이상

6.4.3 페로니켈 슬래그

콘크리트용 잔골재로서 페로니켈 슬래그의 활용에 대한 KS 표준은 2009년에 제정되었다. KS F 2790(콘크리트용 페로니켈 슬래그 잔골재) 표준은 고온고압 양생을 한 콘크리트를 제외한 콘크리트에 사용하는 페로니켈 슬래그 잔골재에 대하여 규정하고 있으며, 표 6.20에 정의되어 있다.[6-15] 페로니켈 슬래그 잔골재의 입도 구분은 표 6.21에 나타내었으며, 알칼리 잠재 반응성에 의한 구분은 표 6.22에 나타내었다. 표 6.23은 페로니켈 슬래그의 화학성분 및 물리적 성질을 나타내고 있는데 철 성분의 부식 팽창에 의한 피해를 방지하기 위하여 철의 함량을 제한하고 있다.

표 6.20 페로니켈 슬래그 잔골재의 정의(KS F 2790)

종 류	기호	정 의
페로니켈 슬래그 잔골재	FNS	노에서 페로니켈과 동시에 생성되는 용융 슬래그를 서랭 또는 물, 공기 등에 의해 급랭하여 입도 조정한 것

표 6.21 페로니켈 슬래그 잔골재의 입도에 의한 구분(KS F 2790)

구 분	입자 크기의 범위(mm)	기호
5 mm 페로니켈 슬래그 잔골재	5 이하	FNS5
2.5 mm 페로니켈 슬래그 잔골재	2.5 이하	FNS2.5
1.2 mm 페로니켈 슬래그 잔골재	1.2 이하	FNS1.2
5~0.3 mm 페로니켈 슬래그 잔골재	5~0.3	FNS5-0.3

표 6.22 페로니켈 슬래그의 알칼리 잠재반응성에 의한 구분(KS F 2790)

구 분	비 고
A	알칼리 잠재 반응성 시험결과가 "무해"하다고 판정된 것
B	알칼리 잠재 반응성 시험결과가 "무해"하다고 판정되지 않은 것 또는 이 시험을 수행하지 않은 것

표 6.23 페로니켈 슬래그의 화학성분 및 물리적 성질(KS F 2790)

항 목		페로니켈 슬래그 잔골재
화학성분	산화칼슘(CaO)(%)	5.0 이하
	산화마그네슘(MgO)(%)	40.0 이하
	황(S)(%)	0.5 이하
	모든 철(FeO)(%)	13.0 이하
	금속 철(Fe)(%)	1.0 이하
절건 밀도(g/cm^3)		2.7 이상
흡수율(%)		3.0 이하
단위용적질량(g/cm^3)		1.5 이상

6.5 철강 슬래그 사용 콘크리트의 활용 현황 및 전망

6.5.1 고로 슬래그

가. 시멘트 대체재료

현재 고로 슬래그는 시멘트 대체재로서 사용이 활발히 진행되고 있으며, 특히 콘크리트용 혼화재로서 사용할 때 콘크리트의 작업성 개선, 장기강도 증진 등의 효과가 있는 것으로 알려져 있다. 최근 고강도 콘크리트에 대한 수요가 증가함에 따라 그 사용량이 점차 증가하고 있는 추세이다.[6-12)]

나. 도로용 골재 활용 현황

고로 슬래그 골재에 대한 국내에서 활용은 주로 도로용 골재로의 활용에 중점을 두고 있으며, 관련 규정 및 KS 표준 제정 현황은 다음과 같다.

- 1981년 : KS F 2535(도로용 철강 슬래그) 제정
- 1986년 : 고로 슬래그 기층 및 보조기층 설계시공지침 제정(대한토목학회)
- 1989년 : 복합 슬래그 기층 및 보조기층 설계시공지침 제정(대한토목학회)
- 2007년 : KS F 2535 내용 개정

도로용 골재로서 활용을 위한 시방 및 KS 표준은 고로 슬래그 골재에 국한되어 있지 않고 고로 슬래그, 제강 슬래그 등 모든 슬래그 골재에 대해 적용 범위 및 관리기준을 제시하고 있다.

다. 골재 자원으로 고로 슬래그의 활용 전망

현재 고로 슬래그는 도로용 슬래그 및 콘크리트용 슬래그로 건설현장에서 판매·공급되고 있으나 다음과 같은 활용 증대 측면에서의 제한 사항이 있다. 고로 슬래그는 제철소에서 발생하는 산업부산물로서 제철소의 위치에 따라 고로 슬래그 골재의 생산 공급이 가능한 지역적 제한이 있다. 현재 고로 슬래그 발생 지역은 경북 포항(포항제철), 전남 광양(광양제철), 충남 당진(현대제철) 등에 국한되어 있으며, 만약 이러한 지역적 제약을 벗어나 공급하게 되면 운반거리의 상승에 따라 골재의 가격 경쟁력을 상실하게 되기 때문에 전국적으로 고로 슬래그

골재의 공급에는 어려움이 있다.

품질 측면에 있어서 고로 슬래그 굵은골재는 골재 자체가 다공질의 특성을 갖고 있기 때문에 현재 콘크리트용 골재로 사용되고 있는 천연 부순자갈에 비해 골재 강도 자체는 낮은 저품질의 골재가 일반적이다. 따라서 보통강도 및 저강도 영역의 콘크리트에서는 사용이 가능하지만, 최근 수요가 증가하고 있는 고강도 고성능 콘크리트에서는 골재 강도를 고려할 경우 골재 활용에 한계가 있다. 또한 고로 슬래그는 고로에서 선철을 제조하는 과정에 의해 발생되기 때문에 고로에 투입되는 철광석 및 기타 원재료의 품질 변동 및 고로의 용융온도에 따라 고로 슬래그의 품질 특성에 차이가 발생하기 때문에 산지별 고로 슬래그의 품질을 고려한 골재 활용 기술의 검토가 필요하다.

급랭 슬래그 대부분은 시멘트 및 콘크리트용 원료로서 고부가가치의 건설자재로 활용되고 있는데 비해 서랭 슬래그는 노반재로 활용되고 있으며, 생산자인 제철소업체 측면에서는 서랭 슬래그의 현장처리는 산업폐기물로서 처리하고 있기 때문에 급랭 슬래그에 비해 경제성이 매우 낮은 산업부산물이다. 따라서 생산자 측면에서는 서랭 슬래그의 시장 공급보다는 급랭 슬래그의 생산량을 증대시키는 방향으로 슬래그 관리를 추진하고 있어 향후 서랭 슬래그의 시장 공급이 점차 축소될 것으로 예상된다.

6.5.2 제강 슬래그

제강 슬래그 중 전로 슬래그 및 전기로 환원 슬래그의 경우, 현 수준에 있어서는 골재 자원으로서 활용이 매우 제한되어 있으나 유리 석회 및 유리 마그네슘 등의 팽창반응 유발물질의 함유량을 제어하는 것이 가능한 경우에는 골재 자원화가 가능할 것으로 예상된다. 제강 슬래그의 경우, 도로용 골재로서 활용방안에 대한 제안은 기존에 제시되었으며, 시멘트 재료 및 콘크리트용 골재로서 활용에 대한 방안은 최근 들어 다양한 연구가 진행되고 있다.

가. 도로용 골재

제강(전로/전기로) 슬래그 골재는 주로 도로용 골재로 활용되고 있다. 제강 슬래그를 도로용 골재로 활용하기 위한 방안으로 1985년 '제강 슬래그를 사용한 아스팔트 포장 설계시공지침'(대한토목학회 1985)이 제정되었고, 1997년 '도로용 철강 슬래그'에 대한 한국 산업표준과 '전기로 슬래그를 사용한 도로포장설계 시공지침안'(대한토목학회 1997)이 제정되었다.

1987년부터 1990년 사이에 시험포장한 제강 슬래그 아스팔트 콘크리트의 시공개선 가능성을 파악한 결과, 재료적인 특성으로 마샬 안정도와 인성이 증가하고 소성변형에 대한 저항성 및 내마모성이 우수하며 골재 간의 맞물림성과 역청재료의 부착성이 양호하지만 팽창성에 대한 우려가 있는 것으로 보고되었다.[6-16)]

또한 전기로 슬래그 골재를 도로용 하층 노반재에 적용한 결과 전기로 슬래그의 입자가 치밀하고 견고하여 강도특성이 우수하고 최대건조밀도 및 수정 CBR(California bearing ratio) 값이 높아 에이징 처리를 하지 않아도 하층 보조기층재로서 기초적 성질을 충분히 만족시키며, 피로수명 및 반복 3축 압축시험에 의한 복원변형 특성 모두 부순 자갈을 사용한 경우보다 우수한 경향을 나타내는 것으로 보고되었다.[6-17)]

나. 시멘트 원료

전로 슬래그에 코크스를 환원제로 사용하여 고온에서 용융하고, 환원 처리한 슬래그에 석고를 가하여 소성하며 클링커로 만들어서 수경성 화합물 제조가 가능한 것으로 알려져 있다.[6-18)]

다. 콘크리트용 골재

기존의 전기로 슬래그는 산화 및 환원 정련이 구분되어 있지 않아 에이징 처리를 통한 안정화 과정을 거친 슬래그에 한하여 콘크리트용 골재로서 활용이 가능한 것으로 알려져 있으나, 최근 정련 과정의 분리를 통해 전기로 산화 슬래그의 분급이 가능해지면서 전기로 산화 슬래그의 콘크리트용 골재로서 활용에 대한 다양한 연구결과가 보고되고 있다.

6.6 맺음말

철강산업에서는 공정에 따라 다양한 슬래그가 발생되고 있으며, 철강산업에 사용되는 광석 및 혼합물들의 화학조성을 고려할 경우 건설 재료로서 활용 가능성은 높은 것으로 알려져 있다. 특히 고로 슬래그는 현재 시멘트 및 콘크리트용 원재료로서 다양하게 활용되고 있어서, 산업부산물로서 재활용 수준을 벗어나 콘크리트의 성능 개선을 위한 필수 원자재로 평가받고 있는 실정이다. 그러나 제강 슬래그는 슬래그가 갖고 있는 팽창 반응성에 기인하여 그 활용가치에 대해 제대로 평가받고 있지 못하고 있다.

최근 전기로의 생산 공정의 발전으로 인해 정련 공정에 있어서 산화 및 환원 정련 공정의 분리가 가능하게 되었으며, 이로 인해 전기로 산화 슬래그의 경우에는 제강 슬래그가 갖고 있는 팽창반응성이 거의 없는 것으로 알려져 있다. 따라서 전기로 산화 슬래그의 경우에는 시멘트 및 콘크리트용 원자재로서 활용이 가능하며, 특히 콘크리트용 골재로서 활용할 경우, 강도 특성 및 탄성 특성 등이 일반 골재를 사용한 경우에 비해 향상되는 것으로 알려져 있다.

고로 슬래그의 경우, 시멘트 대체재로 활용할 때 시멘트 생산량의 감소를 유도하여 시멘트 제조 공정에서 발생되는 CO_2 배출량을 다량 저감시킬 수 있으며, 전기로 산화 슬래그의 경우에는 콘크리트용 골재로 활용할 때 부순 골재 생산에 의한 천연자원 소비를 감소시킬 수 있는 것으로 나타나고 있어서 다양한 활용방안에 대한 접근이 보다 활발히 진행되어야 한다. 따라서 현재 콘크리트용 원자재로서 고로 슬래그의 활용뿐만 아니라 전기로 산화 슬래그에 대한 활용도 활발히 진행되어야 하며, 향후 전로 슬래그 및 전기로 환원 슬래그에 대한 다양한 연구를 통해 지속적으로 재활용 방안을 모색해야 할 것으로 판단된다.

참고문헌

6-1 한국철강협회 홈페이지, http://www.kosa.or.kr.(2015)

6-2 POSCO 홈페이지, http://www.posco.co.kr.(2015)

6-3 대한제강 홈페이지, http://www.idaehan.com.(2015)

6-4 포스코, "철강 슬래그 재활용 실적", 2014.

6-5 日本コンクリート工學協会 九州支部, "各種産業廢棄物のコンクリート用材料としての適用性に關する講習会", 2000.

6-6 日本土木學会, 電気炉酸化スラグ骨材を用いたコンクリートの設計・施工指針(案), コンクリートライブラリ Ⅳ 附屬資料, 2003.

6-7 류득현, 전기로 산화 슬래그 골재를 활용한 콘크리트의 재료 및 구조 성능평가, 공주대학교 박사학위논문, 2010.

6-8 김진만 외, "아토마이징 공정에 의한 급랭 제강슬래그의 특성", 한국콘크리트학회 논문집, Vol. 19, No. 6, 2007, pp.39~45.

6-9 KS F 2563, "콘크리트용 고로 슬래그 미분말", 산업통상자원부 기술표준원, 2009.

6-10 KS L 5210, "고로 슬래그 시멘트", 산업통상자원부 기술표준원, 2013.

6-11 KS F 2544, "콘크리트용 고로 슬래그 골재", 산업통상자원부 기술표준원, 2002.

6-12 대한토목학회, 고로 슬래그 시멘트 및 고로 슬래그 미분말을 사용한 콘크리트의 설계 및 시공 지침(안), 1995.

6-13 문한영 외, "고로 슬래그 골재", 한국콘크리트학회 논문집, Vol. 9, No. 6, 1997, pp.18~22.

6-14 KS F 4571, "콘크리트용 전기로 산화 슬래그 골재", 산업통상자원부 기술표준원, 2011.

6-15 KS F 2790, "콘크리트용 페로니켈 슬래그 잔골재", 산업통상자원부 기술표준원, 2009.

6-16 김수삼 외, "도로포장의 공용성 향상을 위한 표층재료의 특성에 관한 연구", 중앙대학교 생산공학연구소 논문집, Vol. 5, No. 2, 1996, pp.1~16.

6-17 이승한 외, "보조기층재로서의 한국산 전기로 슬래그의 특성에 관한 연구", 계명대학교 산업기술연구소논문집, Vol. 19, No. 1, 1996, pp.105~112.

6-18 엄태선 외, "개질한 전로 슬래그의 수화반응", 요업학회지, Vol. 18, No. 3, 1981, pp.157~162.

제7장 기타 산업 폐기물의 재활용

강수태, 대구대학교 토목공학과, 조교수, stkang@daegu.ac.kr

7.1 개요

콘크리트 기술이 크게 발전하면서 콘크리트의 성능에 대한 요구가 다양해지고 있으며 이에 따라 콘크리트에 사용되는 혼화재료도 요구성능에 맞춰 다양한 종류가 사용되고 있다. 현재 콘크리트용 혼화재료로는 환경을 고려한 산업부산물 적용이 증가하고 있다. 이와 같은 산업부산물 중 고강도 콘크리트에 적용되고 있는 실리카 퓸은 우리나라에서는 생산되지 않는 재료이지만 실리카 퓸에 대한 표준, 시방서 등이 제정되어 콘크리트 혼화재료로서 널리 사용되고 있으며 사용량도 증가하고 있다.

동 슬래그는 2000년에 KS F 2543(콘크리트용 동 슬래그 골재)이 제정되고, 2004년에는 KS F 4009(레디믹스트 콘크리트)를 개정할 때 동 슬래그를 콘크리트용 골재로 사용할 수 있도록 하였다. 일본에서는 JIS A 5011-3에서 동 슬래그를 잔골재로 적용하기 위한 규정을 제시하고 있다. 동 슬래그를 콘크리트용 골재로서 적용하였을 때 물리적 특성, 역학적 특성 및 내구특성에 대한 연구결과가 국내·외에서 발표되고 있으나 동 슬래그 골재의 실용화를 위해서는 아직 더 많은 연구가 필요하다.

석회석 미분말은 시멘트 또는 콘크리트 활용에 대한 표준이 준비되고 있는 상태이지만 국외에서는 이미 다수의 국가에서 관련 규정을 두고 있다. 전 세계 25개국 이상에서 포틀랜드 시멘트에 석회석 미분말을 1~5% 혼합 사용하는 것을 허용하고 있다고 알려져 있으며, 유럽 여러 나라 및 캐나다 등에서는 포틀랜드 혼합시멘트에서 15~35%의 석회석 미분말을 치환하여 사용할 수 있도록 하고 있다. 이 외에도 콘크리트 산업에 사용되는 산업 부산물로는 소각재, 왕겨재, 폐유리 등 다양하게 존재하며, 아직 콘크리트 산업에 활용되고 있지 않는 많은 산업 부산물들에 대해 경제적·환경적 측면에서 콘크리트 산업으로의 활용을 모색할 필요가 있다.

이 장에서는 실리카 퓸, 동 슬래그, 석회석 미분말, 기타 다양한 산업 부산물의 콘크리트 재료로서의 특성에 대하여 기술하였다.

7.2 실리카 퓸

7.2.1 실리카 퓸의 제조

실리카 퓸은 각종 실리콘이나 페로 실리콘 규소합금이나 크롬 실리콘, 실리콘 망간과 같은 실리콘 금속을 약 2,000℃의 전기 아크식 노에서 제조할 때 발생하는 배기가스 중 떠다니는 초미립분을 집진기로 포집한 것이다. 그림 7.1과 그림 7.2는 아크식 전기로에서의 실리카 퓸 생성 모식도와 실리카 퓸의 제조공정을 간략히 나타낸 것이다.

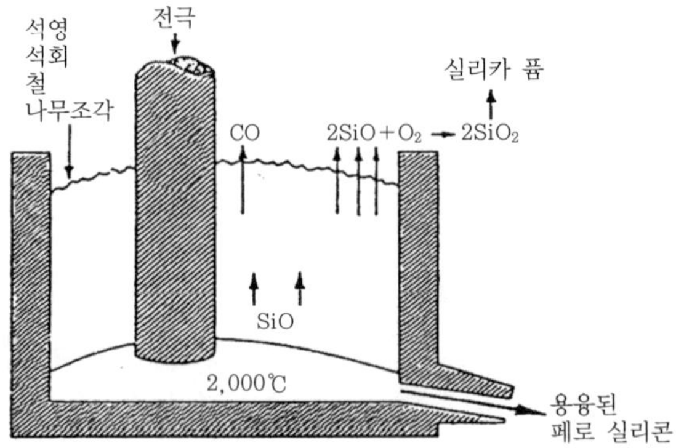

그림 7.1 실리카 퓸 생성 모식도

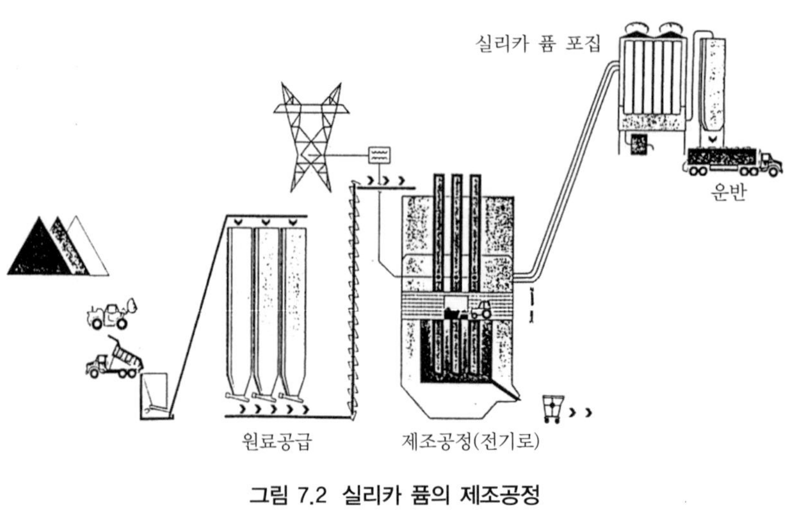

그림 7.2 실리카 퓸의 제조공정

7.2.2 실리카 퓸의 물리 · 화학적 특성

실리카 퓸의 색깔은 일반적으로 회색이며 흑색과 백색의 것도 있다. 색의 차이는 철분의 함유량에 따른 영향도 있지만 주로 탄소량에 따라 결정된다. 실리카 퓸은 약 90% 이상이 구형으로 구성되어 있으며, 입경이 약 0.1 μm 정도이며 밀도는 종류에 따라 다르지만, 일반적으로 약 2.1~2.2 g/cm^{3}이고 단위용적질량은 150~300 kg/m^{3}이다.

표 7.1은 각종 규소합금을 제조할 때 생산한 실리카 퓸의 화학조성을 나타낸 것이다. 실리카 퓸의 입도분포는 그림 7.3과 같으며 비표면적은 150,000~250,000 cm^2/g(BET법)로서 보통 포틀랜드 시멘트의 약 40~80배이다. 실리카 퓸의 입자 크기는 시멘트 입자의 1/100 정도로 미세하기 때문에 시멘트 입자의 공극을 충전하는 마이크로 필러 효과가 있다. 그림 7.4에서 보는 바와 같이 입자 모양이 구형으로 되어 있어서 볼 베어링 역할을 하기도 한다. 한편, 실리카 퓸은 매우 미세한 비정질의 실리카로 되어 있어서 수화 초기부터 수산화칼슘과 결합하는 포졸란반응을 하여 미세한 공극을 감소시켜 시멘트 경화체의 공극을 보다 치밀하게 하여 강도의 증진과 투수성, 투기성을 감소시키는 데에도 기여한다. 그림 7.5는 수은압입법(MIP)에 의한 공극구조를 나타낸 것이다. 실리카 퓸을 혼입한 시멘트 페이스트는 0.1 μm 이상의 큰 지름을 갖는 공극이 적다.

표 7.1 실리카 퓸의 화학 조성[-1)]

실리콘 합금 종류 / 화학성분	Si	FeSi-90%	FeSi-75% (흑갈색)	백색 실리카 퓸 FeSi-75%	FeSi-50%	FeCrSi	CaSi	SiMn
SiO_2	94~98	90~96	86~90	90	84.1	83	53.7	19
Fe_2O_3	0.02~0.15	0.2~0.8	0.3~5.0	2.9	8.0	1.0	0.7	3.9
Al_2O_3	0.1~0.4	0.5~3.0	0.2~1.7	1.0	0.8	2.5	0.9	5.5
CaO	0.1~0.3	0.1~0.5	0.2~0.5	0.1	1.0	0.8	23.2	12.4
MgO	0.2~0.9	0.5~1.5	1.0~3.5	0.2	0.8	7.0	3.3	2.4
Na_2O	0.1~0.4	0.2~0.7	0.3~1.8	0.9	-	1.0	0.6	1.1
K_2O	0.2~0.7	0.4~1.0	0.5~3.5	1.3	-	1.8	2.4	8.7
C	0.2~1.3	0.5~1.4	0.8~2.3	0.6	1.8	1.6	3.4	3.7
S	0.1~0.3	0.1~0.4	0.2~0.4	0.1	-	-	-	-
MnO	0.1	0.1~0.2	0.02	-	-	0.2	-	28.5
L·O·I	0.8~1.5	0.7~2.5	2.0~4.0	-	3.9	2.2	7.9	7.5

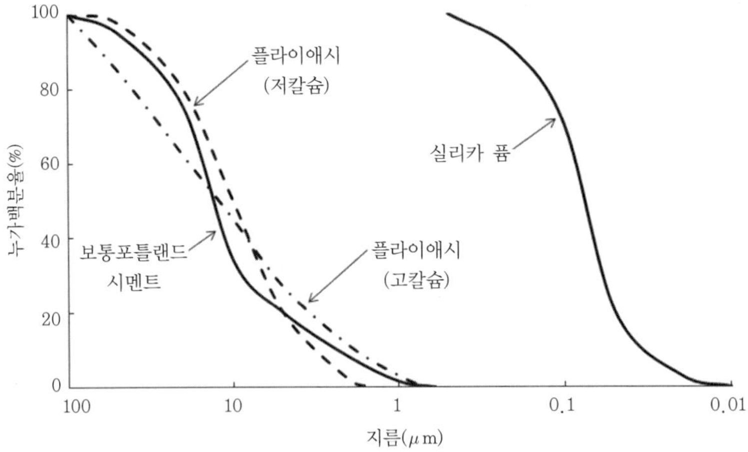

그림 7.3 실리카 퓸의 입도분포[7-2)]

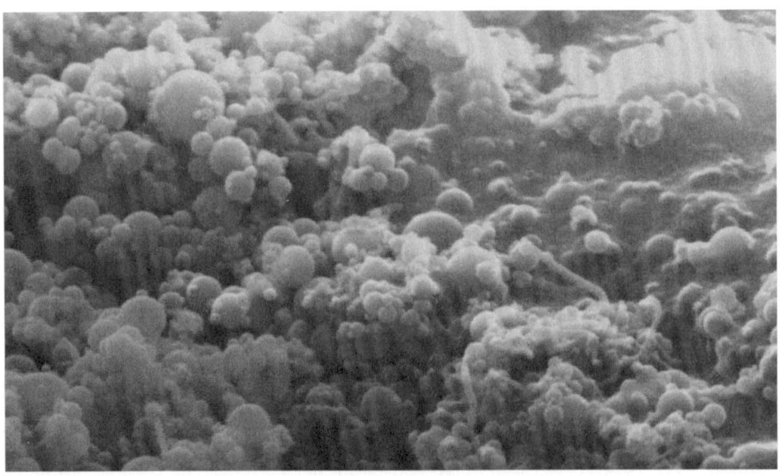

그림 7.4 실리카 퓸의 SEM 사진(×50,000)

7.2.3 실리카 퓸의 KS 표준

KS F 2567(콘크리트용 실리카 퓸)에서는 콘크리트 및 모르타르 혼화재로 사용되는 실리카 퓸에 대하여 규정하고 있다. 또한, KS F 2567에서는 실리카 퓸의 종류를 재료 취급방법에 따라 회수 공정에서 회수한 형태 그대로 생산되는 분말상과 이를 일정한 압력으로 응축시킨 과립상, 물을 첨가한 슬러리형으로 크게 구분하고 있다. 제품 형태별 단위 질량은 표 7.2와 같으며, 분말 및 과립상 실리카 퓸의 품질은 표 7.3의 규정을 만족해야 한다고 규정하고 있다. 표 7.4는 세계 주요국가에서 정하고 있는 실리카 퓸의 품질 규정을 비교하여 나타낸 것이다.

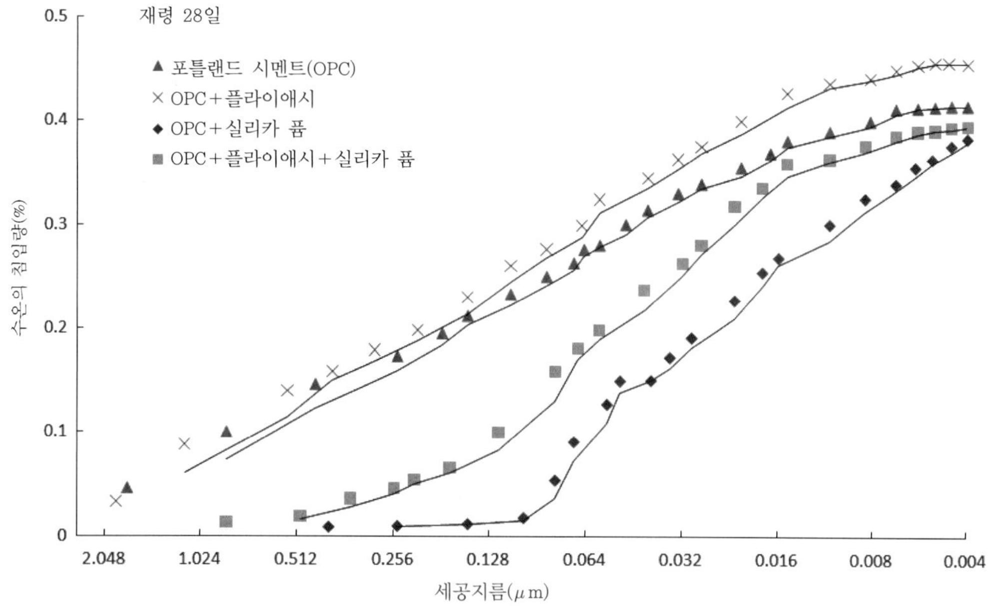

그림 7.5 실리카 퓸의 입도분포[7-2)]

표 7.2 실리카 퓸의 제품 형태별 단위 질량

종 류	단위 질량(kg/m^3)
분말상(undensified)	≤450
과립상(densified)	≤700
슬러리형(slurry)	1,350~1,450

표 7.3 실리카 퓸의 품질에 대한 요구조건

품 질	요구 조건
비표면적(BET)	≥15(m^2/g)
활성도 지수(%)	≥95
이산화규소(SiO_2)(%)	≥85
산화마그네슘(MgO)(%)	≤5.0
삼산화황(SO_3)(%)	≤3.0
염화물 이온(Cl^-)(%)	≤0.3
감열 감량(%)	≤5.0
45㎛ 체에 남는 양(%)	≤5.0

표 7.4 주요 국가별 실리카 퓸의 품질 규정 비교

품 질	요구 조건					
	한국 KS F 2567	미국 ASTM C1240	유럽 EN 13263	캐나다 CAN/CSA A23.5	일본 JIS A 6207	중국 GB/T 18736
비표면적(BET) (m^2/g)	≥15	≥15	15~35		≥15	≥15
활성도 지수(%)	≥95 (7일, 촉진양생)	≥105 (7일, 촉진양생)	≥100 (28일 표준양생)		≥95 (7일) ≥105 (28일) (표준양생)	≥85 (28일 표준양생)
이산화규소(SiO_2) (%)	≥85	≥85.0	≥85	≥85	≥85	≥85
산화마그네슘 (MgO)(%)	≤5.0				≤5.0	
유리산화칼슘 (Free CaO)(%)			≤1.0		≤1.0	
삼산화황(SO_3) (%)	≤3.0			≤1.0	≤3.0	
염화물 이온 (Cl^-) (%)	≤0.3		≤0.3		≤0.1	≤0.2
강열 감량(%)	≤5.0	≤6.0	≤4.0	≤6.0	≤5.0	≤6.0
수분 함량(%)		≤3.0			≤3.0	≤3.0
45㎛ 체에 남는 양(%)	≤5.0	≤10		≤10		

7.3 동 슬래그

7.3.1 동 슬래그의 제조

동제련 과정에서 생산되는 동 슬래그는 2000년 기준으로 약 70만 톤 정도가 발생하는 산업폐기물이며 우리나라에서는 시멘트 제조용 원료 및 수리 조선소에서 선박의 녹을 제거하는 샌드 블라스팅 재료, 그리고 시멘트 벽돌, 경계석, 인터로킹 블록, 적벽돌, 레디믹스트 콘크리트용, 콘크리트 제품용, 지반 개량재 등으로 사용하고 있다. 일본, 독일 등에서는 콘크리트용 골재, 지반 개량재, 매립용 골재, 뒤채움재 등으로 활용하고 있을 뿐 아니라 건설용 골재로서 다양하게 활용하고 있다. 동제련은 1차적으로 동광석을 녹여 조동을 만들고 정련과정을 거쳐 전기동을 산화하는 공정인데, 일반적으로 동의 제련 공정은 핀란드 오토컴프사에서 개발한 자용로 공정과 일본 미쯔비시사에서 개발한 연속 동제련 공정으로 제조할 수 있다.

가. 자용로 공법

핀란드 오토컴프사에서 개발한 자용로 공법은 그림 7.6과 같이 건조한 정광을 산소부화 공기와 함께 반사로형의 자용로에 분사시켜 황화정광이 산화성 분위기와 급격한 반응을 일으키면서 분화되어 외관상 입도가 작고 고른 편이다.

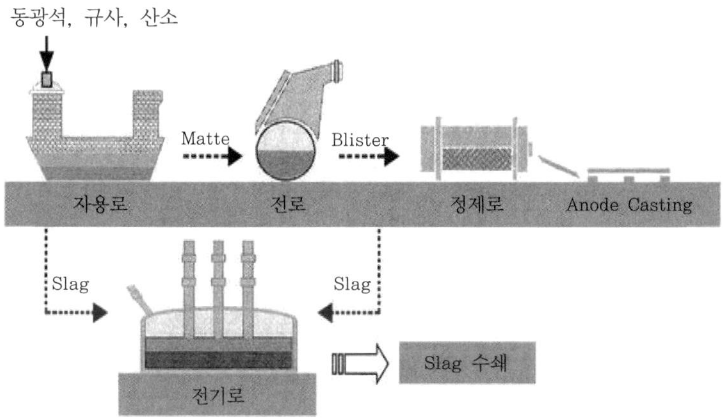

그림 7.6 자용로 공정[7-3]

나. 연속 동제련 공법

일본 미쯔비시사에서 개발한 공법인 연속 동제련 공정은 그림 7.7과 같이 건조한 정광과 산소부화 공기를 상부에 설치된 공급관(top blow lance)으로 투입하는 방식을 적용하여 용탕이 연속적으로 이동하도록 할 뿐만 아니라 자용로 공법에서 필수적인 전로(converter)를 제거한 공법이다. 이 방법은 자용로 공법과 달리 동광석과 규사 외에 석회석을 투입하며, 배출된 슬래그는 자용로 슬래그에 비하여 입형이 거칠고 침상형을 가진다.

우리나라에서 2000년에 동제련 과정에서 발생한 70만 톤의 동 슬래그는 자용로 공법에서 25만 톤, 연속 동제련 공정에서 45만 톤이 각각 발생하였다. 표 7.5에 동 슬래그의 생산량과 재활용량을 나타내었다.

표 7.5 우리나라의 동 슬래그의 생산과 소비

사용량		1997년	1998년	1999년	2000년
생산량(천톤)		342	526	652	700
재활용량 (천톤)	시멘트 재료	196	280	393	244
	샌드 블라스팅	120	113	132	97
	건설 재료	–	–	–	341
	기타	–	3	152	103

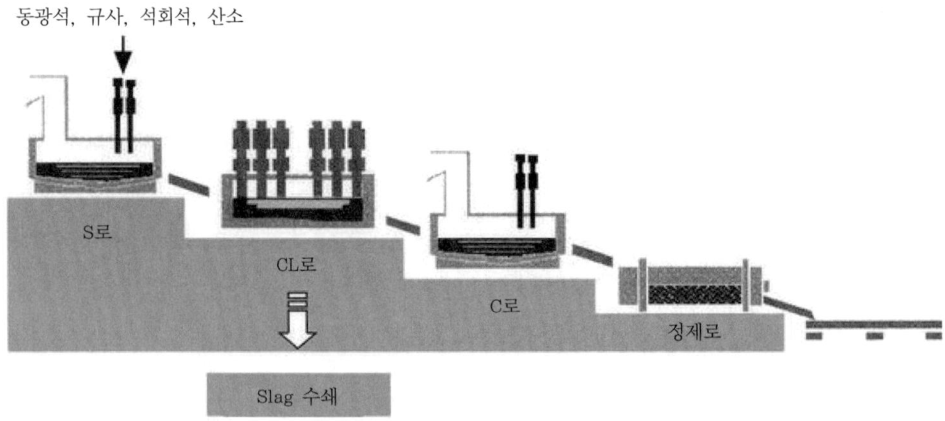

그림 7.7 연속 동제련 공정[7-3)]

7.3.2 동 슬래그 골재의 물리 · 화학적 특성

동 슬래그 골재의 밀도는 자용로인 경우 3.78 g/cm^3, 연속로인 경우 3.44 g/cm^{3}로서 매우 크다. 이는 동 슬래그에 포함되어 있는 금속 성분의 함량이 높기 때문이며, 비중이 큰 반면에 흡수율이 낮다. 동 슬래그 골재의 조립률은 자용로 동 슬래그 3.45, 연속로 동 슬래그 3.81로 천연모래 2.62에 비하여 다소 크다.

동 슬래그 골재의 화학적 조성은 Fe와 SiO_2가 주성분이며, 소량의 Fe_3O_4, Al_2O_3 등의 금속 산화물을 포함하고 있다. 동 슬래그의 물리 · 화학적 특성은 표 7.6 및 표 7.7과 같다.

7.3.3 동 슬래그 골재의 KS 표준

KS F 2543(콘크리트용 동 슬래그 골재)은 콘크리트에 사용하는 동 슬래그 골재에 대하여 규정하고 있다. 동 슬래그 골재는 노에서 동과 동시에 생성하는 용융 슬래그를 수쇄 급랭 또는 서랭하여 입도를 조정한 것으로 정의하며, KS 표준에서는 CUS로 표시하며 입도 및 알칼리 실리카반응성에 따라 각각 표 7.8과 표 7.9와 같이 구분하고 있다. 콘크리트에 사용하는 동 슬래그 골재는 콘크리트 품질에 악영향을 미치는 쓰레기, 진흙, 유기 불순물과 같은 유해 물질을 함유해서는 안 되며, 표 7.10과 같은 화학성분 및 물리 · 화학적 성질에 적합해야 한다고 규정하고 있다.

표 7.6 동 슬래그의 물리적 특성

물리적 특성	단위질량 (kg/m³)	미세분 함량(%)	밀도 (g/㎤)	흡수율 (%)	점토 함량(%)	0.08mm체 통과율(%)	조립률	골재의 안정성 (%)
연속동재련	2238	63.6	3.46	0.2	0.1	0.3	3.75	1.2
자용로	2400	66.5	3.81	0.52	0.6	0.4	3.31	7.1

표 7.7 동 슬래그의 화학적 조성

화학적 성분	Fe	Fe_3O_4	SiO_2	Cu	CaO	MgO	Al_2O_3	염기도
연속 동제련	38.13	4.17	33.46	0.91	4.67	0.98	4.74	0.31
자용로	46.39	6.93	30.65	0.97	0.95	1.04	4.10	0.20

표 7.8 동 슬래그 골재의 입도에 의한 분류

구 분	입자 크기의 범위(mm)	기 호
5 mm 동 슬래그 골재	5.0 이하	CUS 5
2.5 mm 동 슬래그 골재	2.5 이하	CUS 2.5
1.2 mm 동 슬래그 골재	1.2 이하	CUS 1.2
5~0.3 mm 동 슬래그 골재	5.0~0.3	CUS 5~0.3

표 7.9 동 슬래그 골재의 알칼리-실리카 반응성에 의한 구분

알칼리-실리카반응성에 의한 구분	비 고
A	알칼리-실리카반응성 시험결과가 무해하다고 판정된 것
B	알칼리-실리카반응성 시험결과가 무해하다고 판정되지 않은 것

표 7.10 동 슬래그 골재의 화학성분 및 물리 · 화학적 성질

항 목		동 슬래그 골재	적용 시험 조항[1]
화학성분	산화칼슘(CaO)(%)	12.0 이하	5.2
	황(S)(%)	2.0 이하	
	삼산화황(SO_3)(%)	0.5 이하	
	모든 철(FeO)(%)	70.0 이하	
염화물량(NaCl)(%)		0.03 이하	
절대건조비중		3.2 이상	5.3
흡수율(%)		2.0 이하	
단위용적질량(kg/L)		1.80 이상	5.4

1) KS F 2543 콘크리트용 동 슬래그 골재의 시험방법

알칼리-실리카반응성은 동 슬래그 골재의 알칼리-실리카반응성에 대한 KS F 2543의 규정된 시험방법에 따라 시험을 실시한 후 알칼리-실리카반응성에 의한 해가 없어야 한다. 또한 동 슬래그 골재는 골재로 적용하기 위하여 표 7.11의 입도를 만족해야 하며, 조립률은 콘크리트 배합을 정할 때의 조립률과 비교하여 ±0.20 이상의 변화를 나타내었을 경우 배합을 변경하여 사용하여야 한다. 일본의 경우 JIS A 5011-3에서 콘크리트용 동 슬래그 골재에 대한 표준을 규정하고 있으며, 독일에서는 DIN-4301에서 동제련 슬래그의 토건용 재료로서의 활용에 대하여 규정하고 있다.

7.4 석회석 미분말

7.4.1 석회석 미분말의 사용

시멘트 제조 공정 중 클링커의 일부를 석회석 미분말로 치환하여 시멘트를 제조하는 방법이 시멘트 산업에서 최근 활발히 추진되고 있다. 그림 7.8은 유럽에서 사용되고 있는 시멘트의 종류별 사용비율을 비교하여 나타낸 것이고, 그림 7.9는 CEM II 타입 시멘트에 대해 세부 종류별 사용비율을 비교하여 나타낸 것이다. 석회석 미분말 시멘트의 사용량이 상당히 크며 지속적으로 사용비율이 증가하고 있음을 알 수 있다.[7-4] 이와 같이 시멘트 제조 시 석회석 미분말을 사용할 경우 시멘트의 생산성 향상, 생산비용 절감, CO_2 및 NO_2 발생량 저감을 통한 환경부하 저감 등의 효과를 기대할 수 있다.

표 7.11 동 슬래그 골재의 입도

구 분	체의 호칭 치수[1] 체를 통과하는 무게 백분율(%)						
	10	5	2.5	1.2	0.6	0.3	0.15
5 mm 동 슬래그 골재	100	90~100	80~100	50~90	25~65	10~35	2~15
2.5 mm 동 슬래그 골재	100	95~100	85~100	60~95	30~70	10~45	5~20
1.2 mm 동 슬래그 골재	-	100	95~100	80~100	35~80	15~50	10~30
5~0.3 mm 동 슬래그 골재	100	95~100	45~100	10~70	0~40	0~15	0~10

1) 체의 호칭 치수는 각각 KS A 5101에 규정하는 표준망체의 호칭 치수 9.5 mm, 4.75 mm, 2.36 mm, 1.18 mm, 600 ㎛, 300 ㎛ 및 150 ㎛에 해당한다.

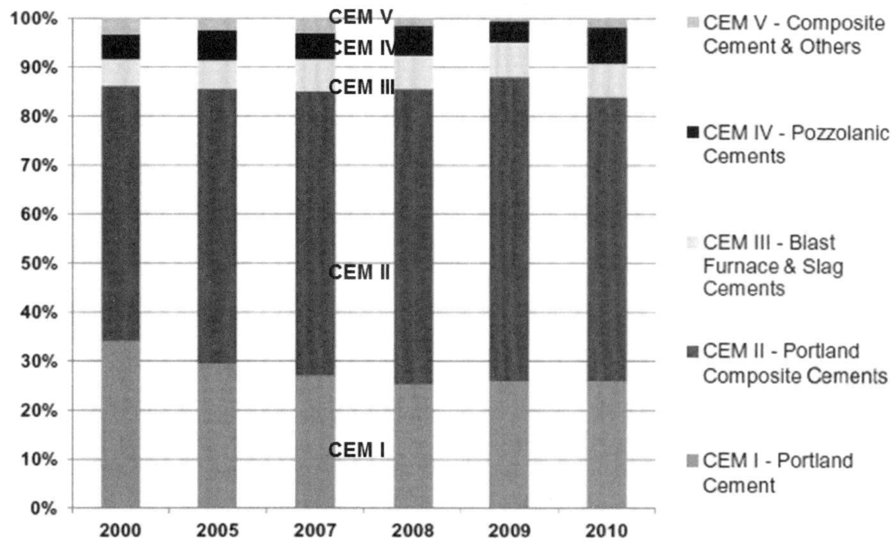

그림 7.8 EN 197-1에서 규정하고 있는 시멘트 종류별 사용비율 비교[7-4)]

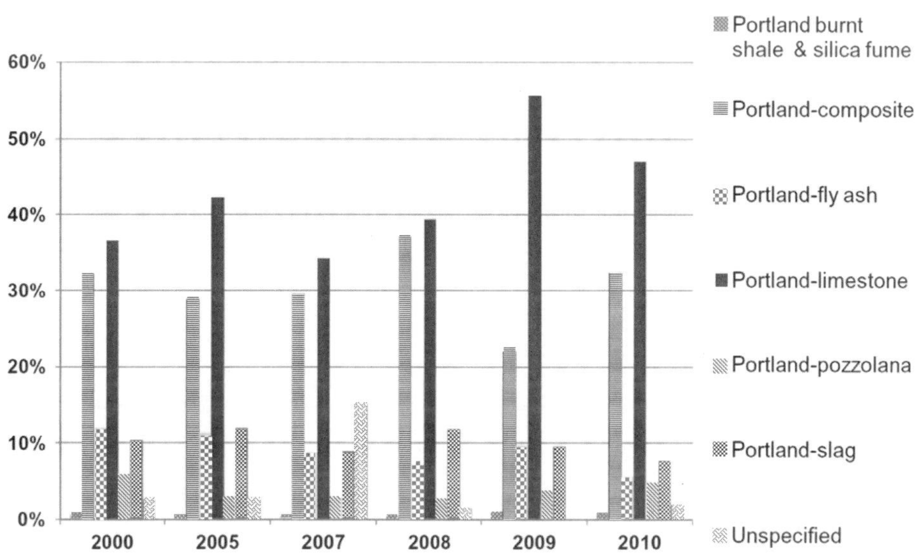

그림 7.9 EN 197-1에서 규정하고 있는 CEM II 종류별 사용비율 비교[7-4)]

7.4.2 석회석 미분말의 물리 · 화학적 성질

석회석은 탄산칼슘($CaCO_3$) 및 탄산마그네슘($MgCO_3$)이 주요 화학성분을 구성하며, 이외에 실리카(SiO_2), 알루미나(Al_2O_3), 산화철(Fe_2O_3), 황산염(SO_3), 오산화인(P_2O_5) 등을 포함하고 있다. 석회석은 시멘트를 제조하는 데 많이 사용되는 탄산칼슘의 가장 일반적인 형태이다. 다양한 종류의 시멘트가 존재하지만 대부분 석회석 75%와 점토 25%의 비율로 섞어 소성과정을 통해 칼슘실리케이트 클링커를 형성하게 되며, 이를 미분쇄하고 소량의 석고와 혼합하여 시멘트를 제조하게 된다.

유럽 표준 EN 197-1에 따르면 시멘트 생산 시 원재료로 사용되는 석회석은 다음의 요구조건을 만족하도록 규정하고 있다.

① 화학성분 중 $CaCO_3$의 함유량 비율은 75% 이상이어야 한다.

② 점토의 함유량 비율은 1.2 g/100 g을 넘어서는 안 된다.

③ 총 유기물 함유량 비율은 0.2% 이하이어야 한다.

미국 ASTM C595 및 AASHTO M240에서도 유럽과 유사한 석회석에 대한 요구조건을 명시하고 있으며, $CaCO_3$ 70% 이상, 총 유기물 함유량 비율 0.5% 이하로 규정하고 있다. 클링커를 미분쇄한 경우에는 입도분포가 좁은 입경 범위 내에 존재하는 반면, 석회석 미분말은 상대적으로 미분쇄가 용이하기 때문에 입도분포가 보다 넓은 범위에 걸쳐 이루어진다. 이러한 입도분포 특성은 소요 단위수량, 블리딩, 응결특성 등에 영향을 미친다.

7.4.3 석회석 미분말 표준

우리나라에서는 석회석 미분말 혼합 시멘트에 대한 표준을 제정 중에 있으며, 국외에서는 다수의 국가에서 관련 규정을 두고 있다. 1980년대 초반 캐나다 CAN/CSA-A5에서는 포틀랜드 시멘트에 석회석 미분말을 5%까지 사용할 수 있도록 허용하였다. 유럽 표준규격 EN 197에서는 두 가지 종류의 포틀랜드 석회석 미분말 시멘트(Portland limestone cement)를 정의하고 있다. Type II/A-L은 석회석 미분말 함유율 6~20%, Type II/B-L은 함유율 21~35% 사용 가능하도록 하고 있다. 또한 포틀랜드 시멘트(CEM I)에 5%까지 석회석 미분말을 사용할 수 있도록 명시하고 있다. 미국에서는 2004년에 ASTM C150 규격을 보통 포틀랜드 시멘트에 5%까지 석회석 미분말 사용이 가능하도록 수정하였으며, ASTM C595 및 AASHTO M240 혼합시멘트와 관련하여 석회석 미분말 5~15%를 혼합사용한 석회석 미분말 시멘트를 Type IL과 Type IT로 분류하여 제시하고 있다. 현재 전세계 25개국 이상에서 포틀랜드 시멘트에 석회석 미분말을 1~5% 혼합사용하는 것을 허용하고 있다고 알려져 있으며, 유럽에서는 포틀랜드 혼합시멘트에서 35%까지 석회석 미분말을 치환하여 사용할 수 있도록 하고 있다.[7-5]

표 7.12 EN 197-1에서 규정하고 있는 포틀랜드 석회석 미분말 사용량

구분	종류	석회석 미분말 함유율, 질량비(%)	비고
Portland limestone cement	CEM II/A-L	6~20	TOC* ≤ 0.5%
	CEM II/A-LL	6~20	TOC ≤ 0.2%
	CEM II/B-L	21~35	TOC ≤ 0.5%
	CEM II/B-LL	21~35	TOC ≤ 0. %
Portland composite cement	CEM II/A-M	≤20	
	CEM II/B-M	≤35	

주) TOC : 석회석 미분말에 포함된 총 유기물 함유량의 중량비를 의미한다.

7.5 기타

7.5.1 소각재

도시쓰레기의 처리 문제와 관련한 전 세계적 관심은 두 가지 관점에서 다루어지고 있다. 그 중 첫 번째는 폐기물의 매립량을 줄이는 것이다. 미국, 일본, 영국과 같이 고도로 산업화된 국가나 인구밀집형 국가일수록 이에 대한 필요성은 더 부각되고 있다. 이와 같은 관점에서 볼 때, 도시쓰레기의 소각처리는 매우 효과적인 방법으로 폐기물 원래 부피의 90%, 질량으로는 약 70% 이상을 줄일 수 있다.[7-6] 다른 방법은 소각처리를 통한 폐기물의 에너지화이고, 그 중 적용 가능한 한 분야가 소각재를 건설재료로 활용하는 것이다.

도시쓰레기의 소각재를 건설재료로 활용한 대표적인 사례로 에코시멘트를 들 수 있다. 에코시멘트란 'ecology'와 'cement'의 합성어로 도시쓰레기 소각재를 주원료로 하고, 필요에 따라 하수 오니 등의 폐기물을 혼합해 시멘트 1톤당 폐기물 총량을 500 kg 이상 사용해 제조하는 시멘트로 2002년 JIS R 5214(에코시멘트) 표준으로 반영되었다.

에코시멘트의 제조는 소성온도가 낮은 점 이외에 수경성 광물을 합성한다는 점에서 보통 시멘트와 기본적으로 주요 공정이 비슷하다. 단, 원료에 포함되어 있는 염소 등에 의한 영향은 보통 시멘트에서는 전혀 고려할 필요가 없는 요소이지만 에코시멘트 생산에서는 매우 중요한 고려사항이다. 에코시멘트의 주요공정은 그림 7.10과 같다. 에코시멘트는 보통 포틀랜드 시멘트에 비해 Al_2O_3가 많고 Cl 성분을 많이 포함하고 있다. 표 7.13은 에코시멘트의 화학조성 및 광물조성의 비율을 보통 포틀랜드 시멘트와 비교하여 나타낸 것이다.

보통 포틀랜드 시멘트 및 조강 포틀랜드 시멘트와 비교할 때, 에코시멘트의 물리적 성질은 응결시간이 대폭 짧고, 수화열은 재령 7일에서는 조강 포틀랜드 시멘트와 보통 포틀랜드 시멘트의 사이 정도이나 재령 28일에서는 가장 낮으며, 응결지연제 무첨가 모르타르 강도가 재령 1~3일에서는 조강 포틀랜드 시멘트, 재령 7일에서는 보통 포틀랜드 시멘트와 동일 또는 그 이상이지만 재령 28일에서는 보통 포틀랜드 시멘트보다 7% 정도 작게 나타나는 특성을 보인다. 따라서 에코시멘트는 조강형에 속하는 시멘트라고 할 수 있으며 적당한 가사시간 확보나 강도 향상을 위해서는 응결지연제나 적절한 혼화제의 첨가가 필요하다.

에코시멘트를 사용한 콘크리트는 보통 포틀랜드 시멘트를 사용한 콘크리트에 비해 재령 28일 이전에는 동등하거나 약간 작게 나타나지만 28일 이후에는 압축강도의 증진이 매우 작아지거나 약간 저하하는 특성을 보인다. 에코시멘트는 장기강도에 기여하는 C_2S량이 적고, 간극상 물질인 C_3A 및 C_4AF의 양이 많기 때문에 장기재령에서의 압축강도 증진은 작다고 알려져 있다.[7-7](표 7.14 참고)

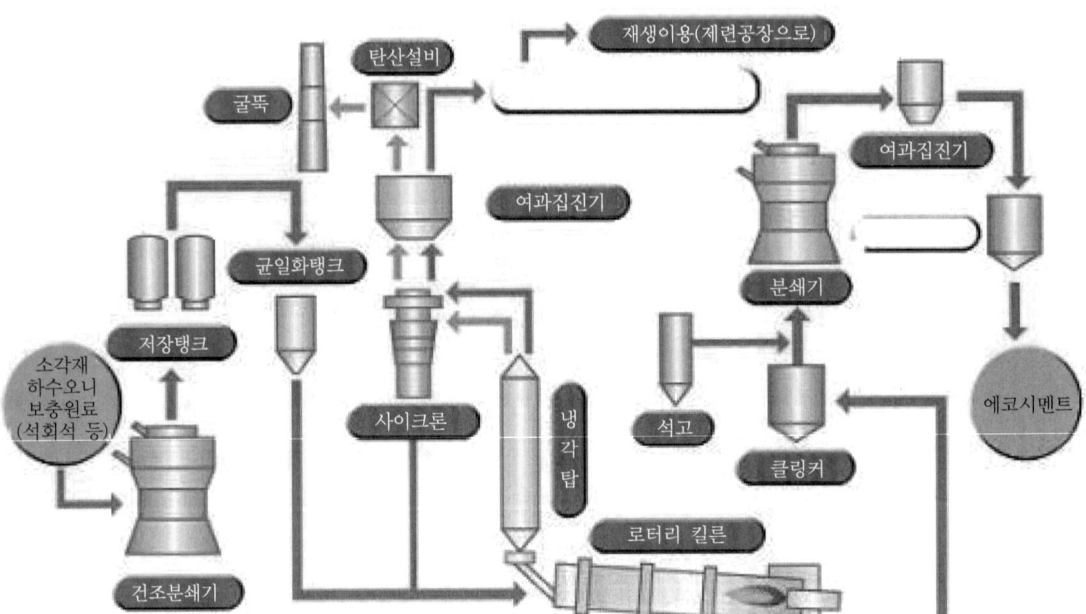

그림 7.10 에코시멘트 제조의 주요공정[7-7]

표 7.13 에코시멘트와 보통 포틀랜드 시멘트의 화학조성과 광물조성(일본)[7-8]

물성 / 종류	화학조성(%)								광물조성(%)				
	Ig.loss	SiO_2	Al_2O_3	Fe_2O_3	CaO	SO_3	Na_2O	Cl	C_3S	C_2S	C_3A	C_4AF	$CaSO_4$
에코시멘트	1.3	17.6	7.0	4.2	60.7	3.9	0.42	0.05	49	14	11	13	6.3
보통시멘트	2.0	20.5	5.0	3.0	64.4	2.0	0.60	0.01	54	21	9	9	3.4

7.5.2 왕겨재

왕겨는 우리나라에서 매년 약 100만 톤 이상 생산되며 세계적으로는 연간 1억 5천만 톤 정도가 생산되는 것으로 추산된다(표 7.15 참조). 왕겨는 벼 1톤당 약 200 kg 정도가 배출되며, 이를 연소시키면 약 40 kg 정도의 왕겨재가 얻어진다. 매년 상당량의 왕겨재 중에서 일부가 퇴비나 발전용 연료로 사용되기도 하지만 주로 폐기처분되는 등 왕겨재에 대한 활용 예는 매우 드물다.

표 7.14 에코시멘트와 보통 포틀랜드 시멘트의 규격값과 실측값(일본)[7-8]

물성 / 종류		에코시멘트		보통 포틀랜드 시멘트	
		실측값	규격값	실측값	규격값
밀도(g/cm^3)		3.17	–	3.16	–
비표면적(cm^2/g)		4,230	2,500 이상	3,300	2,500 이상
응결	초결(h : m)	2 : 30	1 : 00 이상	2 : 30	1 : 00 이상
	종결(h : m)	3 : 50	10 : 00 이하	3 : 30	10 : 00 이하
안정성	패트법	양호	양호	양호	양호
	르샤틀리에법	–	10 이하	–	10 이하
압축강도 (MPa)	3일	31.7	12.5 이상	29.4	12.5 이상
	7일	43.8	22.5 이상	45.5	22.5 이상
	28일	54.6	42.5 이상	62.7	42.5 이상
MgO(%)		2.01	5.0 이하	1.28	5.0 이하
SO_3(%)		3.94	4.5 이하	2.09	3.0 이하
강열감량(%)		1.22	3.0 이하	1.81	3.0 이하
총 알칼리 성분(%)		0.47	0.75 이하	0.51	0.75 이하
염소이온(%)		0.045	0.1 이하	0.017	0.035 이하

표 7.15 2013년도 쌀 생산량과 왕겨재 다량 생산 국가[7-9]

구분 국가	2013년 쌀 생산량 (ton)	총 쌀 생산량 대비 생산비율 (%)	왕겨 발생량 (쌀 생산량의 20 % 추정) (ton)	발생 왕겨재 추정량 (왕겨의 18 % 가정) (ton)
중국	205,015,000	27.5%	41,003,000	7,380,540
인도	159,200,000	21.4%	31,840,000	5,731,200
인도네시아	71,279,709	9.6%	14,255,942	2,566,070
방글라데시	51,500,000	6.9%	10,300,000	1,854,000
베트남	44,076,100	5.9%	8,815,220	1,586,740
태국	38,787,697	5.2%	7,757,539	1,396,357
미얀마	28,000,000	3.8%	5,600,000	1,008,000
필리핀	18,439,406	2.5%	3,687,881	663,819
일본	10,758,000	1.4%	2,151,600	387,288
브라질	11,758,663	1.6%	2,351,733	423,312
미국	8,613,094	1.2%	1,722,619	310,071
한국	5,631,689	0.8%	1,126,338	202,741
파키스탄	9,800,000	1.3%	1,960,000	352,800
총(전 세계)	745,172,064	100.0%	149,034,413	26,826,194

1923년 미국에서 왕겨재를 시멘트와 혼합하여 건축용 저강도 벽돌을 제조한 기록이 왕겨재를 콘크리트용 혼화재료로 사용한 최초의 문헌상의 기록이다. 이후 1971년 미국에서 왕겨재가 생석회와 반응한다는 사실이 밝혀졌으며, 1983년에는 비결정형 실리카가 함유된 왕겨재가 결정질 실리카가 함유된 왕겨재보다 생석회와의 반응성이 더 좋다는 연구결과도 발표되었다.[7-9] 현재 왕겨재 혼합시멘트와 관련한 연구개발 및 보급에 가장 적극적인 나라는 인도이다. 인도에서는 1979년 벽돌로 이루어진 소각로를 제작하여 1 : 2 비율의 저강도용 왕겨재 혼합시멘트를 시험 생산하였으며, 또 비결정질의 실리카로 구성된 왕겨재를 생산하기 위해 750℃ 이하로 소각시킨 후 미분쇄하는 방법으로도 왕겨재 혼합시멘트를 생산 보급하기도 하였다.[7-9]

왕겨재는 연소기술에 따라 그 성질이 크게 다르게 나타난다. 왕겨재를 구성하는 실리카는 연소할 때의 시간, 온도 등에 따라 구조적인 변형을 일으키는데 550～880℃에서는 비결정질의 실리카가 형성되고, 그 이상의 온도에서는 결정질의 실리카를 형성하게 된다. 시멘트 혼화재료용으로 사용할 목적으로 저온에서 짧은 시간에 재로 만든 왕겨재는 비결정형의 실리카로 주로 구성되어 있으며, 매우 큰 표면적(50～60 m^2/kg)을 갖고 있기 때문에 포졸란 반응성이 매우 좋다. 왕겨재의 입자는 플라이애시나 실리카 퓸과는 달리 입자 자체의 내부 공극이 많고 표면 형상이 복잡하기 때문에 큰 표면적을 갖는 것이 특징이다. 따라서 왕겨재를 시멘트와 혼합한 경우에 표준반죽질기를 얻기 위한 단위수량이 증가하게 되고, 동일 물-시멘트비에서는 플로우값이 감소하게 된다. 또한 동일한 물-시멘트비에서 왕겨재를 2~3% 정도로 소량 혼합했을 때에는 블리딩과 재료분리를 줄이며, 콘크리트의 안정성과 작업성을 증가시키기도 하지만 치환량이 증가될수록 감수제를 첨가하지 않는 한 작업성이 나빠지게 된다.[7-10] 또한 고강도 매스콘크리트에 사용하였을 경우 수화열을 억제하는 효과가 크며, 콘크리트에 10% 정도를 첨가하였을 경우 알칼리-실리카 반응을 감소시키는 효과가 있다.[7-10]

7.5.3 폐유리

폐유리의 발생은 크게 폐유리병과 건설 폐기물인 폐판유리로 볼 수 있는데, 현재 유리병 중에서 반복사용이 가능한 것은 청량음료병과 주류병으로 정부의 공병보증금제도에 의하여 재활용 수준은 95% 이상 이루어지고 있으나 1회용 폐유리와 폐판유리는 체계적인 시스템과 재활용 방안의 부족으로 적정 처리와 재활용이 문제시되고 있다.

표 7.16에서 2005년부터 2011년까지 폐유리 발생량과 재활용률을 살펴보면 7년 동안 폐유리의 재활용률은 73 % 전후로 거의 변화가 없으며 매년 대략 180만 톤 정도의 유리가 버려지고 있다. 재활용률은 폐유리병과 폐판유리의 재활용량을 합한 수치로 폐유리병의 재활용률을 95% 이상으로 보면 폐판유리의 재활용률은 더 낮다고 볼 수 있다.[7-11]

표 7.16 연도별 폐유리 발생량과 재활용률[7-11]

발생년도	2005	2006	2007	2008	2009	2010	2011
발생량(천톤)	776	749	731	703	641	660	716
재활용량(천톤)	567	531	533	513	471	495	535
재활용률(%)	73.1	70.9	72.8	73.0	73.0	75.0	75.0

폐유리의 재활용 기술은 현재 전 세계적으로 활발하게 연구되고 있는 추세이다. 미국의 경우 도로포장재에 폐유리병을 재활용하는 기술로 아스팔트나 시멘트 콘크리트의 골재로서 활용하는 방법이 있는데, 폐유리를 활용한 아스팔트, 즉 glassphalt는 매우 오래 전부터 실용화되었다. 일본의 경우는 이미 수년 전부터 폐유리의 재자원화 기술개발에 대해 국가적 차원에서의 추진은 물론, 민간기업에서의 적극적인 기술개발을 통하여 기술축적을 통한 실용화를 활발히 추진하고 있으며, 그 결과 폐유리를 활용한 아스팔트 포장은 새로운 도로의 시공이나 경도를 크게 요구하는 공사 등에 활용되고 있다. 영국에서는 도로건설에 있어 환경친화적 소재를 사용하기 위해 유리병을 파쇄하여 폐기물을 재활용하고 있으며, 80~90년대에 폐유리를

굵은골재 또는 잔골재로 이용하여 콘크리트 재료 등의 적용성을 고려하였다. 최근에는 폐유리의 분쇄기술 발달로 골재뿐만 아니라 결합재로 활용하기 위한 연구도 활발히 진행되고 있다.[7-12)]

폐유리 혼입 콘크리트의 압축강도 및 탄성계수와 같은 역학적 성질은 물-결합재비, 공기량, 폐유리 미분말의 혼입률, 양생기간 등과 같은 콘크리트의 공극률과 수화도에 영향을 미치는 일반적인 인자에 의해 지배될 뿐만 아니라 폐유리 미분말의 종류 및 입경, 물리적 · 화학적 특성, 사용된 시멘트의 종류 및 물리적 · 화학적 특성과 같은 다양한 요인들에 의해 결정된다. 폐유리 미분말을 혼입한 콘크리트의 역학적 특성을 살펴보면 폐유리 혼입률이 증가할수록 목표 슬럼프를 얻기 위한 고성능감수제의 첨가량이 감소되며, 동일 배합의 콘크리트의 경우 폐유리 입경이 작을수록 작업성은 불리한 것으로 나타났다. 또한 폐유리의 입경이 75 ㎛ 이하일 때 보통강도 콘크리트에서는 재령에 관계없이 플레인 콘크리트보다 저하되지만, 물-결합재비 0.35의 고강도 콘크리트의 경우에는 혼입률이 10～15%일 때 강도 증진 효과를 나타내는 것으로 나타났다.[7-13)]

한편, 폐유리를 골재로 혼입한 모르타르의 알칼리-실리카반응에 관한 연구에서 폐유리를 골재로 사용할 경우 입경이 큰 폐유리의 경우 다량의 SiO_2를 함유하고 있는 재료적 특성으로 인해 알칼리-실리카반응에 의한 콘크리트의 강도 저하가 발생하였다. 이러한 폐유리의 알칼리-실리카반응에 의한 팽창은 폴리프로필렌섬유나 강섬유 등의 보강용 섬유의 첨가로 인해 억제될 수 있는 것으로 나타났다.[7-14)]

또한 폐유리를 혼입한 콘크리트의 동결융해 저항성은 폐유리의 혼입률이 증가할수록 내동해성이 감소하는 경향을 보이며, 이는 폐유리 골재와 시멘트 페이스트 사이의 부착력 저하가 원인인 것으로, 폐유리를 75 μm까지 분쇄하여 사용할 경우 부착문제가 해결되었으며, 폐유리와 플라이애시를 동시에 사용할 경우 일반 콘크리트보다 양호한 동결융해 저항성을 나타내는 것으로 알려져 있다.[7-10)]

7.6 맺음말

다양한 산업에서 폐기물로 배출되고 있는 실리카 퓸, 동 슬래그 골재, 석회석 미분말 등의 각종 산업 폐기물들은 앞서 설명한 바와 같이 경제적 · 환경적 측면에서 콘크리트에 활용되고 있으며 콘크리트의 성능 개선에도 크게 기여하고 있다. 아직까지도 유용하게 활용되지 못하고 있는 많은 산업 폐기물들을 콘크리트 산업에 효율적으로 활용하기 위한 적극적인 노력이 계속되어야 할 것이며, 이와 함께 콘크리트의 성능도 계속적으로 향상될 것으로 기대된다.

참고문헌

7-1 정재동, 콘크리트재료공학, 보성각, 2000.

7-2 한국콘크리트학회, 콘크리트 혼화재료, 2001.

7-3 이문환, 이세현, 송태협, "동 슬래그를 잔골재로 사용한 콘크리트의 물리 · 역학적 특성에 관한 연구", 한국콘크리트학회 논문집, 한국콘크리트학회, Vol. 15 No. 3, 2003, pp.361~368.

7-4 The European Cement Association, http://www.cembureau.eu/cements-low-carbon-europe. 2013.

7-5 CEMBUREAU, Cement Standards of the World 1991, CEMBUREAU, Brussels, 1991.

7-6 Ginés, O., Chimenosa, J. M., Vizcarro, A., Formosa, J., and Rosell, J. R., "Combined use of MSWI bottom ash and fly ash as aggregate in concrete formulation : Environmental and mechanical considerations", Journal of Hazardous Materials, Vol. 169, 2009, pp.643~650.

7-7 한국콘크리트학회, 최신 콘크리트 공학, 2011.

7-8 황규장, 플라이애시를 첨가한 에코 시멘트 콘크리트의 부착 특성에 관한 연구, 한양대학교 석사학위논문, 2009, pp.5~8.

7-9 FAO Statistical Database, http://faostat.fao.org.(2014.)

7-10 박승범, 정명일, 이봉춘, 이준, "폐유리를 혼입한 콘크리트의 동결융해 저항성에 관한 실험적 연구", 한국콘크리트학회 봄 학술발표회 논문집, 한국콘크리트학회, Vol. 14, No. 1, 2002, pp.593~598.

7-11 환경부, 2012년 환경백서, 2012.

7-12 조혁환, 폐유리를 이용한 자기수평 모르타르의 특성에 관한 연구, 전남대학교 석사학위논문, 2010.

7-13 배수호, 정영수, "폐유리 분말을 혼입한 유리 콘크리트의 역학적 특성에 관한 실험적 연구", 한국콘크리트학회논문집, 한국콘크리트학회, Vol. 13, No. 1, 2001, pp. 54~61.

7-14 박승범, 조청휘, 김정환, "잔골재로 폐유리를 혼합한 콘크리트의 물리적 · 화학적 특성에 관한 실험적 연구", 한국콘크리트학회논문집, 한국콘크리트학회, Vol. 13, No. 2, 2001, pp.184~191.

제3편

친환경 레디믹스트 콘크리트

제3편 머리말

한천구, 청주대학교 건축공학과 교수, cghan@cju.ac.kr

1824년 영국의 J. Aspdin이 "포틀랜드 시멘트(Portland cement)"란 표제로 특허를 얻음으로써 현대 개념의 시멘트가 개발되었고, 1855년 프랑스의 J. L. Lambot가 콘크리트에 철망을 넣은 측벽으로 보트(boat)를 만들어 파리 박람회에 출품함으로써 철근콘크리트의 효시를 이룬 이래 재료 및 구조적 측면에서 철근콘크리트는 비약적인 발전을 이룬 바 있다.

또한, 레미콘 관련 산업은 1903년 독일의 Magens에 의해 근대 레디믹스트 콘크리트 설비 형태인 배처 플랜트(batcher plant)를 고안하여 산업화의 효시를 이룬 이후 1926년 미국에서 운반 중 회전으로 엉김을 방지하거나, 혼합하는 형태의 믹서트럭(mixer truck) 개발 및 1982년 독일에서 굳지 않은 콘크리트를 파이프로 수송하여 펌프공법으로 발전시키는 등 대량 타설이 가능하게 되는 산업적 및 시공적 측면에서 비약적인 발전을 이루게 되었다.

따라서 지구상에 존재하는 크고 작은 건설물은 금속재료, 폴리머재료 등 수많은 건설재료가 개발되었음에도 불구하고 동일한 가격에 그만한 품질을 발휘하는 것은 철근콘크리트 재료 및 구조밖에 없는 것으로 귀결됨에 따라 현대 도시를 일명 회색의 콘크리트 숲이라고 표현될 정도로 대량소비 형태를 이루면서 장족의 발전을 이루게 되었다. 이렇게 됨에 따라 무한하게 느껴졌던 시멘트 원료인 석회석이나 콘크리트용 잔 · 굵은골재와 같은 골재 자원의 경우도 대량 사용에 따라 점차 고갈현상을 보이기에 이르렀다. 이에 대한 대책으로 석회석 자원은 에코시멘트, 지오폴리머 등 대책이 강구되기도 하였으나, 아직까지는 특별한 대책이 없어 보이지만, 골재 대책으로는 석산을 이용한 부순골재 이외에도 최근에는 저품질 자원의 효율적 활용 및 산업 부산물 혹은 폐기물 자원에도 관심을 돌리게 되었다.

이와 같은 문제는 특히 CO_2 발생량 증가에 따른 지구환경 파괴에 중요한 요인으로 지적되고 있는 시멘트 생산과도 연관되어 포틀랜드 시멘트에 대체하여 혼화재료로서 플라이애시 및 고로 슬래그 미분말 등 광물질 혼화재료를 다량 치환하는 방법과도 연관되어 최근에는 친환경 콘크리트라는 총체적인 관점에서 매우 중요시 부각되고 있다.

그러므로 이 편에서는 친환경 레디믹스트 콘크리트라는 주제 하에, 레디믹스트 콘크리트의 현황, 친환경 콘크리트의 배합설계, 회수수의 유효이용, 순환자원을 이용한 콘크리트의 특성, 콘크리트의 내구성 평가 및 향상 기술 등에 대하여 심도 있게 정리하였다.

제8장 레디믹스트 콘크리트의 현황

김현우, 아주산업 기술연구소 차장, wow1220@aju.co.kr

8.1 레디믹스트 콘크리트의 구성 재료

8.1.1 시멘트

콘크리트는 비교적 짧은 역사를 가지고 있지만 재료가 가진 우수한 특성으로 인하여 전 세계적으로 건설 구조물에 가장 많이 사용되고 있는 구조재료이다. 콘크리트를 구성하는 주요 원재료 중 시멘트의 경우 유럽시멘트협회(The European Cement Association)에서 발행한 "ACTIVITY REPORT 2013"에 의하면 2013년 세계 시멘트 생산량은 그림 8.1에 나타낸 바와 같이 40억 톤으로 보고되고 있다.

2013년 기준으로 주요 국가별로는 그림 8.2에 나타낸 바와 같이 중국이 58.6%로 가장 큰 비중을 차지하고 있으며, 다음은 인도로 7%를 차지하고 있는 것으로 나타나고 있다. 지역별로는 개발도상국이 다수 속해 있는 아시아, 아프리카, 독립국가연합(CIS, Commonwealth of Independent States) 등이 2001년 기준으로 지속적인 시멘트 생산량 증가를 보이고 있는데, 특히 아시아 및 아프리카의 경우 생산량이 급속도로 증가하고 있으며, 향후에도 국가 기반시설 확충의 필요성 등에 의해 지속적으로 증가할 것으로 전망되고 있기 때문에 시멘트를 주원료로 사용하고 있는 레디믹스트 콘크리트의 경우도 비례적으로 생산량이 증가할 것으로 예측된다.

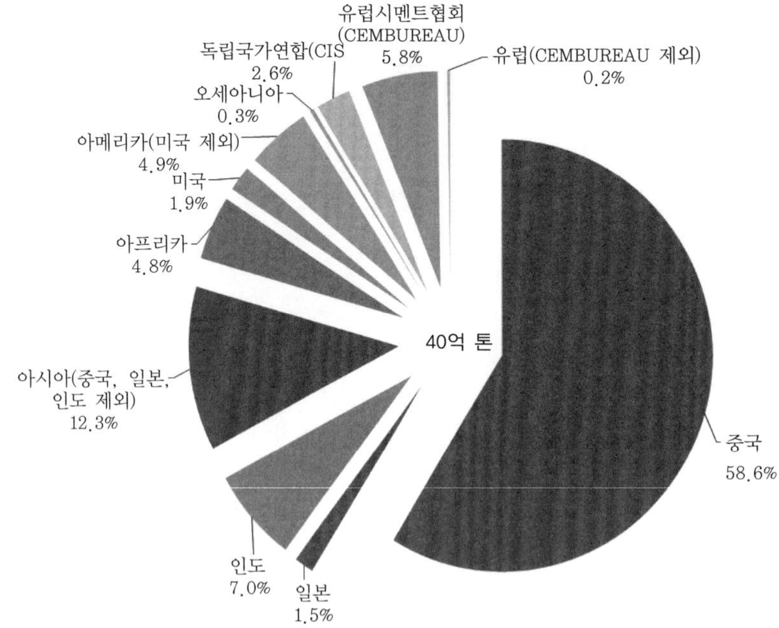

그림 8.1 2013년 세계 시멘트 생산량(지역 및 주요국가)[8-1]

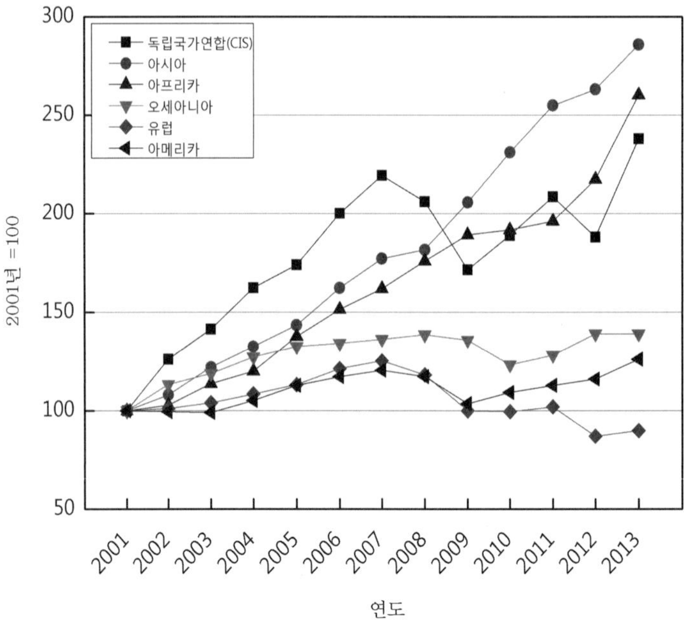

그림 8.2 세계 시멘트 생산량 변화 추이(2001년~2013년, 지역별)[8-1]

한편, 유럽시멘트협회의 경우 그림 8.3에 나타낸 바와 같이 시멘트 및 콘크리트 산업의 경제적 지표와 더불어 환경과 관련된 에너지 효율, 이산화탄소 저감 등의 지표를 주요한 요인으로 나타내고 있으며, 기후변화와 에너지에 대한 부분을 매우 중요한 이슈로 다루고 있고, 폐기물 및 에너지 재활용에서부터 자원절약형 건물에까지 폭넓은 주제를 모아 시멘트 및 콘크리트 산업에서 각각의 생애주기(Life Cycle)에 걸친 순환경제 원리의 적용을 고려하고 있다.

우리나라의 경우 2013년도 기준으로 시멘트 생산량은 약 4천7백만 톤이었으며, 레디믹스트 콘크리트 생산량은 약 1억3천8백만 m^3로 보고되고 있다.[8-2,3] 콘크리트 산업은 특성상 제조 시 대규모의 이산화탄소(CO_2)를 배출하게 되는 시멘트를 주요한 원재료로 사용하고 있고, 골재의 채취, 각종 원재료의 생산 및 운송 등으로 천연자원과 에너지를 소비하고 있으므로 지속가능한 발전을 위한 많은 관심과 노력이 필요하다.

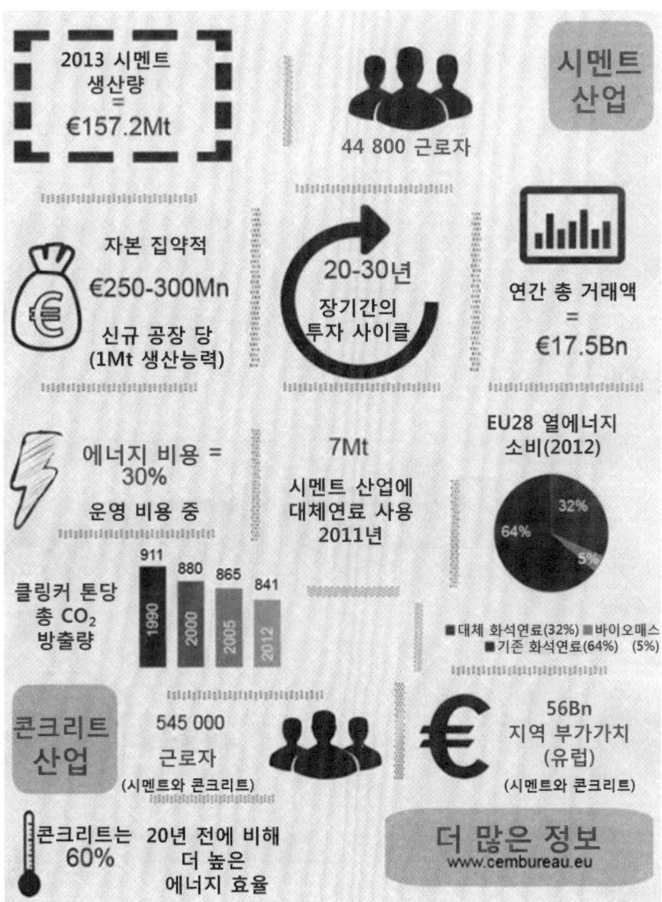

그림 8.3 유럽시멘트협회 시멘트 및 콘크리트 : 키팩터[8-5]

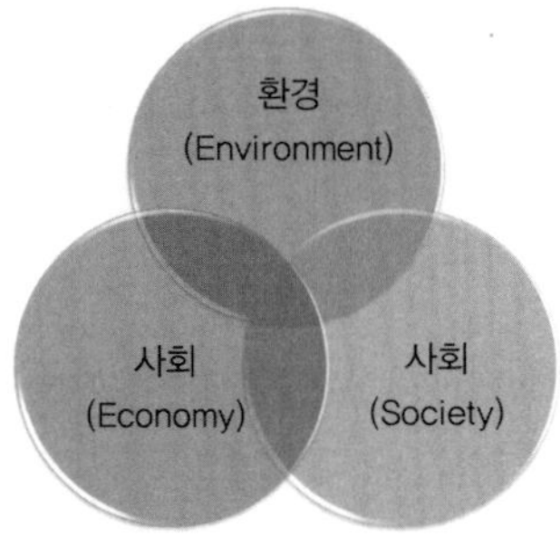

그림 8.4 지속가능한 발전의 3축[8-4)]

즉 1960년도 후반부터 시작하여 우리나라의 경제발전과 더불어 발전 일변도를 지향해왔던 콘크리트 산업에 있어서도 향후에는 산업의 발전과 자원 및 환경 보전을 동시에 추구하여야 한다. 그림 8.4는 경제적 발전-환경 보존-사회경제적 고려의 세 가지 축을 동시에 추구하는 소위 지속가능한 발전(Sustainable development)의 개념을 나타낸 것이다.[8-4)]

8.1.2 골재

콘크리트 용적의 70~80%를 차지하는 골재는 콘크리트 구성 재료 중 가장 많은 체적을 차지하고 있다. 우리나라에서는 매년 많은 양의 골재가 생산·공급되며 콘크리트용뿐만 아니라 도로 기층재, 보조 기층재, 철로 노반재, 기초 하부 다짐재 등으로 이용된다.

그림 8.5는 우리나라의 연도별 골재 공급량을 나타낸 것이다. 골재 공급량은 IMF 위기를 전환점으로 하여 지속적으로 하향세를 유지하였다. 2000년대 들어 건설경기가 점차 회복되면서 안정화 추세를 유지하였고, 2006년 최대 공급량을 기록한 이후 다시 완만한 감소 추세에 있다.

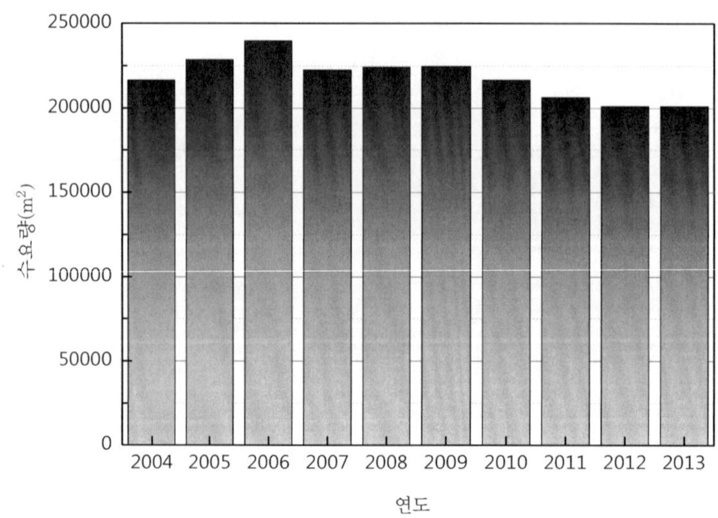

그림 8.5 국내 연도별 골재 공급량[8-6)]

그림 8.6 및 8.7은 국내의 레디믹스트 콘크리트에 사용되는 골재 공급원별 비율을 나타낸 것이다. 2000년도에 들어서면서 레디믹스트 콘크리트에 사용되는 굵은골재(자갈)는 90% 이상이 부순골재가 사용되고 있다. 강모래와 강자갈과 같은 하천 골재는 둥근 입형과 적당한 입도 때문에 콘크리트용 골재로서 이상적인 골재이나 댐 건설, 산림 녹화 등으로 골재 자원의 하천 유입이 감소되어 구성비가 계속 낮아지고 있는 실정이다.

모래의 경우는 2001년에 세척모래가 56.2%로 모래 공급의 절반을 차지하였으나 민원과 환경 등을 이유로 지자체에서 골재 채취 허가가 힘들어지고 있으며, 대신 부순모래의 증가세가 뚜렷하며 2001년 8.3%에서 2012년 30.7%까지 부순모래의 공급 비중이 늘어나면서 최근 레디믹스트 콘크리트에 공급되는 모래는 부순모래와 세척모래가 60% 이상을 차지하고 있다.

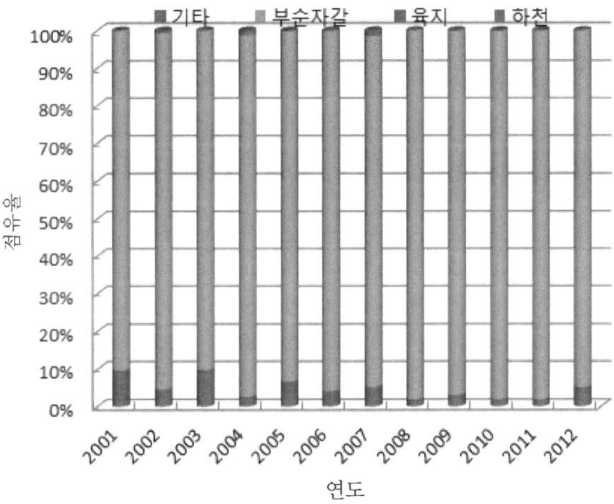

그림 8.6 국내 연도별 레디믹스트 콘크리트 골재 공급 비율(자갈)[8-6]

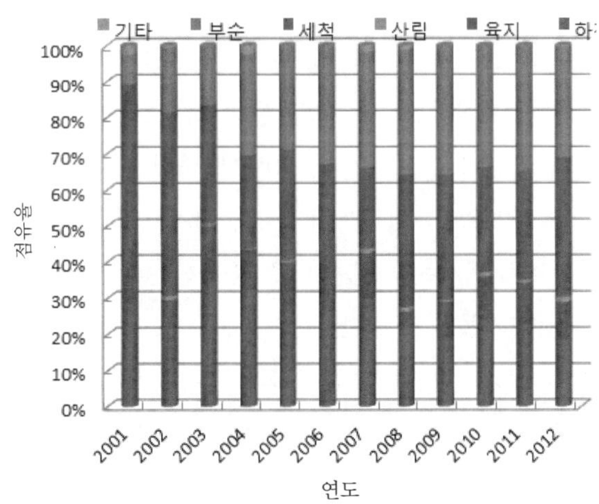

그림 8.7 국내 연도별 레디믹스트 콘크리트 골재 공급 비율(모래)[8-6]

8.2 국내외 레디믹스트 콘크리트 산업 현황

레디믹스트 콘크리트의 경우 일반적인 건설자재와 가장 큰 다른 점은 완(完)제품이 아닌 상태로 반입, 건설현장에서 타설, 적정의 양생기간을 통해 경화되어 구조물을 형성하는 반(半)제품의 특성을 가진다는 것이다. 따라서 콘크리트 시공 후 품질 책임에 대한 한계가 불분명하여 사용자와 분쟁소지가 높은 특성을 지닌 제품이다. 또한 제조 후 최대 90분 이내에 공사현장에 타설을 완료해야 하므로 재고가 불가능하여 수급의 불균형이 발생할 경우 레디믹스트 콘크리트 납품사의 경영 및 건설현장의 공기에 큰 영향을 미치게 된다.

레디믹스트 콘크리트는 가격 대비 단위질량이 크고 수송거리가 제한되기 때문에 생산공장을 중심으로 거래가 이루어지는 지역 시장의 특성을 가지므로 시장권역의 확대 등 경영 개선의 한계를 갖고 있다. 또한 레디믹스트 콘크리트 산업은 환경 요인이 품질에 미치는 영향이 크므로 우리나라와 같이 동절기, 장마철 등의 콘크리트 시공이 어려운 경우는 수요가 감소하는 반면 봄, 가을에는 수요가 급증하는 불균형을 이루게 된다. 특히 레디믹스트 콘크리트는 원자재의 품질과 원활한 조달이 품질 및 생산성에 큰 영향을 미치므로 원자재업체에 대한 의존성이 높으며, 공장에서 제조된 제품을 에지테이트 트럭 등을 이용하여 최종 사용자인 건설현장까지 운송하는 제조업과 운송업의 양면성을 지니므로 운송 능력 또한 중요한 역할을 담당하게 된다.

8.2.1 우리나라 현황

우리나라 레디믹스트 콘크리트 산업은 1965년 최초로 도입된 이래 초창기의 성장은 미미하였다. 그러나 1980년대 국내건설경기의 활성화에 힘입어 지방 중·소도시를 중심으로 본격적으로 설치되기 시작해 매년 21~30여 개의 공장이 신·증설되었으며, 80년대 후반 이후로는 정부의 200만 호 주택건설, 사회간접자본 확충 등의 특수로 인하여 신규업체의 참여가 가속화 되어 연간 100여 개의 공장이 증설되었다. 90년대 중반 국내 IMF 위기로 인한 급격한 경기침체와 건설투자가 감소되었으며, 최근까지도 건설경기는 감소추세이지만 그림 8.8과 같이 국내의 레디믹스트 콘크리트 업체는 지속적으로 증가하는 추세를 보여 2013년 전국적으로 787개 업체에 951개 공장이 가동되고 있다.[8-3)]

한편, 레디믹스트 콘크리트 소비량은 그림 8.9와 같이 1997년 IMF 지원체제하의 금융위기로 말미암아 큰 폭으로 감소해 2008년에는 9천 6백만 m^3까지 출하실적으로 보였으나, 그후 다시 증가하여 1억m^3에서 1억4천만 m^3의 범위에서 수요의 변동을 나타내고 있다. 2013년 레디믹스트 콘크리트 출하실적은 1억3천8백만 m^3로 전년 대비 7.9% 증가 추세로 나타났다.

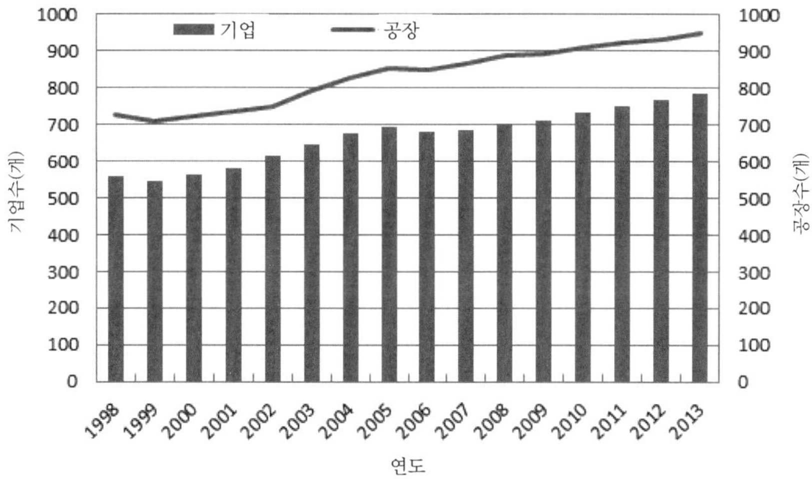

그림 8.8 국내 레디믹스트 콘크리트 기업 및 공장수[8-3)]

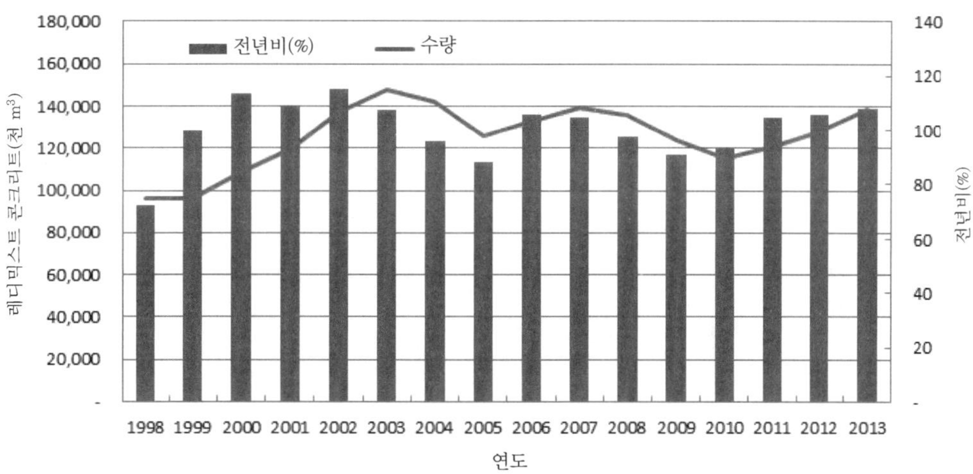

그림 8.9 국내 레디믹스트 콘크리트 수요 및 전년비[8-3)]

8.2.2 일본

일본의 레디믹스트 콘크리트 산업은 우리나라보다 15년 앞선 1949년에 레디믹스트 콘크리트 산업이 도입되었다. 제2차 세계대전 이후의 복구사업 및 경제개발을 통하여 건설산업을 활성화시켰으며, 이에 따른 레디믹스트 콘크리트 산업 역시 성장을 이룩하였고, 특히 제1차 오일쇼크 이후의 불황에서도 레디믹스트 콘크리트 공장 증설은 계속적으로 늘어나게 되었다. 그러나 최근 일본의 레디믹스트 콘크리트 산업은 그림 8.10과 같이 규모가 계속 감소하는 추세에 있다. 이러한 원인은 일본의 장기적 불황과 이로 인한 수요 감소로 원재료 가격의 상승이 원인이 되었다고 일본 레디믹스트 콘크리트 연합회는 전하고 있다. 또한 이러한 감소 추세는 2010년까지 계속되기 때문에 중장기적으로도 계속 감소될 것으로 예측된다.

일본의 레디믹스트 콘크리트 생산은 그림 8.11에 나타낸 바와 같이 2013년도에 있어서 1억 6천만 m^3이었으며, 일본의 레디믹스트 콘크리트 생산업자는 대다수가 중소기업으로 3,101개사가 운영하는 3,416개의 공장이 있다. 이런 생산업자는 레디믹스트 콘크리트 업계의 불황에 따른 대책으로 레디믹스트 콘크리트 연합회 및 각 회사, 공장들의 생산 집약화와 공동수송 등으로 현재의 불황 탈출을 모색하는 방안으로 협동조합 또는 공업조합을 결성하여 조직화를 도모하고 품질 향상, 공동판매 등의 사업을 진행하고 있다. 일본에서 레디믹스트 콘크리트 제조업자의 조직으로서 현 단위 공업조합과 지역적인 업자의 집합으로 구성된 협동조합의 2가지가 있으며, 모두 법률에 기초하여 행정관청의 허가를 얻어 설립되어 있다. 공업조합은 업계 전체의 발전 방향과 기술면의 지도사업이나 공동사업을 실시하고 있으며, 협동조합은 주로 공동판매 등의 경제행위에 관계되는 공동사업을 진행하고 있다. 공업조합, 협동조합 모두 전국의 조직을 이루고 있으며 전국 레디믹스트 콘크리트 공업조합 연합회에는 그 산하에 전국지역을 커버하는 45개 공업조합이 조직되어 있고, 2,329개사, 2,643개 공장이 조합으로 가입(조직률 77.4%)되어 있고, 전국 레디믹스트 콘크리트 협동조합 연합회에는 조합원 1,886개사, 2,130개 공장이 가입되어 있다. 즉 두 연합회는 유기적으로 연계 · 운용되고 있다.

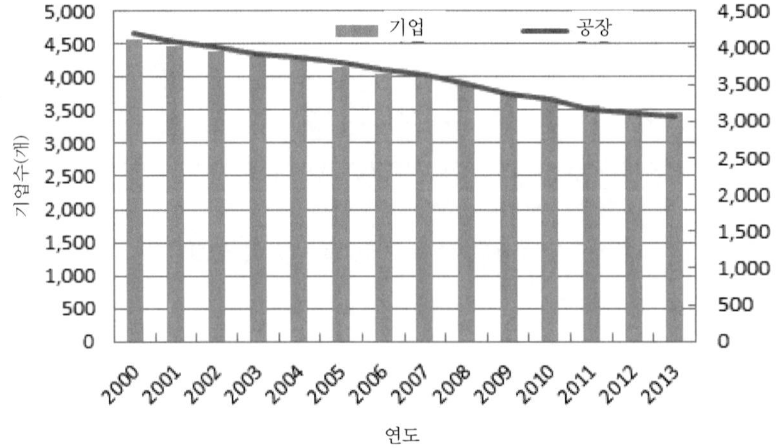

그림 8.10 일본 레디믹스트 콘크리트 기업 및 공장수[8-7)]

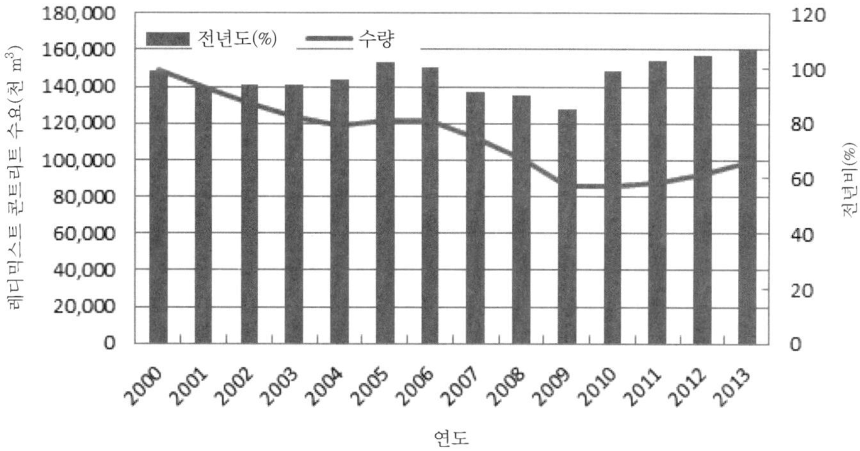

그림 8.11 일본 레디믹스트 콘크리트 수요 및 전년비[8-7]

8.2.3 미국

미국의 레디믹스트 콘크리트 산업은 그림 8.12에 나타낸 바와 같이 1960년의 경우 4,000여 개의 공장에 달하였고, 미국 내 시멘트 소비량의 약 60%를 레디믹스트 콘크리트가 차지하고 있다. 1970년에는 공장수 약 10,000개, 레디믹스트 콘크리트 연 생산량은 1억3천만 m^3, 레디믹스트 콘크리트 공장의 가동률은 64%에 달하였고 꾸준한 상승세를 보이고 있는데, 1990년대에 들어와서 1991년을 기점으로 2005년까지 가파른 상승세를 보이면서 2005년에는 3.5억 m^3의 출하량을 기록했다.

미국 내 경기침체로 인하여 2006년을 기점으로 다시 출하량이 급락하였고, 2008년 미국발 세계 금융위기가 발생하게 되면서 그 영향으로 2010년에는 1억9천6백만 m^3의 출하한 것으로 보고되고 있어 최고 출하량을 기록했던 2005년 대비 56.2%나 감소했다. 그 후 2010년을 기점으로 완만한 상승세를 보이고 있고, 2014년 3분기까지 전년 동 분기 대비 7.8%가 상승한 것으로 보고되고 있어 추후에도 완만한 상승세를 지속할 것으로 분석된다. 미국 콘크리트 공급업체의 경우 그림 8.13에 나타낸 바와 같이 2009년 960개 업체에서 2013년 1,350개 업체로 390의 업체가 증가했으며, 플랜트의 경우 2009년 이후 4,000개로 변화가 없다가 2013년도에 4,800개로 증가한 것으로 보아 점진적으로 증가할 것으로 예상된다.

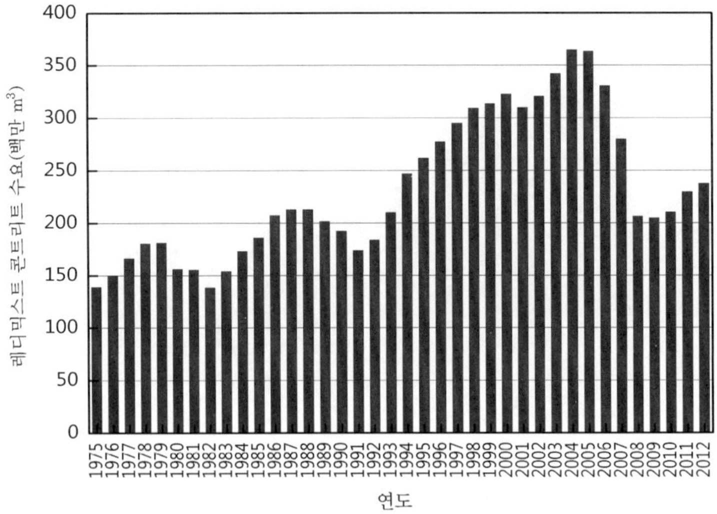

그림 8.12 미국 레디믹스트 콘크리트 수요[8-8)]

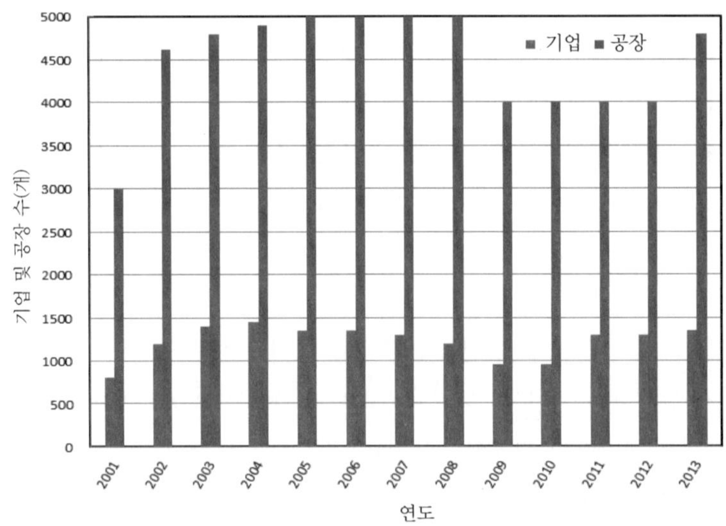

그림 8.13 미국 콘크리트 공급업체 및 플랜트 변화 추이[8-4)]

8.2.4 EU(유럽연합)

유럽 국가들의 경우 그림 8.14와 같이 터키, 스페인 및 독일을 제외한 대부분의 국가가 2000년부터 2007년까지 연도별 출하량 추이가 큰 변동 없이 지속되었다가 2008년도에 스페인, 이탈리아, 러시아 등의 국가들의 출하량이 큰 폭으로 상승하였다. 최근 5년 동안의 경향은 지속적으로 출하량이 상승하는 터키를 제외한 다수의 국가에서 유지 및 하향세를 보이는 것으로 관측되었다. EU와 ERMCO(European Ready Mixed Concrete Organization)의 콘크리트 공급업체와 플랜트를 전체적으로 합하여 살펴보면, 그림 8.15와 같이 2008년을 기점으로 공급업체와 플랜트의 수가 다소 급격하게 줄어들고 있는 것으로 집계되고 있어 지속적으로 감소하는 추세에 있는 것으로 예측된다.

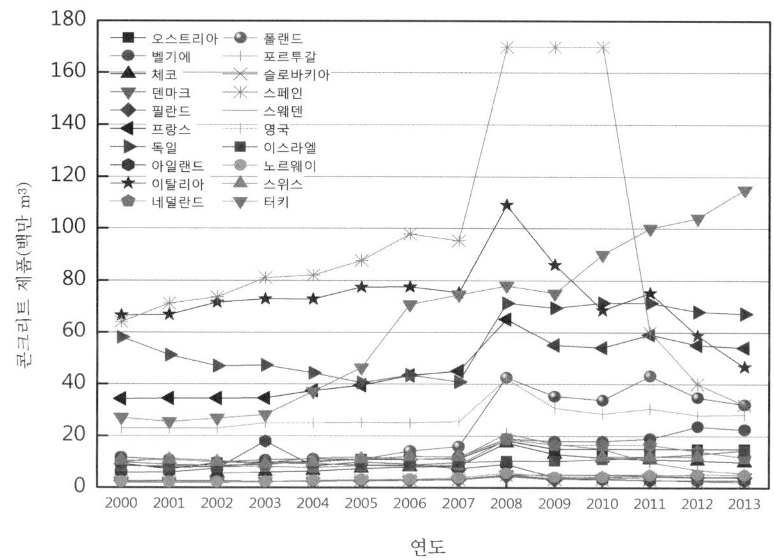

그림 8.14 유럽 국가 콘크리트 제품의 연도별 출하량[8-5]

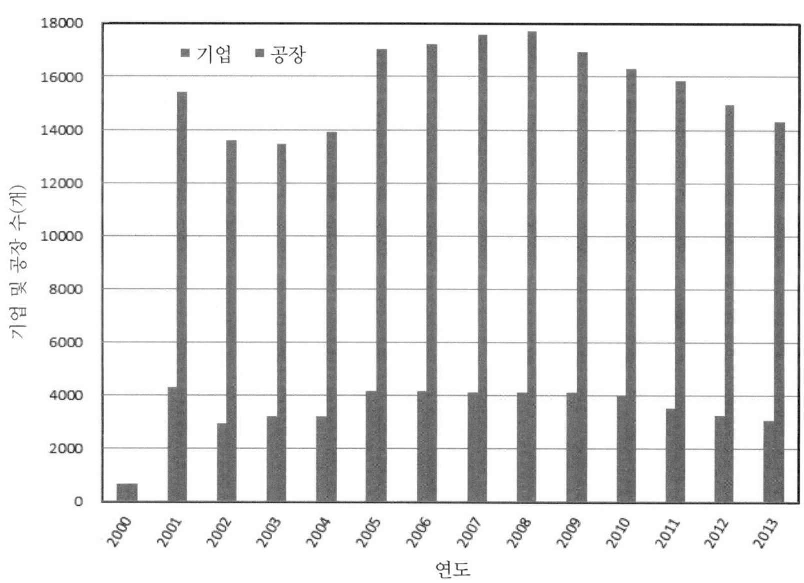

그림 8.15 유럽 레디믹스트 콘크리트 공급업체 및 플랜트 변화 추이(EU와 ERMCO의 합계)[8-5]

8.3 맺음말

콘크리트는 구성재료의 자원이 풍부하여 경제적이고, 건설 시공성 및 강도, 내구성 등 물리적인 성질이 우수하여 건설공사의 대표적인 구조재료로 사용되어 왔으나 최근 들어 자원 고갈과 환경 문제, 지속 가능성에 대한 이슈가 세계적으로 부각됨에 따라 시멘트 및 콘크리트 산업에 대한 순환경제에도 관심이 점점 높아지고 있다.

순환경제는 폐기물 및 에너지 재활용에서부터 자원절약형 건물에까지 폭넓은 주제를 가지고 접근되고 있는데, 시멘트 및 콘크리트 산업은 모두 각각의 라이프 사이클에서 폐기물의 연료화, 산업 부산물의 활용, 순환골재의 재활용 등을 통하여 순환경제의 원리가 적용되고 있지만 미래의 지구환경 보존과 자원의 순환체계 측면에서 풀어야 할 과제를 갖고 있다.

전술한 바와 같이 세계적으로 시멘트 및 콘크리트 사용량은 지역적인 차이가 존재하지만 크게 줄어들지 않고 있고, 국가에 따라 인프라 구축을 위해 지속적으로 증가하고 있으므로 콘크리트 원재료의 제조, 설계, 시공 및 유지관리 단계에서 에너지 소비문제, 산업 부산물의 처리기능 강화 등 환경부하 경감을 고려하여 보다 적극적이고, 전략적으로 기술적인 해결책을 마련할 필요가 있다.

참고문헌

8-1 The European Cement Association, "CEMBREAU Activity Report 2013", 2013, 11pp.

8-2 한국시멘트협회, "국내외 통계자료", 2014.

8-3 한국레미콘공업협회, "2013년도 레미콘 통계연보", 2014.

8-4 U.S. Green Concrete Council, "The Sustainable Concrete Guide : Strategies and Examples", 2010. 86pp.

8-5 The European Ready Mixed Concrete Organization, "ERMCO Statistics" 2001~2013.

8-6 국토해양부, "골재수급기본계획", 2014. 12.

8-7 全国生コンクリート工業組合連合会, 全国生コンクリート協同組合連合会, "全国出荷数量の推移", 2015.

8-8 National Ready Mixed Concrete Association, "U.S. Ready Mixed Concrete Production through 2013", 2014.

8-9 The European Cement Association Homepage, http://www.cembureau.eu, 2015. 06.

8-10 한국시멘트협회 홈페이지, http://www.cement.or.kr.(2015. 06.)

8-11 The European Ready Mixed Concrete Organization Homepage, http://www.ermco.eu.(2015. 06.)

8-12 全国生コンクリート工業組合連合会, 全国生コンクリート協同組合連合会 Homepage, http://www.zennama.or.jp.(2015. 06.)

8-13 National Ready Mixed Concrete Association Homepage, http://www.nrmca.org.(2015. 06.)

제9장 친환경 콘크리트의 배합설계

한천구, 청주대학교 건축공학과 교수, cghan@cju.ac.kr

9.1 친환경 배합설계의 개요

콘크리트의 배합설계란 양질의 콘크리트를 만들기 위하여 각 구성재료의 혼합비율을 결정하는 작업이다.[9-1] 그런데 여기서 말하는 양질의 콘크리트란 콘크리트의 요구 성능에 합당하는 것으로, 즉 강도, 워커빌리티, 균일성, 수밀성, 내구성 등 구조물에 필요한 요구성능을 가장 경제적인 조건에서 접근시킨 것을 말한다. 따라서 배합설계란 구조물의 요구성능에 맞는 품질을 가장 저렴한 가격으로 적합하도록 굵은골재의 최대치수, 설계기준강도, 슬럼프(slump), 시멘트의 종류, 골재의 종류 등을 구입자와 생산자가 충분히 협의한 다음 정하게 되는 일련의 과정이다.

표 9.1 친환경 배합설계의 원칙

구분	대책	방법	내용
시멘트량 축소에 의한 CO_2 배출량 감소	재료적 측면	시멘트의 고도화	◦ 고분말도화 ◦ 고강도화
		혼화재 치환	◦ 포졸란물질 치환(천연 및 인공포졸란) ◦ 잠재수경성 반응물질 치환 (고로 슬래그 미분말) ◦ 석회석 미분말 등 기타
	배합적 측면	단위 시멘트량 (단위수량) 축소	◦ 양질의 원재료 사용 ◦ 낮은 슬럼프 콘크리트의 기계화 시공 ◦ SP제 등 혼화제 이용
순환자원의 유효 활용	재료적 측면	시멘트	◦ 에코 시멘트 ◦ 석회석 미분말 시멘트 등
		골재	◦ 저품질 골재 혼합 활용 ◦ 슬래그 골재 활용 ◦ 순환골재 활용 등
		물	◦ 회수수 활용

단, 레디믹스트 콘크리트(이하 레미콘)인 경우는 KS F 4009의 콘크리트 종류에 해당하는 품질, 그에 따르는 시멘트, 골재, 혼화재료 및 물 등 각 재료에 대한 적절한 혼합비율을 결정하게 된다. 여기서 특히 친환경 콘크리트의 배합설계란 시멘트량 축소에 의한 CO_2 배출량 감소와 순환자원의 유효활용으로 구분할 수 있는데, 그 내용을 정리하면 표 9.1과 같다.[9-2)]

9.2 배합설계의 순서

일반적인 배합설계 순서는 표현하는 방법에 따라 약간씩 다르지만 근본적인 것은 동일한 의미를 갖는다. 따라서 전반적인 친환경 배합설계의 흐름도 및 순서는 그림 9.1과 같다.

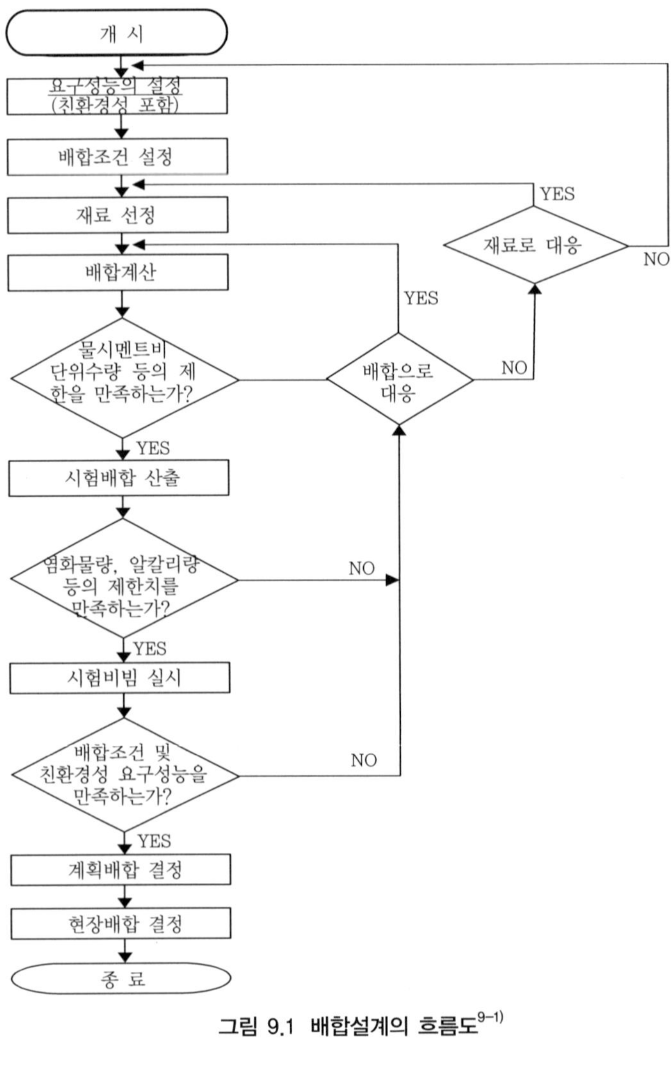

그림 9.1 배합설계의 흐름도[9-1)]

9.3 배합설계 방법

9.3.1 요구성능의 설정

콘크리트 배합설계를 진행함에 있어 콘크리트의 요구성능은 주로 시공성, 강도, 내구성, 화재시 안전성 및 CO_2 배출량 감소 등 환경배려에 따른 친환경성이 된다. 그런데 이들 요구성능의 설정은 목적으로 하는 콘크리트가 사용되는 구조물이나 부재의 용도, 규모, 구조특성, 환경조건 및 사용할 수 있는 재료의 품질, 적용할 수 있는 시공방법, 기대할 수 있는 시공관리의 정밀도, 시공시 예상되는 기상조건, 공사기간 등을 고려하여 배합설계의 목표치로 설계를 진행하기 전에 제시되는데, 이에 부응하여 배합조건이 설정된다. 특히, 친환경성과 관련하여서는 자원 절약성, 에너지 절약성, 환경부하 물질 배출 저감성 및 장수명성을 고려하여 목표를 정하게 되는데, 저탄소 콘크리트를 추진할 경우에는「환경부하 물질 배출 저감성」의 항목에 콘크리트의 CO_2 배출량 상한치를 정하면 된다.

단, 레디믹스트 콘크리트 공장에서 실시하는 배합설계의 경우는 특수요구에 따른 특주품인 경우는 상기에 따르겠지만, 표준품인 경우는 표 9.2와 같이 KS F 4009[9-3]의 레미콘 종류 표에 맞추어 중량 및 용도에 따른 콘크리트의 종류, 굵은골재의 최대치수별로 나눈 다음, 호칭강도와 슬럼프로 조합된 ○표 부분을 배합설계하는 것을 목표로 하여 요구성능에 따라 배합이 설정된다.

9.3.2 배합조건의 설정

일반적으로 배합조건은 설계기준강도 혹은 호칭강도보다 할증된 배합강도와 운반거리 · 운반장비 등에 의한 슬럼프 손실(slump loss)과 공기량 손실(air loss)을 감안한 목표 슬럼프 및 공기량으로 정하고, 경량 콘크리트인 경우에는 단위용적질량, 한중 및 서중 콘크리트인 경우에는 콘크리트 온도가 추가된다.

또한 콘크리트표준시방서에는 상기 이외에도 내구성 및 기타 성능을 확보하기 위하여 슬럼프, 공기량, 물시멘트비, 단위수량, 단위시멘트량, 염화물량, 콘크리트 온도 등에 대하여 규정치가 설정되어 있으며, 필요에 따라 이들 값을 배합조건으로 설정한다. 배합설계 시 중요한 것은 배합조건의 대상을 운반된 콘크리트보다도 구조체 콘크리트에 두어야 함에 특히 유의하여야 한다.

표 9.2 레디믹스트 콘크리트의 종류[9-3)]

콘크리트의 종류	굵은골재의 최대치수 (mm)	슬럼프 또는 슬럼프 플로 (mm)	호칭강도 MPa (=N/mm²)												
			18	21	24	27	30	35	40	45	50	55	60	휨 4.0	휨 4.5
보 통 콘크리트	20, 25	80, 120, 150, 180	○	○	○	○	○	○	–	–	–	–	–	–	–
		210	–	○	○	○	○	○	–	–	–	–	–	–	–
		500*, 600*	–	–	–	○	○	○							
	40	50, 80, 120, 150	○	○	○	○	○	○	–	–	–	–	–	–	–
경 량 콘크리트	15, 20	80, 120, 150, 180, 210	○	○	○	○	○	○	○	–	–	–	–	–	–
포 장 콘크리트	20, 25, 40	25, 65	–	–	–	–	–	–	–	–	–	–	–	○	○
고강도 콘크리트	15, 20, 25	120, 150, 180, 210	–	–	–	–	–	–	○	○	○	–	–	–	–
		500*, 600*, 700*	–	–	–	–	–	–	○	○	○	○	○	–	–

* 슬럼프 플로값을 의미한다.

9.3.3 재료의 선정

콘크리트에 이용되는 재료 선정은 매우 중요한 일로서 친환경 배합설계의 성패가 달려 있다고 해도 과언이 아닐 것이다. 그런데 친환경성과 관련한 재료 선정에서 장수명성을 목표로 할 경우에 이상적인 재료와 자원절약성을 목표로 할 경우에 이상적인 재료 간에는 상반되는 경우도 있다.

일례로 장수명성과 관련한 중성화 저항성 관점에서는 플라이애시나 고로 슬래그 미분말 등 광물질 혼화재를 포함하지 않는 쪽이 유리하지만, 반대로 자원절약성이나 환경부하물질 배출저감성 측면에서는 가능한 광물질 혼화재를 많이 사용하는 쪽이 유리하다. 따라서 이와 같이 서로 상반되는 경우에는 장수명성과 관련한 내용년수 몇 년과 같이 중요시되는 항목의 기본 조건을 먼저 설정하고, 여기에 따라 기타 자원절약성이나 환경부하물질 배출저감성을 고려하는 방향으로 재료의 선정, 혼입률의 한계치를 결정한다.

기타 재료 선정에 있어 골재에 관한 것은 이전과 달리 자유롭게 선정할 수 있는 경우는 적어졌고, 주어진 재료를 최대한 활용할 수밖에 없는 경우가 많아 어려움이 있으나 구체적인 각 재료의 선정과 관련한 체크 포인트는 다음과 같다.

가. 시멘트의 선정

시멘트 선정은 각종 시멘트의 종류별 특성 및 용도를 참고하여 결정한다. 즉 일반적인 조건에서의 보통 포틀랜드 시멘트에 비하여 조기강도를 요구하는 경우나 한중시공의 경우에는 조강 포틀랜드 시멘트, 매스 콘크리트나 서중 콘크리트의 경우에는 중용열 및 저열 포틀랜드 시멘트 및 해안 지방 등에서는 내황산염 포틀랜드 시멘트를 사용하면 바람직하다. 특히 친환경 재료인 고로 슬래그, 플라이애시, 포졸란 등 혼합 시멘트의 경우는 발열량 억제와 경제성 및 워커빌리티 개선면에서 효과가 있는 반면에 강도발현이 늦고, 중성화 속도가 빠르다는 문제점도 있으므로 초기양생에 충분히 유의하고, 중성화에 대한 대책도 고려해야만 한다.

나. 골재의 선정

콘크리트 중 골재가 차지하는 용적은 전 콘크리트량의 70~80%로서 단위 무게당 가격은 저렴하지만 막대한 양이 소요되므로 운반비에 제약을 받는다. 그러므로 대도시의 경우 상당히 먼 곳에서 반입하는 예도 있지만, 일반적으로는 주변 지역의 조달이 가능한 재료 중에서 선정한다. 또한 콘크리트 중 골재는 콘크리트의 워커빌리티, 강도 및 내구성에 중요한 영향을 미친다. 특히, 최근의 경우 양호한 품질을 나타내는 천연 강골재 자원은 고갈상태에 이르고 있으므로 육지골재, 산골재, 바다골재, 쇄석골재와 친환경 측면에서 천연 · 인공의 경량골재 및 산업 부산물인 슬래그골재, 순환골재와 각종 골재를 혼합한 혼합골재 등 다양한 면을 보이고 있으므로 각 골재별로 품질규격을 철저히 준수한 것에 대하여 사용을 검토하여야 한다.

다. 혼화재료

혼화재료는 콘크리트의 친환경 고려, 경제성 성취 및 특수 성질을 개량할 목적으로 시멘트 및 물에 대체하여 사용하는 재료로서 그 사용량이 비교적 다량인 것을 혼화재, 약품적으로 소량 사용하는 것을 혼화제라 한다. 먼저 혼화재의 종류로는 천연 포졸란류 외에 플라이애시 등 인공 포졸란 및 고로 슬래그 미분말의 잠재수경성 물질이 주로 이용되고, 기타로 고강도용 실리카 퓸, 카본블랙 등 착색재 및 팽창재 등도 있다. 혼화재의 효과에 관한 공통적인 사항으로는 콘크리트의 수화열 저감, 워커빌리티 증진, 장기강도 증진, 알칼리골재반응 억제, 팽창재의 수축균열 방지 및 CO_2 절감효과 등 특별히 요구하는 목적에 맞게 사용하게 된다.

화학혼화제로는 AE제, AE 감수제 외에 고성능 감수제, 고성능 AE 감수제 및 기타 방청제, 방동제, 방수제, 백화방지제, 착색제 등이 있다. 특히 화학혼화제 중에서 AE제는 내동해성과 연관하여 그 중요성이 강조된다. 고강도 콘크리트의 경우는 AE제와 함께 고성능 감수제가 이용되는데, 고성능 감수제의 경우는 나프탈렌계, 멜라민계, 폴리칼본산계, 아미노설폰산계, 방향족계 등이 있고, 형태에 따라 표준형, 지연형, 촉진형 등이 있으며, 또한 동일한 주성분 및 동일 형태일지라도 제조회사, 제조시기 및 취급 여하에 따라 많은 품질 차이가 있을 수 있으므로 심도 있는 검토가 요구된다. 또한 혼화제는 첨가량, 첨가 순서, 비빔시간, 첨가시기 및 온도 등의 영향이 크고, 시멘트의 종류, 단위시멘트량 등과도 영향이 크므로 효과적인 선택을 위해서는 각 시공 조건마다 충분히 검토할 필요가 있다.

라. 물

양호한 품질의 콘크리트를 제조하기 위한 물은 상수도수, 공업용수, 지하수 및 하천수 등으로 음료가 가능할 정도의 깨끗한 물을 사용하는 것이 가장 바람직하고, 회수수인 경우는 KS F 4009[9-3]의 규정에 적합한 것을 사용한다.

9.3.4 계획배합의 설정 및 결정

계획배합 설정 및 결정은 요구성능의 설정으로부터 배합조건 설정 및 재료 선정을 거쳐 배합조건으로 필요한 물시멘트비, 굵은골재 최대치수, 슬럼프, 단위수량, 잔골재율(혹은 단위 굵은골재 용적) 및 혼화제의 양을 설정한 다음, 시험비빔을 거쳐 확정된 계획배합을 결정하는 과정으로서 그 세부적인 내용은 다음과 같다.

가. 물시멘트비의 결정

물시멘트비는 물과 시멘트의 질량백분율로 물시멘트비의 최대 영향인자는 압축강도이고, 내구성, 수밀성 등과도 연관되는데, 콘크리트표준시방서에는 물시멘트비의 최대치 규정도 있다. 이 절에서는 주로 배합강도와 연관된 친환경 보통 콘크리트의 물시멘트비 결정에 대해서만 고찰한다.

1) 배합강도 결정

구조체 콘크리트의 배합강도는 각 콘크리트의 생산공장 및 시공현장마다 설계기준강도가 다르고, 거푸집의 형상, 크기, 환경 등의 양생조건도 다르며, 현장에서 요구하는 콘크리트의 특성 또한 각각 달라 배합설계 시 구조체가 양호한 품질을 확보하기 위하여 명확한 규정이 있

어야 한다.[9-4)]

구조체 콘크리트의 강도는 임의의 재령에서 구조체가 발현하는 압축강도를 말하는 것으로, 구조설계시 구조물이 사용되는 기간 동안에 설계기준 강도를 확보해야만 한다.

철근콘크리트 구조물의 구조체 관리용 공시체는 현장수중양생이나 봉함양생을 실시하여 재령 28일 혹은 목표한 재령에서 압축강도를 측정함으로써 품질을 관리해야 한다.

그림 9.2는 KS F 4009의 규정을 만족시키기 위한 정규분포상의 배합강도, 호칭강도, 허용최소한계강도 등을 의미하는 것이다.

콘크리트 표준시방서의 규정에서는 설계기준강도 35 MPa를 기준으로 그 이하의 경우는 식 (9.1) 및 (9.2), 그 값을 초과하는 경우에는 식 (9.3) 및 (9.4) 중 큰 값으로 정하도록 규정하고 있다.

① f_{ck}가 35 MPa 이하인 경우

$$f_{cr} \geqq f_{ck} + 1.34s\,(\text{MPa}) \tag{9.1}$$

$$f_{cr} \geqq (f_{ck} - 3.5) + 2.33s\,(\text{MPa}) \tag{9.2}$$

② f_{ck}가 35 MPa 초과인 경우

$$f_{cr} \geqq f_{ck} + 1.34s\,(\text{MPa}) \tag{9.3}$$

$$f_{cr} \geqq 0.9f_{ck} + 2.33s\,(\text{MPa}) \tag{9.4}$$

참고로 표준편차의 경우는 모든 측정치들이 평균에서 전체적으로 얼마만큼 벗어나 있는가를 나타내는 산포도의 값으로서, 즉 표준편차는 평균으로부터 벗어난 거리의 평균치를 말하게 된다.

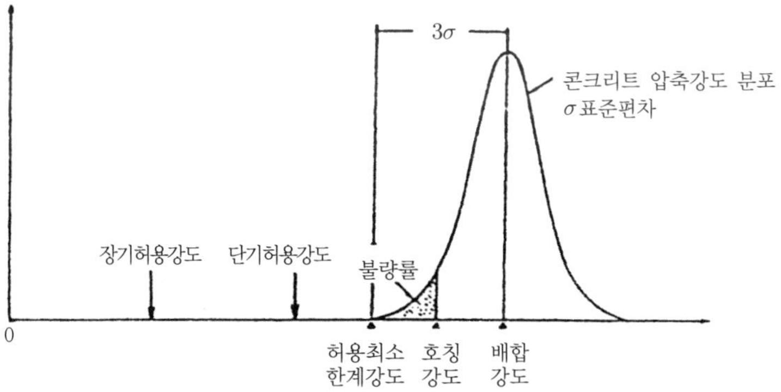

그림 9.2 배합강도의 의미[9-1)]

따라서 실무에서는 많은 데이터를 통계 관련 프로그램 혹은 전자계산기를 이용하여 구할 수 있지만 처음 설치하는 배처플랜트와 같은 경우에는 데이터 수가 많지 않거나 없을 수도 있음에 이 경우는 콘크리트표준시방서(2.4.2 배합강도)의 규정을 참조한다.

2) 물시멘트비 선정

물시멘트비 선정에 대한 콘크리트표준시방서의 규정 방법으로는 실제로 사용할 콘크리트와 거의 동일한 재료를 사용하여 소정의 슬럼프, 공기량이 얻어질 수 있는 콘크리트에 대하여 물시멘트비와 콘크리트 강도와의 관계를 시험비빔에 의하여 구하고 배합강도에 알맞게 물시멘트비를 정하도록 되어 있다. 즉 이때 시험비빔으로부터 얻은 데이터는 $f_{cr} = ax + b$(여기서, x는 시멘트물비이고 a, b는 최소자승법에 의하여 정해지는 상수)로부터 구하게 되는데, 단위수량이나 잔골재율의 변화로 인한 영향은 고려하지 않는 것이 일반적이다. 최소자승법에 의하여 상수 a, b를 구하는 요령은 컴퓨터 프로그램을 활용한다.

나. 굵은골재의 최대치수 및 슬럼프치 결정

콘크리트 표준시방서에 규정되어 있는 굵은골재의 최대치수는 표 9.3과 같고, 슬럼프치는 표 9.4를 참조한다.

다. 단위수량 결정

단위수량은 내구성, 수밀성 외에 슬럼프 등 유동성에 지배적인 영향을 미친다. 단위수량에 관한 콘크리트표준시방서의 규정은 요구하는 콘크리트의 품질이 얻어질 수 있는 범위 내에서 가능한 한 작게 시험비빔에 의하여 정하는 것으로 되어 있다.

표 9.3 굵은골재의 최대치수 규정[9-4)]

구조물의 종류	굵은골재의 최대치수(mm)
일반의 경우	20 또는 25
단면이 큰 경우	40
무근콘크리트	40 부재치수의 1/4를 초과해서는 안 됨

표 9.4 슬럼프의 최대치[9-4)]

구조물의 종류	슬럼프의 최대치(cm)	비 고
매시브한 콘크리트 (큰 교각, 큰 기초 따위)	5	
어느 정도 매시브한 콘크리트 (교각, 두꺼운 벽, 기초, 큰 아치 따위)	7.7	
두꺼운 슬래브	5	
슬래브, 보, 벽, 기둥	7.5~15	진동기 사용시
기초	5~12.5	
케이슨, 지하	2.5~10	

배합비별 단위수량의 변화 경향은 슬럼프가 동일한 경우에는 일반적으로 사용되는 물시멘트비 범위에서 물시멘트비가 약간 변해도 단위수량은 거의 변하지 않는다. 이를 '단위수량 일정의 법칙'이라 하는데 물시멘트비를 소폭 변화시키면서 시험비빔을 정하는 경우에 이를 이용하면 매우 편리해진다. 실무의 배합설계에서 단위수량 결정은 기존에 실시된 참고배합표 등 자료를 참고하고 후술하는 잔골재율, 혼화제량의 결정과 동시에 실제적인 시험비빔을 실시하면서 배합조건 설정과 연관시켜 최적치를 찾아내게 된다. 물시멘트비(x)와 단위수량(W)이 결정되면 단위시멘트량(C)은 식 (9.5)에 따라 계산된다. 물론 이 경우 시방서상 각종 특수 콘크리트의 단위시멘트량 최소치 및 최대치는 만족되어야 하고, 만약 만족시키지 못하는 경우에는 단위수량 또는 물시멘트비를 수정해야 한다.

$$C = W/(x/100) \tag{9.5}$$

라. 잔골재율(S/a)의 결정(단위 굵은골재량의 결정)

잔골재율의 최대 영향인자는 재료분리에 따른 저항성과 관련한 점성 문제와 배합의 경제성에 관계한다. 일반적으로 잔골재율을 증가시키면 점성의 증가로 슬럼프가 저하하여 단위수량을 증가시켜야 하는데, 그렇게 되면 단위시멘트량도 같이 증가하여 결국 비경제적이면서도 저품질(건조수축이 크고, 탄성계수가 작고, 수화열이 많고 등)인 배합이 된다. 그러므로 콘크리트표준시방서는 요구하는 콘크리트 품질이 얻어질 수 있는 범위 내에서 단위수량이 최소가 되도록 시험비빔으로 가능한 한 잔골재율을 작게 정하는 것을 규정하고 있다.

시험비빔 시 잔골재율을 낮추는 한도는 여러 가지 방법이 있지만 일반적으로는 슬럼프 시험 시 콘크리트의 흘러내린 모양, 점성, 굵은골재의 노출상태 및 된비빔 콘크리트의 경우는 탬핑에 의한 변형상황을 관찰하고, 마지막 단계에서 쇠흙손으로 문질러 보아 마감성까지도 검토하면 좋은데, 이 경우의 최종결정은 숙련된 기술자의 감각에 의존하게 된다.

마. 혼화제량의 결정

내동해성 향상을 위하여 AE제의 사용이 필요하고, 단위수량 감소, 유동성 증진 및 경제성 목적상 감수제 및 유동화제의 사용도 검토되는데, 복합적인 효과를 위하여 AE 감수제, 고성능 AE 감수제, 분리저감형 유동화제 등도 이용된다.

계획배합 설정단계에서 혼화제의 종류, 콘크리트의 배합조건, 온도, 운반시간 등에 따라서도 다르므로 이를 모두 고려해야 한다. 특히 과잉 사용은 콘크리트의 응결지연, 강도저하 등 부작용을 일으키므로 이 부분에 대하여도 충분히 주의하며, 경제성 면에서도 신중히 검토할 필요가 있는데, 무엇보다도 중요한 것은 단위수량, 잔골재율 결정과 같이 시험비빔으로 결정해야 한다. 결정된 결과는 단위시멘트량에 대한 % 혹은 kg/m^3, ℓ/m^3로 표시하는데, 일반적으로 결정된 혼화제량은 매우 소량이므로 배합계산 시 무시되는 경우가 많다.

바. 배합설계 결과의 재검토

계획배합을 결정함에 앞서 최종적으로 탄성계수, 단위용적질량, 염화물이온량, 건조수축률, 단열온도 상승량, 알칼리총량, 크리프계수 및 친환경성 등과 관계있는 목표성능을 만족하는지에 대하여 재확인하고, 성능이 만족스럽지 못하면 재검토하여 재료, 배합, 기타 필요한 사항을 목표 품질에 적당하도록 변경한 다음 시험비빔을 다시 실시하여 최종배합을 확정짓는다. 특히, 친환경성과 관련해서는 자원절약성, 에너지절약성, 환경부하물질 배출저감성 및 장수명성을 목표치와 비교하여 검토하게 된다. 일례로 환경부하물질 배출저감성과 관련하여 CO_2 배출량에 목표치가 정해져 있다면 국가 LCI(life cycle inventory) 데이터 베이스를 참조하여 CO_2 배출저감 목표에 합당한 총 CO_2 배출량이 만족되는지 확인하게 된다(부록 1 참고).

사. 계획배합의 표시

상기의 여러 단계를 거쳐 제반 조건을 만족하는 배합조건이 결정되면 이를 표로 작성하여 계획배합표로 관리한다. 이때의 정리 서식은 일반적으로 콘크리트표준시방서의 경우는 표 9.5와 같다.

표 9.5 콘크리트표준시방서의 경우 계획배합의 표시방법[9-4)]

굵은골재 최대치수 (mm)	슬럼프[1)] (mm)	물/시멘트비[2)] (W/C) (%)	공기량 범위 (%)	잔골재율[3)] S/a(%)	단위량(kg/m³)						
					물(W)	시멘트 (C)	혼화재[4)] (F)	잔골재 (S)	굵은골재 (G)		혼화제[5)]
									mm~mm	mm~mm	

주 1) 슬럼프(mm) 또는 슬럼프 플로(mm)
2) 포졸란반응이나 잠재수경성을 가진 혼화재를 사용할 때, 물-시멘트비는 물결합재비로 된다.
3) 잔골재율(S/a) (%) 대신 단위굵은골재 용적으로 나타낼 수 있다.
4) 동일 종류의 재료를 복수 종류로 이용할 때에는 각각의 란을 나누어 표시한다.
5) 혼화제의 사용량은 ml/m³ 또는 g/m³로 나타내고, 묽게 한다든지 녹인다든지 하지 않은 것을 나타내는 것으로 한다.

9.3.5 현장배합의 설정

가. 골재입도에 의한 조정

계획배합(시방배합)을 실제의 골재조건에 따라 레미콘으로 생산할 때, 잔·굵은골재 간에 각 입도에 따른 보정으로서 잔골재 안에 5 mm 이상이 $a\%$, 굵은골재 안에 5 mm 이하가 $b\%$ 들어 있고, 계획배합의 잔골재량을 S, 굵은골재량을 G라 하면 콘크리트 1 m³ 배합의 잔골재량 S'와 굵은골재량 G'는 다음과 같이 계산된다.

$$S' + G' = S + G$$

$$aS' + (100 - b)G' = 100G \quad ①$$

$$bG' + (100 - a)S' = 100S \quad ②$$

①, ②를 연립방정식으로 풀이하면

$$S' = 100S - b(S+G)/100 - (a+b) \quad (9.6)$$

$$G' = 100G - a(S+G)/100 - (a+b) = S + G - S' \quad (9.7)$$

로부터 계량해야 하는 S' 및 G'가 구해진다.

나. 골재 표면수에 의한 조정

현장골재를 시험한 결과 잔골재의 표면수량이 $a'\%$, 굵은골재의 표면수량이 $b'\%$일 때 계량해야 할 현장의 잔골재량 S'', 굵은골재량 G'' 및 단위수량 W'는 다음 식 (9.8)~(9.10)과 같이 구해진다.

$$S'' = S' / (100 - a') \times 100 \quad (9.8)$$

$$G'' = G' / (100 - b') \times 100 \quad (9.9)$$

$$W' = W - S'' \times (a'/100) - G'' \times (b'/100) \quad (9.10)$$

9.4 순환자원을 이용한 콘크리트의 배합설계

친환경 콘크리트의 배합설계와 관련하여 시멘트량 축소에 의한 CO_2 배출량 감소 및 순환자원의 유효이용[9-2]에 대하여 표 9.1에 언급한바 있다. 기본적으로는 9.2 및 9.3절의 배합설계 순서 및 방법을 고려할 때 이를 참조하면 가능할 수 있지만, 이 절에서는 특히 산업부산물 혹은 순환골재를 재활용하여 콘크리트를 배합설계할 때, 광물질 혼화재 치환 콘크리트와 산업부산물 골재 사용 콘크리트로 분류하여 특별히 고려해야 할 사항에 대하여 기술한다.

9.4.1 플라이애시

가. 플라이애시의 개요

플라이애시는 석탄화력 발전소의 연소가스를 집진한 재(灰)를 말한다. 플라이애시를 보통 포틀랜드 시멘트와 혼합하여 사용하게 되면 플라이애시 시멘트(KS L 5211)[9-5]가 되고, 플라이애시 자체를 레미콘 제조시 분체로서 투입하게 되면 광물질 혼화재로서 플라이애시(KS L 5405)[9-6]가 된다.

나. 플라이애시 치환 콘크리트의 배합설계

보통 콘크리트에서 보통 포틀랜드 시멘트 대신 플라이애시를 치환하면 유동성 개선, 수화열 감소, 장기강도 증진, 환경부하 저감, 경제성 등의 이점이 있으나 응결시간 지연, 초기강도 부족, 미연소 탄소분의 AE제 흡착작용에 따른 연행공기량 감소(동해 우려) 및 중성화 문제(수명단축) 등 심도 있게 고려하고 검토해야 할 사항도 존재한다.

따라서 배합설계에는 28일 강도에 합당한 W/C의 결정으로는 치환율에 상응한 C/W과 압축강도의 관계로부터 배합강도에 합당한 W/C를 결정하게 되는데, 일반적으로 플라이애시의 치환율이 증가할수록 W/C가 낮게 결정된다. 또한, 플라이애시를 사용하면 유동성이 증가하므로 단위수량을 작게 할 수 있고, 미연소 탄소분량이 많을 경우는 AE제 사용량을 늘려 주어야 하며, 밀도가 낮아 분체 체적이 많아진 부분은 콘크리트의 미립자 보충으로 점성 증가에 기여하므로 배합설계상으로는 S/a를 낮게 보정해 주어야 한다.

내구성과 관련한 배합설계에서는 치환율이 높아질수록 염해, 알칼리골재반응, 황산염침투 저항성은 양호해지지만 중성화 속도가 빨라져 문제가 될 수 있기 때문에 이 부분은 방청재 사용 등 배합적인 고려 외에 사용 환경의 고려, 피복두께 증가, 마감방법 재고 등 특별한 고려가 요구된다.

9.4.2 고로 슬래그

가. 고로 슬래그의 개요

고로 슬래그란 철을 생산하는 용광로 속에서 철광석 중 암석성분이 녹아 쇳물 위에 떠있는 것을 배출하여 냉각시킨 것이다. 이때 냉각방법으로 서서히 냉각시켜 큰 덩어리로 만들면 서냉 슬래그가 되어 고로 슬래그 잔골재 및 굵은골재의 원료가 되는 반면, 물을 뿌려 급냉시키면 모래입자 크기로 분쇄되어 수쇄 슬래그가 되는데, 이를 포틀랜드 시멘트 클링커와 함께 분쇄하면 KS L 5210[9-7]의 고로 슬래그 시멘트가 되고, 수쇄 슬래그만을 분쇄하면 KS F 2563[9-8]의 고로 슬래그 미분말이 된다.

나. 고로 슬래그 미분말 치환 콘크리트의 배합설계

고로 슬래그 미분말을 콘크리트에 활용하게 되면 장기강도의 증진, 수밀성 향상, 수화열 억제, 화학적 저항성 향상 및 경제성 증진 등의 측면에서 긍정적인 효과가 크지만, 건조수축 증가, 초기강도 감소 및 중성화 문제 등이 단점으로 지적되므로 이에 대한 고려 혹은 대책이 요구된다. 따라서 배합설계에는 특히 저온 시 초기강도가 부족한 문제를 해결하기 위하여 W/C를 낮추는 배합을 고려하게 된다. 플라이애시 치환 콘크리트도 마찬가지이지만, 고로 슬래그 미분말 치환 콘크리트의 저온 시 강도 부족 문제를 해결하기 위하여 건축공사표준시방서에서는 레미콘 호칭강도를 주문할 때 설계기준강도에 기온보정강도를 더한 값으로 주문하도록 규정하고 있는 것이다.

또한, 고로 슬래그 미분말을 사용할 경우 플라이애시와 마찬가지로 유동성 증가, 공기량 감소현상이 나타남에 따라 배합적으로도 단위수량 감소, AE제량 증가 및 S/a 감소가 요구되는데, 플라이애시보다는 소폭으로 고려하게 된다. 내구성과 관련하여 모든 고려사항은 플라이애시와 유사하다.

9.4.3 실리카 퓸

가. 실리카 퓸의 개요

실리카 퓸(silica fume)이란 금속 실리콘, 페로 실리콘을 아크식 전기로에서 생산할 때 발생하는 배기가스로부터 포집된 초미립자(시멘트 입자 크기의 1/50~1/100 정도)로서 비결정질의 SiO_2를 주성분으로 하는 것이다. 콘크리트에 사용된 것은 1950년대 노르웨이에서 혼화재로 연구된 것이 최초이지만, 1970~80년대에 걸쳐 각국에서 연구 및 실용화되고 있다. 실리카 퓸의 사용 목적은 주로 콘크리트의 고강도화 및 고내구성화이지만, 우리나라의 경우는 대부분 수입에 의존하고 있는 고가품으로서 적극적으로 활용되고 있지는 못한 실정이다. 실리카 퓸의 품질은 KS F 2567[9-9]에 규정되어 있다.

나. 실리카 퓸 치환 콘크리트의 배합설계

실리카 퓸을 콘크리트에 활용하게 되면 모든 품질이 향상되지만 가격이 고가이므로 고강도 특히 초고강도 콘크리트인 경우에만 검토된다. 따라서 친환경 재료이지만 일반콘크리트에는 이용되는 경우가 없으므로 논외로 하는데, 단, 초고강도 콘크리트의 배합설계에는 실리카 퓸이 매우 중요한 요소가 되므로 우선 실리카 퓸 종류의 선택이 중요하고, 또한 최소 사용량이 되도록 타 배합요소와 신중히 검토하여 치환율을 고려할 필요가 있다.

9.4.4 3 · 4성분계 분체

가. 3 · 4성분계 분체의 개요

친환경 콘크리트의 배합설계와 관련한 분체계 광물질 혼화재로서는 전술한 플라이애시, 고로 슬래그 미분말 및 실리카 퓸이 가장 많이 활용되고, 기타로는 메타카올린, 석회석 미분말, 팽창재, 시멘트 킬른더스트(CKD), 카본블랙, 화산재, 규조토 등 인공 및 천연재료가 활용된다. 이중 기본적으로 보통 포틀랜드 시멘트에 어느 한 종류의 광물질 혼화재를 혼합하여 치환하게 되면 2성분계, 2종류의 광물질 혼화재를 혼합하여 치환하게 되면 3성분계, 3종류의 광물질 혼화재를 혼합하여 치환하게 되면 4성분계라고 지칭한다.

따라서 일반적인 경우 2성분계는 보통 포틀랜드 시멘트에 플라이애시 혹은 고로 슬래그 미분말을 치환한 경우를 지칭하게 되고, 3성분계는 보통 포틀랜드 시멘트에 플라이애시와 고로 슬래그 미분말을 동시에 치환한 경우이며, 4성분계는 3성분계에 실리카 퓸이 추가로 치환되는 경우가 일반적이다.

나. 3 · 4성분계 분체를 사용한 콘크리트의 배합설계

먼저, 3성분계 분체인 경우는 보통 포틀랜드 시멘트에 플라이애시와 고로 슬래그 미분말을 동시에 치환하는 경우이다. 이는 플라이애시 및 고로 슬래그 미분말을 각각 치환한 경우의 중간적 성질을 나타내는 것으로 알려져 있지만, 플라이애시와 고로 슬래그 미분말의 입도분포가 다르고, 구성 화학성분 및 밀도 등도 다르기 때문에 단순히 중간적 성상이라기보다는 둘의 평균보다 유리한 경향을 나타내는 경우가 많다. 특히 3성분계의 경우는 매스콘크리트의 수화열 저감 측면으로 이용되는 경우가 많은데 이렇게 되면 치환율도 큰 폭으로 채택되어 매우 친환경적인 재료가 된다. 그러나 이 경우는 중성화가 제일 큰 문제가 될 수 있으므로 활용 시에는 주위환경 등을 철저히 고려할 필요가 있다.

또한, 4성분계 분체인 경우는 3성분계 분체에 실리카 퓸이 추가로 치환되는데, 이 경우의 용도는 주로 초고강도용 콘크리트로서 경우에 따라서는 위에서 언급한 4성분 외에도 화재 시 폭렬방지용 섬유, 자기수축 저감용 팽창재도 포함되고, 따라서 이와 같은 경우는 레미콘 제조 시 생산효율 증대 및 실리카 퓸의 분산성 향상을 목적으로 프리믹스 시멘트로 이용하는 경우가 많은데, 품질면으로는 적절한 조합이라 할 수 있다.

기본적으로 3, 4성분계 분체를 사용한 콘크리트의 배합설계를 할 경우 특별히 2성분계보다 달라질 부분은 없다. 따라서 배합설계의 기본원칙에 따라 3, 4성분계 분체를 사용하여 결합재물비(B/W) 변화와 압축강도를 연관시킨 회귀식으로부터 배합강도에 합당한 B/W를 구한 다음 이것을 W/B로 고쳐주고, 실제의 배합실험을 수행하여 단위수량, SP제량, AE제량 및 S/a를 구함으로써 배합설계를 완성한다.

9.4.5 순환골재

가. 순환골재의 개요

순환골재란 건설물 해체과정에서 발생하는 건설폐기물을 물리적 또는 화학적 처리과정을 거쳐 KS F 2573(콘크리트용 순환골재)[9-10] 및 콘크리트표준시방서의 다음 표 9.6의 품질규격에 적합한 골재를 말한다. 따라서 건설폐기물을 충분히 처리하지 않고 단순히 분쇄하여 입도만을 만족시키는 재생골재와는 그 의미가 다르게 고려되어야 한다.

단, 일본의 경우는 재생골재란 용어로서 그림 9.3과 같이 절건밀도와 흡수율의 조합으로 고품질의 H, 중간품질의 M, 저품질의 L로 구분하고 용도를 계획 공용기간(장기, 표준, 단기 등)으로 구분하여 사용을 제한하고 있다.

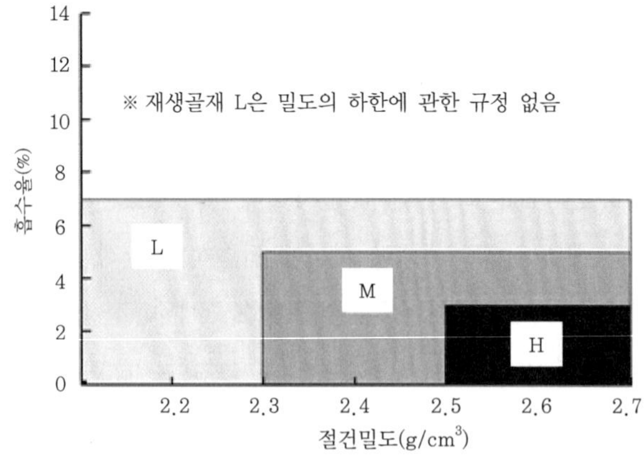

(a) 재생 굵은골재

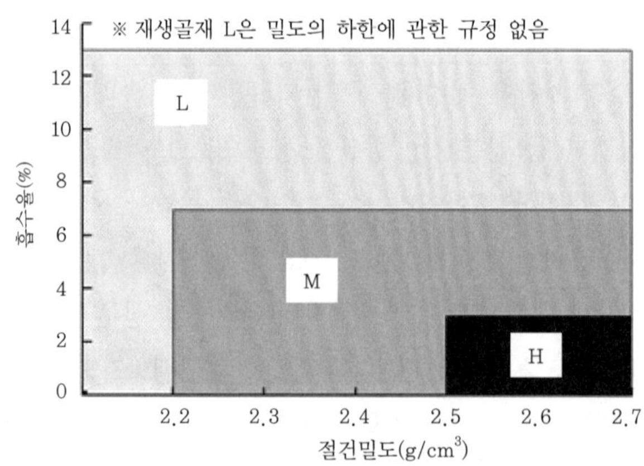

(b) 재생 잔골재

그림 9.3 JIS에 있어서 재생골재의 종류와 흡수율 및 절건밀도의 관계[9-11]

나. 순환골재 사용 콘크리트의 배합설계

순환골재 사용 콘크리트의 배합설계에는 이전의 순환골재 콘크리트에 대한 특성[9-12]분석과 같이 순환골재의 품질에 따라 유동성이 클 수도 있고, 작을 수도 있으므로 이를 고려해야 하고, 공기량 증가, 압축강도 저하, 건조수축량 증대 및 내구성이 저하하는 문제를 해결해야 한다. 따라서 콘크리트표준시방서에서는 순환골재를 사용한 콘크리트의 설계기준압축강도는 27 MPa 이하로 하며, 이를 사용한 콘크리트의 적용 가능 부위는 표 9.7과 같이 규정하고 있다.

표 9.6 순환골재의 품질[9-10]

<table>
<tr><th colspan="2">항 목</th><th>순환 굵은골재</th><th>순환 잔골재</th><th>관련 시험 규정</th></tr>
<tr><td colspan="2">절대 건조 밀도(g/mm^3)</td><td>2.5 이상</td><td>2.2 이상</td><td>KS F 2503</td></tr>
<tr><td colspan="2">흡수율(%)</td><td>3.0 이하</td><td>5.0 이하</td><td>KS F 2503</td></tr>
<tr><td colspan="2">마모 감량(%)</td><td>40 이하</td><td>-</td><td>KS F 2508</td></tr>
<tr><td colspan="2">입자 모양 판정 실적률(%)</td><td>55 이상</td><td>53 이상</td><td>KS F 2527</td></tr>
<tr><td colspan="2">0.08mm체 통과량 시험에서 손실된 양(%)</td><td>1.0 이하</td><td>7.0 이하</td><td>KS F 2511</td></tr>
<tr><td colspan="2">알칼리골재반응</td><td colspan="2">무해할 것</td><td>KS F 2545</td></tr>
<tr><td colspan="2">점토덩어리 양(%)</td><td>0.2 이하</td><td>1.0 이하</td><td>KS F 2512</td></tr>
<tr><td colspan="2">안정성(%)</td><td>12 이하</td><td>10 이하</td><td>KS F 2507</td></tr>
<tr><td rowspan="2">이물질 함유량(%)</td><td>유기 이물질</td><td colspan="2">1.0 이하(용적)</td><td rowspan="2">KS F 2576</td></tr>
<tr><td>무기 이물질</td><td colspan="2">1.0 이하(질량)</td></tr>
</table>

표 9.7 순환골재 사용방법 및 적용 가능 부위[9-4)]

<table>
<tr><th rowspan="2">설계기준압축 강도(MPa)</th><th colspan="2">사용 골재</th><th rowspan="2">적용 가능 부위</th></tr>
<tr><th>굵은골재</th><th>잔골재</th></tr>
<tr><td>21 이상
27 이하</td><td rowspan="2">일반
굵은골재 및
순환굵은골재</td><td>일반 잔골재</td><td>기둥, 보, 슬래브, 내력벽, 교량 하부공, 옹벽, 교각, 교대, 터널 라이닝공 등</td></tr>
<tr><td>21 미만</td><td>일반 잔골재 및
순환 잔골재</td><td>콘크리트 블록, 도로 구조물 기초, 측구, 집수받이 기초, 중력식 옹벽, 중력식 교대, 강도가 요구되지 않는 채움재 콘크리트, 건축물의 비구조체 콘크리트 등</td></tr>
</table>

또한, 순환골재를 사용하여 21 MPa 이상 27 MPa 이하의 콘크리트를 제조할 경우 혹은 21 MPa 미만을 제조할 경우, 순환 굵은골재와 일반 잔골재를 사용하여 제조하며, 순환 굵은골재의 치환율은 기존의 연구결과 총 굵은골재 용적의 약 30% 이하 수준으로 할 경우, 일반 콘크리트의 특성과 차이가 없는 것으로 보고[9-13)]되어 있다.

이때, 순환 굵은골재의 사용량을 30% 이하로 권장한 것은 순환골재가 콘크리트용으로 사용된 사례나 실적이 적고, 순환골재를 생산하는 과정에서의 품질관리, 현장 배처플랜트나 레디믹스트 배처플랜트에서 콘크리트 제조, 운반, 타설, 시공 및 품질 검사 등에 이르는 전반적인 품질관리 사례가 많지 않으므로 신중하게 사용하는 것이 필요하기 때문이다. 따라서 배합설계에서는 골재 치환율에 따라 28일 압축강도가 낮아지는 것을 고려[9-14)]하여 W/C를 낮춰주어야 하고, 유동성 증가 여부에 따라 단위수량 혹은 SP제량을 줄이거나 늘려주는 조정이 필요하다. 또한, 동해방지를 위해서는 겉보기 공기량에서 골재수정계수를 뺀 순수공기량이 종전의 공기량보다 1% 정도 많게 배합설계할 필요가 있다.

9.4.6 슬래그 골재

가. 슬래그 골재의 개요

슬래그 골재란[9-15] 제선, 제강 등 철 생산이나 연, (납), 동(구리), 페로 니켈 등 금속생산과정에서 주 금속을 용융해서 밀도차로 생산하고 남는 찌꺼기로서 주로 암석성분(SiO_2, Al_2O_3 등)이나 소요 이외의 광물(연이나 동을 생산할 때 포함된 철성분) 성분이 포함되어 있다.

이와 같은 슬래그 골재는 KS 표준에 품질이 규정되어 있는데, 각종 슬래그 골재의 규정사항은 표 9.8과 같다. 특히 철 생산과정에서 발생하는 슬래그량이 타 슬래그에 비해 산출량이 많아 중요시되는데, 슬래그는 생산과정에 따라 고로 슬래그(제선과정)와 제강 슬래그로 분류되며, 제강 슬래그에서는 다시 제강방식에 따라 전로 슬래그와 전기로 슬래그로 분류되고, 전기로 슬래그는 산소 공급량에 따라 전기로 산화 슬래그와 전기로 환원 슬래그로 분류된다. 철강 슬래그 발생량으로 고로 슬래그는 용강 1톤 생산시 300 kg 내외, 제강 슬래그는 용강 1톤 생산시 150 kg 내외가 발생하여 우리나라에서는 연간 2천만 톤 이상으로 적지 않은 골재 자원이 될 수 있다.

표 9.8 콘크리트용 각종 슬래그 골재 표준

규격	규격 명
KS F 2543	콘크리트용 동 슬래그 골재[9-16]
KS F 2544	콘크리트용 고로 슬래그 골재[9-17]
KS F 2583	콘크리트용 연 슬래그 골재[9-18]
KS F 2790	콘크리트용 페로니켈 슬래그 잔골재[9-19]
KS F 4571	콘크리트용 전기로 산화 슬래그 골재[9-20]

나. 슬래그 골재 사용 콘크리트의 배합설계

먼저, 슬래그 골재를 콘크리트에 이용할 경우에는 배합설계에 앞서 철저한 품질 검토가 필요하다. 즉 전술한 바와 같이 제선 슬래그 골재의 경우 다공질 정도의 검토, 제강슬래그[9-21]의 경우 팽창반응성 문제, 동 슬래그, 연 슬래그, 페로니켈 슬래그 골재의 경우는 높은 절건 밀도에 의한 재료분리 방지대책 등이 고려된다. 문제점에 대한 해결이 선행되었다면 배합설계에 진입하게 되는데, 각종 슬래그 골재는 대부분 분쇄과정을 거쳐 골재화되었으므로 부순 굵은골재 및 부순 잔골재의 배합설계 방법을 참고하여 진행하면 가능할 수 있다.

즉 유동성 문제는 각진 입형 특히 다공질인 경우는 슬럼프가 저하하므로 단위수량 증가 및 SP제량을 늘려 주어야 하지만, 반대로 유리질인 표면에 구상을 띤 경우 혹은 밀도가 큰 경우는 슬럼프치가 커지므로 반대로 단위수량 감소 및 SP제량을 줄여 주어야 한다. 또한 밀도가 작은 슬래그 골재나 밀도가 큰 슬래그 골재의 경우 재료분리가 용이할 수 있으므로 미분말이나 증점제 등을 이용하여 점성을 높이는 배합설계가 필요하다.

기타 골재의 반응성에 관한 내구성 문제는 골재 선정에서 충분히 검토[9-17]할 필요가 있고, 내동해성, 중성화 등의 기타 내구성 문제는 일반 콘크리트의 배합설계와 동일하게 고려된다.

9.5 맺음말

배합설계란 요구에 합당한 최적치를 찾는 기법의 일종으로, 반드시 지켜야 할 순서가 있는 것은 아니지만 대체로 전술한 방법에 따르면 편리할 수 있다.

특히, 친환경 소재를 이용하는 배합설계에는 보통 포틀랜드 시멘트에 천연 잔골재 및 부순 굵은골재를 사용하는 일반적인 콘크리트의 배합설계에 특별한 요소가 추가되는 경우가 많은데, 즉 원재료의 특수성을 충분히 고려한 후에 배합설계 원칙에 의한 별도의 고려가 가해지면 가능할 수 있다. 그렇지만 배합설계에서 가장 중요한 것은 품질을 볼 수 있는 눈과 충분한 경험에 따르는 손 감각을 갖추는 일이 될 수 있으므로 기존의 연구결과 KS 표준 및 시방서 등을 충분히 참조하고 전문기술자로의 감각을 잘 갖추어 시공현장에서 운반, 타설 및 마감에 불편이 없고, 타설된 구조체의 강도 및 내구성 측면에서 요구의 품질을 양호하게 발휘할 수 있도록 부단한 노력을 기울여야 할 것이다.

참고문헌

9-1 한천구, 콘크리트의 특성과 배합설계, 기문당, 2011.

9-2 한국콘크리트학회, 콘크리트의 재활용(KCI SP2), 기문당, 2004.

9-3 KS F 4009(레디믹스트 콘크리트)

9-4 한국콘크리트학회, 콘크리트표준시방서 해설, 기문당, 2010.

9-5 KS L 5211(플라이애시 시멘트)

9-6 KS L 5405(광물질 혼화재로서 플라이애시)

9-7 KS L 5210(고로 슬래그 시멘트)

9-8 KS F 2563(광물질 혼화재로서 고로 슬래그 미분말)

9-9 KS F 2567(광물질 혼화재로서 실리카 퓸)

9-10 KS F 2573(콘크리트용 순환골재)

9-11 日本建築學會, 建築工事標準仕様書・同解說 JASS-5 鉄筋コンクリート工事, 技報堂, 2009.

9-12 류득현, 최성우. 콘크리트용 골재 자원으로서 고로 슬래그의 활용 현황, 한국건설순환자원학회 학회지(특집논단), Vol.5, No.1, pp.24~32, 2010. 03.

9-13 백대현, 조현택, 이배식, 한민철, 고품질 순환골재 제조 시스템에 의해 생산된 순환 굵은골재의 품질 및 콘크리트에의 활용, 한국건설순환자원학회 학회지(특집논단), Vol.5, No.2, pp.21~27, 2010. 6.

9-14 유영찬, 최기선, 순환골재를 사용한 콘크리트의 구조적 특성, 한국건설순환자원학회 학회지(특집논단), Vol.4, No.4, pp.13~19, 2009. 12.

9-15 류득현, 김길희, 콘크리트용 골재로서 전기로산화슬래그의 활용 전망, 한국건설순환자원학회 학회지(특집논단), Vol.4, No.1, pp.17~25, 2009. 6.

9-16 KS F 2543(콘크리트용 동 슬래그 골재)

9-17 KS F 2544(콘크리트용 고로 슬래그 골재)

9-18 KS F 2583(콘크리트용 연슬래그 골재)

9-19 KS F 2790(콘크리트용 페로 니켈슬래그 잔골재)

9-20 KS F 4571(콘크리트용 전기로 산화슬래그 골재)

9-21 한국건설순환자원학회, 철강슬래그 골재의 현안 사항(철강슬래그 골재 품질 및 재활용 관련 국회 토론회), 2006. 12.

9-22 한천구, 레미콘 품질관리(Ⅰ~Ⅳ), 기문당, 2002~2014.

9-23 桝田 佳寛 外2人, 日本建築學會「コンクリートの配合設計指針・同解説」の改定, コンクリート工学, 日本コンクリート工学協会, Vol. 53, No. 6, pp.521~526

제10장 회수수의 유효이용

박선규, 목원대학교 건축공학과 교수, psg@mokwon.ac.kr

10.1 회수수의 개요

10.1.1 회수수의 정의[10-1)]

콘크리트는 시멘트의 수화반응에 의하여 시간이 경과하면 굳어지는 건설재료이다. 따라서 레디믹스트 콘크리트를 제조할 때 생산기기 및 운반 장비 등에 부착된 콘크리트가 시간이 경과되어 굳어지면 분해가 불가능하므로 일단 콘크리트의 제조 및 운반 작업이 종료된 후에는 즉시 세척해야 한다. 즉 레디믹스트 콘크리트 생산 현장에서 콘크리트 생산이 완료된 후에는 레디믹스트 콘크리트 트럭의 드럼 내·외부 및 배처플랜트의 믹서, 호퍼 등을 세척해야 한다. 이러한 콘크리트 제조 후 작업은 후속 콘크리트를 제조할 때 배합비의 정밀 및 장비 보존을 위하여 반드시 필요한 작업이다.

콘크리트의 제조 후 발생되는 회수수는 그림 10.1에 나타낸 것과 같이 크게 상징수와 슬러지수로 구분된다. 또한 KS F 4009(레디믹스트 콘크리트)의 부속서 2(레디믹스트 콘크리트의 혼합에 사용되는 물)에 규정되어 있는 회수수의 정의는 표 10.1에 나타내었다. 레디믹스트 콘크리트 제조에서 발생되는 세척배수는 이전에는 자연 상태로 방류하거나 폐기하여 수질 및 토양오염을 유발하였으나 최근 환경보존이 중시되면서 회수수에 대한 처리가 중요한 과제로 대두되었다.

한편 레디믹스트 콘크리트 회수수는 재활용 설비를 활용하여 귀중한 수자원으로 재활용할 수 있으며, 이를 위하여 회수수를 사용한 레디믹스트 콘크리트의 품질관리, 회수수를 재활용하는 설비관리 관련 연구가 활발히 진행되고 있다.

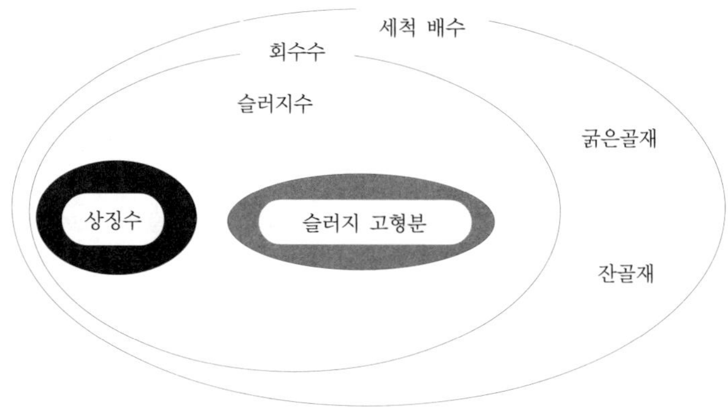

그림 10.1 콘크리트의 회수수 관련 용어[10-1)]

표 10.1 회수수 관련용어[10-1)]

회수수	레디믹스트 콘크리트 공정에서 세척에 의해 발생하는 물로서 운반차, 플랜트의 믹서, 호퍼 등에 부착된 콘크리트 및 흘러내린 콘크리트의 세척 배수(이하 콘크리트의 세척 배수라 한다)를 정화하여 얻어지는 슬러지수 및 상징수의 총칭
슬러지수	콘크리트의 세척 배수에서 굵은골재, 잔골재를 분리 회수하고 남은 현탁수
상징수	슬러지수에서 슬러지 고형분을 침강 또는 그 밖의 방법으로 제거한 물
슬러지	슬러지수가 농축되어 유동성을 잃어버린 상태의 것
슬러지 고형분	슬러지를 105℃~110℃에서 건조하여 얻어진 것
슬러지 고형분율	콘크리트의 배합에서 단위 시멘트량에 대한 슬러지 고형분의 무게 비율을 백분율로 표시한 것

레디믹스트 콘크리트 공장에서 발생하는 배수는 크게 공정배수와 비공정배수로 나누어진다. 공정배수는 배처플랜트(B/P) 세척수, 에지테이터 트럭 내부 세척수, 트럭 외부 세척수, 반품 레미콘 처리수 등의 콘크리트 제조공정에서 발생하는 배수를 말하고, 비공정 배수는 보일러수 및 냉각수 등 제조공정의 시설에서 발생하는 배수를 의미한다. 기타 잡용수에 따르는 배수로는 공장바닥 세척수 및 우기의 부지내 유출수 등으로 분류할 수 있다.

발생 배수의 구성 비율은 공장규모, 운영형태, 계절 등 다양한 조건에 따라 다르므로 일률적으로 언급하기는 곤란하지만 우리나라 레디믹스트 콘크리트의 설문조사를 토대로 발생되는 배수의 평균비율은 그림 10.2에 나타내었다. 또한 트럭내 세척 배수의 구성비율은 물이 대략 95%로 대부분을 차지하고, 잔골재가 4%, 굵은골재와 시멘트는 대략 1% 전후이다.

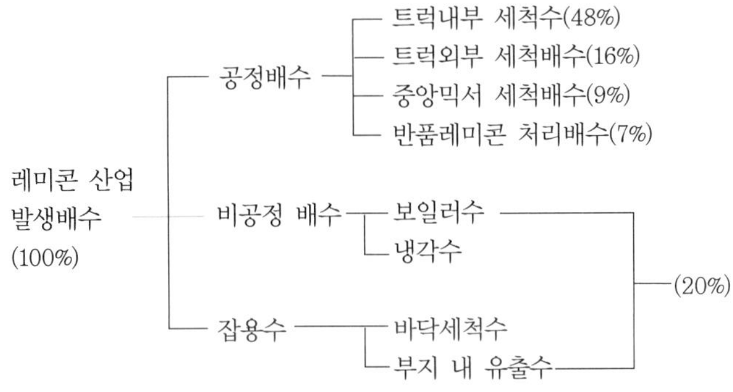

그림 10.2 배수의 발생량 구성

10.1.2 회수수의 사용기준[10-2)]

1975년 일본콘크리트공학협회의 회수수 연구위원회 보고서는 회수수 사용기준과 관련하여 표 10.2를 제시하였다. 우리나라의 KS F 4009(레디믹스트 콘크리트)의 부속서 2는 다음 표 10.3에 나타낸 바와 같이 회수수의 품질 및 슬러지 고형분율의 한도를 정하고 있다.

표 10.2 회수수 사용규준[10-2)]

(1) 상징수는 배합수로서 상수와 똑같이 사용해도 좋다.
(2) 슬러지수는 다음 4가지 항목을 만족할 경우 사용해도 좋다.
① 슬러지 고형분은 시멘트 중량의 3% 이하로 한다.
② 물시멘트비와 컨시스턴시를 일정하게 하기 위하여 슬러지 고형분 1%에 대해 단위수량, 단위시멘트량을 1~1.5% 증감한다.
③ 잔골재율은 슬러지 고형분 1%에 대하여 약 0.5% 감한다.
④ AE제의 양은 고형분량에 따라 증가하고 AE감수제에 대해서도 필요에 따라 공기량 조절제를 증가한다.

표 10.3 KS F 4009의 회수수 관련 규정

(1) 품질
회수수의 품질은 KS 규격의 시험 방법에 따라 시험하여 다음 표에 표시한 기준에 적합하여야 한다.

항 목	품 질
염소 이온량	150 ppm
시멘트 응결시간 차	초결은 30분 이내, 종결은 60분 이내
모르타르의 압축강도비	재령 7일 및 28일에서 90 % 이상

(2) 슬러지 고형분율의 한도
슬러지수를 사용하였을 경우, 슬러지 고형분율이 3%를 초과하면 안 된다. 단, 레디믹스트 콘크리트를 배합할 때, 슬러지수 중에 함유된 슬러지 고형분은 물의 무게에는 포함되지 않는다.

10.2 회수수를 사용한 콘크리트의 특성

연구결과[10-3]에 의하면 레미콘을 제조할 때 발생하는 회수수는 고형분의 함유량에 따라 콘크리트의 품질에 미치는 영향이 큰 것으로 알려져 있다. 즉 표 10.1에서 정의한 상징수의 경우는 일반적인 상수도 용수 및 공업용수 등의 맑은 물과 비교하여 거의 차이가 없다. 그러나 슬러지에 대해서는 KS F 4009(레디믹스트 콘크리트)에서 슬러지 고형분의 비율을 3% 이하로 제한하고 있다. 회수수를 사용한 콘크리트의 특성은 회수수에 포함된 슬러지 고형분의 함유량과 밀접한 관계가 있다.[10-3]

10.2.1 회수수를 사용한 굳지 않은 콘크리트의 특성

가. 유동성

슬러지 고형분율이 증가하면 일반적으로 그림 10.3과 같이 슬럼프 값이 저하하는 경향을 나타낸다. 특히 된비빔 배합, 낮은 W/C, 회수수 발생기간이 많이 경과된 경우에는 저하량이 클 수 있다. 단, 빈배합에서 미립자량이 부족하여 재료분리를 일으킨 경우에는 오히려 양호한 결과를 나타낼 수도 있다. 따라서 회수수를 사용한 콘크리트의 배합설계에서는 슬러지 고형분율이 증가할수록 단위수량을 증가시키거나, 감수제 혹은 고성능감수제의 사용량을 증가시켜 저하된 유동성을 회복시키고, 잔골재율을 작게 하는 배합보정이 필요하다.

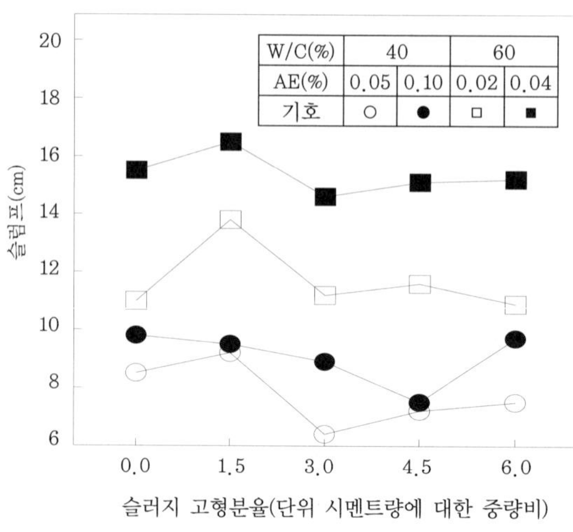

그림 10.3 슬러지 고형분율 변화에 따른 슬럼프 변화

나. 공기량

회수수를 사용한 콘크리트에 있어서 회수수의 슬러지 고형분율이 증가하면 그림 10.4와 같이 굳지 않은 콘크리트의 공기량은 감소한다. 이는 슬러지의 미립분이 콘크리트의 조직 중 공극을 충전하기 때문인 것으로 판단된다. 특히 아직 굳지 않는 콘크리트의 공기량은 W/C가 작을수록, 온도가 높을수록, 회수수 발생 시간이 많이 경과된 경우에 저하가 큰 경향을 보인다.

일반적으로 공기량의 감소값은 상수를 사용한 콘크리트에 비하여 고형분 첨가율 1%당 0~0.3% 정도인 것으로 알려져 있다. 따라서 AE제 첨가량은 슬러지 고형분량 1% 증가에 따라 8~12% 만큼 증가시킬 필요가 있다.

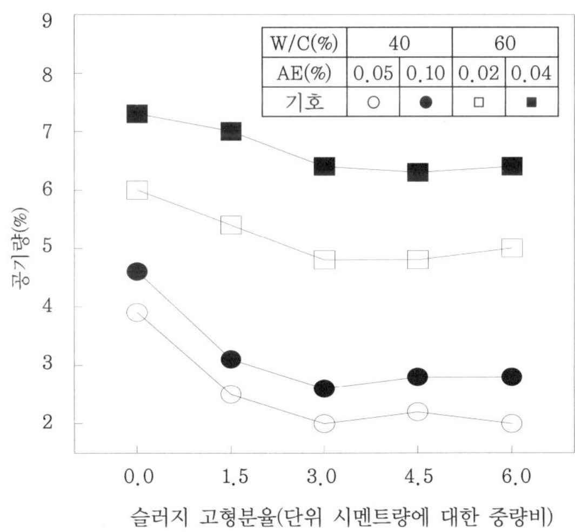

그림 10.4 슬러지 고형분율 변화에 따른 공기량

다. 응결 및 블리딩

고형분을 포함한 회수수를 이용한 콘크리트의 응결시간은 그림 10.5에 나타낸 바와 같이 회수수의 슬러지 고형분율이 증가할수록 초결 및 종결시간이 빨라지는 경향을 나타낸다.[10-4] 일반적으로 회수수의 슬러지 고형분율이 3%일 때는 30분 정도 응결시간이 단축되는 것으로 알려져 있어 실용상 문제가 되지는 않는다.

블리딩량은 회수수의 슬러지 고형분율이 증가할수록 감소한다. 그러나 응결시간과 마찬가지로 블리딩량 감소치는 고형분량 3%에 대하여 대략 1~1.5%인 것으로 알려져 있다. 따라서 슬러지 고형분율 증가는 블리딩을 적게 하고, 응결시간을 빠르게 하기 때문에 서중 콘크리트 시공에서는 타설된 콘크리트의 마감시기를 놓치지 않도록 신중한 배려가 요구된다.

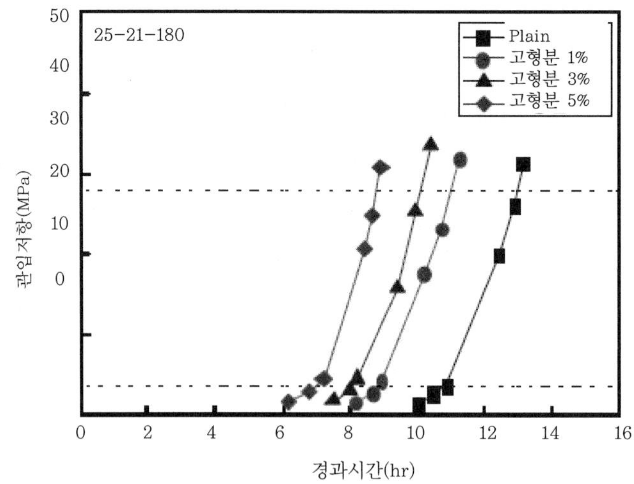

그림 10.5 슬러지 고형분율 변화에 따른 응결시간

10.2.2 회수수를 사용한 콘크리트의 강도 특성

가. 압축강도

슬러지 고형분율이 증가하면 콘크리트의 압축강도는 그림 10.6과 같이 약간 증가하거나 큰 차이가 없다. 일반적으로 물시멘트비, 반죽질기 및 공기량을 상수를 이용한 콘크리트와 같게 하고, 여기에 슬러지 고형분을 시멘트량에 대하여 3% 이하로 첨가한다면, 여러 가지 시험조건을 달리해도 큰 차이는 없다.

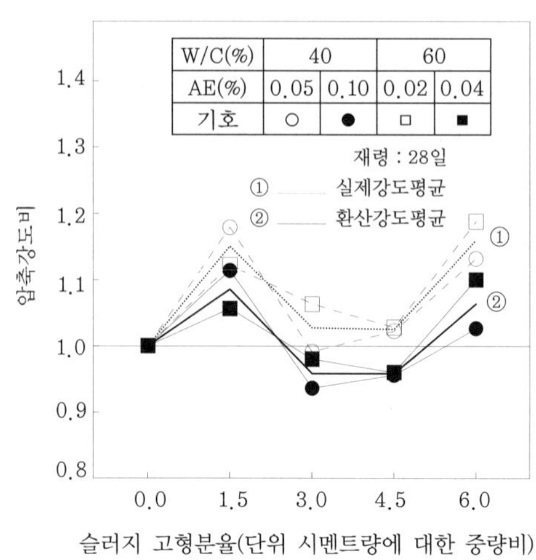

그림 10.6 슬러지 고형분율 변화에 따른 압축강도비

나. 압축강도 이외의 역학적 성질

회수수를 이용한 굳은 콘크리트의 휨강도, 인장강도, 부착강도, 동탄성계수는 회수수의 슬러지 고형분율이 증가함에 따라 압축강도의 경향과 유사하게 거의 변화가 없는 것으로 나타난다. 즉 압축강도 이외의 역학적 성질은 슬러지 고형분이 단위 시멘트량에 대하여 3% 이하인 조건이라면 거의 동등하게 된다.

10.2.3 회수수를 사용한 콘크리트의 건수수축 특성[10-5)]

가. 건조수축

일반적으로 콘크리트의 조성 중 미립분이 증가하면 건조수축은 증가하게 된다. 그림 10.7은 회수수의 슬러지 고형분율 변화에 따른 콘크리트의 건조수축률을 나타낸 것으로 전반적인 경향은 큰 변화가 없고, 경우에 따라 최밀 충전 조건에서는 오히려 작아지는 경향을 나타내고 있다.

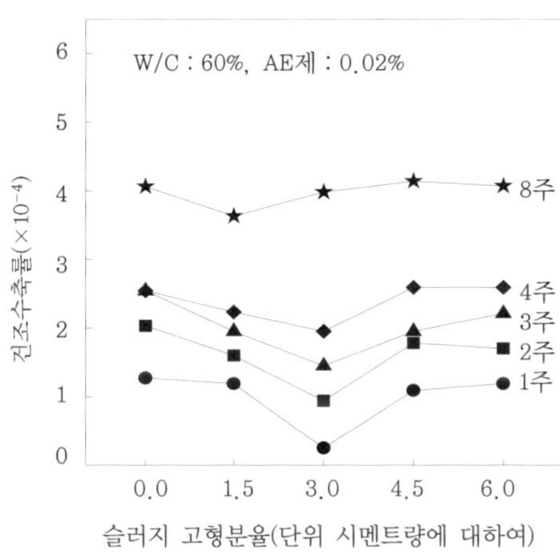

그림 10.7 슬러지 고형분율 변화에 따른 건조수축률

결국, 단위시멘트량의 3% 이내인 슬러지 고형분율인 경우, 콘크리트의 건조수축은 상수도물을 이용한 콘크리트와 비교하여 약 10% 이내의 미미하게 증가하는 경향을 나타냈지만 실용상에는 거의 문제가 없을 것으로 예상된다. 단, 최근 레디믹스트 콘크리트 구입자는 콘크리트의 균열과 관련하여 많은 불만을 제기하고 있는데, 회수수 사용 시 균열방지에 대하여 신중한 배려가 필요하다. 특히, 잔골재의 미립분 혹은 니토분(泥土粉)이 많으면서 슬러지 고형분율이 큰 회수수의 사용량이 많을 경우는 초기의 소성수축 균열발생 증가와 아울러 건조수축균열까지 증가하여 문제시되는 경우가 있다.

나. 기타

회수수를 이용한 콘크리트의 건조수축 이외의 내구성에 대해 내동해성, 중성화, 내마모성 등이 검토되었다. 검토 결과 회수수를 이용한 콘크리트는 물시멘트비, 반죽질기 및 공기량을 상수도를 이용한 콘크리트와 동일하게 유지하면 모든 내구성 실험 결과 값은 거의 같은 값이 얻어지는 것이 보고되었다.[10-3)]

10.3 회수수 관련 설비[10-6)]

10.3.1 회수수 설비의 종류 및 구조

가. 회수수 설비의 종류

우리나라의 거의 모든 레디믹스트 콘크리트 회사는 회수수 재활용 설비를 갖추고 있다. 이때 설비의 종류로서는 원시적인 단계에서부터 세척 배수를 전면 회수할 수 있는 다양한 시스템이 가능한데, 그 종류를 기술하면 다음과 같다.

① 침전조의 상징수를 미처리 배출하고, 침전조의 골재 및 슬러지는 폐기하는 방법
② 침전조의 상징수를 중화 배출하고, 침전조의 골재 및 슬러지는 폐기하는 방법
③ 골재를 회수하고, 침전조의 상징수를 미처리 배출하며, 슬러지는 폐기하는 방법
④ 골재를 회수하고, 침전조의 상징수를 중화 배출하며, 슬러지는 폐기하는 방법
⑤ 침전조의 상징수를 세차에 순환이용하고(일부 미처리 배출 또는 중화 배출), 골재 및 슬러지는 폐기하는 방법
⑥ 골재를 회수하고, 침전조의 상징수를 순환사용하며(일부 미처리 배출 또는 중화 배출), 슬러지는 폐기하는 방법
⑦ 침전조의 상징수를 배합수로 재이용하고, 골재 및 슬러지는 폐기하는 방법
⑧ 골재를 회수하고, 침전조의 상징수를 배합수로 재이용하고, 슬러지는 폐기하는 방법
⑨ 골재를 회수하고, 상징수는 세차용에, 슬러지수는 배합수로 이용하는 방법(전량회수)

⑩ 골재를 회수하고, 슬러지수는 배합수(세차는 상수 이용)로 이용하는 방법(전량회수)

나. 회수수 재활용 설비의 구조

우리나라 회수수 설비의 종류는 설명한 바와 같이 여러 방법이 있으며, 대부분 전량회수 방법이 주로 이용되고 있다. 전량회수 방법의 대략적인 흐름을 그림 10.8에 나타내었다. 이 설비는 골재를 회수한 후 슬러지수를 대형 조정탱크에 수용하고, 슬러지 농도를 측정한 후, 그 슬러지 농도에 따라 콘크리트 배합을 조정한 다음 슬러지수를 비빔용수로 사용한다. 이 설비는 간단한 구조로서 설비투자 및 보수의 비용이 적게 드는 등 장점이 있다. 그러나 조정탱크의 슬러지 농도를 빈번히 측정하여 이에 따라 배합을 조정해야만 하는 것은 번잡스러운 일이고, 또한 농도 관리도 어려운 실정이다. 따라서 세차할 때 발생하는 슬러지수의 전량을 일시에 수용할 수 있을 정도로 큰 조정탱크가 필요하다. 그렇지만 조정탱크에 가득 담겨 있는 슬러지농도는 교반을 해 준다고 해도 변화가 크게 발생하는 것을 피할 수는 없다.

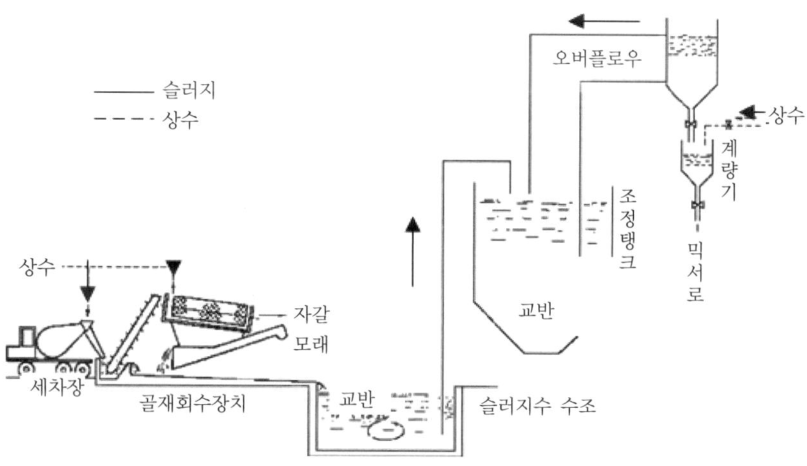

그림 10.8 회수수 처리 설비

10.3.2 회수수의 설비관리

회수수의 재활용 설비에 대한 효율적인 관리는 각 회사별 별도의 기술 및 특징에 따라서도 달라질 수 있다. 일반적 의미의 회수수 설비관리에 있어 문제점으로는 다음과 같은 것을 생각할 수 있고 이에 대하여 대책을 마련할 필요가 있다.

가. 골재와 슬러지수의 분리

레디믹스트 콘크리트의 운반을 마치고 난 후 등 여러 경우에서 세척배수가 발생한다. 첫 번째 처리단계인 골재와 슬러지수의 분리에 대하여 다음과 같은 사항에 유의한다.

① 세차 대수, 세차 빈도와 회수 설비 능력과의 균형

② 청정한 골재를 회수하기 위한 방법, 특히 슬러지 부착이 작은 잔골재의 회수방법

③ 설비의 마모, 드럼형 체의 눈막힘 등에 의한 분리 기능의 변화

④ 부착물, 고결물 등에 대응하는 청소, 보수의 대책

나. 슬러지수 조정조 및 배관

드럼형 체로부터 잔·굵은골재를 분해하고 난 후에 발생한 슬러지수는 슬러지수 수조에서 일정시간 체류한 다음 배관을 통해 조정조에 보내진다. 이때 슬러지수, 조정조 및 배관에는 다음과 같은 사항에 유의토록 한다.

① 설비 및 배관에 있어서 부착물에 의한 처치, 특히 교반장치, 펌프, 배관의 설계 및 관리에 세심한 주의가 필요

② 슬러지수 수조, 조정조 등의 교반방법

③ 슬러지수의 농도 측정방법 및 농도 조정방법

④ 설비의 마모, 부착물 등에 대한 청소 및 보수대책

다. 계량 및 배합조정

슬러지수를 레디믹스트 콘크리트 배합에 재활용하기 위해서는 슬러지수의 계량이 필요하다. 또한 슬러지수 중의 슬러지 고형분율 농도에 따라 배합이 수정되어야 하는데, 이와 관련된 유의 사항은 다음과 같다.

① 슬러지수의 정확한 계량 방법

② 슬러지 농도 변화, 슬러지수와 상수의 사용비율 변화 등에 대응한 배합의 수정 방법

③ 설비의 청소 및 보수대책

라. 설비운영

종합적으로 회수수 설비관리와 연관한 설비 운영 상의 문제점은 다음과 같다.

① 회수된 세척 배수량과 사용 물량과의 균형 문제, 특히 레디믹스트 콘크리트 출하가 적어 회수수가 과잉 생산되었을 때의 처치
② 다량의 레미콘이 반품되어 왔을 때의 처리
③ 장마 중 우수의 처리
④ 운전을 며칠 혹은 장기간 멈추었을 때의 처치
⑤ 겨울철 각 설비의 방동대책

또한, 골재를 회수하고, 회수수를 세차용으로 재활용하는 설비인 경우는 반복하여 회수수를 세차용에 사용하다보면 회수수의 농도가 짙어 비중이 상승하므로 부력이 커짐에 따라 모래가 선별되지 못하고 회수수 탱크로 혼입에 따라 파이프 라인이 막히는 사고가 발생하기도 한다. 따라서 이 경우는 상수보급을 늘려 농도를 충분히 묽게 관리함으로써 양호하게 잔골재를 선별하고 파이프 라인의 막힘도 방지할 수 있을 것이다.

참고문헌

10-1 한천구, "회수수의 정의 및 굳지않은 콘크리트의 품질에 미치는 영향", 콘크리트의 품질관리, 기문당, 2006.

10-2 산업자원부, KS F 4009(레디믹스트 콘크리트)

10-3 양은익 외 3인, "규정 이상의 회수수를 사용한 콘크리트의 내구성 및 강도 특성", 콘크리트학회 논문집, Vol. 18, No. 2, 2008, pp.199~204.

10-4 이근재 외 4인, 레미콘 공사의 회수수를 사용한 콘크리트의 특성, 한국콘크리트학회 가을학술발표대회 논문집, 2010, pp.67~68.

10-5 한천구, "회수수가 경화콘크리트의 품질에 미치는 영향", 콘크리트의 품질관리, 기문당, 2006.

10-6 한천구, "레미콘 회수수 관련 설비관리", 콘크리트의 품질관리, 기문당, 2006.

10-7 岩永豊司, スラッジ水の有効利用と環境への配慮, コンクリート工学, Vol. 48, No. 9, 2010. 9, pp.87~90.

제11장 순환자원을 이용한 콘크리트의 특성

박선규, 목원대학교 건축공학과 교수, psg@mokwon.ac.kr

11.1 광물질 혼화재 치환 콘크리트의 특성

11.1.1 플라이애시를 사용한 콘크리트

가. 굳지 않은 콘크리트

플라이애시의 밀도는 시멘트보다 작기 때문에 시멘트의 일부를 플라이애시로 대체하여 사용하는 경우 플라이애시와 시멘트를 합한 결합재의 용적은 시멘트만을 사용할 때에 비해 커진다. 이와 같이 결합재량이 증가함에 따라 콘크리트의 성형성이 개선되며 점착성도 증가한다. 또한, 둥근 모양의 플라이애시 입자는 시멘트 페이스트의 유동성을 개선시키며 소요의 슬럼프를 확보하기 위한 콘크리트의 단위수량을 감소시킨다. 콘크리트의 블리딩량은 플라이애시의 사용에 따른 미분말의 용적 증가로 콘크리트 내부에서의 수분 이동을 감소시켜 워커빌리티 확보에 필요한 소요 수량을 줄임으로써 공기연행 여부에 관계없이 콘크리트의 블리딩을 억제시킨다(단, 단위수량이 동일한 경우는 블리딩을 증가시킨다).

플라이애시는 굳지 않은 콘크리트의 공기량과 연행한 AE공기량에 의한 공극의 안정성에 영향을 미친다. 콘크리트 중의 갇힌 공기량은 통상적으로 1% 전후의 값을 나타내지만 미분말 재료인 플라이애시를 사용할 경우, 골재 사이의 공극을 채우는 특성으로 인해 0.5%로 낮아진다. AE제 첨가량은 플라이애시 중의 탄소량, 강열감량, 분말도 및 유기재료의 양에 의해 영향을 받는 것으로 알려져 있다.

특히, 플라이애시의 사용에 따른 공기량의 변화는 주로 플라이애시에 포함된 미연소 탄소의 AE제 흡착작용으로 공기포가 소멸하는 현상을 보인다. 플라이애시의 AE제 흡착작용은 미연소 탄소량에 비례하는데, 미연소 탄소량 2% 전후에서 포화에 달한다는 보고도 있다.[11-1]

나. 수화열

플라이애시는 시멘트의 수화생성물인 수산화칼슘과 반응하여 경화하지만, 그 반응속도는 시멘트에 비해 상당히 느리며, 수화열량도 적다(그림 11.1 참조).

따라서 플라이애시에 의해 콘크리트의 온도상승을 억제하고 온도 균열을 줄이기 위해서는 치환율을 가능한 한 크게 하는 것이 중요하다. 일본에서는 댐 콘크리트의 경우 치환율이 20~35%까지가 적당하고, 40%까지도 사용한 예가 있으며, 고속도로 2차 라멘구조 공사에서 30%를 사용하여 온도균열을 방지하는 데 좋은 결과를 얻은 경우도 있다. 또한 균열방지가 매우 중요한 원자력발전소의 차단벽, 원자로, 건물 등에 치환율을 10~20%로 한 플라이애시 시멘트를 사용하여 온도상승 억제에 좋은 결과를 얻은 예도 있다.[11-1)]

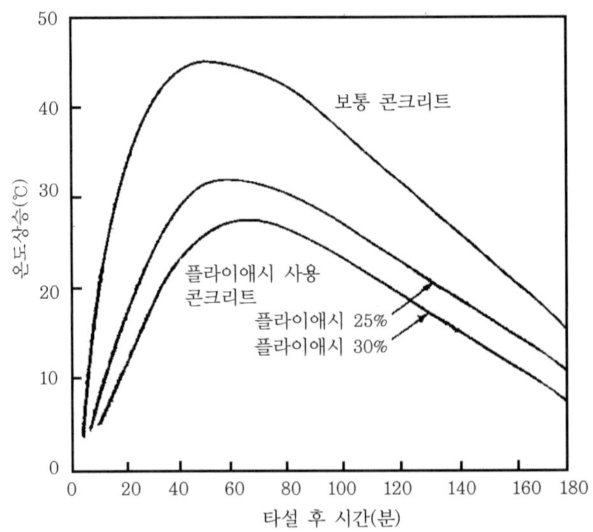

그림 11.1 플라이애시 콘크리트의 온도변화 곡선

다. 경화콘크리트

초기재령에서 플라이애시를 사용한 콘크리트의 압축강도는 플라이애시를 사용하지 않은 콘크리트에 비해 감소하나 장기적으로는 상당히 증가한다. 장기강도에 미치는 영향은 플라이애시의 품질, 치환율, 시멘트 품질, W/C 및 양생조건에 따라 다른데, 양질의 플라이애시로 보통 포틀랜드 시멘트 중의 25%를 치환하여 20℃에서 수중양생할 경우 3~6개월에는 플라이애시 시멘트를 사용하지 않은 경우와 비슷한 강도에 달했고, 이후 장기강도는 상당히 증진되었다.[11-2)]

플라이애시를 사용한 콘크리트의 압축강도를 사용하지 않은 경우의 강도에 대한 비로 시험결과를 예시하면 그림 11.2와 같다. 플라이애시의 치환에 의한 콘크리트의 장기강도 증진효과는 인장강도에서 현저한 편인데, 재령 10년 된 시험포장 슬래브로부터 코어시편을 채취하여 시험한 결과에 의하면 압축강도는 120%, 인장강도는 150% 정도로 증가된 예가 있다.[11-1) 이는 플라이애시와 시멘트 경화체의 경계면이 포졸란 반응 생성물로 충전되어 상호 간의 결합이 강화되었기 때문으로 판단된다.

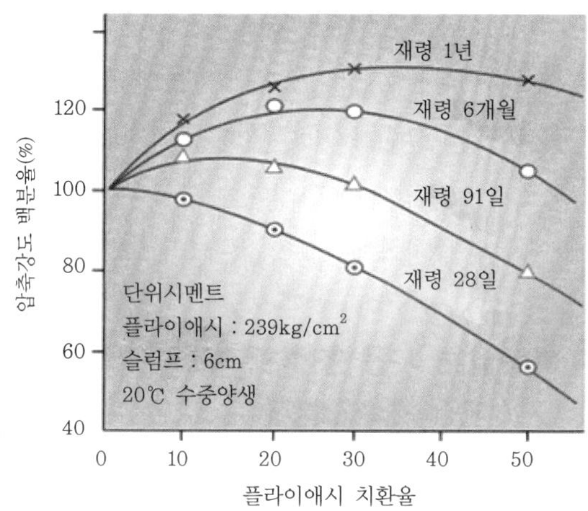

그림 11.2 플라이애시 치환에 따른 압축강도 백분율[11-3)

가. 내구성 특성

콘크리트의 건조수축은 시멘트 페이스트의 체적, 단위수량, 시멘트의 종류와 양, 골재의 종류 등에 따라 달라진다. 플라이애시를 대체한 콘크리트에서는 단위수량이 일정하면 결합재 페이스트의 체적이 증가하기 때문에 건조수축이 크지만, 플라이애시의 사용으로 단위수량이 감소되기 때문에 플라이애시 콘크리트의 건조수축은 플라이애시를 사용하지 않은 콘크리트보다 오히려 감소될 수 있고, 또 이 감소 정도는 플라이애시 치환율에 비례하는 경향을 나타낸다.[11-4) 그러나 일반적으로 플라이애시는 콘크리트의 건조수축에 큰 영향을 미치지 않는 것으로 알려져 있다.

플라이애시 콘크리트의 내투수성은 초기재령에 있어서 플라이애시를 사용하지 않은 콘크리트보다 떨어지지만 장기재령에 있어서는 포졸란반응으로 인하여 수밀성이 향상된다. 또한, 플라이애시의 분말도가 높을수록, 치환율이 클수록 재령이 경과됨에 따라 내투수성도 증대된다.

콘크리트의 동결융해에 대한 저항성은 플라이애시의 사용 여부에 관계 없이 공기-공극구조(Air-void system)의 적절성, 골재의 안정성, 재령에 따른 수화 정도, 시멘트 페이스트의 강도 및 콘크리트의 함수상태에 따라 달라진다.

단, 플라이애시를 사용한 콘크리트의 강도 증진은 종종 보통 콘크리트보다 늦어지기 때문에 재령 28일에서 동일한 강도를 발휘하기 위해서는 보다 많은 결합재가 사용된다. 이렇게 증가된 결합재는 콘크리트 체적당 공기연행제(AE제)의 양을 증가시켜 주어야 하는데, 만약 플라이애시의 미연소탄분에 의한 AE제 흡착작용도 함께 작용하여 AE공기량이 크게 부족하게 되면 내동해성은 현격하게 저하되지만, 공기량이 동일한 조건으로 배합설계를 철저히 하면 플라이애시 사용에 따른 내동해성은 문제가 없는 것으로 보고되고 있다.[11-5)]

플라이애시를 혼합한 콘크리트는 문헌에 의하면 탄성계수나 크리프 측면에서는 특별한 문제점이 없는 것으로 보고되고 있고, 황산염에 대한 저항성은 크게 하고 알칼리골재반응을 억제시키는 데는 좋은 점이 있지만 중성화에는 보통 콘크리트보다 저하하는 단점도 있다.[11-6)]

11.1.2 고로 슬래그 미분말을 사용한 콘크리트의 특성

가. 굳지 않은 콘크리트

고로 슬래그 미분말을 사용한 콘크리트는 고로 슬래그 미분말을 사용하지 않은 보통 콘크리트 보다 워커빌리티가 좋아진다. 특히, 고로 슬래그의 분말도가 크고, 치환율이 많을수록 양호해지는 경향이 있다. 또한, 소정의 공기량을 얻는 데 필요한 AE제의 첨가량은 고로 슬래그 미분말의 분말도, 치환율이 증가함에 따라 증가하며, 혼화제의 종류 및 콘크리트 비빔 시의 온도에 따라서도 변화되기 때문에 사용 환경에 가능한 가까운 조건에서 시험을 행하고 배합을 결정해야 한다. 일반적으로 고로 슬래그 미분말의 분말도가 커짐에 따라 블리딩은 감소하는데, 이는 미분말의 효과에 의한 것으로 판단된다. 응결시간의 경우는 고로 슬래그 미분말의 치환율이 증가함에 따라 초결, 종결 모두 지연된다. 한편, 분말도에 따른 응결시간 변화는 그다지 크지 않은 것으로 보고되고 있다.[11-7)]

나. 수화열 및 단열온도 상승량

일반적으로 고로 슬래그 미분말의 치환율 약 30%까지는 수화열의 저감효과가 작은데, 이는 소량의 고로 슬래그 미분말이 공존하는 경우 클링커광물의 수화를 촉진시키기 때문인 것으로 알려져 있다. 재령 7일의 수화열은 분말도에 비례하여 커지지만 재령 28일에서는 분말도에 크게 영향을 받지 않는다.

단열온도 상승의 경우는 고로 슬래그 미분말을 사용한 콘크리트의 경우 수화 초기에는 치환율 증가에 따라 단열온도 상승량은 작아지나 후반부에서는 단열온도 상승에 의하여 수화환경이 고온이 되면 고로 슬래그 미분말의 수화반응은 급속히 진행되어 치환율 50%까지는 치환율에 따라 단열온도 상승량이 증가하게 된다. 이는 고로 슬래그 미분말의 온도 의존성이 크기 때문에 고온에서는 반응이 활발히 진행되고, 저온에서는 반응이 어려운 점과 치환율이 적은 경우 미분말의 공존이 클링커 광물의 수화를 촉진시키기 때문인 것으로 판단된다. 그러나 치환율이 70%가 되면 단열온도 상승량이 작아지는데, 이는 클링커 광물량이 30%로 작아져 발열이 감소하는 것과 생성되는 $Ca(OH)_2$량이 작아서 고로 슬래그 미분말의 반응량이 감소함에 기인된 것이다.

다. 경화콘크리트

고로 슬래그 미분말을 사용한 콘크리트의 압축강도는 물결합재비, 재령 및 양생방법 이외에도 고로 슬래그 미분말의 분말도 및 치환율의 영향을 받는다.

고로 슬래그 미분말을 사용한 콘크리트의 압축강도는 물결합재비와 거의 직선적인 관계가 있고, 치환율이 클수록 초기의 강도증진이 작게 되는 경향이 있으나 잠재수경성 반응에 의하여 장기재령으로 갈수록 강도는 많이 증진된다.

한편, 치환율의 증가에 따라서는 그림 11.3에서처럼 초기재령에서는 일반적으로 압축강도가 저하하지만 장기재령에서는 치환율이 70%가 되어도 압축강도는 상승한다. 양생온도가 고로

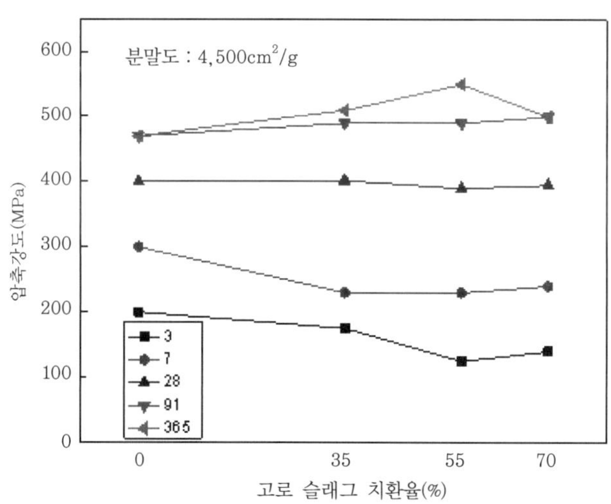

그림 11.3 치환율과 압축강도 관계

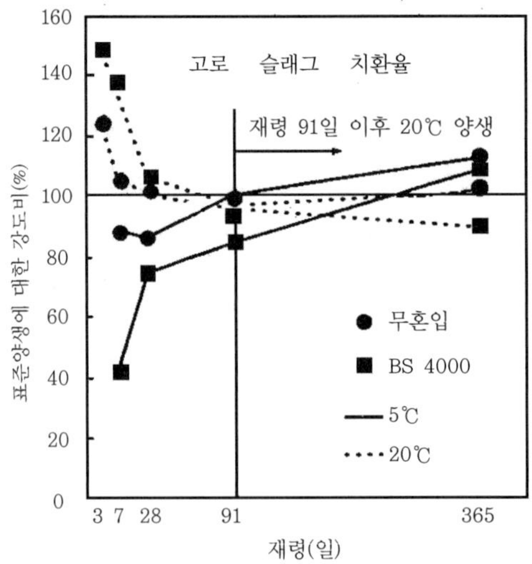

그림 11.4 양생온도가 강도에 미치는 영향

슬래그 미분말을 치환한 콘크리트의 압축강도에 미치는 영향은 고로 슬래그 미분말을 치환하지 않은 콘크리트보다 현저하다. 즉 그림 11.4처럼 양생온도가 저온인 경우 초기강도의 증진이 둔화되는 것을 확인할 수 있고, 30℃ 이상의 고온양생에서는 초기강도가 높게 됨을 알 수 있다. 이러한 경향은 분말도가 낮을수록, 치환율이 높을수록 현저하다. 따라서 한중 및 서중 콘크리트와 같은 저온 및 고온 환경 시에는 치환율과 분말도 등을 종합적으로 고려하여 효과적으로 사용되도록 해야 한다.

라. 내구성

고로 슬래그 미분말을 사용한 콘크리트의 건조수축은 치환율 및 분말도에 따라 약간 다르기는 하지만 일반적으로 건조일수 5주까지는 치환율 및 분말도가 클수록 증가하는 경향을 나타낸다. 그러나 그 이후에는 건조수축이 점차 둔화되어 보통콘크리트와 거의 동등한 경향을 나타낸다. 고로 슬래그 미분말을 사용한 콘크리트는 시멘트의 수화반응에서 발생하는 $Ca(OH)_2$와 고로 슬래그의 성분이 반응하여 콘크리트의 알칼리성이 저하되기 때문에 그림 11.5와 같이 콘크리트의 중성화가 보통콘크리트에 비하여 빠르게 진행된다. 따라서 고로 슬래그를 사용하는 경우 콘크리트의 중성화에 대하여 충분히 대비하지 않으면 안 된다.

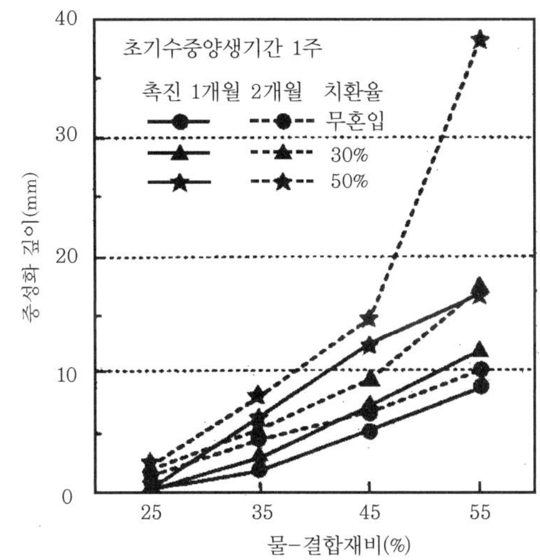

그림 11.5 콘크리트의 중성화 시험결과

콘크리트가 치밀한 정도에 따라, 즉 공극량이 적고, 공극직경이 작으며, 공극이 불연속적으로 분포할수록 수밀성은 향상된다. 고로 슬래그 미분말을 혼입한 콘크리트에서는 잠재수경성에 의하여 생성된 C-S-H겔이 공극구조를 개선시키기 때문에 수밀성이 향상된다. 이러한 수밀성 향상에 의하여 황산염, 염소이온의 침투 등에 대한 저항성도 크게 된다.

내해수성의 경우 고로 슬래그 미분말은 콘크리트 중에서 $Ca(OH)_2$과 반응하여 C-S-H 겔을 형성하기 때문에 $Ca(OH)_2$와 해수중의 황산염반응에 의한 팽창성 수화물의 생성량을 저감시킬 수 있어 보통 콘크리트보다 내해수성이 향상된다. 이러한 내해수성은 고로 슬래그 미분말에 석고를 첨가함에 따라 향상시킬 수 있는데, 이는 표층부에 다량의 에트린가이트가 생성됨에 기인한 것으로 알려져 있다.[11-8] 고로 슬래그 미분말의 치환율이 증가함에 따라 알칼리골재반응의 억제효과가 크게 나타나며, 내산성 및 내황산염에 대한 저항성에 있어서 고로 슬래그의 치환율 및 분말도의 증가와 물결합재비 감소에 따라 크게 향상되므로 고로 슬래그 미분말을 사용한 콘크리트의 큰 장점 중 하나이다.[11-9]

11.1.3 고로 슬래그 골재를 사용한 콘크리트의 특성

고로 슬래그 골재를 사용한 콘크리트의 특성은 고로 슬래그 골재의 특성에 따라 달라진다. 표 11.1은 각종 철강 슬래그 골재의 품질 및 화학조성의 예를 나타낸 것이다. 슬래그의 품질수준은 제철과정에서 사용되는 원재료뿐만 아니라 용융온도, 냉각방법에 따라 품질 특성에 차이가 발생하며, 제강 슬래그(이하 전로 슬래그)와 같이 함유하고 있는 광물조성에 따라 콘크리트용 골재로서 활용할 수 없는 것도 있다.

표 11.1 철강 슬래그의 종류에 따른 화학조성 및 품질 특성 비교

구분		고로 슬래그		전로 슬래그	전기로 산화 슬래그	포틀랜드 시멘트
		굵은골재	잔골재			
화학조성 (%)	SiO_2	33.8		13.8	17.7	22.0
	CaO	42.0		44.3	26.2	64.2
	Al_2O_3	14.4		1.5	12.2	5.5
	T-Fe	0.3*		17.5	21.2	3.0**
	MgO	6.7		6.4	5.3	1.5
	SO_3	0.84		0.07	0.1	2.0
	MnO	0.3		5.3	7.9	–
	TiO_2	1.0		1.5	0.7	–
물리적 특성	절건밀도	2.45~2.57	2.55~2.70	3.25~3.55	3.20~4.10	–
	흡수율(%)	2.4~3.3	0.4~1.5	0.7~3.2	0.6~3.0	–

주) * : FeO, ** : Fe_2O_3

고로 슬래그 골재의 종류는 표 11.2에 나타낸 바와 같이 고로 슬래그 굵은골재는 서냉슬래그를 사용하고 있으며, 고로 슬래그 잔골재는 급냉슬래그를 사용하고 있다.

고로 슬래그 굵은골재는 절대건조밀도, 흡수율, 단위용적질량에 의해 표 11.3과 같이 구분하고 있다. B종에 해당하는 고로 슬래그 굵은골재는 내부 조직이 비교적 밀실하여 흡수율이 작기 때문에 부순자갈과 같이 일반 콘크리트용 골재로서의 사용이 가능하지만, A종에 해당하는 굵은골재는 조직이 다공질이어서 흡수율이 크기 때문에 내구성을 고려하지 않는 설계기준 강도가 21 MPa 이하의 콘크리트에만 한정시켜 사용하도록 콘크리트표준시방서에 규정하고 있다.

표 11.2 고로 슬래그 골재의 종류

종류	적요
굵은골재	용광로에서 선철과 동시에 생성되는 용융슬래그를 서랭하여 입도 조정한 것
잔골재	용광로에서 선철과 동시에 생성되는 용융슬래그를 물, 공기 등에 의해 급랭하여 입도 조정한 것

표 11.3 고로 슬래그 굵은골재의 구분[11-10)]

구분	절건밀도(kg/m^3)	흡수율(%)	단위용적질량(kg/L)
A	2.2 이상	6.0 이상	1.25 이상
B	2.4 이상	4.0 이하	1.35 이상

일반적으로 고로 슬래그 골재를 이용한 콘크리트의 특성은 슬럼프 등 유동성이 저하하고, 공기량은 증가한다. 압축강도는 급냉슬래그 골재를 사용한 경우에는 초기 재령에서는 천연골재를 사용한 경우에 비해 저하하지만, 장기재령에서는 증가하는 경향이 있다. 서냉슬래그 골재를 사용한 경우에서는 급냉슬래그의 특성과 상반되는 강도특성을 발현한다. 인장강도 및 휨 강도발현 특성은 천연골재를 사용한 경우와 동등 이상의 강도를 발현한다. 탄성계수는 고로 슬래그 골재를 사용한 경우가 천연골재를 사용한 경우에 비해 다소 낮은 특성을 나타낸다. 건조수축 특성에 있어서 골재 자체의 다공성에 의한 함수상태와 시멘트 페이스트와의 수화반응 진행 등으로 인해 천연골재를 사용한 경우에 비해 약 10~30%의 수축 감소 경향이 나타난다. 골재 내부의 세공구조로 인해 동결융해저항성은 부순골재를 사용한 경우에 비해 향상된다. 단, 골재 내부의 세공구조로 인해 부순골재에 비해 내열성이 우수하다. 한편, 고로 슬래그 잔골재는 잠재수경성이 있기 때문에 고온으로 장기간에 걸쳐 저장시킬 경우에는 골재가 고결할 가능성이 높기 때문에 보관 시일을 최대한 짧게 하거나 천연골재와 혼합 보관하는 것이 효과적이다.

11.1.4 실리카 퓸을 사용한 콘크리트의 특성

가. 굳지 않은 콘크리트

실리카 퓸을 콘크리트에 혼화재로 치환하여 이용할 경우 보통 강도의 콘크리트에는 슬럼프치를 저하시키고, 소성점도를 증대시키는 경향이 있다. 그러나 물결합재비가 30% 이하인 고강도 콘크리트에서는 적절한 실리카 퓸의 종류와 치환율+SP제인 경우에는 오히려 슬럼프치를 증대시키고, 소성점도를 저하시키는 것에 의해 유동성 향상도 가능해진다. 실리카 퓸을 혼화재로 사용할 경우 치환율이 증가함에 따라 블리딩은 현저히 저하하고, 골재의 분리 등 재료 분리현상은 현저히 감소한다.

실리카 퓸을 치환할 경우 콘크리트의 공기량은 명확하지 않지만 공기량에 크게 영향을 미치지 않는 것으로 알려져 있는데, AE제량의 미세조절에 의하여 공기량을 조절할 수 있다.

나. 응결시간과 소성수축

콘크리트의 응결시간에 대한 실리카 퓸의 영향은 적다. 그러나 실리카 퓸을 일반적으로 치환한 콘크리트에는 고성능 감수제나 고성능 AE감수제가 다량 병용되므로 이의 영향으로 응결이 지연되는 경우가 있다.

소성수축의 경우 실리카 퓸을 치환한 콘크리트는 블리딩이 작고, 또한 내부의 수분이 표면으로 이동하기 어려우므로 소성수축균열은 보통 콘크리트보다 발생하기 쉬운 경향이 있다. 그러므로 표면으로부터 수분발산을 억제하기 위하여 초기 양생에 충분히 주의할 필요가 있다.

다. 경화콘크리트의 성질

실리카 퓸의 치환에 의해 콘크리트의 압축강도는 증가한다. 그림 11.6과 같이 압축강도는 치환율 10%까지는 직선적으로 증가하고, 20% 전후에서 최고점에 도달한다. 실리카 퓸은 초미립자로 공극 충전 및 빠른 포졸란반응에 의해 재령 3일 이후부터는 치환하지 않은 경우 보다 강도가 증가하는데, 재령이 증가할수록 그 경향은 더욱 커진다.

실리카 퓸을 치환하는 콘크리트의 경우 휨강도 및 인장강도는 압축강도와 마찬가지로 증가하지만 압축강도에 대한 강도비는 저하하는 경향이 있다. 철근과의 부착강도는 높아진다는 보고가 많으나 반면 일부에서는 강도가 향상된 만큼 개선되지는 않는다는 연구결과도 있다. 부착강도는 부착 대상물이나 조건에 의해 효과가 다를 수 있으므로 충분한 검토를 필요로 한다. 압축강도 증가와 동시에 탄성계수도 증가한다. 그러나 동일 압축강도인 경우는 실리카 퓸을 혼입한 경우가 작게 된다는 보고도 있으므로 탄성계수에 대해서도 신중히 검토할 필요가 있다.

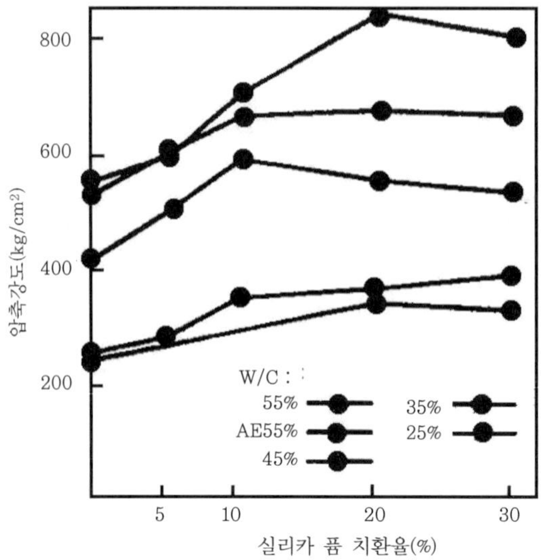

그림 11.6 실리카 퓸 치환율과 압축강도의 관계

라. 내구성

실리카 퓸의 미세공극 충전효과 및 포졸란반응은 콘크리트 경화 조직을 치밀화시켜 동결융해 작용 시 물의 침투저항성을 현저히 향상시킨다. 그러나 콘크리트 내부 물의 동결압을 과도하게 높게 할 가능성도 있으므로 그 영향을 한마디로 말할 수는 없다. 따라서 콘크리트에 내동해성이 요구되는 경우에는 AE제로 적절한 공기량을 연행시킬 필요가 있다.

콘크리트의 중성화는 실리카 퓸의 미세공극 충전효과에 의한 중성화 억제효과와 포졸란반응에 의한 콘크리트의 알칼리 저하작용이 상반되기 때문에 실용적인 범위의 치환율에서는 큰 영향이 없다. 단, 초기재령일 때 양생을 적절히 행하지 않으면 중성화가 빨라지기 때문에 이 점에는 주의할 필요가 있다.

또한 실리카 퓸을 치환한 콘크리트의 경우는 알칼리골재반응의 억제효과, 염분침투 저항성, 내화학 저항성, 수밀성 및 내마모성 등에는 효과가 있으며, 내화성능은 오히려 저하하는 것으로 알려져 있다.[11-11)]

11.1.5 동 슬래그 골재를 사용한 콘크리트의 특성

가. 굳지 않은 콘크리트의 특성

기존 연구결과는 동 슬래그 잔골재를 천연 잔골재의 약 50%까지 치환할 때까지는 슬럼프가 증가하는 경향을 나타내지만, 치환율이 75% 이상이 되면 치환율이 증가할수록 슬럼프가 감소하는 결과를 나타내고 있다.[11-12)] 또한 자용로와 연속로 동 슬래그 골재를 비교해 보면 입형이 구형 상태인 자용로 동 슬래그 골재가 각형 및 부정형인 연속로 동 슬래그 골재보다 슬럼프가 큰 것으로 나타났다. 동 슬래그 골재의 사용에 따른 공기량 변화는 거의 없는 것으로 나타났으며, 단위용적질량은 동 슬래그 골재의 밀도가 약 3.4~3.7t/m^{3}으로 천연 잔골재보다 크기 때문에 콘크리트의 단위 용적 중량은 치환율이 증가할수록 비례적으로 커지는 경향을 나타낸다.[11-13)] 그러나 동 슬래그 골재를 적용하면 콘크리트의 응결시간이 지연되는 단점이 있다. 이와 같은 문제를 해결하기 위해 동 슬래그를 씻어 사용하는 것이 바람직하며 동 슬래그 골재를 씻는 시간이 증가할수록 응결시간 지연현상은 감소한다. 이는 동 슬래그 골재 표면의 미립분에 의한 것으로 보고되고 있다. 또한 동 슬래그 골재를 함유하고 있는 콘크리트 공시체는 천연 잔골재를 함유하고 있는 콘크리트와 비교하여 약간 크거나 거의 유사한 건조수축량을 가지는 것으로 보고되고 있다.[11-14~15)]

나. 경화콘크리트 특성

연구결과에 따르면 동 슬래그 골재를 이용하여 시멘트를 대체한 콘크리트의 압축강도, 인장강도 및 휨강도 특성은 동 슬래그 골재의 잔골재 치환율이 증가할수록 강도가 증가하는 경향을 나타낸다.[11-12) 특히 재령이 증가할수록 압축강도의 증가율은 높은 것으로 나타난다. 그러나 다른 연구자의 결과를 살펴보면 동 슬래그 골재를 사용한 콘크리트의 경우 압축강도, 인장강도는 천연 잔골재를 사용한 콘크리트와 비교하여 강도 증가는 거의 없는 것으로 보고하고 있다.[11-14~16) 따라서 동 슬래그 골재를 적용할 경우 강도에 대한 영향은 사전 배합비 등에 의한 실험을 통하여 검증할 필요가 있다.

다. 내구성

동 슬래그 골재를 30% 및 50% 치환한 경우를 예로 중성화 저항성, 동결융해 저항성, 황산염 저항성, 알칼리-골재반응 저항성, 염화물 확산 계수, 철근 부식 저항성 등 내구성을 검토한 결과 30% 치환조건에서는 대부분 천연모래를 사용한 배합과의 내구특성 차이가 크지 않은 것으로 나타났으며, 부순모래를 사용한 경우는 대체로 50% 치환조건과 유사한 결과를 얻었다.[11-13) 또한 장기간 야외 폭로실험을 수행한 결과에서는 6개월간 해수에 침지시킨 콘크리트의 팽창균열 등 주목할 만한 성능저하 사례가 관찰되지 않았으며, 중성화 및 철근 부식 실험체의 8년간 폭로결과에서도 천연모래만을 사용한 경우와 동등한 정도의 내구성을 확보할 수 있음을 알 수 있었다.[11-13) 동 슬래그 골재를 사용한 콘크리트의 마모 저항성은 천연 잔골재를 사용할 때와 비교하여 크게 증가하는 것으로 보고되고 있다.[11-16)

11.2 순환골재를 사용한 콘크리트의 특성

11.2.1 유동성

그림 11.7은 순환골재 혼입률 변화에 따른 유동성 변화를 나타낸 것이다. 순환 잔골재의 경우 혼입률이 증가할수록 슬럼프가 저하하는 경향을 나타낸다. 그러나 콘크리트의 유동성은 순환골재의 상태 및 사용량에 따라 달라질 수 있으며, 양질의 순환골재를 사용한 경우 동등 이상의 결과를 나타내어 유동성이 개선되는 것으로 나타났다. 순환골재 혼입률이 증가할수록 골재 표면에 붙어 있는 모르타르의 총량도 증가하여 배합수를 흡수할 수 있으며, 흡수율이 비교

적 큰 순환 잔골재의 경우 혼입률이 증가할수록 유동성이 현저히 저하될 수 있어 순환 잔골재를 다량 혼합하여 사용하는 때에는 사전에 충분한 검토 및 철저한 골재의 관리가 필요하다. 이와 관련하여 콘크리트 표준시방서에서 순환골재 저장 시설은 프리웨팅이 가능한 살수설비를 갖추도록 하고 있다.[11-11)]

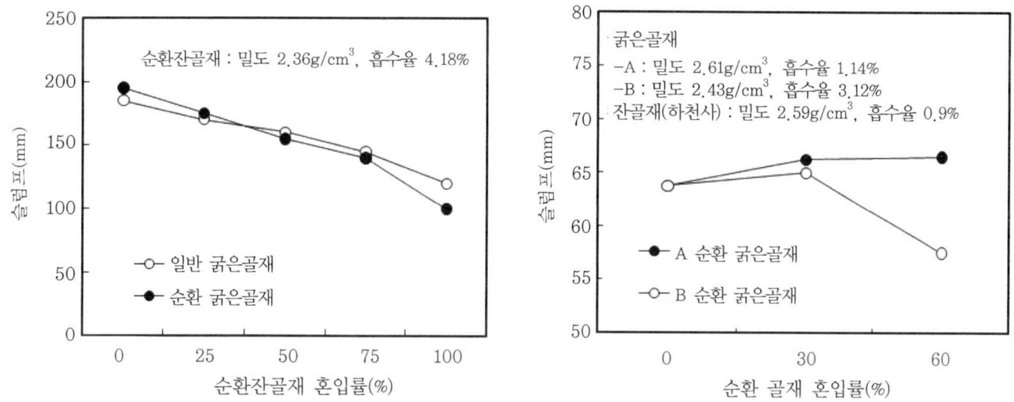

(a) 순환 잔골재 (b) 순환 굵은골재

그림 11.7 순환골재 혼입률에 따른 유동성 변화[11)]

11.2.2 공기량

그림 11.8은 순환골재 혼입률 변화에 따른 공기량 변화를 나타낸 것이다. 순환골재의 혼입률이 증가할수록 공기량이 증가하는 경향을 나타내고 있는데, 일반적으로 순환골재는 표면에 부착되어 있는 모르타르 등으로 인해 잠재적인 공기를 다량 포함하는 것으로 보고되고 있다. 이와 관련하여 콘크리트표준시방서에서는 순환골재 콘크리트의 공기량을 보통 골재를 사용한 콘크리트보다 1% 크게 하도록 하고 있다.[11-12)]

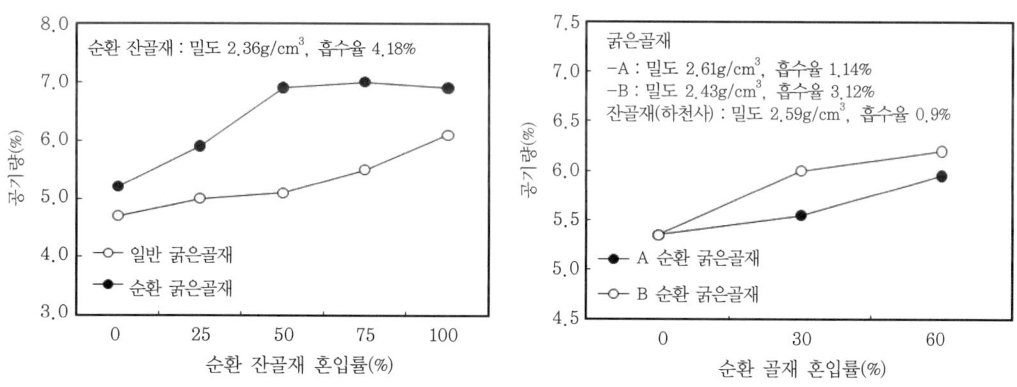

(a) 순환 잔골재 (b) 순환 굵은골재

그림 11.8 순환골재 혼입률에 따른 공기량 변화[11-12)]

11.2.3 압축강도

순환골재 콘크리트는 그림 11.9에 나타낸 바와 같이 골재와 매트릭스 사이에 두 개의 계면이 존재하고 이는 순환골재 콘크리트의 강도에 영향을 미친다. 순환골재와 새로운 모르타르 사이의 신계면(New ITZ : Interfacial trasition zone)의 품질이 원골재와 구모르타르 사이의 구계면(Old ITZ)보다 우수하다면 순환골재 콘크리트의 강도는 구계면이 있는 순환골재 품질에 의해 좌우된다.[11-13)]

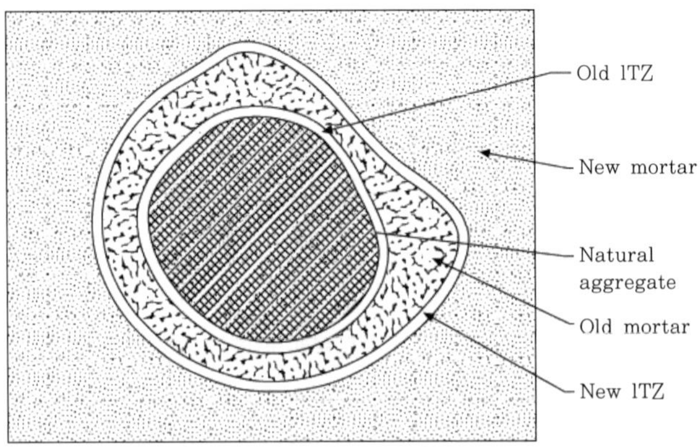

그림 11.9 순환골재의 계면구조[11-13)]

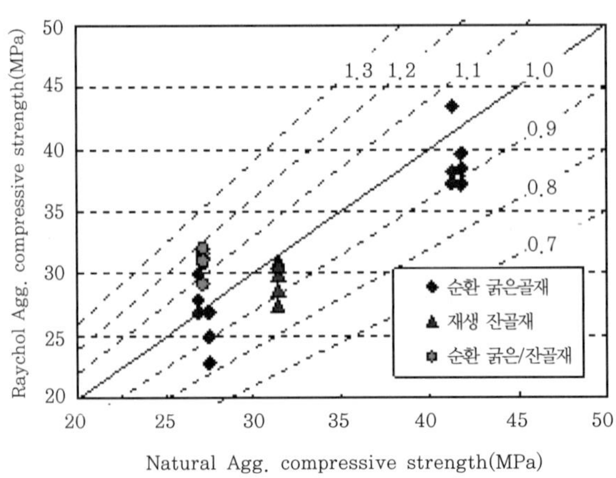

그림 11.10 순환골재 콘크리트의 압축강도[11-14)]

순환골재 종류 및 치환율에 따른 압축강도를 비교하면 그림 11.10에 나타난 바와 같이 대체로 천연골재 콘크리트에 비하여 90% 이상의 압축강도를 확보하고 있다. 순환골재 콘크리트의 압축성능은 현행 순환골재 품질기준에서 제시하는 압축강도 27 MPa 이내의 범위 및 치환율 30% 이내에서 천연골재 콘크리트와 동등한 성능을 확보하고 있으며, 순환골재 종류에 관계없이 치환율 60%까지는 성능저하가 발생되지 않는 것으로 나타났다.[11-14)]

11.2.4 탄성계수

순환골재를 사용한 콘크리트는 골재 표면에 부착된 모르타르의 계면부착력 저하 또는 골재 자체의 미세균열 등으로 인하여 탄성계수가 저하될 수 있다. 그러나 순환골재 콘크리트 탄성계수 시험결과와 국내 전역의 현장에서 취합된 천연골재 콘크리트 공시체 시험결과를 포함하여 총 490개의 시험결과를 분석한 연구결과에 의하면 그림 11.11에 나타낸 바와 같이 순환골재 적용에 따른 탄성계수 저하는 보여지지 않고 있으며, KCI 2007 기준식과 비교하여 천연 및 순환골재 콘크리트 모두 전반적으로 감소하는 경향을 나타내었다.[11-15)]

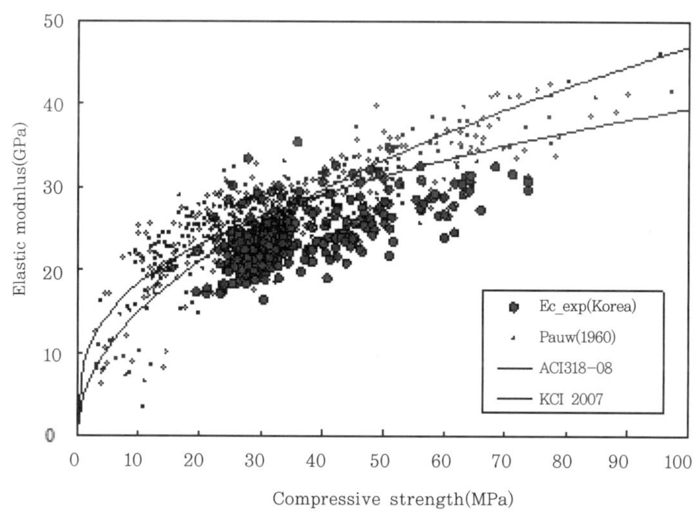

그림 11.11 천연 및 순환골재 콘크리트의 탄성계수 비교[11-15)]

11.2.5 크리프

그림 11.12에 나타난 바와 같이 순환 굵은·잔골재 콘크리트에서는 천연골재 콘크리트에 비하여 크리프 변형률이 다소 증가하는 경향을 보이지만 10% 이내로 크지 않다. 따라서 순환 굵은·잔골재를 골재 용적의 60%까지는 천연골재와 동등한 크리프 특성을 확보할 수 있는 것으로 판단된다.[11-15)]

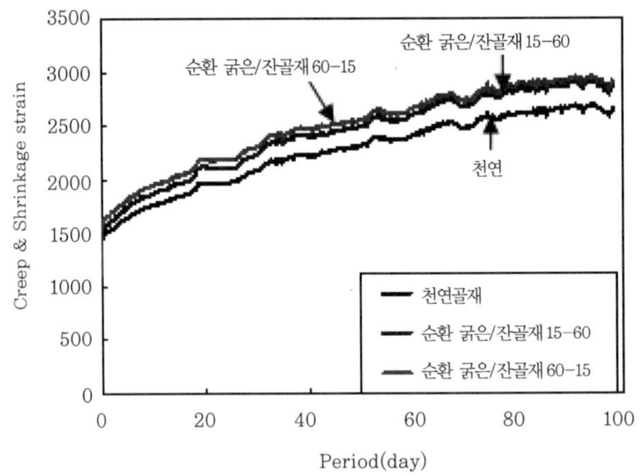

그림 11.12 순환골재 콘크리트의 크리프 특성[11-15]

11.2.6 건조수축률

순환골재를 이용한 콘크리트의 경우, 그림 11.13에 나타낸 바와 같이 고품질의 순환골재를 사용해도 재령 6개월에는 800×10^{-6} 이상의 건조수축률이 발생하는 것이 확인되어, 비록 고품질 순환골재를 사용해도 흡수율이 천연골재보다 상대적으로 높아져 콘크리트에 영향을 주어 건조수축률 증가에 미치고 있는 것이라고 생각할 수 있다.[11-16]

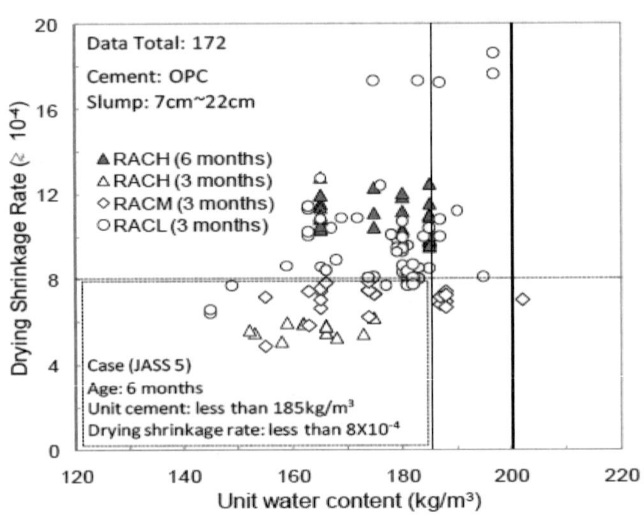

그림 11.13 순환골재 콘크리트의 단위수량과 건조수축률(3개월)과의 관계[11-16]

11.2.7 투수성과 흡수성

투수성은 콘크리트의 내구성을 저하시키는 요인으로 작용한다. 수분흡수성은 경화된 콘크리트의 투수성과 간접적인 관련이 있고, 콘크리트 내부로의 수분침투는 콘크리트 내구성을 크게 저하시키게 된다. Kasai는 물-시멘트비 0.5~0.7과 슬럼프 21 cm를 갖는 콘크리트에 대하여 투수시험을 행한 결과 순환골재 콘크리트의 투수성은 보통 콘크리트의 투수성보다 2.5배 높다고 보고하고 있다. 이는 보통 콘크리트는 굵은골재와 비교적 밀실한 천연잔골재와 매트릭스를 포함하는 반면에 순환골재 콘크리트는 매트릭스는 밀실하지만 순환골재가 상대적으로 많은 공극을 가지고 있기 때문인 것으로 사료된다.

11.2.8 탄산화 및 염소이온침투

탄산화 및 염소이온침투는 순환골재 콘크리트에 있어서 가장 취약한 문제로 지적된다. 기존 연구결과에 의하면 순환골재 콘크리트의 탄산화 깊이는 천연골재 콘크리트와 비교하여 1.1~2.5배 큰 것으로 보고되고 있으며, 순환골재 콘크리트의 염소이온침투깊이도 천연골재 콘크리트와 비교하여 증가하게 되고, 특히 물/시멘트비가 클 경우에 차이가 더욱 큰 것으로 보고되고 있다.[11-17)]

이는 순환골재에 붙어 있는 원골재와 구모르타르와의 구 계면(Old ITZ : Interfacial trazition zone)으로 인하여 순환골재 콘크리트가 천연골재 콘크리트와 비교하여 투기성이 높아졌기 때문이며, 순환골재와 새로운 모르타르와의 신 계면(New ITZ)의 품질이 좋아지면 탄산화 깊이 및 염소이온투과 깊이는 감소하게 된다.[11-18)]

사진 11.1 천연 및 순환골재 콘크리트의 탄산화깊이[17)]

11.2.9 내동해성

Hasaba 등은 순환골재 콘크리트의 동결융해 저항성은 보통 콘크리트보다 항상 작다고 보고하였다.[11-18] 또한 그림 11.14와 같이 순환 굵은골재와 천연 잔골재를 사용한 콘크리트와 순환 굵은골재와 순환 잔골재를 사용한 콘크리트 모두 보통 콘크리트보다 동결융해 저항성이 낮고 순환 굵은골재와 순환 잔골재를 사용한 경우가 순환 굵은골재와 천연 잔골재를 사용한 경우보다 더 빠르게 내구성이 저하하고 있는 것을 알 수 있다.

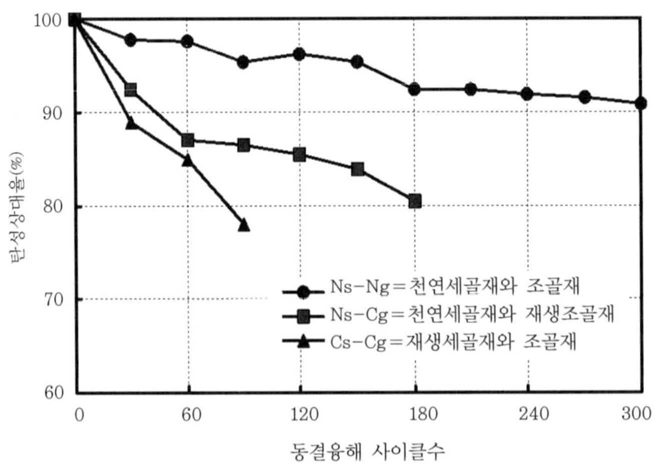

그림 11.14 물-시멘트비에 따른 보통 콘크리트와 순환골재 콘크리트의 내동해성

11.3 석회석 미분말을 사용한 콘크리트의 특성

가. 굳지 않은 콘크리트의 특성

시멘트 페이스트에서 석회석 미분말은 넓은 범위의 입도분포로 클링커 입자 사이를 메우는 역할을 하고, 결과적으로 소요 단위수량을 줄일 수 있게 된다. 한편 석회석 미분말 내 점토 함유율은 소요 단위수량에 영향을 미치는데, 점토 함유율이 높을수록 단위수량이 증가한다. 서로 다른 단위시멘트량의 모르타르에 대해 석회석 미분말을 5% 사용하면 작업성이 향상되는 결과를 보인다.[11-19] 콘크리트에서 동일한 배합에 대해 보통 포틀랜드 시멘트를 사용한 경우에 비해 석회석 미분말 혼합시멘트를 사용한 경우가 반죽질기가 더 묽게 나타난다.[11-20] 석회석 미분말의 사용은 블리딩 저감에도 효과가 있다.[11-21]

나. 경화콘크리트의 특성

석회석 미분말은 큰 분말도로 인해 시멘트 및 콘크리트의 성질에 많은 영향을 미친다. 큰 표면적의 작은 입자 미분말은 수화생성물이 자리잡을 수 있는 매체로서의 역할을 하기 때문에 시멘트의 알라이트나 알루미네이트의 수화를 촉진시키게 된다. 또 다른 효과로는 시멘트 입자 사이를 미분말이 채우게 되어 페이스트를 조밀하고 균질하게 만들어 주며 골재와 시멘트 페이스트 사이의 계면도 역시 조밀하게 만드는 역할을 한다.

석회석 미분말을 혼합하여 사용할 경우 작업성에 큰 변화 없이 시멘트 페이스트 또는 모르타르의 초기강도를 향상시킬 수 있다. 석회석 미분말을 10~40% 치환하였을 때 초기강도가 향상되는 결과를 보이는데,[11-21] 이는 석회석 미분말 혼입으로 인한 초기 수화반응 속도의 증가 때문이다. 하지만 플라이애시나 다른 포졸란 재료와는 달리 이후 장기강도 향상은 보이지 않는다. 다량의 석회석 미분말을 혼합한 시멘트의 경우, 보통 포틀랜드 시멘트와 비교했을 때 시멘트량 감소에 따른 강도 저하가 나타나지만 분말도를 크게 함으로써 어느 정도 보상할 수 있다.

다. 내구성

보통 포틀랜드 시멘트와 석회석 미분말 혼합시멘트를 사용한 공기연행 콘크리트에 대해 투수성 실험을 수행한 결과, 석회석 미분말 혼합시멘트를 사용한 경우의 투수계수가 보통 포틀랜드 시멘트를 사용한 경우에 비해 약간 작은 값을 나타냈다.[11-22] 석회석 미분말 6~20%를 혼합한 시멘트를 사용한 일반 콘크리트는 석회석 미분말을 혼합하지 않은 콘크리트에 비해 강도는 거의 동일하지만 중성화 속도가 증가하는 경향을 나타낸다.[11-22] 동결융해저항성은 석회석 미분말 혼합 시멘트를 사용했을 때, 치환율 20% 이하에서는 보통 포틀랜드 시멘트 대비 동등 또는 그 이상의 성능을 보인다.[11-22] 내황산성에 대해서 석회석 미분말의 치환율은 거의 영향을 미치지 않으며, 시멘트 내 C_3A의 함유량에 영향을 많이 받는 것으로 나타났다.[23)]

참고문헌

11-1 최세진, 정용, 오복진, 김무한, "물-시멘트비 및 바텀애쉬 대체율에 따른 콘크리트의 공학적 특성에 관한 실험적 연구", 한국콘크리트학회논문집, Vol. 15, No. 6, 2003, pp.840~847.

11-2 장영일, 박승범, 이준, 이병재, 민정욱, "Bottom Ash 굵은골재 혼입에 따른 콘크 리트의 강도특성에 관한 실험적 연구", 한국콘크리트학회 학술발표논문집, Vol. 18, No. 1, 2008, pp.489~492.

11-3 이봉춘, 정상화, 김주형, 권성준, "국산 매립회의 골재특성 평가 및 매립회 콘크리트의 내구성능 평가", 한국콘크리트학회논문집, Vol. 23, No. 3, 2011, pp.311~320.

11-4 이봉춘, 정상화, 채성태, 권성준, "국산 매립회 골재를 사용한 콘크리트 구조물의 적용성 평가", 한국콘크리트학회논문집, Vol. 23, No. 5, 2011, pp.541~550.

11-5 이문환, 이세현, 송태협, "동 슬래그를 잔골재로 사용한 콘크리트의 물리 · 역학적 특성에 관한 연구", 한국콘크리트학회 논문집, Vol. 15 No. 3, 2003, pp.361~368.

11-6 이문환, "동 슬래그 골재를 함유한 콘크리트의 내구성 평가 연구", 한국콘크리트학회 논문집, Vol. 20, No. 6, 2008, pp.773~784.

11-7 Ayano T. and Sakata K., "Durability of concrete with copper slag fine aggregate", Proceedings of the fifth CANMET/ACI international conference on durability of concrete, SP-192, 2000, pp.141~158.

11-8 Hwang CL, Laiw JC. "Properties of concrete using copper slag as a substitute for fine aggregate", Proceedings of the 3rd international conference on fly ash, silica fume, slag, and natural pozzolans in concrete, SP-114-82, 1989, ACI, pp.1677~1695.

11-9 Shoya M, Nagataki S, Tomosawa F, Sugita S, Tsukinaga Y., "Freezing and thawing resistance of concrete with excessive bleeding and its improvement", Proceedings of the fourth CANMET/ACI international conference on durability of concrete, SP-170-45, 1997, ACI, pp.879~898.

11-10 Tang M., Wang B., and Chen Y., "The research on super high strength high wearability cement mortar with the incorporation of copper slag as aggregates", Concrete, No. 4, 2000, pp.30~32.

11-11 한국콘크리트학회, 콘크리트 표준시방서, 2009.

11-12 국토해양부, 순환골재 품질기준 제정 및 인증제도 시행방안 연구, 2006. 7.

11-13 Leite, M. B., "Evaluation of mechanical properties of concrete produced with recycled aggregates from construction and demolition waste", Porto Alegre-RS, 2001.

11-14 유영찬, "순환골재콘크리트 구조기준 설정에 관한 연구", KICT, 2014.

11-15 박원준, "순환골재를 사용한 콘크리트의 압축강도와 각종 역학특성과의 관계에 관한 연구", 대한건축학회논문집 구조계, 제28권 제3호, 2012년 3월.

11-16 Katz, A., "Properties of concrete made with recycled aggregate from partially hydrated old concrete", Cement and Concrete Research, Vol. 33, 2003, pp.703~711.

11-17 Ryu, J. S., "Improvement on strength and impermeability of recycled concrete made from crushed concrete coarse aggregate", Journal of Materials Science Letters, Vol. 21, 2002, pp.1565~1567.

11-18 Hansaba S. et al, "Drying Shrinkage and Durability of Concrete made of Recycled Aggregate", Trans of the Japan Concrete Insititute, Vol. 3, 2003, pp.55~60.

11-19 Tezuka, Y., Gomes, D., Martins, J. M., and Djanikian, J. G., "Durability Aspects of Cements with High Limestone Filler Content", 9th International Congress of the Chemistry of Cement, New Delhi, India, 1992, Vol. V, pp.53~59.

11-20 Sprung, S., Siebel, E., "Assessment of the Suitability of Limestone for Producing Portland Limestone Cement (PKZ)", Zement-Kalk-Gips, Vol. 44, No. 1, 1991, pp.1~11.

11-21 Moir, G. K., "Minor Additional Constituents : Permitted Types and Benefits", in Eurocements-Impact of ENV 197 on Concrete Construction, R. K. Dhir and M. R. Jones, Eds., E & FN Spon, London, 1994, pp.37~56.

11-22 Schmidt, M., "Cement with Interground Additives-Capabilities and Environmental Relief, Part 2", Zement-Kalk-Gips, Vol. 45, No. 6, 1992, pp.296~301.

11-23 Hooton, R. D., "Effects of Carbonate Additions on Heat of Hydration and Sulfate Resistance of Portland Cement", Carbonate Additions to Cement, ASTM STP 1064, P. Klieger and R. D. Hooton, Eds., American Society for Testing and Materials, Philadelphia, 1990, pp.73~81.

제12장 콘크리트의 내구성 평가 및 향상 기술

김경민, 대우건설기술연구원 선임연구원, kyoungmin.kim@daewooenc.com

12.1 내구성의 종류 및 메커니즘

12.1.1 탄산화[12-1)]

탄산화란 대기 중의 이산화탄소가 콘크리트 내에 침입하여 수산화칼슘 등의 시멘트 수화물과 탄산화반응을 일으키면서 세공용액의 pH를 저하시키는 현상이다. 이에 의해 콘크리트 내부 강재 표면의 부동태 피막이 손상되고 산소와 수분이 공급되면 부식이 진행한다. 이후 강재부식에 의해 콘크리트 균열의 발생, 피복 박락, 내하력 저하가 일어난다. 탄산화에 의해 C-S-H(calcium silicate hydrate)를 포함한 주요 시멘트 수화물이 변질됨과 동시에 시멘트 경화체의 공극구조 변화가 생기므로 강도변화와 함께 탄산화 수축현상이 일어나는 것으로 알려져 있다.[12-1)] 1톤의 포틀랜드 시멘트는 약 1.2톤의 석회석과 0.3톤의 점토 등을 소성하여 만들어진다. 이 경우 석회석은 약 800℃의 고온에서 중량비 45%의 이산화탄소를 방출하고 산화물인 CaO로 되며, CaO는 소성에 의하여 점토 등의 구성 성분과 결합하고 물과 반응하여 다음과 같은 시멘트 수화물을 생성한다.

콘크리트가 굳은 후에 시멘트 수화물은 공기 중의 이산화탄소(약산성으로 중량비 0.035% 정도)와 반응하여 다음 같이 탄산칼슘($CaCO_3$)과 기타 물질로 분해된다. 이러한 현상을 탄산화라 한다. 즉 탄산화란 자연상태에서 안정된 암석인 석회석을 소성하여 이산화탄소를 유리시켜 만든 시멘트 수화물이 다시 이산화탄소를 흡수하여 안정된 탄산칼슘으로 돌아가는 현상이다.

① 규산칼슘 수화물의 탄산화 : $3CaO \cdot SiO_2 \cdot 3H_2O$

$$3CaO \cdot 2SiO_2 \cdot 3H_2O + 3CO_2 \rightarrow 3CaCO_3 + 2SiO_2 + 3H_2O \quad (12.1)$$

② 수산화칼슘의 탄산화 : $Ca(OH)_2$

$$Ca(OH)_2 + CO_2 \rightarrow CaCO_3 + H_2O \tag{12.2}$$

③ 에트린자이트의 탄산화 : $3CaO \cdot Al_2O_3 \cdot 3CaSO_4 \cdot 32H_2O$

$$3CaO \cdot Al_2O_3 \cdot 3CaSO_4 \cdot 32H_2O + 3CO_2 \rightarrow 3CaCO_3 + 2Al(OH)_3 + 3CaSO_4 \cdot H_2O + 23H_2O \tag{12.3}$$

④ 프리델씨염의 탄산화 : $3CaO \cdot Al_2O_3 \cdot CaCl_2 \cdot 10H_2O$

$$3CaO \cdot Al_2O_3 \cdot CaCl_2 \cdot 10H_2O + 3CO_2 \rightarrow 3CaCO_3 + 2Al(OH)_3 + 3CaCl_2 + 10H_2O \tag{12.4}$$

식 (12.2)의 수산화칼슘은 pH 12~13의 강알칼리성으로 이것이 콘크리트의 pH를 주로 결정한다. 수산화칼슘이 공기 중의 이산화탄소와 반응하여 탄산칼슘으로 되면 pH가 8.5~10 정도로 낮아지므로 중성화라고 한다. 즉 중성화는 굳은 콘크리트의 알칼리성이 저하하는 현상을 말하는 것으로 식 (12.1)~(12.4)처럼 이산화탄소에 의하여 탄산칼슘이 만들어지는 과정을 탄산화(carbonation)라고 하며, 중성화(neutralization)는 그림 12.1에 나타낸 바와 같이 탄산화를 포함한 산성비, 산성토양, 화재 등에 의한 콘크리트 알칼리성 저하를 포함한 범위라고 생각할 수 있다.

탄산화는 콘크리트 표면에서 내부로 통하는 모세관공극으로 CO_2가 침입하여 발생하므로 탄산화를 억제하기 위한 방법으로는 콘크리트 표면으로부터 이산화탄소 침입을 억제하기 위하여 표면 마감재를 시공하던가, 콘크리트 내부의 모세관공극을 최소한으로 하는 수밀한 콘크리트를 타설할 필요가 있다.

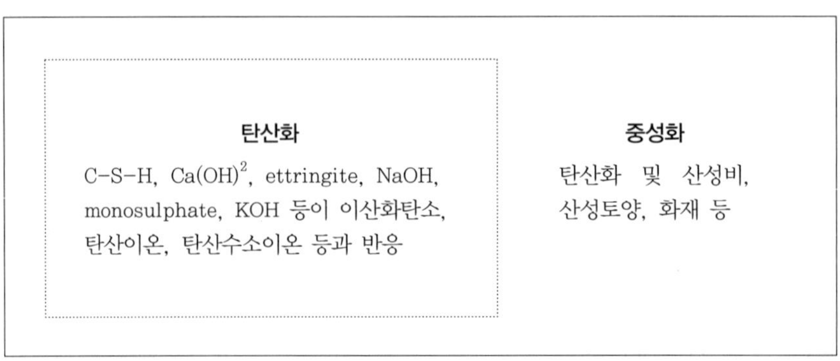

그림 12.1 탄산화 및 중성화 개념도

또한, 1퍼센트 페놀프탈레인 용액은 pH 8.2~10 이상에서 적색을 나타내므로 현장에서는 일반적으로 페놀프탈레인 분무에 의해 콘크리트의 탄산화 깊이를 측정하고 있다.

이산화탄소는 세공용액 중의 물에 용해되어 탄산으로 되며($CO_2+H_2O \rightarrow H_2CO_3$), 여기서 생긴 탄산은 이온화하여 탄산이온($H_2CO_3 \rightarrow 2H^+ + CO_3^{2-}$)으로 된다. 세공용액 중에 존재하는 Ca^{2+} 탄산이온과 일단 반응하면 물에 거의 용해되지 않는 탄산칼슘($Ca^{2+} + CO_3^{2-} \rightarrow CaCO_3$)을 생성하며 세공벽면에 침적한다. 이러한 반응에 의해 Ca^{2+}가 소실되면 세공용액 중의 Ca^{2+}의 농도가 감소하므로 고체 상태의 수산화칼슘이 다시 세공용액 중에 용해되고 이 과정이 반복되어 탄산화가 진행됨으로써 세공 내부에서 탄산칼슘이 성장한다. 세공용액 중의 pH는 Na^+ 및 K^+와 평형상태에 있는 수산기 이온(OH^-) 등에 의하여 주로 결정되므로 고체상태의 수산화칼슘이 계속해서 수산기이온을 공급하면 콘크리트의 pH는 급격히 저하하게 된다.

콘크리트 내부 세공용액 중의 pH가 높으면 탄산화가 촉진되는 결과를 나타낸다. 이는 시멘트의 알칼리량이 높아진 것과 함께 해사 중의 염화나트륨에 의해 수산기이온 농도가 상승하기 때문이다. 이는 염화나트륨이 물의 존재 하에서 Na^+와 Cl^-로 이온화하며 시멘트 중의 알루민산삼석회($3CaO \cdot Al_2O_3$)가 시멘트 중량의 0.4%까지 Cl^-와 결합하여 프리델씨염을 생성하므로 세공용액 중의 염소이온은 감소하게 된다. 따라서 세공 내부에서는 여분의 Na^+와 평형을 이루는 음이온이 필요하게 되고 고체 상태로 존재하는 수산화칼슘이 용해하게 된다. 이 때문에 알루민산삼석회의 염소이온 고정화 능력 한도 내에서는 염화나트륨 증가와 함께 수산기이온 농도가 상승하며, 염화나트륨을 많이 포함한 콘크리트일수록 탄산화 깊이가 크게 되므로 콘크리트 내 염분은 탄산화를 촉진시킨다. 여기서 취급하는 현상은 탄산화반응에 의해 일어나는 것이므로 '탄산화'라고 해야 하지만 주로 문제가 되는 것은 탄산화의 결과로서 pH의 저하에 의한 강재를 보호하는 성능의 저하이고 콘크리트 표면에서 내부로 pH 저하 영역을 열화진행의 지표로 하는 점에서 일반적 호칭인 '중성화'를 사용하고 있다.

12.1.2 염해

염소이온은 해수나 동결방지제와 같이 구조물의 외부 환경에서 제공되는 경우와 콘크리트 제조 시 재료에서 제공되는 경우가 있다. 염소이온이 콘크리트 내부에 침투하거나 존재하면 강재의 부식을 촉진시킨다. 콘크리트 속의 강재는 염소이온에 의하여 부식이 촉진되고, 부식된 강재는 부피가 팽창하여 콘크리트에 균열이나 박리현상을 일으키거나 강재의 단면 감소 등을 일으킴으로써 철근콘크리트 구조물의 성능을 저하시킬 수 있다. 염해에 있어서 강재의 부식에 의한 구조물의 열화과정은 잠재기, 진전기, 촉진기, 한계기로 나뉜다. 각각의 시기에 있어서 열화현상이 구조물의 성능에 미치는 영향이 다르므로 열화과정의 각 경우에 따른 열화의 예측, 점검, 평가 및 판정, 대책, 기록이 다르다.

시멘트는 수화반응에 의해 C-S-H 겔 및 $Ca(OH)_2$을 생성하는데, 이때 생성된 $Ca(OH)_2$은 시멘트 중량의 약 24퍼센트를 차지하면서 콘크리트의 pH를 12~13의 강알칼리가 되도록 한다. 이러한 강알칼리 환경 하에서 철근은 그 표면에 얇은 부동태피막(두께 20~60Å, $\gamma-Fe_2O_3 \cdot nH_2O$)이라는 산화피막을 형성하고 있으므로 부식환경으로부터 보호된다. 따라서 적절하게 시공되고 균열 없이 밀실한 철근콘크리트 구조물에서 철근의 부식은 문제가 되지 않는다.

그러나 알칼리 성분의 용출이나 중성화에 의하여 콘크리트의 알칼리도가 저하하거나 염소이온이 침입하여 콘크리트 내부의 염화물 이온량이 일정값 이상으로 증가하면 콘크리트 내부의 철근은 활성 상태가 되어 부식하기 쉽다. 염화물 존재 하에서 철근의 부식작용 과정을 요약하면 다음과 같다.

① 염소이온에 의한 산화철피막의 해체 작용
② 철근 표면 흡착에 의한 철이온의 용해 촉진
③ 염소이온 착제의 생성에 의한 연속반응의 진행
④ 철의 양극(anode)반응에 대한 촉매작용
⑤ 철과의 직접 반응에 의한 중간 생성물의 생성
⑥ pH의 저하에 따른 중성화 진행
⑦ 전기전도율 증대

부식은 철이 자연상태의 안정된 산화화합물 상태로 되돌아가려고 하는 과정이며, 녹은 이때 생성되는 무기질의 중합체(polymer)로서, 염소이온에 의해 부식된 철근에 발생된 녹은 그림 12.2와 같이 철근의 단면적을 감소시키고, 약 2.5배 팽창하여 그 팽창압으로 콘크리트에는 균열이 발생하게 되며, 철근과 콘크리트의 부착력을 감소시킨다.

철근의 부동태피막이 파괴되면 콘크리트 중에 있어서 각종 결함이나 밀실 정도의 차, 염화물과 알칼리 농도의 차 또는 강재 표면의 화학적 불균일성 때문에 철근 표면의 전위는 마이크로적으로 불균일하게 되어 양극부(anode)와 음극부(cathod)부가 형성되어 전류가 흐르고 부식이 발생하기 시작한다. 콘크리트와 같이 불균질한 복합체 안에서의 부식환경에서는 상황에 따라 매크로 셀이 구성되는데, 이는 일반적인 부식에서 국부전지(마이크로 셀)와 달리 양극과 음극 간의 거리가 큰 것이 특징이다. 특히, 염화물의 존재 하에서는 양극과 음극이 면적비가 작게 되어 부식은 공식의 형태가 되는 경우가 많다.

염소이온의 국부적인 침식에 의하여 야기된 양극과 음극 면적의 분리는 부식형태에 상당한 영향을 미친다. 양극에서 발생된 수소이온(H^+)은 철근 표면의 pH를 4.8~6.0으로 낮추고, 음극반응의 산물인 수산기 이온(OH^-)은 철의 음극 부근에서 생성된다. 양극에서 국부적인

pH의 강하 때문에 $FeCl_2$의 가용성 화합물이 생성될 수 있으며, 이 화합물은 양극으로부터 퍼져나가서 부식은 계속된다. pH와 용존 산소의 농도가 높은 지역으로부터 약간 떨어진 곳에서 가용성 화합물은 분해되고, 수산화철이 침전되기 때문에 염소이온은 양극에서 철이온과 훨씬 더 자유롭게 반응한다.

염소이온은 이 과정에서 반응에 참여하지 않고 촉매 역할을 수행하며, 철 부근에서 계속해서 철이온이 용출되어 산소와 반응하므로 더 많은 산화물과 수산기를 형성한다. 그러므로 부식이 철근을 따라 퍼지는 대신 국부적인 양극 부근에 한정되어 깊은 반응을 나타내며, 결과적으로 철근은 심각한 상태가 된다.

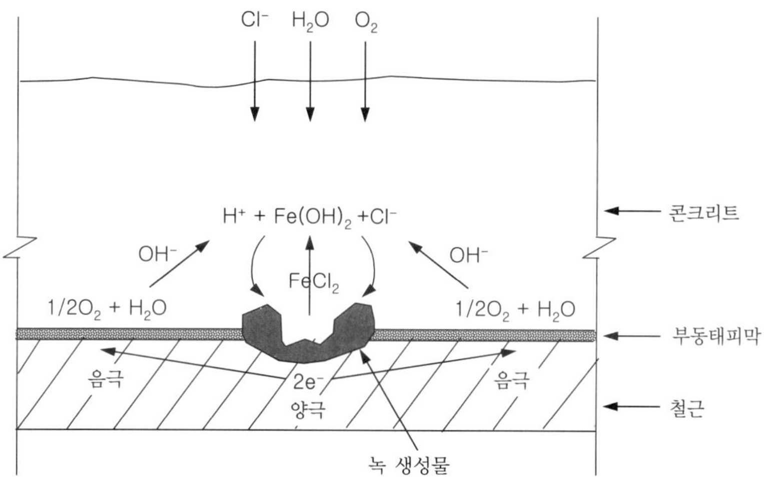

그림 12.2 염소이온에 의한 콘크리트 중의 철근부식

일반적인 철근부식의 양극과 음극반응을 수식으로 나타내면 다음과 같다.

$$Fe \rightarrow Fe^{2+} + 2e^- \text{ (양극반응)} \tag{12.5}$$

$$\frac{1}{2}O_2 + H_2O + 2e^- \rightarrow 2OH^- \text{ (음극반응)} \tag{12.6}$$

양극과 음극에서 발생한 이온은 다음과 같은 반응을 통하여 낮은 수용성을 지닌 수산화 제1철($Fe(OH)_2$)의 형태로 결합한다.

$$Fe^{2+} + 2OH^- \rightarrow Fe(OH)_2 \tag{12.7}$$

그런데 콘크리트 중에 염화물이 존재하거나 외부로부터 침입하게 되면 철근은 염화물과 결합하여 다음과 같이 부식을 촉진하게 된다.

$$Fe + 2Cl^- \rightarrow FeCl_2 + 2e^- \tag{12.8}$$

$$FeCl_2 + 2H_2O \rightarrow Fe(OH)^2 + 2H^+ + 2Cl^- (2H^+ + 2e^- \rightarrow H_2 \uparrow) \tag{12.9}$$

충분한 산소가 공급된다면 수산화제1철은 다음과 같이 반응하여 붉은 녹인 수산화제2철로 변화된다. 일부는 산화가 불충분한 채로 Fe_3O_4가 되어 철근 표면에 검은 녹 층을 형성하게 되며, 녹은 다공성이며 흡수성이 강하기 때문에 아무리 두꺼운 녹이 발생하여도 내부부식의 억제효과가 미약하다.

$$Fe(OH)_2 + \frac{1}{2}H_2O + \frac{1}{4}O_2 \rightarrow Fe(OH)_3 \tag{12.10}$$

이러한 전기화학적 반응은 지속적으로 진행되면서 부식을 촉진하게 되는데, 이때 발생하는 부식압은 33 MPa[12-7]에 달하여 콘크리트 구조물의 손상을 발생시킨다. 해수에 함유된 염화물의 농도는 해양과 해역에 따라 변동이 있으나 NaCl로 환산하여 3~4%의 염분이 존재하게 되는데, 철근의 부식속도가 최대로 되는 염분량은 NaCl 수용액의 경우 3.6퍼센트이므로 해수 그 자체로 철근의 부식을 현저하게 촉진시키는 작용을 한다(그림 12.3 참조).

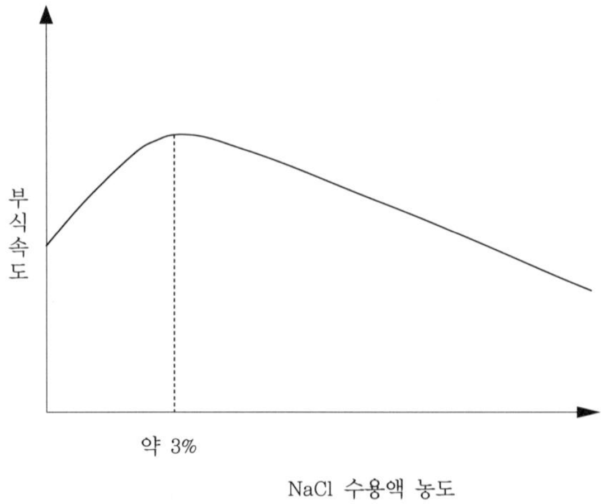

그림 12.3 NaCl 수용액 중의 철근 부식속도

가. 염화물이온 침투방정식

콘크리트를 다공체로 가정하면, 다공체에서 단위시간당 단위면적을 통과하는 염화물이온의 유동률은 이온의 확산과 대류에 의해 다음과 같이 나타낼 수 있다.

$$J_c = -D_c \frac{\partial C_f}{\partial x} + uC_f \tag{12.11}$$

여기서, J_c : 염화물이온 유동률(flux, m/s)

D_c : 염화물이온 확산계수(m^2/s)

C_f : 자유 염화물이온 농도(kg/kg)

u : 수분의 평균 확산속도(m/s)

x : 거리(m)

식 (12.11)의 우변 첫 번째 항이 이온의 확산을 나타내는 항으로 Fick의 제1법칙에 의해 이온의 농도 구배에 비례하며, 그 비례상수는 확산계수로 정의된다. 두 번째 항은 대류를 나타내는 항으로 이온의 이동경로가 되는 액체상, 즉 수분의 이동속도에 비례하고, 수분의 평균 확산속도 u는 다음과 같이 수분의 유동률로부터 구할 수 있다.

$$u = -\frac{D_\theta}{\theta}\frac{\partial\theta}{\partial x} \tag{12.12}$$

여기서, D_θ : 수분 확산계수(m^2/s)

θ : 콘크리트의 함수량(kg/kg)

수분의 이동은 자기건조(Self-desiccation)를 고려하지 않은 경우, 다음과 같이 단순화하여 나타낼 수 있다.

$$\frac{\partial\theta}{\partial t} = \frac{\partial}{\partial x}\left(D_\theta\frac{\partial\theta}{\partial x}\right) \tag{12.13}$$

여기서, t : 시간(s)

또한, 콘크리트 중의 염화물 침투현상은 물질의 평형으로 설명될 수 있으며, 여기에는 이온과 수분의 확산 및 구속현상이 포함된다. 거시적인 관점에서 콘크리트를 하나의 균일한 이동매질로 가정한다면, 1차원의 물질평형을 나타내는 방정식은 Fick의 제2법칙에 의해 다음과 같이 나타낼 수 있다.

$$\frac{\partial C_f}{\partial t} = -\frac{\partial J_c}{\partial x} - \frac{\partial C_b}{\partial t} \tag{12.14}$$

여기서, C_b : 구속 염화물이온 농도(kg/kg)

여기에서 염화물이온의 농도는 콘크리트의 중량에 대한 중량으로 표준화하여 나타냈지만, 콘크리트의 부피, 시멘트량 또는 함수량에 대해서도 나타낼 수 있다.

식 (12.11)를 식 (12.14)에 대입하면, 다음과 같다.

$$\frac{\partial C_f}{\partial t} = \frac{\partial}{\partial x}\left(D_c \frac{\partial C_f}{\partial x}\right) - \frac{\partial (u C_f)}{\partial x} - \frac{\partial C_b}{\partial t} \tag{12.15}$$

이 식은 염화물 침투방정식의 일반적인 형태이지만, 대개는 수분에 의한 대류항은 무시될 수 있으므로 식 (12.15)는 다음과 같이 단순화된다.

$$\frac{\partial C_f}{\partial t} = \frac{\partial}{\partial x}\left(D_c \frac{\partial C_f}{\partial x}\right) - \frac{\partial C_b}{\partial t} \tag{12.16}$$

나. Fick의 제2법칙과 일반해의 적용

식 (12.16)의 염화물이온 확산계수가 상수라고 가정하면, 다음과 같이 변환될 수 있다.

$$\frac{\partial C_f}{\partial t} + \frac{\partial C_b}{\partial t} = D_c \frac{\partial^2 C_f}{\partial x^2} \tag{12.17}$$

$$\left(1 + \frac{\partial C_b}{\partial C_f}\right)\frac{\partial C_f}{\partial t} = D_c \frac{\partial^2 C_f}{\partial x^2} \tag{12.18}$$

$$\frac{\partial C_f}{\partial t} = \frac{D_c}{\left(1 + \frac{\partial C_b}{\partial C_f}\right)} \frac{\partial^2 C_f}{\partial x^2} \tag{12.19}$$

따라서 $\frac{\partial C_f}{\partial t} = D_a \frac{\partial^2 C_f}{\partial x^2}$ (12.20)

여기서, D_a : 겉보기 확산계수(m^2/s)

$$D_a = \frac{D_c}{\left(1 + \frac{\partial C_b}{\partial C_f}\right)}$$

식 (12.20)이 바로 Fick의 제2법칙이 된다. 이 식에 적절한 초기조건과 경계조건을 적용하면, 일반해를 구할 수 있다. 일반적으로 콘크리트 구조물에 적용하는 초기조건과 경계조건은 다음과 같다.

$t = 0,\ \ x > 0 : C = C_i$

$t > 0,\ \ x = 0 : C = C_0$

상기 조건을 적용한 해에는 다음과 같은 해석해가 존재한다.

$$C_f = C_i + (C_0 - C_i)\left[1 - erf\left(\frac{x}{\sqrt{4D_a t}}\right)\right] \tag{12.21}$$

여기서, erf : 오차함수(error function)

$$erf(z) = \frac{2}{\sqrt{\pi}}\int_0^z e^{-t^2}dt$$

$C_i = 0$으로 가정하면 식 (12.21)은 식 (12.22)와 같이 변형되며, 식 (12.25)는 염화물 농도 실측값으로부터 염화물 확산계수를 결정하거나 예측된 확산계수를 이용하여 피복깊이에서 철근부식 개시시기에 따른 내구수명을 예측하는 경우에 적용된다.

$$C_f = C_0\left[1 - erf\left(\frac{x}{\sqrt{4D_a t}}\right)\right] \tag{12.22}$$

식 (12.16)은 원래 자유 염화물이온에 대해서만 표현하였으나 고정화 능력은 $\partial C_f / \partial C_t$로 표현되므로 전 염화물이온과 자유 염화물이온 사이에는 다음과 같은 관계가 성립한다.

$$C_t = C_f + C_b \tag{12.23}$$

$$\frac{\partial C_f}{\partial C_t} = \frac{1}{\frac{\partial C_t}{\partial C_f}} = \frac{1}{\frac{\partial(C_f + C_b)}{\partial C_f}} = \frac{1}{1 + \frac{\partial C_b}{\partial C_f}} \tag{12.24}$$

$$\partial C_t = \left(1 + \frac{\partial C_b}{\partial C_f}\right)\partial C_f \tag{12.25}$$

따라서 선형의 염화물이온 구속관계를 가정한 경우에는 식 (12.20), 식 (12.21)과 식 (12.25)에서 C_f를 C_t로 치환하여 동일하게 적용할 수 있다. 침지실험결과나 실측자료의 분석에 이 식들을 적용하는 경우 대부분은 전 염화물량을 기준으로 하기 때문이다. 철근의 피복깊이에서 철근부식 개시 시기에 따른 콘크리트 구조물의 내구수명을 예측하기 위해 식 (12.21)에서 $C_i = 0$으로 가정하면, 표면염화물량(C_0)과 염화물 확산계수(D_c)가 결정되어야 한다.

12.1.3 동결융해

겨울철 콘크리트의 피해 중 초기동해 외에 검토 사항으로 동결융해를 들 수 있다. 일반적으로 동결융해는 충분히 경화한 콘크리트가 동결융해의 반복작용을 받아 열화하는 현상으로 초기동해와는 구별된다. 콘크리트 구조물에 발생하는 동해에 의한 열화의 형태는 spall(표면의 박피 상태의 박락), pitting(곰보, 표면의 비교적 작은 구멍의 발달), pop out(내압력에 따른 표면의 원추형태의 박리), cracking(균열), scaling(표면 부근의 부분적인 박리, 박피), degradation (붕괴 등의 원인에서 입자에 의한 조직의 파괴) 등으로 구분할 수 있다.[12-22)]

동결융해는 콘크리트의 경과년수에 따라 콘크리트 중의 수분이 동결융해를 반복하여 균열이 발생하고 표층부가 박리되어 표층에서 가까운 부분부터 파괴되고 점차 열화되어 가는 현상을 말한다. 물은 동결할 때 자유 팽창하여 9%의 체적팽창을 하는데, 시멘트 페이스트 내부에는 공극 조직의 벽에 의하여 팽창이 구속된다. 이 체적팽창을 완화하는 데 필요한 자유공극(공기가 찬 공극)이 존재하지 않는 경우, 큰 내부압력이 생겨 콘크리트의 강도가 저하되는 원인이 된다. 온도가 저하하면 먼저 큰 공극 중의 물이 동결하고, 그 다음에 작은 공극 중의 물이 동결한다. 작은 공극 중의 물이 동결하는 과정에는 큰 공극에서 만들어진 얼음 결정체에 의해 팽창이 구속된다. 이 팽창을 완화하는 만큼의 자유공극이 존재하지 않는 경우에는 큰 정수압이 공극의 벽에 작용하고 한계 인장강도에 도달하는 시기에 균열이 생기며 이것이 반복됨에 따라 마침내 콘크리트 표면이 파괴 또는 박락된다. 이 공극에 작용하는 정수압은 콘크리트의 냉각속도, 함수 정도, 콘크리트 중의 기포량과 기포의 분포(기포간 거리) 및 크기에 따라 차이가 있다.

앞에서 서술한 동결융해 발생을 설명하는 기본적인 메커니즘은 T. C. Powers의 '수압설'이라 불리는 이론으로서 이 경우 동결융해는 빙정의 체적 팽창에 의한 수분 이동의 압력에 의한다는 것을 전제로 제안하였다. 두 번째로 중요한 메커니즘은 시멘트 경화체의 동결이다.[12-5)]

가. 정수압

콘크리트가 냉각되는 과정에서 표면 부분이 먼저 동결 온도에 도달한 후 동결은 점차 내부로 진행된다. 이때 콘크리트 내부에는 다음과 같은 현상이 일어난다.

① 처음에 콘크리트 표면에 접한 물이 동결하고, 표면이 얼어서 표피와 같은 상태가 된다.
② 다음으로 표면에 가까운 시멘트 경화체 중의 모세관 공극의 물이 얼고, 물에서 얼음으로 변화됨에 따라 체적팽창 만큼에 해당하는 동결하지 않은 물은 함수 상태가 낮고, 아직 얼지 않은 내부로 이동한다.
③ 이 얼지 않은 물의 이동은 미세한 공극(모세관공극) 내부에 있는 장소로 이동하는 시기에 점성 저항에 의해 정수압이 발생한다.
④ 정수압이 콘크리트 인장파괴 한계치 이하보다 작으면 균열은 발생하지 않으나 통상 냉각속도의 범위 내에서 이 얼지 않은 물의 이동은 시멘트 경화체의 조직파괴를 일으키는 데 충분한 압력이 된다.

그런데 수압은 콘크리트 조직의 투수성이 낮고 동결속도가 빠르며 수량이 많을수록 크다. 이 메커니즘은 기포에 의한 수압의 완화가 동해 방지에 유효함을 설명하고 있고, 기포 간의 거리가 기포의 양보다 중요하다는 결론을 제시한다. 이와 같이 발생한 수압은 콘크리트 내부 조직의 투수성이 낮은 경우(물의 이동이 어려운 경우), 냉각속도가 빠른 경우 및 냉각하는 물의 양이 많을수록 크게 된다. 이 메커니즘에 따른 열화를 방지하기 위해서는 공기로 가득찬 공극이 필요한데, 이 공기는 정수압이 걸릴 때 체적이 쉽게 축소되어 팽창압을 완화시킨다. 물이 동결할 때 생기는 팽창량 이상의 공기로 찬 공극이 있고, 기포와 기포의 간격이 작아 얼지 않은 물의 이동에 의한 압력이 생기기 어려우면 콘크리트를 동해에 의한 피해로부터 보호할 수 있다. 반대로 큰 기포가 떨어져 존재하는 경우에는 이동하는 물이 기포에 도착하기 전에 압력이 파괴에 이를 정도로 크게 된다. 연행공기는 갇힌공기와 구별되는데 연행공기가 동해방지에 유효한 이유는 위와 같이 설명된다. 그리고 공기 총량 외에 기포와 기포의 간격, 즉 기포간격계수가 최대 허용간격(한계거리) 이하로 작아야 한다. 이 한계거리는 콘크리트의 강도와 투수성이 클 때에는 크고, 동결속도가 빠를 때에는 작다.

콘크리트 중의 수분 동결에 의한 체적팽창을 완화하는 데 충분한 정도의 공기가 콘크리트 중에 없으면 반드시 손상을 받게 되므로 콘크리트 중의 공극이 물에 포화되어 있는 정도(포수도)가 동결융해의 피해 여부를 결정한다. 이러한 한계포수도는 콘크리트의 종류에 따라 다소 차이가 있는데, 어느 경우나 한계포수도 이상에서 콘크리트가 급격한 동결융해를 받고 한계포수도 이하로 건조되어 있는 경우에는 동결융해를 받지 않는다.[12-22]

콘크리트 중의 수분은 콘크리트가 포함하고 있는 세공 직경에 의해 빙점이 내려가고, 동결과정에서는 이것이 과냉각되는 현상도 발생한다. 연구자와 실험조건에 따라 차이는 있지만 모두 동결온도가 낮을 때 작은 세공 중의 물까지 어는 것을 나타내고 있는데, 이는 동결융해의 정도와 밀접한 관련이 있다.

온도가 낮아지는 경우에 0℃ 부근의 온도에서 큰 직경인 모세관의 물이 얼고, 이보다 작은 수천 Å~수백 Å간의 세공 지름 내의 물은 온도가 저하함에 따라 큰 세공 지름부터 순서대로 동결한다. 이때 시멘트 경화체 중에는 그 세공 지름에 따라 과냉각 상태도 포함하고 있어 동결된 부분과 동결하지 않은 부분이 혼재되어 있다. 동결 시의 물은 동결하지 않은 부분으로 이동하기 때문에 콘크리트 표면에서 내부로 이동하며, 또한 동시에 동결하고 있는 큰 공극에서 동결하지 않은 미세한 지름의 공극으로 향한다. 따라서 물의 이동방향은 온도 차이가 있는 방향에 반드시 일정하게 진행하는 것은 아니다. 그 경향은 조직 전체에 분산하여 발생하는 것도 있다.

일반적인 콘크리트 내부에는 수백~수천Å의 지름을 가진 세공이 많이 있기 때문에 동결시 최저 온도가 다름에 따라 동결융해 열화 정도가 크게 차이난다. 그러므로 동결융해 방지를 위해서는 세공구조의 치밀화를 도모하는 것도 중요한 요인이 되는데, 물시멘트비를 작게 해도 특히 경화 중의 건조는 세공 지름을 크게 하고 내동해성에 악영향을 미친다. 따라서 초기에 충분한 양생을 하지 않으면 세공 지름의 충분한 치밀화를 확보하기 어렵다. 그러나 무엇보다도 콘크리트의 품질 향상에 의한 동해 방지를 도모하는데, AE제에 의해 수압의 완화를 기본적으로 고려하는 것이 가장 중요한 사항이다.

한편, 기포간격계수를 구하기 위해 경화한 콘크리트 절단면을 현미경으로 관찰할 수 있는데, AE제 또는 AE감수제를 사용한 굳지 않은 콘크리트의 공기량을 자료로 하여 내동해성의 유무를 파악하고 관리한다.

나. 침투압

침투압은 얼음과 공극 중의 얼지 않은 물 사이에서 발생하는데, 이는 모세관공극 중의 얼음 결정이 형성된 후 얼음 결정보다 작은 세공경에서 얼지 않은 물을 흡수한다. 이렇게 발생된 침투압에 의한 현상은 한계포화에 가까운 영역으로 물을 이동시키는 원인이 되고, 조직을 파괴하기에 이른다. 이것이 물시멘트비가 작은 경우에 있어서 주된 동결융해의 메커니즘이 된다. 침투압은 염류의 작용을 받을 경우 크게 된다. 해수에 반복해서 접한 AE콘크리트가 표층의 스케일링이 상당히 진행된 단계에 있어서도 팽창열화가 보이지 않는 것은 이 침투압의 작용에 의한 것이라고 보고되고 있다.[12-5)]

다. 골재의 동결

콘크리트의 내동해성은 골재의 내동해성 및 시멘트 경화체와 골재와의 상호작용에도 의존한다. 즉 골재 자체에 내동해성이 있지만 시멘트 경화체 중에서는 내동해성이 저하하는 경우도 있다. 따라서 콘크리트 중에 있는 골재의 내동해성을 판단할 경우 골재만 시험하는 것만으로는 불충분하다.

다공질이 아닌 골재는 동결하는 물의 팽창에 저항하는 능력이 있다. 그러나 중 정도 이상의 다공성을 가진 골재에서는 골재 치수가 크고, 골재 주위의 시멘트 경화체가 골재 입자에 생긴 정수압의 원인으로 열화가 생긴다면 손상이 발생할 수도 있으며, 크고 작은 공극이 함께 존재하는 골재는 한계포화에 도달하는 데 상당한 시간이 필요하다.[12-5)]

시멘트 경화체와 골재의 상호작용이 내동해성에 대하여 중요한 경우에는 양자의 접촉 부분이 가장 손상받기 쉬우며, 부착강도는 골재의 표면 조직과 양자의 기계적 성질에 따른다. 시멘트 경화체와 골재의 열팽창계수에 상당한 차이가 있고, 온도가 급변하는 경우에는 부착면에

열응력을 발생시켜 계면 균열을 일으킬 수 있다.[12-5)]

12.1.4 황산염에 의한 화학적 침식

콘크리트를 구성하는 칼슘화합물은 알칼리 환경에서 화학적으로 안정적이지만 중성·산성 영역에서는 불안정하게 되어 분해된다. 통상의 환경에서 콘크리트 내부는 알칼리로 보호되지만 외부로부터 이산화탄소 및 염산, 황산, 초산 등의 유기산, 요산 등의 유기산 등이 침투하면 내부의 칼슘화합물은 다음과 같은 반응에 의해 분해된다.

$$\text{수산화칼슘}: Ca(OH)_2 + 2H^+ \rightarrow Ca^{2+} + 2H_2O$$

$$C\text{-}S\text{-}H: 3CaO \cdot 2SiO_2 \cdot 3H_2O + 6H^+ \rightarrow 3Ca^{2+} + 2SiO_2 + 6H_2O \quad (12.26)$$

$$\text{프리델씨염}: 3CaO \cdot Al_2O_3 \cdot CaCl_2 \cdot 10H_2O + 6H^+ \rightarrow 3Ca^{2+} + Al_2O_3 \cdot 3H_2O + CaCl_2 + 10H_2O \quad (12.27)$$

$$\text{칼슘모노설포알루미네이트}: 3CaO \cdot Al_2O_3 \cdot CaSO_4 \cdot 12H_2O + 6H^+ \rightarrow 3Ca^{2+} + Al_2O_3 \cdot 3H_2O + CaSO_4 + 12H_2O \quad (12.28)$$

$$\text{에트린자이트}: 3CaO \cdot Al_2O_3 \cdot 3CaSO_4 \cdot 32H_2O + 6H^+ \rightarrow 3Ca^{2+} + Al_2O_3 \cdot 3H_2O + 3CaSO_4 + 32H_2O \quad (12.29)$$

이 때문에 산성 물질과 접촉하는 환경에서는 많든 적든 화학적 침식을 받게 되지만 칼슘화합물의 분해 속도는 화합물의 종류에 따라 다르다. 황산염과의 접촉에서는 콘크리트 중의 미수화물 또는 수화생성물과 반응하여 화합물을 생성할 때 팽창이 수반되며, 이때의 팽창압에 의해 콘크리트에 열화가 발생한다.

$$3CaO \cdot Al_2O_3 \cdot 3Ca^{2+} \cdot SO_4^{2-} + 32H_2O \rightarrow 3CaO \cdot Al_2O_3 \cdot 3CaSO_4 \cdot 32H_2O \quad (12.30)$$

$$3CaO \cdot Al_2O_3 \cdot CaSO_4 \cdot 12H_2O + 2Ca^{2+} + 2SO_4^{2-} + 20H_2O \rightarrow 3CaO \cdot Al_2O_3 \cdot 3CaSO_4 \cdot 32H_2O \quad (12.31)$$

12.1.5 알칼리-골재반응

시멘트에 포함되어 있는 알칼리(Na_2SO_4 및 K_2SO_4 등)는 수화반응 과정에서 콘크리트 공극에 포함되어 있는 수용액에 녹아 수산화알칼리(NaOH 및 KOH)를 주성분으로 하는 강알칼리성(pH 13~13.5) 수용액이 된다. 여기에 실리카 광물과 탄산염암을 포함한 반응성 골재가 콘크리트 중 높은 알칼리성 수용액과 반응하면 골재 주변의 과대한 팽창과 그에 따른 균열을 유발하는 경우가 있는데, 이것을 알칼리-골재반응(alkali aggregate reaction)이라 한다.[12-13)]

알칼리-골재반응은 알칼리-실리카반응, 알칼리-탄산염암반응, 알칼리-실리케이트반응으로 구분되며, 대부분 알칼리-실리카반응이 많은 것으로 알려져 있다. 수산화알칼리를 함유한 수용액과 반응하는 반응성 광물은 오팔(Opal), 크리스토발라이트(cristobalite), 트리디마이트(tridymite), 화산유리 등 비결정질이거나 유리질이며 미세한 결정입자나 변형된 격자를 가지고 있다.

1923년 미국에서 최초로 발견된 이후 세계 각국에서 그 피해가 계속 보고되고 있고 인접한 일본이나 중국에서도 주로 안산암 쇄석을 사용한 콘크리트 구조물에서 알칼리-골재반응에 의한 손상이 발견되고 있다. 특히 우리나라에서는 점차 강자갈, 강모래 등의 천연골재 고갈과 함께 쇄석 사용이 증가하고 있고, 국내의 골재에 대한 알칼리 반응성에 대한 조사결과에 의하면 일부 지역의 부순자갈, 부순모래 및 강자갈에서 시멘트의 알칼리량을 등가 알칼리량(Na_2O)으로 1.2퍼센트 정도 증가시켰을 경우 팽창반응을 보이는 골재가 있음을 나타내었다.[12-4] 또한 2003년도에 보고된 조사결과에 의하면 고속도로 일부 무근콘크리트에서 불규칙 균열이 발생하여 조사결과 알칼리 골재반응에 의한 결과로 알려져 우리나라에도 알칼리-골재반응의 위험성은 항상 존재하고 있다.[12-4]

현실적으로 알칼리-골재반응에 의한 열화과정이나 예측을 분명하게 규명하기는 어렵다. 그러나 구조물의 성능저하 정도는 열화의 진행에 따라 다르기 때문에 열화의 진행을 잠재기, 진전기, 촉진기, 한계기로 나누고 각각의 열화과정마다 열화예측, 점검, 평가 및 대책이 필요하다.[12-14]

알칼리-골재반응에 의한 영향을 받은 구조물은 건설 후 수 년 내지 수 십년이 경과한 다음 콘크리트에 균열 발생의 형태로 열화가 나타난다. 알칼리-골재반응에 의한 구조물의 성능저하는 수분 및 알칼리가 공급되는 조건 하에서 장기간에 걸쳐 진행하는 것이 일반적이다. 알칼리-골재반응에 의한 성능저하의 정도는 시멘트의 종류와 알칼리량, 반응성 골재의 종류와 함유량, 콘크리트의 배합(단위시멘트량, 물-시멘트비, 공기량, 혼화재료의 종류와 첨가량) 등 콘크리트에 관한 요인과 부재의 단면형상, 철근량, 구속조건 등 콘크리트 구조체에 관한 요인 및 수분, 알칼리의 공급상태, 일사조건, 비에 젖는 등 구조물이 위치한 사용 · 환경조건에 관한 요인에 의하여 크게 다르다는 것이 알려져 있다. 따라서 알칼리-골재반응의 영향이 확인된 구조물은 사용되는 환경을 고려하여 장기간에 걸친 유지관리가 필요하다.

12.2 내구성 평가

내구성 평가는 콘크리트 구조물에 대해 성능저하 요인별로 시공 전 콘크리트 구조물의 내구성을 평가하고 이에 따른 내구성 확보를 위해 적용한다. 성능저하 환경에 놓여 있는 콘크리트 구조물의 주된 성능저하 인자인 염해, 탄산화, 동결융해, 화학적 침식, 알칼리-골재반응에 대하여 검토한다. 콘크리트 구조물이 목표 사용수명 동안에 지배적인 성능저하 인자에 따라 요구되는 내구성능을 평가하여야 한다.

콘크리트 구조물에 여러 성능저하 인자가 복합적으로 작용하는 경우에는 각각의 성능저하 인자가 독립적으로 작용한다고 가정하여 콘크리트 구조물의 내구성을 평가하며, 가장 지배적인 성능저하 인자에 대한 내구성 평가 결과를 적용할 수 있다.

12.2.1 탄산화에 관한 내구성 평가[12-1)]

가. 탄산화 내구성능

콘크리트의 철근 위치까지 탄산화가 진행되면 철근은 부식에 대한 보호성능을 잃게 되므로 산소와 수분의 공급이 있으면 부식되기 시작한다. 콘크리트 구조물의 탄산화에 가장 큰 영향을 미치는 요인은 대기 중의 이산화탄소 농도이므로 이산화탄소 농도가 다른 실내와 실외 환경으로 각각 구분하여 평가하여야 한다. 일반적으로 대기 중의 이산화탄소 농도는 실외에서 0.030~0.035퍼센트이고 실내에서는 일반사무실의 경우 0.1퍼센트 전후이다. 따라서 콘크리트 구조물 및 부재의 설치 위치에 따라 실측된 이산화탄소 농도를 이용하여 평가한다.

탄산화에 의한 콘크리트 구조물의 사용 가능 여부에 대한 판단은 매우 어렵지만 일반적으로 표 12.1에 나타낸 바와 같이 철근 부식이 개시되는 시기에 나타나는 노후도 4 이하의 상태로 구조물을 유지하도록 하는 것이 바람직하다.

표 12.1 콘크리트 구조물의 노후도

노후도	노후화 상태
1	미관에 영향을 주는 단계
2	방치 가능한 정도의 경미한 단계
3	국부적인 보수가 필요한 단계
4	일부 부재에 일상적인 안전성에 영향을 주어 방치할 수 없는 노후화가 발생되어 약간의 보수·교체가 필요한 단계
5	많은 부재가 부분적인 보수·교체가 필요한 단계
6	구조상 위험한 상태로 사용을 금지해야 할 단계

나. 콘크리트 구조물의 탄산화 내구성 평가

콘크리트 구조물의 탄산화에 대한 내구성 평가는 식 (12.32) 목표 내구수명에 도달하였을 때의 철근부식이 발생하는 탄산화 한계깊이와 구조물의 성능저하에 따른 예측 탄산화 깊이에 각각 내구성 감소계수와 환경계수를 곱하여 비교함으로써 계산할 수 있다.

$$\gamma_P \, y_P \le \phi_K \, y_{\lim} \tag{12.32}$$

여기서, γ_P : 탄산화에 대한 환경계수로서 일반적으로 1.1

y_p : 탄산화 깊이의 예측값(mm)

ϕ_K : 탄산화에 대한 내구성 감소계수로서 일반적으로 0.92

$y_{\lim}$: 철근부식이 발생할 수 있는 탄산화 한계깊이(mm)

콘크리트 구조물에 대한 탄산화 평가에서 철근부식은 탄산화 깊이가 철근 위치에 도달하기 이전에 발생하지만 탄산화 깊이가 피복부터 철근 주변 이전까지 진행한 경우 철근 부식이 발생하여도 구조물에는 중대한 손상을 일으키지 않는 것으로 조사되었다. 따라서 한계 탄산화 깊이의 여유값은 일반적인 환경에서는 10 mm로 가정한다. 그러나 염화물 침투환경의 경우에는 탄산화에 의해 시멘트 수화물에 고정되어 있는 염화물이온이 활동하여 탄산화가 진행되지 않은 영역에 농축되기 때문에 부식 개시 시기가 빨라질 가능성이 있으므로 심한 염해환경 하에서는 한계 탄산화 깊이의 여유값으로서 25 mm로 가정한다.

보통 포틀랜드 시멘트를 사용한 콘크리트로서 일반적인 자연환경에서 물-결합재비가 50% 이하이고 피복두께가 30 mm 이상인 경우에는 일반적으로 탄산화에 대한 내구성 평가는 수행하지 않아도 좋다. 무근 콘크리트에서 탄산화에 대한 내구성 평가는 필요하지 않지만 특수한 목적으로 철근이 배치된 무근 콘크리트인 경우에는 탄산화에 대한 내구성 평가를 실시하여야 한다.

예측 탄산화 깊이는 식 (12.33)에 따라 계산할 수 있다.

$$\gamma_P = \gamma_{cb} \alpha_d \sqrt{t} \tag{12.33}$$

여기서, γ_{cb} : 탄산화 깊이 예측식의 변동성을 고려한 안전계수로서 일반적으로 1.15, 그러나 고유동화 콘크리트의 경우는 1.1

α_d : 설계 탄산화 속도계(mm $\sqrt{y}$)

t : 재령(y)

콘크리트 구조물의 탄산화 깊이의 예측식에서 탄산화의 변동성을 고려하기 위한 안전계수는 예측식의 정밀도를 고려하였으며 탄산화가 피복두께의 전 단면에서 평균적으로 진행하고, 또한 허용균열폭 이하에서는 탄산화의 영향은 크지 않은 것을 감안한다. 특히, 고유동 콘크리트는 재료분리에 대한 저항성이 높고, 콘크리트의 균일성 확보에 대한 신뢰성이 높으므로 탄산화 깊이의 변동성을 고려하는 안전계수 값은 다소 감소시키는 것으로 한 것이다.

12.2.2 염해에 관한 내구성 평가[12-7]

가. 구조물의 염해환경 설정

염해를 받을 수 있는 환경에 놓인 콘크리트 구조물의 환경조건은 국내 해안선으로부터의 거리에 따라 계측한 콘크리트 표면의 염화물이온 농도 C_s(kg/m^3)를 설정한다. C_s(kg/m^3)는 우리나라 동해안과 조수간만차가 큰 서/남해안의 환경조건에 근거한 조수간만대에서 표면 염화물이온 농도를 제시한 것이다.

나. 철근부식 임계염화물이온 농도 설정

철근부식을 일으키는 임계염화물이온 농도 $C_{\lim}$는 식 (12.34)을 사용하여 구할 수 있다.

$$C_{\lim} = 0.004\, C_{bind} \qquad (12.34)$$

여기서, C_{bind} : 단위결합재량(kg/m^3)

콘크리트표준시방서 내구성 편의 임계염화물이온 농도인 1.2 kg/m^{3}는 단위시멘트량이 300 kg/m^{3}의 경우 염화물이온 농도 0.4퍼센트(시멘트 중량비)에 해당하는 폭로실험 데이터의 하한값을 의미하며, 일반적인 폭로실험의 결과에 의하면 임계염화물이온 농도는 1.2~2.4 kg/m^{3}로 알려져 있다. 한편 기존의 여러 연구에서는 부식 임계값 수준은 시멘트 중량에 대한 전 염화물로 나타내는 것이 타당하며, 이를 바탕으로 콘크리트 중의 임계염화물량은 일괄적으로 1.2 kg/m^{3}를 적용하기보다는 시멘트 중량 대비 0.4퍼센트를 제안하고 있다.

다. 콘크리트 구조물의 염해 내구성 평가

염화물이온 침투에 의한 콘크리트 구조물의 내구성은 식 (12.35)에 의해 평가한다.

$$\gamma_P C_d \leqq \phi_K C_{\lim} \tag{12.35}$$

여기서, γ_P : 염해에 대한 환경계수로서 일반적으로 1.11

ϕ_K : 염해에 대한 내구성 감소계수로서 일반적으로 0.86

$C_{\lim}$: 철근부식이 시작될 때의 임계염화물이온 농도

C_d : 철근 위치에서 염화물이온 농도의 예측값

염해에 대한 콘크리트 구조물의 내구성 평가를 위한 염화물이온 농도는 콘크리트 중의 염화물이온의 확산에 관한 기초방정식인 Fick의 제2법칙을 유한요소법 또는 유한차분법을 사용하여 구하거나 식 (12.36)을 사용하여 구할 수 있다.

$$C_d - C_i = (C_S - C_i)(1 - erf(\frac{x}{2\sqrt{D_d t}})) \tag{12.36}$$

여기서, C_d : 위치 x(cm), 시간 t(년(y) 또는 초(s)에서 염화물이온 농도의 설계값(kg/m^3)

C_i : 초기 염화물이온 농도로서 최대값으로 0.3(kg/m^3)

C_S : 표면 염화물이온 농도

erf : 오차함수

D_d : 염화물이온의 유효 확산계수(m^2/y 또는 m^2/s)

초기 염화물이온 농도는 시공 직후 굳지 않은 콘크리트에 포함된 염화물이온 농도의 값이나 현실적으로 시공계획단계에서 시공될 콘크리트의 초기 염화물이온 농도의 추정이 어려운 경우에는 안전측으로 콘크리트 구조설계기준에서 규정한 굳지 않은 콘크리트의 총 염화물이온량의 최대값인 0.3 kg/m^{3}를 사용할 수 있다.

12.2.3 동결융해에 관한 내구성 평가[12-1)]

가. 동해의 내구성능

콘크리트 구조물의 시공계획단계에서 동결융해에 대한 내구성 평가는 구조물 설계 당시의 내구성 조건과 콘크리트의 재료, 배합, 시공방법 등에 따라 대상구조물의 동결융해에 관한 환경조건을 고려한 내구성 평가를 통하여 대상 구조물의 목표 내구수명 내에서 동결융해에 대한 요구 내구성능을 확보하고 있는지 여부를 수행하여야 한다. 기온이 낮고 영하로 내려가는 기간이 길수록 동해에 의한 피해를 받기 쉬우므로 내구성능이 저하되기 쉽다.[12-21)]

나. 동해의 내구성 평가

동결융해 저항성 시험을 통하여 얻어지는 상대동탄성계수와 콘크리트의 질량감소율을 지표로 동해에 관한 내구성을 평가한다. 이때 동해에 대한 콘크리트 구조물의 내구성 평가는 식 (12.37)에 의해 수행할 수 있다.[12-5)]

$$\gamma_P F_d \leqq \phi_K F_{\lim} \tag{12.37}$$

여기서, γ_P : 동해에 대한 환경계수로서 일반적으로 1.0

F_d : 상대동탄성계수의 예측값의 역수 $F_d = \dfrac{1}{E_d}$

ϕ_K : 동해에 대한 내구성 감소계수, 구조물의 종류와 위치에 따라 표 12.2의 값을 사용

E_d : 상대동탄성계수의 예측값(%)

$F_{\lim}$: 상대동탄성계수의 최소값의 역수 $F_{\lim} = \dfrac{1}{E_{\min}}$

$E_{\min}$: 동결융해 작용에 대하여 소요 성능을 만족시키기 위한 상대동탄성계수의 최소 한계값(%)으로서 일반적으로 표 12.2에 따름

표 12.2 구조물의 종류와 위치에 따른 동해에 관한 내구성 감소계수[12-5)]

구분	보통부위	구조물의 상부
일반 구조물	1.0	0.8
중요 구조물	0.9	0.7

표 12.3 동결융해작용에 대하여 구조물의 성능을 만족시키기 위한 상대동탄성계수의 최소 한계값(%)[12-5)]

기상조건		기상작용이 심하고 동결융해가 자주 반복될 때		기상작용이 심하지 않고 온도가 동결점 이하로 지는 경우가 드물 때	
단면		얇은 경우[2)]	보통의 경우	얇은 경우[2)]	보통의 경우
구조물의 노출상태	(1) 연속해서 또는 반복해서 물에 포화되는 경우[1)]	85	70	85	60
	(2) 일반적인 노출상태로 (1)에 속하지 않는 경우	70	60	70	60

주 1) 수로, 물탱크, 교각의 받침대, 교각, 옹벽, 터널 복공 등과 같이 수면 가까이에서 포화된 부분 및 이 구조물 외에 보, 슬래브 등에 수면에서 떨어져 있지만 융설, 유수, 물방울 때문에 물에 포화된 부분 등

2) 단면의 두께가 0.2 m 이하인 구조물

콘크리트 구조물의 내동해성은 콘크리트 품질 외에 구조물이 위치한 지역의 최소온도, 동결융해 반복횟수, 수분의 포화 정도 등 많은 인자에 영향을 받는다. 또한, 콘크리트 댐 같은 중요한 구조물의 내구성능 수준을 만족시키기 위해서는 상대동탄성계수가 80% 이상이 요구될 수 있으며, 사용기간 중 구조물의 미관을 손상할 수 있는 초기에 건전성을 유지하기 위하여 경우에 따라서는 콘크리트의 상대동탄성계수 값을 95% 이상으로 한다.

동결융해(촉진)시험은 일반적으로 KS F 2456(A)[12-8]을 기본으로 실행한다. 그러나 동결융해의 상태가 특별히 심하거나 설계내구수명을 길게 정하는 경우에는 KS F 2456(A)에 의하여 설정되는 조건을 실제에 맞게 엄격히 정하는 것이 좋다.

12.2.4 화학적 침식에 관한 내구성 평가

가. 화학적 침식의 내구성능

1) 산에 의한 침식

시멘트 수화물은 모두 산과 반응하여 용식된다. 수산화칼슘은 산과 반응하기 쉽고, 또한 칼슘실리케이트 수화물 및 칼슘알루미네이트 수화물도 산과 반응하여 쉽게 분해된다. 성능저하의 진행에는 산의 종류 및 농도 외에 기온, 건습반복의 유무, 충격과 마모작용의 유무 등의 환경조건도 작용한다. 산에 의한 성능저하는 화학공장 및 도금공장 등에서 사용되는 고농도의 산까지 광범위하다.

2) 황산염에 의한 침식

물에 녹은 황산염은 시멘트 수화물 중 $Ca(OH)_2$와 반응하여 석고를 생성하여 콘크리트의 성능을 저하시키고, 이 석고는 시멘트 경화체 중의 칼슘알루미네이트($3CaO \cdot Al_2O_3$) 수화물 및 수화되지 않은 칼슘알루미네이트 페라이트상과 반응한다. 그때 에트린가이트 등을 생성하여 큰 팽창압을 일으키기 때문에 콘크리트의 팽창균열 및 조직 붕괴를 유발한다.

또한 황산염은 시멘트 경화체 중의 수산화칼슘과 반응하여 이수석고를 생성한다. 이수석고는 수용성이기 때문에 용출하여 조직이 다공화되어 침식이 가속된다. 황산염은 각종 공업원료 및 비료로서 널리 사용되며, 온천 및 하천수에도 함유되어 있는 것이 있다. 또 해수 중에도 포함되어 있어 해수에 의한 콘크리트의 성능저하에도 영향을 미친다. 황산염에 의한 성능저하의 징후는 산에 의한 성능저하와는 다르고 침적기간이 비교적 장기간에 걸쳐 나타나는 경향이 있다.

3) 염류에 의한 침식

황산염 이외에 콘크리트의 성능을 저하시키는 염류로서 고농도의 염화물, 질산염 등이 알려져 있다. 염화물은 시멘트 경화체 중의 수산화칼슘과 반응해서 수용성의 염화칼슘을 생성하여 용출하며, 이 반응에 의해서 조직은 다공화된다. 염화물의 콘크리트 자체에 대한 침식작용은 동일 농도의 환산염일수록 심하게 되지만 염화물이온이 침투하여 철근에 도달하면 철근부식을 유발하기 때문에 콘크리트 구조물의 성능저하는 보다 심각하게 된다. 질산염도 염화물과 마찬가지로 시멘트 경화체 중의 수산화칼슘과 반응하여 수용성의 질산칼슘을 생성하여 조직의 다공화를 촉진시킨다.

4) 강알칼리에 의한 침식

콘크리트는 그 자체가 강한 알칼리성이기 때문에 보통의 알칼리수용액에 침식되지 않으나 고농도의 수산화나트륨 및 탄산나트륨 수용액에는 침식된다. 그 원인으로는 시멘트 경화체 중의 칼슘알루미네이트 수화물 및 석고 등 pH 14 정도의 강알칼리 수용액에 대해 용해하는 점과 건습이 반복되는 경우에는 수산화나트륨이 탄산화한 탄산나트륨이 건조에 의해 수용액에서 석출할 때 팽창을 수반하는 점 등이 지적되고 있다. 이러한 종류의 성능저하는 정기적으로 강한 알칼리로 세정하는 공장바닥 등에 나타난다.

5) 동 · 식물성 기름에 의한 침식

동 · 식물성 기름에 의한 성능저하는 일반적으로 잘 알려져 있지 않지만 콘크리트는 여러 동 · 식물성 기름에 의해 성능저하가 발생된다. 동 · 식물성 기름의 주성분은 고급지방산이고 글리세린의 에스테르에서 소량의 유리지방산을 함유하는데, 유리지방산은 산으로서 직접 콘크리트를 침식시킨다. 지방산 글리세린 에스테르는 가수분해하여 시멘트 경화체 중의 수산화칼슘과 반응해서 지방산 칼슘을 생성한다. 이때 팽창을 수반하기 때문에 콘크리트에 균열을 유발하고 성능저하가 계속 진행되면 붕괴한다. 그 팽창량은 수화반응에 의해 다량의 수산화칼슘을 생성하는 시멘트일수록 크다. 동 · 식물성 기름에 의한 성능저하는 점성에도 영향을 받아 점도가 낮은 기름일수록 콘크리트 중에 침투하기 쉽고 성능저하 정도가 심하다.

6) 당류에 의한 침식

설탕, 과당, 당밀 등의 당류 수용액도 콘크리트를 침식시킨다. 당은 시멘트 경화체 중의 수산화칼슘과 반응하여 가용성의 당산칼슘염을 생성하여 용출에 따라 조직을 다공화한다. 3퍼센트의 설탕수용액 중에서 1년간 침적한 콘크리트의 강도가 13퍼센트 저하되었다는 보고가 있다.

7) 부식성 가스에 의한 침식

콘크리트를 침식하는 부식성 가스에는 황화수소, 이산화황, 불화수소, 염화수소 및 질소산화물 등이 있다. 황화수소는 햇빛 및 박테리아 등에 의해 산화되어 황산으로 변화하여 강산으로서 콘크리트를 침식하기도 하고 또는 직접 시멘트 경화체 중의 수산화칼슘과 반응하여 수용성 염을 생성하여 조직을 다공화시킨다. 황화수소는 화학공장 및 제철공장 등에서 발생하는 것 외에도 온천의 분출가스에 함유된 것도 있으며, 최근에는 하수도, 하수처리시설의 성능저하 원인으로서도 문제가 되고 있다. 또한 이산화황은 물에 녹아 아황산으로 되고, 아황산은 다시 물에 녹아 있는 용존산소와 반응하여 황산을 생성한다. 그리고 불화수소, 염화수소 및 질소산화물 등의 가스도 마찬가지로 물에 녹아서 산을 생성하여 콘크리트를 침식한다.

나. 화학적 침식의 내구성 평가

화학적 침식에 의한 콘크리트 구조물의 내구성은 식 (12.38)에 의해 평가할 수 있다.

$$\gamma_P Z_P \le \phi_K Z_{\lim} \qquad (12.38)$$

여기서, γ_P : 화학적 침식에 대한 환경계수로서 일반적으로 1.1

Z_P : 화학적 침식 깊이의 예측값(mm)

ϕ_K : 화학적 침식에 대한 내구성 감소계수로서 일반적으로 0.92

$Z_{\lim}$: 화학적 침식의 침투 한계깊이(mm) $Z_{\lim} = C - C_k$

c : 설계피복두께(mm)

C_k : 한계 화학적 침식 깊이 여유값으로써 일반적으로 철근의 지름을 사용함

12.2.5 알칼리-골재반응에 관한 내구성 평가

가. 알칼리-골재반응의 내구성능 평가방법[12-13)]

구조물의 요구성능이 콘크리트의 알칼리-골재반응에 의해 손상을 받지 않아야 한다. 또한, 콘크리트 표면을 피복함으로써 알칼리-골재반응에 관한 구조물의 성능을 확보할 수 있으며, 이런 경우에는 유지관리계획을 고려하여 표면피복에 의한 방수효과를 적절한 방법으로 평가하여야 한다.

알칼리-골재반응에 의한 피해를 방지하기 위해서는 외부로부터 알칼리 금속이온 및 염화물

이온 등이 침투되지 않도록 시공하여야 한다. 알칼리-골재반응에 의한 피해를 감소시키기 위하여 콘크리트 구조물의 외부를 방수처리하거나 배수를 용이하게 하여야 한다.

나. 알칼리-골재반응의 내구성 평가

알칼리-골재반응에 대한 콘크리트 구조물의 내구성은 식 (12.39)에 의해 평가할 수 있다.

$$\gamma_P R_P \leq \phi_K R_{\lim} \tag{12.39}$$

여기서, γ_P : 알칼리-골재반응에 대한 환경계수로서 일반적으로 1.1

R_p : 알칼리-골재반응의 화학적 안정성 예측값

ϕ_K : 알칼리-골재반응에 대한 내구성 감소계수로서 일반적으로 0.92

$R_{\lim}$: 알칼리-골재반응의 화학적 한계 안정성

알칼리-골재반응에 대한 골재의 안정성은 KS F 2545(골재의 알칼리 잠재반응 시험방법(화학적 방법))[12-9] 및 KS F 2546(골재의 알칼리 잠재반응 시험방법(모르타르 봉 방법))[12-10]에 규정된 방법에 의하여 판정하며, 알칼리-골재반응을 일으키는 반응성 광물은 여러 암석학적 시험을 거쳐 검출하여야 한다. 알칼리-골재반응을 일으키는 광물로서는 실리카 광물의 오팔, 칼세도니, 크리스트바라이트, 트리디마이트, 은미정질석영, 미정질석영, 결정격자가 변형된 석영 등 외에 화산유리 등이 있으며, 이들 반응성 광물의 검출에는 편광현미경 관찰이나 분말 X선회절 등 암석학적 시험을 하여야 한다.

12.3 콘크리트의 장수명화 기술

콘크리트 구조물의 내구성을 단축시키는 요인은 물리적 요인과 화학적 요인으로 크게 나눌 수 있다. 즉 물리적 요인으로는 마모, 균열, 동결융해가 있으며, 화학적 요인으로는 콘크리트의 부식과 철근의 부식을 들 수 있다. 이를 정리하면 다음 표 12.4와 같다.

표 12.4 내구성 분류

구 분	내 용
탄산화	대기 중의 탄산가스가 서서히 콘크리트 속으로 침투하여 알칼리성을 약하게 하고 내부 철근을 부식시키는 현상
염해	해안지방에서 환경요인에 의해 염분 입자가 콘크리트 속으로 침투하여 철근을 부식시키는 현상
동해	추운지방에서 콘크리트 내부의 수분이 낮은 온도에 의해 동결팽창에 의하여 서서히 열화되는 현상
알칼리 골재반응	콘크리트 중의 알칼리이온이 골재 중의 비결정질 실리카 혹은 불안정한 실리카 성분과 결합하여 알칼리-실리카겔을 형성하고, 이 겔이 주위의 수분을 흡수하여 팽창압력을 발생시켜 균열이 발생되는 현상
화학적 부식	외부로부터의 화학작용을 받아 시멘트 경화체를 구성하는 수화생성물이 변질 또는 분해하여 결합 능력을 잃는 현상

가. 탄산화 억제 기술

탄산화의 진행은 콘크리트 표층부의 공극분포 특성과 탄산가스 확산 및 수분의 이동으로 시작되므로 콘크리트 표층부의 성질을 치밀화시킴으로써 진행속도를 지연시킬 수 있다. 탄산화 확보기술은 제조 및 시공 관련 기술과 보수 관련 기술로 구분하여 다음 표 12.5 및 12.6에 나타내었다.

1) 제조 및 시공 관련 기술

표 12.5 제조 및 시공 관련 기술

구 분	내 용
투수형 거푸집 활용 기술	콘크리트 표층부의 성질을 치밀화시킴으로써 중성화 진행속도 지연
γ-C_2S 이용 기술	시멘트 제조시 γ-C_2S의 활발한 탄산화 반응을 이용하여 경화체 조직을 치밀하게 구성
미립자 시멘트 활용 기술	시멘트 제조공정 중 미립자 시멘트를 포집하여 시멘트의 일부를 치환하여 치밀한 세공구로 구성
미세 철분 활용 기술	콘크리트 제조과정에서 미세한 철분을 혼입하여 사용환경중 철분이 부식하여 그 팽창력으로 표면 조직 치밀화시킴
폐식용유 활용 기술	콘크리트 제조과정 중 첨가 및 도포하여 모세관공극 내부에 비누화를 유도하여 탄산가스 침투 방지

2) 보수 관련 기술

표 12.6 보수 관련 기술

구 분	내 용
탄산화 억제 보수 시스템 기술	표면피복에 의해 외부로부터 침입하는 이산화탄소의 침입을 막고 중성화의 진행을 억제하며, 중성화가 이미 철근 위치까지 도달하고 있는 경우에는 콘크리트에 알칼리회복제를 도포하여 탄산화된 콘크리트의 알칼리성을 회복시켜 부식을 억제하는 기술
탄산화 철근 부식 보수 시스템 공법	탄산화에 의한 철근 부식으로 콘크리트가 박락하여 철근이 노출하고 있는 부분 또는 균열 부분의 콘크리트를 제거하고 철근을 노출시켜 방청처리하며, 방청제 또는 알칼리 회복제 도포, 단면 수복재 및 표면 피복재를 시공하고 마감하는 기술

나. 염해 방지 기술

염해를 방지하기 위한 대책으로는 영향 요인에 따라 대처하는 방법이 기본이며, 재료 및 시공적 대책은 다음과 같다.

① 고로 슬래그 시멘트, 플라이애시 시멘트, 실리카 퓸 시멘트는 염해에 유리하다.

② 해사의 경우 NaCl량으로 전체골재 질량에 0.04퍼센트 이하가 되도록 세척한다.

③ 염화물량이 적은 물이나 화학혼화제를 사용한다.

④ W/C를 낮게 하여 조직을 치밀화시킨다.

⑤ 콘크리트의 피복두께를 증가시킨다.

⑥ 시공과정에서 콜드조인트, 재료분리 등 결함요소를 제거한다.

또한, 염해 방지 관련 기술을 표 12.7에 나타내었다.

표 12.7 염해 방지 기술

구 분	내 용
표면 도막 기술	기능성 수지의 복합과 수경성 세라믹계열의 이중접착구조를 이용하여 염해에 의한 표면 열화 방지 도막 기술
콘크리트 성능 향상 기술	Si/Al 복합 무기염 및 다환형 올리고머 축합물을 이용한 해안 매립지 지하구조물용 콘크리트(PHDC) 성능 향상 기술
염화물 침투 방지 기술	유·무기 하이브리드 나노실리카를 이용한 염화물 고저항성 조성물과 광물질 혼화재(플라이애시 및 고로 슬래그 미분말)를 이용한 염화물 침투 방지 기술

다. 동해 방지 기술

동해에는 콘크리트를 부어넣은 후 응결이 시작되기 전 혹은 경화의 초기단계에서 동결 또는 수 회의 동결융해작용에 따라 강도저하, 파손 균열을 일으키는 초기동해와 수년 또는 수십 년된 경화콘크리트 중에 수분의 동결융해작용 반복에 따라 균열, 박리 등 성능저하 현상을 일으키는 동해로 구분된다.[12-20] 동해를 방지하기 위해서는 낮은 물시멘트비, 콘크리트의 함수량, 연행공기량, 기포의 크기 및 분포, 사용 혼화제의 종류와 양, 시공시 블리딩 완료 후 마감 실시, 초기 양생 등이 필요하다. 동해 방지 관련 기술은 표 12.8과 같다.

표 12.8 동해 방지 관련 기술

구 분		내 용
배합 측면	성능 향상 시멘트(미립자 시멘트 등)를 이용한 기술	조기강도 발현이 가능한 시멘트를 이용하여 초기 수화반응을 촉진시켜 초기동해를 방지하는 기술
	내한촉진제 등 화학혼화제를 이용한 기술	내한촉진제 또는 방동제를 사용하여 수화반응 촉진 및 콘크리트내 수분의 동결온도를 낮추는 기술
양생 측면	단열거푸집을 이용한 기술	단열거푸집 등 단열재를 사용하여 콘크리트 자체 수화열을 이용하는 기술
	발열거푸집 및 열선을 이용하는 기술	발열거푸집 또는 열선 등 전기를 이용하여 콘크리트 온도를 높이는 기술

라. 알칼리-골재반응 방지 기술[12-12]

알칼리-골재반응의 억제 대책은 반응성 골재, 시멘트 등으로부터 기인한 알칼리 및 수분 중 어느 하나를 제거하는 것으로서 다음과 같은 방법이 있다.

① 신뢰할 수 있는 자료 또는 시험에 의해 알칼리 반응성이 없는 것이 확인된 골재를 사용한다.

② 반응성이 확인되지 않은 골재는 다음 중 한 가지에 따른다.

- 포틀랜드 시멘트의 등가알칼리량이 0.6퍼센트 이하의 저알칼리 시멘트 사용
- 콘크리트에 도입되는 총 알칼리량이 3 kg/m^3 이하로 제한
- 알칼리-골재반응에 억제 효과가 있는 고로 슬래그 미분말, 플라이애시 등 사용

③ 물, 해수, 흙 등에 접하는 부재는 수밀성 재료로 마감한다.

한 가지 중요한 사항은 알칼리-골재반응의 경우 반응성 골재가 많이 있다고 하여 반드시 팽창이 많이 일어나는 것은 아니고, 특정한 조건이 형성될 때 최대팽창이 발생하므로 알칼리-골재반응이 반드시 일어나는 상황임에도 경우에 따라서는 발생할 수 있는 경우도 있는 등

매우 난해한 상황이 있으므로 알칼리 실리카반응에 관한 한 신중을 기할 필요가 있다.

마. 화학적 부식 방지 기술

콘크리트 구조물의 화학적 부식에 의한 성능저하는 일부 온천지대나 산성하천 유역, 화학공장, 식품공장 등의 산업용 구조물, 배수, 오수처리시설, 하수도 등에서 중요한 문제가 된다. 또한, 대기오염에 따른 산성비 등으로 일반 구조물에서도 문제가 된다. 화학부식에 관한 저항성을 향상시키는 데는 표 12.9와 같이 콘크리트 자체로 화학저항성을 높이는 방법과 적절한 방식피복을 하는 방법이 있다.

표 12.9 화학적 부식 방지 기술

구 분		내 용
시멘트(결합재)	고로 슬래그 시멘트, 내황산염 시멘트, 중용열 시멘트	저항성 향상 팽창성 물질을 생성하게 하는 성분 감소
배합/시공	낮은 물시멘트비, 충분한 양생	콘크리트 내부의 수밀성 향상
방식/피복	폴리머 시멘트 모르타르, 에폭시수지	- 부식성 물질의 침입을 막고 부식저항성 향상

바. 수축균열 저감 기술

콘크리트의 내구성 향상을 위한 수축 균열 저감 방안으로 가장 확실한 방법은 단위수량을 줄이는 것이지만 현실적으로 단위수량만으로 콘크리트의 수축을 저감시키는 것은 한계가 있다. 이에 수축저감에 효과적인 혼화재 중 에트린자이트의 팽창성을 이용하거나 콘크리트 내부에 존재하는 모세관수의 표면장력을 저하시키는 수축저감제를 사용하는 등의 방법이 제기되고 있다.

이를 위해 여러 종류의 수축저감 연구 및 기술이 개발되어 적용되고 있으며, 이러한 기술은 콘크리트의 수화과정에서 화학반응을 통해 블리딩 저감, 수밀성 강화 등의 특성을 통해 콘크리트의 수축저감을 유도한다. 이와 함께 구속 상태에서도 인장응력에 의한 변형저항성을 개선시켜 균열발생을 효율적으로 제어할 수 있다.

이러한 수축균열 저감기술은 균열보수에 따른 유지관리비의 절감효과를 가질 수 있다. 재료 및 콘크리트 배합 등 여러 가지 측면에서 수축균열 방지기술이 개발되어 사용되고 있다. 주요 수축균열 방지 기술은 다음 표 12.10과 같다.

표 12.10 수축균열 방지 관련 기술

구 분	내 용
고강도 콘크리트용 자기수축 저감제	카르복시메틸셀룰로오스나트륨, 글리콜에테르, 규플루오르화금속염, 트리에탄올아민 및 실리콘계 소포제 사용
팽창재 및 광물질 혼화재를 이용한 수축저감형 혼화재	수축저감제, 팽창재 및 플라이애시를 일정 비율로 혼합하여 개발된 수축저감형 혼화재
수경성 재료용 수축저감제	탄소수와 활성수소, 카르복실기를 갖는 옥시알킬렌쇄가 결합한 구조를 갖는 중합체 사용
수축저감 시멘트	열연슬래그, 플라이애시, 고로 슬래그, 수산화칼슘 및 아윈계 클링커 사용
수축저감형 다기능 모르타르	시멘트, 모래, CSA계 팽창재, CSA계 속경재, 분말수지, 수축저감제, 섬유로 구성
수축저감형 시멘트 분산제	폴리옥시알킬렌아릴에테르, 폴리옥시알킬렌알킬에테르의 말레인산 또는 푸말산에스테르, 아크릴산 또는 메타크릴산에스테르(C성분) 등 사용
콘크리트용 수축저감제	소석회 현탁액, 석고 및 고로 슬래그 분말 사용
콘크리트용 액상 수축저감제 I	규불화금속-실리카 복합수용액, 지방족계 고분자 화합물, 질산염계 화합물 ALC 글루코스 화합물 사용
모르타르용 수축저감제	산성백토 제조 과정에서 생성된 여액과 석회광물 반응물질, 활성 알루미나, 생석회, 무수석고 사용
콘크리트용 액상 수축저감제 II	유화처리 폐식용유를 이용한 기술

참고문헌

12-1 한국콘크리트학회, “콘크리트표준시방서 유지관리편 해설”, 기문당, 2005.

12-2 한국콘크리트학회, “콘크리트구조기준 · 해설”, 기문당, 2012.

12-3 한국콘크리트학회, “콘크리트표준시방서 · 해설”, 기문당, 2009.

12-4 한국콘크리트학회, “최신 콘크리트공학”, 기문당, 2011.

12-5 한민철 · 한천구, “기온과 콘크리트”, 기문당, 2002.

12-6 한천구, “레미콘 품질관리 Ⅰ~Ⅳ”, 기문당, 2014.

12-7 유재강, 염해환경조건을 고려한 콘크리트의 내구성 설계 및 현장적용성 평가, 충남대학교 박사학위논문, 2010.

12-8 KS F 2456 “급속 동결융해에 대한 콘크리트의 저항 시험방법”, 산업통상자원부 기술표준원, 2013.

12-9 KS F 2545 “골재의 알칼리 잠재반응 시험방법(화학적 방법)”, 산업통상자원부 기술표준원, 2012.

12-10 KS F 2546 “골재의 알칼리 잠재반응 시험방법(모르타르봉 방법)”, 산업통상자원부 기술표준원, 2014.

12-11 윤재환, “알카리 골재반응에 의한 콘크리트의 이상 팽창”, 레미콘, 1986.

12-12 정용 외, “해수환경하 콘크리트 경화체의 동결융해 저항성에 관한 연구”, 한국콘크리트학회지, 제4권 3호, 1992, pp.157~166.

12-13 이도헌, “알칼리골재반응에 대한 콘크리트용 골재의 품질관리 지침(안)”, 대한주택공사, 1995.

12-14 손영준, “알칼리골재반응 평가의 표준화 연구”, 쌍용연구보고서, 2006.

12-15 문한영, 이승태, 김홍삼, 김성수, “화학적 침식을 받은 포틀랜드계 시멘트 모르타르의 저항성 평가”, 대한토목학회논문집, 22권, 1-A호, 2002, pp.181~191.

12-16 문한영, 김성수, 김홍삼, 이승태, “시멘트 모르타르의 인공해수 침식에 대한 저항성”, 대한토목학회 학술발표회논문집(I), 2000, pp.443~446.

12-17 Thomas, M. D. A., Matthews, J. D., and Haynes, C. A., “Chloride Diffusion and Reinforcement Corrosion in Marine Exposed Concretes Containing PFA”, Corrosion of Reinforcement in Concrete, Warwickshire, UK, 1990, pp. 198~212.

12-18 Saraswathy, V. and Song, H. W., “Evaluation of Corrosion Resistance of Portland Pozzolana Cement and Fly Ash Blended Cements in Pre-Cracked Reinforced Concrete Slabs under Accelerated Testing Conditions”, Mat Chemi Phy., Vol. 104, No. 2-3, 2007, pp.356~361.

12-19 ASTM C 666, "Resistance of Concrete to Rapid Freezing and Thawing", Annual Book of ASTM Standards, 1984.

12-20 Sabir, B. B., "Mechanical Properties and Frost Resistance of Silica Fume Concrete", Cement and Concrete Composite, Vol. 19, 1997, pp.285~294.

12-21 Miao, C., Mu, R., Tian, Q., and Sun W., "Effect of Sulfate Solution on the Frost Resistance of Concrete with and without Steel Fiber Reinforcement", Cement and Concrete Research, Vol. 32, 2002, pp.31~34.

12-22 Antonio, C. and Julio, A., "Case Studies of Concrete Deterioration in a Marine Environment in Portugal", Cement and Concrete Composite, Vol. 24, 2002, pp.169~179.

제4편

알칼리 활성 콘크리트

제4편 머리말

양근혁, 경기대학교 플랜트 · 건축공학과 교수, yangkh@kgu.ac.kr

알칼리 활성 콘크리트는 2000년도 이후 미국, 유럽, 호주를 중심으로 연구의 집중도가 높아지고 있다. 알칼리 활성 결합재를 위한 원재료로는 고로 슬래그, 플라이애시 및 메타카올린이 주로 이용된다. 알칼리 활성 콘크리트는 사용 활성화제에 따라 높은 강도발현, 내화학성, 수화열 저감 및 내부식성 등의 장점을 갖는다. 또한 환경적 측면에서 알칼리 활성 콘크리트는 산업 부산물의 재활용과 천연자원의 보존, 그리고 보통 포틀랜드 시멘트 콘크리트 대비 45~70퍼센트 수준인 CO_2 배출량 저감 등의 효과를 기대할 수 있다. 하지만 알칼리 활성 콘크리트의 현장적용을 위해서는 여전히 신중히 고려해야 할 사항들도 많다. 알칼리 활성 콘크리트는 강도발현에 대한 재현성이 낮으며, 빠른 유동성 손실, 표면 백화와 낮은 표면 경도, 빠른 탄산화 속도 및 비교적 낮은 동결융해 저항성 등은 개선해야 할 성능들이다. 특히 알칼리 활성 결합재는 다양하므로 알칼리 활성 콘크리트의 품질관리를 위해서는 우선 원재료와 알칼리 활성화제를 선정하고 다양한 배합실험을 바탕으로 활성화제 농도와 첨가량, 물-결합재비, 잔골재율 및 단위수량에 대한 배합변수 모델을 결정해야 하는 절차가 필요하다.

결합재로서의 알칼리제 최초 사용은 1930년 Kuhl의 고로 슬래그 미분말과 가성 칼륨용액 배합의 응결 거동 연구이다. 1937년에는 Chassevent가 가성 칼륨 및 소다 용액을 사용하여 고로 슬래그의 반응성을 측정하였으며, 1940년에는 Purdon이 클링커를 사용하지 않고 고로 슬래그를 모재료로 하여 수산화나트륨을 활성화제로 사용하였으며, 고로 슬래그와 알칼리염을 기반으로 한 가성 알칼리 성분을 사용한 실험적 연구를 진행하였다. 1957년에 Glukhovsky는 낮은 알칼리성의 칼슘 또는 칼슘이 없이 알루미노규산염(점토)과 알칼리 금속 수용액을 사용하여 결합재의 생산 가능성을 발견하였다. 이 결합재는 'soil cements' 또는 콘크리트에서는 'soil silicates'라 불렸다. 그 후 알칼리 활성 시멘트 및 콘크리트에 대한 다양한 연구 및 개발이 수행되었으며, 1980년대에 북유럽에서 Trief 시멘트와 F-시멘트 및 알칼리 활성화제가 혼합된 시멘트를 개발하였다. 1981년 프랑스의 Davidovits는 고령토, 석회석 및 돌로마이트를 섞어 소성시킨 후 알칼리를 섞어서 결합재를 제작하였으며, 무정형의 고분자 구조를 가지고 있는 결합재를 '지오폴리머(geopolymer)'라 명하였다. 1994년 Krivenko는 규산염(silicate), 알루민산염(aluminate) 및 알루미노규산염(aluminosilicate)뿐만 아니라 충분한 농도의 알칼리성 매질에서 알칼리 및 알칼리 금속 염도 반응이 나타나는 것을 보여주었다.

2000년대 이후 알칼리 활성 콘크리트에 대한 연구는 주로 수화반응기구 및 수화 생성물에 집중되었지만 최근에는 알칼리 활성 콘크리트의 배합설계, 역학적 특성 및 내구성 등의 실용적 연구로 전환되고 있다.

우리나라의 알칼리 활성 콘크리트에 대한 연구는 2000년대에 급증하면서 실용화를 위한 연구로 발전하고 있다. 이에 따라 알칼리 활성 콘크리트를 적용하여 생태연못 조성, 하천사면의 호안블록, 농업용수용 집수정 및 각종 하천 정비공사에 적용된 사례가 있다. 알칼리 활성 콘크리트는 제조상의 경제성 문제와 더불어 내구성 등의 다양한 연구가 아직 부족한 실정이지만 석회석 등의 천연자원 보존 및 CO_2 저감문제와 더불어 알칼리 활성 콘크리트에 대한 연구는 지속적으로 발전될 전망이다.

알칼리 활성 콘크리트의 현장 적용 및 실용화 수준은 현재 미미한 수준이므로 꾸준한 연구개발과 학술적 정립이 필요하며, 현장에서도 실질적 적용을 위한 지속적인 관심이 필요하다. 이를 위해 제4편에서는 알칼리 활성 콘크리트에 대한 최근 연구결과를 중심으로 하여, 13장에서는 기술의 중요성 및 재료특성, 14장에서는 수화 생성물 및 미세구조, 15장에서는 알칼리 활성 콘크리트의 배합설계, 16장에서는 알칼리 활성 콘크리트의 특성, 17장에서는 그 적용사례 및 분석을 각각 다루었다.

제13장 기술의 중요성 및 재료특성

양근혁, 경기대학교 플랜트·건축공학과 교수, yangkh@kgu.ac.kr

13.1 알칼리 활성 콘크리트 기술의 중요성

알칼리 활성 콘크리트 기술은 환경적 측면에서 다음과 같은 중요성을 갖는다.

1) 자원보존 및 산업부산물 재활용[13-1,2,3]

우리나라의 연간 고로 슬래그 미분말 발생량은 2008년도 기준으로 약 10.2백만 톤이었으나, 2015년 이후에는 약 15백만 톤으로 약 1.5배 증가할 예정이다. 우리나라의 연간 플라이애시 발생량은 2009년도 기준으로 약 6.8백만 톤이었으며, 2015년 이후에도 발생량이 유지될 전망이다. 현재 고로 슬래그의 재활용률은 거의 100퍼센트인 반면, 플라이애시의 재활용률은 약 66퍼센트(약 34퍼센트 매립)로서 법정 재활용 목표인 75퍼센트에 미치지 못하고 있다. 한편, 우리나라의 석회석 매장량은 약 99.7억 톤으로서 시멘트 생산을 위한 사용년수는 약 150년으로 평가된다. 알칼리 활성 콘크리트의 적용은 향후 1.5배 증산되는 고로 슬래그와 현재 법정재활용률(75퍼센트) 미만인 플라이애시의 재활용률을 높이고 석회석과 같은 천연자원의 보존효과를 기대할 수 있다.

2) 탄소배출량 저감[13-1,2,3]

알칼리 활성 콘크리트의 가장 큰 환경적 장점은 보통 포틀랜드 시멘트 콘크리트에 비해 현저히 낮은 CO_2 배출량이다. 알칼리 활성 콘크리트의 압축강도 및 내구성은 알칼리 활성 콘크리트 생산 시 사용하는 활성화제의 종류와 농도에 의해 중요한 영향을 받으며, 주성분이 알루미나와 실리카 성분인 플라이애시 또는 메타카올린(MK) 등은 안정적인 반응 유도를 위해 60℃ 이상의 고온양생을 필요로 한다. 따라서 포틀랜드 시멘트 콘크리트에 대한 알칼리 활성 콘크리트의 CO_2 배출 저감량은 목표 강도에 따라 결정되는 활성화제의 종류와 양, 그리고 양생조건 등을 고려하여 산정하여야 한다. ISO 14040 시리즈에서 요구하는 전과정 평가절차에 따라 산정한 알칼리 활성 콘크리트와 포틀랜드 시멘트 콘크리트의 CO_2 배출량의 비교 예를 그림 13.1에 나타내었다. 콘크리트의 전과정 CO_2 평가절차는 참고문헌 13-1 및 제20장을 참고할 수 있다. 포틀랜드 시멘트에 기반을 둔 콘크리트는 결합재(시멘트)에서 배출되는 CO_2 양이 전체 CO_2 배출량의 85퍼센트 이상을 차지한다. 한편, 알칼리 활성 콘크리트의 경우 알칼리 활성화제를 포함하는 결합재의 CO_2 배출량은 포틀랜드 시멘트에 비해 현저히 낮지만 생산단계에서의 CO_2 배출량은 사용 활성화제에 의해 큰 영향을 받는다. 이는 활성화제의 CO_2 원단위가 표 13.1에 나타낸 바와 같이 비교적 높기 때문이다. 그러므로 알칼리 활성 콘크리트에서 CO_2 저감을 고려하면 활성화제의 선택 및 그 첨가량의 결정이 매우 중요하다.

동일한 압축강도를 갖는 콘크리트의 CO_2 배출량을 보통 포틀랜드 시멘트(OPC) 콘크리트의 CO_2 배출량으로 무차원한 값을 그림 13.2에 나타내었다. 혼화재(SCMs)가 치환된 OPC 콘크리트는 콘크리트 압축강도가 40 MPa 이상일 때 포틀랜드 시멘트 콘크리트에 비해 약 20퍼센트의 CO_2 저감률을 보이고 있다. 알칼리 활성 고로 슬래그 콘크리트의 CO_2 배출은 포틀랜드 시멘트 콘크리트에 비해 콘크리트 압축강도 24 MPa일 때 약 60퍼센트, 40 MPa일 때 약 70퍼센트가 70 MPa일 때 약 60퍼센트 감소되었다. 알칼리 활성 플라이애시 콘크리트의 CO_2 배출은 포틀랜드 시멘트 콘크리트에 비해 콘크리트 압축강도 40 MPa일 때 약 60퍼센트 이상 감소된다. 포틀랜드 시멘트 콘크리트에 대한 알칼리 활성 콘크리트의 CO_2 배출 저감률은 소요 압축강도에 대해 사용 활성화제 및 양생방법에 의해 다소 변동이 있지만 일반적으로 50~70퍼센트 범위에 있다.

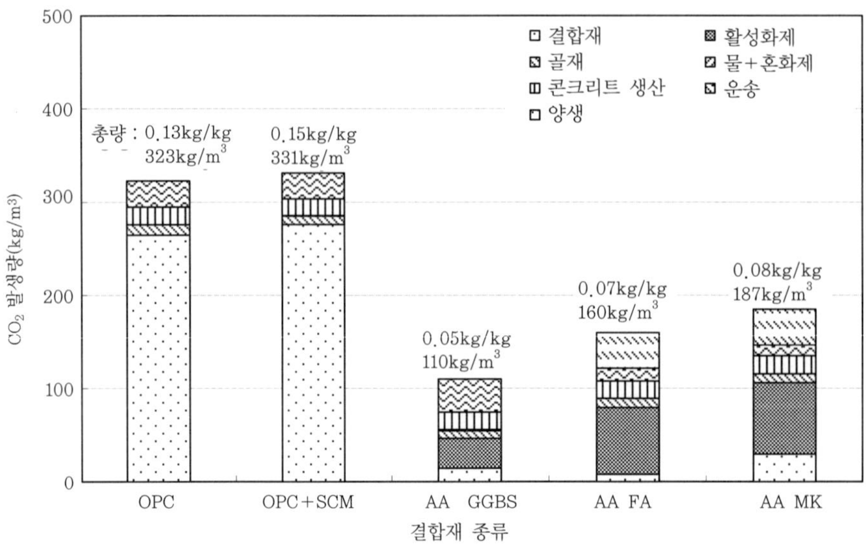

그림 13.1 결합재 종류에 따른 콘크리트 CO_2 배출량의 비교(f_{ck}=24 MPa)[13-1]

표 13.1 주요 활성화제의 CO_2 원단위(국가 LCI DB)[13-4)]

활성화제	수산나트륨	탄산나트륨	규산나트륨	황산나트륨
CO_2 원단위 (ton-CO_2/ton)	0.616	0.608	1.32	1.03

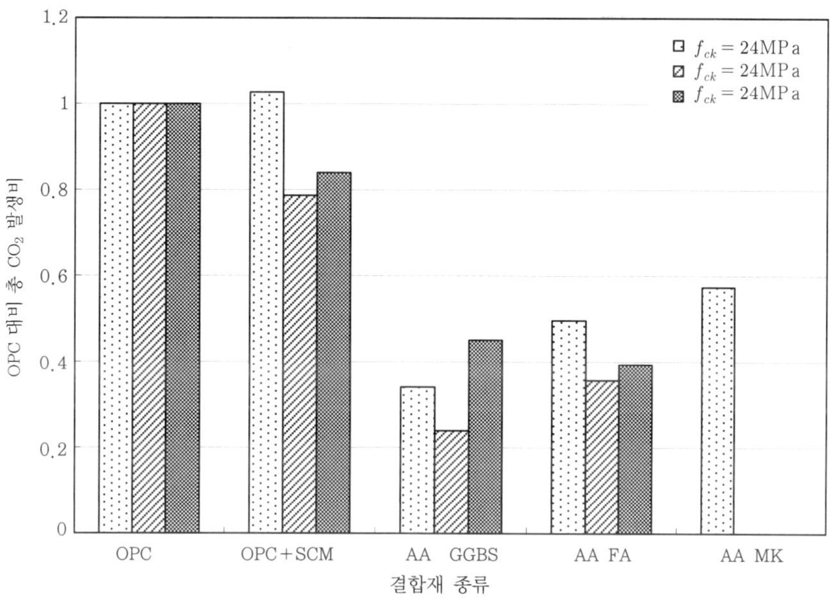

그림 13.2 포틀랜드 시멘트 콘크리트에 대한 알칼리 활성 콘크리트의 CO_2 저감비[13-1)]

알칼리 활성 콘크리트 기술의 재료적 · 구조적 측면에서의 중요성은 제16장에서 자세히 다루었는데, 포틀랜드 시멘트 콘크리트 대비 일반적인 장점은 다음과 같다. ① 높은 초기 압축강도발현, ② 포틀랜드 시멘트 콘크리트의 약 1/2~1/3 수준의 낮은 수화열, ③ 높은 내화학성 등이다. 알칼리 활성 콘크리트의 비탄성변형 및 내구성에 대해서는 사용 원재료와 알칼리 활성화제에 의해 큰 영향을 받으므로 다양한 실험결과가 제시되고 있다.

13.2 재료 특성

13.2.1 원재료

알칼리 활성 콘크리트에 사용되는 원재료는 일반적으로 잠재수경성이나 포졸란 성질을 갖는 재료를 사용한다. 고로 슬래그는 반응성이 우수한 CaO를 다량 함유하고 잠재수경성의 특징을 갖고 있어서 알칼리 활성 콘크리트의 원재료로 사용하기에 적합하다. 플라이애시 또한 Si 및 Al 성분을 다량 함유하고 있어 알칼리 활성화제의 사용을 통해 포졸란반응을 쉽게 유도할 수 있다. 그림 13.3는 천연 포졸란 및 산업부산물서 포졸란 성질을 띠는 재료들을 나타냈으며, 그림 13.4는 CaO 함량에 따른 고로 슬래그와 플라이애시의 반응성을 비교하여 나타낸 것이다. 고로 슬래그는 CaO 성분이 많으므로 수화반응에 대한 의존성이 높으며, 플라이애시는 낮은 CaO 성분으로 포졸란 반응에 대한 의존성이 높다.

고로 슬래그 및 플라이애시 생산 시 발생되는 CO_2는 보통 포틀랜드 시멘트 대비 매우 낮은 편이며, 소비되는 에너지 또한 매우 낮다. 우리나라에서 1톤의 시멘트를 생산하기 위해서는 약 3.4 GJ의 에너지가 필요하며, 16.24 kg의 석유, 93.84 kg의 석탄, 31.2 kWh의 전력, 1,236 kg의 비금속 광물 및 148 kg의 재료 재활용이 필요하다. 반면 고로 슬래그 및 플라이애시는 1톤 생산 시 각각 0.58 GJ 및 0.43 GJ의 에너지와 65 kWh 및 48.2 kWh의 전력만이 소비된다. 따라서 고로 슬래그 및 플라이애시는 환경적인 측면에서 저에너지 소비 및 저CO_2 배출 재료로 우수한 성능과 고부가가치성을 가지고 있다.[13-5)]

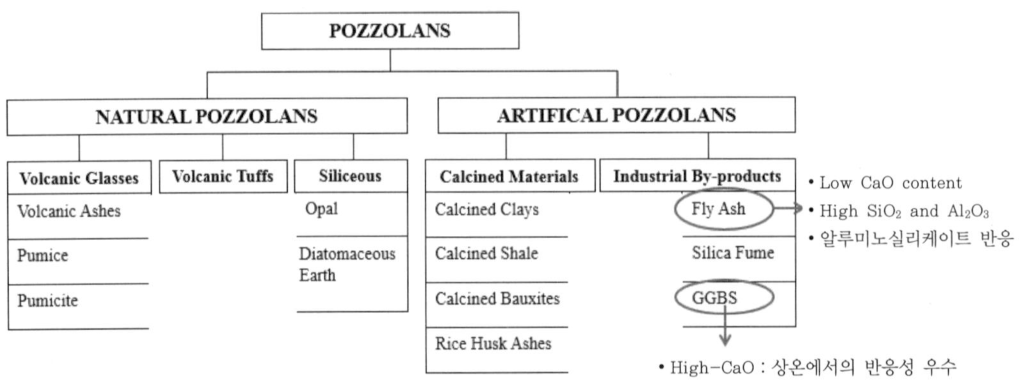

그림 13.3 포졸란 성질을 갖는 재료

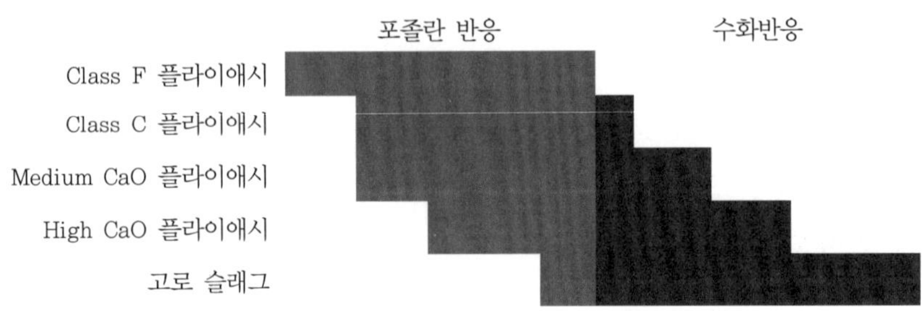

그림 13.4 플라이애시와 고로 슬래그의 반응성 비교

가. 고로 슬래그[13-6~10)]

고로 슬래그의 XRD 패턴 및 입형을 그림 13.5에, 화학적 조성비를 표 13.2에 나타냈다. 국내에서 발생되는 고로 슬래그는 일반적으로 이산화규소(SiO_2), 산화알루미늄(Al_2O_3), 산화칼슘(CaO), 산화마그네슘(MgO)의 4가지 성분이 약 95퍼센트 이상을 차지하고 있어서 화학조성이 보통 포틀랜드 시멘트와 유사하고 화학적 반응성이 크다. 입형은 미분말로 수쇄 및 분쇄과정을 거쳐 제조되므로 주로 비정형을 이루고 있으며, 비중이 약 2.86~2.94의 범위에 있다. 시멘트의 수화반응에서 생성된 수산화칼슘과 반응하기 때문에 시멘트의 원재료 또는 콘크리트용 혼화재로 널리 사용되고 있다.

고로 슬래그는 알칼리성 자극제에 의해 경화하는 잠재수경성을 갖는 재료이며, 1862년 E. Langen이 고로 슬래그를 소석회와 섞으면 고로 슬래그가 경화하는 특성을 발견하였다. 고로 슬래그 혹은 Al-Si와 같은 잠재수경성을 갖는 광물은 물과 직접 접촉시켜도 수화반응이 진행되지 않는다. 이는 고로 슬래그가 물과 접촉하면 Ca^{2+} 이온이 용출되어 입자 표면에 불투수성의 유리질 피막을 형성하여 물의 침투 및 이온의 용출을 억제하기 때문이다. 반응을 계속 지속시키기 위해서는 강알칼리성의 활성화제를 사용하여 고로 슬래그의 OH^-를 흡착하여 유리질 피막을 파괴하고 고로 슬래그의 이산화규소(SiO_2), 산화알루미늄(Al_2O_3), 산화칼슘(CaO), 산화마그네슘(MgO)의 용출을 촉진시켜 수경성을 띄게 하여야 한다. 용출된 이산화규소, 산화

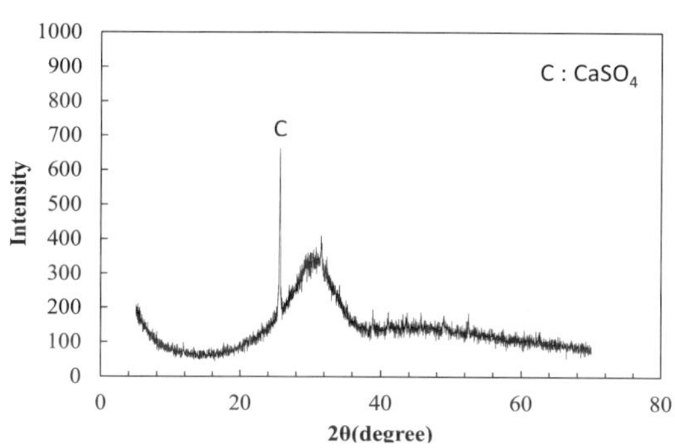

(a) XRD 패턴

(b) SEM

그림 13.5 고로 슬래그의 XRD 패턴 및 입형

표 13.2 고로 슬래그의 화학적 조성

SiO_2	Al_2O_3	CaO	MgO	Fe_2O_3	TiO	K_2O	SO_3	LOI
34.07	13.08	44.60	4.38	0.11	0.74	0.48	0.95	0.24

알루미늄, 산화칼슘 및 산화마그네슘 등이 강알칼리성에 의해 망상구조체의 쇄상결합이 절단되고, 칼슘(Ca), 마그네슘(Mg) 및 알루미늄(Al) 등의 이온이 용출되어 규산칼슘 수화물이나 알루민산칼슘 수화물을 생성하면서 경화를 시작한다(그림 13.6). 여기에서 사용되는 강알칼리성 활성화제는 주로 NaOH, Na_2SiO_3, Na_2CO_3, Na_2SO_4 등이다.

고로 슬래그는 각 구성 성분의 함량에 따라 반응성이 달라진다. 고로 슬래그의 반응성을 평가하기 위한 방법으로 SiO_2의 중량에 대한 CaO, MgO 및 Al_2O_3의 합계 중량 백분율 비를 염기도로 규정하고 있다. 염기도가 크다는 것은 고로 슬래그 내에 SiO_2 성분이 적으며, 결정이 불안정한 상태로 반응성이 크다는 것을 나타낸다. 즉 고로 슬래그의 염기도가 높을수록 반응성이 커서 초기 강도가 높게 나타난다. 식 (13.1)과 같이 염기도를 구할 수 있으며, KS F 2563은 염기도가 1.6 이상의 것을 사용하도록 규정하고 있다.

$$\text{염기도} = \frac{CaO + MgO + Al_2O_3}{SiO_2} \tag{13.1}$$

일반적으로 고로 슬래그의 화학적 조성은 CaO 30~50퍼센트, Al_2O_3 5~20퍼센트, MgO 5~20퍼센트가 바람직하며, CaO와 Al_2O_3 양이 감소하면, 알칼리 활성 고로 슬래그 콘크리트의 압축강도는 감소하는 경향을 보인다. 한편 아직은 논란의 여지가 있지만 고로 슬래그의 유리질은 70~80퍼센트 이하가 수화반응성에 유리하다는 의견도 있다.

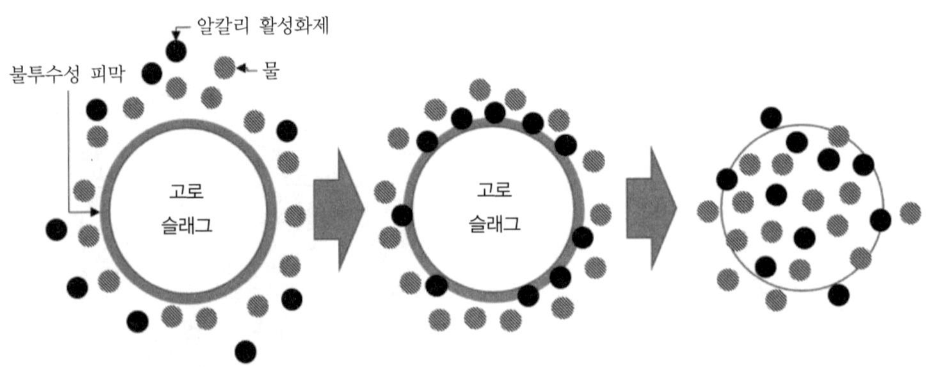

그림 13.6 고로 슬래그의 잠재수경성에 의한 경화 기구

나. 플라이애시[13-6~10)]

플라이애시의 XRD 패턴 및 입형은 그림 13.7에 나타냈으며, 화학적 조성비를 표 13.3에 나타냈다. 플라이애시는 일반적으로 고로 슬래그보다 CaO 성분이 적으며, 구성요소의 대부분을

SiO_2와 Al_2O_3가 차지한다. 플라이애시의 입형은 약 60~90퍼센트가 구형을 띠며, 무정형 및 결정형의 혼합상태로 구성되어 있다. 입자의 크기는 10 μm 정도이며, 입자 크기가 큰 플라이애시일수록 다공성의 입자를 많이 함유하고 있다. 플라이애시 입자의 크기가 5~600 μm 정도일 때 반응성이 매우 크다. 이러한 작은 입자의 크기는 기계식 포집장치보다 최근의 정전기집진 방식의 포집방법을 사용함으로써 쉽게 얻어진다. 일반적으로 플라이애시의 화학적 조성은 사용된 석탄의 종류와 연소 공정에 따라 달라진다.

플라이애시는 단독으로 수경성을 갖지 않고, 포졸란반응에 의해 경화된다. SiO_2를 다량 함유하고 있기 때문에 알칼리 활성화제를 첨가하면 포졸란반응을 일으켜 불용성 수화생성물인 C-S-H겔을 형성하게 된다. 플라이애시의 수화반응성은 알루미노실리케이트 유리질의 특성 및 함유량에 의해 큰 영향을 받는다. Si와 Al의 용해를 위해서는 강알칼리성의 활성화제가 필요하다. 일반적으로 Na, K 및 Li와 같은 알칼리 금속이온을 포함하는 MOH 형태의 가성 알칼리와 $R_2O \cdot (n)SiO_2$ 형태의 규산염이 가장 많이 사용되고 있다.

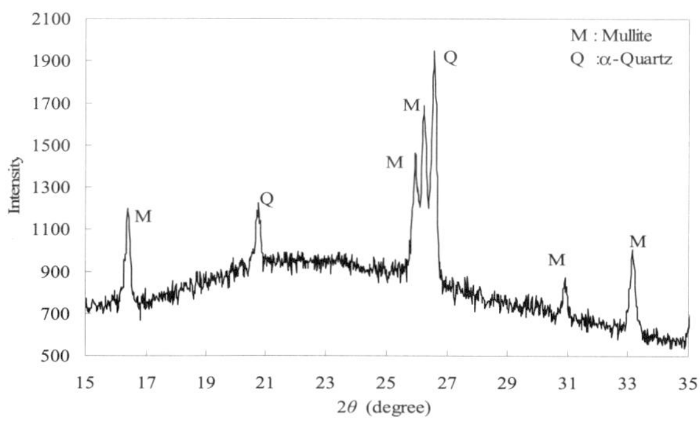

(a) XRD 패턴

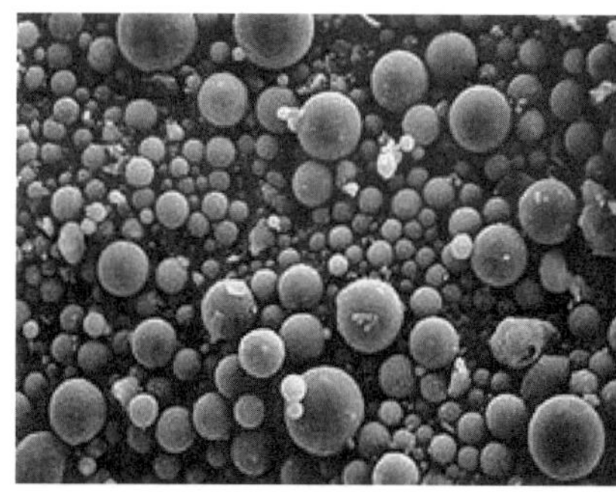

(b) SEM

그림 13.7 플라이애시 XRD 패턴 및 입형[13-11)]

표 13.3 플라이애시의 화학적 조성[13-11)]

SiO_2	Al_2O_3	CaO	MgO	Fe_2O_3	TiO	K_2O	SO_3	LOI
57.70	28.60	4.70	0.67	5.08	1.53	0.57	0.68	0.1

또한 고온의 양생 환경에서 더 효과적으로 활성화되며, 분말도가 높을수록 수화반응성이 커진다. 포졸란반응은 시멘트의 수화반응에 비해 서서히 진행되어 수화열 저감에도 효과를 나타낸다. 플라이애시는 주로 무연탄이나 역청탄으로부터 생성되며, 포졸란 특성을 띤다. 반면 갈탄에서 발생한 플라이애시는 무연탄의 플라이애시에 비해 CaO와 Fe_2O_3 성분이 더 많이 존재하며, CaO의 함유량이 높아짐에 따라 자체적으로 수경성을 갖게 된다.

13.2.2 알칼리 활성화제

알칼리 활성 콘크리트에서 사용하는 알칼리 활성화제는 그 화학적 구성요소에 따라 다음 6가지 그룹으로 분류된다.[13-6,7]

- 가성 알칼리(caustic alkalis) : MOH
- 비규산질성 약산성염(non-silicate weak acid salts) : M_2CO_3, M_2SO_3, M_3PO_4, MF 등
- 규산염(silicate) : $M_2O \cdot nSiO_2$
- 알루민산염(aluminates) : $M_2O \cdot nAl_2O_3$
- 알루미늄규산염(aluminosilicates) : $M_2O \cdot Al_2O_3 \cdot (2-6)SiO_2$
- 비규산염 : M_2SO_4

위의 활성화제 중에서 콘크리트의 강도발현 및 경제성을 고려하여 일반적으로 사용되고 있는 것은 수산화나트륨(NaOH), 탄산나트륨(Na_2CO_3), 규산나트륨($Na_2O \cdot nSiO_2$) 및 황산나트륨(Na_2SO_4)이다. 나트륨 및 칼륨 화합물의 특성은 유사하므로 나트륨(Na) 이외에 칼륨(K)화합물이 연구에서 일부 사용되어 왔지만 가용성 및 고비용으로 인해 잠재적 응용성은 제한적이다. 활성화제의 특성 및 농도는 알칼리 활성 결합재의 유동성과 강도발현 특성에 중요한 영향을 미친다. 특히 가소성 알칼리는 고농도의 경우 폭발 및 화상의 위험이 있다. 또한 규산염을 활성화제로 이용한 알칼리 활성 결합재는 수화반응 후 알칼리 활성 콘크리트가 굳은 상태에서 규산의 용출과 용해가 발생할 수 있다.

알칼리 활성 결합재의 강도발현에 대한 활성화제 농도의 영향은 원재료에 따라 차이가 있지만, 일반적으로 활성화제 농도가 높을수록 유리하다. 연구결과에 따르면 규산염을 활성화제로 이용할 경우 Na_2O/고로 슬래그의 중량비 3~5.5퍼센트 또는 Na_2O/플라이애시 중량비 5~15퍼센트가 최적이며, 원재료의 화학적 조성을 고려하여 알칼리 활성 콘크리트 강도발현은 알칼리 품질계수의 함수로 제시될 수 있다.[13-12] OH^- 음이온 기반의 KOH 또는 NaOH는 적정 수준 이상으로 사용하면 콘크리트의 급결을 발생시키고, 강도 증진 효과는 미흡하다. Na_2SiO_3는 첨가량의 증가와 함께 콘크리트 강도가 증가하지만 결합재 대비 약 13퍼센트 이상에서는 급결현상을 동반한다.[13-11] 반면 CO_3^{2-} 및 SO_4^{2-} 음이온을 포함하는 활성화제는 OH^- 이온에 비해 그 반응성이 다소 떨어진다. 최근에는 콘크리트의 급결 제어 및 20~40 MPa 수준의 강도발현을 위하여 나트륨, 칼륨, 칼슘 등의 알칼리 금속이온을 단독으로 사용하기보다는 혼합 사용을 권장하고 있다. 일반적인 혼합 사용의 예는 다음과 같다.

- $KOH+Na_2SiO_3$; $NaOH+Na_2SiO_3$; $NaOH+Na_2SO_4$; $Ca(OH)_2+Na_2SiO_3$; $Ca(OH)_2+Na_2SO_4$; $Na_2SiO_3+Na_2CO_3$

가. 수산화나트륨(NaOH)[13-6~9)]

가성소다로도 불리는 수산화나트륨(NaOH)은 산업 전반에 걸쳐 널리 쓰이고 있다. 일반적으로 NaOH는 소금물의 전기분해를 통해 생산되며, 액체뿐만 아니라 고체, 조각, 혼합물 상태 및 구슬 형태로 사용되고 있다. 고체 상태의 NaOH는 금속 용기 안에서 모든 수분이 증발된 용융상태의 가성소다를 냉각함으로써 얻을 수 있으며, 조각 형태는 균질한 두께를 형성하기 위해 용융된 상태의 NaOH를 플레이크 롤에 통과시킴으로써 생성된다. 조각의 입자 크기는 몇 가지 형태로 분쇄 및 선별되어 사용된다. 구슬 형태의 NaOH 제조는 크기의 균질성을 유지하기 위해 정밀한 환경 속에서 용융리큐르를 프릴링타워에 공급하여 생산한다. 고체 상태, 조각 상태 및 구슬 상태의 NaOH는 입경만 서로 다를 뿐 동일한 화학적 조성을 나타낸다. NaOH의 비중은 20℃에서 2.13이며, 녹는점은 318℃, 20℃ 상온에서의 용해도는 약 53퍼센트이다. 수화물로는 6가지 형태($NaOH \cdot H_2O$, $NaOH \cdot 2H_2O$, $NaOH \cdot 3.5H_2O$, $NaOH \cdot 4H_2O$, $NaOH \cdot 5H_2O$, $NaOH \cdot 7H_2O$)로 과포화 용액 내에서 존재하며, 물 분자의 수가 감소할수록 NaOH의 농도는 높아진다. NaOH는 낮은 농도로 용해시킬 때에도 다량의 열을 방출한다. 용해열은 농도가 약 15퍼센트까지 약간 증가하며, 그 이후 감소한다.

일반적으로 NaOH는 콘크리트에서 시멘트의 수화 촉진제로 사용되지만, 수화 7~14일 이후에는 콘크리트의 강도저하가 발생한다. NaOH는 대부분 용액 상태로 이용되며, 고체 상태의 무수 NaOH는 용해되어 사용된다. NaOH의 용해 시 너무 빨리 희석시키거나 용액에 충분히 섞이지 않은 경우, 그리고 뜨겁거나 차가운 액체를 첨가할 경우에는 급격한 온도 증가로 인해 용액이 끓거나 튈 수 있으므로 주의해야 한다. 또한 고체 상태 및 수용액 상태일 때 모두 이산화탄소를 흡수할 수 있고, 이산화탄소를 흡수한 NaOH는 Na_2CO_3로 변하는 특성을 가진다.

나. 탄산나트륨(Na_2CO_3)[13-6~9,11)]

탄산나트륨(Na_2CO_3) 또는 무수 탄산나트륨은 순도 99퍼센트의 백색 무수 분말 또는 알갱이 입자 형태의 재료이다. Na_2CO_3의 규격은 산화나트륨(Na_2O)량에 의해 표현된다. 즉 58퍼센트의 Na_2CO_3는 산화나트륨 58퍼센트를 포함하고 있음을 뜻한다. Na_2CO_3는 비중 또는 입자의 모양과 크기 등의 물리적 특성에 따라 경회(light soda ash) 또는 중회(dense soda ash)로 분류된다. 경회는 약 0.51~0.62의 비중을 가지며, 탄산화 타워 및 진공 결정기에서 생성된 세스퀴 Na_2CO_3를 소성하여 제조된다. 중회는 약 0.96~1.06의 비중을 가지며, 경회의 수화 후 보다 밀집한 결정을 생산하기 위한 소성 시 생성된다. 경회와 중회는 제조방법은 서로 다르지만 같은 물리 · 화학적 특성을 갖는다.

Na_2CO_3는 천연 상태 및 인공적인 제조를 통해 얻을 수 있다. Na_2CO_3을 포함하는 광물은 자연 침전물로 얕은 호수의 모래 늪이나 일상에서 흔히 볼 수 있는 다양한 염화물 및 황산염에 포함되어 있다. 대부분의 Na_2CO_3는 솔베이법과 염화암모늄, 뉴 아사히 및 가성 탄산화 과정의 부산물로 생성된다. 솔베이법은 에너지 자본 및 노동집약적이며, 방출 시 환경문제의 원인이 되는 염화칼슘 및 염화나트륨을 부산물로 생성되기 때문에 세계적으로 생산량이 감소하는 추세이다.

Na_2CO_3는 화학첨가제로 콘크리트에 사용되어 왔으며, 알칼리 활성화제로서의 우수성이 입증되어 왔다. 하지만 Na_2CO_3의 첨가량에 따라 상이한 효과를 나타낸다. Na_2CO_3의 첨가량이 적을 경우 시멘트의 수화촉진제로 사용이 가능하지만, 첨가량이 많을 경우 수화 지연을 발생시킬 수 있다.

다. 규산나트륨($Na_2O \cdot nSiO_2$)[13-6~9]

규산나트륨(Na_2SiO_3)은 규산소다라고도 불리며, $Na_2O \cdot nSiO_2$의 화학식을 갖는 화합물을 총칭한다. 일반적으로 Na_2SiO_3는 SiO_2/Na_2O비율에 따라 다른 특성을 보이며, 다양한 산업에 응용될 수 있다. 상업용 Na_2SiO_3 수용액의 SiO_2/Na_2O비는 약 1.60~3.85 정도이다. Na_2SiO_3는 1640년 Van Helomnt가 처음으로 발견하였다. 그는 습한 환경에서 실리카와 과잉된 알칼리의 결합 과정에서 Na_2SiO_3를 발견하였다. 그 후 1818년 Johann Nepomuk von Fuchs가 실험을 통해 재발견하였다. Fuchs는 실리카를 가성소다 칼륨에 용해시켜 용액에서 유리와 같은 특성을 관찰하였으며, 이를 물유리라 불렀다. Fuchs는 접착제, 시멘트, 페인트, 세제, 경화제 등 규산염의 다양한 응용법을 제시하였다. 수용성 규산염의 제조는 1864년 필라델피아의 석영 회사에 의해 처음 소개되었다. 이때 Na_2SiO_3는 대부분 비누 제조에 사용되었으며, 생산량은 매우 느리게 성장하였다. 수용성 Na_2SiO_3은 상대적으로 저렴하지만 구성 및 보관에 따라 특성이 민감하게 변하므로 Na_2SiO_3의 응용은 많은 실패를 거듭하였다. 수용성 규산염에 대한 많은 연구가 실시되었지만, 아직까지 알칼리 규산염 수용액의 민감도 및 일부 구조 변화에 대한 내용은 대부분 밝혀지지 않았다.

Na_2SiO_3는 콘크리트 산업에서 경화 촉진제로 널리 이용되어 왔으며, 현재에도 숏크리트 등에서 경화촉진제로 사용되고 있다. Na_2SiO_3는 가장 효과적인 알칼리 촉진제이며, 수화 규산 분말의 제조기술이 개발됨에 따라 접착 혼화제, 유성 시멘트, 특수 시멘트 및 내산성 콘크리트 등으로 활용범위가 다양하다.

라. 황산나트륨(Na_2SO_4)[13-6~9]

천연 황산나트륨(Na_2SO_4)은 세나다이트(Thenardite, 무수 Na_2SO_4)와 미라빌라이트($Na_2SO_4 \cdot 10H_2O$)의 두 가지 주요 광물에서 발견된다. 세나다이트의 무수 형태는 프랑스 화학자 Louis Jacques Thenard의 이름을 따서 명명되었다. 세나다이트는 43.68퍼센트의 Na_2O와 56.32퍼센트의 SO_3를 포함하고 있으며, 일반적으로 무색에서 흰색 계열이지만, 회색 또는 갈색으로 착색될 수 있다. 비중은 약 2.67이며, 20℃의 물에 15.9퍼센트의 가용성을 갖고 있다. 일반적으로 결정이 보이지 않는 덩어리 형태로 생성되며, 녹는점은 882℃이고, 1,100℃에서 분해된다. 1퍼센트 희석시킨 수용액의 pH는 대략 6~9 수준이다.

Na_2SO_4은 천연상태의 것을 얻거나 다양한 제조 공정을 거쳐 인공적으로 생산할 수 있다. 천연 Na_2SO_4는 주로 자연발생적으로 생성된다. 건조한 기후와 배수가 잘 되지 않는 알칼리 호수 안의 Na_2SO_4을 함유하는 염수 또는 크리스털형의 증발 퇴적물에서 발견된다. 주요 Na_2SO_4 퇴적층은 중국, 멕시코, 캐나다, 미국, 러시아 및 스페인에 존재하며, 아르헨티나, 칠레, 이란 및 터키에도 소량 존재한다. 합성 Na_2SO_4은 비스코스 레이온, 염산, 나트륨 중크롬산 염, 아스코르브 산, 배터리 산 재활용, 붕산, 셀룰로오스, 탄산 리튬, 레이온, 레조 르시놀 및 실리카 안료의 제조 시 부산물로 생성된다. 많은 연구에서 Na_2SO_4은 포틀랜드 시멘트 및 석회 기반의 시멘트계 재료에 매우 효과적인 알칼리 활성화제로 사용할 수 있는 것으로 확인되었다.

참고문헌

13-1 Yang, K. H., Song, J. K., and Song, K. I., "Assessment of CO_2 Reduction of Alkali-Activated Concrete", Journal of Cleaner Production, Vol. 39, No. 1, 2013, pp.265~272.

13-2 Yang, K. H., Jung, Y. B., Cho, M. S., and Tae, S. H., "Effect of Supplementary Cementitious Materials on Reduction of CO_2 Emissions from Concrete", Journal of Cleaner Production, http://dx.doi.org/10.1016/j.jclepro.(2014.03.)

13-3 한국콘크리트학회, 콘크리트 구조물의 환경영향 및 CO_2 평가, 한국콘크리트학회, 2013.

13-4 Korea LCI Database Information Network. http://www.edp.or.kr.(2014)

13-5 마사키 다이몬, "사회환경 머터리얼(시멘트계 재료의 사명과 지속가능한 사회)", 한국세라믹학회 시멘트부회, 2009.

13-6 Shi, C., Krivenko, P. V., and Roy, D., "Alkali-activated Cements and Concrete", Taylor & Francis, London and New York, 2006.

13-7 Pacheco-Torgal, F., Castro-Gomes, J., and Jalali, S., "Alkali-activated Binders : A Review Part 1. Historical Background, Terminology, Reaction Mechanisms and Hydration Products", Construction and Building Materials, Vol. 22, No. 7, 2008, pp.1315~1322.

13-8 Pacheco-Torgal, F., Jalali, S., Labrincha, J., and John, V. M., "Eco-efficient Concrete", Woodhead Publishing, England, 2013. pp.437~482.

13-9 John L. P., and Jannie S. J. V. D., "Alkali Activated Materials", State of the Art Reports, RILEM TC 224-AAM, Vol. 13, 2014.

13-10 고경택, "지오폴리머 콘크리트 기술 개발 동향", 건설 기술 동향, 2010.

13-11 양근혁, "알칼리활성 결합재에 기반한 그린콘크리트 개발", 과학기술보고서, 한국연구재단, 2011.

13-12 Yang, K. H., Song, J. K., Ashour, A. F., and Lee, E. T., "Properties of Cementless Mortars Activated by Sodium Silicate", Construction and Building Materials, V. 22, No. 9, 2008, pp.1981~1989.

제14장 수화생성물 및 미세구조

최영철, KCL 첨단건설재료센터 책임연구원, zerofe@kcl.re.kr

14.1 수화반응기구

알칼리 활성 콘크리트에 사용되는 원재료 중 하나는 고로 슬래그 미분말이다. 고로 슬래그는 용광로(고로)에서 철광석, 석회석, 코크스 등을 원료로 하여 선철을 제조할 때 얻어지는 철강 산업부산물로 철광석 중에 불순물로 포함된 암석류가 석회와 화합하여 생긴 것을 말한다. 그림 14.1에 나타낸 바와 같이 고로 슬래그는 CaO, SiO_2, Al_2O_3로 이루어져 있다. 산(SiO_2)과 염기(CaO, MgO) 산화물이 1,500℃ 이상인 고로에서 액상의 용융상태가 된 후 물에 의해 급냉시키면 결정이 되기 위한 원자 배열이 이루어지지 않은 상태, 즉 유리질(비결정) 상태의 고로 슬래그가 된다. 이 고로 슬래그 중 음이온인 $(SiO_4)^{4-}$와 $(AlO_4)^{5-}$ 및 양이온인 Ca^{2+}와 Mg^{2+}가 포함된 유리질의 함량이 약 90~95퍼센트를 차지한다. 일부 결정질 상에는 정방정계에서 결정화된 멜리라이트(melilite)족 고용체 광물인 겔레나이트(gehlenite)와 아커마나이트(akermanite)를 포함하고 있다.[14-1,2]

이러한 고로 슬래그가 알칼리 활성 콘크리트에 사용되기 위해서는 입상화(또는 펠릿화)되어야 하며, 85~95퍼센트의 유리질상을 가져야 한다. 또한 염기성 고로 슬래그는 잠재수경성이 더 높기 때문에 pH가 염기이어야 한다. 즉 고로 슬래그 내 석회 함량이 활성도를 제어하기 때문에 염기도$(CaO+MgO+Al_2O_3)/SiO_2$가 1보다 커야 한다.[14-1,2] 또한 고로 슬래그의 비표면적은 활성화 반응의 속도와 세기에 중요한 역할을 하기 때문에 400~600 m^2/kg 수준으로 분쇄되어야 한다.

고로 슬래그는 잠재수경성을 갖는 재료이지만 소량의 자극제가 존재하는 경우 현저한 수경성을 나타낸다. 고로 슬래그의 활성화 조건은 알칼리성으로써 이러한 조건을 만들어주는 물질이 알칼리 활성화제이다. 알칼리 활성화제는 고로 슬래그의 수화반응에 꼭 필요한 첨가제이지만 일단 수화반응을 시작할 수 있는 최소량만 있으면 되며, 이후의 수화반응은 고로 슬래그 자체에서 필요한 물질이 공급되어 지속적으로 진행된다. 고로 슬래그 조성과 유사한

$2CaO \cdot Al_2O_3 \cdot SiO_2$ 유리를 현탁액 상태로 수화시키면 표면에 $Al_2O_3 \cdot SiO_2 \cdot 6H_2O(ASH_6)$ 조성의 수화물이 약 0.2 μm 두께로 피막을 형성한다.[14-3] 이 피막은 투과성이 좋지 않아 유리질로부터 용출을 방해하며, 이에 따라 액상의 농도와 pH가 저하되어 더 이상의 수화반응은 진행되지 않는다. 그러나 $Ca(OH)_2$나 NaOH와 같은 자극제를 첨가하면, pH 12 정도의 알칼리성에 의해 피막이 파괴되어 Si^{4+}, Al^{3+} 이온이 용출되며, 특히 Al^{3+} 이온에 의해 $2CaO \cdot Al_2O_3 \cdot SiO_2$ 유리의 수화반응은 진행된다.

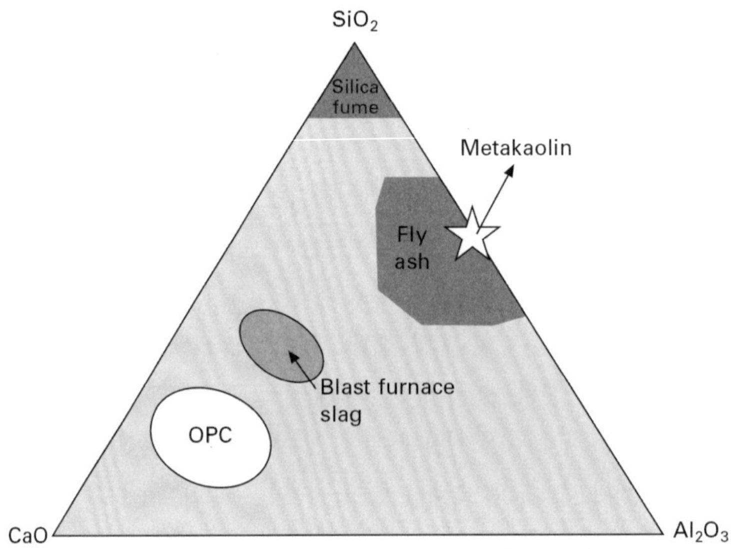

그림 14.1 알칼리성 시멘트 제조에 사용되는 주요 재료의 표준 조성($CaO-SiO_2-Al_2O_3$ 다이어그램)

그림 14.2는 고로 슬래그와 유사한 구조인 칼슘을 함유하고 있는 유리질의 알루미노실리케이트 재료의 자극제에 의한 수화과정을 나타낸 모식도의 예이다.[14-4] pH 7~10 정도에서 매우 미량이지만 물의 H^+ 이온과 유리질 중의 Na^+, Ca^{2+} 등의 양이온과 이온 교환반응을 한다(그림 14.2(a)). pH가 11~12 정도에 이르면 가수분해반응으로 인해 표면에 있는 -Si-O-Al- 결합의 Si, Al에 OH^-기가 흡착하여 표면이 수화된다(그림 14.2(b)). pH가 11~12인 상태에서 어느 정도의 시간이 경과하면, 알칼리인 OH^- 이온의 공격에 의해 -Si-O-Al-의 네트워크의 결합이 끊어진다(그림 14.2(c)). 그 결과로 네트워크를 구성하고 있는 Si^{4+}, Al^{3+} 이온을 비롯하여 내부에 갇혀 있던 Ca^{2+}, Mg^{2+}, Na^+ 이온 등이 용출된다(그림 14.2(d)).

용출된 Si^{4+}, Al^{3+} 이온은 OH^- 이온과 결합하여 $Si(OH)_3O^-$, $Al(OH)^{4-}$ 음이온을 형성하고, Ca^{2+}, Mg^{2+}, Na^+ 이온은 그대로 양이온으로 존재한다. 용출과정이 지속되어 포화농도가 되면 음이온과 양이온이 결합하여 칼슘실리케이트 수화물(C-S-H)이나 칼슘알루미네이트 수화물(C-A-H)을 형성하면서 경화한다. 따라서 알칼리 활성화제는 고로 슬래그 표면의 pH를 12 정도까지 상승시킬 수 있는 양만 공급하면 된다. 즉 고로 슬래그는 초기에 알칼리성 자극제에 의한 표면 용출 반응에 의해 수화물이 석출되며, 이후에는 고로 슬래그 자체에 의한 용해와 석출과정이 지속적으로 발생하면서 경화한다.[14-5)]

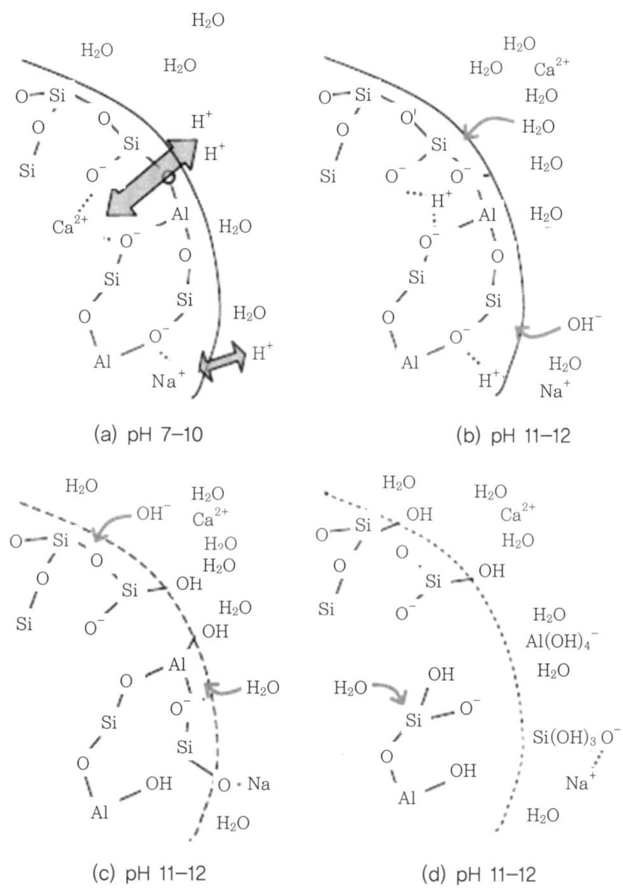

그림 14.2 칼슘을 포함한 유리질 알루미노실리케이트 재료의 알칼리(OH^- 이온) 침식에 의한 용출 모델[14-4)]

포틀랜드 시멘트에서 규산칼슘(C_3S와 C_2S)이 수화되면 수산화칼슘($Ca(OH)_2$)과 일반적으로 C-S-H로 알려진 비결정질의 규산칼슘수화물이 만들어진다.[14-6,7)] 하지만 알칼리 활성 결합재의 반응 메커니즘은 포틀랜드 시멘트의 반응 메커니즘과 다르다. Glukhovsky와 Krivenko는 Ca^{2+} 이온과 함께 양이온 교환을 통해 초기 수화단계에서 촉매 역할을 하는 알칼리성 양이온(R^+)의 반응 순서를 기술하기 위해 SiO_2와 CaO가 풍부한 재료(고로 슬래그 등)에 대한 알칼리 활성 모델을 제안하였으며, 메커니즘을 요약하면 다음과 같다.[14-8,9)]

$$=Si-O^- + R^+ \quad = \quad =Si-O-R$$
$$=Si-O-R + OH^- \quad = \quad =Si-O-R-OH^-$$
$$=Si-O-R-OH^- + Ca^{2+} \quad = \quad =Si-O-Ca-OH + R^+$$

Fernandez-Jimenez 등의 연구에 의하면 용액의 음이온이 반응 초기와 응결에 관계된 활성화에 주된 역할을 하며, Glasser의 모델에 기반한 반응 메커니즘을 기술하는 모델을 그림 14.3과 같이 제시하였다.[14-8~10] 그림 14.3에서 나타낸 바와 같이 고로 슬래그 입자는 높은 pH의 액체 매질에 의해 화학적 침식을 겪게 되며, 이 과정에서 생긴 불용성 수화생성물들은 반응의 진행 속도를 방해하는 반보호층을 형성하며 입자 표면 위에 침전된다. 이러한 수화생성물들은 X-선 회절(XRD)이나 전자 회절로 검출되지 않는 비정질 C-S-H겔로 포틀랜드 시멘트 페이스트에서 존재하는 생성물보다 C/S비가 낮고 구조적으로 Al이 포함되어 있기 때문에 C-(A)-S-H겔에 가깝다.

이 겔층은 완전한 수화가 이루어지면 공극이 형성될 수 있으며, 이 공극은 용존 이온의 이동성을 높여 하이드로탈사이트(hydrotalcite)와 같은 고형물을 형성하게 한다. 하지만 지속된 수화는 또한 페이스트의 공극률을 재분배시키므로 매트릭스 밀도는 더 높아지고 공극률이 더 낮아져 투과성은 감소하게 된다.

플라이애시와 메타카올린은 알칼리 활성 콘크리트 생산에 가장 널리 사용되는 저칼슘재료이며, 비용 측면에서 플라이애시가 메타카올린에 비해 상대적으로 많이 사용되고 있다. 플라이애시는 기본적으로 유리질 상과 Quartz(5~13퍼센트), Mullite(8~14퍼센트), 그리고 Magnetite(3~10퍼센트) 등 일부 결정질상으로 이루어져 있다.[14-10] 플라이애시는 그 자체로는 수경성이 없지만, 플라이애시에 함유되어 있는 가용성 규산이 시멘트 수화 시 생성되는 수산화칼슘과 상온에서 서서히 반응하여 물에 녹지 않는 안정된 규산칼슘 등을 생성한다. 이와 같은 성질을 포졸란(pozzolan)반응이라고 하며, 이는 일종의 알칼리 활성화반응이다.

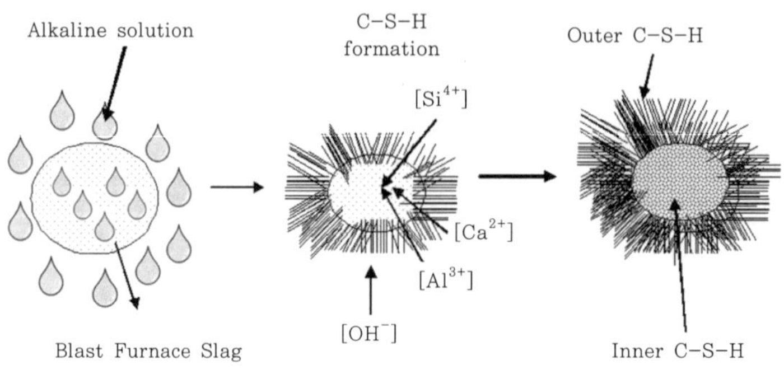

그림 14.3 알칼리 활성화 고로 슬래그 미분말의 이론적 반응 메커니즘 모델[14-11]

즉 포졸란반응은 플라이애시와 같은 포졸란 물질이 알칼리에 의해 용출된 SiO_2, Al_2O_3 같은 가용성분이 시멘트 구성 화합물인 C_3S, C_2S 등이 수화할 때 생성된 $Ca(OH)_2$와 서서히 반응하여 불용성 칼슘실리케이트 수화물(C-S-H겔)이나 칼슘알루미네이트 수화물(C-A-H겔)을 형성하여 그 조직을 더욱 치밀하게 하며, 이 과정은 식 (14.1)과 같다.

$$Ca(OH)_2 + [SiO_2,\ Al_2O_3] = 3CaO \cdot 2SiO_2 \cdot 3H_2O \text{ 또는 } 3CaO \cdot Al_2O_3 \cdot 6H_2O \qquad (14.1)$$

C_3S와 포졸란 물질이 수화반응할 때 C_3S 입자와 포졸란 입자 주위에 형성되는 수화물의 성장과정을 모식적으로 그림 14.4에 나타냈다. C_3S 입자가 물과 반응하면 내부 용해된 Ca^{2+} 이온이 수용액의 수산기(OH^-)와 반응하여 C_3S 주위에 $Ca(OH)_2$를 형성한다. C_3S와 같이 존재하는 포졸란 입자는 Na^+, K^+ 등의 알칼리 이온의 용출에 의해 표면이 음전하를 띠게 되어, 수용액 속의 양이온(H^+, H_3O^+)에 의해 표면이 지속적으로 공격을 받게 된다. 그 결과로 SiO_4^-, AlO_2^- 이온이 용출되고, C_3S 입자에서 용출된 Ca^{2+} 이온과 반응하여 C-S-H층을 형성한다. 이때 형성된 C-S-H 층은 주로 망상형태의 Ⅱ형이다. 포졸란 물질로서 플라이애시를 사용했을 때 입자 주위에 형성된 C-S-H층을 그림 14.5에 나타냈다. 그러나 이온 농도차에 의한 삼투압현상이 발생하여 C-S-H층이 열리게 되면서 확산되어 나온 SiO_4^{4-}, AlO_2^- 이온은 C_3S 수화물인 $Ca(OH)_2$ 층과 반응하여 C-S-H층을 형성하게 된다.

Fernandez-Jimenez와 Palomo는 다양한 유형의 플라이애시에 관한 포괄적인 연구를 수행한 후 알칼리성 시멘트를 생산하는 데 사용할 수 있는 플라이애시의 요구 특성을 다음과 같이 도출하였다.[14-7,10]

- 미연소탄분 $< 5\%$
- $Fe_2O_3 \leq 10\%$
- $CaO \leq 10\%$
- 반응성 $SiO_2 > 40\%$
- 45 μm 입자 함량 80~90%
- 유리질상 함량 $> 50\%$
- $[SiO_2]_{reactive} / [Al_2O_3]_{reactive} > 1.5$

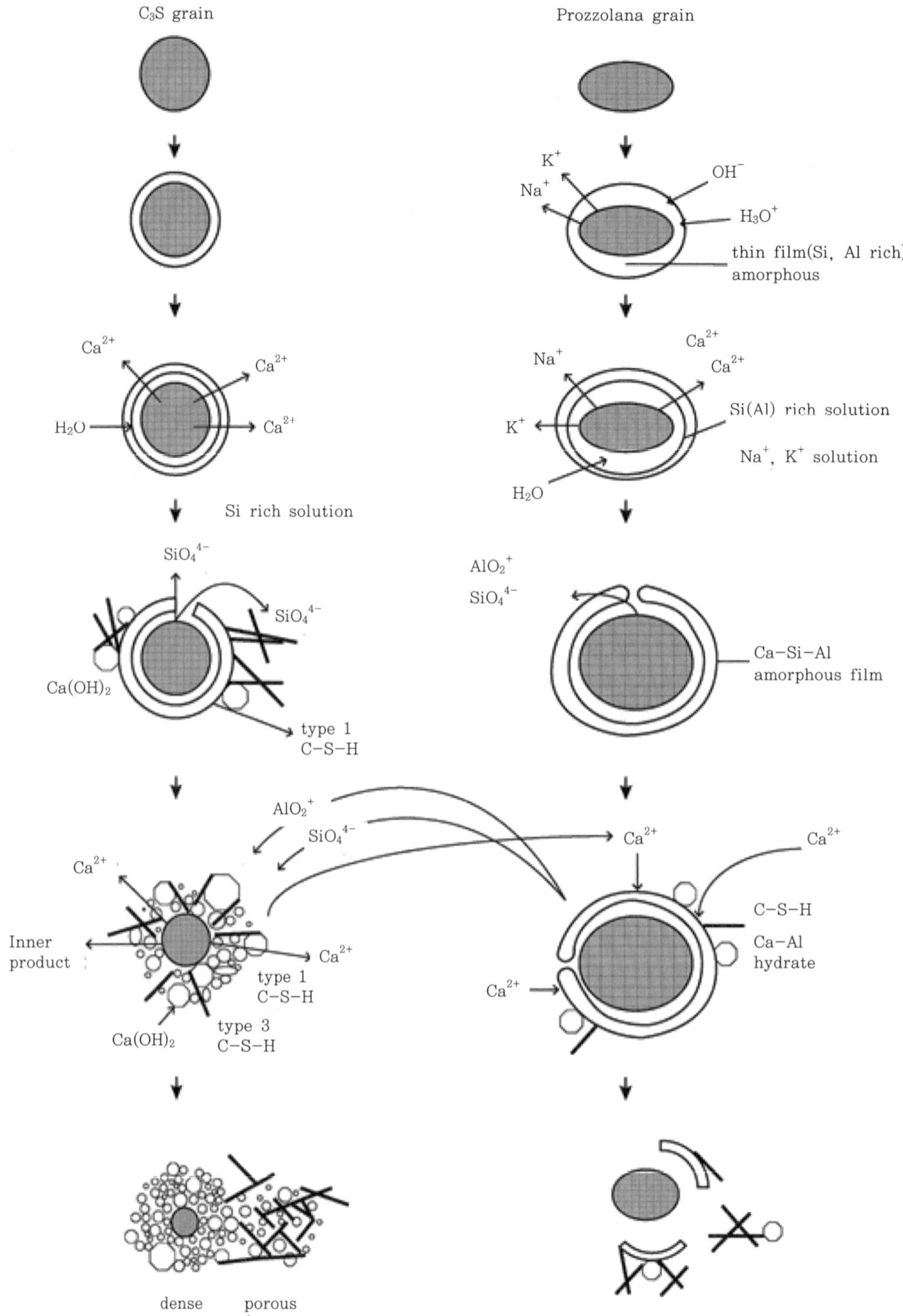

그림 14.4 알라이트와 포졸란 물질과의 수화반응 모식도[14-13)]

그림 14.5 플라이애시 주위에 형성된 C-S-H층

플라이애시와 같이 SiO_2와 Al_2O_3가 풍부한 재료의 알칼리 활성화에 대한 연구는 비교적 최근에 수행되어 이에 대한 정보는 칼슘이 풍부한 고로 슬래그 등의 재료에 비해 상대적으로 적다. Glukhovsky는 이런 재료의 활성화 반응 메커니즘이 파괴-응집, 응집-축합, 축합-결정화의 3단계로 이루어져 있다고 제안하였으며, Palomo와 Fernandez-Jimenez는 제올라이트 합성에 기반하여 핵 형성과 성장의 2단계로 구성된 플라이애시의 구체적인 활성화 모델을 제안하였다.[14-8,14] 핵 형성은 플라이애시에 존재하는 알루민산염이 용해되어 복합이온이 형성되는 단계로 Glukhovsky가 제안한 파괴-응집, 응집-축합 단계에 해당하며 열역학 및 동역학적 파라미터에 따라 크게 달라진다. 핵 성장 단계는 핵이 임계 크기에 도달하여 결정이 자라기 시작하는 단계로 반응속도는 매우 느리다. 플라이애시의 알칼리 활성화에 의한 최종 결과물은 시멘트 성질을 갖는 비정질 매트릭스이며, 주요 성분이 N-A-S-H겔 또는 제올라이트 전구체로 알려진 알루미노규산염 겔이다. 또한 Palomo와 Fernandez-Jimenez는 SEM 분석에 기초하여 그림 14.6과 같이 플라이애시의 알칼리 활성화에 대한 개념 모델을 제안하였다. 알칼리 활성화는 플라이애시 표면의 화학적 침식(그림 14.6(a) 참조)으로부터 시작되며, 그 결과로 플라이애시 입자의 벽에 작은 공동이 형성되어 내부에 있는 작은 입자들은 알칼리 환경에 노출된다. 이 반응 단계에서 알칼리는 플라이애시 입자 안쪽과 바깥쪽에서 침식을 유발한다(그림 14.6(b) 참조). 이러한 지속된 용해과정의 결과로 그림 14.6(c)와 같이 플라이애시 안쪽과 바깥쪽에서 생성된 반응 생성물들이 석출된다. 석출된 반응 생성물은 더 작은 미반응 플라이애시를 덮어 이들이 알칼리 용액과 접촉하는 것을 방해(그림 14.6(e) 참조)한다. 마지막으로 플라이애시 입자가 알칼리에 의해서만 침식되는 반응생성물로 둘러싸여 있어 알칼리 활성화 반응은 확산 메커니즘에 의해 지속적으로 서서히 진행된다. 이는 서로 다른 형태학적 특징이 동일한 페이스트(미반응 플라이애시 입자, 알칼리 침식 중인 입자, 반응 생성물(N-A-S-H겔, 제올라이트 등)에 공존할 수 있는 상황에 이르게 한다(그림 14.6(d) 참조).

상온에서 메타카올린 또는 플라이애시의 알칼리와의 반응은 상당히 느리지만, 온도가 증가할수록 반응은 크게 촉진된다. 이러한 재료는 알칼리와 발열반응을 하기 때문에 활성화제 종류에 따른 반응 특성을 열량계를 이용하여 측정할 수 있다. 반응단계는 강한 발열반응과 함께 초기의 빠른 용해 단계, 발열속도가 감소하는 유도기, 그리고 수화반응 물질이 석출되는 발열반응의 3단계로 구성된다.[14-17,18] 반응열 방출 특성은 알칼리 활성화제의 농도, 물-결합재비 및 온도에 따라 달라진다. 알칼리 농도와 물-결합재비가 증가할수록 유도기는 길어지지만 전체 발열량은 증가한다. 반응 온도가 증가할수록 유도기는 감소하므로 화학혼화제를 첨가하여 발열을 지연 또는 촉진시킬 수 있다.[14-19]

알칼리 환경에서 비정질 알루미노 규산염의 Si-O-Si와 Si-O-Al의 공유결합이 다음과 같이 모노실리케이트(monosilicate)와 알루민산염(aluminate)으로 분해된다.[14-20]

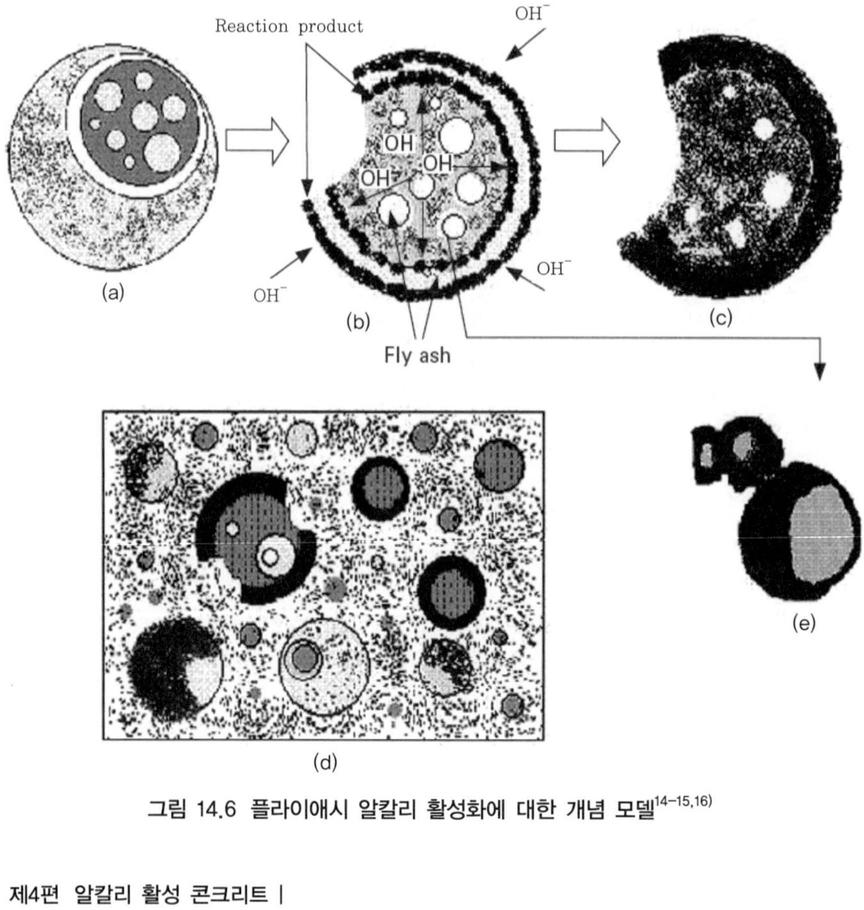

그림 14.6 플라이애시 알칼리 활성화에 대한 개념 모델[14-15,16]

$$\equiv Si-O-Si\equiv +3OH^- \rightarrow (SiO(OH)_3)^-$$
$$\equiv Si-O-Al\equiv +7OH^- \rightarrow (SiO(OH)_3)^- + (Al(OH)_4)^-$$

용해된 모노실리케이트와 알루민산염은 축합되어 비정질에서 반결정질 3차원 silico-aluminate 구조(poly-sialate : -Si-O-Al-O-, poly-sialate-siloxo : -Si-O-Al-O-Si-O-, poly-sialate-disiloxo : -Si-O-Al-O-Si-O-Si-O-)를 형성한다.

Sialate망은 모든 산소를 공유하면서 교대로 연결된 $[SiO_4]^{4-}$와 $[AlO_4]^{5-}$의 4면체로 구성된다. Na^+, K^+, Li^+, Ca^{2+}, Ba^{2+}, NH^{4+} 및 H_3O^+ 등의 양이온 IV-fold 배위에서 Al^{3+}의 음전하와 균형을 맞추기 위해 뼈대구조의 빈자리에 존재한다.

Davidovits는 poly-sialate에 대해 다음과 같은 경험식으로 표현하였다.[14-21)]

$$M_n(-(Si-O_2)_z-Al-O)_n \cdot wH_2O$$

여기서, M은 Na^+, K^+, Ca^{2+}와 같은 양이온, n은 중축합 정도, z는 1, 2, 3을 나타낸다.

Poly-sialate(poly silicon-oxo-aluminate)는 산소를 포함한 IV-fold 배위(coordination)에서 Si^{4+}와 Al^{3+}를 갖는 사슬 및 고리형 폴리머로, 비정질에서 반결정질의 범위를 갖는다.

Lee와 Deventer는 Na_2SiO_3로 활성화된 플라이애시의 반응 메커니즘이 고농도의 가용성 규산염 액체 용액에서 플라이애시의 용해와 재침전과 비슷한 것으로 제안하였다.[14-22)] Brouwers와 Van Eijk은 알칼리 환경에서 플라이애시 입자의 용해와 생성물의 형성을 설명하기 위해 수축핵 모델(shrinking core model)을 제안하였으며, 용해와 반응 생성물의 형성은 용액의 pH와 플라리리애쉬의 화학 조성에 크게 영향을 받는다는 결과를 도출하였다.[14-23)] 실제 반응 단계는 서로 중첩되어 발생하며 용해, 반응 생성물의 축적, 중축합 반응이 거의 동시에 일어난다.[14-21)]

14.2* 수화생성물

보통 포틀랜드 시멘트의 수화에 의한 주요 반응 생성물인 C-S-H겔은 기계적 성질을 결정하는 주요 물질이며, 포틀랜다이트(portlandite, $Ca(OH)_2$), 에트린자이트(ettringite), 칼슘모노설포알루미네이트(calcium monosulfoaluminate)가 부가적인 생성물로 형성된다. 이러한 과정은 알칼리 활성 결합재에서도 유사하다. 표 14.1은 포틀랜드 시멘트 수화 시 형성되는 일반적인 반응 생성물과 알칼리 활성 결합재의 생성물을 비교한 것이다.[14-1,2,18,24~30)]

고로 슬래그를 기반으로 한 알칼리성 시멘트의 주요 반응 생성물은 포틀랜드 시멘트의 수화 시 발생되는 일반적인 C-S-H와는 조성이 다른 C-(A)-S-H겔이지만, 일련의 부가적인 생성물도 형성된다. 부가적인 생성물의 유형은 원재료 조성, 활성화제의 종류와 농도, 양생 조건에 따라 달라진다.[14-1,2,10,31~35] 플라이애시나 메타카올린과 같이 실리카와 알루미나가 풍부하지만 칼슘 함량이 낮은 재료들이 알칼리 활성화되면 주요 반응 생성물로 N-A-S-H겔이라 불리는 비정질 알칼리 알루미노규산염 수화물(Mn-(SiO_2)-(AlO_2)n · wH_2O)이 석출된다.[14-36] 규소 및 알루미늄 사면체는 무작위로 분포되어 그림 14.7과 같이 3차원 골격을 형성한다.[14-14,16] 이와 같은 유형의 시스템에서 생성되는 부가적인 반응 생성물은 하이드록시소달라이트(hydroxysodalite), 제올라이트 P, Na-chabazite, 제올라이트 Y, Faujasite와 같은 제올라이트들이라고 보고되고 있다.[14-37]

표 14.1 포틀랜드 시멘트와 알칼리 활성 결합재의 반응 생성물 비교

결합재 유형	포틀랜드 시멘트	알칼리 활성 결합재	
		(Na, K)$_2$O-CaO-Al_2O_3-SiO_2-H_2O	(Na, K)$_2$O-Al_2O_3-SiO_2-H_2O
주요 반응 생성물	C-S-H	C-A-S-H	N-A-S-H
부가적 반응 생성물	$Ca(OH)_2$ AFm AFt	하이드로탈사이트(Hydrotalcite) [$Mg_6Al_2CO_3(OH)_{16} \cdot 4H_2O$] C_4AH_{13} $CASH_8$ C_4AcH_{11} $C_8A_2cH_{24}$	제올라이트 : 하이드록시소달라이트(hydroxysodalite), 제올라이트 P, Na-차바자이트(Na-chabazite), 제올라이트 Y, 파우자사이트(Faujasite)

C=CaO, S=SiO_2, A=Al_2O_3, N=Na_2O, H=H_2O, c=CO_2

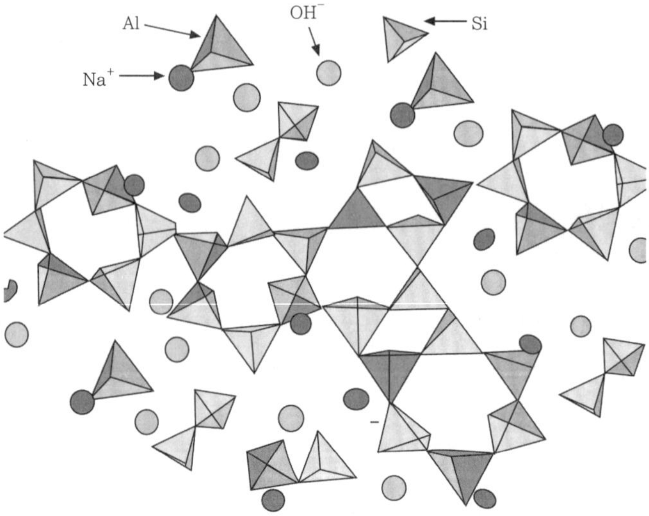

그림 14.7 N-A-S-H겔의 3차원 구조 투영 평면도[14-37]

다양한 재료의 알칼리 활성화로 인해 형성되는 반응 생성물의 성질과 조성은 지속적인 연구가 필요한 분야이다. 연구자들은 이러한 알칼리 활성화 반응에 의해 형성된 상들에 대해 의견을 달리하고 있으며, 합의에 도달하지 못하고 있다. 이와 같은 이유는 반응생성물들이 본질적으로 비정질 특성을 갖기 때문이다. 일부 연구자들은 $Ca(OH)_2$, C-S-H(Ⅱ)겔, $(M,C)_4AH_{13}$ 고용체와 같은 화합물들이 알칼리 활성화 고로 슬래그에서 나타날 수도 있다고 한다.[14-32,33,35,38] 하지만 Glukhovsky는 알칼리 활성화 고로 슬래그 경우 $Ca(OH)_2$를 비롯하여 칼슘알루미네이트 수화물과 칼슘설포알루미네이트 수화물을 포함하지 않는다고 주장하고 있다.[14-8] LaRosa는 제올라이트 형성에 가장 큰 영향을 미치는 조건은 경화 온도, 초기 고로 슬래그의 화학조성과 알칼리 용액의 농도라고 주장하였다.[14-33] 일부 제올라이트는 C-S-H겔과 공존할 수도 있지만 이들이 존재하려면 Al/Si비가 비교적 높고, Ca/Si비가 충분히 낮아야 한다. 알칼리 활성 고로 슬래그에서 고로 슬래그의 칼슘 함량은 C-S-H겔을 형성하는 데 필요한 모든 규소를 소비할 정도로 충분히 높기 때문에 제올라이트가 형성될 가능성이 높지 않다. 한편 $Ca(OH)_2$는 C-S-H겔(Ca/Si≈1)과 공존할 가능성이 없기 때문에 형성되기 위해서는 고로 슬래그의 Ca/Si비가 높아야 한다. 앞서 언급한 대부분의 생성물 형성은 표 14.2와 같이 알칼리성 알루미노규산염의 용해도가 포틀랜드 시멘트 페이스트에서 수화된 화합물의 용해도보다 훨씬 낮기 때문에 발생한다.[14-39]

NaOH로 활성화된 고로 슬래그에서는 하이드로탈사이트($Mg_6Al_2CO_3(OH)16 \cdot 4H_2O$)가 검출된다. 하이드로탈사이트는 그 구조가 간극수 분자와 CO_3^{2-} 이온을 가진 브루사이트($Mg(OH)_2$)층으로 이루어진 천연 광물이다.[14-1,32,40] 이와 같이 작은 하이드로탈사이트 결정들은 C-S-H겔 전역에 분산되어 있으며 시멘트와 고로 슬래그를 혼합한 경우에도 발견된다. C_4AH_{13}형상들은 NaOH로 활성화된 고로 슬래그에서 검출되며, 단위 μm 작은 판 형태이다.[14-33] 그 밖의 연구자들은 NaOH와 $Ca(OH)_2$로 활성화된 고로 슬래그 페이스트에서 C_4AcH_{11}과 $C_8A_2cH_{24}$와 같은 탄소화된 상들을 관측하였다.[14-32]

García-Lodeiro, Fernández-Jiménez, Palomo 등은 알칼리 활성화 고로 슬래그와 관련하여 두 가지 사항에 대해 합의가 필요하다고 주장하고 있다. 우선 알칼리 활성 고로 슬래그의 주요 수화생성물은 C-S-H겔형 규산칼슘 수화물이며, 이 겔은 포틀랜드 시멘트 페이스트에서 생성되는 겔과 조금 다르며 C/S비가 1.0 미만으로 더 낮다는 점이다. 다음으로 C-S-H겔의 구조, 조성 및 다른 2차 상이나 화합물의 존재 여부는 사용된 활성화제의 유형과 양, 고로 슬래그의 구조와 조성, 경화 조건에 따라 달라지는 점이다. 순수한 물에서 24시간 경과 후 고로 슬래그 입자 표면에는 어떠한 수화 징후도 찾을 수 없다.[14-41] 그러나 NaOH 수용액에서는 그림 14.8(a)와 같이 20분 후에 모든 고로 슬래그 입자 표면이 침식되며, 반응 생성물이 생성되고 있는 것을 확인할 수 있다.[14-42]

표 14.2 알칼리 활성화 고로 슬래그와 포틀랜드 시멘트 반응 생성물의 용해도[14-39]

알칼리 활성화 고로 슬래그			포틀랜드 시멘트		
광물	화학 양론식	용해도 (kg/m^2)	광물	화학 양론식	용해도 (kg/m^2)
C-S-H(B)	$5CaO \cdot 6SiO_2 \cdot nH_2O$	0.050	Calcium hydroxide	$Ca(OH)_2$	1.300
Xonotlite	$6CaO \cdot 6SiO_2 \cdot H_2O$	0.035	C_2SH_2	$2CaO \cdot SiO_2 \cdot nH_2O$	1.400
Riversidite	$5CaO \cdot 6SiO_2 \cdot 3H_2O$	0.050	CSH(B)	$5CaO \cdot SiO_2 \cdot nH_2O$	0.050
Plombierite	$5CaO \cdot 6SiO_2 \cdot 10.5H_2O$	0.050	Tetracalcium hydroaluminate	$4CaO \cdot Al_2O_3 \cdot 13H2O$	1.080
Gyrolite	$2CaO \cdot 3SiO_2 \cdot 2.5H_2O$	0.051	Tricalcium hydroaluminate	$3CaO \cdot Al_2O_3 \cdot 6H_2O$	0.560
Calcite	$CaCO_3$	0.014		$3CaO \cdot Al_2O_3 \cdot 3CaSO_4$	
Hydrogarnet	$3CaO \cdot Al_2O_3 \cdot 1.5SiO_2 \cdot 3H_2O$	0.020	Ettringite	$3CaO \cdot Al_2O_3 \cdot 32H_2O$	1.754
Na and Ca hydrosilicate	$(Na,Ca) \cdot SiO_2 \cdot nH_2O$	0.050			
Thomsonite	$(Na,Ca)Al_2O_3Si_2O_5 \cdot 6H_2O$	0.050			
Hydronepheline	$Na_2O \cdot Al_2O_3 \cdot 2SiO_2 \cdot 2H_2O$	0.020			
Natrolite	$Na_2O \cdot Al_2O_3 \cdot 3SiO_2 \cdot 2H_2O$	0.020			
Analcime	$Na_2O \cdot Al_2O_3 \cdot 4SiO_2 \cdot 2H_2O$	0.020			

2시간 경과 후에는 그림 14.8(b)와 같이 고로 슬래그 입자 사이에 있는 대부분의 공극들이 생성물로 채워져 있었으며, 고로 슬래그 입자도 확인할 수 있다. 1일 후 고로 슬래그 페이스트의 파단 표면에서 균일한 경화 구조를 관찰할 수 있다(그림 14.8(c)). 또한 고로 슬래그 입자를 확인하는 것이 불가능하며, 공극 내에서만 수화생성물을 확인할 수 있다. 3일 후의 파단 표면은 1일 후와 유사하지만, 조직은 상대적으로 밀실하다(그림 14.8(d)). 고로 슬래그 페이스트의 C-S-H는 포틀랜드 시멘트 페이스트에서 나타나는 높은 Ca/Si비를 갖는 섬유 형태의 C-S-H와 달리 박편 형태를 보이고 있다.[14-43]

그림 14.9는 Na_2CO_3를 활성화제로 사용한 고로 슬래그 페이스트의 미세구조 발달 과정을 나타내고 있다. 20분이 지난 시점에서 일부 고로 슬래그 입자에 있는 겔과 유사한 형태의 생성물을 제외하고 대부분의 고로 슬래그 입자는 변화 없이 본래의 모습을 유지한다(그림 14.9(a)). 2시간이 경과한 시점에서 모든 고로 슬래그 입자 표면은 침식되며, 겔과 유사한 생성물로 고로 슬래그 입자 사이의 공극들이 채워진다(그림 14.9(b)). 1일 경과 후 박편 형태의 반응 생성물이 관찰되고, 이 생성물은 초기 생성물 및 NaOH를 활성화제로 사용한 고로 슬래그 내 생성물과는 완전히 다른 형태를 나타내고 있다. 이 반응 생성물은 고로 슬래그 입자 사이에 있는 대부분의 공간을 차지하고 있으며(그림 14.9(c)), 고로 슬래그 입자 배열은 일부 위치에서만 확인된다. 3일 후에는 경화된 페이스트의 파단 표면이 촘촘한 구조를 나타냈으며,

(a) 20분

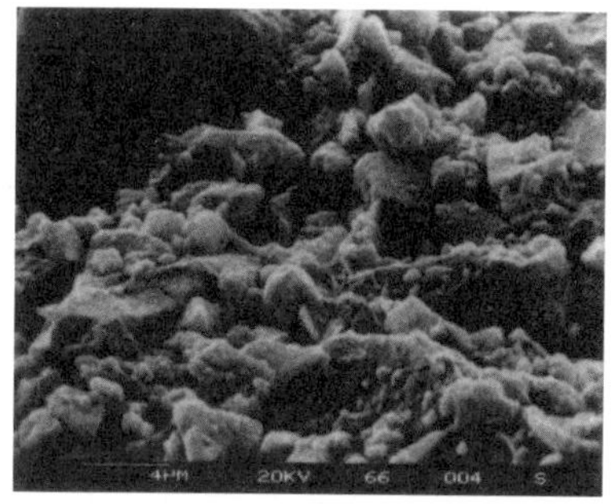

(b) 2시간

(c) 1일

(d) 3일

그림 14.8 NaOH를 활성화제로 사용한 고로 슬래그 페이스트의 미세구조[14-42)]

(a) 20분

(b) 2시간

(c) 1일

(d) 3일

그림 14.9 Na_2CO_3을 활성화제로 사용한 고로 슬래그 페이스트의 미세구조[14-42)]

공극 내에서만 반응 생성물의 형태를 확인할 수 있다(그림 14.9(d)). 3일까지는 결정화가 잘 이루어진 반응 생성물은 발견되지 않았다.

그림 14.10에는 Na_2SiO_3를 활성화제로 사용한 고로 슬래그 페이스트의 미세구조 발달 과정이 나와 있다. 최초 2시간 동안 $NaSiO_3$를 활성화제로 사용한 고로 슬래그 페이스트의 미세구조 특성(그림 14.10(a) 및 그림 14.10(b))은 Na_2CO_3를 활성화제로 사용한 고로 슬래그 페이스트의 미세구조 특성과 매우 유사하다. 1일 후에 대부분의 고로 슬래그 입자들이 반응 생성물 층으로 덮여지긴 하지만, 여전히 분리된 상태가 유지된다. C-S-H의 형태는 2시간 경과한 시점에서 관찰된 형태와 매우 유사하다. 3일 후에는 파단 표면이 Na_2CO_3를 활성화제로 사용한 고로 슬래그 페이스트보다 더 조밀한 모습을 보인다.

Wang과 Scrivener는 SEM(scanning electron microscopy) 및 BSE(back scattered electrons) 이미지를 사용하여 NaOH와 Na_2SiO_3을 활성화제로 사용한 고로 슬래그 페이스트의 형태를 관찰하였다.[14-29, 38] 또한 NaOH를 활성화제로 사용한 고로 슬래그 페이스트 내에서 매우 작은 판 형태의 수화생성물을 관찰하였으며, XRD 분석결과를 바탕으로 결정화된 수화생성물은 시간에 따라 성장하는 것을 확인하였다. 12년 된 알칼리 활성화 고로 슬래그

(a) 20분

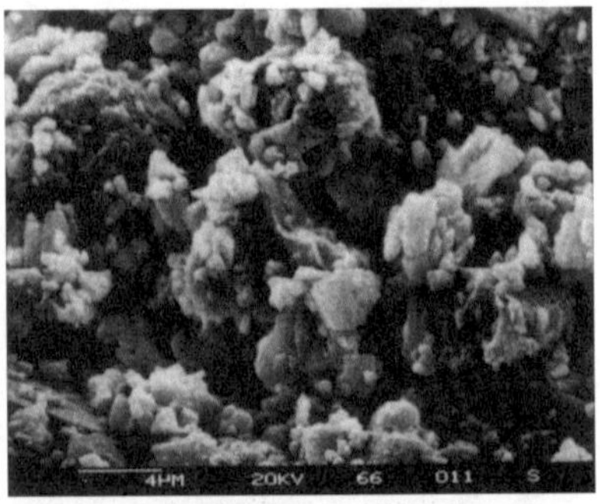

(b) 2시간

(c) 3일

그림 14.10 Na_2SiO_3 활성화 고로 슬래그 시멘트 페이스트의 미세구조[14-42]

콘크리트 내에서는 제대로 결정화가 이루어진 하이드로겔레나이트(hydrogehlenite)가 명확히 관찰되었다.

Wang 및 Scrivener가 관찰한 Na_2SiO_3 활성화 고로 슬래그 시멘트 페이스트의 초기 수화 생성물의 형태는 NaOH와 Na_2CO_3에 의해 활성화된 경우와 유사하다.[14-29, 38] 흥미로운 사실은 BSE 이미지를 통해 확인할 수 있는 것처럼 1년간에 걸쳐 수화가 진행된 이후에도 NaOH와 Na_2SiO_3으로 활성화된 고로 슬래그 페이스트 내에서 수화되지 않은 고로 슬래그 입자들이 명확하게 관찰된다는 것이다. 또한 수화되지 않은 입자들 주위로 어두운 색의 뚜렷한 링이 관찰되었다(그림 14.11(a) 및 (b)).

다수의 연구자들은 EDS(energy dispersive X-ray microbeam analysis)를 이용하여 수화 생성물의 화학적 조성을 분석하였으며, 모든 분석에서 Al, Mg, Na가 페이스트 전체에 걸쳐 고르게 분포되어 있는 것을 확인하였다.[14-29,43] 또한 판상 결정, 림(rim), 벌크 페이스트의 조성에 대한 상세 분석을 수행하였다. 그 결과 NaOH로 활성화된 고로 슬래그 시멘트 페이스트 내 판상 결정이 C_4AH_{13}라는 사실이 확인되었다. 그림 14.12는 1년간 수화된 물유리 및 NaOH에 의해 활성화된 고로 슬래그 페이스트 내 림(rim)과 벌크 페이스트에 대한 Mg/Ca와 Al/Ca 비의 관계를 나타내고 있다. Mg/Al비 2.2를 지닌 선 상에 위치한 점들을 통해 명백한 선형 관계가 존재하는 것을 알 수 있다. 이러한 관계는 X-선 검사에서 림 및 벌크 페이스트 모두 C-S-H 전체에 걸쳐 분산되어 있는 하이드로탈사이트(hydrotalcite) 형상의 작은 결정을 지닌 C-S-H로 이루어져 있다는 견해와 일치한다. 수화되지 않은 고로 슬래그 입자 주위에 있는 림은 벌크 페이스트보다 훨씬 더 높은 비중의 하이드로탈사이트 형상을 가지고 있는데, BSE 이미지 중 더 어두운 부분에 해당한다.

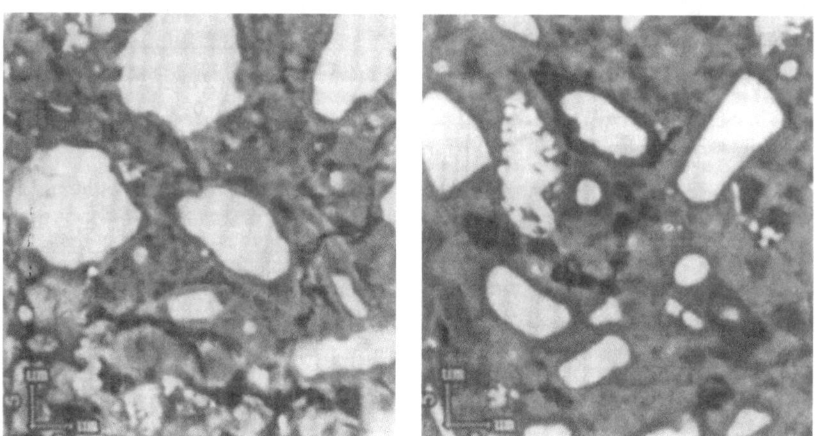

(a) NaOH 활성화 고로 슬래그 시멘트　　(b) $Na_2O \cdot SiO_2$ 활성화 고로 슬래그

그림 14.11 1년 수화된 알칼리 활성 고로 슬래그 시멘트 페이스트의 BSE 이미지[14-38]

Mg/Ca=0일 경우 0.22의 Al/Ca비가 얻어지며, 이는 Al이 C-S-H 구조 내에서 고용체 속에 존재하거나 정교하게 혼합된 AFm 형태로 존재하고 있다는 것을 의미한다. Richardson 및 Groves는 고온에서 양생된 포틀랜드 고로 슬래그 시멘트 페이스트 내의 Dreierketten C-S-H 구조에서 Al이 가교(bridging) Si를 대체할 수 있다는 사실을 관찰하였으며,[14-44] 이러한 알루미늄은 대부분이 1년 간에 걸쳐 수화가 진행된 이후에도 C-S-H 구조의 고용체 내에 존재할 수 있다고 주장 하였다.

그림 14.12(b)는 1년간 수화된 NaOH로 활성화한 고로 슬래그 시멘트 페이스트 내 판상, 림(rim), 벌크 페이스트에 대한 Al/Ca와 Mg/Ca비의 관계를 나타내고 있으며, 규산나트륨으로 활성화된 고로 슬래그 시멘트 페이스트와 유사하다. 또한, 페이스트가 C-S-H와 하이드로탈사이드 형상으로 이루어져 있다는 사실이 확인되있다. Mg/Ca=0인 경우 Al/Ca비는 0.20로 나타났다. Taylor의 C-S-H겔 모델에 나와 있는 바와 같이 알루미늄은 규산염 체인 내 가교 부분에 수용될 수 있으며, C-S-H 형태의 층과 혼합된 AFm 형태의 층 속에 존재할 수 있다.[14-45,46]

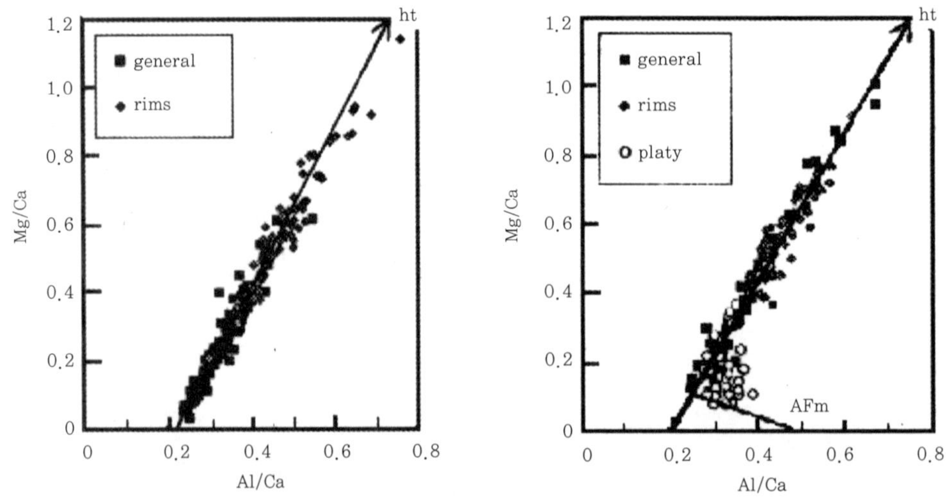

(a) 1년 수화된 규산나트륨 활성화 고로 슬래그의 미량분석 (b) 1년 수화된 NaOH 활성화 고로 슬래그의 미량분석

그림 14.12 1년 수화된 규산나트륨과 NaOH를 사용한 활성화 고로 슬래그 시멘트 페이스트 내 생성물에 대한 미량분석[14-38]

하이드로탈사이트 형태의 상과 관련된 알루미늄에 대해 교정이 이루어지는 경우 C-S-H 및 AFm상 내에 있는 알루미늄과 칼슘 간의 관계를 나타내는 새로운 그래프 작성이 가능하다.[14-38] 이는 Al/Ca비가 항상 0.5 전후의 값을 가진다는 것을 의미하는 것으로, 이로 인해 판상이 AFm이라는 사실이 확인됨과 동시에 'C-S-H겔' 내 칼슘 및 알루미늄과 관련한 유사관계 또한 확인되었다.

14.3* 내부 겔구조

겔은 재료의 사용 수명동안 물리-기계적 특성과 성능을 결정하는 화합물이기 때문에 그 구조와 조성을 충분히 이해하는 것이 중요하다. 시멘트질 겔은 그 비정질 특성으로 쉽게 특성화되지 않는다. 그럼에도 핵자기공명을 비롯하여 수많은 특성화 기법을 적용한 최근 몇 년간의 연구결과는 다양한 겔 구조를 설명하고 기술할 수 있는 모델을 정립하는 데 많은 도움을 주고 있다. Taylor는 불안정한 토버모라이트 구조에 근거하여 포틀랜드 시멘트 수화 중에 형성된 C-S-H 모델을 제안하였으며, 이는 Dreiketten형 사슬이라고도 한다(그림 14.13(a) 참조).[14-6,7,47]

완벽한 토버모라이트는 CaO의 중심판 양쪽에 배열된 실리카 사면체의 선형 사슬 2개로 이루어져 있으며, 이 선형 사슬에 있는 모든 네 번째 규산염은 반복된다. 각 그룹의 3개 사면체 중에서 2개는 2개의 산소 가교에 의해 CaO의 중심판에 연결되어 있고, 가교 사면체로 알려진 세 번째는 CaO에 연결되어 있지 않다. 나노구조 크기에서 토버모라이트는 실리카 사면체의 무한 선형 사슬로 이루어진 반면, C-S-H 겔에는 대부분의 가교 사면체가 빠져 있어 유한한 2-링크, 3-링크, 4-링크 사슬이 발생한다(그림 14.13(b) 참조).

한편 Schilling은 칼슘이 풍부한 재료(고로 슬래그 등)의 알칼리 활성화에 의해 생성된 C-S-H겔에 대한 모델을 제안하였다.[14-48] 이 모델에는 Al 사면체가 연결구조를 하고 있는 가교 역할의 Si 사면체를 대체하여 선형 사슬구조를 이루도록 한다(그림 14.14 참조). 이 모델은 그 뒤에 Fernandez-Jimenez에 의해 검증되었다.[14-1] 29Si와 27Al 매직 회전 주사 핵자기공명(MAS-NMR) 연구에 기반하여 Al이 존재하면 선형 사슬이 더 긴 겔이 발생할 뿐만 아니라 산발적인 중간 사슬, Si-O-Al 결합도 존재할 수 있어 결과적으로 2차원 구조가 발생한다는 것을 밝혀냈다.[14-1,10,15,28] 이런 조건 하에서 각 C-S-H겔은 C-(A)-S-H겔이 된다(그림 14.14(b) 참조).

저칼슘의 알루미노규산염 재료가 알칼리 활성화하여 형성되는 겔(N-A-S-H)은 특징적으로 3차원 구조를 나타내며, 칼슘이 풍부한 시멘트가 활성화되어 형성된 겔과 현저히 다르다. 이 3차원 구조에서 Si는 다양한 환경에서 발견된다. Si_4^+ 와 Al_3^+ 양이온은 사면체 배위되며 산소 결합으로 결합된다. AlO_4^- 그룹의 음전하는 알칼리성 양이온(대개 Na^+와 K^+)에 의해 상쇄된다. N-A-S-H겔 형성에는 일련의 단계들이 수반되며, 다음과 같이 요약할 수 있다(그림 14.15 참조).

알루미노규산염계의 원재료가 알칼리 용액과 접촉하게 되면 주로 실리카와 알루미나 단량체 등의 몇 가지 종으로 분해된다. 이런 단량체들은 상호작용하여 이량체를 형성하며, 다른 단량체들과 반응하여 삼량체, 사량체 등을 형성한다. 이 용액이 포화되면 알루미노규산염 겔(N-A-S-H겔)이 석출된다. 이 겔은 처음에는 Al이 풍부(Si/Al≈1)하며, 준안정된 중간 반응 생성물을 구성한다.[14-36] 그 형성은 반응 초기 단계(초기 몇 분에서부터 몇 시간까지)에서 알칼리성 매질에 높은 함량의 Al^{3+} 이온에 의한 것으로, 반응성 알루미늄은 Al-O 결합이 Si-O 결합보다 더 약해서 규소보다 더 빨리 용해되기 때문이다. 반응이 진행됨에 따라 알루미노규산염의 원재료에서 더 많은 Si-O기들이 용해되어 반응 매질 내 규소 농도가 높아져 겔을 차지하게 된다. 이렇게 형성된 N-A-S-H겔은 실리카가 더 풍부(Si/Al≈2)하고, 높은 기계적 강도의 주요 원인이 된다.[14-36] 이는 포틀랜드 시멘트가 없는 알칼리 활성 플라이애시에서 나타난다. 이런 구조적 재조직 과정은 최종 조성뿐 아니라 미세 공극구조와 분포를 결정한다.[14-49]

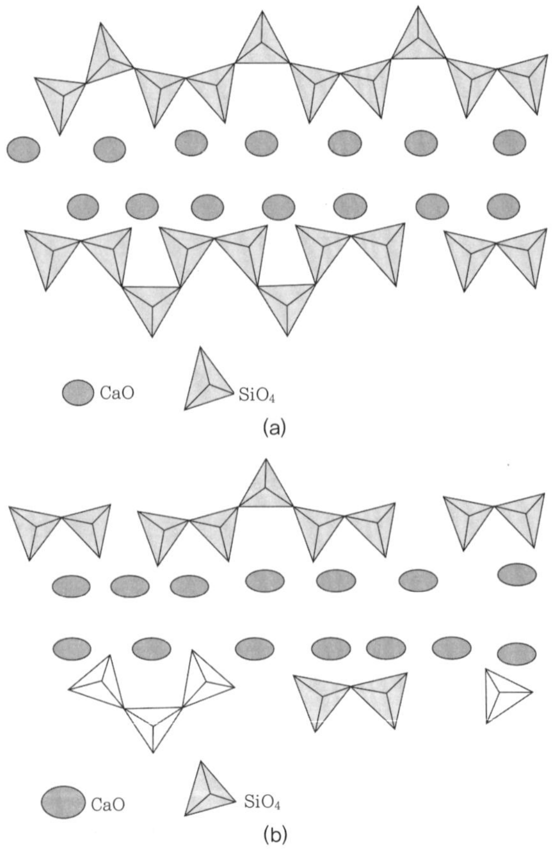

그림 14.13 Dreiketten형 사슬이 있는 C-S-H겔에 대해 제안된 구조 모델[14-6,7]

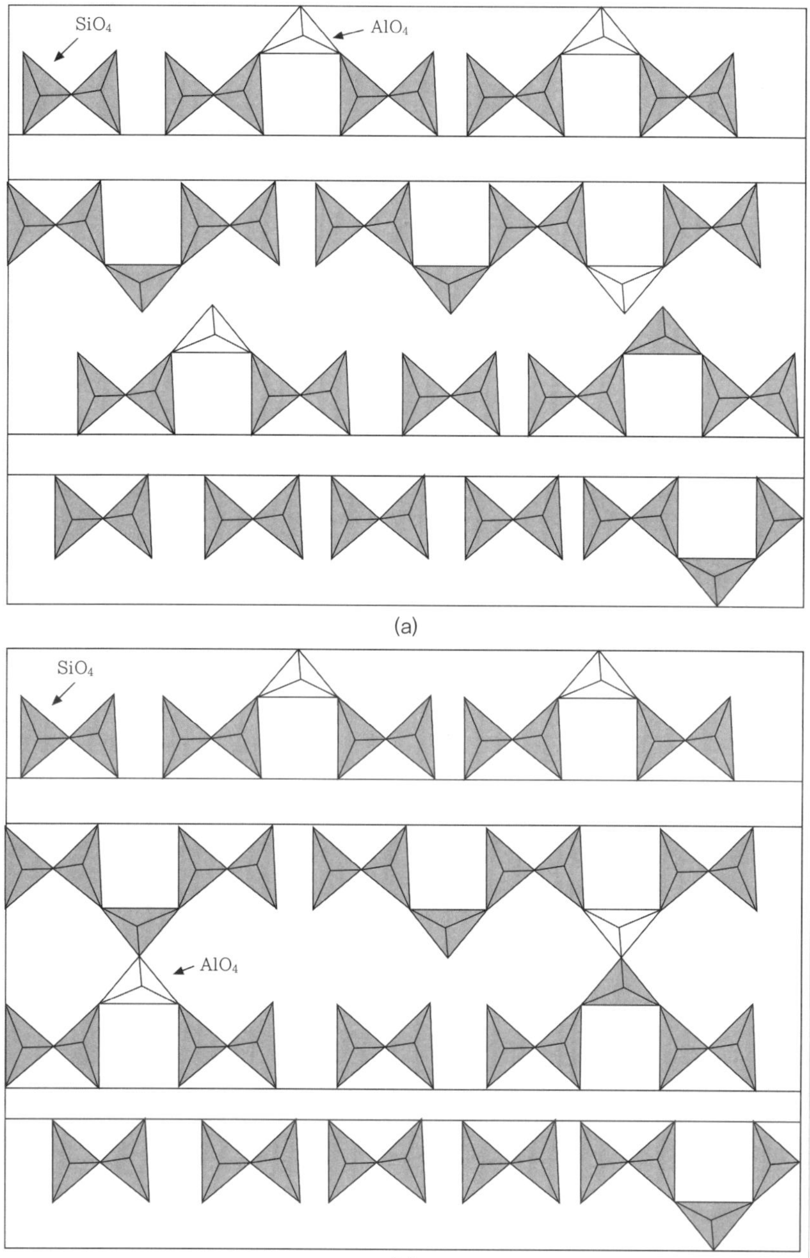

그림 14.14 Al이 포함된 C-S-H겔의 구조 모형. (a) 선형 사슬[14-48], (b) 산발적 결합으로 평면을 형성하는 선형 사슬[14-1,10]

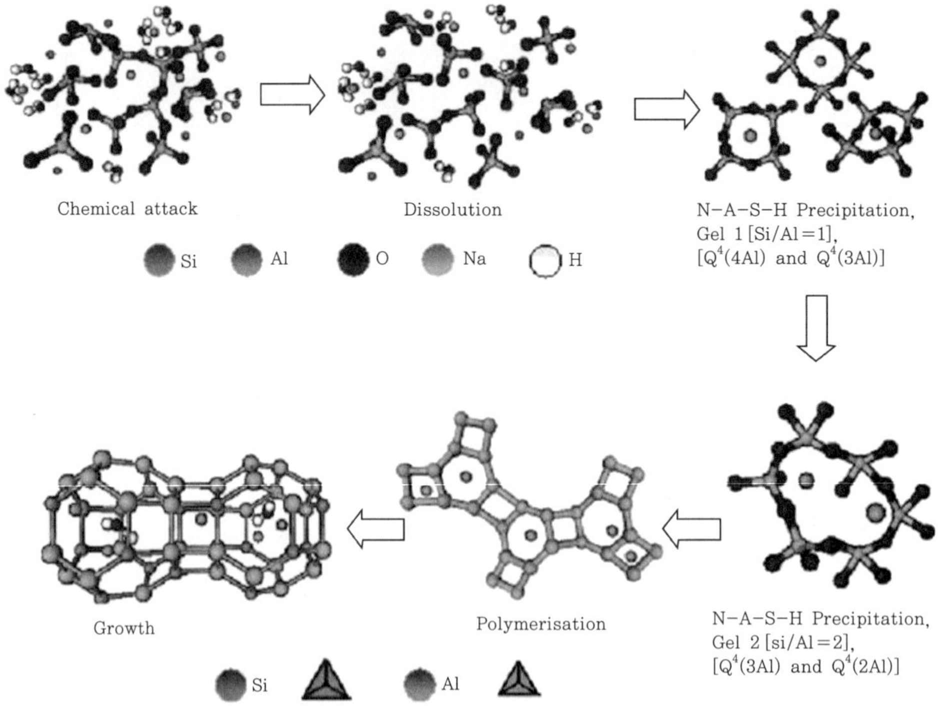

그림 14.15 N-A-S-H겔 형성에 대해 제안된 구조 모델[14-50)]

참고문헌

14-1 Fernáandez-Jim enez, A., Cementos de escorias activadas alcalinamante : influencia de las variables y modelización del proceso, Ph.D. Thesis, Universidad Autónoma de Madrid, 2000.

14-2 Shi, C., Krivenko, P. V., and Roy, D., "Alkali-activated cements and concretes", Taylor & Francis, Abingdon, UK, 2006.

14-3 Li, C., Sun, H., and Li, L., "A Review : The Composition between Alkali-Activated Slag(Si+Al) and Metakaolin(Si+Al) Cements", Cement and Concrete Research, Vol. 40, 2010, pp.1341~1349.

14-4 Kondo., R., and Ueda., S., "Kinetics and Mechanisms of the Hydration Cement", Proceedings of 5th International Symposium on the Chemistry of Cement, BII-4, 1968, pp.203~255.

14-5 이승헌, 김원기, 강석화, "고로(수쇄)슬래그의 수화반응 메커니즘", 한국콘크리트학회논문집, 한국콘크리트학회, Vol. 24, No. 6, 2012, pp.31~34.

14-6 Cong, X. D., and Kirkpatrick, R. J., "29 NMR study of the structure of the calcium silicate hydrate", Advanced Cement Based Materials, Vol. 3, 1996, pp.144~156.

14-7 Garcia-Lodiero, I., Fernández-Jim nez, A., and Palomo, A., "Variation in hybrid cements over time. Alkaline activation of fly ash-portland cement blends", Cement and Concrete Research, Vol. 52, 2013, pp.112~122.

14-8 Glukhovsky, V., "Ancient, modern and future concretes", First International Conference Alkaline Cements and Concretes, Kiev, Ukraine, Vol. 1, 1994, pp.1~8.

14-9 Krivenko, P. V., "Theory, Chemistry, Structure and Properties of Alkaline Cementitious Systems", First International Conference on Alkaline Cements and Concretes, Kiev, Ukraine, Vol. 1, 1994, pp.12~29.

14-10 Fernádez-Jiméez, A., and Palomo, A., "Characterization of fly ashes. Potential reactivity as alkaline cements", Fuel, V. 82, No. 18, 2003, pp.2259~2265.

14-11 Glasser, F. P., "Cements from micro to macrostructure", Br. Ceram. Trans. J., Vol. 89, No. 6, 1990, pp.192~202.

14-12 Fernádez-Jiméez, A., and Palomo, A., "Some main factors influencing the alkali activation of fly ashes factors", 2nd International Symposium on Non-Traditional Cement and Concrete, Czech Republic, 2005.

14-13 이승헌, "포졸란반응(Pozzolanic reaction)에 대하여", 한국시멘트협회, Vol. 157, 2003, pp.1~7.

14-14 Palomo, A., Alonso, S., Fernández-Jim nez, A., Sobrados, I., and Sanz, J., "Alkaline activation of fly ashes. A NMR study of the reaction products", Journal of the American Ceramic Society, Vol. 87, No. 6, 2004, pp.1141~1145.

14-15 Fernández-Jiménez, A., and Palomo, A., "Si and Al MA S NMR characterization of cement-State of art", Cemento-Hormigón, 2010, pp.936.

14-16 Fernández-Jim nez, A., Palomo, A., and Criado, M., "Microstructure development of alkali-activated fly ash cement : a descriptive model", Cement and Concrete Research, V. 35, No. 6, 2005, pp.1204~1209.

14-17 Granizo, M. L., and Blanco, M. T., "Alkaline activation of metakaolin", Journal of Thermal Analysis, Vol. 52, 1998, pp.957~965.

14-18 Palomo, A., Grutzeck, M. W., and Blanco, M. T., "Alkali-activated fly ashes-A cement for the future", Cement and Concrete Research, Vol. 29, No. 8, 1999, pp.1323~1329.

14-19 Puertas, F., Fernandez-Jimenez, A., Jzquierdo, J. Z., and Granizo, M. L., "Effect of superplasticizer on behaviour and properties of alkaline cements", Advances in Cement Research, Vol. 15, No. 1, 2003, pp.23~28.

14-20 Shi, C., and Day, R. L., "Pozzolanic reactions in the presence of chemical activators-Part II : Reaction mechanism", Cement and Concrete Research, Vol. 30, No. 4, 2000, pp.607~613.

14-21 Davidovits, J., "Properties of geopolymer cements", 1st International Conference on Alkaline Cements and Concretes(edited by Krivenko), Kiev, Ukraine, Vol. 1, 1994, pp.131~149.

14-22 Lee, W. K. W., and Van Deventer, J. S. J., "Structural reorganisation of class F fly ash in alkaline silicate solutions", Colloids and Surface A : Physicochem. Eng. Aspects, Vol. 211, No. 1, 2002, pp.49~66.

14-23 Brouwers, H. J. H., and Van Eijk, R. J., "Reactivity of fly ash: extension and application of a shrinkage core model", Concrete Science and Engineering, Vol. 14, No. 1, 2002, pp.106~113.

14-24 Duxson, P., Fernández-Jiménez, A., Provis, J. L., Lukey, G. C., Palomo, A., and van Deventer, J. S. J., "Polymer technology : The current state of the art", Journal of Materials Science, Vol. 42, 2007, pp.2917~2933.

14-25 Fernández-Jiménez, A., Puertas, F., and Fernández-Carrasco, L., "Procesos de activación alcalino-sulfaticos de una escoria Espa ola de Alto Horno", Materiales de Construcción, Vol. 46, No. 241, 1996, pp.23~37.

14-26 Fernández-Jiménez, A., Puertas, F., Sobrados, I., and Sanz, J., "Structure of calcium silicate hydrate formed in alkaline activated slag. Influence of the type of alkaline activator", Journal of the American Ceramic Society, Vol. 86, No. 8, 2003, pp.1389~1394.

14-27 Provis, J., and Van Deventer, J. S. J., Geopolymers, structure, processing, properties and industrial applications, Woodhead Publishing Limited, 2009.

14-28 Puertas, F., Palacios, M., Manzano, H., Dolado, J. S., Rico, A., and Rodriguez, J., "Model for the CA SH gel formed in alkali-activated slag cements", Journal of the European Ceramic Society, Vol. 31, 2011, pp.2043~2056.

14-29 Wang, S., and Scrivener, K. L., "Microchemistry of alkaline activation of slag", 3rd Beijing International Symposium on Cement and Concrete, International Academic Publishers, Beijing, P. R. China, Vol. 2, 1993, pp.1047~1053.

14-30 Winnefeld, F., Leemann, A., Lucuk, M., Svoboda, P., and Neuroth, M., "Assesment of phases formation in alkali activated low and high calcium fly ashes in building materials", Construction Building Material, Vol. 24, 2010, pp.1086~1093.

14-31 Bernal, S. A., Mej a de Gutierrez, R., Pedraza, A. L., Provis, J. L., Rodriguez, E. D., and Delvasto, S., "Effect of binder content the performance of alkali-activated slag concretes", Cement and Concrete Research, Vol. 41, 2011, pp.1~8.

14-32 Cheng, Q. H., Tagnit-Hamou, A., and Sarkar, S. L., "Strength and microstructural properties of waterglass activated slag", Materials Research Society Symposium Proceedings, V. 245, 1992, pp.49~54.

14-33 La Rosa, J. L., Kwan, S., and Grutzeck, M. W., "Zeolite formation in Class F fly ash blended cement pastes", Journal of the American Ceramic Society, Vol. 75, No. 6, 1992, pp.1574~1578.

14-34 Rodriguez, E., Bernal, S., Mejia de Gutierez, R., and Puertas, F., "Alternative concrete based on alklai-activated slag", Materiales de Construcción, Vol. 58, 2008, pp.53~57.

14-35 Roy, A., Schilling, P. J., and Eaton, H. C., "Activation of ground blast-furnace slag by alkalimetal and alkaline-earth hydroxides", Journal of the American Ceramic Society, Vol. 75, No. 12, 1994, pp.3233~3240.

14-36 Fern ndez-Jiménez, A., Palomo, A., Sobrados, I., and Sanz, J., "The role played by the reactive alumina content in the alkaline activation of fly ashes", Microporous and Mesoporous Materials, Vol. 91, 2006, pp.111~119.

14-37 Criado, M., Nuevos materiales cementantes basados en la activación alcalina de cenizas volantes. Caracterización de geles N—S-en función del contenido de sílice soluble. Efecto del Na_2SO_4, Ph.D. Tesis, Universidad Aut noma de Madrid, 2007.

14-38 Wang, S. D., Pu, X. C., Scrivener, K. L., and Pratt, P. L., "Alkali-activated slag :

a Review of Properties and Problems", Cement and Concrete Research, Vol. 17, No. 27, 1995, pp.93~102.

14-39 Puertas, F., "Cementos de escorias activadas alcalinamente : Situación actual y perspectivas de futuro", Materiales de la Construcción, Vol. 45, No. 239, 1995, pp.53~64.

14-40 Ben Haha, M., Lothenbach, B., Le Saout, G., and Winnefeld, F., "Influence of slag chemistry on the hydration of alkali-activated blast furcace slag-part I. Effect of MgO", Cement and Concrete Research, Vol. 41, 2011, pp.959~963.

14-41 Jiang, W., Silsbee, M. R., and Roy, D. M., "Alkali activation reaction mechanism and its influence on microstructure of slag cement", 10th International Congress on the Chemistry of Cement, Gothenburg, Sweden, Vol. 3, 1997, pp.9.

14-42 Song, S., Sohn, D., Jennings, H. M., and Mason, T. O., "Hydration of alkali-activated ground blast-furnance slag", Journal of Materials Science, Vol. 35, 2000, pp.249~257.

14-43 Wang, S. D., "The role of sodium during the hydration of alkali-activated slag", Advances in Cement Research, Vol. 12, No. 2, 2000, pp.65~69.

14-44 Richardson, I. G., and Groves, G. W., "Microstructure and microanalysis of hardened cement pastes involving ground blast-furnace slag", Journal of Materials Science, Vol. 27, No. 22, 1992, pp.6224~6232.

14-45 Richardson, I. G., Brough, A. R., Brydson, R., Groves, G. W., and Doson, C. M., "Location of Aluminum in Substituted Calcium Silicate Hydrate (C-S-H) Gels as Determined by 29Si and 27Al NMR and EFLS", Journal of Amercian Ceramic Society, Vol. 76, 1993, pp.2285~2288.

14-46 Taylor H. F. W., "Nanostructure of C-S-H : Current Status", Advanced Cement Based Materials, Vol. 1, 1993, pp.38~46.

14-47 Richardson, I., "The calcium silicate hydrates", Cement and Concrete Research, Vol. 38, 2008, pp.137~158.

14-48 Schilling, P.J., Butler, L.G., Roy, A., and Eaton, H.C., "29Si and 27Al MA S-NMR of NaOH activated blast furnace slag", Journal of the American Ceramic Society, Vol. 77, No. 9, 1994, pp.2363~2368.

14-49 White, C. E., Provis, J. L., Proffen, T., and Van Deventer, J. S. J., "Molecular mechanisms responsible for structural changes occurring during geopolymerization : Multiscale simulation", American Institute of Chemical Engineers Journal. Vol. 58, 2011, pp.2241~2253.

14-50 Shi, C., Fern ndez Jiménez, A., and Palomo, A., "New cements for the 21st century, The pursuit of an alternative to portland cement", Cement and Concrete Research, Vol. 41, 2011, pp.750~763.

제15장 알칼리 활성 콘크리트의 배합설계

류금성, 건설기술연구원 구조융합연구소 수석연구원, ryu0505@kict.re.kr

15.1 사용재료

알칼리 활성 콘크리트의 구성재료는 결합재인 플라이애시, 고로 슬래그, 알칼리 활성화제와 잔골재, 굵은골재, 물 및 혼화제이다. 일반적으로 알칼리 활성화제는 NaOH 수용액과 규산나트륨을 혼합하여 사용하고 있다. 순도 97~98퍼센트의 NaOH 분말을 사용한 8몰의 NaOH 수용액에는 1 kg당 262 g의 NaOH와 728 g의 물이 존재한다. 규산나트륨실리케이트의 화학성분은 SiO_2 29.4퍼센트, Na_2O 14.7퍼센트로 고형분량이 44.1퍼센트이고 나머지 55.9퍼센트가 물이다. 알칼리 활성 콘크리트 제조 최소 1일 전에 NaOH 수용액과 규산나트륨을 혼합시킴으로써 화학적 안정성을 확보할 수 있다. 또한 잔골재 및 굵은골재는 보통 콘크리트 제조 시 사용되는 골재를 사용하며, 시공성을 향상시키기 위해 고성능 감수제를 사용할 수 있다.

15.2 배합구성 및 배합설계

알칼리 활성 콘크리트의 시공성과 압축강도는 페이스트를 만들기 위한 재료의 구성비로 다음과 같은 특성에 영향을 받는다.[15-1,2)]

-NaOH 몰농도가 높을수록 압축강도는 증가

-규산나트륨/NaOH 수용액 비가 클수록 압축강도 증가

-나프탈렌계 고성능 감수제 4퍼센트 이상 사용 시 시공성 증가

-나프탈렌계 고성능 감수제 2퍼센트 이상 사용 시 압축강도 감소

-물의 사용량이 증가할수록 슬럼프 증가, H_2O/Na_2O 비가 증가하면 압축강도 감소

알칼리 활성 콘크리트의 압축강도와 시공성은 여러 가지 변수에 의해 영향을 받지만, 가장 중요한 인자는 물-결합재(W/B)비이다. 여기서 물은 규산나트륨, NaOH 수용액, 추가 투입물

을 모두 합한 것이고, 결합재는 플라이애시, NaOH 고형분량 및 규산나트륨 고형분량(Na_2O, SiO_2)을 모두 합한 것이다. 그림 15.1에는 알칼리 활성 콘크리트의 압축강도에 미치는 영향으로 물-결합재비가 증가할수록 압축강도는 감소하는 경향을 나타내고 있다. 이는 포틀랜드 시멘트 콘크리트에서 물-시멘트비가 증가할수록 강도는 감소하는 것과 유사하다.

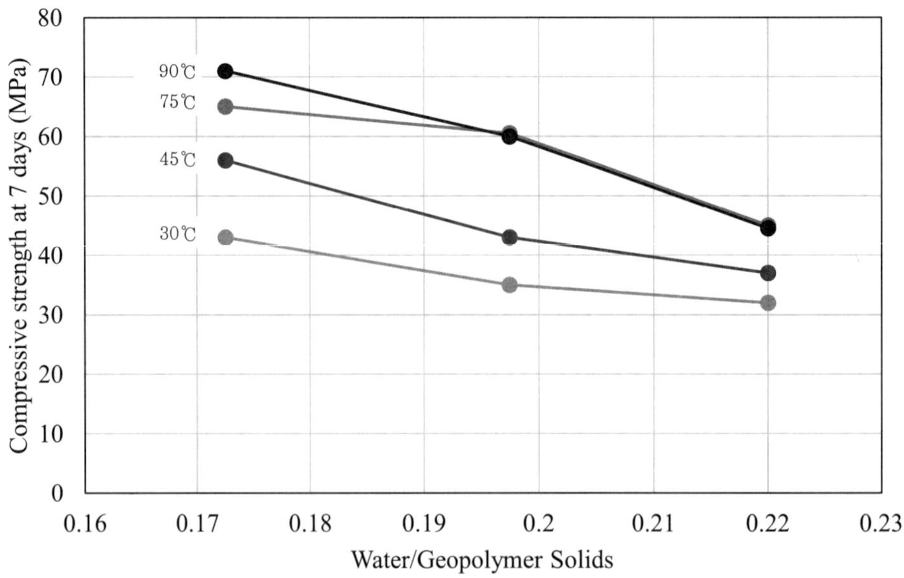

그림 15.1 물-결합재비가 압축강도에 미치는 영향[15-2)]

알칼리 활성 콘크리트 배합설계는 기본적으로 압축강도와 시공성능을 만족시키기 위한 것을 목표로 하고, 알칼리 활성화제-결합재비, 물-결합재비, 배합시간, 양생온도 및 양생시간 등이 영향을 미치는 주요 요소이다. 콘크리트의 배합설계는 매우 다양하지만 선행연구를 통해 결정된 알칼리 활성 플라이애시 콘크리트의 배합설계 예를 소개하면 다음과 같다.

먼저 알칼리 활성화제-플라이애시비는 0.30~0.45, 배합시간 4분, 양생온도 60℃, 양생시간 24시간으로 정하였다. 배합에 사용된 잔골재 및 굵은골재는 표면건조포화상태(saturated-surface-dry, SSD)로써 골재의 수분흡수 및 공급에 대한 영향을 배제한다(실제 배합에서는 골재로 인해 추가되는 물의 양은 물-결합재비에 반드시 포함시켜야 한다). 표 15.1은 참고문헌에 제시된 알칼리 활성 콘크리트의 물-결합재비에 따른 작업성과 설계압축강도를 나타내고 있다. 알칼리 활성 플라이애시 콘크리트의 중량배합 예는 다음과 같다.

- 알칼리 활성 콘크리트의 단위중량을 2,400 kg/m^3으로 가정한다. 일반적인 콘크리트의 골재량은 75~80퍼센트 정도이므로 77퍼센트로 가정하면, $0.77 \times 2,400 = 1,848\ kg/m^3$이 총 골재량이다.

- 총골재량은 굵은골재와 잔골재로 구분되며 잔골재율(S/a)를 0.45으로 가정하면, 잔골재 1,848×0.45=832 kg/m^3, 굵은골재 1,848−832=1,016 kg/m^3이다.
- 알칼리 활성 콘크리트에서 골재량을 빼면 플라이애시와 알칼리 활성화제만 남게 되므로 플라이애시와 알칼리 활성화제의 총 중량은 2,400−1,848=522 kg/m^3이다.
- 선행연구를 통해 알칼리 활성화제-플라이애시비를 0.35로 가정하면, 플라이애시는 522/(1+0.35)=408 kg/m^3이고 알칼리 활성화제는 552−408=144 kg/m^3이다.
- 알칼리 활성화제는 규산나트륨(sodium silicate, SS) 수용액과 NaOH(sodium hydroxide, SH) 8몰 수용액을 혼합한 것으로 SS/SH 비가 2.5로 가정하면, NaOH(SH) 8몰 수용액은 144/(1+2.5)=41 kg/m^3이고 규산나트륨(SS)는 144−41=103 kg/m^3이다.
- 일반적으로 사용되는 규산나트륨의 화학구성비는 SiO_2/Na_2O=2, Na_2O=14.7퍼센트, SiO_2=29.4퍼센트, 물=55.9퍼센트이므로 실리케이트 내의 물은 0.559×103=58 kg/m^3, 고형분은 103−58=45 kg/m^3이다. 또한 NaOH(SH) 8몰 수용액은 NaOH=26퍼센트, 물=74퍼센트이므로 물은 0.74×41=30 kg/m^3이고 고형분은 41−30=11 kg/m^3이다.

위의 계산과정을 정리하면, 1 m^3당 알칼리 활성 콘크리트에 사용되는 총 물량은 NaOH 수용액과 규산나트륨 수용액에 포함되어 있는 것으로써 계산하면 58+30=88 kg/m^3이고 결합재는 플라이애시, NaOH 고형분량, 규산나트륨 고형분량(Na_2O, SiO_2)을 모두 합한 것이므로 408+45+11=464 kg/m^3이다. 즉 물-결합재비가 0.19이므로 표 15.1에서와 같이 설계압축강도는 45 MPa, 시공성은 보통으로 예상할 수 있다. 알칼리 활성 콘크리트의 시공성을 향상시키기 위하여 나프탈렌계의 고성능감수제 1.5퍼센트(6 kg/m^3)를 사용할 수 있다. 표 15.1은 위의 과정을 통한 설계기준강도 45 MPa의 알칼리 활성 콘크리트의 배합표이다. 실제 배합했을 때, 재령 7일 압축강도는 56 MPa, 표준편차 3 MPa, 슬럼프는 100 mm로 나타났다.

표 15.1 알칼리 활성 콘크리트의 배합설계를 위한 데이터[15-3)]

물-결합재비(질량비)	작업성	설계 압축강도(MPa)
0.16	매우 낮음	60
0.18	낮음	50
0.20	중간	40
0.22	높음	35
0.24	높음	30

표 15.2는 위와 같은 절차를 사용하여 배합된 알칼리 활성 플라이애시 콘크리트에서 알칼리 활성화제/플라이애시비에 따른 시공성과 압축강도를 참고로 나타내고 있다.

표 15.2 설계강도 45 MPa급 알칼리 활성 콘크리트 배합표

<table>
<tr><th rowspan="3">결합재</th><th rowspan="3">활성화제/
플라이애시
(질량비)</th><th rowspan="3">물/
결합재비
(질량비)</th><th rowspan="3">S/a
(%)</th><th colspan="5">단위용적중량 (kg/m³)</th></tr>
<tr><th rowspan="2">플라이애시</th><th colspan="2">알칼리 활성화제</th><th rowspan="2">잔골재</th><th rowspan="2">굵은골재</th></tr>
<tr><th>수산화나트륨
(8몰)</th><th>규산나트륨</th></tr>
<tr><td>플라이애시</td><td>0.35</td><td>0.19</td><td>45</td><td>408</td><td>41</td><td>103</td><td>832</td><td>1,016</td></tr>
</table>

배합시간 : 4분 이상, 양생조건 : 60℃, 24Hr

참고문헌

15-1 류금성, "플라이애시 기반 시멘트-제로 콘크리트의 특성 연구", 중앙대학교 대학원 학위논문, 2012.

15-2 Hardjito, D. and Rangan, B. V., "Development and Properties of Low-Calcium Fly Ash-based Geopolymer Concrete", Research Report GC1, Faculty of Engineering, Curtin University of Technology, Perth, also www.geopolymer.org., available at espace @curtin, 2005.

15-3 Rangan, B. V., "Low-Calcium Fly Ash-based Geopolymer Concrete", Chapter 26 in Concrete Construction Engineering Handbook, Editor-in Chief : E.G. Nawy, Second Edition, CRC Press, New York, 2008.

15-4 Rangan, B. V., "Fly Ash-based Geopolymer Concrete", Proceedings of the International Workshop on Geopolymer Cement and Concrete, Allied Publishers Limited, Mumbai, India, 2010.

제16장 알칼리 활성 콘크리트의 특성

송진규, 전남대학교 건축공학과 교수, jgsong@jnu.ac.kr

16.1 굳지 않은 콘크리트의 특성

16.1.1 유동성

콘크리트의 유동성은 페이스트의 유동 특성에 직접적인 영향을 받으며, 알칼리 활성 페이스트는 활성화제의 종류 및 첨가량에 따라 다양한 유동 특성을 보인다. 그러므로 알칼리 활성 콘크리트의 유동성을 평가하기 위해 페이스트의 유동 특성 평가가 중요하다.

가. 알칼리 활성 고로 슬래그 페이스트의 유동 특성

Jiang은 물-결합재비가 각각 0.75와 1.5이며, 활성화제로서 수산화나트륨(NaOH)을 5퍼센트 사용한 것과 사용하지 않은 알칼리 활성 고로 슬래그 페이스트의 유동 특성을 측정하였는데,[16-1] 그 결과는 표 16.1과 같다. 시험 결과 물-결합재비 0.75에서는 수산화나트륨 5퍼센트를 첨가한 페이스트의 겉보기 점도와 압축강도가 다른 페이스트들 보다 매우 높게 나타났다. 물-결합재비를 1.5로 증가시킴에 따라 페이스트의 겉보기 점도와 압축강도는 모두 감소하였으며, 특히 수산화나트륨 5퍼센트를 첨가한 페이스트는 물-결합재비를 1.5로 높이면 겉보기 점도와 항복 응력이 큰 감소를 보이면서, 물-결합재비 0.75에서 나타난 수산화나트륨 첨가에 의한 유동성 증가영향은 거의 찾아 볼 수 없었다.

Jolicoeur 등은 포틀랜드 시멘트와 수산화나트륨을 활성화제로 이용한 알칼리 활성 고로 슬래그 페이스트의 미니 슬럼프 시험을 수행하였으며, 결과는 표 16.2와 같다.[16-2] 물-결합재비 0.4에서 초기 슬럼프 값은 수산화나트륨의 첨가량에 따라 큰 차이를 보이지 않지만, 수산화나트륨의 첨가량이 많아질수록 시간에 따라 슬럼프 로스(loss)가 커진다. 물-결합재비 0.5에서는 수산화나트륨의 첨가량이 많을수록 초기 슬럼프 값이 작아지는데, 슬럼프 로스는 Na_2O량

0.5퍼센트와 1퍼센트에서 가장 크고 2~4퍼센트 수준으로 활성화제 첨가량이 많아지면, 슬럼프 로스는 다시 작아지는 특성을 보인다.

활성화제의 종류에 따라서도 알칼리 활성 고로 슬래그 페이스트의 유동 특성이 달라지는데, 일반적인 동일 반죽질기를 구현하는데, 물-결합재비는 물유리(액상규산나트륨)를 이용한 페이스트가 0.28, 수산화나트륨과 탄산나트륨(Na_2CO_3)을 이용한 페이스트가 0.30으로 물유리를 이용한 페이스트의 유동성이 더 좋은 것으로 나타났다.[16-3)]

표 16.1 알칼리 활성화제와 알칼리 활성 고로 슬래그 페이스트의 레올로지(점도와 항복응력) 관계[16-1)]

재료	물/결합재비	점도(Pa · s)	항복응력(Pa)
100% slag	0.75	6.2	32
	1.5	3.2	21
[1)]100% slag+5% NaOH	0.75	78.0	690
	1.5	4.2	28

주 1) 결합재(slag) 대비 중량비

표 16.2 시멘트와 수산화나트륨 기반 알칼리 활성 고로 슬래그 페이스트의 미니 슬럼프 시험 결과[16-5)]

물-결합재비	물-결합재비 0.4				물-결합재비 0.5					
[1)]Na_2O 중 NaOH 첨가율, %	OPC	0	2	4	OPC	0	0.5	1	2	4
10분	40	32	30	35	119	100	92	66	72.5	69
30분	34	20.6	12	20	110	84	23	18	26	43
60분	31	20	2	6	78	70	8	10	7	18

주 1) 결합재(slag) 대비 중량비

동일한 물-결합재비에서 수산화나트륨의 첨가량을 Na_2O 비율로 0.5~4퍼센트까지 변화시켰을 때 페이스트의 미니 슬럼프 시험 결과는 큰 변화가 없다. 탄산나트륨을 활성화제로 이용한 페이스트의 미니 슬럼프 시험 결과도 마찬가지이다.[16-4)] 하지만 물유리를 사용한 알칼리 활성 고로 슬래그 페이스트의 미니 슬럼프 결과는 물유리의 몰 비(modulus)에 따라 큰 차이가 발생하는데, 몰 비가 0.5 이하일 때와 1.5 이상일 때 미니 슬럼프 결과 값이 매우 작아지는 경향을 보인다.[16-5)]

알칼리 활성 고로 슬래그 페이스트는 고성능감수제의 종류에 따라 유동성 차이를 보이는데 (표 16.3), 고성능감수제의 효과는 활성화제 종류에 따라 민감하게 반응한다.[16-6)] 포틀랜드 시멘트와 100퍼센트 슬래그 페이스트에서는 폴리카르복실(PC)계 고성능 감수제가 가장 우수한 유동성능을 보였다. 수산화나트륨 기반의 알칼리 활성 페이스트의 유동성은 리그닌-나프탈렌

(PNS)-PC계 순이고, 규산나트륨 기반은 PNS-PC=리그닌계 순이며, 수산화칼슘($Ca(OH)_2$) 기반은 PC-리그닌-PNS계 순이다. 강알칼리성을 띠는 수산화나트륨 기반 페이스트는 리그닌계 적용 시 유동성 향상을 보여주지만 PNS와 PC계 고성능감수제 사용 시는 유동성 향상이 전혀 나타나지 않는다.

표 16.3 고성능 감수제를 사용한 알칼리 활성 고로 슬래그와 포틀랜드 시멘트 페이스트의 미니 슬럼프 플로우 시험 결과[16-6]

고성능감수제	구분	타입	미니 슬럼프 플로우 시험결과 (mm) / (pH)				
			포틀랜드 시멘트	Slag	활성화제1 (NaOH base)	활성화제2 (Na_2SiO_3 base)	활성화제3 ($Ca(OH)_2$ base)
(미적용)	-	-	120/ (pH 12.8)	110/ (pH 12.1)	100/ (pH 13.4)	100/ (pH 13.1)	100/ (pH 12.4)
리그닌계	1_Lig_L	액상	210	150	170	180	190
	2_Lig_P	분말	200	250	170	170	170
나프탈렌계 (PNS)	3_PNS_L	액상	210	220	140	150	160
	4_PNS_L	액상	200	180	120	140	150
	5_PNS_L	액상	270	270	120	200	260
	6_PNS_P	분말	300	350	120	210	270
폴리카르복실계 (PC)	7_PC_L	액상	320	460	120	120	170
	8_PC_L	액상	300	260	100	110	130
	9_PC_L	액상	410	600	100	190	360
	10_PC_L	액상	400	550	100	170	260
	11_PC_L	액상	320	430	100	120	180
	12_PC_L	액상	380	560	110	130	210
	13_PC_P	분말	450	550	100	190	420
	14_PC_P	분말	430	550	100	180	360

마찬가지로 규산나트륨 기반의 페이스트 역시 규산나트륨보다는 다소 향상된 유동성을 보이지만 포틀랜드 시멘트나 수산화칼슘 기반 페이스트 보다는 현저히 낮은 유동성을 나타낸다. 수산화칼슘 기반 페이스트는 포틀랜드 시멘트보다 기본적인 유동성은 낮지만 고성능감수제의 계열별 유동성 향상 특성은 포틀랜드 시멘트와 비슷한 경향을 보이며, 특히 일부 PC계 고성능감수제와의 조합은 플로우 400 mm 이상의 고유동성을 나타낸다. 시험결과를 통해 포틀랜드 시멘트 또는 고로 슬래그 100퍼센트 페이스트에 PNS와 P.C계 고성능감수제를 사용하면 알칼리 활성 고로 슬래그 페이스트의 유동성이 포틀랜드 시멘트 페이스트보다 더 높게 나타나지만, 알칼리 활성 고로 슬래그 페이스트에 알칼리 활성화제가 첨가되면 유동성이 현저히 저하된다. 이는 알칼리 활성 고로 슬래그 페이스트의 pH가 포틀랜드 시멘트 페이스트보다 더

낮지만, 활성화제가 첨가되면 pH가 급격히 높아지기 때문이며, 이런 현상은 PNS보다 PC계 고성능감수제를 사용할 때 더 민감하게 나타난다.

PC계 고성능감수제는 측쇄(side chain)의 입자 간의 입체 장애에 의한 분산효과로 우수한 유동성을 나타내지만, 이 측쇄는 pH 13.0~14.0의 강알칼리 상태에서 가수분해되어 유동성을 잃는 특징이 있기 때문이다.[16-7)]

알칼리 활성 고로 슬래그 페이스트는 포틀랜드 시멘트 페이스트와 비슷한 유동성 및 고성능 감수제의 적용성을 보이지만, 알칼리 활성 고로 슬래그 페이스트는 활성화제 종류 및 첨가량에 따라 다양한 유동 특성을 보이며, 고성능 감수제 또한 활성화제에 의해 유동성능 발현의 차이가 다양하게 나타난다. 대체로 알칼리 활성 고로 슬래그 페이스트는 포틀랜드 시멘트 페이스트보다 유동성능이 현저히 낮으며, 페이스트의 pH가 13 이상이면 PC계 고성능감수제의 적용은 힘들다. 다른 계열의 고성능 감수제 또한 포틀랜드 시멘트 페이스트 보다 유동성능이 떨어진다.

나. 알칼리 활성 플라이애시 페이스트의 유동 특성

알칼리 활성 플라이애시 페이스트는 알칼리 활성 고로 슬래그 페이스트보다 유동성이 좋다. 이는 입형이 판상형인 고로 슬래그에 반해 플라이애시는 구형으로 볼베어링 효과에 의해 유동성이 향상되기 때문이다. 알칼리 활성 플라이애시 페이스트의 유동성은 알칼리 활성 고로 슬래그와 같이 활성화제 종류에 따라 그 특성이 변하는데, 주로 사용되는 활성화제는 수산화나트륨(NaOH) 용액과 수산화나트륨+물유리(액상규산나트륨)이다. 보통 8몰(M) 이상의 고농도 강알칼리 용액을 사용하기 때문에 알칼리 활성 플라이애시 페이스트의 유동성은 활성화제의 점성에 크게 좌우된다.

표 16.4는 알칼리 활성 플라이애시 페이스트의 유동성 평가를 위한 배합목록이며, 표 16.5는 시험에 사용된 고성능감수제의 물성을 나타낸다.[16-8)] 수산화나트륨과 물유리 조합의 활성화제를 이용한 알칼리 활성 플라이애시 페이스트(No. 2)는 수산화나트륨만 사용한 페이스트(No.1)에 비해 유동성이 약 1.6배 높게 나타났다. 그리고 수산화나트륨만 사용한 페이스트에 PNS계 고성능감수제를 사용하면(No. 7) 약 1.36배 유동성이 증가하는 것으로 나타났다(그림 16.1).

표 16.4 알칼리 활성화제와 고성능감수제를 이용한 알칼리 활성 플라이애시 배합목록[16-8)]

No.	활성화제 종류	고성능감수제
1	8몰 수산화나트륨(NaOH) 용액	–
2	혼합 자극제[1)]	–
3	8몰 수산화나트륨(NaOH) 용액	PNS1 (나프탈렌계)
4	혼합 자극제	PC1 (폴리카르복실계)
5	혼합 자극제	PC2 (폴리카르복실계)
6	혼합 자극제	PC3 (폴리카르복실계)
7	혼합 자극제	PNS1 (나트탈렌계)
8	혼합 자극제	PNS2 (나프탈렌계)
9	혼합 자극제	M (멜라민계)

주1) 혼합 자극제 : 규산나트륨/수산화나트륨의 중량비가 2.5인 8M의 수산화나트륨용액과 D등급의 규산나트륨 용액을 혼합한 자극제(액상)

표 16.5 고성능감수제의 화학적 특성[16-8)]

고성능감수제	계열	pH (20℃)	비중 (g/cm^3)
PC1	폴리카르복실계	6.5	1.05
PC2	폴리카르복실계	5.0±1.0	1.07
PC3	폴리카르복실계	4.3±0.5	1.06
PNS1	나프탈렌계	7.0±0.5	1.2
PNS2	나프탈렌계	7.00	1.21
M	멜라민계	8.0~10.0	0.80

수산화나트륨과 물유리 조합의 페이스트(No. 2)에 PC계 고성능감수제를 적용하면 평균 1.4배의 유동성 개선효과가 나타나지만, PNS계 고성능감수제는 약 1.07배(7퍼센트) 정도의 유동성 개선효과가 있고, 멜라민계는 오히려 3퍼센트 정도 유동성이 떨어진다(그림 16.2). 즉 수산화나트륨만 사용한 페이스트는 PNS계 고성능감수제, 수산화나트륨과 물유리 조합의 페이스트는 PC계 고성능감수제의 적용이 적합하다.

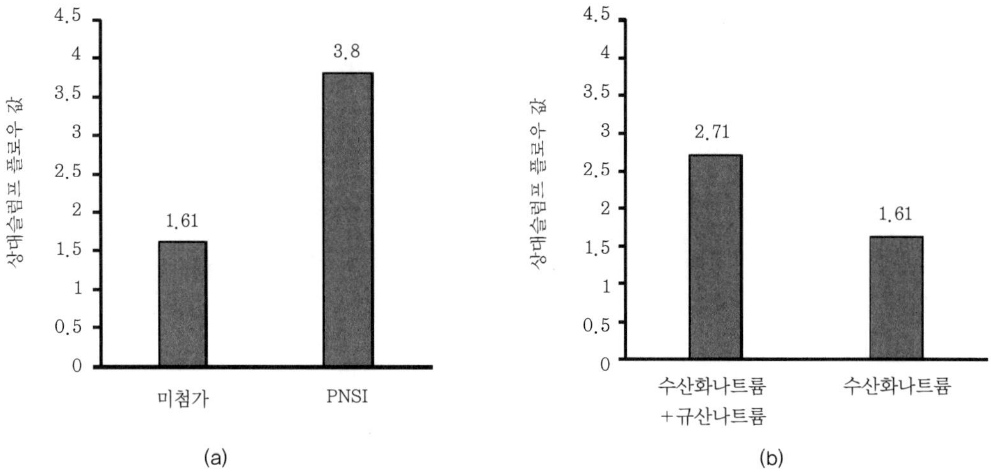

그림 16.1 알칼리 활성 플라이애시 페이스트의 유동성능[16-8)]

16.1.2 응결

결합재의 수화반응에서 생성되는 수화생성물은 삼차원의 조직구조를 형성한다. 수화생성물 조직이 어떤 시점에 다다를 때 굳지 않은 페이스트는 유동성 또는 소성 점도(plastic consistency)를 잃게 되는데, 이런 일련의 과정을 응결(setting)이라 한다. 현장에서는 모르타르나 콘크리트의 배합, 운반, 타설 및 마감을 위해 소정의 응결시간이 필요하다.

가. 알칼리 활성 고로 슬래그 페이스트의 응결 특성

알칼리 활성 고로 슬래그 페이스트의 응결시간에 영향을 미치는 변수는 다양하다. 그 중 모재료인 고로 슬래그의 특성 또한 페이스트의 응결시간에 영향을 미친다. 활성화제로 동일한 알칼리 용액을 사용하였을 때 그 화학적 조성이 비슷하더라도 서로 다른 곳에서 수집한 고로 슬래그는 시간에 따른 조기 강도발현에 있어 서로 다른 결과를 보였다. 하지만 28일 압축강도에는 고로 슬래그의 수집장소가 큰 영향을 미치지는 않는다.[16-9)]

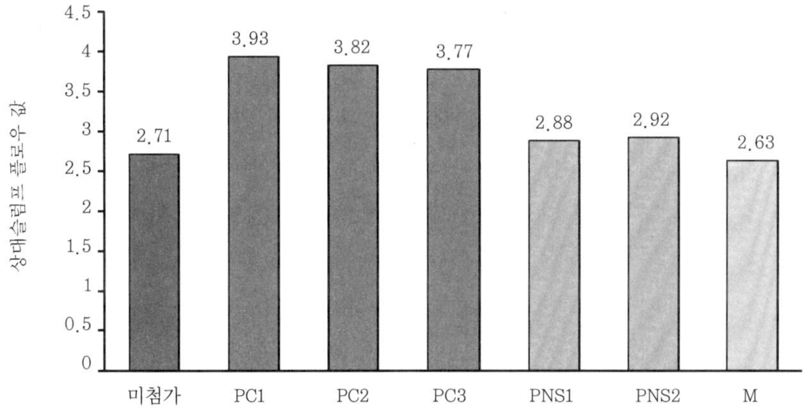

그림 16.2 고성능감수제 사용에 따른 알칼리 활성 플라이애시 페이스트의 유동성능[16-8)]

또한 고로 슬래그의 분말도 차이에 따라서도 확연한 응결특성 차이를 보이는데, 그림 16.3에서 보는 바와 같이 활성화제의 종류에 상관없이 분말도 350~530 m^2/kg에서는 큰 변화가 없다가 분말도를 530~670 m^2/kg 수준으로 올리면, 알칼리 활성 고로 슬래그 페이스트의 응결시간이 급격히 감소하는 것을 알 수 있다.[16-10)]

고로 슬래그의 염기도(basicity) 또한 응결시간에 영향을 미친다. 염기도는 고로 슬래그의 조성 중 SiO_2에 대한 CaO+MgO+Al_2O_3의 비율을 나타내는데, MgO와 Al_2O_3의 양이 많지 않기 때문에 간략하게 SiO_2에 대한 CaO의 비(CaO/SiO_2)로 나타낸다. 고로 슬래그의 염기도가 높으면, 활성화제의 종류와 상관없이 응결시간이 짧아지는 특성이 있다.[16-11)]

활성화제의 특성에 따라서도 응결시간의 차이가 나타나는데, 물유리를 사용한 알칼리 활성 고로 슬래그 페이스트가 수산화나트륨이나 탄산나트륨을 사용한 페이스트보다 응결시간이 짧다. 그리고 물유리의 첨가량을 늘리면 응결시간이 더 짧아진다. 그림 16.4는 물유리를 활성화제로 이용한 알칼리 활성 고로 슬래그 페이스트의 응결시간을 나타낸 것이다. 물유리의 첨가량과 관계된 Na_2O의 양이 많을수록, 그리고 몰 비(SiO_2/Na_2O)가 클수록 응결시간은 짧아진다.

알칼리 활성 고로 슬래그의 활성화제로서 물유리의 사용은 페이스트의 빠른 응결로 인해 콘크리트의 배합과 타설에 불리하다. 액상형 규산나트륨인 물유리 대신 분말형 규산나트륨을 사용할 경우 결합재(원재료+활성화제) 제조가 쉽고, 급결현상이 적어 배합 및 타설 시 유리하나 조기강도가 상대적으로 낮은 단점이 있다.[16-12)]

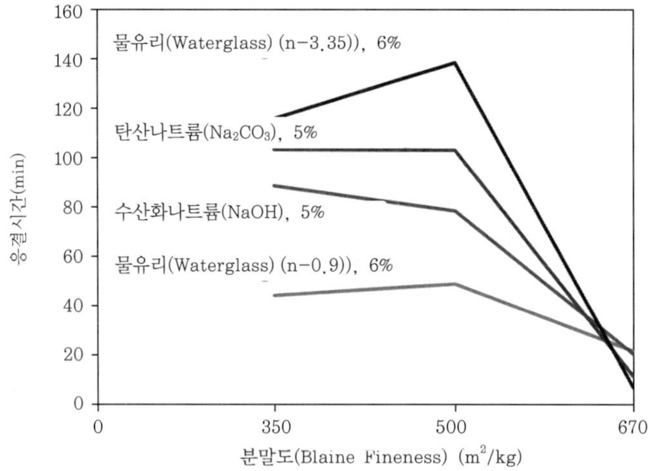

그림 16.3 슬래그의 분말도와 활성화제에 따른 알칼리 활성 고로 슬래그 페이스트의 응결속도[16-10)]

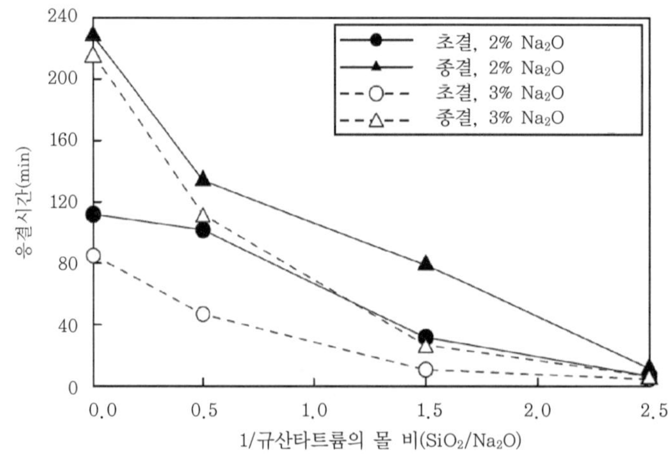

그림 16.4 규산나트륨용액의 몰 비(Na_2O/SiO_2)에 따른 알칼리 활성 고로 슬래그 페이스트의 응결시간[16-12)]

2가지 이상의 활성화제 조합에 따라서도 알칼리 활성 고로 슬래그 페이스트의 응결시간이 달라진다. 예를 들어 4퍼센트 수산화나트륨을 활성화제로 사용한 알칼리 활성 고로 슬래그 페이스트의 경우 초결 34분, 종결 55분이지만, 여기에 황산칼륨(K_2SO_4)을 1.3퍼센트 또는 $2Na_2O \cdot Al_2O_3$를 0.24퍼센트 첨가하면 초결시간과 종결시간이 각각 100분과 200분으로 증가한다.[16-13)]

나. 알칼리 활성 플라이애시 페이스트의 응결 특성

알칼리 활성 플라이애시 페이스트의 응결 특성을 결정하는 요인은 플라이애시의 조성, 활성화제인 알칼리 용액의 종류와 조합, 농도, 그리고 플라이애시와 활성화제 비율 등 다양하다. 이중에서 가장 결정적인 요인은 양생온도이다. 일반적으로 상온에서는 플라이애시의 실리카와 알루미나의 용해반응이 더디기 때문에 응결시간이 길어지고, 압축강도 또한 매우 낮다. 하지만 양생온도를 높이면 용해 및 중합반응이 급속히 빨라져서 응결시간이 매우 짧아지고 압축 강도발현이 급격히 향상되는 특성이 있다. 그림 16.5는 알칼리 활성 플라이애시 페이스트의 양생온도에 따른 응결시간을 나타낸 것이다. 40℃에서 종결까지 약 11시간 정도 걸리지만, 80℃에서는 1시간 15분 만에 종결이 일어난다. 초결이 시작되고 응결이 완료되는 시간도 10분밖에 안 될 정도로 급격한 반응이 일어난다.[16-14)]

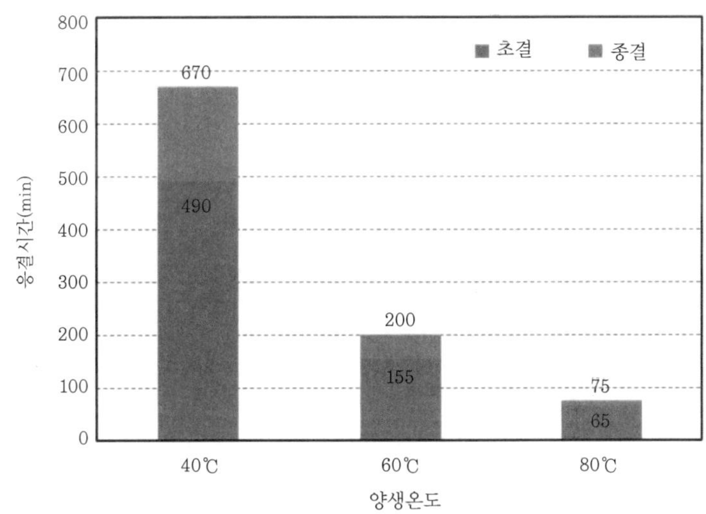

그림 16.5 알칼리 활성 플라이애시 페이스트의 양생온도와 응결시간과의 관계[16-14)]

16.1.3 수화열

가. 알칼리 활성 고로 슬래그 페이스트의 수화열 특성

그동안 알칼리 활성 고로 슬래그 결합재의 수화반응과 수화열 특성에 대한 많은 연구가 진행되어 왔다. 알칼리 활성 고로 슬래그 결합재의 수화열 발산 특성에 가장 큰 역할을 하는 것은 활성화제의 특성(순도와 종류), 그리고 첨가량이다. Shi와 Day는 활성화제의 종류에 따라 알칼리 활성 고로 슬래그 결합재의 수화열 특성을 그림 16.6과 같이 3가지 등급(Class)으로 나누었다.[16-15]

클래스Ⅰ은 초기 몇 분 동안 하나의 피크만 나타나고 그 이후로는 수화열 피크가 나타나지 않는다. 이는 고로 슬래그에 배합수나 인산나트륨(Na_2HPO_4)용액을 혼합했을 때 나타나는 특성이다. 고로 슬래그는 물과 접촉할 때 슬래그 표면의 Si−O, Al−O, Ca−O 결합이 OH^- 이온의 분극(polarization)현상에 의해 분해된다. 이렇게 용해된 성분들은 물속에서 $(H_2SiO_4)^{2-}$, $(H_3SiO_4)^-$, $(H_4AlO_4)^-$ 그리고 Ca^{2+}의 이온 형태로 존재하게 된다. Ca−O 결합이 Si−O나 Al−O 결합보다 결합력이 훨씬 약하기 때문에 물속에서 Ca−O의 분해에 의한 Ca^{2+} 이온의 농도가 다른 이온들보다 더 크게 된다. 그리고 슬래그 입자 표면에 Si−Al이 많은 피막을 형성하는데, Si−Al의 피막은 물속에시 H^+ 이온을 흡수하여 상대적으로 물속의 OH^- 이온을 증가시켜 물의 pH가 상승(알칼리 상태)하지만, Si−O나 Al−O의 결합력을 끊을 만큼의 강알칼리 상태는 아니기 때문에 C−S−H나 C−A−H, C−A−S−H 등의 수화물이 생성되지 않는다.

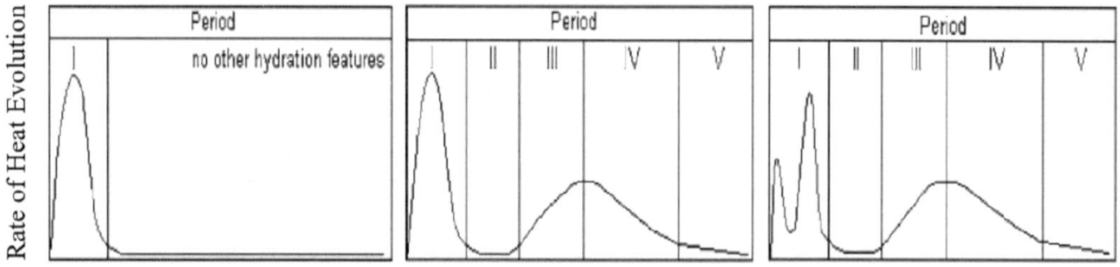

(a) Class Ⅰ (b) Class Ⅱ (c) Class Ⅲ

그림 16.6 알칼리 활성 고로 슬래그 결합재의 대표적인 수화열 곡선[16-15]

클래스Ⅱ는 포틀랜드 시멘트와 유사한 수화열 특성을 나타낸다. 배합 초기에 하나의 수화열 피크가 나타나고 잠재기를 거쳐 수 시간 후 다시 수화열이 발생하는데, 수 일까지 지속되는 완만한 수화열 곡선을 보인다. 첫 번째 수화열 피크는 클래스Ⅰ과 같이 슬래그 입자의 분해에 의한 피크이며, 두 번째 수화열 피크는 슬래그의 수화반응에 의한 것이다. 수화열 피크가 클수록 수화반응에 의한 수화생성물들이 많이 석출되어 조직이 치밀해지고 강도가 커진다. 수산화나트륨을 활성화제로 사용한 알칼리 활성 고로 슬래그 페이스트의 수화열 특성이 클래스Ⅱ의 가장 대표적인 예이다. 활성화제의 첨가량과 순도, 수화온도는 두 피크의 크기와 위치에 큰 영향을 미친다. 클래스Ⅱ의 활성화제는 매우 강한 알칼리 상태를 유도한다. 이런 강알칼리 상태에서는 Ca−O뿐만 아니라 Si−O, Al−O의 결합까지도 분해시키기 때문에 C−S−H, C−A−H, C−S−A−H 등의 수화물이 생성된다.

클래스Ⅲ는 초기 피크 두 개가 나타나는 특징이 있다. 두 개의 초기 피크 중 하나는 앞에서도 언급한 것과 같이 물과 접한 슬래그 입자의 분해에 의한 것이고, 이에 근접한 또 다른 피크는 활성화제의 이온이나 이온그룹의 분해에 의한 것이다. 이런 수화열 특성은 활성화제를 규산나트륨(Na_2SiO_3), 탄산나트륨(Na_2CO_3), 인산나트륨(Na_3PO_4)을 사용했을 때 주로 나타난다. 이런 반응 및 반응에 의한 생성물은 알칼리 활성 고로 슬래그 페이스트의 응결시간 및 강도에 지대한 영향을 미치게 된다.[16-15] 활성화제를 두 가지 또는 그 이상 사용할 경우 알칼리 활성 고로 슬래그 페이스트의 수화열 발산 특성과 총 수화열량은 활성화제의 종류 및 순도 첨가량에 따라 달라진다. 수산화나트륨은 첨가량을 늘리면 강도발현이 커지고, 발산되는 수화열도 많아진다. 하지만 탄산나트륨은 수산화나트륨에 비해 수화반응이 더디고 수화열 또한 더 낮다.[16-16]

일반적으로 알칼리 활성 고로 슬래그 결합재는 활성화제의 첨가량이 높을수록, 그리고 배합 시 온도가 높을수록, 물-결합재비가 낮을수록 수화열이 커지는 특징이 있다. 그림 16.7에서와 같이 물유리 활성화제 기반 알칼리 활성 고로 슬래그 페이스트의 수화열 특성은 포틀랜드 시멘트의 특성과 비슷하다. 하지만 물유리의 몰 비(SiO_2/Na_2O)에 따라서 반응속도가 달라지는 것을 볼 수 있다. 물유리의 몰 비가 작을수록 반응속도가 빨라지는 것을 볼 수 있는데, 피크의 높이를 비교해 볼 때 물유리의 몰 비가 작을수록 반응성이 더 크게 나타난다. 즉 활성화제인 물유리의 몰 비가 작을수록 수화반응의 속도가 빨라지고 강도가 커진다.[16-17]

그림 16.8과 같이 수산화나트륨 활성화제 기반의 알칼리 활성 고로 슬래그 페이스트의 수화열 특성은 물유리 기반 알칼리 활성 고로 슬래그와는 다른 특성을 보인다. 그림과 같이 수산화나트륨 기반 알칼리 활성 고로 슬래그는 활성화제의 농도와 상관없이 배합 초기 4시간 안에 반응이 종료되는 양상을 보인다. 한편 강도에 직접적으로 영향을 미치는 수산화나트륨 용액의 농도는 반응 속도에는 크게 영향을 미치지 않는 것을 알 수 있다.[16-17]

나. 알칼리 활성 플라이애시 페이스트의 수화열 특성

알칼리 활성 플라이애시는 상온에서 반응성이 크게 떨어지기 때문에 고온에서 양생해야 한다. 이런 플라이애시 반응 특성을 고려해서 양생온도별로 수화열을 측정하는 것이 필요하다. 그림 16.9는 25, 35, 40℃ 각각의 양생온도 조건에서 포틀랜드 시멘트, 알칼리 활성 고로 슬래그, 알칼리 활성 플라이애시, 50퍼센트 플라이애시+50퍼센트 고로 슬래그의 4가지 결합재의 수화열 특성을 평가한 결과이다. 알칼리 활성 고로 슬래그와 포틀랜드 시멘트는 비슷한 양상을 보이는데, 양생온도가 증가할수록 수화반응이 빨라지고, 강도도 높아지는 것으로 나타났다. 플라이애시와 고로 슬래그 1 : 1의 결합재는 양생온도 증가에 따라 반응속도에는 큰 변화가 없고 강도에만 영향을 미친다. 알칼리 활성 플라이애시는 25℃에서는 전혀 경화되지 않으며, 양생온도가 증가함에 따라 반응속도가 빨라지고 강도가 커지는 것을 알 수 있다.[16-18]

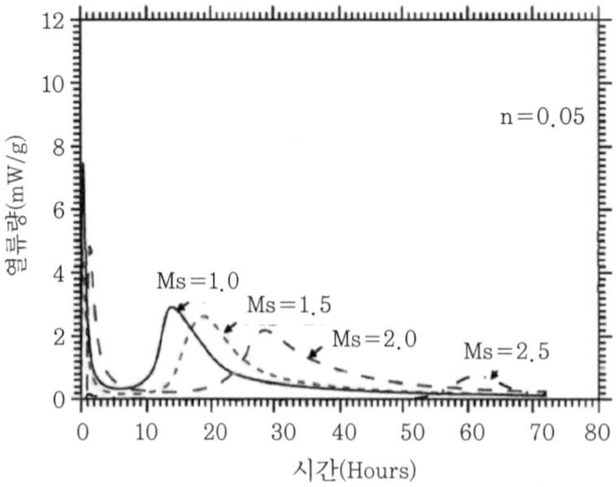

그림 16.7 물유리의 몰 비와 알칼리 활성 고로 슬래그 페이스트의 수화열 관계[16-17]

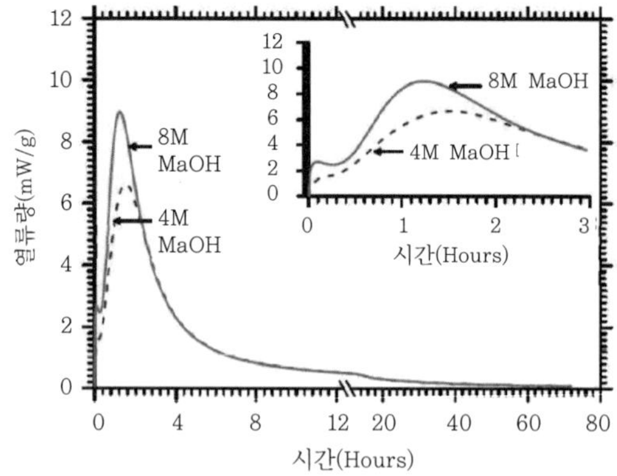

그림 16.8 수산화나트륨 농도와 알칼리 활성 고로 슬래그 페이스트의 수화열 관계[16-17]

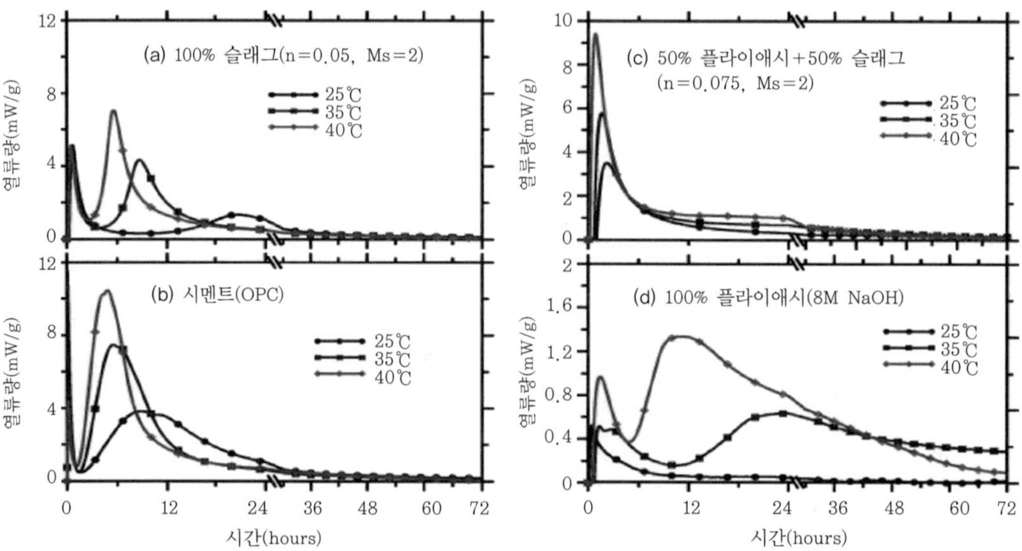

그림 16.9 (a) 100퍼센트 슬래그, (b) 시멘트, (c) 플라이애시+슬래그, (d) 100퍼센트 플라이애시의 수화열 곡선[16-18]

16.2 역학적 특성

16.2.1 압축강도

압축강도는 콘크리트의 품질을 결정짓는 인자 중 가장 중요하다. 다른 강도(휨강도)와의 관계가 실험 등에 의해 결정되면 이러한 강도 등에 대해서 지표가 되기도 한다. 알칼리 활성 고로 슬래그 콘크리트의 압축강도를 결정짓는 변수는 활성화제의 종류 및 첨가량, 물-결합재비, 양생방법, 분말도 등으로 포틀랜드 시멘트 콘크리트에 비해 다양하다.

가. 알칼리 활성 고로 슬래그 콘크리트의 압축강도 특성

그림 16.10은 결합재량에 따른 알칼리 규산염 활성 콘크리트의 28일, 90일 강도발현 결과이다. 전체적으로 결합재량이 많을수록 높은 강도가 발현된다. 28일 강도는 알칼리 활성 고로 슬래그 콘크리트와 포틀랜드 시멘트 콘크리트 모두 결합재량 300 kg/m^3 배합에 비해 400, 500 kg/m^{3}의 배합이 훨씬 높게 나타나며, 400 kg/m^3 배합과 500 kg/m^3 배합의 차이는 크지 않다. 이러한 경향은 포틀랜드 시멘트 콘크리트의 경우 90일 강도에서도 유지되지만, 알칼리 활성 고로 슬래그 콘크리트에서는 다른 결과를 보인다. 알칼리 활성 고로 슬래그 콘크리트의 경우 300 kg/m^3 배합이 가장 큰 폭으로 상승하고 500 kg/m^3 소폭 상승하는 경향을 보인다.[16-19] 이러한 결과는 동일한 물-시멘트비의 페이스트 양을 변수로 하여 포틀랜드 시멘트 콘크리트의 압축강도를 평가한 Wassermann 등의 연구[16-20]와 부분적으로 일치한다.

알칼리 활성화제의 첨가량은 알칼리 활성 고로 슬래그 콘크리트의 압축강도에 영향을 미친다. 활성화제의 첨가량은 대부분의 경우 최적 첨가량이 존재한다. 최적 첨가량은 슬래그의 성질, 활성화제의 종류, 양생조건에 따라 매우 다양하게 나타난다. 최적 첨가량까지는 일반적으로 활성화제량에 의해 강도가 상승하는 경향을 보이고 안정기를 거친 후 감소하게 된다. 하지만 Chen(1992) 등은 최적 첨가량 이후에 안정기는 존재하지만 감소하는 구간이 없고 안정기가 유지된다고 발표했다.[16-21]

물-결합재비가 수화에 미치는 영향은 사용된 활성화제의 성질에 따라 매우 다양하게 나타난다. 또한 물-결합재비가 압축강도에 미치는 영향은 수산화나트륨 기반 알칼리 활성 고로 슬래그 콘크리트에 비하여 규산나트륨 기반 알칼리 활성 고로 슬래그 콘크리트에서 더욱 명백하게 나타난다.[16-22] 이는 물-결합재비의 증가에 따라 규산나트륨 수용액에 포함되어 있는 규산염 이온의 농도가 변하여 알칼리 활성 고로 슬래그 결합재의 수화 및 강도발현에 영향을 미치기 때문이다.

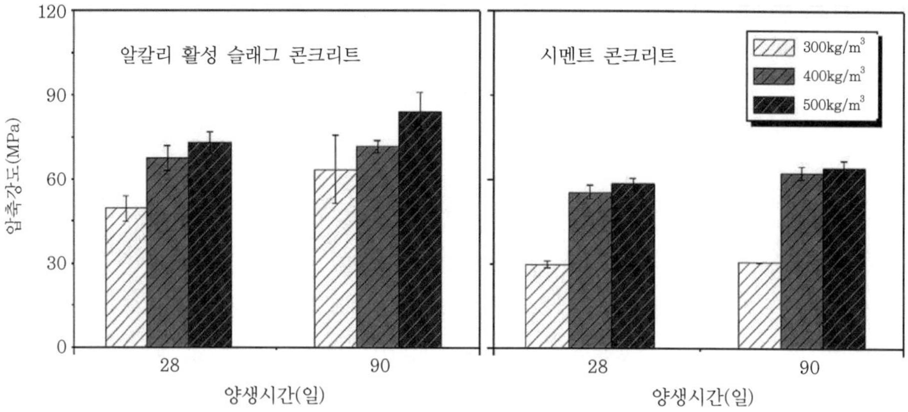

그림 16.10 결합재량에 따른 알칼리 활성 콘크리트의 압축강도 특성[16-19]

나. 알칼리 활성 플라이애시 콘크리트의 압축강도 특성

알칼리 활성 플라이애시 콘크리트의 압축강도에 영향을 미치는 변수에 대한 연구가 많은 연구자에 의해서 진행되어 왔다. Xu 등은 지오폴리머가 생성되기 위한 중요한 요인으로 Si, Al, K, Na 이온의 상대적인 양과 용액 속에 존재하는 Si와 Al의 농도(몰 비) 또한 중요한 요소임을 밝혔다.[16-23] 또한 Hardijito는 실험적인 결과로서 지오폴리머 페이스트 배합비에서 H_2O/M_2O 몰비는 콘크리트의 압축강도에 큰 영향을 미치지만 Na_2O/SiO_2 몰비는 상대적으로 큰 영향을 주지 않는다고 보고했다.[16-24]

알칼리 활성 플라이애시 콘크리트는 구조적 안정을 유지하기 위하여 고온양생이 필요하다. 하지만 고온양생을 하게 되면 일반적으로 높은 초기 강도를 발현하기 때문에 28일 및 90일 강도를 7일 강도와 비교 시 7일 강도는 상대적으로 높게 평가해야 한다. 표 16.6은 OPC와 지오폴리머 콘크리트의 압축강도를 나타내고 있다. 알칼리 활성 플라이애시 콘크리트의 강도는 3가지 배합 모두 7일 이내에서 종국강도의 대부분이 발현되었고, 고온양생의 영향으로 28일 이후에는 강도 상승은 크게 나타나지 않았다.

활성화제의 몰 비(Ms)는 알칼리 활성 플라이애시 콘크리트의 강도에 중요한 영향을 미치는데, 활성화제의 몰 비가 크면 수용성 규산염이 증가하고 결과적으로 반응속도가 상승하기 때문이다. 하지만 몰 비가 1을 초과하면 상호 반응의 이온이 없기 때문에 그 영향은 미미하다. 모든 재령에서 활성화제의 몰 비 1과 1.25인 알칼리 활성 플라이애시 콘크리트의 강도 차이가 거의 없는 이유도 이 때문이다.

표 16.6 시멘트와 알칼리 활성 플라이애시 콘크리트의 압축강도[16-25]

배합	변수		압축강도 (MPa)		
	Na_2O (%)	Ms(몰 비)	7일	28일	90일
OPC	-	-	38.0	51.8	57.0
G7.5-0.75	7.5	0.75	39.1	44.4	46.1
G7.5-1.00	7.5	1.00	51.3	53.3	53.6
G7.5-1.25	7.5	1.25	52.5	56.9	57.3

Palomo는 양생온도뿐만 아니라 양생시간 또한 알칼리 활성 플라이애시의 압축강도에 영향을 미치는 중요한 요소로 판단하였다. 연구결과 장시간 고온양생(75℃ 이상)을 하는 것이 오히려 경화된 알칼리 활성 플라이애시 구조를 약하게 할 수도 있으며,[16-26] 양생온도와 양생시간에 따라 서로 다른 alumino-silicates의 수화물이 생성된다는 것을 발견하였다. 반면에 Hardijito는 양생온도 60℃ 이상에서 48시간 이상 양생하면 크지는 않지만 지속적인 강도의 증가가 가능하다는 것을 확인하였으며, 알칼리 활성화제에 의해 pH가 높아지면 silica-alumina 결합이 빨리 분해되어 많은 양의 반응조직을 생성하고 압축강도가 증가하는 결과를 가져온다고 밝혔다.[16-24]

16.2.2 응력-변형률 거동 및 탄성계수

콘크리트에 하중이 작용하면 변형이 발생하게 되는데, 이러한 상관관계를 응력-변형률로 설명할 수 있다. 응력-변형률 거동은 구조설계에서 매우 중요하다. 콘크리트는 응력에 의해 비탄성거동을 하게 된다. 하지만 다른 건설재료들과 같이 콘크리트도 탄성 거동을 하는 영역이 존재하는데, 콘크리트의 탄성계수는 응력-변형률 곡선에서 직선 부분에 적용된다. 이때 응력-변형률 곡선 원점에서의 접선을 초기접선계수(initial tangent modulus)라고 한다. 하중이 작용하고 있는 동안에 발생하는 변형은 탄성이고, 추가 변형률의 증가는 크리프(creep)에 의해 발생한다. 할선계수는 정적계수인데, ASTM C 469(2003)에 의하면 할선계수를 결정짓는 최고응력은 극한강도의 40퍼센트로 정의한다. 또한 ASTM C 469에 의하면 크리프를 제거하기 위해서는 적어도 2사이클의 선행하중이 요구된다.

가. 알칼리 활성 고로 슬래그 콘크리트의 응력-변형률 거동 및 탄성계수

Hakkinen은 포틀랜드 시멘트 콘크리트와 알칼리 활성 고로 슬래그 콘크리트의 응력-변형률 관계를 측정하고, 두 가지 콘크리트에 큰 차이가 없다는 것을 밝혀냈다.[16-27] 알칼리 활성 고로 슬래그 콘크리트의 할선계수 E(GPa)는 식 (16.1)과 같이 ACI 318에 제안한 보통 포틀랜드 시멘트 콘크리트의 압축강도 f_c(MPa)로 추정할 수 있다.

$$E = 4.73\sqrt{f_c} \tag{16.1}$$

표 16.7은 압축강도 및 측정된 탄성계수와 추정한 탄성계수를 나타내고 있으며, ACI 318을 기반으로 추정한 값과 거의 일치하는 것으로 나타났다.[16-28] Klieger 등은 포틀랜드 시멘트의 일부를 고로 슬래그로 치환한 콘크리트와 포틀랜드 시멘트 콘크리트의 탄성계수를 비교하였는데, 유사하다고 밝혔으며,[16-29] Fulton 또한 동일한 결론에 도달하였다.[16-30]

표 16.7 알칼리 활성 고로 슬래그 콘크리트의 압축강도 및 탄성계수[16-28]

배합	물-결합재비	활성화제-슬래그비[1)]	압축강도 (MPa)		측정 탄성계수 (GPa)		추정 탄성계수[2)] (GPa)	
			28일	91일	28일	91일	28일	91일
1	0.48	0.48	42.4	46.3	30.2	31.1	30.8	32.2
2	0.48	0.48	43.4	51.6	29.7	31.2	31.2	34.0
3	0.48	0.39	36.2	42.3	30.7	32.3	28.5	30.8
4	0.48	0.37	39.0	43.9	33.7	34.8	29.5	31.3
5	0.48	0.33	39.0	43.9	33.7	34.8	29.5	31.3
6	0.41	0.32	41.2	48.4	29.4	32.1	30.4	32.9
7	0.49	0.48	36.3	43.4	28.3	30.9	28.1	31.2

주 1) 활성화제 : Na_2SiO_3(규산나트륨)
2) ACI 318 기준

나. 알칼리 활성 플라이애시 콘크리트의 응력-변형률 거동 및 탄성계수

표 16.8은 탄성계수와 푸아송비를 측정하기 위한 알칼리 활성 플라이애시 콘크리트의 배합표와 측정 결과이다. 4가지 배합의 강도는 40~90 MPa의 범위를 보였다. 알칼리 활성 플라이애시 콘크리트의 탄성계수는 압축강도에 따라 증가하였다. 포틀랜드 시멘트 콘크리트의 경우 AS3600(Australian Standard)에서 제시하는 식 (16.2)를 적용하여 계산이 가능하다. (오차율 ±20퍼센트)

$$E_c = \rho^{1.5} \times (0.024\sqrt{f_{cm}} + 0.12)\,(\text{MPa}) \tag{16.2}$$

여기서, ρ는 콘크리트의 밀도(kg/m^3)이고, f_{cm}은 압축강도의 평균값이다(MPa).
또한 ACI 363(1992)에서는 탄성계수를 식 (16.3)과 같이 제안하고 있다.

표 16.8 알칼리 활성 고로 슬래그 콘크리트의 압축강도 및 탄성계수 비교 결과[16-31]

배합	수산화나트륨		재령	압축강도 (MPa)	푸아송비	탄성계수 (측정) (GPa)	탄성계수 (AS3600) (GPa)	탄성계수 (ACI 363) (GPa)
	중량 (kg)	몰농도 (M)						
1 (oven)	41	14	90일	89	0.16	30.8	39.5±7.9	38.2
2 (oven)	41	8		68	0.12	27.3	36.2±7.2	34.3
3 (oven)	55.4	8		55	0.14	26.1	33.9±3.8	31.5
4 (steam)	55.4	8		44	0.13	23.0	31.8±6.4	28.9

$$E_c = 3320\sqrt{f_{cm}} + 6{,}900\,(\mathrm{MPa}) \tag{16.3}$$

알칼리 활성 플라이애시 콘크리트의 평균 밀도는 2,350 kg/m^{3}이다. 표 16.8의 알칼리 활성 플라이애시 콘크리트의 탄성계수를 살펴보면, 측정된 결과는 각 기준에서 제안한 식에 의해 도출된 탄성계수에 비해 전체적으로 낮게 나타났다. 이는 알칼리 활성 플라이애시 콘크리트에 사용된 화강암계열 골재의 영향이 크다.[16-31] 배합 4(압축강도 44 MPa)는 파단면이 골재를 가로질러 발생하였고, 이는 지오폴리머 결합에 비해 굵은골재가 약하기 때문이다.[16-32] Aitcin 등은 화강암계열의 골재를 사용한 포틀랜드 시멘트 콘크리트의 탄성계수가 31.7 GPa(평균압축강도 84.8 MPa)과 33.8 GPa(평균압축강도 33.8 MPa)을 나타냈고, 이는 알칼리 활성 플라이애시 콘크리트의 값과 비슷한 수치를 보인다고 밝혔다.[16-33] 위의 결과와는 달리 Fernandez는 기존 수산화나트륨 수용액에 규산나트륨을 첨가하여 알칼리 활성 플라이애시 콘크리트의 탄성계수를 높이고자 연구하였으나 10.7 GPa(수산화나트륨 수용액만 사용)에서 18.4 GPa(수산화나트륨+규산나트륨 사용)의 결과를 얻었다.[16-34] 또한 Hardijito의 연구에서도 알칼리 활성 플라이애시 콘크리트의 탄성계수가 배합 1에서 30.8 GPa의 수준을 나타냈다.[16-35] 최대 응력이 발생하는 지점에서 배합 1, 2, 4의 변형률은 각각 0.0025, 0.0026, 0.0024로 측정되어 포틀랜드 시멘트 콘크리트와 유사한 수치를 나타냈다.[16-35]

Collins 등은 포틀랜드 시멘트 콘크리트의 응력-변형률 관계로부터 식 (16.4)를 제안했다.[16-36]

$$\sigma_c = f_{cm}\frac{\varepsilon_c}{\varepsilon_{cm}}\frac{n}{n-1+(\varepsilon_c/\varepsilon_{cm})^{nk}} \tag{16.4}$$

여기서, f_{cm} : 최대응력

ε_{cm} : 최대응력 지점에서의 변형률

$$n = 0.8 + (f_{cm}/17)$$

$$k = 0.67 + (f_{cm}/62) \quad \therefore\ \varepsilon_c/\varepsilon_{cm} > 1\text{일 때}$$

$$= 1.0 \quad \therefore\ \varepsilon_c/\varepsilon_{cm} \le 1\text{일 때}$$

그림 16.11 (b), (c), (d)는 실험에 의한 결과와 제안 식에서 도출한 결과를 비교한 것이다. 응력-변형률 곡선은 f_{cm}과 ε_{cm}을 기반으로 하였다. 여기서 알칼리 활성 플라이애시 콘크리트는 OPC 콘크리트를 기반으로 하여 제안된 식으로부터 예측이 가능함을 밝혔다.[16-31]

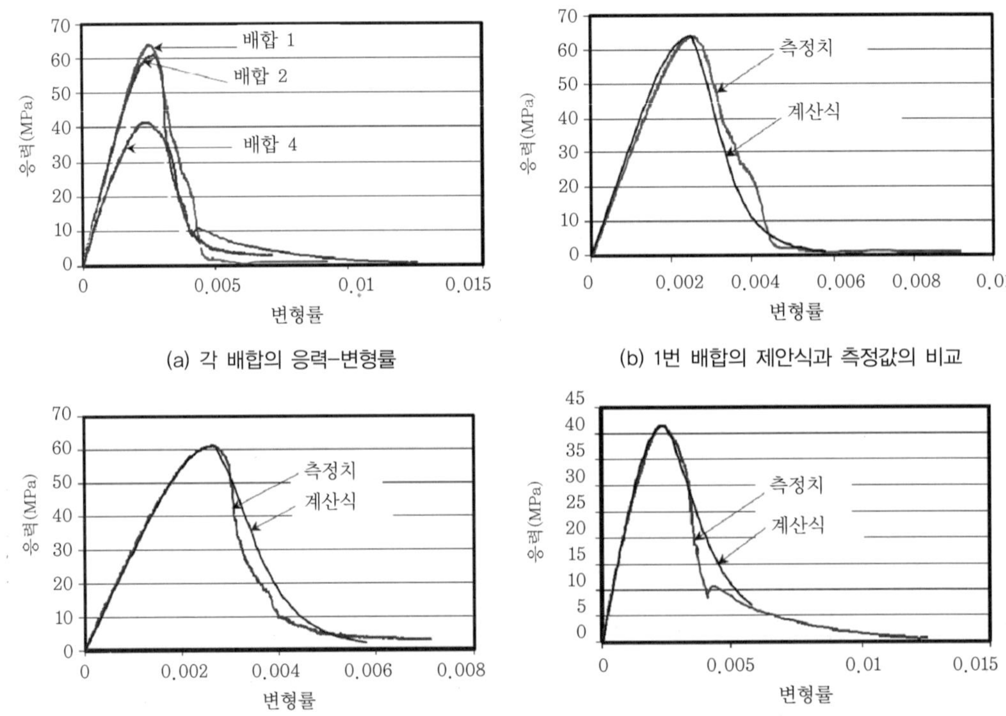

(a) 각 배합의 응력-변형률

(b) 1번 배합의 제안식과 측정값의 비교

(c) 2번 배합의 제안식과 측정값의 비교

(d) 4번 배합의 제안식과 측정값의 비교

그림 16.11 알칼리 활성 플라이애시 콘크리트의 응력-변형률 관계[16-31]

김시환 등의 연구에서는 포틀랜드 시멘트의 최대응력 시 변형률이 0.0024, 알칼리 활성 플라이애시 콘크리트의 경우 0.003 이상으로 나타났다. 이러한 결과로부터 알칼리 활성 플라이애시 콘크리트는 포틀랜드 시멘트 콘크리트에 비해 좀 더 연성적인 거동을 하는 것으로 분석했지만[16-37] 이에 대해서는 아직 논란의 여지가 많다. 알칼리 활성 플라이애시 콘크리트의 탄성계수 및 응력-변형률 거동에서 연구자에 따라 다른 결과가 도출되는 이유는 사용된 활성화제의 첨가량 및 조합, 결합재 및 양생조건의 차이 등 포틀랜드 시멘트 콘크리트에 비해 다양한 변수가 작용하기 때문이다.

16.2.3 인장강도

일반적으로 포틀랜드 시멘트 콘크리트의 인장강도는 다양한 방법으로 측정 및 추정이 가능한데, 대략 압축강도의 8~15퍼센트 수준이다. 압축강도에 비해 인장강도가 낮은 이유는 콘크리트에 존재하는 미세한 균열 때문이다. 적당한 응력상태에서 균열은 압축강도에 큰 영향을 미치지 않는데, 압축이 균열을 닫히게 하면 균열 단면이나 비균열 단면의 응력 전달의 큰 차이가 없다.

하지만 인장응력은 균열을 넘어서 전달되지 못하고 비균열 단면을 통해서만 전달되기 때문에 인장강도는 낮게 측정된다. 일반적으로 인장성능은 휨 인장강도, 쪼갬 인장강도, 직접 인장강도를 시험하여 평가한다. 실험결과 인장강도는 압축강도와의 관계식으로 표현되고 있는데, 쪼갬 인장강도의 관계식은 식 (16.5)와 같다.

$$f_{sp} = (0.5 \sim 0.6)\sqrt{f_{ck}} \qquad (16.5)$$

또한 Mirza 등은 수백 개의 공시체에 대한 압축강도와 휨강도를 실험하였고, 이런 결과를 반영하여 ACI 318 기준에서 식 (16.6)을 제시하고 있다.[16-38]

$$f_r = 0.63\sqrt{f_{ck}} \qquad (16.6)$$

가. 알칼리 활성 고로 슬래그 콘크리트의 인장강도 특성

양근혁 등은 위의 시험 방법을 통해 알칼리 활성 고로 슬래그 콘크리트의 인장강도를 평가하고 ACI 318-08과 CEB-FIP에서 제안한 포틀랜드 시멘트 콘크리트의 모델식을 비교하였다.[16-39] 쪼갬 인장강도 측정 결과(그림 16.12), 알칼리 활성 고로 슬래그 콘크리트 측정값은 전체적으로 낮은 값을 보였으나 강도가 증가함에 따라 CEB-FIP 모델식과 유사한 거동을 나타냈다.

휨 인장강도에서 역시 CEB-FIP 모델식 보다 낮은 값을 보였다. 반면에 35 MPa 이상의 압축강도에서는 ACI 318-08 모델식보다 높은 휨 인장강도를 보인다. 이는 알칼리 활성 고로 슬래그 콘크리트의 인장강도가 결합재의 표면 특성뿐만 아니라 응집력에 상당한 영향을 받기 때문인 것으로 판단된다. 결과적으로 ACI 318-08과 시험결과를 통해 알칼리 활성 고로 슬래그 콘크리트의 응집력은 OPC 콘크리트와 비슷한 수준이라는 것을 추정할 수 있다.

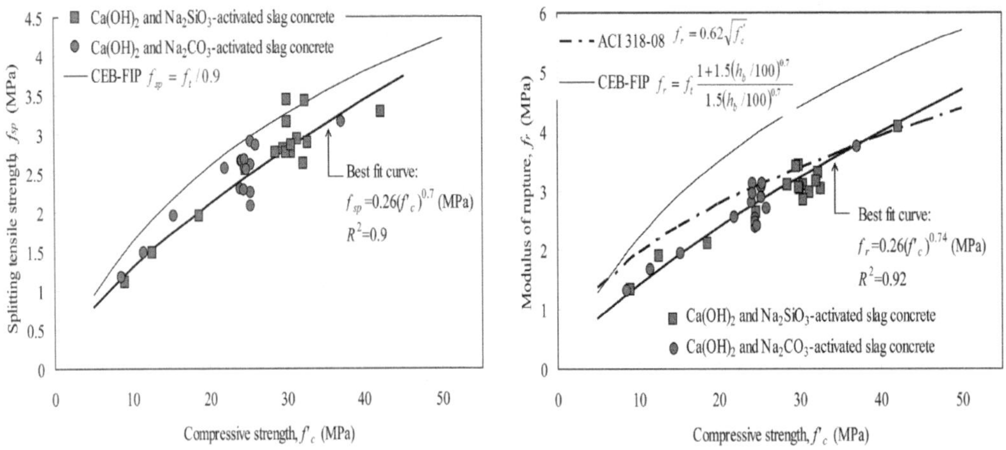

(a) 쪼갬 인장강도　　　　(b) 휨 인장강도

그림 16.12 알칼리 활성 고로 슬래그 콘크리트의 쪼갬 및 휨 인장강도[16-39)]

나. 알칼리 활성 플라이애시 콘크리트의 인장강도 특성

Hardijito 등은 알칼리 활성 플라이애시 콘크리트의 압축강도 및 쪼갬 인장강도를 측정하고, 포틀랜드 시멘트 콘크리트에 적용되는 AS(Australian Standard)와 Neville가 제안한 압축강도-쪼갬 인장강도 관계식[16-40)]을 통해 구한 인장강도 값과 비교하였다.[16-31)] 그 결과, 표 16.9와 같이 압축강도 대비 알칼리 활성 플라이애시 콘크리트의 인장강도는 포틀랜드 시멘트보다 높은 값을 나타냈다.

표 16.10은 수산화나트륨과 규산나트륨을 활성화제로 사용한 알칼리 활성 플라이애시 콘크리트의 배합표 및 강도를 나타내고 있다. 골재율이 강도에 미치는 영향을 평가하기 위하여 모든 변수를 통일하고 골재량을 60~75퍼센트까지 조정하였다. 배합 1~4는 알칼리 활성 플라이애시 콘크리트이며 배합 5는 골재량 70퍼센트의 포틀랜드 시멘트 콘크리트이다.

표 16.9 알칼리 활성 플라이애시 콘크리트의 쪼갬 인장강도 및 기준 제안식과의 비교[16-31)]

배합	수산화나트륨 수용액		평균 압축강도 (MPa)	평균 인장강도 (MPa)	인장강도(AS) (MPa)	인장강도 (Neville) (MPa)
	중량(kg)	몰농도(M)				
23(oven)	41	14	89	7.43	3.77	5.98
24(oven)	41	8	68	5.52	3.30	5.00
25(oven)	55.4	8	55	5.45	3.00	4.34
26(steam)	55.4	8	44	4.43	2.65	3.74

표 16.10 알칼리 활성 플라이애시 콘크리트의 압축강도 및 인장강도[16-41]

배합	변수		압축강도(MPa)			28일 인장강도(MPa)	
	총 골재 체적비(%)	잔골재/골재 (중량비)	3일	7일	28일	쪼갬인장	휨인장
1(GP)	60	0.35	42	43	45	3.10	3.79
2(GP)	65		45	46	47	3.34	3.82
3(GP)	70		52	54	56	3.45	4.74
4(GP)	75		45	48	49	4.51	4.95
5(OPC)	70		45	51	58	4.39	4.79

알칼리 활성 플라이애시 콘크리트의 인장강도는 총 골재량에 따라 증가하는 경향을 보였다. 28일 압축강도 및 휨 인장강도가 포틀랜드 시멘트 콘크리트와 가장 비슷하게 측정되었으며, 골재율이 동일한 알칼리 활성 플라이애시 배합 3은 휨 인장강도가 쪼갬 인장강도에 비해 37퍼센트 높은 수치를 보인 반면에 포틀랜드 시멘트 콘크리트의 휨 인장강도는 쪼갬 인장강도보다 단지 9퍼센트 상회하는 수준으로 측정되었다.

16.2.4 부착강도

부착강도에 영향을 미치는 요인은 화학적 접착력, 마찰력, 콘크리트에 대한 철근 변형의 지압력 등이다. 부착저항에 대한 이러한 요소들의 영향은 보강 철근 응력의 크기에 따라 좌우된다. 부재가 낮은 응력을 받는 경우 부착저항은 대부분 화학적 접착력에 의해 나타난다. 그러나 화학적 접착력은 1.4~1.8 MPa 정도 밖에 되지 않기 때문에 부착강도에 대한 역할은 미비하고 철근이 콘크리트에 대해 미끄러짐이 발생하게 되면 화학적 접착력을 잃게 된다. 화학적 접착력을 잃게 되면 부착강도는 콘크리트에 대한 철근변형의 지압력과 철근과의 마찰력에 의해 지배된다. 여기에서 추가 미끄러짐이 일어나면 지압력의 역할이 더욱 커진다.

가. 알칼리 활성 고로 슬래그 콘크리트의 부착강도 특성

양근혁 등은 물-결합재비에 따른 알칼리 활성 고로 슬래그 콘크리트의 부착-미끄러짐 관계를 평가하였다. 철근 자유단에서의 변위를 미끄러짐의 정도로 측정하고, 포틀랜드 시멘트 콘크리트와 비교를 위해 CEB-FIP 모델과 EC2의 제안모델을 함께 비교하였다.[16-42] 그림 16.13는 알칼리 활성 고로 슬래그 콘크리트와 철근계면의 미끄러짐 및 부착강도를 시험한 결과이다. 알칼리 활성 고로 슬래그 콘크리트의 부착응력-미끄러짐 관계는 압축강도에 영향을 받는 것으로 나타났다. 부착응력-미끄러짐 곡선에서 상승부의 미끄러짐 저항성은 물-결합재비의 감소로 인한 압축강도 증가에 따라 증가하고, 결과적으로 최대응력에서 가장 작은 미끄러짐 현상이 발생한다. 최대응력 이후에는 미끄러짐이 급격하게 증가하여 압축강도가 높을수록 콘크리트의 부착강도의 감소율이 커진다. 이를 CEB-FIP 모델과 비교하면, 상승부에서의 미끄러짐은 제안식보다 작게 나타나고, 하강부에서의 부착응력은 제안식보다 크게 나타난다. 압축강도와 부착강도 곡선에서 알칼리 활성 고로 슬래그 콘크리트의 부착강도는 EC2의 모델식보다 항상 높은 수치를 보였으나, CEB-FIP의 제안식에서는 시험체의 물-결합재비 30퍼센트 이상일 때, 압축강도 25 MPa 이하의 영역에서 낮게 측정되었다. CEB-FIP 규정에서 부착응력-미끄러짐 관계의 실험결과에 대한 변동계수를 30퍼센트의 비교적 큰 값으로 언급하고 있지만, 알칼리 활성 고로 슬래그 콘크리트의 미끄러짐 저항성은 포틀랜드 시멘트 콘크리트와 유사한 거동을 보이며, CEB-FIP 모델에 의한 예측이 가능할 것으로 판단된다.

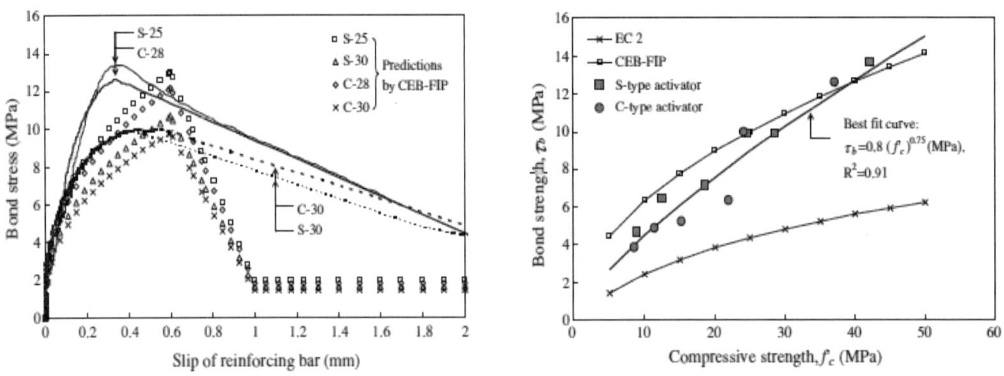

(a) 철근의 미끌림 (b) 부착강도

그림 16.13 수산화칼슘 기반 알칼리 활성 고로 슬래그 콘크리트에 보강된 철근의 부착거동[16-42)]

나. 알칼리 활성 플라이애시 콘크리트의 부착 특성

Yodsudjai 등의 연구결과에서는 알칼리 활성 플라이애시 모르타르 및 콘크리트의 부착강도는 2.50~6.20 MPa로 발표한 반면,[16-43)] Hu 등은 1.23~3.04 MPa의 값을 보고하였다.[16-44)] Smith 등은 알칼리 활성 플라이애시 콘크리트의 부착강도를 1, 3, 7, 28일에서 각각 측정하여 포틀랜드 시멘트 콘크리트와 비교하였다.[16-45)] 콘크리트의 부착강도는 ASTM C 234-91에 의한 인발시험을 통해 이루어졌다. 알칼리 활성 플라이애시 콘크리트를 기준으로 실리카 퓸을 일정비율 치환하였고, 18몰 농도의 수산화나트륨 수용액을 사용하였다. 표 16.11은 시험결과로써 전체 재령에서 가장 높은 부착강도를 나타낸 배합은 수산화나트륨 용액 18몰을 사용하고 실리카 퓸을 40퍼센트 치환한 배합으로, 포틀랜드 시멘트 콘크리트에 비해 1.05~1.12배 높게 측정되었다. 모든 알칼리 활성 플라이애시 배합에서 28일 재령 부착강도는 모두 포틀랜드 시멘트와 비슷하거나 상회하는 결과를 나타냈다. 콘크리트의 경우 부착강도는 압축강도와 밀접한 관련이 있으므로 알칼리 활성 플라이애시 콘크리트의 압축강도에 대한 부착강도비를 제시하였다. 시험 결과 28일 재령에서 18.0~23.9퍼센트로 나타났다.

표 16.11 알칼리 활성 고로 슬래그 콘크리트의 부착강도 및 압축강도에 대한 비[16-43]

배합	부착강도(MPa) (알칼리 활성 플라이애시/포틀랜드 시멘트 28일 부착강도 %)				부착강도/압축강도(%)			
	1일	3일	7일	28일	1일	3일	7일	28일
FA100	1.67(23)	4.02(56)	6.38(89)	7.65(107)	170.0	69.5	41.4	23.9
FA60	7.55(105)	8.04(112)	7.75(108)	7.75(108)	50.7	31.7	23.5	18.0
FA70	7.55(105)	7.55(105)	7.26(101)	7.85(110)	70.6	37.8	25.2	20.0
FA80	7.26(101)	7.46(104)	7.16(100)	7.46(104)	79.6	43.7	27.8	21.2
FA90	3.83(53)	6.57(92)	6.97(97)	7.26(101)	97.5	63.2	31.4	21.8

16.2.5 알칼리 활성 고로 슬래그 콘크리트의 전단강도

그림 16.14(a)는 물-결합재비 0.3 이하인 $Ca(OH)_2$ 기반 알칼리 활성 고로 슬래그 콘크리트의 전단응력과 전단변형률 관계를 나타낸 것이다. $Ca(OH)_2$ 기반 알칼리 활성 고로 슬래그 콘크리트는 압축강도가 증가할수록 전단강도는 증가하며 포틀랜드 시멘트 콘크리트와 유사한 비선형 거동을 보인다. 그리고 최대응력 이후에는 전단응력이 급격히 떨어지는 양상을 보인다. 탄성영역에서 알칼리 활성 고로 슬래그 콘크리트의 전단탄성계수는 탄성계수에 선형적으로 비례한다.[16-42]

그림 16.14(b)에서와 같이 전단강도는 압축강도에 대한 함수로 표현될 수 있는데 여기서 순수 전단응력 상태의 전단면에서 인장응력 크기와 압축응력의 크기는 같고 콘크리트의 인장강도는 압축강도에 비해 8퍼센트에서 15퍼센트 낮게 나타난다. 이는 콘크리트 내부의 공극, 미세균열, 페이스트와 골재 사이의 약한 결합력과 같은 비연속성 때문이며, 이에 따라 콘크리트 부재의 전단 파괴는 인장응력에 더욱 많은 지배를 받게 된다. 따라서 알칼리 활성 슬래그 전단강도 역시 인장강도 그래프와 유사한 형태를 취하게 된다.[16-42]

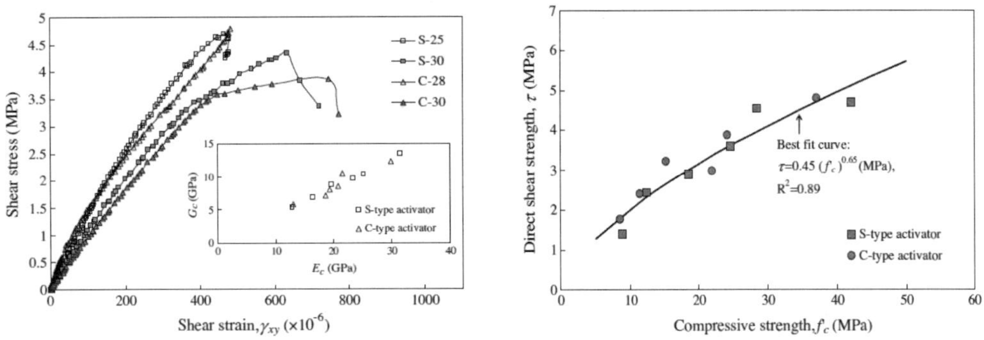

(a) 전단응력-변형률 (b) 전단강도

그림 16.14 수산화칼슘 기반 알칼리 활성 고로 슬래그 콘크리트의 전단거동[16-42)]

16.3 장기 거동

16.3.1 건조수축

수축은 일정한 온도조건에서 외부하중이 작용하지 않는 상태에서 체적감소를 의미한다. 수축은 구조물의 장기 성능에 큰 영향을 미치고 자기수축, 탄산화수축, 건조수축으로 분류할 수 있다. 자기수축은 수화반응에 의한 체적 변화로 인해 발생되고, 탄산화수축은 수화생성물이 이산화탄소와 반응에 의해 발생하며, 건조수축은 콘크리트의 공극수가 건조되면서 발생한다. 이 중 건조수축은 수축량이 크고 콘크리트 부재에 균열을 유발시키기 때문에 일반적으로 가장 중요하게 다루어진다.

가. 알칼리 활성 고로 슬래그 콘크리트의 건조수축 특성

알칼리 활성 고로 슬래그 콘크리트의 건조수축을 유발하는 요소는 내부적으로 슬래그 및 활성화제의 성질, 활성화제 첨가량, 물-결합재비 등이고, 외부적으로는 양생조건, 건조속도, 상대습도 등이 있다. 그림 16.15는 포틀랜드 시멘트 콘크리트, 규산나트륨 기반 알칼리 활성 고로 슬래그 콘크리트 및 수산화나트륨과 탄산나트륨 기반 알칼리 활성 고로 슬래그 콘크리트의 건조수축을 나타내고 있다.[16-47)]

모든 시험체는 7일 동안 수중 양생을 실시하였다. 그 결과 규산나트륨 기반 알칼리 활성 고로 슬래그 콘크리트(AAS)는 포틀랜드 시멘트 콘크리트(OPC)에 비해 훨씬 높은 건조수축을 보인다. 수산화나트륨 및 탄산나트륨 기반 알칼리 활성 고로 슬래그 콘크리트(AAS)는 56일까지는 포틀랜드 시멘트 콘크리트와 비슷한 경향을 나타냈으나 56~112일 재령에서 건조수축량이 크게 증가한다. 따라서 건조수축을 평가할 때는 장기 재령을 검토하는 것이 중요하다. 알칼리 활성 고로 슬래그 콘크리트의 건조수축은 리그닌술폰산계열 혼화제를 사용하게 되면 다소 감소하지만 나프탈렌계열 유동화제를 사용하게 되면 증가하는 경향이 있다.[16-48] Douglas 등은 알칼리 활성 고로 슬래그 콘크리트에 활성화제인 규산나트륨의 영향에 의한 건조수축 특성을 분석하였다. 그 결과 규산나트륨의 첨가량에 의한 차이는 명백하게 나타나지 않았으나 동일한 물-결합재비로 설계한 포틀랜드 시멘트 콘크리트에 비해서 높은 건조수축 값을 확인했다.[16-28]

알칼리 활성 고로 슬래그 콘크리트의 건조수축은 공극수의 증발에 의해서 발생하게 되는데 일반적으로 모세관력, 표면 자유 에너지의 변화, 층간수 이동 등 포틀랜드 시멘트 콘크리트의 건조수축과 관련된 현상들과 밀접한 관련이 있다. 공극 크기 분포와 건조수축 사이의 상관관계를 분석한 결과 알칼리 활성 고로 슬래그 콘크리트가 포틀랜드 시멘트에 비해 전체 공극량은 적은 것으로 측정되었으나, 공극의 크기가 메조포어(meso pore) 크기로 전체 공극의 개수는 포틀랜드 시멘트보다 많다(그림 16.16 참조). 또한 메조포어는 매크로 포어(macro pore)보다 모세관력이 크게 작용되어 공극수의 증발이 더 빠르다. 이로 인해 알칼리 활성 고로 슬래그 콘크리트가 포틀랜드 시멘트보다 건조수축량이 높게 나타난다.[16-49]

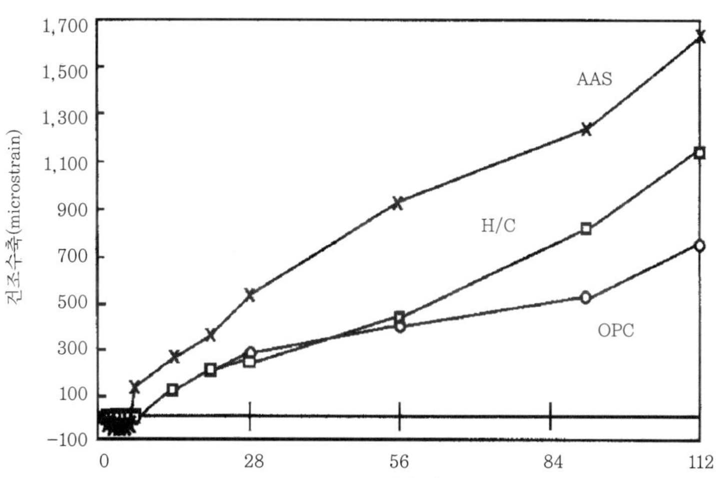

그림 16.15 활성화제가 알칼리 활성 고로 슬래그 콘크리트의 건조수축에 미치는 영향[16-47]

나. 알칼리 활성 플라이애시 콘크리트의 건조수축 특성

Wallah 등은 양생조건이 알칼리 활성 플라이애시 콘크리트에 미치는 영향을 파악하기 위하여 실험을 진행하였다. 플라이애시를 기반으로 하여 규산나트륨과 수산화나트륨 수용액을 활성화제로 사용하여 시험체를 제작하였으며, 양생조건은 기건양생, 고온양생, 상온양생으로 구분하여 건조수축 진행과정을 분석하였다.[16-50]

그림 16.17(a)는 고온에서 양생된 알칼리 활성 플라이애시 콘크리트의 재령에 따른 건조수축 변형률을 나타낸다. 고온양생된 시험체는 매우 낮은 건조수축 경향을 보였고, 모든 시험체는 양생 1년이 지난 후에도 수축률이 100 micro strain 정도의 수치를 나타냈다. 또한 주기적으로 소폭의 오르내림을 반복하는데, 이는 외부의 상대습도에 의해 공극수의 유입 또는 방출 때문이다. 또한 부차적인 요인으로 기건양생과 증기양생된 시험체 간의 건조수축 변형률 수치의 차이 때문이다. 하지만 이러한 변화는 그림과 같이 낮은 건조수축 경향에서는 크게 중요하지 않다.

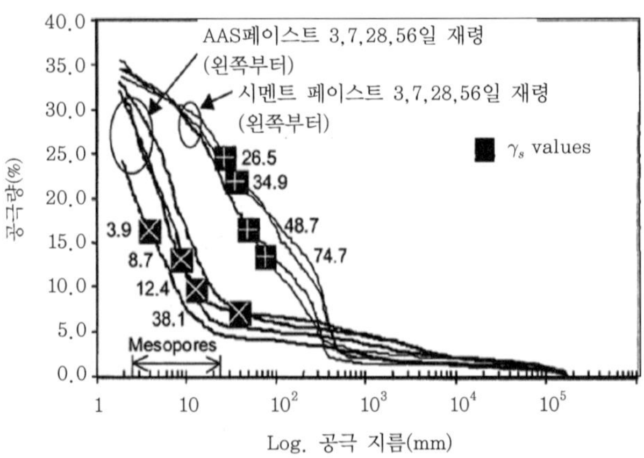

그림 16.16 시멘트와 알칼리 활성 고로 슬래그 콘크리트의 공극 크기 누적공극량 분포(재령 3, 7, 28, 56일)[16-49]

그림 16.17(b)는 고온 및 상온양생된 시험체들에 대한 건조수축률 측정 결과이다. 고온양생은 60℃ 오븐에서 24시간 동안 진행되었고, 7일 압축강도 값은 고온양생 시험체가 61 MPa, 상온양생 시험체가 27 MPa를 나타냈다. 상온양생(일반양생)된 시험체는 고온양생된 시험체에 비해 건조수축률이 매우 높게 나타난다. 알칼리 활성 플라이애시는 중합반응 과정에서 수분이 방출되는데, 반응량이 많아서(강도가 높은) 고온양생 시험체가 실온양생 시험체 보다 반응에 의해 방출된 수분이 많다. 이때 방출된 수분은 내부 수분공급효과로 고온양생된 알칼리 활성

플라이애시 시험체가 상온양생된 시험체보다 건조수축량이 더 작게 된다.[16-31,51] 이러한 결과를 Gilbert의 포틀랜드 시멘트 콘크리트 건조수축 모델[16-52]과 비교하면, 고온양생한 시험체는 예측 값에 비해 훨씬 낮은 수준의 건조수축을 보이고, 상온양생한 시험체는 반대로 예측값을 상회하는 결과를 보인다.

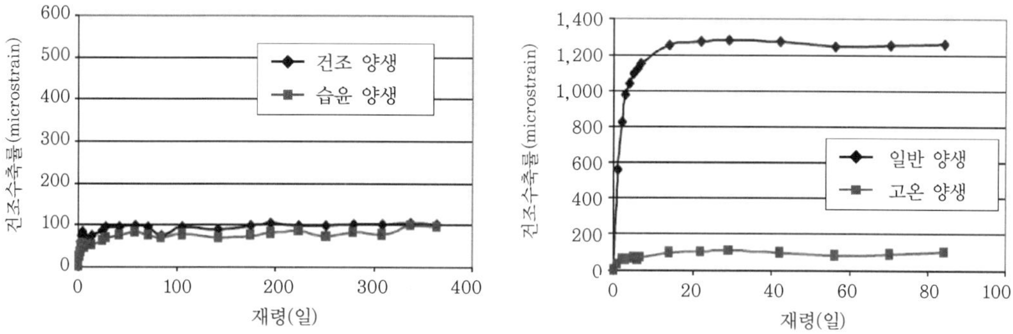

(a) 고온양생에 의한 건조수축 (b) 양생온도에 따른 건조수축

그림 16.17 양생조건에 따른 알칼리 활성 플라이애시 콘크리트의 건조수축[16-31,50,51]

16.3.2 크리프

크리프는 항온·항습 환경에서 지속적인 반복하중을 받고 있는 콘크리트의 시간의존적 변형이다. 크리프는 기본 크리프와 건조 크리프로 구분할 수 있다. 기본 크리프는 주위 환경과 습기의 이동이 없는 상태에서 발생하며, 건조 크리프는 상대습도가 낮은 환경의 시험체가 건조되는 과정에서 발생한다. 콘크리트의 크리프는 동일한 건조환경에 있는 시험체에 하중 조건을 변수로 하여 평가할 수 있는데, 여기서 총 변형은 탄성 변형, 기본 크리프 및 건조 크리프로 분류할 수 있다.

가. 알칼리 활성 고로 슬래그 콘크리트의 크리프 특성

Hakkinen은 알칼리 활성 고로 슬래그 콘크리트와 포틀랜드 시멘트 콘크리트의 크리프를 비교하였다(그림 16.18 참고). 단위 결합재량 400 kg/m^{3}의 동일한 조건에서, 물-결합재비 0.35의 알칼리 활성 고로 슬래그 콘크리트는 포틀랜드 시멘트(물-시멘트비 0.50) 콘크리트에 비해 높은 크리프 변형을 나타냈다.[16-27] 반면에 결합재량을 400 kg/m^{3}에서 320 kg/m^{3}으로 조정하면 상당한 크리프 변형 감소효과를 보였다. 이는 동일한 조건에서 알칼리 활성 고로 슬래그 결합재의 크리프가 포틀랜드 시멘트에 비해 높게 나타난다는 것을 의미한다.

Collins 등은 알칼리 활성 고로 슬래그와 포틀랜드 시멘트 콘크리트의 크리프를 비교하였다. 시험결과 최초 3일까지는 알칼리 활성 고로 슬래그가 포틀랜드 시멘트 콘크리트에 비해 크리프가 작게 나타났다. 하지만 112일이 지나면서 알칼리 활성 고로 슬래그가 42×10^{-6}/MPa, 포틀랜드 시멘트가 37.5×10^{-6}/MPa의 크리프 값을 각각 보이면서 알칼리 활성 고로 슬래그 콘크리트의 크리프 변형이 포틀랜드 시멘트보다 커지게 되고, 그후 재령이 지날수록 알칼리 활성 고로 슬래그 콘크리트의 크리프 변형률은 포틀랜드 시멘트보다 점점 더 커지게 된다.[16-53]

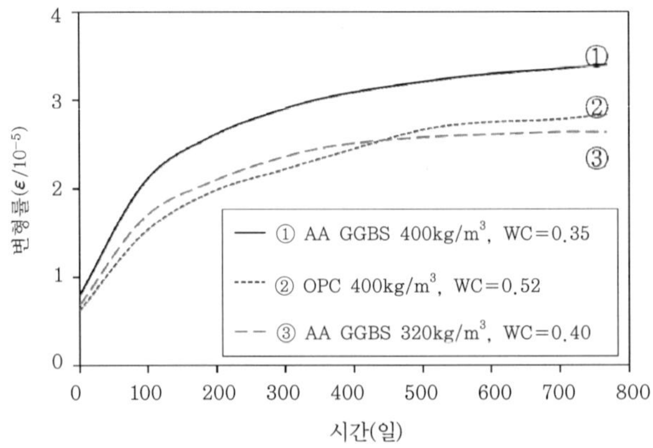

그림 16.18 포틀랜드 시멘트와 F-시멘트(알칼리 활성 고로 슬래그)의 크리프 및 순간 탄성 변형[16-27]

나. 알칼리 활성 플라이애시 콘크리트의 크리프 특성

Wallah 등은 알칼리 활성 플라이애시 콘크리트의 크리프를 분석하기 위하여 양생조건과 활성화제인 수산화나트륨용액의 몰 중량(M)을 변수로 하여 실험하였다.[16-50]

포틀랜드 시멘트 콘크리트에서 크리프는 페이스트의 영향을 크게 받는다. 골재는 일반적으로 비활성 요소로서 페이스트의 크리프에 저항하는 역할을 한다. 따라서 골재량이 증가하면 크리프는 감소한다. Davidovits는 블록중합 개념에 의해 정의되는 알칼리 활성 플라이애시의 미세 응집체(알칼리 수용액에서 완전히 반응하지 않은 규소와 알루미늄 원자에 의해 형성된)는 골재량을 증가시키는 역할을 하고 그에 따라 미세응집체가 존재하지 않는 포틀랜드 시멘트 콘크리트에 비해 크리프 변형이 작다고 밝혔다.[16-54]

그림 16.19의 알칼리 활성 플라이애시 콘크리트의 크리프 실험결과를 보면, 알칼리 활성 플라이애시 콘크리트는 포틀랜드 시멘트에 비해 낮은 크리프 값을 보임을 알 수 있다. 일반적으로 압축강도 60 MPa 수준의 포틀랜드 시멘트 콘크리트의 1년 재령 크리프는 $50\sim60\times10^{-6}$

/MPa, 80 MPa 수준의 콘크리트 6개월 재령 크리프는 $30 \sim 40 \times 10^{-6}$/MPa, 90 MPa의 수준의 콘크리트 6개월 재령 크리프는 $20 \sim 30 \times 10^{-6}$/MPa 수준이다.[16-35] 그리고 90 MPa 수준의 HVFA(하이볼륨 플라이애시) 콘크리트의 1년 재령 크리프는 $24 \sim 32 \times 10^{-6}$/MPa이다. 하지만 90 MPa 수준의 알칼리 활성 플라이애시 콘크리트의 1년 재령 크리프는 $15 \sim 29 \times 10^{-6}$ /MPa로 포틀랜드 시멘트 및 HVFA 콘크리트보다 작은 값을 보인다.[16-55]

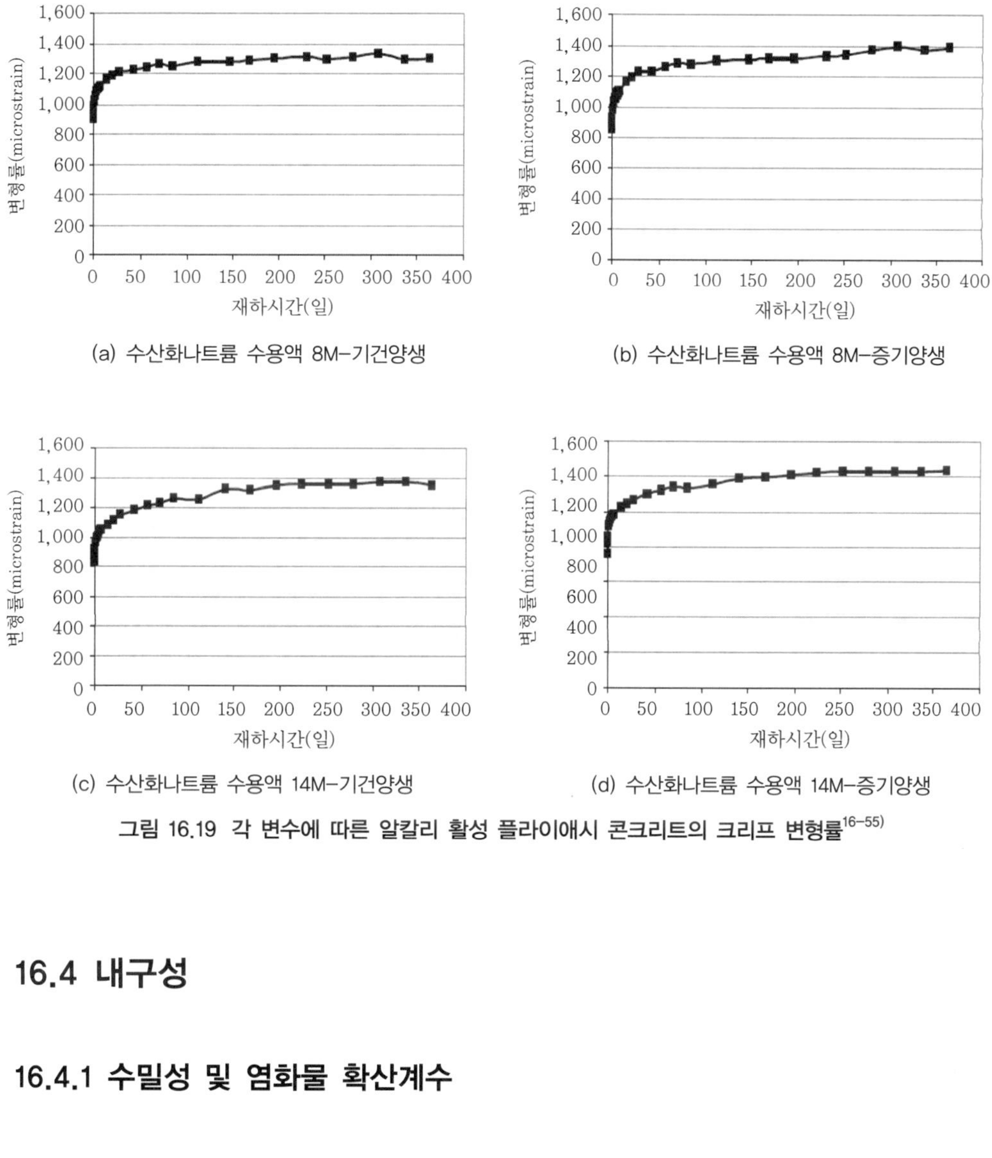

(a) 수산화나트륨 수용액 8M-기건양생 (b) 수산화나트륨 수용액 8M-증기양생

(c) 수산화나트륨 수용액 14M-기건양생 (d) 수산화나트륨 수용액 14M-증기양생

그림 16.19 각 변수에 따른 알칼리 활성 플라이애시 콘크리트의 크리프 변형률[16-55]

16.4 내구성

16.4.1 수밀성 및 염화물 확산계수

수밀성은 콘크리트의 내구성을 지배하는 매우 중요한 요소이다. 물을 통해 유해한 화학성분이 콘크리트 내부로 유입되고, 침투된 물에 의해 반복적인 동결융해 팽창압의 작용으로 콘크

리트 매트릭스가 붕괴되기 때문이다. 콘크리트의 수밀성은 콘크리트의 공극의 특성과 밀접한 관계가 있다. 콘크리트의 공극은 물-결합재비의 영향을 크게 받는데, 배합수 중 수화반응에 필요한 결합수 이외의 물은 공극형태로 남기 때문이다. 또한 염화물이온은 강알칼리 상태에 있더라도 철근의 부동태피막을 파괴하는 특별한 능력이 있다. 염화물이 콘크리트의 피복두께 만큼 침투하게 되면, 철근의 부식을 유도하고 이로 인한 팽창압으로 콘크리트의 조직을 파괴하게 된다.

가. 알칼리 활성 고로 슬래그 콘크리트의 수밀성 및 염화물 확산계수

알칼리 활싱화제의 특성과 모재료의 구성성분에 의해 알칼리 활성 고로 슬래그 콘크리트의 미세구조와 특성들이 변하기 때문에 굳은 알칼리 활성 고로 슬래그 콘크리트의 침투 저항성은 다양하게 나타난다. 많은 연구자들은 알칼리 활성 고로 슬래그 페이스트의 총 공극량과 모세관 공극량이 포틀랜드 시멘트 페이스트보다 작다는 것을 밝혀냈다. 그러므로 알칼리 활성 고로 슬래그 콘크리트가 포틀랜드 시멘트 콘크리트보다 수밀성이 우수하다는 것을 예측할 수 있다. 그러나 활성화제의 첨가량이 일정할 때 알칼리 활성 고로 슬래그 페이스트의 물-결합재비의 증감은 포틀랜드 시멘트 페이스트의 물-결합재비 증감보다 공극구조 및 침투성에 더 많은 영향을 미친다. 이는 물에 의해 용액상태의 활성화제 농도가 변하기 때문이다. Wu는 알칼리 활성 고로 슬래그 콘크리트의 침투성은 포틀랜드 시멘트 콘크리트보다 더 낮다고 보고했다.[16-56)]

또한 Shi는 수산화나트륨(NH), 탄산나트륨(NC), 규산나트륨(NS) 등을 이용한 세 가지 알칼리 활성 고로 슬래그 모르타르를 ASTM Type Ⅲ의 포틀랜드 시멘트(PC Ⅲ) 모르타르와 비교하였는데, 그림 16.20과 같이 물의 침투는 규산나트륨(NS)을 사용한 알칼리 활성 고로 슬래그 모르타르에서 가장 낮았고, 포틀랜드 시멘트(PC Ⅲ) 모르타르에서 가장 높게 나타났다.[16-57)] 포틀랜드 시멘트 페이스트에 골재(모래)를 혼입하면 계면(interface)효과에 의해 포틀랜드 시멘트 페이스트의 수분 침투성이 높아진다. SEM(scanning electron microscope) 이미지 분석을 통해 포틀랜드 시멘트 페이스트와 골재 계면에 공극이 매우 많은 지역과 조악한 결정체들을 쉽게 관찰할 수 있다. 하지만 알칼리 활성 고로 슬래그 모르타르는 골재와의 계면에서 공극이나 조악한 결정체는 발견되지 않는다.[16-58)] 이를 통해 알칼리 활성 고로 슬래그 콘크리트는 골재의 혼입에 의해 콘크리트의 침투성이 커지는 어떠한 부정적인 영향도 없다는 것을 예측할 수 있다.

Page 등에 의해 개발된 확산장치 테스트는 경화된 포틀랜드 시멘트 페이스트 또는 콘크리트를 통과한 Cl^-이온의 확산 정도를 측정하는 데 주로 사용된다.[16-59)] 표 16.12는 염화물 확산

시험을 통해 포틀랜드 시멘트와 알칼리 활성 고로 슬래그 페이스트의 염화물 확산계수를 측정한 결과이다. 물-결합재비 0.23에서는 포틀랜드 시멘트가 알칼리 활성 고로 슬래그 페이스트에 비해 염화물이온의 확산속도가 약 4.3배 빠른 반면, 물-결합재비 0.35에서는 무려 26.6배 더 빠르게 나타났다.[16-60] 즉 알칼리 활성 포틀랜드 시멘트가 포틀랜드 시멘트보다 염화물의 침투 저항성능이 매우 높다는 것을 알 수 있다.

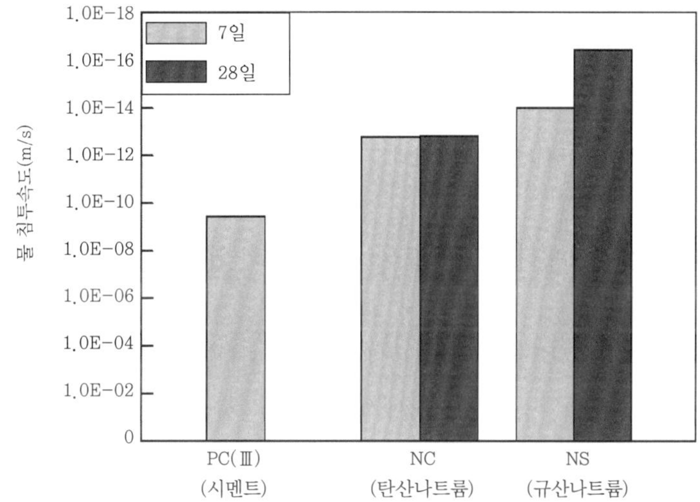

그림 16.20 시멘트와 알칼리 활성 고로 슬래그 모르타르의 수분 침투속도[16-57]

표 16.12 시멘트와 알칼리 활성 고로 슬래그 페이스트의 염소이온 확산계수 비교[16-60]

No.	페이스트	물-결합재비	확산계수 (cm^2/s)
1	포틀랜드 시멘트	0.23	321×10^{-12}
2	알칼리 활성 슬래그	0.23	75×10^{-12}
3	포틀랜드 시멘트	0.35	$6,390\times10^{-12}$
4	알칼리 활성 슬래그	0.35	240×10^{-12}

그림 16.21은 포틀랜드 시멘트를 포틀랜드 시멘트로 치환한 결합재를 이용한 콘크리트의 염화물 확산 속도 실험결과이다. 결합재의 슬래그 치환율이 커질수록 콘크리트의 염화물 확산 속도가 감소할 뿐만 아니라 압축강도까지 향상되는 결과를 보여준다.[16-61]

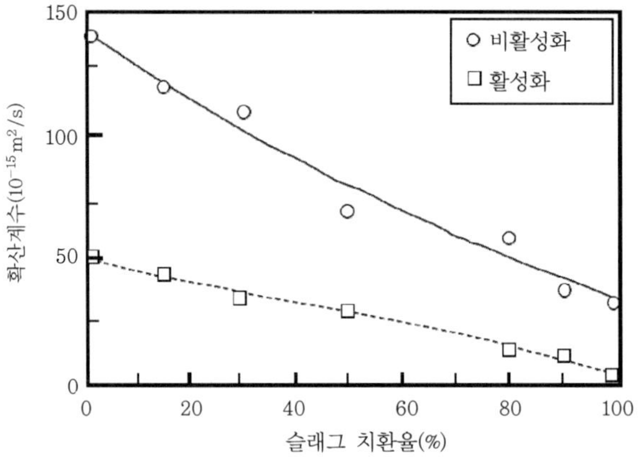

그림 16.21 슬래그 시멘트의 슬래그 치환율에 따른 염소이온 확산계수[16-61)]

나. 알칼리 활성 플라이애시 콘크리트의 수밀성 및 염화물 확산계수

표 16.13은 유사 강도 수준의 포틀랜드 시멘트 및 알칼리 활성 플라이애시 콘크리트의 흡수율과 공극량을 측정한 결과이다. 표 16.13에서 보는바와 같이 유사 강도의 알칼리 활성 플라이애시 콘크리트는 포틀랜드 시멘트 콘크리트보다 흡수율 및 흡습성이 낮음을 알 수 있다.[16-62)]

표 16.13 시멘트와 알칼리 활성 플라이애시 콘크리트의 흡수율과 투수가능 공극률[16-62)]

	OPC	GP1	GP2	GP3	GP5	GP7
흡수율(%)	4.50	4.13	4.13	3.72	4.24	4.07
AVPV(%)[1)]	12.49	9.97	9.97	8.93	10.57	9.16

주1) AVPV(apparent volume of permeable voids) : 투수가능 공극률

물-결합재비와 골재의 입도분포는 알칼리 활성 반응의 수밀성에 영향을 미치는 매우 중요한 요소인데, 알칼리 활성 플라이애시 콘크리트의 수밀성을 높이기 위해서는 낮은 물-결합재비를 적용하고, 모세관 공극 및 전체 공극량을 줄이기 위한 양호한 입도 분포를 갖는 골재의 배합이 필요하다. 또한 알칼리 활성 플라이애시 모르타르 및 콘크리트는 골재율이 낮아질수록 알칼리 활성 플라이애시 매트릭스가 다공성을 띠게 되는데, 이로 인해 수밀성이 저하된다.[16-62)]

Kupwade-Patil은 칼슘이온의 양이 적은 'F'급과 칼슘이온의 양이 많은 'C'급 플라이애시를 이용한 알칼리 활성 플라이애시 및 포틀랜드 시멘트 콘크리트의 염화이온 확산계수를

측정하였다.[16-63] 그림 16.22에서와 같이 알칼리 활성 플라이애시 샘플은 포틀랜드 시멘트보다 염화이온 확산에 대한 저항성능이 훨씬 더 높게 나타났다. 특히 OH 샘플은 염화이온의 확산계수가 매우 낮게 측정되었는데, 1년 동안 거의 변하지 않았다. 'F'급 보다는 'C'급 플라이애시를 사용한 알칼리 활성 플라이애시의 염화이온 확산 속도가 더 높게 나타났으나 포틀랜드 시멘트 보다는 매우 낮게 측정되었다.[16-63]

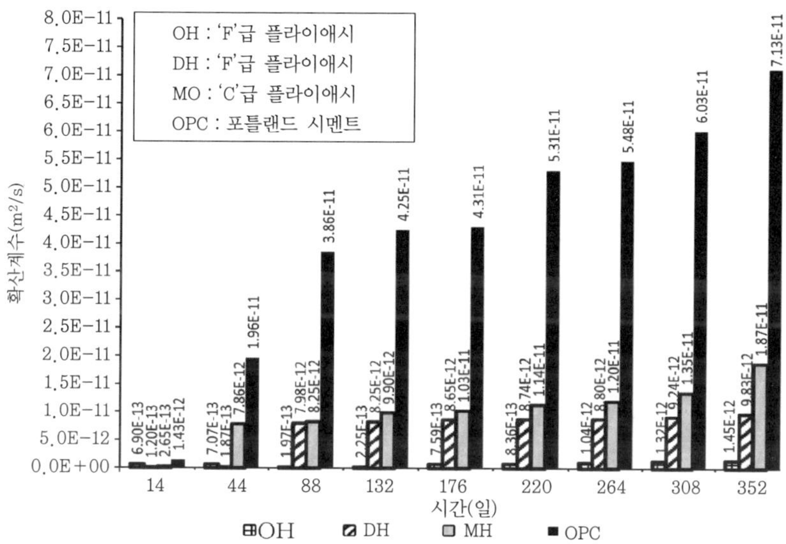

그림 16.22 알칼리 활성 플라이애시와 시멘트의 염소이온 확산계수[16-63]

16.4.2 동결융해 저항성

겨울철 일교차에 의해 기온이 빙점 아래로 내려가 결빙되었다가 다시 융해되는 반복 과정에서 침투수의 결빙 팽창압이 콘크리트의 조직에 직접적으로 영향을 주기 때문에 콘크리트의 동결융해 저항성능은 매우 중요한 내구성능 중 하나이다. 동결융해 저항성은 콘크리트의 강도와 공극량, 공극특성 및 흡수량(공극수량)과 관계가 깊다. 동결융해에 의한 피해를 줄이기 위해 결빙수의 팽창압을 효과적으로 분산시킬 수 있는 콘크리트의 적정 공극량(약 4.5퍼센트) 및 공극특성, 팽창압을 견딜 수 있는 콘크리트의 강도 확보, 물의 침투를 줄일 수 있는 낮은 흡수량 등이 필요하다.

가. 알칼리 활성 고로 슬래그 콘크리트의 동결융해 저항성

연행공기 없이 배합된 알칼리 활성 고로 슬래그 콘크리트는 포틀랜드 시멘트 콘크리트보다 동결융해 시험에서 더 높은 저항성을 보인다. 하지만 공기 연행제를 사용한 알칼리 활성 고로 슬래그 콘크리트는 동결융해 시험 동안 포틀랜드 시멘트 콘크리트 보다 더 많은 피해를 입게 된다.[16-27] 동결융해에 의한 알칼리 활성 고로 슬래그 콘크리트의 표면박리현상은 콘크리트의 연행 공기량 보다는 물-결합재비에 더 많은 영향을 받는 것으로 알려져 있다.[16-64] Fu 등은 그림 16.23과 같이 최근 연구를 통해 알칼리 활성 고로 슬래그 콘크리트의 높은 동결융해 저항성능에 대해 연구하였다.[16-65]

나. 알칼리 활성 플라이애시 콘크리트의 동결융해 저항성

Yunsheng과 Wei에 따르면 알칼리 활성 플라이애시 콘크리트의 동결융해 저항성은 동일 강도의 포틀랜드 시멘트 콘크리트보다 약 2.2배 높다고 밝혔다.[16-66] Dolezal 외 등은 알칼리 활성 플라이애시 콘크리트의 동결융해 150회 반복실험 동안 내구성 지수가 단지 30퍼센트 밖에 감소되지 않았다고 보고하고 있다.[16-66]

16.4.3 내화학성

콘크리트의 내화학성은 강산성의 환경과 황산염 노출에 대해 콘크리트가 얼마나 건전성을 유지하는가를 뜻한다. 콘크리트는 알칼리성 재료로써 염산, 질산, 아세트산 등의 강산성 용액에 침지시켰을 때 부식이 발생하며, 고농도의 황산용액에 노출되었을 때 화학적 반응에 의해 팽창 및 균열 등 열화가 발생한다.

가. 알칼리 활성 고로 슬래그 콘크리트의 내화학성

그림 16.24는 포틀랜드 시멘트 및 알칼리 활성 고로 슬래그 페이스트를 pH3의 질산과 아세트산 용액에 침지시킨 후 부식 깊이를 측정한 결과이다.[16-67] 알칼리 활성 고로 슬래그 및 포틀랜드 시멘트 모두 질산보다 아세트산의 침지에 더 큰 열화가 발생했으며, 두 가지 침지조건 모두 알칼리 활성 고로 슬래그가 포틀랜드 시멘트보다 강산성 환경에서 부식 등 열화의 진행이 훨씬 더디게 나타났다. 질산 용액에 580일간 침지시켰을 때 포틀랜드 시멘트는 약 2.5 mm,

알칼리 활성 고로 슬래그는 약 1.3 mm까지 부식이 발생했다. 아세트산 용액에서는 열화가 훨씬 더 크게 발생했는데, 아세트산 침지 후 약 25일부터 포틀랜드 시멘트 및 알칼리 활성 고로 슬래그 페이스트 모두 급격히 부식속도가 빨라지다가 알칼리 활성 고로 슬래그는 40일 이후부터 부식이 크게 진행되지 않았지만, 포틀랜드 시멘트는 시간의 경과에 따라 꾸준히 부식이 진행되었다.

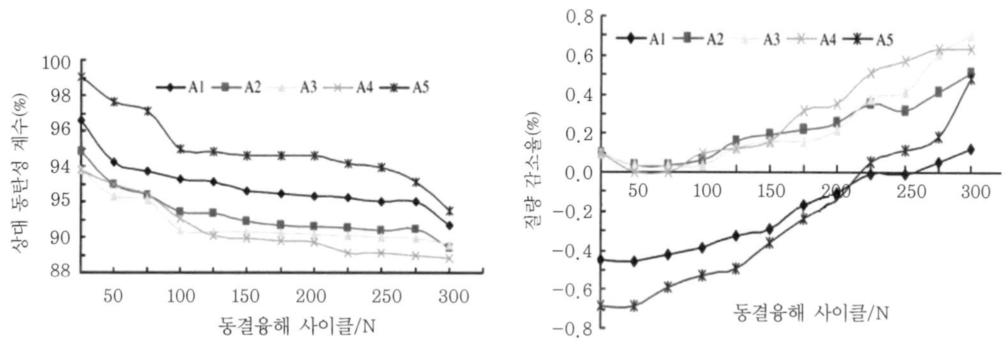

그림 16.23 알칼리 활성 고로 슬래그 콘크리트의 급속 동결융해시험 결과[16-65]

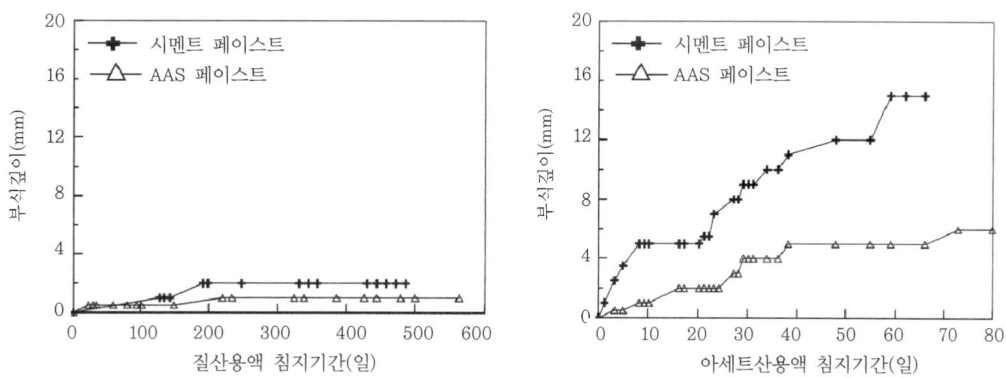

(a) pH 3 질산용액 침지

(b) pH 3 아세트산 용액

그림 16.24 질산 및 아세트산 용액 침지 후 부식 깊이[16-67]

알칼리 활성 고로 슬래그 페이스트가 포틀랜드 시멘트보다 내산성이 높은 이유는 수화생성물 때문이다. 실온에서 완전 수화된 포틀랜드 시멘트 페이스트는 염기도 1.5~1.8 수준의 CSH Ⅱ가 약 50~60퍼센트, 수산화칼슘이 약 20~25퍼센트, 그리고 에트린가이트(AFt) 및 모노설페이트(AFm)가 15~20퍼센트 정도의 부피를 차지한다. 하지만 알칼리 활성 고로 슬래그 페이스트는 거의 대부분이 염기도 1.0 수준의 CaO가 부족한 CSH Ⅰ으로 구성되어 있다. 수산화칼슘은 pH 12 이하, 에트린카이트 및 모노설페이트는 pH 11 이하가 되면 분해된다.

CSH 또한 pH가 낮아짐에 따라 Ca^{2+} 이온이 방출(release)되는데, pH가 9 이하로 낮아지면 CSH에서 대부분의 CaO가 분리된다. CaO의 비율이 높은 OPC의 수화생성물(CSH Ⅱ, 수산화칼슘 등)은 강산에 의해 많은 양의 CaO를 빼앗기기 때문에 부식된 다공질의 실리카(silica) 껍질이 남지만, CaO 비율이 상대적으로 작은 알칼리 활성 고로 슬래그의 CSH Ⅰ은 적은 양의 CaO를 빼앗기기 때문에 포틀랜드 시멘트보다 조밀한 실리카 껍질이 남는다. 이 때문에 연속적인 부식의 진행에 있어서 알칼리 활성 고로 슬래그가 포틀랜드 시멘트보다 부식속도가 느린 결과를 나타낸다.[16-68)]

황산염에 의한 콘크리트의 피해는 담수나 지하수에 황산염 미네랄이 다량 용해되어 있는 건조한 지역에서 일반적으로 발생한다. 황산염에 의한 콘크리트의 손상은 일반적으로 수화생성물이 황산염과 반응하여 팽창성 반응물질을 생성하고, 이로 인해 내부응력이 발생하면서 콘크리트가 붕괴되는 과정에서 발생한다. Hakkinen은 알칼리 활성 고로 슬래그와 포틀랜드 시멘트에 1퍼센트와 10퍼센트의 황산나트륨(Na_2SO_4) 용액과 1퍼센트와 10퍼센트의 황산마그네슘($MgSO_4$) 용액 등 4가지 황산염 용액에 2년간 침지시킨 후에 압축강도와 휨강도를 측정하였다. 시험 결과 1퍼센트의 황산나트륨 용액에서는 모든 시료가 어떠한 결함도 발생하지 않았다. 10퍼센트의 황산나트륨 용액에서 포틀랜드 시멘트 시료가 파괴되었지만, 알칼리 활성 고로 슬래그는 모두 양호한 상태를 보였다. 1퍼센트의 황산마그네슘 용액에서 포틀랜드 시멘트는 25퍼센트의 강도 저하가 발생했지만, 알칼리 활성 고로 슬래그는 강도 저하가 없었다. 하지만 10퍼센트의 황산마그네슘에서는 모든 시료가 파괴되었다.[16-27)]

나. 알칼리 활성 플라이애시 콘크리트의 내화학성

Bakharev는 활성화제의 종류별 알칼리 활성 플라이애시 페이스트의 내산성 및 내황산염 시험을 수행하였는데, 규산나트륨 8몰 용액(8FASS), 수산화나트륨 8몰 용액(8FA), 수산화나트륨 8몰과 수산화칼륨 8몰 용액의 조합(8FAK)의 3가지를 활성화제를 이용하여 시편을 배합하였으며, 모든 시편은 95℃에서 24시간 고온양생을 실시하였다. 내산성 시험은 그림 16.25와 같이 위의 3가지 시편을 5퍼센트의 아세트산과 5퍼센트의 황산 용액에 침지시켰고, 내황산염 시험은 그림 16.26과 같이 5퍼센트의 황산마그네슘, 5퍼센트의 황산나트륨 용액에 침지시켜 각각 150일 동안 압축강도를 측정하면서 강도변화를 조사하였다. 그림 16.25에서 보는 바와 같이 내산성 시험에서는 모든 알칼리 활성 플라이애시 시편은 포틀랜드 시멘트보다 우수한 내산성을 보였으며, 특히 수산화나트륨을 활성화제로 사용한 알칼리 활성 플라이애시(8FA) 시편이 가장 우수한 성능을 보였다. 이는 8FA 시편의 결정체가 다른 시편보다 좀 더 규칙적인 격자구조를 이루고 있고 공극의 평균 크기가 더 작아서 산(acid)의 침투가 어렵기 때문이다. 8FAK와 8FASS 콘크리트는 아세트산 용액 침지에는 양호한 저항성을 보여주었지만, 황산용액 침지에서는 성능저하가 크게 나타났다.[16-69)]

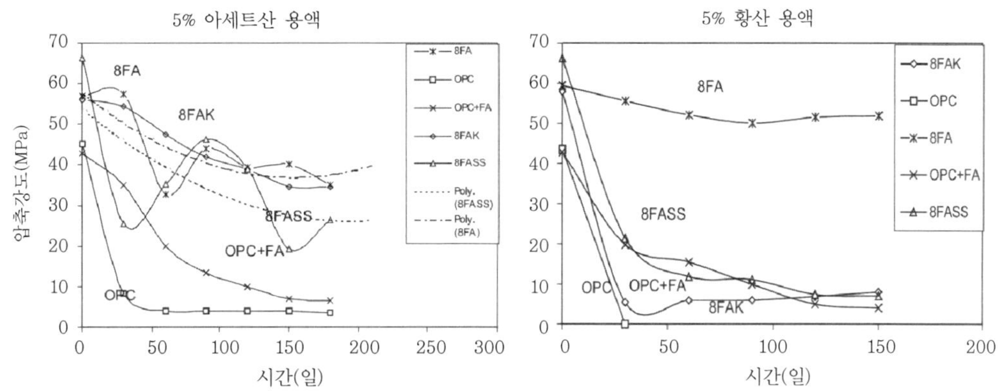

· OPC : 시멘트, · FA : 플라이애시, · 8FA : 플라이애시+수산화나트륨
· 8FASS : 플라이애시+규산나트륨, · 8FAK : 플라이애시+수산화나트륨+수산화칼륨

그림 16.25 5% 아세트산 및 황산 용액에 침지한 시멘트와 알칼리 활성 플라이애시 콘크리트의 침지시간에 따른 압축강도 변화[16-69)]

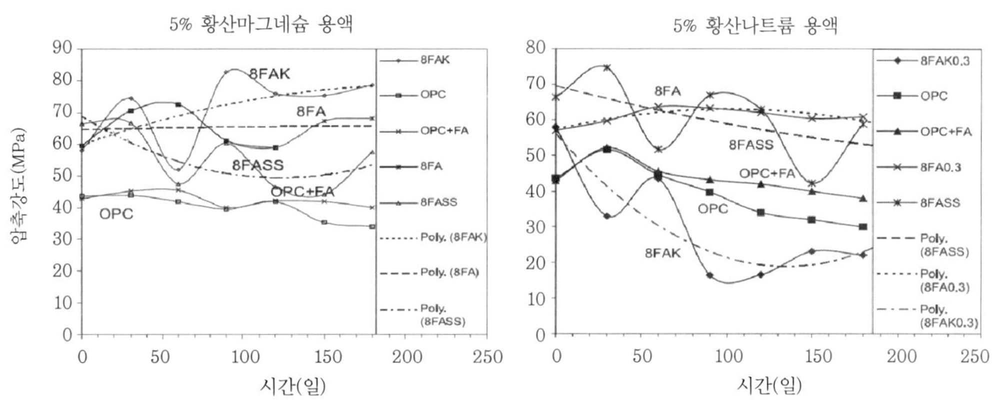

· OPC : 시멘트, · FA : 플라이애시, · 8FA : 플라이애시+수산화나트륨
· 8FASS : 플라이애시+규산나트륨, · 8FAK : 플라이애시+수산화나트륨+수산화칼륨

그림 16.26 5% 황산마그네슘 및 황산나트륨 용액에 침지한 시멘트와 알칼리 활성 플라이애시 콘리트의 침지시간에 따른 압축강도 변화[16-70)]

내황산염 시험 중 황산마그네슘 용액 침지 시험은 8FAK 시편이 가장 우수한 성능, 포틀랜드 시멘트가 가장 낮은 성능을 나타냈고, 황산나트륨 용액의 침지 시험은 8FA 시편이 가장 우수한 성능, 8FAK 시편이 가장 낮은 성능을 각각 나타냈다. 황산 용액 침지 후 지오폴리머 시료는 외관상 시료의 열화가 거의 나타나지 않았다. 하지만 침지 5개월 후 약간의 중량 변화는 있었다. 각 지오폴리머 시료들은 황산마그네슘 및 황산나트륨 용액에서 평균 2~3퍼센트 정도의 중량 증가를 나타냈는데, 포틀랜드 시멘트+플라이애시 및 포틀랜드 시멘트 시료는 각각 7.3퍼센트, 9.1퍼센트의 중량 증가가 나타났다. 포틀랜드 시멘트+플라이애시 및 포틀랜드 시멘트 시료는 외관 또한 큰 변화가 발생하였는데, 황산나트륨 용액에 침지 후 표면으로부터 1 mm 두께의 백색층이 생성되었으며, 시편의 모서리를 따라 균열이 발생하였다.[16-70)]

16.4.4 탄산화 저항성

콘크리트의 탄산화는 대기 중의 이산화탄소(CO_2)에 의해 수산화칼슘($Ca(OH)_2$)과 규산칼슘수화물(CSH)이 이산화탄소와 만나 탄산칼슘($CaCO_3$)을 형성하는 일련의 과정으로 이 과정에서 강알칼리를 띠는 수산화칼슘의 양이 줄어들기 때문에 탄산화 후 pH가 낮아진다. 철근콘크리트의 탄산화는 콘크리트 매트릭스의 중성화를 발생시키고 중성화 부분이 피복두께에 다다르면 철근의 부동태피막이 사라지면서 배근된 철근은 부식 환경에 놓이게 된다.

가. 알칼리 활성 고로 슬래그 콘크리트의 탄산화 저항성

알칼리 활성 고로 슬래그 결합재의 탄산화는 포틀랜드 시멘트 콘크리트와는 다른 메커니즘을 보인다. 규산나트륨이나 수산화나트륨을 활성화제로 이용한 알칼리 활성 고로 슬래그 결합재는 수화생성물로써 수산화칼슘이 생성되지 않고 대부분 규산칼슘수화물(CSH) 또는 C-A-H, C-S-A-H 등이다. 알칼리 활성 슬래그 콘크리트 매트릭스가 높은 pH 환경을 유지하는 이유는 활성화제로 첨가한 규산나트륨 또는 수산화나트륨에서 첨가된 Na^+이온에 의한 산화물(Na_2O 등)이 수화생성물의 표면 및 공극에 흡착되어 있기 때문이다. 알칼리 활성 고로 슬래그 콘크리트에 대한 최초의 연구는 1989년에 Byfors에 의해 수행되었다. 그의 연구에서 F-콘크리트(알칼리 금속 성분으로 활성화시킨 고로 슬래그 콘크리트)는 같은 강도의 포틀랜드 시멘트 콘크리트에 비해 탄산화 속도가 더 빠르다고 밝혔다.[16-71)] 하지만 그는 피복두께 30 mm의 알칼리 활성 고로 슬래그 콘크리트는 타설 후 60년까지 탄산화에 의한 철근 부식이 일어나지 않을 것이라고 언급했다.

Pu 등은 알칼리 활성 고로 슬래그 콘크리트의 강도와 탄산화속도의 관계를 연구하였는데, 포틀랜드 시멘트 콘크리트와 비교하여 압축강도 30 MPa 이하의 알칼리 활성 고로 슬래그 콘크리트는 포틀랜드 시멘트 콘크리트보다 더 빠른 탄산화속도, 30~50 MPa 강도는 포틀랜드 시멘트와 비슷한 수준, 50 MPa 이상은 포틀랜드 시멘트보다 탄산화속도가 더 느리다고 보고

했다.[16-72)]

Deja와 Bakharev 등은 알칼리 활성 고로 슬래그 콘크리트의 탄산화속도가 포틀랜드 시멘트보다 빠르지만, 그 분석에 있어서는 서로 다른 의견을 내놓았다. Deja는 알칼리 활성 고로 슬래그 콘크리트는 탄산화속도가 빠르지만, 포틀랜드 시멘트처럼 탄산화 후 기계적 성능(압축강도 등)이 향상된다고 언급했다.[16-73)] 하지만 Bakharev 등은 탄산화 후 강도손실이 유발되는데, 이는 포틀랜드 시멘트와 다르게 탄산화 반응이 CSH에서 발생되기 때문이라고 밝혔다.[16-74)] 이와 같은 연구결과의 차이를 밝히기 위해 Puertas 등은 활성화제 종류 및 유기물 첨가제의 조합에 따른 탄산화속도 및 탄산화 후 압축강도를 평가하였다.[16-75)] Puertas 등은 연구를 통해 알칼리 활성 고로 슬래그 콘크리트가 포틀랜드 시멘트보다 탄산화속도가 더 빠르다는 것과 포틀랜드 시멘트와 다르게 탄산화가 CSH에서 일어난다는 점, 그리고 탄산화 후 압축강도의 변화는 활성화제의 종류에 따라 달라지는데, 규산나트륨 기반 알칼리 활성 고로 슬래그는 탄산화 후 강도손실, 수산화나트륨 기반은 탄산화 후 강도 증진이 각각 발생한다고 밝혔다.[16-75)]

나. 알칼리 활성 플라이애시 페이스트의 탄산화 저항성

알칼리 활성 플라이애시는 탄산화 과정이 포틀랜드 시멘트 또는 알칼리 활성 고로 슬래그 콘크리트와 다른 메커니즘을 갖는다. 알칼리 활성 플라이애시 콘크리트는 산화칼슘(CaO) 성분이 거의 없기 때문에 중합반응 후 수산화칼슘이나 CSH가 생성되지 않는다. 이런 이유로 이산화탄소에 의한 탄산화과정은 수산화칼슘이나 CSH가 아닌 수산화나트륨(NaOH)이 탄산화가 된다.

그림 16.27은 알칼리 활성 고로 슬래그 콘크리트와 알칼리 활성 플라이애시 콘크리트의 탄산화 1, 4주 후 페놀프탈레인 지시약에 의한 탄산화 깊이를 측정한 그림이다. 알칼리 활성 고로 슬래그 콘크리트는 탄산화된 부분의 구역이 확실하지만, 알칼리 활성 플라이애시 콘크리트는 옅은 분홍색을 띠며 명확한 구획을 찾기 어렵고, 탄산화 후에도 큰 변화가 없는 것으로 나타났다. 이는 수산화나트륨은 물에 대한 용해성이 크기 때문에 시편 절단 시 냉각수에 의해 수산화나트륨이 용해되어 씻겨나가 정확한 탄산화 깊이를 측정하기 힘들고, 수산화나트륨은 반응성이 커서 이산화탄소에 의한 탄산화가 빠르지만, 탄산화 후 탄산나트륨(Na_2CO_3)이 석출되는데, 탄산나트륨은 수산화칼슘의 탄산화물인 탄산칼슘($CaCO_3$, pH 9 이하)보다 pH가 더 높기 때문에(10~10.5) 탄산화 후 pH의 감소는 알칼리 활성 고로 슬래그나 포틀랜드 시멘트보다 크지 않다.[16-25)]

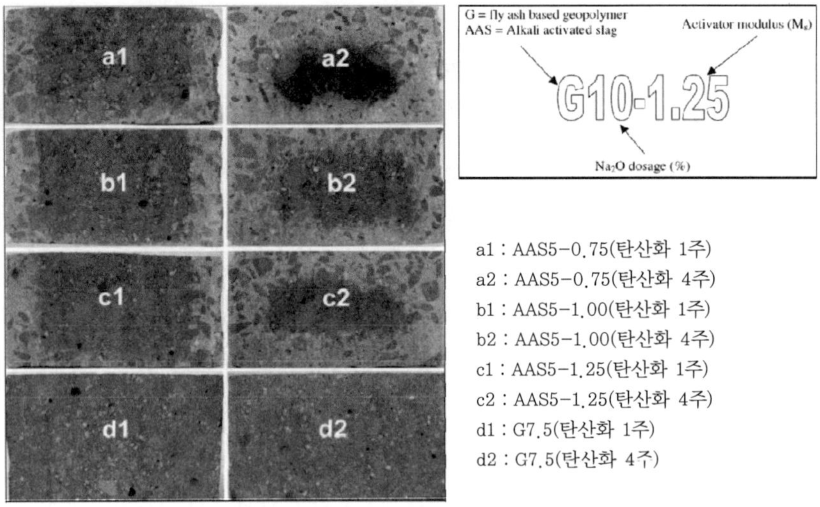

그림 16.27 페놀프탈레인 지시약에 의한 알칼리 활성 고로 슬래그 및 알칼리 활성 플라이애시 콘크리트의 탄산화 깊이

참고문헌

16-1 Jiang, W., "Alkali-activated Cementitious Materials : Mechanisms, Microstructure and Properties", Ph.D. Thesis, The Pennsylvania State University, Pennsylvania, U.S. 1997.

16-2 Byfores, K. K., Lehtonene, V., Pyy, H., and Romben, L., "Durability of Concrete Made with Alkali-Activated Slag", 3rd International Conference on Fly Ash, Slag and Natural Pozzolans in Concrete, SP 114-70, ACI, Vol. 2, 1989, pp.1429~1466.

16-3 Shi, C. and Li, Y., "Investigation on some factors affecting the characteristics of alkali-phosphorus slag cement", Cement and Concrete Research, Vol. 19, No. 4, 1989, pp.527~533.

16-4 Hrazdira, J. and Kalousek, D., "Effect of alkaline admixtures on properties of ground slag binders", 1st International Conference on Alkaline Cements and Concretes(edited by Krivenko), Kiev, Ukraine, 1, 1994, pp.593~600.

16-5 Jolicoeur, C., Simard, M. A., Sharman, J., Zamojska, R., Dupuis, M., Spiratos, N., Douglas, E. and Malhotra, V. M., "Chemical activation of blast-furnace slag : An overview and systematic experimental investigation", Malhotra(ed.) Advances in Concrete Technology, Ministry of Supply and Services, Ottawa, Canada, 1992, pp.471~502.

16-6 송금일, 신경식, 공민호, 송진규, "알칼리 활성 슬래그 결합재를 이용한 자기충전 콘크리트의 기초 연구", 한국콘크리트학회논문집, 한국콘크리트학회, Vol. 25, No. 6, 2013, pp.657~665.

16-7 Palacios, M., and Puertas, F., "Effect of Superplasticizer and Shirinkage Admixtures on Alkali-Activated Slag Pastes and Mortar", Cement and Concrete Research, Vol. 35, 2005, pp.1358~1367.

16-8 Nematollahi, B., and Sanjayan, J., "Effect of Different Superplasticizers and Activator Combinations on Workability and Strength of Fly Ash Based Geopolymer", Materials and Design, Vol. 57, 2014, pp.667~672.

16-9 Purdon, A. O., "The action of alkalis on blast-furnace slag", Journal of the Society of Chemical Industry, Vol. 59, 1940, pp.191~202.

16-10 Andersson, R., and Gram, H. E., "Properties of alkali-activated slag concrete.", Nordic Concrete Research, Vol. 6, 1987, pp.7~18.

16-11 Krivenko, P. V., "Influence of physico-chemical aspects of early history of a slag alkaline cement stone on stability of its properties", 1st International Conference on Reinforced Concrete Materials in Hot Climates, United Arab Emirates University, Dubai, United Arab Emirates, 1994.

16-12 Collins, F. G., and Sanjayan, J. G., "Early age strength and workability of slag pastes activated by sodium silicates", Magazine of Concrete Research, Vol. 52, No. 5, 2001, pp.321~326.

16-13 Chen, Z., and Liao, X., "The selection of stimulation agents for alkali-slag cement", 9th International Congress on the Chemistry of Cement, New Delhi, India, Vol. 3, 1992, pp.305~310.

16-14 Chanh, N. V., Trung, B. D., and Tuan, D. V., "Recent research geopolymer concrete", The 3rd ACF International Coference ACF/VCA., 2008.

16-15 Shi, C., and Day, R. L., "A calorimetric study of early hydration of alkali-slag cements", Cement and Concrete Research, Vol. 25, No. 6, 1995, pp.1333~1346.

16-16 Fernandez-Jimenez, A., and Puertas, F., "Effect of activator mix on the hydration and strength behaviour of alkali-activated slag cements", Advances in Cement Research, Vol. 15, No. 3, 2003, pp.129~136.

16-17 Ravikumar, D., and Neithalath, N., "Reaction kinetics in sodium silicate powder and liquid activated slag binders evaluated using isothermal calorimetry", Thermochimica Acta 546, 2012, pp.32~43.

16-18 Chithiraputhiran. S., and Neithalath. N., "Isothermal reaction kinetics and temperature dependence of alkali activation of slag, fly ash and their blends", Construction and Building Materials, Vol. 45, 2013, pp.233~242.

16-19 Susan, A. B., Ruby, M., Alba, L. P., John, L. P., Erich, D. R., and Silvio, D., "Effect of binder content on the performance of alkali-activated slag concretes", Cement and Concrete Research, Vol. 41, No. 1, 2011, pp.1~8.

16-20 Wassermann, R., Katz, A., and Bentur, A., "Minimum cement content requirements ; a must or a myth", Materials and Structures, Vol. 42, No. 7, 2009, pp.973~982.

16-21 Chen, Z. and Liao, X., "The selection of stimulation agents for alkali-slag cement", 9th International Congress on the Chemistry of Cement, New Delhi, India, 1992, pp.305~310.

16-22 Shi, C., Li, Y., and Tang, X., "Studies on the activation of phosphorus slag Supplementary Paper", 3rd International Conference on the Use of Fly Ash, Silica Fume, Slag and Natural Pozzolans in Concrete, SP-114, ACI, Trondheim, Norway, 1989, pp.657~666.

16-23 Xu, H., and Van Deventer, J. S. J., "The Geopolymerisation of Alumino-silicate Minerals", International Journal of Mineral Processing, Vol. 59, No. 3, 2000, pp.247~266.

16-24 Hardijito, D., Wallah, S. E., Sumajouw, D. M. J., and Rangan, B. V., "On the development of fly ash-based geopolymer concrete", ACI Materials Journal, Vol. 101, No. 6, 2004, pp.467~472.

16-25 Adam, A. A., Strength and Durability Properties of Alkali Activated Slag and Fly Ash-Based Geopolymer Concrete, Ph.D. Thesis, School of Civil, Environmental and Chemical Engineering, RMIT University, Melbourne, Australia, 2009.

16-26 Palomo, A., Grutzeck, M. W., and Blanco, M. T., "Alkali-activated fly ashes-a cement for the future", Cement and Concrete Research, Vol. 29, No. 8, 1999, pp.1323~1329.

16-27 Hakkinen, T., "Properties of alkali-activated slag concrete", VTT Research Notes, Technical Research Centre of Finland(VTT), No. 540, 1986.

16-28 Douglas, E., Bilodeau, A., and Malhotra, V. M., "Properties and durability of alkali-activated slag concrete", ACI Materials Journal, Vol. 89, No. 5, 1992, pp.509~516.

16-29 Klieger, P., Isberne, and Albert, W., "Laboratory Studies of Blended Cement-Portland Blast-Furnace Slag Cements", PCA research and development department laboratories, Vol. 9, No. 3, 1967, pp.2~22.

16-30 Fulton, F. S., "The Properties of Portland Cement Containing Milled Granulated Blast-Furnace Slag", Portland Cement Institute, Johannesburg, 1974, pp.4~46.

16-31 Hardijito, D., and Rangan, B. V., "Development and properties of low-calcium fly ash-based geopolymer concrete", Research report, Faculty of Engineering, Curtin University of Technology, 2005.

16-32 Zia, P., Ahmad, S., and Leming, M. "High Performance Concretes ; A State-of-Art", Report No. FHWA-RD-97-030, U.S. Department of Transportation, Federal Highway Administration.

16-33 Aitcin, P. C., and Mehta, P. K., "Effect of Coarse-Aggregate Characteristics on Mechanical Properties of High-Strength Concrete", ACI Materials Journal, Vol. 87, No. 2, 1990, pp.103~107.

16-34 Fernández-Jim nez, A., and Palomo, A., "Characterisation of Fly Ash : Potential Reactivity as Alkaline Cements", Fuel, Vol. 82, No. 18, 2006, pp.2259~2265.

16-35 Warner, R. F., Rangan, B. V., Hall, A. S., and Faulkes, K. A., "Concrete Structures", Melbourne, Addison Wesley Longman Australia Ltd, 1998.

16-36 Collins, M. P., Mitchell, D., and MacGregor, J. G., "Structural Design Considerations for High Strength Concrete", ACI Concrete International, Vol. 15, No. 5, 1993, pp.27~34.

16-37 김시환, 고경택, 이장화, 류금성, "산업부산물을 사용한 지오폴리머 콘크리트의 역학적 특성

에 관한 연구", 한국건설순환자원학회논문집, 한국건설순환자원학회, Vol. 2, No. 1, 2014, pp.52~59.

16-38 Mizra, S. A., Harzinkolas, M., and MacGrogor, J., "Statistical description of strength of concrete", Proc. ASCE, Vol. 105, No. 6, 1979, pp.1021~1037.

16-39 Yang, K. H., and Song, J. K., "Empirical Equations for Mechanical Properties of $Ca(OH)_2$-Based Alkali-Activated Slag Concrete", ACI Materials Journal, Vol. 109, No. 4, 2012, pp.431~440.

16-40 Neville, A. M., Properties of Concrete, Prentice Hall, 2000.

16-41 Benny, J., and George, M., "Influence of aggregate content on the behavior of fly ash based geopolymer concrete", Scientia Iranica, Vol. 19, No. 5, 2012, pp.1188~1194.

16-42 Yang, K. H., Cho, A. R., and Song, J. K., "Effect of water-binder ratio on the mechanical properties of calcium hydroxide-based alkali-activated slag concrete", Constructuon and Building Materials, Vol. 29, 2011, pp.504~511.

16-43 Yodsudjai, W., Taweesappaiboon, B. and Pikulprayong, W., "Development of geopolymer mortar for using as a repair material", Proceeding of sixth regional symposium on infrastructure development, Bangkok, No. 38, 2009.

16-44 Hu, S., Wang, H., Zhang, G., and Ding, Q., "Bonding and abrasion resistance of geopolymeric repair material made with steel slag", Cement and Concrete Composite, Vol. 30, No. 3, 2008, pp.239~244.

16-45 Smith, S., Tawich, P., Pompong, P., and Chai, J., "Anchorage of steel bars in concrete by geopolymer paste" , Materials and Design, Technical report, 2000.

16-46 유성원, 임연재, "HVFA 콘크리트의 직접 전단강도 평가", 한국건설순환자원학회 봄학술발표논문집, 한국건설순환자원학회, 2013, pp.7~10.

16-47 Collins, F. G., and Sanjayan, J. G., "Strength and shrinkage properties of alkali-activated slag concrete containing porous coarse aggregate", Cement and Concrete Research, Vol. 29, No. 4, 1999, pp.607~610.

16-48 Bakharev, T., Sanjayan, J., and Cheng, Y. B., "Effect of admixtures on properties of alkali-activated slag concrete", Cement and Concrete Research, Vol. 30, No. 9, 2000, pp.1367~1374.

16-49 Collins, F. G., and Sanjayan, J. G., "Effect of pore size distribution on drying shrinkage of alkali-activated slag concrete", Cement and Concrete Research, Vol. 30, No. 9, 2000, pp.1401~1406.

16-50 Wallah, S. E., and Rangan, B. V., "Low-calcium fly ash-based Geopolymer concrete : long-term properties", Research report GC2 Faculty of Engineering, Curtin University of Technology, Perth, Australia, 2006.

16-51 Davidovits, J., "Chemistry of Geopolymeric Systems, Terminology", Paper presented at the Geopolymer '99 International Conference, Saint-Quentin, France. 1999.

16-52 Gilbert, R. I., "Creep and shrinkage models for high strength concrete-proposal for inclusion in AS3600", Australian Journal of Structural Engineering, Vol. 4, No. 2, 2002, pp.95~106.

16-53 Collins, F. G., and Sanjayan, J. G., "Workability and mechanical properties of alkali-activated slag concrete", Cement and Concrete Research, Vol. 29, No. 3, 1999, pp.455~458.

16-54 Davidovits, J., "Green-Chemistry and Sustainable Development Granted and False Ideas About Geopolymer-Concrete", Paper presented at the International Workshop on Geopolymers and Geopolymer Concrete(GGC), Perth, Australia, 2005.

16-55 Malhota, V. M., and Mehta, P. K., "High-Performance, High-Volume Fly Ash Concrete : Materials, Mixture Proportioning, Properties, Construction Practice, and Case Histories", Supplementary Cementing Materials for Sustainable Development Inc, Ottawa, 2002.

16-56 Wu, C., Zhang, Y., and Hu, Z., "Properties and application of alkali-slag cement", Journal of the Chinese Ceramic Society, Vol. 21, No. 2, 1993, pp.176~181.

16-57 Shi, C., "Strength, pore structure and permeability of high performance alkali -activated slag mortars", Cement and Concrete Research, Vol. 26, No. 12, 1996, pp.1789~1800.

16-58 Shi, C., and Xie, P., "Interface between Cement Paste and Quartz Sand in Alkali-Activated Slag Mortars", Cement and Concrete Research, Vol. 28, No. 6, 1998, pp.887~896.

16-59 Page, C. L., Short, N. R., and El-Tarras, A., "Diffusion of chloride ions in hardened cement pastes", Cement and Concrete Research, Vol. 11, No. 3, 1981, pp.395~406.

16-60 Hakkinen, T., "Durability of alkali-activated slag concrete", Nordic Concrete Research, Vol. 6, 1987, pp.81~94.

16-61 Roy, D. M., Jiang, W., and Silsbee, M. R., "Chloride diffusion in ordinary, blended, and alkali-activated cement pastes and its relation to other properties", Cement and Concrete Research, Vol. 30, No. 12, 2000, pp.1879~1884.

16-62 Olivia, M., Sarker, P., and Nikraz, H., "Water Penetrability of Low Calcium Fly Ash Geopolymer Concrete", Internation Conference on Construction and Building Technology (ICCBT), 2008, Vol. A, No. 46, pp.517~530.

16-63 Kupwade-Patil, K., and Allouche, N. E., "Examination of Chloride-Induced Corrosion in Reinforced Geopolymer Concretes", Journal of Materials in Civil Engineering, Vol. 25, No. 10, 2013, pp.1465~1476.

16-64 Byfors, K., Klingstedt, Lehtonene, V., Pyy, H., and Romben, L., "Durability of concrete made with alkali-activated slag", Third International Conference on the Use of Natural Pozzolans, Fly Ash, Blast Furnace Slag and Silica Fume in Concrete, ACI SP-114, Vol. 2, 1989, pp.1429~1466.

16-65 Fu, Y., Cai, L., and Wu, Y., "Freeze-thaw cycle test and damage mechanics models of alkali-activated slag concrete", Construction and Building Materials, Vol. 25, 2011, pp.3144~3148.

16-66 Yunsheng, Z., and Wei, S., "Fly ash based geopolymer concrete", Indian Concrete Journal, Vol. 80, 2006, pp.20~24.

16-67 Shi, C., "Corrosion resistance of alkali-activated slag cement", Advances in Cement Research, Vol. 15, No. 2, 2003, pp.77~81.

16-68 Pavlik, V., "Corrosion of hardened cement paste by acetic and nitric acids. Part I : Calculation of corrosion depth", Cement and Concrete Research, Vol. 24, No. 3, 1994, pp.551~562.

16-69 Bakharev, T. "Resistance of geopolymer materials to acid attack", Cement and Concrete Research, Vol. 35, 2005, pp.658~670.

16-70 Bakharev, T., "Durability of geopolymer materials in sodium and magnesium sulfate solutions", Cement and Concrete Research, Vol. 35, 2005, pp.1233~1246.

16-71 Byfors, K., Klingstedt, Lehtonene, V., Pyy, H. and Romben, L., "Durability of concrete made with alkali-activated slag", Third International Conference on the Use of Natural Pozzolans, Fly Ash, Blast Furnace Slag and Silica Fume in Concrete, Trondheim, ACI SP114-70, 1989, vol. 2, pp.1547~1563.

16-72 Pu, X. C., "Sumary reports of Research on Alkali-Activated Slag Cement and Concrete", Chongqing Institute of Architecture and Engineering, China, Vol. 6, 1988.

16-73 Deja, J., "Carbonation Aspects of Alkali Activated Slag Mortars and Concretes", Silicates Industriels, Vol. 67, No. 3-4, 2002, pp.37~42.

16-74 Bakharev, T., Sanjayan, J. G., and Cheng, Y. B., "Resistance of alkali-activated slag concrete to carbonation", Cement and Concrete Research, Vol. 31, No. 9, 2001, pp.1277~1283.

16-75 Puertas, F., Palacios, M., and VA′ ZQUEZ, T., "Carbonation process of alkali-activated slag mortars", Journal of Materials Science, Vol. 41, 2006, pp.3071~3082.

제17장 알칼리 활성 콘크리트 적용 사례 및 분석

류금성, 건설기술연구원 구조융합연구소 수석연구원, ryu0505@kict.re.kr

17.1 우리나라 적용 사례

17.1.1 어초둠벙

2011년 3월 가뭄 시 하천에서 최소한의 수위를 유지함으로써 수중 생물서식공간을 확보하기 위한 목적으로 플라이애시와 건식 바텀애시를 각각 알칼리 활성 콘크리트로 사용한 어초둠벙을 제작하여 한국건설기술연구원 내 생태연못에 적용하였다. 어초둠벙은 1,500(가로)×1,500(세로)×150(두께) mm의 크기인 본체와 덮개로 제작되었고, 어류 등 이동 통로로 활용하기 위해 덮개에 사각형 1개과 원형 8개의 타공을 하였다. 그림 17.1은 어초둠벙 적용 사례의 개요도를 나타내고 있다. 바텀애시는 플라이애시보다 미연탄소와 철분 등을 많이 함유하고 있으며, 입경은 기존의 플라이애시에 비해 훨씬 크고, 입도나 경도가 균질하지 못하기 때문에 결합재로 사용하기에는 어려움이 있다. 따라서 결합재로 활용하기 위해서는 정제와 분쇄 공정이 반드시 필요하다. 이 적용 예에서 건식 처리시스템에 의해 가공된 바텀애시는 고유의 포졸란 특성을 유지하고 있기 때문에 정제와 분쇄 과정을 거친 후에는 플라이애시와 같이 시멘트 대체재로서 재활용될 수 있을 것으로 판단하여 건식 바텀애시를 플라이애시와 유사한 3,500 cm^2/g 이상의 분말도를 갖도록 가공 처리하였다. 표 17.1에서 플라이애시와 바텀애시의 주요 성분은 SiO_2 및 Al_2O_3가 약 80퍼센트이고 화학성분은 유사한 것으로 분석되었고, 건식시스템에서 배출된 바텀애시의 강열감량은 0.01~0.03퍼센트로 플라이애시보다 매우 낮게 나타났다.[17-2]

알칼리 활성화제는 순도 98퍼센트 이상인 NaOH(sodium hydroxide, SH) 9몰 수용액, NaOH=28.9퍼센트, 물=73.8퍼센트)과 Na_2O=10퍼센트, SiO_2=30퍼센트 물=60퍼센트, 밀도=1.39 g/cm^2인 규산나트륨(Na_2SiO_3, sodium silicate, SS) 수용액을 타설 1일 전에 혼합하여 화학적으로 안정된 상태를 유지하였다. 굵은골재의 비중은 2.63, 최대치수 19 mm를 사용하였고 잔골재는 비중이 2.63인 육상모래를 사용하였다. 표 17.2는 배합표이고 거푸집 성형 후 60℃, 24시간 증기양생을 실시하였다.

플라이애시와 바텀애시를 사용한 알칼리 활성 콘크리트의 압축강도는 각각 24.3 MPa, 21.7 MPa로 나타났다. 그림 17.2는 알칼리 활성 콘크리트를 사용한 어초둠벙의 제작, 양생, 설치 및 추적 조사한 것으로 2014년 6월 현재 다양한 어종의 수중생물이 서식하고 있다. 생태연못 내의 어초둠벙은 물에 침수되어 있기 때문에 유해물질이 바텀애시 알칼리 활성 콘크리트에서 용출될 가능성이 있다. 따라서 1년 뒤 중금속 용출 여부를 폐기물공정시험기준(2011)에 따라 측정한 결과 Pb, Cd, Cr, Cu, As, Hg와 같은 6대 중금속은 검출되지 않았고, 알칼리 활성화제로써 사용되는 Na 성분이 16.7 mg/L 검출되었다.

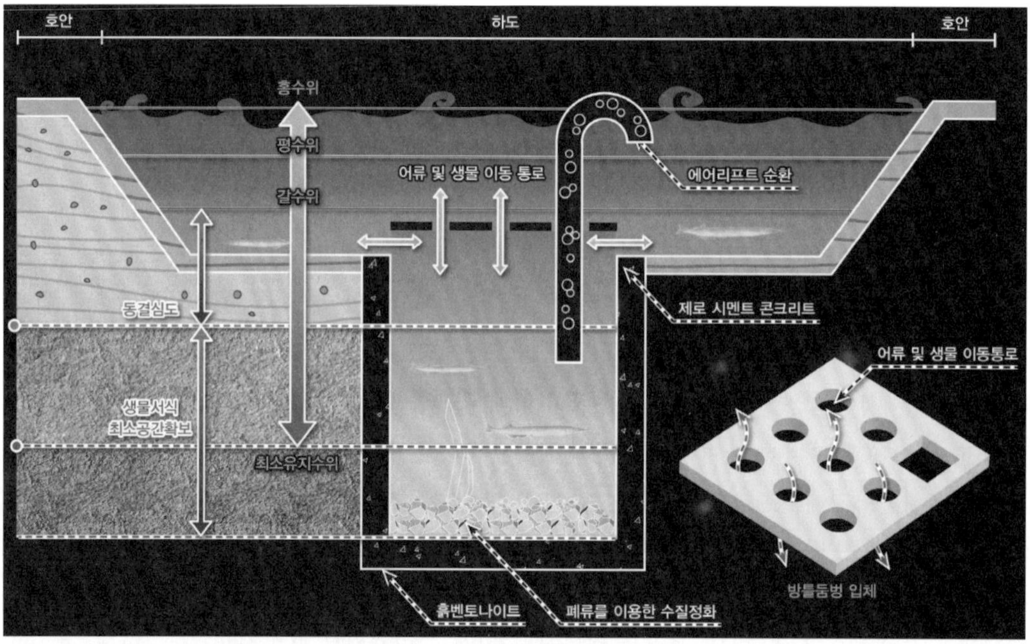

그림 17.1 어초둠벙 개요도[17-1,2]

표 17.1 바텀애시와 플라이애시의 화학적 조성 및 물리적 특성[17-2]

조성물 \ 종류	화학적 조성						강열감량 (%)	분말도 (cm^2/g)	밀도 (g/cm^3)
	SiO_2 (%)	Al_2O_3 (%)	Fe_2O_3 (%)	CaO (%)	MgO (%)	SO_3 (%)			
바텀애시	57.70	23.60	9.36	4.57	0.16	0.71	0.01	1,640	2.39
밀링 바텀애시	58.30	22.20	7.62	4.40	1.52	0.18	0.03	3,900	2.51
플라이애시	57.50	24.60	5.26	4.72	1.34	0.73	2.5	3,669	2.08

표 17.2 어초둠벙 배합표[17-2)]

알칼리 활성화제/결합재	물/결합재	잔골재율 (%)	구성재료(kg/m^3)					
			플라이애시	고로 슬래그 미분말	알칼리 활성화제		잔골재	굵은골재
					9몰 NaOH	소듐실리케이트		
0.5	0.28	38	500	–	125	125	595	972
0.5	0.28	38	–	500	125	125	595	972

(a) 슬럼프

(b) 콘크리트 타설(본체)

(c) 스팀 양생(60℃, 24Hr)

(d) 어초둠벙 설치

(e) 어초둠벙 설치 완료

(f) 2년 경과 후 모습(2014. 6.)

그림 17.2 어초둠벙 현장적용[17-2)]

17.1.2 호안블록 및 벽돌

2012년 5월 충남 서산A 간척지 재정비사업 2공구에 간척지구 하천사면에 바텀애시 알칼리 활성 콘크리트로 친환경 생태 호안블록을 적용한 사례이다. 시공면적은 30 m^2(5 m×6 m)으로 총 35개의 호안블록을 제작하여 설치하였다. 사용된 결합재는 플라이애시를 사용하였다. 그림 17.3은 호안블록 현장적용사례의 개요도를 나타내고 있다.[17-2)]

표 17.3은 알칼리 활성 콘크리트를 제작하기 위한 배합표로서 결합재는 플라이애시를 사용하였고, 분말형태의 알칼리 활성화제(Na_2O/SiO_2=1.1)를 사용하였다. 굵은골재의 비중은 2.63, 최대치수 19 mm이고 잔골재는 비중이 2.63인 육상모래를 사용하였다. 거푸집 성형 후 60℃, 24시간 증기양생을 실시하였다. 그림 17.4는 알칼리 활성 콘크리트의 슬럼프, 공기량 및 양생방법으로 슬럼프 230 mm, 공기연행 3.0퍼센트, 양생온도 60℃의 밀봉양생을 실시하였다. 그 결과 24시간, 48시간 양생 후 재령 3일 압축강도는 각각 19.2 MPa, 31.5 MPa이고, 재령 28일 압축강도는 각각 24.5 MPa, 41.6 MPa로 나타났다.

그림 17.5는 알칼리 활성 콘크리트를 사용한 호안블록의 제작, 양생 및 설치과정과 설치 후 계절별로 추적 조사한 것이다. 호안블록 설치 후 식생생물의 발아를 모니터링한 결과, 다양한 식물종이 발아되어 무성하게 자라는 것으로 나타나 알칼리 활성 콘크리트에 식생이 가능함을 확인하였다. 또한 여름 장마철 및 겨울 한파 이후 상태를 확인한 결과 호안블록의 외관 상태는 매우 양호한 것으로 조사되었다.

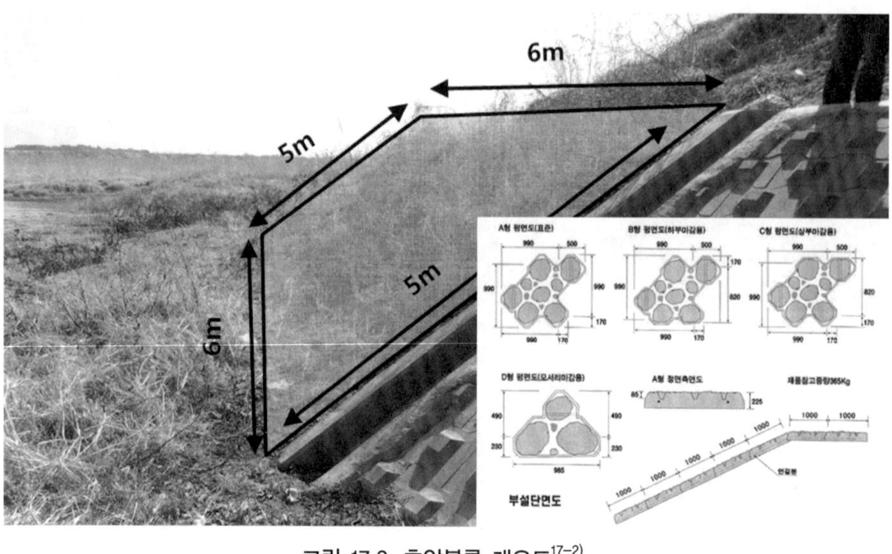

그림 17.3 호안블록 개요도[17-2)]

표 17.3 호안블록 현장적용 배합표[17-2)]

결합재	알칼리 활성화제/결합재	물/결합재비	잔골재율(%)	구성재료(kg/m^3)					
				물	플라이애시	알칼리 활성화제	잔골재	굵은골재	
Fly ash	0.62	0.37	66	158.4	360	64.8	1123	587.6	

(a) 슬럼프 측정

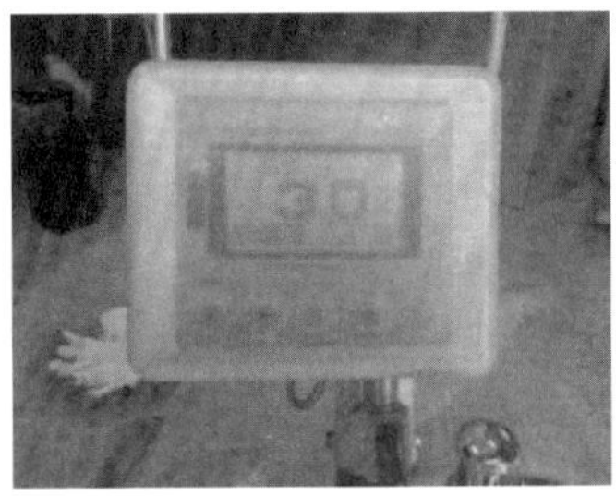

(b) 공기량

(c) 밀봉 고온양생(60℃)

그림 17.4 알칼리 활성 콘크리트의 슬럼프, 공기량 및 양생[17-2)]

(a) 콘크리트 타설

(b) 고온양생

(c) 부직포 설치

(d) 호안블록 설치

(e) 추적조사(2013. 2)

(f) 추적조사(2013. 7)

그림 17.5 호안블록 적용 사례(충남 서산A 간척지 정비공사)[17-2)]

그림 17.6(a)~(b)는 춘천시 한골천 소하천 정비공사와 전남 영암 도포천 하천 정비공사에 알칼리 활성 콘크리트를 사용한 호안블록 현장적용 사례이다. 호안블록 제작과정은 배합, 압축성형, 탈형 및 양생과정을 통해 생산하였다. 호안블록의 압축강도는 23 MPa이고, 흡수율은 6퍼센트로 측정되어 호안블록 시방서[17-3)] 기준인 압축강도 21 MPa와 흡수율 10퍼센트 이하를

모두 만족시키는 것으로 나타났다. 그림 17.7(a)~(b)는 건축구조물의 벽돌을 알칼리 활성 콘크리트를 사용하여 적용한 사례이다. 벽돌은 일반벽돌과 경량벽돌, 경량블록 3종류로써 압축강도는 각각 약 23 MPa, 13 MPa, 5 MPa로 벽돌, 경량벽돌 및 경량블록의 압축강도에 대한 KS 기준[17-4,5]을 모두 만족시켰다.

17.1.3 집수정

2013년 4월 충남 서산A 간척지 재정비사업 2공구 농수로 정비사업 일환으로 농지에 급수되고 남은 농업용수를 하천으로 유입될 수 있도록 하는 집수정을 알칼리 활성 콘크리트로 제작하여 현장에 적용한 사례이다. 그림 17.8에서 집수정 크기는 1.4 m×1.4 m×1.4 m로 총 2개를 제작하여 설치하였다.[17-2] 표 17.4는 알칼리 활성 콘크리트를 제작하기 위한 배합표이다. 결합재는 중합반응을 높이기 위해 분쇄시킨 고분말 플라이애시를 사용하였고, 알칼리 활성화제는 순도 98퍼센트 이상인 NaOH(Sodium Hydroxide, SH) 9몰의 수용액(NaOH=28.9퍼센트, 물=73.8퍼센트)과 Na_2O=10퍼센트, SiO_2=30퍼센트 물=60퍼센트, 밀도=1.39g/cm^3인 규산나트륨(Sodium Silicate, SS) 수용액을 혼합 사용하였고, 타설 1일 전에 혼합하여 화학적으로 안정된 상태를 유지하였다.

(a) 한골천 소하천 정비공사(춘천시)

(b) 도포천 하천 정비공사(전남 영암)

그림 17.6 알칼리 활성 콘크리트를 사용한 호안블록 적용 사례[17-3]

(a) 벽돌 적용 사례(아파트 현장)

(b) 벽돌 적용 사례(연구센터)

그림 17.7 알칼리 활성 콘크리트를 사용한 건축구조물 적용사례[17-6]

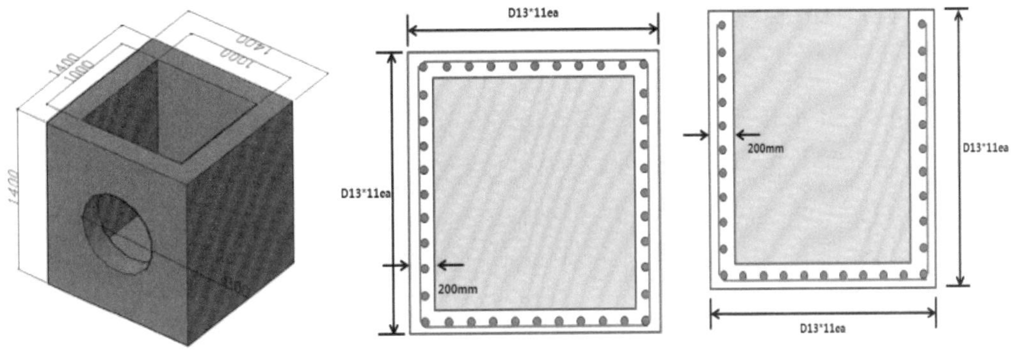

(a) 시험체 형상 (b) 집수정 상부 배근도 (c) 집수정 측면 배근도

그림 17.8 알칼리 활성 콘크리트 활용 집수정 형상 개요도[17-2)]

표 17.4 집수정 현장적용 배합표[17-2)]

결합재	알칼리 활성화제/개질 플라이애시	물/결합재	잔골재율 (%)	구성재료(kg/m³)				
				개질 플라이애시	알칼리 활성화제		잔골재	굵은골재
					9몰 NaOH	소듐 실리케이트		
개질 플라이애시 (MFA)	0.57	0.31	45	360	103	103	737	914

굵은골재의 비중은 2.63, 최대치수 19 mm이고, 잔골재는 비중이 2.63인 육상모래를 사용하였다. 거푸집 성형 후 24시간 동안 60℃ 24시간 밀봉 증기양생을 실시하였다. 고분말 플라이애시 알칼리 활성 콘크리트의 압축강도는 약 28 MPa이었고, 하절기 장마철과 동절기 한파 이후의 상태를 추적조사 중이다. 그림 17.9는 알칼리 활성 콘크리트의 제작, 타설 및 시공 모습이다.

(a) 거푸집 형상 (b) 콘크리트 타설 (c) 집수정 설치

그림 17.9 알칼리 활성 콘크리트 집수정 적용[17-2)]

17.1.4 축사 바닥재

축사의 바닥판은 포틀랜드 시멘트 콘크리트 2차 제품을 사용하고 있다. 그러나 가축의 배설물 등에서 용출되는 유해화학성분으로 인하여 포틀랜드 시멘트 콘크리트의 내구성이 저하되는 원인이 되고 있다. 반면 알칼리 활성 콘크리트는 알칼리 활성화제로 인한 중합반응으로 3차원의 고분자 결합구조로 이루어져 있어 보다 강한 계면 특성으로 내화학성이 우수한 것으로 알려져 있다.[17-6] 그러나 그림 17.10에서 보는바와 같이 알칼리 활성 콘크리트는 알칼리 활성화제로 인한 초기반응이 매우 우수하여 유동성이 급속히 손실되고(그림 7.10(a)), 거푸집과의 부착으로 인한 탈형의 문제점(그림 7.10(b)) 등을 보이고 있다. 따라서 이러한 문제점을 해결하기 위해 일반적인 습식배합이 아닌 슬럼프가 거의 없고 타설 후 바로 탈형할 수 있는 건식타입의 알칼리 활성 콘크리트를 적용하고자 하였다.

2014년 2월에 건식타입의 알칼리 활성 콘크리트를 활용하여 축사 바닥재를 제작하고자 예비실험을 실시하였다. 그림 17.11은 건식 알칼리 활성 콘크리트 상태 및 제작과정을 나타내고 있다. 표 17.5는 플라이애시와 고로 슬래그 미분말을 혼합 사용한 알칼리 활성 콘크리트를 제작하기 위한 배합표이다. 결합재는 플라이애시와 고로 슬래그 미분말을 1 : 1 비율로 사용하였고, 분말형태의 알칼리 활성화제($Na_2O/SiO_2=1.1$)를 사용하였다. 굵은골재의 비중은 2.63, 최대치수 19 mm이고 잔골재는 비중이 2.63인 육상모래를 사용하였다. 타설 후 진동다짐을 실시한 후 곧바로 탈형을 실시하였다. 양생은 일반적으로 돈사 바닥재 제작과정에서 사용하는 40℃에서 6시간 양생을 실시한 후 상온에서 기건양생을 실시하였다.

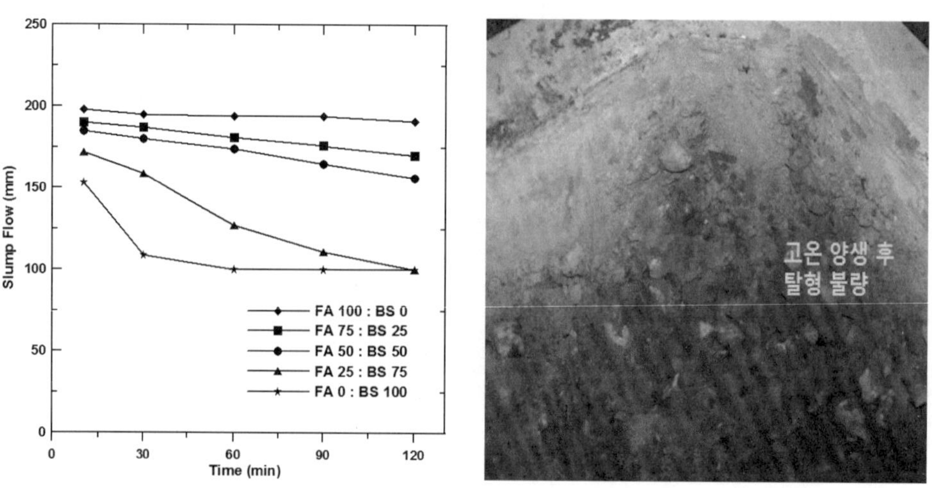

(a) 유동성 경시변화　　　(b) 거푸집과의 부착성

그림 17.10 알칼리 활성 콘크리트의 타설 및 시공 시 문제점[17-2]

(a) 건식 알칼리 활성 콘크리트 (b) 건식 알칼리 활성 콘크리트 타설 (c) 축사 바닥재 콘크리트

그림 17.11 건식 알칼리 활성 콘크리트 축사 바닥재(적용 예정)[17-2]

플라이애시와 고로 슬래그 미분말을 혼합사용한 건식타입의 알칼리 활성 콘크리트의 재령 3일, 7일 28일 압축강도는 각각 28.5 MPa, 29.1 MPa, 30.7 MPa로 측정되었다. 그림 17.11은 건식 알칼리 활성 콘크리트 축사 바닥재 제작과정으로 콘크리트 2차 제품으로 사용하는데 문제는 없는 것으로 분석되었다.

17.2 국외 적용 사례

17.2.1 구조용 콘크리트

구 소련에서는 1986년과 1994년 사이에 산업계획에 의해 알칼리 활성 콘크리트를 사용하여 몇몇 주거용 고층건물이 건설되었다. 그림 17.12는 러시아의 Lipetsk지역에 건설된 24층 주거용 건물이며, 설계강도는 25 MPa이고, 2000년도 조사결과 32~37 MPa의 강도를 나타냈으며, 탄산화 깊이는 3~5 mm 정도로 상당히 낮고 또한 균열이 발생하지 않는 등 외관상태도 양호한 것으로 나타났다.[17-8] 또한 러시아에서는 1988년에 Tchudovo 철도의 침목(길이 20 m)에 프리스트레스 알칼리 활성 고로 슬래그 콘크리트(설계기준강도 45 MPa, 슬럼프 8~9 cm)를 적용한 바 있다. 13년이 지난 2000년에 진단한 결과, 탄산화 깊이는 8~12 mm이고 균열과 박리 등이 관찰되지 않는 등 상태가 양호한 것으로 나타났다.[17-8]

중국에서도 1988년부터 알칼리 활성 시멘트를 상업적으로 생산하여 적용하였다. 그림 17.13은 호북성 Yinshan County에 6층 규모의 사무실 및 상업용 건물로서 알칼리 활성 콘크리트로 현장타설을 하였다. 설계강도는 20 MPa이었고 슬럼프는 30~50 mm로 나타났으며 재령 28일 강도는 24.1 MPa로 설계강도보다 20퍼센트 정도 높게 나타났다.[17-8)]

표 17.5 건식 알칼리 활성 콘크리트 배합표[17-2)]

결합재	알칼리 활성화제-결합재 비	물-결합재 비	잔골재율 (%)	구성재료(kg/m³)					
				물	플라이애시	고로 슬래그 미분말	알칼리 활성화제	잔골재	굵은골재
Fly ash+ Blast Slag	0.41	0.32	55	136	200	200	27.2	989	822

그림 17.12 주거용 건물[17-8)]

그림 17.13 상업용 건물[17-8)]

그림 17.14는 2013년 호주 브리즈번에 위치한 퀸즈대학에서 4층 짜리 건물에서 3개 층의 바닥슬래브를 알칼리 활성 콘크리트를 이용하여 Global Change Institute 건물을 건설하였다. 이는 세계 최초로 알칼리 활성 콘크리트를 구조부재에 적용한 사례이다.[17-9)] 또한 호주에서는 그림 17.15(a)와 같이 2009년에 Murrarie 공장에 알칼리 활성 콘크리트를 사용하여 프리캐스트 교량을 건설하였다. 레디믹스트 콘크리트 트럭 등 중차량들이 지속적으로 통행하고 있으나 외관상태도 문제는 없는 것으로 조사되었다. 또한 그림 17.15(b)와 같이 2012년 브리즈번 West Moggill 지역에 Bundaleer Road Bridge 교량을 알칼리 활성 콘크리트로 건설하였다.[17-9)]

그림 17.14 Global Change Institute[17-9)]

(a) 프리캐스트 바닥판

(b) 프리캐스트 교량 바닥판

그림 17.15 프리캐스트 교량 바닥판 적용사례[17-9)]

미국에서는 Blue Circle America & Shell Oil사에 의해 알칼리 활성 콘크리트가 유류 저장 탱크에 부분적으로 사용되었다. 약 70여 유류 저장탱크에 사용되는 콘크리트의 50퍼센트 이상이 알칼리 활성 콘크리트로 대체될 것으로 예상하고 있다. 최근 Sugama & Brothers(2004년)은 H_2SO_4와 CO_2 저장 탱크에 규산나트륨 활성 고로 슬래그 콘크리트를 시도한 바 있다. 알칼리 활성화제는 규산나트륨(SiO_2/Na_2O 몰비 3.22)를 질량 대비로 20퍼센트를 사용하였고, 온도 200℃의 오토클레이브 양생을 실시하여 80 MPa 이상의 압축강도를 얻었다.[17-8)]

일본에서는 그림 17.16와 같이 알칼리 활성 콘크리트를 활용하여 철도침목을 제작하였다. 압축강도는 재령 1일 강도가 69.3 MPa이고 철도 침목 관련 시험규격인 JIS E 1202 (Prestressed concrete sleepers post-tensioning type)에서 규정하고 있는 겉모양, 압축강도(49.1 MPa 이상), 휨강도 및 인발강도 등 모든 시험 항목을 테스트한 결과 모두 만족하는 것으로 나타났고 균열은 발견되지 않았다.[17-10)]

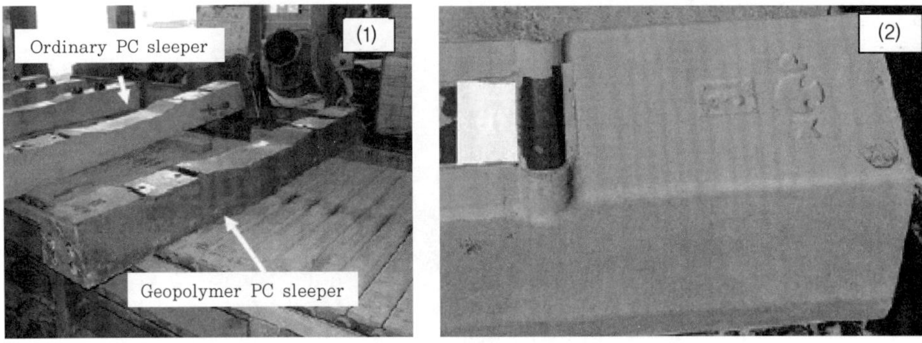

그림 17.16 철도 침목[17-10)]

17.2.2 포장도로

러시아의 Magnitogorsk 지역에 그림 17.17(a)와 같이 6 km 정도의 알칼리 활성 콘크리트 포장도로가 1984년 건설되었다. 이 도로는 60~80톤의 과하중을 견딜 수 있게 건설되었으며, 건설 후 15년이 경과한 시점에도 매우 양호한 상태를 나타냈다.[17-8)]

그림 17.17(b)는 호주에서 폭 5.5 m, 길이 900 m의 구간에 압축강도가 25~40 MPa의 알칼리 활성 콘크리트를 사용하여 도로포장을 하였다. 또한 그림 17.17(c)는 2010년 퀸즐랜드 주도 브리즈번항 내에 있는 도로포장 중 계량대를 압축강도 32 MPa인 알칼리 활성 콘크리트로 건설하였다.[17-10)]

(a) 도로포장(러시아)[17-8)]

(b) 도로포장(호주)[17-9)]

(c) 계량대(호주)[17-10)]

그림 17.17 포장도로 적용 사례

17.2.3 비구조용 콘크리트

호주 퀸즐랜드 주 Toowoomba 지역에서 그림 17.18과 같이 40 MPa의 알칼리 활성 콘크리트를 사용하여 6 m×2.4 m 크기의 프리캐스트 패널을 기건양생 실시하여 제작하고 가정집 옹

벽에 적용하였다.[17-9)] 일본에서는 그림 17.19와 같이 2011년 3월 직경 10 m, 높이 2.4 m 크기 2개의 물탱크를 일반 시멘트 콘크리트와 알칼리 활성 콘크리트로 각각 제작하여 균열에 대한 자기치유 특성을 관찰하였다. 알칼리 활성 콘크리트의 설계강도는 32 MPa이고 굵은골재의 최대치수는 10 mm를 사용하였다.[17-6)] 알칼리 활성 콘크리트를 적용한 이유는 일반 시멘트 콘크리트의 경우 시멘트의 수화반응 시 생성되는 수산화칼슘($CaOH_2$)으로 자기치유 능력을 가지고 있으나 알칼리 활성 콘크리트는 수산화칼슘($CaOH_2$)이 없기 때문에 균열에 대한 자기치유에 대해 검증하고자 한 것이었다. 그 결과 알칼리 활성 콘크리트의 경화반응 시 생성되는 겔의 팽창으로 비교적 빠른 시간 내에 균열에 의한 누수를 억제하는 것으로 나타났다.[17-11)]

그림 17.20과 그림 17.21은 2011년 호주에서 보트 램프를 건설하기 위해 알칼리 활성 콘크리트를 적용한 사례이다.[17-9)] 그림 17.20과 같이 보트 패널은 프리캐스트로 제작하였고, 그림 17.21과 같이 보트 램프의 접속 슬래브 구간은 현장타설을 실시하였다. 보트 램프공사현장은 Toowoomba 지역에서 차량으로 6.5시간 떨어진 지역이다. 따라서 알칼리 활성 콘크리트 배합은 알칼리 활성화제를 제외한 재료들을 배합하고 현장에 도착한 후 알칼리 활성화제를 투입시키는 방법으로 현장타설을 하였다. 이 사례에서 알 수 있듯이 알칼리 활성 콘크리트는 알칼리 활성화제를 투입하기 전까지는 경화되지 않고 안정된 상태를 장시간 유지할 수 있다.

그림 17.22에 나타낸 것과 같이 1982년 우크라이나 Orlyanka 지역의 목장에 목초용 저장고의 진입로, 트렌치 바닥 및 펜스를 2 m×3 m×0.2 m 크기 알칼리 활성 콘크리트 판넬을 설계강도 30 MPa로 하여 제작 및 시공하였다. 전체 공사면적은 약 20 m×60 m이고 사용된 알칼리 활성 콘크리트는 약 2,000톤 이었다. 목초용 저장고는 목초 발효시 발생되는 유기가스와 중차량 등의 통행으로 인해 내화학성 및 내구성을 요구하는 구조물이다. 18년 경과 후 2000년도에 진단한 결과 압축강도와 탄산화 깊이를 측정한 결과 각각 39 MPa, 3~8 mm로 조사되었고 외관상 균열, 박리 등 양호한 것으로 조사되었다. 반면 포틀랜드 시멘트 콘크리트는 철근이 부식되어 콘크리트가 탈락된 것으로 조사되었다.[17-8)]

그림 17.18 옹벽[17-10)]

그림 17.19 물탱크[17-10)]

그림 17.20 Boat Ramp(프리캐스트)[17-10]

그림 17.21 Boat Ramp 접속 슬래브(현장타설)[17-10]

그림 17.22 목초용 트렌치[17-8)]

17.2.4 기타

1981~1983년에 알칼리 활성 시멘트와 카올린 섬유의 내화특성을 살펴보기 위한 실험이 수행되었으며, 867~950℃의 알루미늄 용해물과 혼합물의 공급을 위한 펌프를 사용하였다. 이때 내화 콘크리트는 3퍼센트의 고로 슬래그, 10퍼센트의 사문암(ground serpentinite rock), 진동밀로 분쇄된 카올린 섬유 50퍼센트, 10퍼센트의 Na_2SiO_3 용액으로 구성되고 밀도는 1,250 kg/m^{3}이다. 약 1달의 사용년한을 지닌 고알루미나 시멘트와 카올린 섬유의 내화 재료에 비하여 알칼리 활성 콘크리트를 기반으로 한 내화재료는 9달의 사용년한을 나타냈다.[17-8)]

구 소련에서는 유정의 케이싱 현/기둥(높이 245 m)의 그라우팅을 위한 유정 시멘트로 알칼리 활성 시멘트가 사용되었다. 그라우트는 28~61.5 MPa의 압력 하에서 50~80℃의 온도, 3,505~2,052 m의 깊이에 사용되었다. 알칼리 활성 시멘트 그라우트는 모르타르 형태로써 구성재료는 고로 슬래그 미분말, 소다애쉬, 모래이고, 소다애쉬는 고로 슬래그 미분말의 0.5~3.5퍼센트를 첨가하였다. 알칼리 활성 시멘트 그라우트의 재령 1일 압축강도와 휨강도는 각각 11.0~18.5 MPa, 2.8~5.2 MPa로 측정되었다.[17-8)]

또한 알칼리 활성 콘크리트는 폐기물의 안정화와 고정화에도 사용되었다. 망간, 납, 카드뮴, 크롬 등과 같은 중금속은 NaOH, Na_2CO_3, Na_2SiO_3로 활성화된 고로 슬래그 시멘트에서 쉽게 안정화될 수 있으며, 방사성 폐기물 중에서 가장 안정화되기 어려운 세슘의 침출성 역시 알칼리 활성 플라이애시 페이스트가 포틀랜드 시멘트 페이스트보다 훨씬 낮은 결과를 보였다.[17-12] 슬로바키아의 AMEC Nuclear Slovakia에서는 그림 17.23과 같이 알칼리 활성 콘크리트가 방사성 폐기물로 배출되는 슬러지와 분진 등의 고정 및 응결제로 사용되고 있다.[17-13]

그림 17.23 방사성 폐기물 응결제[17-13]

알칼리 활성 콘크리트는 친환경 콘크리트로서 역학적 성능 및 내구성능이 포틀랜드 시멘트 콘크리트보다 우수할 뿐만 아니라 제조비용도 충분히 절감할 수 있기 때문에 그 적용 범위는 계속 증가할 것이다. 표 17.6은 현재 알칼리 활성 콘크리트가 적용되고 있는 분야를 나타냈다.

표 17.6 알칼리 활성 콘크리트의 적용 사례[17-8]

도로	농업	공업	주거지	광업	수로
프리캐스트, 현장타설 중차량 포장	현장타설, 프리캐스트 콘크리트 저장고	내화학성을 요구하는 빌딩, 주차장, 슬래브, 기초 및 지하구조물	현장타설, 프리캐스트 콘크리트 빌딩, 슬래브 및 기초	유정 그라우트, 결속장치, 실링	관수로, 방파제

참고문헌

17-1 류금성, FA 기반 시멘트-제로 콘크리트의 특성 연구, 중앙대학교 박사학위논문, 2012.

17-2 한국건설기술연구원, 바텀애시를 다량활용한 CO_2 배출저감형 콘크리트 기술개발, 2013.

17-3 KCIC 703, "콘크리트 호안블록", 한국콘크리트공업협동조합연합회, 2006.

17-4 KS F 4004, "콘크리트 벽돌", 산업통상자원부 기술표준원, 2013.

17-5 KS F 2701, "경량 기포 콘크리트 블록", 산업통상자원부 기술표준원, 2012.

17-6 양근혁, "지속가능 그린 콘크리트의 특성 및 적용사례", (주)동원레미콘, 2011.

17-7 이남곤, Durability characteristics of alkali-activated fly ash/slag geopolymers, 한국과학기술원(KAIST) 대학원 학위논문, 2014.

17-8 Shi, C., Krivenko, P. V., and Roy, D., "Alkali-activated Cements and Concrete", Taylor & Francis, London and New York, 2006.

17-9 Aldred, J., and Day, J., "Is Geopolymer CONCRETE A SUITABLE ALTERNATIVE TO TRADITIONAL CONCRETE?", 37th Conference on Our World in Concrete & Structures, Singapore, 2012.

17-10 UEHARA, M., "Research Regarding New Environmental Load-Reducing Concrete Using Coal Ash by Employing Geopolymer Method", Railway Technology Avalanche, No. 32, 2010.

17-11 Ahn, T. H., and Kishi, T., "Crack Self-healing Behaviour of Cementitious Composites Incorporating Various Mineral Admixtures", Journal of Advanced Concrete Technology, Vol. 8, No. 2, 2010, pp.171~186.

17-12 Deja, J., "Immobilization of Cr^{6+}, Cd^{2+}, Zn^{2+} and Pb^{2+} in alkali-activated slag binders", Cement and Concrete Research, Vol. 32, 2002, pp.1971~1977.

17-13 Sellafield Ltd, Novel Processes for the Treatment of ILW, 2010.

제5편

콘크리트 및 콘크리트 구조물의 환경경영

제5편 머리말

최동욱, 한경대학교 건축학부 건축공학전공 교수, choidu@hknu.ac.kr

콘크리트 구성재료의 생산을 포함하여 콘크리트 및 콘크리트 구조물이 미치는 환경영향 중에서 온실가스 배출은 우리나라 총 배출량의 약 10% 수준으로 평가되고 있다. 그러나 콘크리트 산업이 미치는 환경영향은 온실가스 배출만이 아니라 다량의 지구자원 소모 및 폐기물 배출을 포함한 여러 환경영향 범주를 포함한다. 제5편은 콘크리트 및 콘크리트 구조물의 다양한 환경영향을 생애주기에 걸쳐 포괄적으로 평가할 수 있는 기술적 방법인 전과정 평가를 중심으로 하고, 환경성 표시 및 선언, 전과정 평가, 전과정 CO_2 평가 등의 내용을 다루고 있다.

제18장에서는 플라이애시, 고로 슬래그, 실리카 퓸 등 다양한 시멘트 대체재료를 사용한 배합설계 시 이를 사용하지 않는 경우와 동등한 강도 및 내구성을 확보하기 위한 보다 체계적인 접근방법으로서 2000년 이후 유럽에서 부상하고 있는 k값 및 등가성능 개념을 소개한다. 또한 환경성 표시 및 선언에 대한 표준 및 급속도로 개발되고 있는 국내·외의 친환경 시방서를 소개한다.

제19장에서는 콘크리트 전문가에게 아직까지 다소 생소하지만 점차 중요성이 부각되고 있는 전과정 평가(LCA)방법에 대해 체계적으로 기술하였고, LCA 중 전과정 목록분석(LCI)의 결과로서 국내·외 LCI 데이터 베이스 소개를 포함하였다. 제20장은 전과정 평가 중 전과정 CO_2 평가의 방법론 및 예제를 기술하였다. 콘크리트 및 콘크리트 구조물의 환경영향 중에서 온실가스 배출만을 다루는 전과정 CO_2 평가에 대해 아직 국제적으로 공인받은 방법이 정해져 있지는 않으므로 제20장에서 소개하는 내용은 ISO의 최신 관련 표준과 더불어 우리나라의 기존 연구를 통한 방법론을 소개하는 의미가 있다는 것을 미리 밝힌다. 지면 사정으로 인하여 국내·외 구조물의 환경성능 인증 제도에 관한 내용을 미처 수록하지 못한 것은 아쉬운 점이며 추후 개정을 통하여 보완할 예정이다.

제18장 콘크리트 및 콘크리트 구조물의 환경경영

최동욱, 한경대학교 건축학부 건축공학전공 교수, choidu@hknu.ac.kr

18.1 개요

KS I ISO 14001의 정의에 따르면 '환경경영(environmental management)'이란 한 기업의 입장에서 환경과 관련된 방침을 실행하고, 환경과 상호작용하는 활동, 제품 또는 서비스 요소를 관리하는 활동이다.[18-1] 국제표준화기구(ISO)에서는 제207기술위원회(TC 207, 환경경영), 제59기술위원회(TC 59, 건설) 및 제 71기술위원회(TC 71, 콘크리트, 프리캐스트 콘크리트 및 프리스트레스트 콘크리트)에서 다양한 환경경영 표준을 제정하고 있다. ISO 기술위원회에서 건설 및 콘크리트와 관련하여 이미 제정하였거나 제정 중인 주요 환경경영 표준은 다음과 같다.

ISO 21929 시리즈, 건설의 지속가능성－지속가능성 지표[18-2]
ISO 21930 건설의 지속가능성－건설제품의 환경성 선언[18-3]
ISO 21931 시리즈, 건설의 지속가능성－건설의 환경성능 산정 방법 및 체계[18-4]
ISO 13315 시리즈, 콘크리트 및 콘크리트 구조물의 환경경영[18-5,6]

18.2 콘크리트와 지속가능성

콘크리트는 재료적 성능, 경제성 측면에서 매우 우수한 건설재료일 뿐만 아니라 다음과 같이 환경적으로 다양한 긍정적인 측면을 갖고 있다.

① 장수명 : 적절히 설계된 콘크리트 구조물은 구조적 성능을 오랜 기간 동안 유지할 수 있으므로 재건축의 필요가 낮으며, 이에 따라 탄소발자국(carbon footprint), 자원소모 등의 환경영향이 최소화된다.

② 안전성 : 콘크리트 구조물은 태풍, 지진, 홍수 등의 자연재해에 효율적으로 저항할 수 있으므로 재해 후에도 재건축 또는 보수·보강의 필요성이 작다.

③ 에너지 효율성 : 콘크리트의 큰 열질량(thermal mass)으로 인해 낮 동안에는 콘크리트가 열을 흡수하고 밤에는 방출하므로 콘크리트 구조물의 에너지 효율이 높다.

④ 낮은 유지관리의 필요성 : 적절히 설계되고 시공된 콘크리트 구조물은 사용성이 우수하고 내구성이 높을 뿐만 아니라 다른 건설재료에 비하여 보수·보강 및 유지관리의 필요성이 낮다.

⑤ 폐기물 재활용 : 콘크리트는 필요한 양만큼 주문생산하고 시공하므로 시공 시 콘크리트 폐기물의 발생이 작고, 잉여 콘크리트는 생산 공장에서 대부분 재활용할 수 있다. 또한 콘크리트 구조물을 해체하는 경우 폐콘크리트로부터 순환골재를 생산하여 다시 사용할 수 있다.

⑥ 산업 부산물 활용 : 콘크리트는 시멘트 대체재료로서 플라이애시, 고로 슬래그 미분말 등 산업 부산물을 적극적으로 재활용하므로 이러한 산업 부산물의 매립 등 처리에 따른 경제적, 사회적, 환경적 손실을 줄인다.

⑦ 최소한의 운송 거리 : 콘크리트 구성재료는 대부분 생산지 인근에서 쉽게 구할 수 있으므로 건설재료의 운반에 따른 환경영향을 최소화할 수 있다.

반면에 콘크리트 생산은 그 구성재료의 원재료 채취로부터 많은 양의 천연자원을 필요로 하며, 에너지 소모가 많은 공정도 포함하므로 이에 따른 여러 가지 부정적인 환경적 영향을 수반하게 된다. 콘크리트가 환경에 미치는 여러 가지 영향은 ISO 14040 시리즈에 따른 전과정 평가(life cycle assessment, LCA)를 통하여 구체적으로 파악할 수 있다.[18-7,8]

표 18.1에 우리나라의 시멘트 및 골재 등 콘크리트 구성재료에 대한 전과정 평가의 결과를 요약하여 나타냈다.[18-9]

표 18.1 시멘트 및 골재의 전과정 목록분석 결과[18-9]

제품	단위(*)	에너지 MJ/*	환경영향					
			자원소모 kg-antimony-eq./*	지구 온난화 kg-$CO_{2\text{-eq.}}$/*	오존층 고갈 kg-CFC-eq./*	산성화 kg-$SO_{2\text{-eq.}}$/*	부영양화 kg-$PO_{4\text{-eq.}}$/*	광화학 산화물 생성 kg-$C_2H_{4\text{-eq.}}$/*
시멘트 1종	kg	6.14E+0	3.91E-3	9.48E-1	1.70E-8	1.28E-3	1.34E-4	2.60E-3
혼합 시멘트	kg	1.40E+0	8.70E-4	2.08E-1	4.14E-9	5.51E-4	6.69E-5	5.01E-4
자갈(쇄석)	m^3	1.24E+2	7.35E-2	1.13E+1	3.06E-8	1.98E-2	3.67E-3	8.84E-3
모래	m^3	4.21E+1	2.36E-2	3.87E+0	2.20E-7	1.10E-2	1.92E-3	3.23E-3
하천모래	m^3	2.46E+1	1.08E-2	1.62E+0	5.88E-7	1.57E-2	2.47E-3	2.69E-3
바다모래	m^3	3.01E+1	1.32E-2	4.42E+0	7.21E-7	1.95E-2	3.50E-3	2.23E-3
산림모래	m^3	5.58E+1	3.31E-2	5.10E+0	1.38E-8	1.38E-8	1.38E-8	3.98E-3
육상모래	m^3	3.94E+0	1.72E-03	2.60E-1	9.40E-8	2.51E-3	3.95E-4	4.30E-4

우리나라에서 개발한 전과정 목록분석(life cycle inventory analysis, LCI) 데이터 베이스의 결과를 요약하여 나타낸 표 18.1에서 포틀랜드 시멘트 1종의 경우 단위는 1 kg이고 전과정 평가에 포함된 공정은 그림 18.1(a)에 나타낸 것과 같이 천연자원(석회석, 철광석, 규석, 고령토, 슬래그 등)의 채광으로부터 원료의 분쇄, 시멘트 킬른에서의 소성, 석고 혼합 후 클링커의 분쇄를 포함한 시멘트 완제품 생산까지이다. 이에 따른 환경영향은 지구온난화($CO_{2-eq.}$ 발생)의 경우 1종 포틀랜드 시멘트 1 kg 생산에 대하여 0.948 kg의 $CO_{2-eq.}$임을 알 수 있다. 또한 1종 포틀랜드 시멘트 1 kg 생산에는 6.14 MJ의 에너지가 소모된다. 표 18.1에서 고로 슬래그 혼합 시멘트의 경우 포함된 공정은 그림 18.1(b)와 같이 1종 포틀랜드 시멘트, 석고 및 고로 슬래그의 분쇄, 혼합 및 저장까지이며, 이에 따른 환경영향은 지구온난화에 대해 혼합 시멘트 1 kg당 0.208 $CO_{2-eq.}$ kg이다. 표 18.1에서 고로 슬래그 혼합 시멘트 1 kg의 생산에 대한 환경영향이 포틀랜드 시멘트 1종에 비해 상대적으로 작게 나타난 것은 혼합 시멘트가 철강산업의 부산물인 고로 슬래그를 활용하므로 슬래그 생산에 해당하는 공정이 평가에서 제외된 것, 그리고 고로 슬래그와 혼합하는 포틀랜드 시멘트의 생산 부분이 제외되어 있기 때문이다. 즉 1종 포틀랜드 시멘트와 고로 슬래그를 포함한 혼합 시멘트의 환경영향은 위의 두 가지 데이터를 조합하여야 한다(예 : 1종 포틀랜드 시멘트 60퍼센트와 고로 슬래그 40퍼센트를 포함한 혼합 시멘트의 지구온난화 지수는 $0.6\times0.948+0.4\times0.0352=0.583$ kg $CO_{2-eq.}/kg_{-cement}$이다).

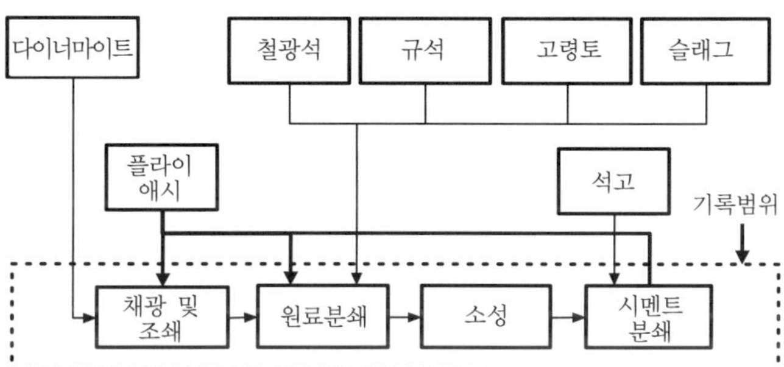

(a) 포틀랜드 시멘트 1종

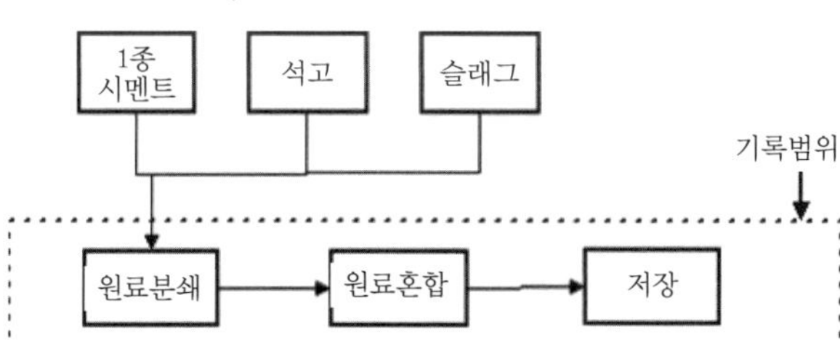

(b) 고로 슬래그 혼합 시멘트

그림 18.1 전과정 목록분석에 포함된 공정의 시스템 경계[18-9)]

표 18.1에서 자갈(쇄석, 굵은골재)에 대한 전과정 목록분석의 결과는 쇄석 굵은골재 1 m^3의 생산을 위하여 벌목으로부터 암석 발파, 분쇄, 분류 및 야적까지의 공정에 연관된 환경영향을 나타낸 것이다. 지구온난화에 대한 영향은 자갈(쇄석, 굵은골재) 1 m^3당 11.3 $CO_{2-eq.}$ kg임을 알 수 있다. 또한 표 18.1에서 모래는 하천, 바다, 산림, 육상모래 4가지로 구분하고, 각 모래 종류별 생산량을 고려한 평균값을 모래로 나타내었다. 지구온난화에 대한 환경영향은 산림모래-바다모래-하천모래-육상모래의 순이고, 우리나라에서 생산되는 모래 1 m^3에 해당하는 지구온난화 평균값은 3.87 $CO_{2-eq.}$ kg이다.

표 18.2에 우리나라에서 많이 사용하는 3가지 레디믹스트 콘크리트의 생산과 관련한 환경영향을 나타냈다. 예를 들어 25 mm 굵은골재를 사용하고 슬럼프가 150 mm인 24 MPa 등급 레디믹스트 콘크리트 1 m^3 생산에 관련한 지구온난화 지수는 429 $CO_{2-eq.}$ kg이며, 에너지 소모는 3.88 GJ이다. 표 18.1 및 표 18.2에 나타낸 것과 같이 일반적으로 많이 사용되는 대표적인 6가지 환경영향 범주(environmental impact category) 및 이를 표현하는 지표(index)는 표 18.3과 같다.

표 18.2 레디믹스트 콘크리트의 전과정 목록분석 결과[18-9)]

제품	단위 (*)	에너지 MJ/*	환경영향					
			자원소모 kg-antimony-eq./*	지구 온난화 kg-$CO_{2-eq.}$/*	오존층 고갈 kg-CFC-eq./*	산성화 kg-$SO_{2-eq.}$/*	부영양화 kg-$PO_{4-eq.}$/*	광화학 산화물 생성 kg-$C_2H_{4-eq.}$/*
25-210-12	m^3	3.86E+3	2.04E+0	4.09E+2	4.65E-5	6.82E-1	7.96E-2	1.10E+0
25-210-15	m^3	3.88E+3	2.05E+0	4.19E+2	4.61E-5	6.94E-1	8.08E-2	1.13E+0
25-240-15	m^3	3.88E+3	2.55E+0	4.29E+2	4.59E-5	7.06E-1	8.20E-2	1.16E+0

표 18.3 일반적으로 자주 사용하는 환경영향 범주 및 정량적 지표

환경영향(국문)	환경영향(영문)	지표
자원소모	resource depletion	kg-antimony-eq.
지구온난화	global warming	kg-$CO_{2-eq.}$
성층권 오존층 고갈	stratospheric ozone depletion	kg-CFC-eq.
산성화	acidification	kg-$SO_{2-eq.}$
부영향화	eutrophication	kg-$PO_{4-eq.}$
광화학 산화물 형성	photochemical oxidant formation	kg-$C_2H_{4-eq.}$

18.3 유럽의 동향

18.3.1 유럽시멘트협회 시멘트 EPD

유럽의 시멘트 분류는 우리나라 혹은 미국 방식과 다르며, 유럽시멘트협회(CEMBUREAU)는 유럽 표준인 EN 197로 시멘트를 정의하고 있다. 유럽의 시멘트 표준인 EN 197-1은 시멘트를 다음과 같이 다섯 개의 그룹으로 나누어 규정하고 있다.[18-10)]

① CEM I　　Portland cement
② CEM II　　Portland composite cement
③ CEM III　　Blast furnace cement
④ CEM IV　　Pozzolanic cement
⑤ CEM V　　Composite cement

유럽 CEM I은 클링커 함량이 95~100퍼센트인 포틀랜드 시멘트이다. CEM II는 고로 슬래그, 실리카 퓸, 플라이애시, 석회석 미분말 등을 6~35퍼센트 범위에서 포함한 포틀랜드 시멘트이다. CEM III, IV는 각각 고로 슬래그 혼합 시멘트, 포졸란 시멘트이고, CEM V는 합성 시멘트로서 시멘트 대체재료의 함량은 18~50퍼센트이다. 각 시멘트 규격에는 일반 시멘트(N)와 조강 시멘트(R) 2종이 있으며, 또한 강도 등급별로 32.5, 42.5, 52.5 MPa 등 3종이 있다.

유럽시멘트협회는 2008년에 ISO 14040 시리즈 전과정 평가 및 ISO 14025 제3유형에 의해 시멘트 제품의 환경성 선언(environmental product declaration, EPD)을 발표하였다.[18-11)] CEM I 포틀랜드 시멘트 1톤에 대하여, 원자재 생산으로부터 시멘트 출고까지(cradle to gate)의 환경영향을 표 18.4~18.8에 나타낸 것과 같이 선언하였으며, 요약하면 다음과 같다.

① 1,465 kg의 천연자원(석회암 등)과 44 kg의 대체자원을 포함 총 1,509 kg의 자원과 1,693 kg의 물이 사용된다.
② 약 4.8 GJ의 에너지가 소비되고, 899 kg의 $CO_{2\text{-eq.}}$가 배출되며, 산성화, 오존층 고갈, 광화학 산화물, 부영향화에 대한 영향도 나타난다.
③ 비유해성 폐기물 665 kg과 유해성 폐기물 1.2 kg이 발생한다.

표 18.4 CEM I 시멘트 1톤 생산에 필요한 자원의 사용량[18-11]

자원 종류	이전 공정(kg)	시멘트 공장(kg)	합계(kg)
천연자원	–	–	–
재생가능자원	0	0	0
재생불가능자원	18	1,447	1,465
대체자원	–	–	–
재생가능자원	0	0	0
재생불가능자원	0	44	44
합계	18	1,491	1,509

표 18.5 CEM I 시멘트 1톤 생산에 필요한 물의 사용량[18-11]

자원 종류	이전 공정(kg)	시멘트 공장(kg)	합계(kg)
물	1,467	226	1,693

표 18.6 CEM I 시멘트 1톤 생산에 필요한 에너지[18-11]

자원 종류	이전 공정(MJ)	시멘트 공장(MJ)	합계(MJ)
천연자원	–	–	–
재생가능자원	132	0	132
재생불가능자원	1,370	2,501	3,871
대체자원	–	–	–
재생가능자원	0	157	157
재생불가능자원	0	638	638
합계	1,502	3,296	4,798

표 18.7 CEM I 시멘트 1톤 생산과 관련된 환경영향[18-11]

내용	단위	이전 공정	시멘트 공장	합계
지구온난화	kg $CO_{2-eq.}$	118	781	899
산성화	kg $CO_{2-eq.}$	1.1	1.3	2.4
오존층 고갈	kg $CFC-11_{-eq.}$	0.000043	0	0.000043
광화학 산화물 형성	kg $C_2H_{4-eq.}$	0.13	0.12	0.25
부영향화	kg $PO_{4-eq.}$	0.05	0.20	0.25

표 18.8 CEM I 시멘트 1톤 생산과 관련된 폐기물 발생[18-11]

종류	이전 공정(kg)	시멘트 공장(kg)	합계(kg)
비유해성 폐기물	665	–	665
유해성 폐기물	1.2	–	1.2

18.3.2 콘크리트의 등가성능 및 k-value

가. 콘크리트 등가내구성

유럽의 콘크리트 시방서는 유럽 표준인 EN 206으로 제정되어 있다. EN 206은 C100/115(표준 압축 실린더 강도 100 MPa/150 mm 입방체 강도 115 MPa)까지 콘크리트의 시방, 성능, 생산 및 평가를 각각 다루고 있다.[18-12] EN 206 5.2~5.3절은 콘크리트의 등가성능(equivalent concrete performance) 개념을 제시하고 있는데, 아래에 등가성능의 핵심 개념인 등가내구성 절차를 소개하였다.[18-13]

등가내구성 절차(equivalent durability procedure)는 플라이애시와 같은 시멘트 대체재료를 사용해 시멘트를 부분 치환하여 생산한 콘크리트에서 최대 물/시멘트비, 최소 시멘트 함유량 등에 대한 한계값을 조정하여 현장에서 사용되는 콘크리트가 EN 206에 부합하는 내구성능을 갖춘 콘크리트임을 보장하기 위해 제안된 개념이다. 즉 먼저 해당 현장에 필요한 조건을 완전하게 만족시킬 수 있는 콘크리트(해당 지역의 환경조건에서 만족할만한 수준의 사용수명을 보장하는 것을 포함)에 대한 성능을 결정하고, 적절한 시험 및 평가를 통해 다양한 혼화재를 치환한 후보콘크리트가 기준콘크리트와 동등한 수준의 내구성능이 재현된다고 보장하는 것이다.

일단, 기준성능(기준값)이 결정되면 기준성능을 결정하는 데 사용된 것과 동일한 시험방법으로 동일한 재령에서 후보콘크리트를 시험하여 기준성능 이상이 되는지 확인한다. 이때 확인하는 기준성능은 동결융해, 탄산화, 염해에 대한 저항 등이다. 콘크리트는 시간이 경과함에 따라 수화반응이 지속적으로 진행되어 그 물성이 변하게 된다(예를 들면, 콘크리트의 재령이 증가함에 따라 강도는 증진되고, 유해물질에 대한 침투 저항성은 향상된다). 따라서 후보콘크리트가 초기에 기준콘크리트와 동일한 성능을 가졌다 할지라도 목표로 한 사용수명 동안 기준콘크리트와 동등한 수준의 내구성을 갖는지 보장하기 위해 해당하는 내구성능의 재령 효과를 고려해야 한다. 등가내구성 절차를 통해 현장에 사용되는 콘크리트가 EN 206에 제시된 노출 등급에서 동일한 최소 피복두께로 기준콘크리트와 동등한 성능을 갖도록 확인해야 한다. 등가내구성 절차는 다음의 세 부분으로 구성된다.

① 기준값 설정과 기준값을 만족시키는 콘크리트의 배합설계 결정

② 제한값(해당 노출등급에 대해 콘크리트의 내구성을 보장할 수 있는 범위 내의 값) 설정을 위한 후보콘크리트의 초기 시험과 평가방법

③ 결정된 제한값에 대한 지속적인 생산관리 및 품질 평가

기준값 설정 및 콘크리트의 배합설계는 각각의 노출등급에 따라 결정한다. 후보콘크리트는 기준값 및 기준콘크리트와 동일한 재령 및 시험방법에 의해 비교 평가하여야 하며, 이때 측정 오차를 고려하여 후보콘크리트가 기준성능 이상이 될 때 등가성능을 갖는 것으로 간주한다. 후보콘크리트의 제한값 설정 시 초기 재령에서의 콘크리트 성능은 재령 효과로 인해 구조물의 생애주기(life cycle) 동안 콘크리트의 성능을 대표하는 것으로 보기에는 무리가 있다. 즉 후보콘크리트에서 기준콘크리트와 유사한 시멘트 또는 결합재를 사용한 경우 생애주기에 걸쳐 기준콘크리트와 유사한 거동을 하는 것으로 가정할 수 있지만, 구성재료가 상이한 경우에는 추가 검증 작업이 필요하다.

마지막으로, 결정된 제한값의 지속적인 생산관리 및 품질 평가는 콘크리트 생산자로부터 독립된 공인시험기관에서 초기 시험을 실시하여 평가한 후 주기적으로 갱신할 것을 권고하고 있다. 기준값은 현장의 시방규정을 만족시키며, 지역 특성을 대표할 수 있는 콘크리트의 성능 범위(동결융해, 탄산화, 염해에 대한 저항성능의 범위)를 결정한 후 하나 이상의 대표값을 선정한다. 대표값 선정에 따라 시멘트 또는 시멘트 : 혼화재비를 결정한다. 콘크리트 구성재료는 EN 206 등 관련 규정에 적합한 것을 사용한다. 이와 같이 설계된 콘크리트를 기준콘크리트로 정의하고 시험을 통해 기준값을 결정한다. 이후에 동일한 재령에서 동일한 시험방법으로 후보콘크리트의 성능을 평가한다. 측정 오차를 고려하여 후보콘크리트는 기본적으로 기준콘크리트 이상의 성능을 갖도록 하며, 후보콘크리트의 최소 시험체 수를 명시하여 불확실성을 감소시킬 수 있도록 한다. 기준값 결정 시에는 해당 노출등급, 기준성능의 한계값, 결합재의 종류(시멘트 및 혼화재) 및 비율, 시험방법, 후보콘크리트의 시험 재령, 한계값의 측정 오차에 대한 허용 범위를 명시하여야 한다. 기준콘크리트는 해당 노출등급에 대해 공사시방서와 EN 206을 준수하는 것이어야 하며, 그 구성재료 또한 공사시방서와 EN 206에서 정의된 요구 사양을 충족시키는 것이어야 한다. 또한 해당 노출등급에 대해 충분한 내구성능을 발휘하는 것으로 대표할 수 있는 콘크리트이어야 한다. 유럽에서 등가내구성의 시험방법은 표 18.9에 나타낸 것과 같다.

표 18.9 유럽의 내구성 평가방법

CEN/TS 12390-9	경화된 콘크리트 시험 Part 9 : 동결융해 저항성-표면 박리
CEN/TS 12390-10	경화된 콘크리트 시험 Part 10 : 콘크리트의 상대 탄산화 저항성 결정방법
CEN/TS 12390-11	경화된 콘크리트 시험 Part 11 : 단방향 확산에 대한 콘크리트 염해 저항성 결정방법
CEN/TR 15177	콘크리트의 동결융해 시험방법 내부 조직 손상

일관된 품질의 콘크리트가 생산되도록 하기 위해 콘크리트의 구성재료는 EN 206에 제시된 다음과 같은 요구 사양에 대한 규정을 충족시켜야 한다.

- 시멘트/혼화재의 종류, 공급원, 사용량
- 시멘트 강도 등급
- 골재의 종류, 공급원
- 골재의 등급, 형상, 사용량
- 혼화제의 종류, 공급원, 사용량

마지막으로 등가성능이 확정된 후보콘크리트의 최소 단위 시멘트량, 최소 혼화재 사용량, 시멘트/혼화재비, 최대 물/결합재비, 구성재료의 기준 강도가 제시됨으로써 현장에 사용될 콘크리트가 생산될 수 있도록 한다. 콘크리트 생산자는 시공자에게 사용 현장에 유효한 기준을 충족시키도록 정의한 등가내구성을 이용하여 해당 노출등급에 적합한 콘크리트임을 명시한다. 그 후 시공자는 발주자와 확인하여 등가내구성에 의해 충족된 내구성 요구사항을 승인한다. 시공자는 발주자와 함께 다음의 사항을 확인하여야 한다.

- 기준값 또는 기준콘크리트
- 후보콘크리트에 사용되는 재료에 대한 종류와 공급원 제한
- 기준강도
- 기준콘크리트와 재령 효과가 다른 후보콘크리트의 내구성 거동 평가에 대한 가정
- 등가성능 평가에 사용된 계산방법 또는 허용범위
- 주기적인 갱신의 주기 및 빈도

나. k-value(k-값)

k-값 개념은 플라이애시, 실리카 퓸 등 시멘트를 부분 치환하는 결합재(혼화재)를 사용한 콘크리트(이하 후보콘크리트)와 혼화재를 사용하지 않은 콘크리트(이하 기준콘크리트)의 내구성능 또는 강도를 비교하기 위한 규범적인 개념이다. 시멘트의 일부가 1종류 이상의 혼화재로 치환된 후보콘크리트에 대해 물/시멘트비와 혼화재 사용량을 함수로 하여 시멘트로만 제작된 기준콘크리트와의 내구성능(적절한 내구성에 대한 대리지표로 강도)을 비교하는 것에 기반을 두고 있다. 즉 후보콘크리트의 혼화재 사용량에 k-값을 적용하여 기준콘크리트의 물/시멘트비와 동등한 성능을 가지는 물/결합재비로 환산하기 위한 체계적인 방법을 제시한 것이며, CEN/TR 16639에 자세히 소개되어 있다.[18-14)]

CEN/TR 16639는 EN 206의 제2유형 혼화재(포졸란 또는 잠재수경성 혼화재) 사용에 관련하여 플라이애시와 실리카 퓸에 대해 k-값을 활용하는 방법을 제시하고 있다. 콘크리트 배합

설계 시 규정된 k-값은 안전측에 있도록 하며, 검증된 시멘트의 치환율을 사용하도록 하고 있다. 플라이애시와 실리카 퓸에 대해서는 규정된 k-값이 제시된 반면 고로 슬래그에 대해서는 축적 데이터 및 경험의 부족으로 k-값이 권고만 되고 있다. 이러한 k-값을 유럽 표준의 요구사항을 충족시키는 시멘트의 종류에 대해 규정된 범위 내에서 혼화재 치환을 추가적인 검증절차 없이 사용할 수 있도록 허용하고 있다. 다만, 국가 규정에서는 적합성이 검증된 경우에 k-값, 혼화재의 치환율, 기타 혼화재의 사용, 혼화재의 조합에 대해 수정할 수 있도록 허용하고 있다.

k-값의 개념은 유럽의 몇몇 국가로부터 정립되기 시작했다. 1996년 CEN/TC 104 보고서에서 플라이애시 콘크리트에 k-값 개념을 적용한 배경이 처음 소개되었다. 이후 이 개념은 실리카 퓸을 사용한 콘크리트에도 적용되었고, 일부 유럽 회원국에서는 고로 슬래그를 사용한 콘크리트에도 적용하고 있다.

k-값 개념에서는 제2유형 혼화재에 대해 물/시멘트비의 항목을 물/(시멘트$+k$ · 혼화재)비로 교체하고, (시멘트$+k$ · 혼화재)의 양은 해당 노출등급에서 요구되는 최소 단위 시멘트량 이상이 되도록 하고 있다. k-값의 적용 법칙은 EN 450에 부합되는 플라이애시, EN 13263에 부합되는 실리카 퓸, EN 15167에 부합되는 고로 슬래그, EN 197-1에 부합되는 CEM I과 CEM II/A 시멘트에 대해 주어져 있으며, 이러한 구성재료의 적합성이 인정된 경우에 한하여 k-값, 혼화재 사용량 비율, 기타 혼화재 사용, 기타 조합이 가능하도록 하고 있다.

1) k-값 개념의 원리

혼화재는 다양한 메커니즘에 의해 콘크리트의 물성에 영향을 미친다. 개별 재료의 특성, 콘크리트의 재령, 온도, 습도 및 기타 다양한 인자에 따라 콘크리트의 특성이 변하게 된다. 콘크리트 배합설계 시 이러한 영향을 고려하기 위해 k-값을 결정하는 방법은 콘크리트의 물/시멘트 비와 압축강도 간의 관계를 이용한다. 이 개념은 1967년에 Iain A. Smith가 수행한 플라이애시를 25퍼센트까지 치환한 콘크리트에 대한 연구에서 처음 소개되었고 이후 관련 연구가 계속되었다.

EN 206과 관련된 유럽 기준에서 정립된 개념에 기초하여 콘크리트 배합설계는 콘크리트의 28일 압축강도를 기준으로 하고 있다. 결과적으로 콘크리트 혼화재에 대해 표준화되어 규정된 k-값 역시 28일의 재령과 관련이 있다. 또한 k-값이 정의될 때 관련 노출등급에 대해 콘크리트의 내구성을 고려하여야 한다. 혼화재를 함유한 콘크리트에서 물/시멘트 비는 물/(시멘트$+k$ · 혼화재)비로 바뀐다. 이때 상수 k는 혼화재가 사용되지 않은 기준콘크리트와 같은 강도를 갖는 콘크리트에서의 혼화재 기여도를 나타낸다. 동일한 강도 조건이 가정되었을 때 다음의 특정 k-값에 대해 만족한다.

$$\omega_o = w_a / (c_a + k \cdot a) \tag{18.1}$$

위 식을 k에 대해 정리하면 다음과 같다.

$$k = (w_a/\omega_o - c_a)/a \tag{18.2}$$

다시 정리하면 다음과 같다.

$$k = (\omega_a/\omega_o - 1)/(a/c_a) \tag{18.3}$$

여기서, ω_o : 혼화재가 사용되지 않은 기준 콘크리트의 물/시멘트비

w_a : 혼화재가 사용된 콘크리트의 단위수량

c_a : 혼화재가 사용된 콘크리트의 단위시멘트량

a : 혼화재 사용량

ω_a : 혼화재가 사용된 콘크리트의 물/시멘트비(ω_a/c_a)

k-값 개념이 사용된 콘크리트 배합설계에서 상수 k는 물/(시멘트+k · 혼화재)비가 해당 노출 등급에서 정의된 최대 물/시멘트비를 초과하지 않음을 검증하기 위해 사용될 수 있는 최대 값을 의미한다. 다양한 콘크리트 시험의 결과가 평가될 때, 콘크리트 혼화재의 효율성은 다양한 인자(혼화재의 품질, 물성 및 사용량, 시멘트의 종류와 성질, 물/시멘트비, 재령, 온도 등)에 의존하기 때문에 다양한 k-값이 결정될 수 있다. 콘크리트 혼화재의 효율을 나타내는 k-값은 혼화재를 사용하지 않은 기준콘크리트와 혼화재를 사용한 후보콘크리트에 대한 물/시멘트비와 압축강도의 비교에 의해 계산된다. 혼화재의 효과를 결정하기 위해 k-값을 계산하는데 활용되는 모든 콘크리트 시험 데이터는 동일한 시멘트로 제작된 것이어야 한다. k-값 적용에 대한 추가 권고사항은 다음과 같다.

- k-값은 조사된 범위 내에서의 물/시멘트비에 대해서만 계산되어야 한다.
- 시멘트와 혼화재를 포함한 모든 콘크리트 구성재료는 콘크리트의 압축강도에 영향을 미치므로 구성재료들의 물리적 특성을 포함한 품질은 일정하게 유지해야 한다.
- 만약 일정한 워커빌리티가 필요하다면 과도한 공기가 연행되지 않는 것을 확인하여 감수제를 사용한다.
- k-값 계산에서 편차가 크게 나타날 수 있기 때문에 압축강도 결정에 있어 변동성은 가능한 한 낮게 한다.

2) k-값의 계산 및 활용방법

EN 206에 부합하는 제2유형 혼화재에 적용 가능한 k-값의 계산 방법은 다음과 같다. 앞서 언급한 것과 같이 혼화재는 사용하지 않고 시멘트만 사용한 기준콘크리트의 성능과 시멘트의 일부를 혼화재료로 치환한 후보콘크리트의 성능을 물/시멘트비와 혼화재 함유량의 함수로 비교하면 k-값의 계산이 가능하다. k-값 계산은 콘크리트의 물/시멘트비와 강도 관계로부터 시작된다. 결과는 콘크리트 배합의 단일 값이 아니라 여러 개의 값으로 나올 수 있다. 또한 물/시멘트비와 강도의 관계에 있어 다양한 관계식들이 사용될 수 있다. 예를 들어 Abrams의 법칙에 의하면 물/시멘트비와 강도의 관계는 비선형이지만 k-값을 적용하는 방법은 동일하다. 또한 비교방법에 따라 결과 값이 미세하게 상이할 수는 있으나 거의 유사한 범위 내에 있다. 여기에서는 그림 18.2와 같이 선형인 물/시멘트비와 강도관계를 이용하였다.

$$\text{압축강도} = \mathrm{a} - \mathrm{b} \times (\text{물/시멘트 비}) \tag{18.4}$$

기준콘크리트(그림 18.2의 선2)의 물/시멘트비와 강도 관계는 다음과 같이 나타낼 수 있다.

$$f_o = A_o - B_o \cdot \omega_o \tag{18.5}$$

후보콘크리트(그림 18.2의 선1)의 결정된 c_a/a비에 대해 다음 가정이 가능하다.

$$f_a = A_a - B_a \cdot (w/(c+a)) \tag{18.6}$$

시험 결과에 기초한 물/시멘트비와 압축강도의 관계로부터 기준콘크리트와 후보콘크리트를 비교하여 다음 식을 풀 수 있다.

$$f_{o(reference)} = f_{a(addition)} \tag{18.7}$$

위의 관계로부터 다음과 같이 정리가 가능하다.

$$A_o - B_o \cdot \omega_o = A_a - B_a \cdot w_a/(c+a)$$

$$\omega_o = w_a/(c+k \cdot a) \Rightarrow w_a = \omega_o \cdot (c+k \cdot a)$$

$$A_o - B_o \cdot \omega_o = A_a - B_a \cdot \omega_0 \cdot (c+k \cdot a)/(c+a)$$

$$\text{또는} \quad A_o - B_o \cdot \omega_o = A_a - B_a \cdot \omega_0 \cdot (1+k \cdot a/c)/(1+a/c) \tag{18.8}$$

따라서 k-값은 다음과 같이 나타낼 수 있다.

$$k = \frac{(A_a - A_o) \cdot (1+a/c)}{B_a \cdot a/c} \cdot \frac{1}{\omega_o} + \left[\frac{B_o \cdot (1+a/c)}{B_a} - 1\right] \cdot \frac{1}{a/c} \tag{18.9}$$

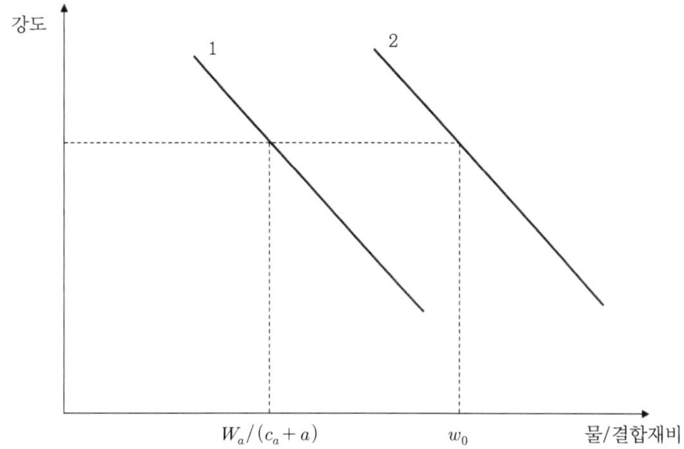

그림 18.2 k-값의 결정 원리

3) k-값 활용 예제

결합재 중량의 20퍼센트를 플라이애시로 치환한 콘크리트에 대해 물/결합재 비와 강도의 관계식이 실험에 의해 다음과 같이 주어진 경우(그림 18.3), k-값은 다음과 같이 결정할 수 있다.

$$f_o = 91.64 - 95.20 \cdot \omega_o$$

$f_f = 101.8 - 124.6 \cdot$ 물/(시멘트+플라이애시) ; 플라이애시/시멘트=0.25

$$k = \frac{(101.8 - 91.64) \cdot (1 + 0.25)}{124.6 \cdot 0.25} \cdot \frac{1}{\omega_o} + \left[\frac{95.20 \cdot (1 + 0.25)}{124.6} - 1 \right] \cdot \frac{1}{0.25}$$

$$k = 0.408 \cdot 1/\omega_o - 0.180$$

$$f_o = 91.64 - 95.20 \cdot \omega_o$$

$f_f = 101.8 - 124.6 \cdot$ 물/(시멘트+플라이애시), 플라이애시/시멘트=0.25

$$k = \frac{(101.8 - 91.64) \cdot (1 + 0.25)}{124.6 \cdot 0.25} \cdot \frac{1}{\omega_o} + \left[\frac{95.20 \cdot (1 + 0.25)}{124.6} - 1 \right] \cdot \frac{1}{0.25}$$

$$k = 0.408 \cdot 1/\omega_o - 0.180$$

따라서 k-값은 ω_o의 함수로 표현이 가능하고, 이를 도식화하면 그림 18.4와 같다.

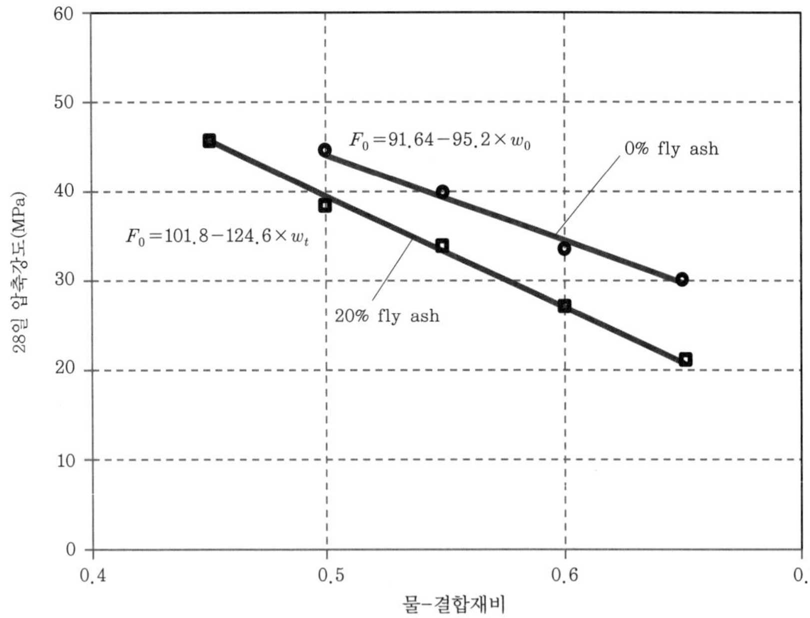

그림 18.3 압축강도와 물/결합재비 관계 예

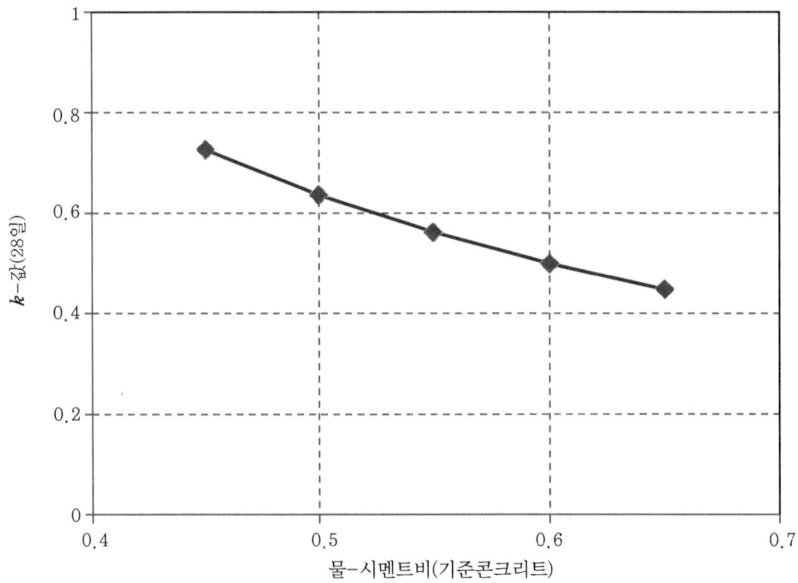

그림 18.4 기준콘크리트의 물/시멘트비에 대한 k-값(콘크리트 재령 28일)

압축강도를 35 MPa로 결정하면,

$$f_o = A_o - B_o \cdot \omega_o = 35 = 91.64 - 95.20 \cdot \omega_o$$

$$\omega_o = (91.64 - 35)/95.20 = 0.595$$

$$f_f = A_f - B_f \cdot w/(c+f) = 35 = 101.8 - 124.6 \cdot w/(c+f)$$

$$w/(c+f) = (101.8 - 35)/124.6 = 0.536$$

$$k = (\omega_f/\omega_o - 1)/(f/c)\ ;\ \omega_f = w/(c+f)\cdot(1+f/c)$$

$$k = [(0.536\cdot(1+0.25)/0.595) - 1]/0.25 = 0.504$$

물/시멘트비를 0.5로 결정하면,

$$k(\omega_o = 0.50) = 0.408/0.50 - 0.180 = 0.636$$

$$f_o(\omega_o = 0.50) = 91.64 - 95.20\cdot 0.50 = 44\ \text{MPa}$$

$$f_f = A_f - B_f \cdot \omega_o \cdot (1 + k \cdot f/c)/(1+f/b)$$

$$= 101.8 - 124.6\cdot 0.50\cdot(1+0.636\cdot 0.25)/(1+0.25) = 44.0\ \text{MPa}$$

18.4 콘크리트의 환경성 표시 및 선언

콘크리트 혹은 건설과 관련한 대표적인 환경표준으로서 ISO 14020 시리즈에 의한 환경성 표시 및 선언을 들 수 있다. 환경성 표시 및 선언의 목표는 제품과 서비스의 환경적 정보를 입증이 가능한 방법으로 정확하게 알림으로써 친환경 제품의 수요를 촉진시키고, 환경에 영향을 덜 미치는 제품과 서비스를 공급하여 시장 주도의 지속적인 환경 개선을 유도하는 것이다. 환경성 표시 및 선언은 콘크리트만이 아니라 일반 산업용 제품에도 널리 적용되고 있으며, 다음과 같이 세 가지 유형이 있다.[18-15~17)]

KS Q ISO 14024, 환경성 표시 및 주장－제1유형 환경성 표시

KS Q ISO 14021, 환경성 표시 및 주장－제2유형 환경성 표시(환경성 자기 주장)

KS I ISO 14025, 환경성 표시 및 선언－제3유형 환경성 선언

18.4.1 제1유형 환경성 표시(Type I environmental labelling)

제1유형 환경성 표시는 일정한 제품군 중에서 전반적으로 환경적 우월성을 나타내는 제품에 환경성 표시를 인정하는 인증서를 수여하는 제3자 프로그램으로 정의할 수 있다. 환경성

표시는 전과정적인 사고를 기초로 하고, 자발적이어야 하며 환경 라벨링 기관(eco-labeling body : 공공기관 또는 민간대행기관)에서 운영하는 데 우리나라에서는 환경산업기술원(KEITI)이 운영하는 환경 마크 인증이 이에 속한다. 현재 콘크리트 분야에서는 골재 및 고로 슬래그 미분말, 레디믹스트 콘크리트의 회수수 처리시스템, 투수 콘크리트 제품, 슬래그 가공 제품 등에 대한 인증기준이 마련되어 있다.

18.4.2 제2유형 환경성 표시(Type II environmental labelling)

제2유형 환경성 표시는 '환경성 자기 주장' 또는 '자기 선언 환경성 주장'이라고도 불리며, 이러한 환경성 주장으로부터 이익을 얻고자 하는 제조업자 등에 의하여 만들어질 수 있는데, 자기 선언 환경성 주장에 있어서 신뢰성 보장이 필수적이다. 즉 제품을 구매하는 사람이 이러한 주장의 유효성을 신뢰할 수 있으려면 환경성 주장을 하는 사람들이 사용하는 평가방법은 명확하고 투명하며, 과학적으로 타당해야 하고 문서화되어야 한다. KS Q ISO 14021에 따르면 환경성 자기 주장은 해당 제품이 다음 중 어느 하나의 범주에서 우수하다고 주장하는 것이다 : 퇴비화 가능성, 분해 가능성, 분해를 고려한 설계, 연장된 제품 수명, 회수 에너지, 재활용 가능성, 재활용 함량, 전 소비자 물질, 후 소비자 물질, 재활용 물질.

18.4.3 제3유형 환경성 선언(Type III environmental declaration)

제3유형 환경성 선언은 제품의 환경성 선언(EDP) 또는 환경제품 선언(EPD) 등으로도 불리는데, 일정한 제품 및 서비스에 대한 전과정 평가를 기초로 하고, 제3자에 의해 선언 내용이 검증되므로 세 가지 유형의 표시 및 선언 중에서 가장 정량적이고 정확한 환경정보를 전달한다. 제3유형 환경성 선언의 프로그램 운영자(program operator)는 제3유형 환경성 선언의 대상 제품에 대한 제품 범주 규칙(product category rules, PCR)을 개발하거나 기존 제품 범주규칙을 이용한다. 해당 제품의 환경성능을 평가하기 위하여 제품에 대해 전과정 평가를 수행하거나 정량적인 정보(정보 모듈 또는 전과정 목록 데이터 등)를 사용하여야 한다. 선언의 내용은 일반사항, 전과정 평가, 전과정 목록 또는 정보 모듈로부터 나온 데이터와 추가적인 환경정보로 구성되고, 선언된 내용에 대하여 제3자에 의한 검증을 필요로 한다. 우리나라에서는 환경산업기술원(KEITI)이 운영하는 환경성적표지(EDP) 및 탄소성적표지가 이에 해당한다(www.edp.or.kr).

표 18.10 및 그림 18.5에 미국의 한 레디믹스트 콘크리트 회사에 의한 제3유형 환경성 선언의 예를 나타내었다. 그림 18.5는 레디믹스트 콘크리트 $1m^3$ 생산에 대하여 에너지 소비(TPE),

콘크리트 제조용 물 사용(CWB), 세척 등 기타 물 사용(CWW), 지구온난화(GWP), 오존층 고갈(ODP), 산성화(AP), 부영양화(EP), 광화학 산화물 형성(POCP) 등의 환경영향에 대한 정량적인 평가의 결과를 나타낸다.

표 18.10 미국 Central 레디믹스트 콘크리트의 제3유형 환경성 선언(EPD) 개요[18-18)]

선언 제품	Central 산하 8개 레디믹스트 콘크리트 공장 생산 1,479개의 콘크리트 배합
선언 주체	Central Concrete, U.S.
프로그램 운영자	북미 레디믹스트 콘크리트협회 (NRMCA)
LCA/EPD 개발자	Climate Earth, U.S.
독립 검증기관	Athena Sustainable Materials Institute, U.S.
제품범주규칙	North America Product Category Rules (PCR) for ISO 14025 Type Ⅲ EPD and GHG Protocol, The Carbon Leadership Forum (www.carbonleadershipforum.org)
선언일	2013. 4. 12.
유효기간	5년
EPD 번호	NRMCAEPD: 10001

	Name	Abbreviation	Unit
Mix performance	28-day compressive strength	CS	psi
Mix impacts (per m^3)	Total primary energy consumption	TPE	MJ
	Concrete water use(batch)	CWB	m^3
	Concrete water use(wash)	CWW	m^3
	Global warming potential	CWP	kg CO_{2-eq}
	Ozone depletion	ODP	kg CFC-11_{-eq}
	Acidification	AP	kg SO_{2-eq}
	Eutrophication	EP	kg N_{-eq}
	Photochemical ozone creation/smog	POCP	kg O_{3-eq}

		perf.	Impacts							
Mix Code	Plant	CS	TPE	CWB	CWW	GWP	ODP	AP	EP	POCP
	minimum	2,000	2,155E+03	6,871E-02	4,504E-03	2,058E+02	3,634E-06	1,513E+00	8,143E-02	2,568E+01
	maximum	6,000	3,629E+03	7,287E-02	4,504E-03	4,819E+02	6,637E-06	3,466E+00	1,395E-01	4,745E+01
325PC901	Brentwood	2,500	2,556E+03	6,871E-02	4,504E-03	3,058E+02	4,237E-06	2,174E+00	9,251E-02	3,072E+01
325PC902	Brentwood	2,500	2,552E+03	7,287E-02	4,504E-03	3,056E+02	4,249E-06	2,173E+00	9,197E-02	3,067E+01
325PC9D1	Brentwood	2,500	2,231E+03	6,871E-02	4,504E-03	2,529E+02	3,634E-06	1,786E+00	8,243E-02	2,572E+01
325PC9D2	Brentwood	2,500	2,225E+03	7,287E-02	4,504E-03	2,525E+02	3,638E-06	1,784E+00	8,143E-02	2,568E+01
325PC9Q1	Brentwood	2,500	2,161E+03	6,871E-02	4,504E-03	2,062E+02	4,591E-06	1,515E+00	1,004E-01	2,760E+01
325PC9Q2	Brentwood	2,500	2,155E+03	7,287E-02	4,504E-03	2,058E+02	4,571E-06	1,513E+00	9,997E-02	2,754E+01
325PG9C1	Brentwood	2,500	2,536E+03	6,871E-02	4,504E-03	3,047E+02	4,147E-06	2,170E+00	8,987E-02	3,063E+01
325PG9D1	Brentwood	2,500	2,311E+03	6,871E-02	4,504E-03	2,674E+02	3,760E-06	1,894E+00	8,401E-02	2,707E+01
325PG9Q1	Brentwood	2,500	2,344E+03	6,871E-02	4,504E-03	2,310E+02	5,036E-06	1,704E+00	1,109E-01	3,082E+01
325PG9Q2	Brentwood	2,500	2,345E+03	7,287E-02	4,504E-03	2,316E+02	5,064E-06	1,707E+00	1,106E-01	3,085E+01
330PC901	Brentwood	3,000	2,671E+03	6,871E-02	4,504E-03	3,246E+02	4,436E-06	2,313E+00	9,581E-02	3,251E+01

그림 18.5 미국 Central 레디믹스트 콘크리트에 대한 제 3유형 환경성 선언(EPD)[18-18)]

18.5 친환경 시방서 관련 국내 · 외 동향

전 세계적인 온실가스 감축정책에 따라 세계 각국에서는 건설 분야의 온실가스 감축을 위한 친환경시방서 및 지침을 개발하고 있으며, 우리나라에서는 2013년 건축공사표준시방서 개정 시 「친환경 시공 및 환경관리」라는 제목으로 친환경 시방 내용을 개발하였다.

미국 IgCC

유럽 fib Bulletin 67

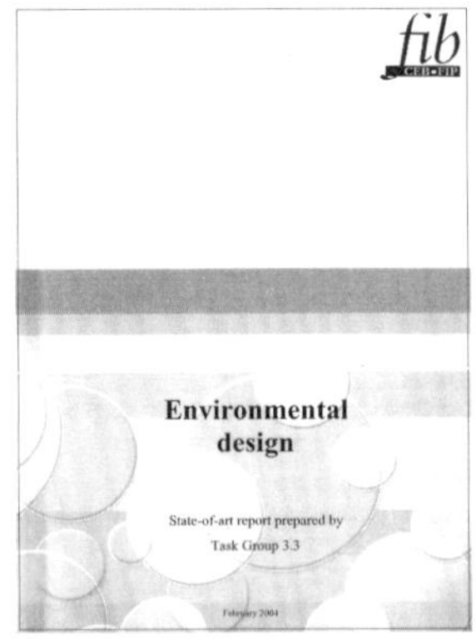

유럽 fib Bulletin 28

일본건축학회

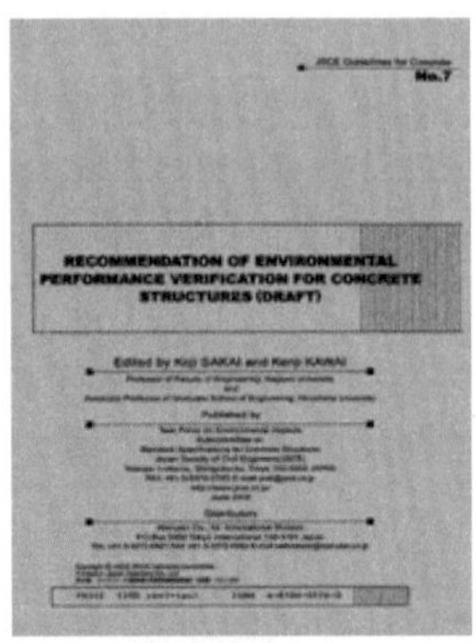

일본토목학회

대한건축학회

미국 Green Concrete Council

미국 Green Concrete Council

그림 18.6 국내 · 외 친환경 시방서

현재 알려져 있는 국내 · 외 관련 자료는 미국, 유럽, 일본 등의 친환경 설계기준, 시방서 및 지침서 등이며 요약하면 그림 18.6과 같다.

18.5.1 International green construction code (IgCC)18-19)

미국의 건설공사와 관련된 설계, 시공, 감리 등과 관련된 각종 기준과 시방서를 개발하는 ICC(international code council)는 1994년에 설립되었으며, 이 기관은 20세기 후반까지 미국 내에서 각종 설계기준과 관련된 업무를 관장하던 BOCA(building officials and code administrators international, inc.), ICBO(international conference of building officials), SBCCI(southern building code congress international, inc.) 등 3개 기관의 후원에 의하여 탄생하였다. ICC에서 현재까지 개발된 설계기준은 총 15종으로 그 내용은 다음과 같다.

－International Building Code

－International Energy Conservation Code

－International Existing Building Code

－International Fire Code

－International Fuel Gas Code

－International Green Construction Code

－International Mechanical Code

－ICC Performance Code

－International Plumbing Code

－International Private Sewage Disposal Code

－International Property Maintenance Code

－International Residential Code

－International Swimming Pool and Spa Code

－International Wildland Urban Interface Code

－International Zoning Code

이중에서 2012년에 발간된 IgCC(international green construction code)는 건축 전반에 대하여 초기 건축계획단계로부터 설계, 시공, 사용 및 유지관리, 폐기단계까지의 친환경 기준을 제시하고 있다. 이 기준은 독립적으로 활용하기 보다는 기존의 다른 기준이나 표준과 동시에 활용하도록 구성되었으며, 건축물의 분류기준은 IBC에 따르도록 규정하고 있다. 이 기준은 자연환경과 건축물 입주자들에게 환경, 건강, 안전 및 복지 측면에서 부정적인 영향을 감소시키고 긍정적인 영향을 증대시키기 위하여 필요한 최소한의 요구사항을 규정한 모델코드이다. 이 기준에서는 천연자원의 소비, 재료, 수자원 및 에너지 소비뿐 아니라 실내환경의 질과 쾌적성, 기존 건축물이나 신축 건물의 운영과 유지관리 및 대지의 활용까지 기술하고 있으며, 3년 주기로 개정될 예정이다. IgCC는 총 12개 장과 4개의 부록으로 구성되어 있으며, 각 장의 내용은 표 18.11과 같다.

표 18.11 IgCC (international green construction code) 구성 및 목차[18-19)]

	제목	내용
1장	범위 및 행정사항	–일반사항 –적용범위 –제출물, 승인, 허가, 벌칙 등
2장	용어정의	–용어정의
3장	법적 요구사항	–법적 요구사항 –생애주기평가
4장	대지개발 및 활용	–천연자원 보존 –우수관리 –교통영향 –열섬 완화 –조명
5장	자원보존 및 효율	–건설자재 관리 –건설폐기물 관리 –폐기물관리 및 재활용
6장	에너지 보존 및 온실가스 저감	–에너지 관리, 모니터링 –요구대응 자동화 시스템 –건축물 외피시스템 –건축물 기계시스템
7장	수자원보호 및 효율성	–장비, 장치 –수자원 관리 및 계측 –우수관리
8장	실내환경 및 쾌적성	–HVAC 시스템 –실내 공기질 관리 –음향 및 조명
9장	검수, 사용 및 유지관리	–승인기관 –검수, 사용 및 유지관리
10장	기존 건축물	–기존 건축물의 교체 –용도변경 –철거 –법적 요구사항
11장	기존 건축물 대지 개발	–증축 –기존 대지의 교체 –용도변경
12장	참고 표준	–참고 표준
부록	부록 A	프로젝트 선택항목
	부록 B	라돈 경감
	부록 C	추가 조례
	부록 D	시행절차

18.5.2 fib bulletin 28, environmental design(2004)[18-20]

전 세계 산업사회에서 사용되는 천연자원과 에너지의 약 50퍼센트는 건설산업과 관계가 있으며, 미래사회에서의 지속가능성을 확보하기 위한 노력의 일환으로 콘크리트 산업 분야의 환경성을 향상시키기 위해 유럽의 국제콘크리트연맹(fib) 제3위원회(commission 3)에서는 환경적 관점에서 콘크리트 최적기술(best available technology, BAT)을 정리하고 환경영향을 평가하고 최적화시키는 방법론을 요약하여 최신기술보고서(state-of art report)인 「Environmental Design」을 2004년 발간하였다. 보고서의 내용은 환경영향 평가와 이를 이용한 환경설계기법 및 환경과 관련된 콘크리트 산업의 BAT에 대하여 기술하고 있으며, 주요 구성내용은 표 18.12와 같다.

표 18.12 fib bulletin 28 environmental design 구성 및 목차[18-20)]

	제목	내용
1장	일반사항	-일반사항 -용어와 기호
2장	환경설계의 뼈대	-범위와 목적 -환경설계
3장	콘크리트 BAT 시스템	-콘크리트 산업에서의 환경적 관점 -시멘트 생산 -골재 생산 -철근과 프리스트레싱 강재의 생산 -콘크리트 제조와 운송 -콘크리트 시공 -콘크리트의 재활용
4장	환경설계에서의 유지관리 시스템	-일반사항 -콘크리트 구조물의 유지관리 BAT -표준과 권고
5장	환경영향평가와 최적화를 위한 방법론	-배경과 원칙 -평가기준과 데이터 -환경영향 평가의 원칙 -생애주기평가(LCA) -환경영향 평가 -환경관련 최적화

18.5.3 fib bulletin 67, guidelines for green concrete structures(2012)[18-21]

fib의 친환경 콘크리트 기술 관련 제3위원회(commission 3)에서는 2012년 「Guidelines for green concrete structures」를 발간하였는데, 이 지침은 콘크리트공사와 관련된 여러 가지 환경영향 평가 자료와 콘크리트 구조물의 CO_2 산정 예제를 제공하고 있으며, 주요 구성은 표 18.13과 같다.

18.5.4 일본토목학회, 콘크리트 구조물의 환경성능 검증 지침(2006)[18-22]

일본토목학회(JSCE)에서는 1997년부터 콘크리트 산업의 지속가능한 발전에 대한 연구를 시작하였으며, 자원의 효율적 활용을 위한 분과위원회를 구성하여 환경을 고려한 콘크리트를 개발하고 에너지 및 자원절약의 관점에서 콘크리트 산업을 홍보하기 위한 활동을 시작하였다. 1999년 '콘크리트의 환경영향 평가를 위한 연구 소위원회'를 구성하여 총 120개 항목의 콘크리트 및 관련 산업의 원단위(inventory) 작성 등 환경영향 평가 방법을 개발하였으며, 그 결과로 2005년에 「콘크리트 구조물의 환경성능 검증 지침(안)(recommendation on environmental performance verification for concrete structures(draft))」이 발간되었다. 이 지침은 일반사항, 환경성, 환경성능의 평가, 환경성능의 검증, 검사 및 기록 등 총 6개의 장으로 구성되어 있으며, 각 장에 포함된 내용은 표 18.14와 같다.

이 지침에는 일본토목학회의 콘크리트 시방서에서 현재 사용 중인 성능중심설계의 개념이 반영되어 있다. 친환경설계의 개념을 도입, 콘크리트 구조물에서의 환경성에 대한 명확한 정의를 내리고, 이를 평가 · 검증하기 위한 방법 및 흐름도, 연관관계 분석 및 통합방법 등을 제시하고 있다.

18.5.5 일본건축학회, 철근콘크리트 건축물의 환경배려 시공지침, 해설(2008)[18-23]

일본의 건축 관련 5단체에서는 2000년에 「지구환경 · 건축헌장」을 제정하여 지속가능한 순환형 사회의 실현을 목표로 건축물의 장수명, 자연과의 공생, 에너지절약, 자원절약 · 순환 및 역사적 · 문화적 승계를 행동규범으로 선언하였다. 이에 따라 일본건축학회(AIJ)에서는 2008년 「철근콘크리트조 건축물의 환경배려 시공지침(안) · 동해설」을 출판하였다. 이 지침은 현장시공을 중심으로 철근콘크리트공사에 대해 환경배려 사항을 제시한 것으로, 철근콘크리트 구조물의 설계도서, 공사계획서 등에 환경배려 사항을 포함할 때 사용하도록 한 것이다. 즉 철근콘크리트공사에 관련된 모든 관계자가 각각의 활동에 있어 환경을 고려할 경우 필요로 하는 기본적 방안에 환경배려 사항을 적용함으로써 콘크리트 제조 및 철근콘크리트 건축물의 시공에 있어서의 환경부하저감을 유도하고자 한 것이다.

표 18.13 fib bulletin 67, Guidelines for green concrete structures 구성[18-21]

	제목	내용
1장	일반사항	–녹색콘크리트 구조물의 정의 –생애주기 단계
2장	기호	–사용 기호 색인
3장	평가단위의 선택	–제품 및 시공의 평가단위
4장	환경영향인자의 선택	–지속가능과 연계된 환경인자 : 천연자원, 에너지소비 및 온실가스 효과, 환경영향, 건강과 안전
5장	녹색콘크리트 기술	–원재료의 선택 –배합설계의 최적화 (결합재량 감소) –생산방법 –콘크리트 제조사의 체크리스트 –철거자재의 재활용 –시공단계
6장	어카운팅	–운송 –원단위 경계와 산정 예 –원단위 경계 –내재 CO_2의 산정 –구조물의 LCI 데이터 –성능기반 최적 구조물 –성능기반 환경인자 –탄산화에 의한 CO_2 흡수
7장	기준 데이터	–콘크리트 원재료 –운송 –콘크리트 공장 및 건설현장
8장	예제	–콘크리트 구조물의 탄소발자국에 대한 시멘트 함량의 영향 –일본 교량의 탄소발자국에 대한 시멘트 함량의 영향 –콘크리트 배합설계 및 보강재 형태에 따른 LCA 영향 –일본 터널에서 재활용 콘크리트 골재의 효과 –콘크리트 배합설계의 영향 –CO_2 흡수 예제
9장	결론	–결론
부록	Annex A	콘크리트 원재료에 대한 기본정보
	Annex B	콘크리트구조물에 대한 기본정보
	Annex C	건축물의 운영과 유지관리에 대한 기본정보
	Annex D	생애주기설계에 대한 기본정보
	Annex E	철거와 재활용에 대한 기본정보
	Annex F	참고문헌

표 18.14 일본토목학회 환경성능 검증 지침의 구성[18-22)]

	제목	내용
1장	일반사항	–지침의 범위 –콘크리트 구조물 설계 시 지침의 위치 –환경성능을 고려하는 과정 –용어 정의
2장	환경성	–일반사항 –환경성의 관점 (온실가스, 대기오염, 자원/에너지, 폐기물, 수질/토양의 오염, 소음/진동, 기타) –환경성의 설정
3장	환경성능의 평가	–일반사항 –환경성능 평가 방법 · 환경성능 원단위(Inventory) 분석(온실가스, 대기오염, 자원/에너지, 폐기물) · 환경성능 특성 분석과 통합 · 수질/토양오염의 평가 · 소음/진동의 평가 · 기타 성능의 평가
4장	환경성능의 검증	–일반사항 –성능 검증
5장	검사	–환경성능 검사
6장	기록	–기록사항

일본건축학회(AIJ)의 철근콘크리트조 건축물의 환경배려 시공지침의 구성은 표 18.15와 같이 지침의 목적 및 적용범위로부터 부재의 설계, 재료의 선정 및 배합, 운반 및 타설, 철근공사 및 거푸집 공사 등 철근콘크리트 공사와 관련된 제반 사항을 기술하고 있으며, 환경배려의 종류를 자원절약형, 에너지절약형, 환경부하물질 저감형 및 장수명형 등 4가지로 분류하여 각 분류방법에 따른 시공지침을 제시하고 있다.

① 자원절약형 : 순환자원의 사용 및 재활용(Recycle)이 가능한 자재 · 재료를 사용 또는 재료를 고강도화함으로써 부재 단면을 저감하는 등 천연자원의 사용량을 저감하는 환경배려

② 에너지절약형 : 자재 · 재료의 제조, 운송 · 운반, 건축물의 시공, 건축물의 사용, 해체공사, 폐기물 처리 등에 필요로 하는 에너지를 절감하는 재료, 기기 및 시스템을 이용할 경우의 환경 배려

③ 환경부하물질 저감형 : 지구환경, 지역환경, 국소환경 등 다양한 공간규모의 환경에 대해 부하 요인이 되는 지구온난화, 오존층 파괴, 산성비, 생태계 파괴, 근접환경공해(대기, 토양, 수질의 오염 등), 실내위생 환경오염 등을 발생시키는 유해한 물질(예 : CO_2,

NOx, SOx 등)을 저감하는 환경 배려

④ 장수명형 : 건축물 및 그 구성재의 내구성 향상에 기여하여 철근콘크리트 구조 건축물의 사용년한을 증가시키는 환경 배려

위 4가지 형태의 환경배려는 각각 독립적으로 적용되지만 내용의 구성은 다른 환경 배려의 형태에도 관련될 수 있다. 예를 들어, 에너지 절약기기의 활용은 에너지 절약형의 환경 배려뿐만 아니라 CO_2 배출량 감소에 의해 환경부하물질 저감형의 환경 배려에도 관련될 수 있으나 재활용 재료의 이용은 자원절약형의 환경 배려이나 일반적으로는 재활용 시 에너지 증대를 초래하므로 에너지절약형의 환경 배려는 아니다. 따라서 특정 형태의 환경배려만을 추구할 경우 다른 측면에서 환경부하 증가를 일으키게 되어 전체적으로 보면 오히려 부정적인 결과를 초래할 수도 있다. 그러므로 각 단계에 실시하는 환경배려는 생애주기 측면에서 조명하는 것이 가장 효과적이다.

표 18.15 일본건축학회 철근콘크리트조 건축물의 환경 배려 시공지침의 구성[18-23)]

철근콘크리트 건축물의 환경배려 시공지침	JASS 5(2009년 판)
1장 목적 · 적용범위	1절 총칙
2장 환경배려의 분류 및 적용방법	2절 구조체 및 부재의 요구성능
3장 부재 및 구조체의 설계	3절 콘크리트의 종류 · 품질
4장 콘크리트재료의 선정	4절 콘크리트재료
5장 콘크리트의 조합	5절 조합
6장 콘크리트의 발주 · 제조 · 입수	6절 콘크리트의 발주 · 제조 및 입수
7장 콘크리트공사	7절 콘크리트의 운반 · 타설 및 다짐
8장 철근 및 철근공사	8절 양생
9장 거푸집 및 거푸집공사	9절 거푸집
부록1~5 적용사례	10절 철근
	11절 품질관리 · 조사 및 장치
	12절 특수콘크리트
	30절 특수콘크리트
	31절 특기

일본건축학회 철근콘크리트조 건축물의 환경 배려 시공지침(안)은 현장 시공을 중심으로 한 철근콘크리트공사에 대해 환경 배려 사항을 제시한 것으로 철근콘크리트 구조물의 설계도서, 공사계획서 등 환경에의 배려 사항을 포함할 때 사용된다. 또한 이 지침은 철근콘크리트공사에 사용되는 재료 선정에 관한 기본방침과 배합설계 및 부재설계 시 고려해야 할 환경 배려 사항 및 콘크리트, 철근, 거푸집을 사용한 구조물 시공에 있어서의 환경 배려 사항 등을 제시하고 있다.

18.5.6 US Green Concrete Council, The sustainable concrete guide[18-24)]

US Green Concrete Council은 2009년에 미국내 콘크리트 산업의 환경성능 향상을 지원하기 위하여 결성되었고, ACI의 지원으로 운영된다. 이 단체에서는 콘크리트산업의 지속가능성을 확대하기 위하여 ACI의 전문가 그룹을 활용하여 2010년에 2권의 발간물을 발행하였으며, 그 내용은 「지속가능한 콘크리트 가이드」의 전략과 예제편 및 적용편 등 2가지이다. 제1편인 「지속가능한 콘크리트 가이드－전략과 예제」에서는 고성능, 장수명의 녹색건축물에서 콘크리트를 활용할 수 있는 최선의 전략에 대하여 기술하고 있으며, 관련된 사례 연구, 기술자료 및 참고문헌 등을 제시하고 있다.

제2편인 「지속가능한 콘크리트 가이드－적용」에서는 콘크리트 재료와 제품 선정, 시공방법 등에 따른 지속가능성 확보 방안에 대하여 기술하고 있다. 또한 콘크리트 재료 선정과 구성, 종합 설계 등의 단계에서 녹색기준과 표준 등을 참고할 수 있는 힌트와 사례 연구 등을 제공하고 있다. 제1편과 제2편은 각각 11개 및 28개 장으로 구성되어 있으며, 그 내용은 표 18.16과 같다.

표 18.16 지속가능한 콘크리트 가이드 구성 및 목차[18-24)]

지속가능한 콘크리트 가이드		
－전략과 예제－	－적용－	
1장 탄소성적표	1장 물	17장 보온 거푸집
2장 열전도	2장 시멘트	18장 조적
3장 열 매스 및 저장	3장 혼화재료	19장 파이프
4장 사용수명	4장 골재	20장 프리캐스트
5장 우수관리	5장 철근	21장 숏크리트
6장 인적요인과 생활환경	6장 혼화제	22장 지붕 타일
7장 안전과 보안	7장 기타 재료	23장 조정
8장 재사용과 재활용	8장 건설팀	24장 콘크리트 구조부재의 통합
9장 경제적 영향	9장 계획과 BIM	25장 콘크리트 부재 통합의 해법
10장 기후변화와 회복력	10장 건설경영	26장 유지관리와 보수
11장 기타 지속가능 혁신전략과의 호환	11장 품질관리/시운전	27장 보존 및 재사용
	12장 건축PC	28장 국가, 주 및 지역코드
	13장 현장타설 콘크리트	
	14장 캐스트 스톤	
	15장 기초	
	16장 포장	

18.5.7 대한건축학회, 건축공사표준시방서(2013)[18-25]

건축공사표준시방서는 1967년 최초 발간 이래 매 4~5년 주기로 개정되어 왔다. 2013년 개정, 고시된 건축공사표준시방서는 2006년 시방서에서 시작된 코드체계 구성을 계승하여 완성시켰으며, 새로운 공법 및 재료의 개발에 대응하기 위한 시방의 다양화와 전 세계적인 녹색건설기술의 반영을 위한 녹색시방서 체계를 구축하도록 하였다. 이를 위하여 정부의 '저탄소녹색성장기본법'에 근거하여 건축구조물의 설계, 건설, 유지관리, 해체의 생애주기를 통하여 에너지 및 자원 소비를 최소화하고 온실가스 배출을 저감하기 위한 기본 정신을 시방서에 반영시켰다.

건축공사표준시방서의 총칙을 규정하는 01000장에서는 01045절에 '환경관리 및 친환경 시공'이라는 새로운 절을 도입하였으며, 절의 후반부에는 시방서의 체계에 맞추어 일반사항 및 자재와 시공에 관한 내용을 규정하고 있다. 각 절의 세부 규정내용은 표 18.17과 같다. 또한 이 시방서에서는 건축공사의 환경성능을 평가하기 위한 환경 확인 목록을 부표로 제공하고 있다. 2013년 건축공사표준시방서에서는 01000 총칙 이외에도 각 장별로 '환경관리 및 친환경 시공'에 대한 사항을 규정하고 있으며, 05000장 '콘크리트 공사'에서도 1.8절에 콘크리트 건축물의 '환경관리 및 친환경 시공'에 대하여 기술하고 있다. 이 절은 철근콘크리트공사에 대해 환경 배려 사항을 제시한 것으로, 철근콘크리트 건축물의 설계도서, 공사계획서 등에 환경에 대한 배려 사항을 포함할 때 적용하도록 규정하고 있으며, 환경을 배려한 철근콘크리트 공사를 위해서는 구조물의 생애주기(설계단계, 생산·제조단계, 시공단계, 사용단계, 해체단계 및 폐기단계)에 걸친 다양한 활동에 있어서 발생하는 환경적 요소와 환경영향을 고려한 후, 부재 및 구조물의 설계단계부터 철근콘크리트 건축물의 시공단계까지 각 단계별로 환경 배려 사항을 검토하도록 하고 있다. 이 절에서 규정하는 내용을 요약하면 표 18.18과 같다.

표 18.17 건축공사표준시방서 환경관리 및 친환경 시공 목차[18-25]

	제목	내용
1절	일반사항	–적용범위 –관련법규 –용어의 정의 –제출 및 승인 –기타
2절	자재	–자재일반 –자재의 선정
3절	시공	–환경관리 및 친환경시공 –환경오염방지 –수송에 의한 환경영향 저감 –환경보호

표 18.18 건축공사표준시방서-콘크리트 공사의 환경관리 및 친환경 시공[18-25)]

	제목	내용
1.8.1	일반사항	-환경 배려 콘크리트 공사의 일반사항
1.8.2	재료선정	-재료 선정시 고려사항 -배합설계의 원칙 -결합재 선정 원칙 및 순환자원
1.8.3	레디믹스트 콘크리트 공장 선정	-공장의 요건 -공장 선정 거리
1.8.4	시공방법 및 장비 선정	-시공공법 및 장비 선정의 원칙
1.8.5	기타 사항	-거푸집공사의 전용률 향상 및 재자원화 -콘크리트 품질 향상을 위한 거푸집공사

18.6 맺음말

콘크리트 구성재료의 생산, 레디믹스트 콘크리트 및 콘크리트 2차 제품의 생산을 포함하여 콘크리트 구조물이 전과정에 걸쳐 미치는 적지 않은 환경영향은 우리나라에서도 더 이상 등한시할 수 없는 상황에 이르고 있다. 건설 제품 및 구조물의 환경영향은 전과정 평가라는 도구를 사용하여 비교적 정확하게 산정할 수 있는데, 이 장에서는 우리나라 전과정 평가의 결과물로서 국가 LCI DB를 먼저 소개하고, 추가로 환경성 표시 및 선언이라는 새로운 환경경영의 도구를 소개하였다. 콘크리트의 등가내구성 및 k-값은 우리나라에서 도입을 신중히 검토해야 하는 개념이다. 저탄소 콘크리트를 생산하고 사용하고자 하는 노력은 우리나라 레디믹스트 콘크리트업계 등에서 많은 양의 플라이애시, 고로 슬래그 미분말 등 시멘트 대체재료 활용이라는 바람직한 측면으로 이어지고 있으나 반면에 대체재료를 다량 사용한 콘크리트의 느린 강도발현, 강도에 우선하다보니 미처 고려하지 못하는 내구성 문제, 한 가지 이상의 결합재를 사용할 때 보다 체계적인 배합방법 등은 이미 선진 각국도 고민한 기술적 문제이며, 이에 대해 유럽은 이 장에서 소개한 등가성능 및 k-값 등의 선진적 개념을 통하여 해법을 제시하고 있는 것이다. 또한 이 장에 나타낸 것과 같이 유럽을 비롯하여 미국, 일본 등 선진 각국은 앞다투어 친환경 콘크리트 기준, 시방서 및 지침을 정비하고 있다. 우리나라도 이에 뒤처지지 않도록 콘크리트구조기준과 콘크리트표준시방서 등에 친환경 배합설계, 친환경 콘크리트의 사용, 환경친화적인 시공 방법 등의 내용을 적극 개발하고 정비하여야 할 것으로 사료된다.

참고문헌

18-1 KS I ISO 14001, "환경경영시스템 - 요구사항 및 사용지침", 산업통상자원부 기술표준원, 2009.

18-2 ISO 21929-1, "Sustainability in building construction—Sustainability indicators, Part 1 : Framework for the development of indicators and a core set of indicators for buildings", Geneva, Switzerland, 2011.

18-3 ISO 21930, "Sustainability in building construction—Environmental declarations of building products", Geneva, Switzerland, 2007.

18-4 ISO 21931-1, "Sustainability in building construction—Framework for methods of assessment of the environmental performance of construction works, Part 1 : Buildings", Geneva, Switzerland, 2010.

18-5 ISO 13315-1, "Environmental management of conocrete and concrete structures, Part. 1 General principles", Geneva, Switzerland, 2012.

18-6 ISO 13315-2, "Environmental management of conocrete and concrete structures, Part. 2 System boundaries and inventory data", Geneva, Switzerland, 2014.

18-7 ISO 14040, "Environmental management—Life cycle assessment—Principles and framework", Geneva, Switzerland, 2006.

18-8 ISO 14044, "Environmental management—Life cycle assessment—Requirements and guidelines", Geneva, Switzerland, 2006.

18-9 한국환경산업기술원, http://www.edp.or.kr.(2015)

18-10 BS EN 197-1, "Cement—Part 1 : Composition, specifications and conformity criteria for common cements", BSI, 2000.

18-11 CEMBUREAU, Environmental Product Declaration for Cement, 2013.

18-12 BS EN 206, "Concrete—Part 1 : Specification, performance, production and conformity", BSI, 2013.

18-13 CEN/TR 16563, "Principles of the equivalent durability procedure", CEN/TC 104, 2013.

18-14 CEN/TR 16639, "Use of k-value concept, equivalent concrete performance concept and equivalent performance of combinations concept", CEN/TC 104, 2014.

18-15 KS Q ISO 14024, "환경성 표시 및 주장-제1유형 환경성 표시", 산업통상자원부 기술표준원, 2011.

18-16 KS Q ISO 14021, "환경성 표시 및 주장-환경성 자기 주장 (제2유형 환경성 표시)", 산업통상자원부 기술표준원, 2011.

18-17 KS I ISO 14025, "환경성 표시 및 선언-제3유형 환경성 선언, 산업통상자원부 기술표준원", 2012.

18-18 Buffenbarger, J., "What are PCRs and EPDs", Concrete Sustainability Forum VI, ACI, Phoenix, AZ, U.S., 2013.

18-19 ICC, International Green Construction Code (IgCC), International Code Council, U.S., 2012.

18-20 fib bulletin 28, Environmental design, federation Internationale du Beton, 2004.

18-21 fib bulletin 67, Guidelines for green concrete structures, federation Internationale du Beton, 2012.

18-22 일본토목학회, 콘크리트 구조물의 환경성능 검증 지침, 2006.

18-23 일본건축학회, 철근콘크리트 건축물의 환경배려 시공지침 해설, 2008.

18-24 US Green Concrete Council, The sustainable concrete guide, U.S., 2010.

18-25 대한건축학회, 건축공사표준시방서, 기문당, 2013.

제19장 전과정 평가

채창우, 한국건설기술연구원 건축도시연구소 선임연구위원, cuchae@kict.re.kr

19.1 개요

전과정 평가(life cycle assessment, LCA)는 개념적으로 환경부하 혹은 배출에 관한 질적, 양적 자료목록을 작성 · 평가하여 환경성과를 개선시키기 위한 대안을 검토하는 과정이라고 할 수 있으며 환경영향평가(environment impact assessment, EIA), 위해성평가(risk assessment) 등과 같은 환경경영기법 중 하나로 정립되고 있고, ISO 14000 시리즈의 기술적 근간을 이루고 있다. 전과정 평가는 제품 전과정의 여러 관점에서 환경측면을 개선시키기 위한 기회를 제공하며, 정부기관 및 비정부기관에서 전략적인 계획 수립과정, 우선순위 결정과정, 제품과 공정에 대한 디자인 과정 등에 대한 결정을 하는데 도움을 준다. 또한 환경마크와 같은 제품의 환경성 선언에 의한 마케팅 전략을 수립하기 위해서도 전과정 평가는 중요한 정보를 제공한다.

이 장에서는 전과정 평가에 대한 이론적 고찰과 수행 방법에 대하여 정리하고, 콘크리트 구조물을 포함한 콘크리트 전반을 대상으로 하는 사례를 기술하였다.

19.2 ISO 14000 시리즈(환경경영 시스템)

19.2.1 ISO/TC 207 구성 체계

국제표준화기구(international organization for standardization, ISO)의 제207 기술위원회(technical committee, TC)는 일련의 환경경영(environmental management) 표준을 개발하고 있으며(그림 19.1), 전과정 평가 기법 관련 표준은 ISO/TC 207/SC 5에 의해 개발 및 제정되고 있다.

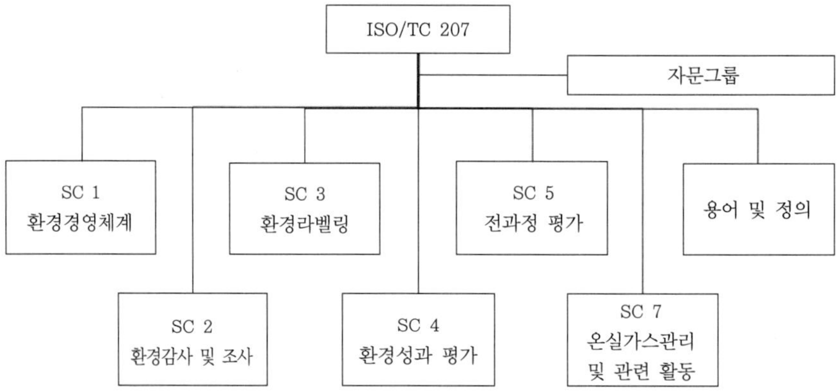

그림 19.1 ISO/TC 207 구성체계

19.2.2 ISO 14000 시리즈 표준 및 표준 분류

ISO 14000 TC 207 위원회 산하에는 7개 소위원회(sub committee, SC)가 활동을 하고 있다(표 19.1). SC 1은 환경경영표준에 대한 작업을 수행하고 있으며, SC 3은 라벨링, SC 5는 전과정 평가, SC 7은 탄소발자국에 관련된 표준 작업을 진행하고 있다.(표 19.2 및 그림 19.2)

표 19.1 SC별 ISO 14000 시리즈 표준

소위원회	관련 표준
SC 1	ISO 14001 : 2004, ISO 14004 : 2004
SC 2	ISO 14015 : 2001
SC 3	ISO 14020 : 2000, ISO 14021 : 1999, ISO 14024 : 1999, ISO 14025 : 2006
SC 4	ISO 14031 : 2013
SC 5	ISO 14040 : 2006, ISO 14044 : 2006, ISO 14046 : 2014, ISO/TR 14047 : 2012, ISO/TS 14048 : 2002, ISO/TR 14049 : 2012, ISO 14064-1,2,3
SC 7	ISO/TS 14067 : 2013
-	ISO 14050 : 2009(Vocabulary)

표 19.2 ISO 14000 시리즈 표준 분류

구분	조직 및 시스템 규격	제품 및 공정 규격
인증 및 심사규격	환경경영시스템 (ISO 14001, ISO 14004)	환경라벨링 (ISO 14020, ISO 14021, ISO 14024, ISO 14025)
기술 및 평가규격	환경감사 (ISO 14015) 환경성과평가 (ISO 14031, ISO/TR 14032)	전과정 평가 (ISO 14040, ISO 14044) 기술 및 사례 (ISO/TR 14047, ISO/TS 14048, ISO/TR 14049)

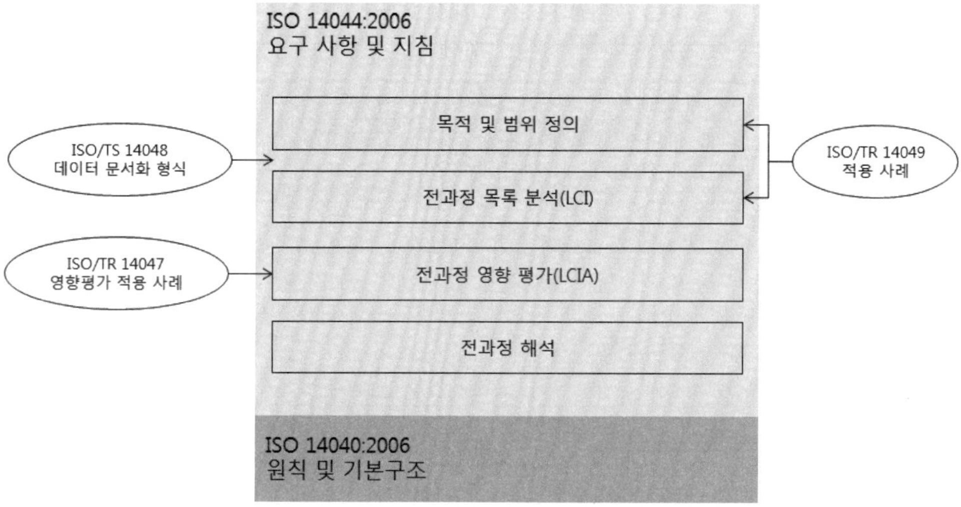

그림 19.2 ISO 14040 시리즈 표준 간 상관관계

19.3 전과정 평가

19.3.1 전과정 평가 개요

가. 역사

전과정 평가의 시초는 표 19.3과 같이 1969년에 시작한 것으로 알려져 있다. 그 이후 1970년 오일파동 이후 자원과 에너지에 대한 평가방법론으로 발전하였고, 환경에 대한 중요성이 부각되면서 여러 가지 제품 개발에서 환경적 요인을 평가하기 위한 방법론으로 정착되었다. 전과정 평가가 국제표준으로 개발되기 시작한 것은 1990년대 후반부터이며, 최근에는 탄소발자국(carbon footprint) 평가기준 개발 활동으로 이어지고 있다.

나. 정의

전과정 평가란 제품 시스템의 전과정 동안에 투입되는 자원 및 에너지와 배출되는 오염물질을 정량적으로 목록화하고, 이들이 환경에 미치는 잠재적 악영향을 체계적으로 평가하는 도구 및 기법이다.(그림 19.3)

표 19.3 전과정 평가의 시대적 흐름에 따른 이슈

연대	이슈
1969년	미국 코카콜라사의 음료용기에 관한 전과정 평가 최초로 수행
1970년대	오일파동 여파로 에너지 소모량에 관한 연구인 REPA(resource & environmental profile analysis) 수행됨(태양에너지효과/대기오염물질 절감효과분석)
1980년대	유럽을 중심으로 연구소 및 기업에서 현재의 전과정 평가 연구가 시작되었으며, 후반기부터 SETAC(society of environmental toxicology and chemistry)에서 중점적으로 연구가 시작됨
1990년대	라이덴대학(네덜란드)의 부설 연구기관인 CML에서 전과정 평가 방법론 지침서 발간, 분야별 전문가로 구성된 작업그룹 조직 등 활발한 활동-ISO 표준화 문서(ISO 14040, 14044, 14047, 14048, 14049) 제정
2000년대	LCA가 제품 및 기업의 환경성 평가 도구로 가장 널리 사용

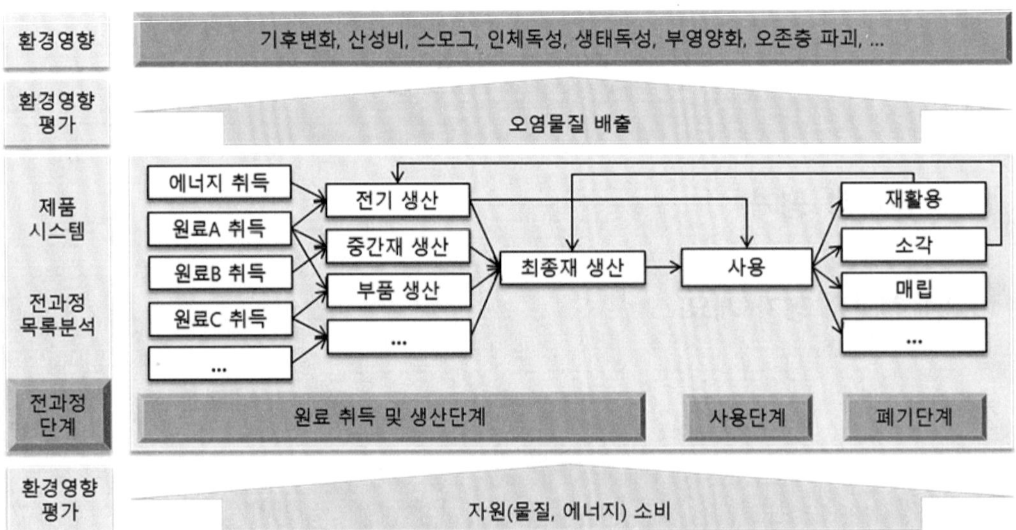

그림 19.3 자원의 사용과 환경영향

다. 구성

전과정 평가는 그림 19.4와 같이 목적 및 범위의 정의, 전과정 목록분석, 전과정 영향평가, 전과정 해석으로 구성되어 있다. 전과정 평가는 수행하는 목적에 따라 연구의 방향과 깊이가 결정되므로 목적 및 범위의 정의 단계에서는 우선 연구수행 목적을 명확히 정의하고 목적에 맞게 대상제품이나 공정의 범위를 설정해야 한다. 또한 필요한 데이터와 그 출처, 연구수행 기간, 연구수행 지역 등도 목적에 맞게 설정되어야 한다. 전과정 목록분석(LCI) 단계는 원료의 추출에서부터 제조 및 가공, 수송 및 유통, 사용, 최종 폐기에 이르는 공정의 전과정 동안의 에너지 및 원료 소요량과 환경 배출물을 정량화하여 목록을 작성하는 과정이다.

전과정 영향평가 단계는 목록분석에서 규명된 자원소요량과 환경배출물에 대한 정보를 토대로 하여 LCI 항목들이 환경에 미치는 잠정적인 영향을 평가하는 과정이다. 마지막으로 해석은 제품이나 공정에 대한 전과정 목록분석 또는 전과정 영향평가의 결과들을 연구에서 정의된 목적 및 범위에 맞게 해석하고 환경 관련 배출물 또는 환경영향을 감소시킬 수 있는 방안을 체계적으로 규명하고 평가하는 과정이다.

19.3.2 목적 및 범위의 정의

목적 및 범위의 정의 단계에서는 연구의 목적과 연구의 대상, 연구 수행자와 대상청중, 연구의 범위 등 LCA 연구에서 다루어야 할 기본 요건들을 정의하는 과정이다. 연구의 목적을 정의할 때는 연구의 적용 분야와 연구를 수행하는 이유, 연구의 결과를 전달할 대상자를 명확히 명시해야 한다. 한편, 연구를 수행하는 단체나 기관명, 연구를 적용할 대상에 대해서도 명시해야 한다. 연구의 범위를 설정할 때는 제품의 기능과 기능단위, 시스템 경계, 할당 등에 대해서 고려해야 한다.

연구의 목적은 연구의 전체적인 방향을 설정하는 단계이기 때문에 매우 신중하게 정의하여야 한다. 기능단위는 연구를 수행하는 정량적인 기준이 되며, 이를 바탕으로 목록분석이 진행된다. 특히, 환경마크 기준을 설정하는데 있어서 기능단위를 정의하는 단계는 제품들의 환경성을 비교할 수 있는 토대가 된다. 다음에 기능단위 설정에 대하여 설명하였다.

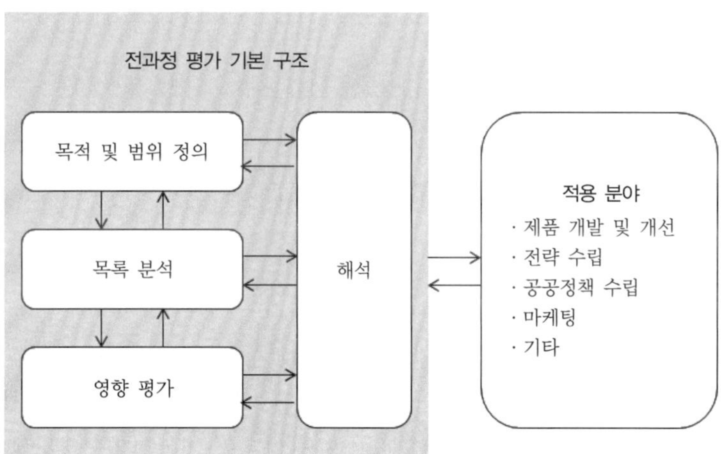

그림 19.4 전과정 평가 구성[19-1]

가. 목적 정의

LCA 연구의 목적 정의는 이후에 진행될 모든 과정에 영향을 미치므로 명확하게 정의해야 하며, 다음의 4가지 항목은 반드시 정의해야 한다.

- 연구수행 목적
- 연구적용 분야
- 연구의 목표 청중
- 비교주장 여부

나. 범위 정의

LCA 연구의 범위는 다음 항목들을 포함한다.[19-1)]

- 연구 대상 제품시스템
- 제품시스템의 기능, 비교 연구의 경우에는 시스템
- 기능단위
- 시스템 경계
- 할당 절차
- 선정된 영향범주와 영향평가 방법론, 그리고 이후 사용되는 해석
- 데이터 요구사항
- 가정
- 제한사항
- 초기 데이터 품질 요구사항
- 정밀검토의 유형
- 연구에 대하여 요구되는 보고서의 유형 및 서식

1) 기능 및 기능단위 설정

제품시스템의 기능이 무엇인가를 규정하는 것은 결국 제품의 용도가 무엇인가를 규정하는 것이다. 이때 용도는 제품 사용자의 관점에서 규정되며, 기능단위는 제품시스템의 기능이 나타내는 성과를 가늠하는 척도이다. ISO/TR 14049에 따르면 기능단위의 목적은 제품에 의해 제공된 서비스를 정량화 하는 것으로 기능단위 설정의 첫 단계는 제품에 의해 제공된 서비스(제품의 기능)를 정의하는 것이다. 두 번째 단계는 정의한 제품의 기능을 정량화하는 것이다.[19-2)] 다음으로 대상제품의 성능(예, 대상제품 1개의 단위용량)을 바탕으로 기능단위를 해석

하여 기준흐름을 정한다. 즉 기준흐름이란 기능단위를 수행하는 데 필요한 제품의 수 또는 양을 나타낸다. 기준흐름이 결정되면 이를 바탕으로 목록을 작성한다. 다음의 그림 19.5에 기능단위를 바탕으로 기준흐름을 계산하는 절차에 대하여 나타냈다. 예를 들어 대상 제품을 페인트A로 선정하고, 페인트A의 여러 기능을 규명한 다음 그 중에서 표면 채색을 전과정 평가 수행을 위한 주요기능으로 선정한다. 이 기능을 바탕으로 100 m^2의 표면을 채색하는 것을 기능단위로 설정한다. 다음으로 페인트A가 단위 m^2를 채색하는 데 필요한 페인트의 양을 조사하여 기능단위인 100 m^2의 표면을 채색하는 데 필요한 페인트의 양을 계산한다. 즉 여기서 구한 50 kg의 페인트가 기준흐름이 된다.

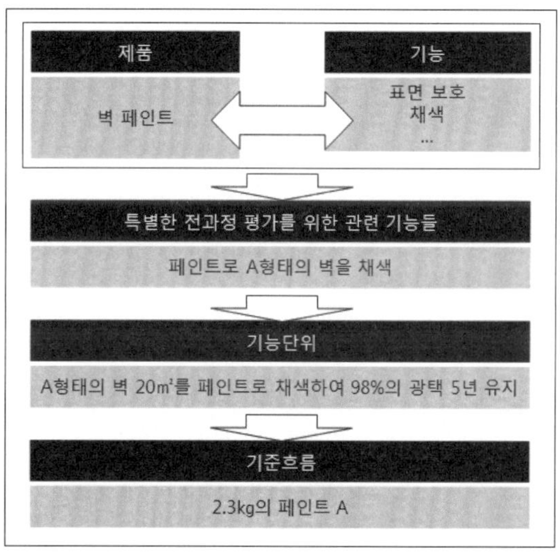

그림 19.5 기능단위 설정

2) 시스템 경계 설정

일단 전과정 목록분석을 수행하려는 목적이 정해지고 그 의도한 용도가 확실해졌다면 그 다음에는 시스템 경계를 구체적으로 정의해야 한다. 시스템이란 분명하게 정의된 어떤 기능을 수행하는 일련의 활동들의 집합체이다. 광범위한 의미에서의 시스템은 원료의 획득으로부터 출발하여 산업체 또는 소비자의 사용을 거쳐 최종 폐기까지를 말한다. 그러나 데이터 수집과 비용이라는 제약 요인으로 인해 현실적으로 전과정에 대한 모든 데이터를 수집할 수는 없으므로 결과에 큰 영향을 미치지 않는 공정에 대해서는 시스템 경계에서 제외하게(cut-off criteria) 된다. 이렇게 제외된 공정은 제외 기준 및 가정에 대해 명백하고 투명하게 언급해야 한다. 시스템과 그 경계를 명확하게 정의하는 것은 결과의 타당성 있는 해석을 보장하기 위함이다. 시스템 경계는 전과정 평가에 포함되어 있는 단위공정들로 결정되며, 의도된 용도, 데

이터와 비용의 제한, 가정들, 연구결과의 적용 의도 등의 요인에 의해 결정된다.(그림 19.6)

투입물과 배출물의 선택과 같은 범주 내에서의 데이터 수집 정도, 시스템의 모델은 연구의 목적에 따라 일관성 있어야 하며, 시스템 경계에서의 투입물과 배출물을 모델화해야 한다. 시스템 경계를 설정하는 데 사용된 기준은 연구범위의 정의 단계에서 확인되고 수정되어야 한다. 일반 대중에게 공개되어 비교 검증에 사용되는 전과정 평가 연구는 그 범위 내의 포괄적 내용을 파악하기 위하여 물질의 흐름을 분석해야 한다. 시스템 경계 설정 시 고려해야 할 사항은 다음과 같다.

- 제조공정에서의 물질 및 에너지 흐름
- 운송
- 1차 연료 취득 및 사용 가능한 형태로 가공되는 과정
- 전기 및 열 생산
- 제품 사용
- 공정폐기물(process waste) 및 사용 후 제품 폐기
- 사용 후 제품 재사용, 재활용, 열회수
- 보조물질(ancillary material) 제조

3) 데이터 품질 요건

데이터 품질 요건은 일반적으로 연구에서 필요한 데이터의 특성을 규명할 수 있어야 하며, 전과정 평가 연구의 목적과 범위에 부합되도록 정의되어야 한다. 데이터 품질에 대하여 다음 사항을 언급해야 한다.

- 데이터의 시간적 범위
- 데이터의 지역적 범위
- 데이터의 기술적 적용범위
- 데이터의 정확도와 완성도, 대표성
- 전과정 평가의 수행에 사용한 방법의 일관성과 재현성
- 데이터의 출처와 그 대표성
- 정보와 방법들의 다양성과 불확실성

전과정 평가 연구가 비교 검증에 사용될 때 데이터의 대표성과 완전성, 정확성뿐만 아니라 전과정 평가에 사용되는 방법의 일관성과 재현성이 평가되어야 한다.

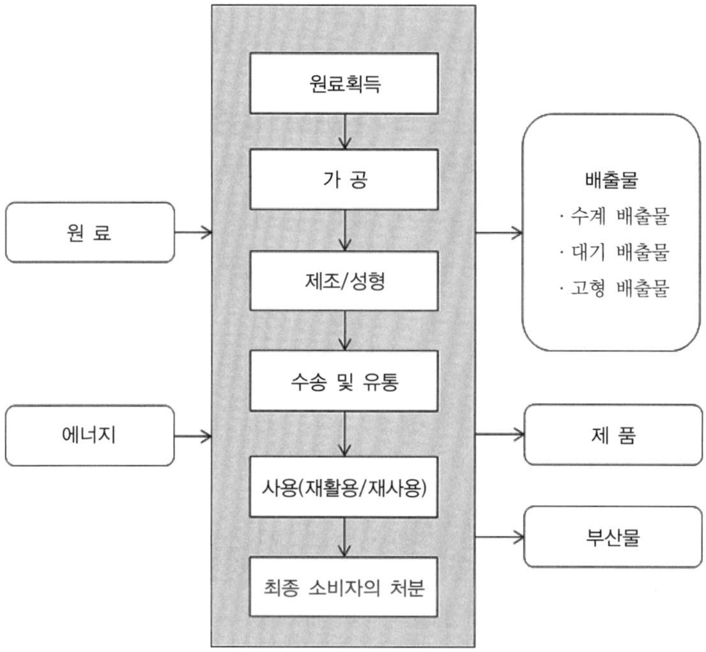

그림 19.6 시스템 경계

19.3.3 전과정 목록분석

전과정 목록분석 단계는 전과정 평가의 두 번째 단계이며, 전과정 평가의 가장 핵심적인 단계로 생산 시스템과 관련된 투입물과, 산출물에 대한 데이터 수집과, 수집된 데이터를 물질수지나 에너지수지, 할당 등 제품 시스템에 적합한 투입물 및 배출물을 정량화하는 과정이다. 투입물에는 원료와 보조원료, 에너지 사용, 물 사용 등이 포함되어야 하고, 산출물에는 대기 배출물, 수계 배출물, 고형폐기물 등의 자료를 포함해야 한다. 목록분석단계는 그림 19.7 및 표 19.4의 기본절차를 따른다.

가. 공정흐름도 작성

제품 시스템의 전반적인 분석을 위한 기초과정으로 제품 시스템 내의 모든 관련 공정들을 규명하고 이들의 상호관계를 반복적으로 체계화하는 과정이다. 공정흐름도의 작성은 주요 제품을 제조하는 공정에서부터 출발하여 상위흐름(자원채취, 가공)과 하위흐름(소비, 폐기)을 결합하여 작성하며, 일련의 공정(흐름도에서 박스로 표시)과 물질흐름(흐름도에서 화살표로 표시)으로 구성되어 있다.

나. 데이터 수집

공정흐름도가 작성이 되었으면 관련 자료를 수집해야 한다. 자료수집 과정은 전과정 평가 수행 시 가장 많은 시간과 노력이 필요한 과정이다. 데이터의 수집은 직접 문헌조사를 이용하기도 하지만 실제 공정 상의 데이터를 수집하기 위해서는 설문서를 작성하는 방법이 주로 이용된다. 데이터 수집을 위한 공인된 설문서의 양식은 없으며, 연구목적에 맞게 작성한다.

다. 데이터 검증

연구의 질을 높이기 위하여 수집된 데이터에 대한 검증과정은 필수적이다. 데이터의 검증을 위해서는 관련 전문가들에 의한 검증과 물질수지 및 에너지수지 등을 이용한 검증, 기존 데이터와 비교를 통한 검증 등이 있다. 만일 수집된 데이터에 대한 검증결과, 물질수지 및 에너지수지가 맞지 않거나 기존 데이터와 비교하여 터무니 없이 차이가 날 경우에는 데이터를 다시 수집해야 한다.

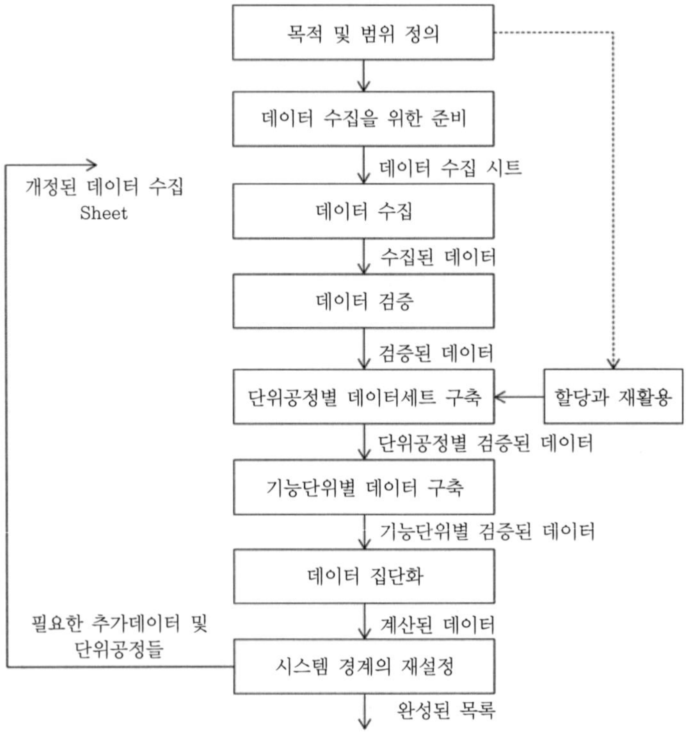

그림 19.7 전과정 목록분석 절차

표 19.4 전과정 목록분석(LCI) 주요 절차 및 수행 내용

절차	수행 내용
단위공정 결정 및 공정도 작성	-업체의 데이터 관리 상황을 반영하여 단위공정을 결정하고, 이들을 연결하여 공정흐름도 작성
공정 데이터 수집	-설문서 등을 활용하여 각 단위 공정별 원부자재 및 유틸리티, 환경배출물 등 공정데이터 수집
공정 데이터 검증	-수집한 공정 데이터에 대해 물질수지 및 필요시 에너지수지, 물수지에 대한 검증 수행
공정 데이터 계산	-검증된 데이터를 활용하여 할당 또는 기능단위에 의한 계산 등을 수행하여 gate to gate 데이터 작성
상 · 하위흐름 데이터베이스 연결	-소프트웨어를 활용하여 gate to gate 데이터와 상 · 하위흐름 데이터베이스 연결
전과정 목록표 작성	-최종 전과정 목록표 완성

라. 데이터 처리

데이터에 대한 검증이 끝나고 데이터 갭 등이 규명되면 이를 토대로 시스템 경계를 재설정한다. 공정흐름도에 포함 또는 제외할 부분이 결정되고 나면, 데이터를 사용하기 편리한 형태로 가공하고, 이를 기능단위에 따라 계산한다. 계산된 파라미터를 항목별로 합산하여 목록표를 작성한다. 이 과정에서 할당문제가 발생한다. 즉 대부분의 산업공정들이 하나 이상의 제품을 생산하며, 중간 또는 폐기된 물질을 원료로 재활용하고 있기 때문에 이 경우에 다중투입물과 산출물에 의한 할당문제가 발생하며, 폐기된 제품을 다른 제품의 원료로 재활용하는 것과 같은 열린고리형 재활용 시스템의 경우에도 할당문제가 발생한다. 일반적으로 사용되는 할당 방법에는 Avoided Impact Approach, Cut-off Method, Extraction Load Method, Disposal Load Method, 50/50 Method, Material Pool Approach 등이 있다. 다중투입/산출 공정의 경우 할당 기준은 물리 · 화학적 원인관계, 경제적 가치 및 물리적 기준(무게, 에너지) 등의 순으로 적용된다. 하지만 전문가들은 가급적이면 할당을 피하는 것을 권장한다. 할당을 피하는 방법으로는 단위공정을 세분화하여 할당을 피하는 방법과 시스템 경계를 확장하여 할당을 피하는 방법이 있다.

19.3.4 전과정 영향평가

전과정 목록분석을 수행한 후에 대상제품에 대한 환경측면을 파악하기 위해서는 전과정 영향평가는 필수적이며, 작성된 LCI 항목들이 환경에 미치는 잠재적 영향을 평가하는 과정이다. 전과정 영향평가는 목록분석의 결과를 영향범주별로 분류하는 분류화(classification) 단

계와 분류된 목록 변수가 영향범주에 미치는 영향을 정량화하는 특성화(characterization) 단계, 환경영향을 지역적인 인자 또는 시간적인 인자, 인구수에 의한 인자 등에 의해 기여한 환경영향으로 나누는 정규화(normalization) 단계, 마지막으로 상대적인 가중치를 결정하는 가중치부여(weighting) 단계로 진행된다.

분류화와 특성화 단계는 필수적인 단계(그림 19.8)이지만 정규화와 가중치 부여 단계는 선택사항으로 분류하고 있다. 그러나 아직까지는 목록항목별 또는 영향범주별 상관관계를 과학적이고 객관적으로 접근하지 못하고 단지 전문가들에 의한 정성적인 방법이 많이 적용되고 있다. 전과정 목록분석 결과 얻어진 목록항목의 잠재적인 환경영향을 평가하는 과정은 일반적으로 그림 19.9와 같다.

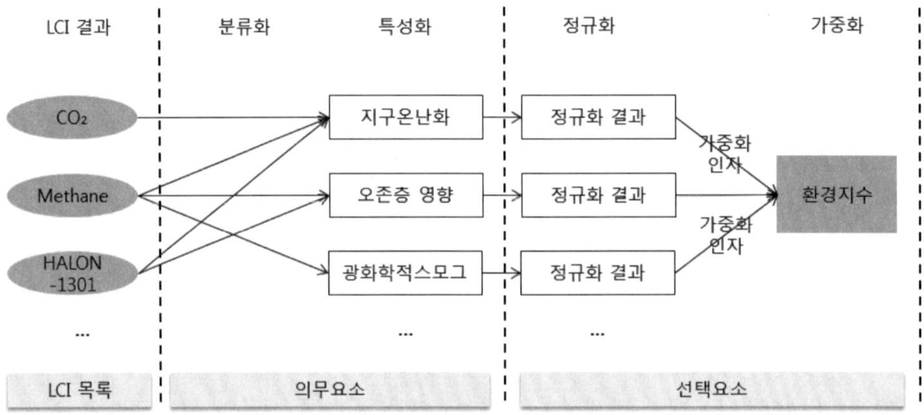

그림 19.8 전과정 영향평가 수행 절차

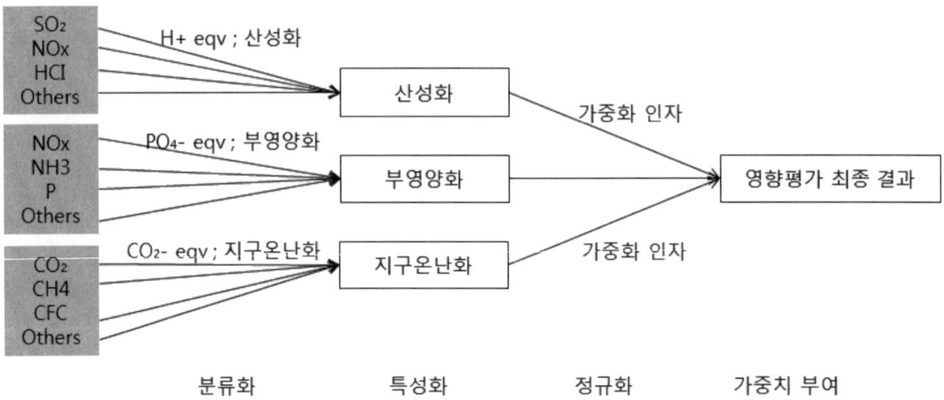

그림 19.9 일반적인 전과정 영향평가 절차(4단계)

가. 분류화

목록분석의 결과에 의한 투입물과 배출물을 영향범주와 연결시키는 과정으로 이를 통하여 전과정 평가에서 고려해야 할 영향범주가 결정된다. 이때 중요한 것은 목록 변수에 의해 야기되는 환경영향을 직렬효과(parallel effect) 및 병렬효과(serial effect)와 원인-효과 사슬(cause-effect chain)을 통해 규명해야 한다. 표 19.5와 같이 일반적으로 보호해야 할 영향범주를 천연자원과 인간보건, 생태계 등 3가지 범주로 구분하고, 각각에 대하여 세부적인 영향범주가 존재한다.

표 19.5 환경 보호범주와 세부 영향범주

<table>
<tr><th colspan="2" rowspan="2">보호범주</th><th colspan="3">환 경 영 향</th></tr>
<tr><th>지구 규모</th><th>지역적 규모</th><th>국지적 규모</th></tr>
<tr><td colspan="2">자원</td><td>에너지자원 소모
광물자원 소모</td><td></td><td></td></tr>
<tr><td colspan="2">인간</td><td></td><td></td><td>인체독성
(발암, 비발암)</td></tr>
<tr><td rowspan="3">생태계</td><td>대기</td><td>지구온난화
오존층 고갈</td><td>산성화
황사</td><td>스모그</td></tr>
<tr><td>수계</td><td></td><td></td><td>부영양화
수계 생태독성</td></tr>
<tr><td>토양</td><td></td><td></td><td>토양 생태독성</td></tr>
</table>

나. 특성화

영향범주별로 분리된 목록 파라미터에 대하여 영향범주별 상응인자를 사용하여 잠재적 환경영향을 계산하는 단계로서 식 (19.10)과 같이 목록항목별 환경부하량에 목록항목별 상응인자를 곱함으로써 구할 수 있다. 각 영향범주에 대한 상응인자는 표 19.6과 같다.

$$C_{ij} = E_j W_{ij} \tag{19.1}$$

여기서, C_{ij} : 투입/산출물 j로부터 발생되는 영향범주 i에 대한 잠재적 공헌도

E_j : 목록항목 j의 환경부하량

W_{ij} : 항목별 상응인자

두 단계의 과정을 통해 영향범주별 지표결과를 계산하게 되며, 영향범주별로 분배된 LCI 결과와 특성화 인자를 곱하여 물질별로 잠재적 환경영향을 계산한 후 LCI 결과를 통합한다.

특성화 결과는 대상제품에 대한 잠재적 환경영향을 의미하며 영향범주별로 단위가 다르기 때문에 상대적 비교는 불가능한 점에 유의해야 한다.

표 19.6 영향범주별 상응인자

영향범주	상응인자
자원고갈	ADP(1/yr)
지구온난화	GWP(CO_{2-eq}/g)
오존층파괴	ODP($CFC11_{-eq}$/g)
산성화	AP(SO_{2-eq}/g)
부영양화	NP(PO_{4-eq}/g)
광산화물 형성	POCP($ethene_{-eq}$/g)
생태독성	ECA(m^3 water/g), ECT(kg soil/g)
인간독성	HCA, HCW(kg body wt/kg

다. 정규화

정규화 단계는 의사결정을 위한 선택적인 단계이다. 이는 전과정 해석을 위한 추가적인 단계로 특성화로부터 얻은 환경프로파일을 정규화인자인 특정시간 및 특정지역, 인구수 등을 기준으로 나타내는 과정이다. 정규화 값의 산출은 식 (19.2)와 같은 과정을 통해 이루어진다. 즉 특성화를 통해 얻어낸 특성화 결과를 산출된 정규화 인자(Reference value)로 나누어줌으로써 특성 상황(특정시간, 특정지역, 1인당 등)에 기준한 영향의 상대적 중요도를 보여주게 된다.

$$정규화값=(C_i/N_i) \qquad (19.2)$$

여기서, C_i : i번째 영향범주에 속한 목록 항목들이 기여하는 잠재적 영향

N_i : 해당지역, 일정기간에 배출되는 i번째 영향범주에 속한 모든 목록 항목들이 기여하는 잠재적 영향

정규화 기준에 대한 정해진 원칙은 없고, 전과정 평가의 절차를 토대로 의사결정을 하는데 가장 적절한 방법을 선택하는 것이 타당하다.

라. 가중치 부여

가중치 부여 단계도 선택적인 단계로 영향범주 간의 상대적인 중요도를 결정하는 단계이다. 이 단계에서는 영향범주 간의 상대적인 중요도를 사회적, 도덕적, 과학적, 사회적인 기준을

중심으로 해석하는 정량적 · 정성적으로 해석한다. 가중치 부여방법은 Red flag 및 Matrix방법과 같은 정성적인 방법과 Delphi method, EPS 및 Distance-to-target과 같은 정량적인 방법이 있다. 이렇게 계산된 범주별 가중치는 다음의 식(19.3)과 같이 각 범주별 영향점수를 적용함으로써 단일 점수화(환경지수)되어 제품이나 서비스 사이의 비교가 가능하다.

$$T = \Sigma(V_i \times I_i) \tag{19.3}$$

여기서, T : 가중치 부여 값

I_i : 영향점수 값

V_i : 영향범주별 가중치

19.3.5 전과정 해석

전과정 해석은 목적과 범위 정의에 맞게 목록분석의 결과 또는 목록분석과 영향평가의 결과를 통하여 주요 환경영향을 규명하고 평가하여 최종 결론에 이르도록 유도하는 체계화된 과정이다(그림 19.10). 전과정 평가의 결과를 토대로 중요한 출입물과 잠재적인 영향들을 규명하고, 규명된 주요 이슈(key-issue)가 연구의 목적 및 범위에 부합하여 목록분석과 영향평가의 정보를 충분히 대표하는지 조사하는 완전성 검사와 주요 이슈들의 편차가 결과에 미치는 영향을 평가하는 민감도 분석 단계를 거친다. 그리고 규명된 주요이슈들이 목록 분석과 영향평가의 결과를 대표하는지를 검토한다. 이를 토대로 결정권자에게는 결론과 조언의 형태로 보고하는 단계를 거친다. 이 모든 과정은 투명해야 하며, 연구의 목적과 부합하지 않을 때는 과정을 반복한다. 또한 최종보고서에는 민감도 분석(sensitivity analysis)과 불확실성 분석(uncertainty analysis)의 수행 결과를 반영해야 한다.

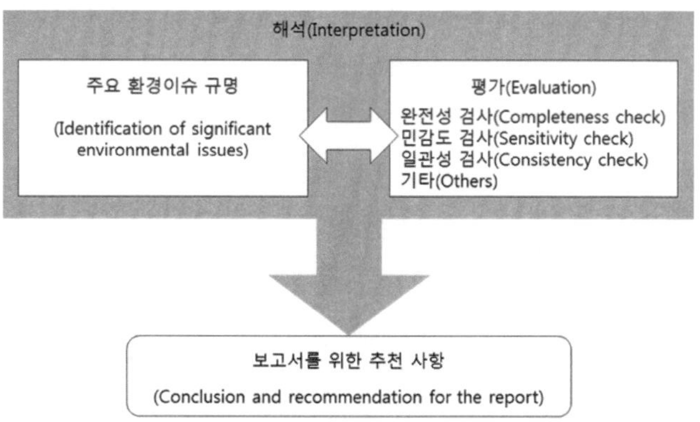

그림 19.10 전과정 해석 수행절차

19.4 LCI 데이터베이스(LCI DB)

가. 정의

LCI DB는 제품에 대한 환경성적을 산출하는 데 반드시 필요한 기초 데이터로서 ISO 14044의 절차를 따라 개발된다. 제품 한 단위(기능단위당)의 생산에 필요한 원자재의 채취 및 소재/부품의 가공, 수송, 제품사용, 폐기(제품 시스템 전과정)까지의 제품 시스템으로 투입되는 자원(환경에서 채취한 자원, 에너지, 광물 포함)의 양과 제품시스템에서 환경으로 버려지는 배출물(대기, 수계)과 폐기물의 발생량을 목록화한 데이터는 다른 제품에 대한 전과정 평가를 수행하는 데 기초 데이터로 활용된다.

나. 구성

LCI DB는 환경으로부터 채취하는 에너지 자원 및 광물자원 등의 목록과 환경으로 나가는 대기배출물, 수계배출물, 폐기물 등의 목록으로 구성된다.

다. LCI DB(Life cycle inventory databse) 종류

1) 우리나라 LCI DB

우리나라는 1990년대 후반 정부 주도로 국가 LCI DB 구축 사업이 진행되어 환경부와 산업통산자원부가 약 450여 개의 DB를 구축하였다.(그림 19.11 및 그림 19.12) 현재 환경부 산하기관인 한국환경산업기술원(www.edp.or.kr)에서 DB를 공개하고 있으며, 환경성평가에 필요한 LCI DB에 대해 국토교통부, 농림축산식품부 등 정부부처와 관련기관에서 개발에 참여하고 있다. 토목자재 및 건축자재 등 건설자재와 관련된 국가 LCI DB는 국토교통부 산하 한국국토교통과학기술진흥원의 국가 R&D로 수행되었으며, 2005~2008년까지 약 66개의 모듈이 개발되었고, 2011년 이후 40개 이상의 LCI DB 개발이 추가로 진행되고 있다.

국가 LCI DB를 공개하는 한국환경산업기술원은 산업자원통산부의 DB를 개발 및 관리하는 한국생산기술연구원, 국토교통부의 DB를 개발 및 관리하는 한국건설기술연구원, 농림축산식품부 DB를 개발 및 관리하는 국립농업과학원과 협력하여 우리나라 LCI DB의 생산, 유지관리 및 공개를 통합·조정하는 정밀검토위원회를 운영하고 있다.

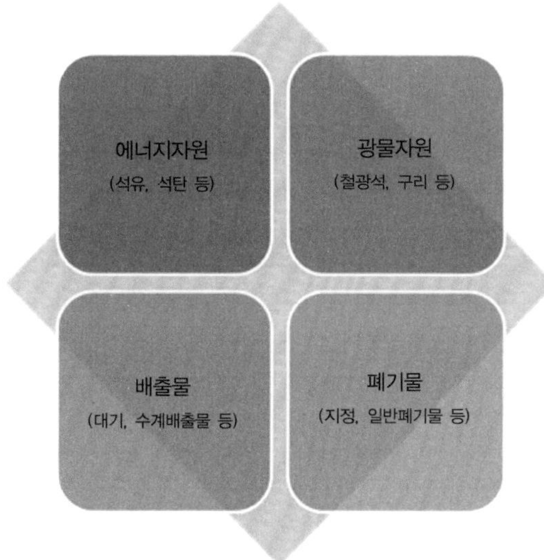

그림 19.11 LCI DB의 목록구성

그림 19.12 국가 LCI DB 정보망(운영 : 한국환경산업기술원)

2) 해외 LCI DB 개발 현황(표 19.7)

표 19.7 해외 DB 운영 현황(출처 : 한국환경산업기술원)

국가	DB 명칭	지역적 경계	비용
EU	European Platform on Life Cycle Assessment	유럽	무료
스웨덴	SPINE@CPM	전세계	유료
덴마크	EDIP	덴마크	유료
	LCA food	덴마크	유료
네덜란드	IVAM LCA Data	네덜란드	유료
	Dutch Input Output	네덜란드	유료
	Franklin US LCI	미국	유료
스위스	ecoinvent	전 세계, 유럽, 스위스	유료
	BUWAL 250	스위스	유료
	LCAinfo		유료
	Swiss Agricultural Life Cycle Assessment Database(SALCA)	스위스	유료
독일	German Network on Life Cycle Inventory Data	독일	개발중
태국	Thailand LCI Database Project	태국	유료
대만	ITRI Database	대만	
일본	Japan National LCA Project	일본	유료
호주	Austrlian Life Cycle Inventory Data Project	호주	무료
캐나다	Canadian Raw Materials Database	캐나다	무료
미국	US LCI Database Project	미국	무료
멕시코	http://www.lcamexico.com		
포탈	The IMI portal		
포탈	University of Washington		

라. 건설자재 LCI DB 목록

우리나라의 국가 LCI DB와 국토교통부 및 국가 R&D사업을 통해 개발된 건설자재 LCI DB는 현재까지 총 152개의 모듈이 있다(2015년 6월 기준). 모듈은 자재와 현장시공, 수송으로 구분되며, 대부분은 자재생산(cradle to gate)에 관련된다. 부록에 LCI DB 목록을 나타냈다.

마. 건설자재 LCI DB에 근거한 환경영향요소 도출

건설자재와 관련된 LCI DB에서 각 환경영향요소를 누적 에너지소요, 인벤토리 데이터, 환경영향평가 결과로 나누어 정리하면 다음의 표 19.8과 같다. 표 19.8에서 번호는 부록 Ⅱ의 표에 실은 목록 번호(일부)와 동일하며, 여기에 표기된 값은 데이터를 사용할 때 평가의 목적에 따라 활용할 수 있도록 관련 자원 또는 영향 요인별로 정리하였다.

표 19.8 건설자재의 환경영향평가 결과

건설 자재 번호	Cumulative Energy Demand												Inventory data						Impact assessment result					
	Energy	Oil	Coal					Gas					Air emission			Particulate Matter emission			자원소모	지구 온난화	오존층 영향	산성화	부 영양화	광화학적 산화물 생성
		crude oil	brown coal	hard coal	soft coal	coal	peat	natural gas (kg)	natural gas (m_3)	off-gas (kg)	off-gas (m_3)	methane	carbon dioxide (CO_2)	sulfur oxides (SO_X)	nitrogen oxides (NO_X)	Dust	Particulates	PM						
	(MJ/*)	(kg/*)	(kg/*)	(kg/*)	(kg/*)	(kg/*)	(kg/*)	(kg/*)	(m^3/*)	(kg/*)	(m^3/*)	(kg/*)	(kg/*)	(kg/*)	(kg/*)	(kg/*)	(kg/*)	(kg/*)	(kg-antimony eq./*)	(kg-CO_2 eq./*)	(kg-CFC_{11} eq./*)	(kg-SO_2 eq./*)	(kg-PO_4^{3-} eq./*)	(kg-C_2H_4 eq./*)
92	4.21E+01	3.24E-01	0.00E+00	8.41E-04	5.39E-04	1.07E+00	0.00E+00	1.45E-01	0.00E+00	0.00E+00	0.00E+00	0.00E+00	3.58E+00	9.92E-03	1.47E-02	9.33E-04	0.00E+00	0.00E+00	2.36E-02	3.87E+00	2.20E-07	1.10E-02	1.92E-03	3.23E-03
93	2.46E+01	5.12E-01	0.00E+00	2.85E-03	1.45E-03	3.90E-05	0.00E+00	2.24E-02	0.00E+00	0.00E+00	0.00E+00	0.00E+00	1.59E+00	3.62E-07	1.90E-02	1.02E-03	0.00E+00	0.00E+00	1.08E-02	1.62E+00	5.88E-07	1.57E-02	2.47E-03	2.69E-03
94	3.01E+01	6.27E-01	0.00E+00	1.29E-03	1.75E-03	3.13E-03	0.00E+00	2.70E-02	0.00E+00	0.00E+00	0.00E+00	0.00E+00	2.10E+00	2.90E-05	2.69E-02	1.75E-04	0.00E+00	0.00E+00	1.32E-02	4.42E+00	7.21E-07	1.95E-02	3.50E-03	2.23E-03
95	5.58E+01	2.34E-01	0.00E+00	6.60E-05	3.36E-05	1.79E+00	0.00E+00	2.30E-01	0.00E+00	0.00E+00	0.00E+00	0.00E+00	5.02E+00	1.66E-02	1.26E-02	1.13E-03	0.00E+00	0.00E+00	3.31E-02	5.10E+00	1.38E-08	1.38E-08	1.38E-08	3.98E-03
96	3.94E+00	8.20E-02	0.00E+00	4.56E-04	2.32E-04	6.24E-06	0.00E+00	3.59E-03	0.00E+00	0.00E+00	0.00E+00	0.00E+00	2.54E-01	5.79E-08	3.03E-03	1.64E-04	0.00E+00	0.00E+00	1.72E-03	2.60E-01	9.40E-08	2.51E-03	3.95E-04	4.30E-04
97	1.24E+02	5.20E-01	0.00E+00	1.47E-04	7.46E-05	3.99E+00	0.00E+00	5.12E-01	0.00E+00	0.00E+00	0.00E+00	0.00E+00	1.11E+01	3.70E-02	2.81E-02	2.51E-03	0.00E+00	0.00E+00	7.35E-02	1.13E+01	3.06E-08	1.98E-02	3.67E-03	8.84E-03
98	4.50E+00	3.29E-02	0.00E+00	1.38E-02	5.49E-05	1.06E-01	0.00E+00	1.48E-02	0.00E+00	0.00E+00	0.00E+00	0.00E+00	3.95E-01	1.21E-03	8.93E-04	1.38E-04	0.00E+00	0.00E+00	2.55E-03	4.05E-01	2.26E-08	6.45E-04	1.17E-04	2.93E-04
99	5.48E+00	7.05E-02	1.79E-02	3.53E-02	0.00E+00	0.00E+00	8.18E-08	2.98E-02	0.00E+00	0.00E+00	0.00E+00	0.00E+00	3.88E-01	2.78E-04	7.39E-04	2.08E-04	0.00E+00	0.00E+00	2.57E-03	3.98E-01	8.02E-08	9.56E-04	9.99E-05	2.54E-04
100	5.49E-01	4.75E-03	1.39E-04	1.14E-03	0.00E+00	1.16E-02	0.00E+00	1.85E-03	0.00E+00	0.00E+00	0.00E+00	0.00E+00	1.22E-01	1.07E-04	1.73E-04	3.85E-03	8.42E-12	2.06E-07	3.02E-04	1.23E-01	4.71E-09	1.56E-04	2.26E-05	3.82E-05
101	6.18E+03	2.99E+01	7.58E+00	5.90E+00	0.00E+00	2.56E+01	1.83E-04	8.82E+01	0.00E+00	0.00E+00	0.00E+00	0.00E+00	8.01E+02	2.69E-01	1.22E+00	6.12E+00	0.00E+00	0.00E+00	2.72E+00	8.18E+02	3.43E-05	5.07E+00	7.23E+00	4.05E-01
102	4.26E+01	8.06E-01	0.00E+00	5.90E-03	1.75E-03	2.91E-01	9.80E-08	0.00E+00	0.00E+00	0.00E+00	0.00E+00	0.00E+00	1.84E+00	4.35E-03	5.56E-03	1.36E-03	0.00E+00	0.00E+00	2.52E-02	1.92E+00	7.07E-07	5.25E-03	7.44E-04	3.20E-03
103	2.27E+02	2.15E-01	4.24E-02	1.05E+01	0.00E+00	0.00E+00	1.10E-04	3.62E-01	0.00E+00	4.46E-06	0.00E+00	0.00E+00	2.39E+00	3.89E-04	2.07E-02	3.50E-03	0.00E+00	0.00E+00	1.52E-01	2.51E+00	1.05E-08	3.98E-02	2.93E-03	5.01E-03
104	2.52E+02	1.64E-01	1.17E-02	1.27E+01	0.00E+00	0.00E+00	4.95E-06	2.65E-02	0.00E+00	2.33E-07	0.00E+00	0.00E+00	2.02E+00	8.73E-04	2.08E-02	1.93E-03	0.00E+00	0.00E+00	1.74E-01	2.06E+00	2.89E-08	4.05E-02	2.77E-03	6.39E-03
105	1.84E+02	5.35E-02	6.94E-03	9.45E+00	0.00E+00	0.00E+00	5.33E-06	2.89E-02	0.00E+00	2.62E-07	0.00E+00	0.00E+00	1.32E+00	4.30E-04	1.55E-02	2.11E-03	0.00E+00	0.00E+00	1.28E-01	1.34E+00	2.25E-08	3.00E-02	2.06E-03	3.97E-03
106	1.19E+01	1.56E-01	1.35E-02	8.72E-02	0.00E+00	0.00E+00	1.17E-06	6.33E-02	0.00E+00	0.00E+00	0.00E+00	0.00E+00	4.58E-01	1.24E-03	1.93E-03	1.74E-03	0.00E+00	0.00E+00	5.58E-03	4.93E-01	4.13E-08	1.94E-03	2.55E-04	6.15E-04
107	6.00E+01	9.98E-01	3.27E-02	3.61E-01	0.00E+00	0.00E+00	2.40E-10	1.50E-01	0.00E+00	0.00E+00	0.00E+00	0.00E+00	2.00E+00	5.16E-03	7.10E-03	6.12E-03	0.00E+00	0.00E+00	2.79E-02	2.17E+00	1.50E-07	6.29E-03	9.45E-04	3.41E-03
108	5.00E+00	6.59E-02	1.18E-04	7.43E-02	0.00E+00	0.00E+00	3.04E-06	1.19E-02	0.00E+00	2.79E-07	0.00E+00	0.00E+00	8.46E-01	7.29E-04	1.71E-03	1.64E-02	0.00E+00	0.00E+00	2.54E-03	8.57E-01	7.32E-08	1.40E-03	2.31E-04	4.16E-04
109	2.58E+00	1.83E-02	5.39E-04	6.79E-02	0.00E+00	0.00E+00	0.00E+00	9.46E-03	0.00E+00	0.00E+00	0.00E+00	9.16E-06	5.22E-01	5.88E-04	7.74E-04	1.51E-02	0.00E+00	0.00E+00	1.46E-03	5.26E-01	1.56E-08	6.78E-04	1.01E-04	1.81E-04
110	4.41E+01	8.06E-01	2.51E-04	2.08E-01	0.00E+00	0.00E+00	2.13E-10	6.85E-02	0.00E+00	0.00E+00	0.00E+00	5.34E-05	6.14E+00	3.10E-03	1.43E-02	3.05E-04	0.00E+00	0.00E+00	2.04E-02	6.24E+00	1.23E-07	1.26E-02	1.98E-03	7.69E-03
111	7.06E+01	1.36E+00	1.77E-04	2.01E-01	0.00E+00	0.00E+00	4.74E-10	9.90E-02	0.00E+00	0.00E+00	0.00E+00	8.03E-06	5.73E+00	2.37E-03	1.28E-02	2.67E-04	0.00E+00	0.00E+00	3.18E-02	5.89E+00	6.92E-08	1.02E-02	1.74E-03	3.35E-02
112	5.77E+01	1.17E-01	1.82E-03	9.17E-02	0.00E+00	0.00E+00	0.00E+00	1.08E+00	0.00E+00	0.00E+00	0.00E+00	9.02E-06	4.00E+00	7.23E-04	9.64E-03	1.35E-02	0.00E+00	0.00E+00	2.38E-02	4.07E+00	1.25E-07	9.14E-03	1.26E-03	8.14E-03
113	3.57E+01	5.82E-01	2.70E-04	2.49E-01	0.00E+00	0.00E+00	1.65E-10	9.05E-02	0.00E+00	0.00E+00	0.00E+00	9.17E-06	1.30E+00	2.42E-03	3.08E-03	2.68E-04	0.00E+00	0.00E+00	1.68E-02	1.36E+00	3.47E-08	3.00E-03	4.79E-04	1.95E-03
114	1.78E+02	4.33E-01	0.00E+00	5.74E+00	6.48E-02	2.50E+00	0.00E+00	0.00E+00	0.00E+00	0.00E+00	0.00E+00	0.00E+00	2.21E+01	5.87E-03	1.68E-02	1.29E-02	0.00E+00	0.00E+00	1.26E-01	2.24E+01	1.81E-07	3.05E-02	2.21E-03	5.50E-02
115	1.12E+02	6.37E-01	0.00E+00	2.26E-02	2.12E-01	4.10E+00	0.00E+00	0.00E+00	0.00E+00	0.00E+00	0.00E+00	0.00E+00	1.31E+01	3.74E-02	3.10E-02	2.74E-03	0.00E+00	0.00E+00	1.10E-01	1.34E+01	6.64E-08	2.57E-02	4.05E-03	2.32E-02
116	5.17E+00	1.10E-02	7.76E-04	1.01E-02	0.00E+00	2.88E-02	1.28E-08	8.36E-02	0.00E+00	0.00E+00	0.00E+00	0.00E+00	3.45E-01	2.69E-04	9.34E-04	2.05E-04	4.29E-08	0.00E+00	2.31E-03	3.53E-01	4.00E-09	8.45E-04	1.23E-04	6.36E-04
117	4.85E+01	1.02E-01	1.20E-03	4.66E-02	0.00E+00	0.00E+00	0.00E+00	9.17E-01	0.00E+00	0.00E+00	0.00E+00	5.76E-06	3.41E+00	5.40E-04	9.21E-03	8.08E-03	0.00E+00	0.00E+00	1.98E-02	3.46E+00	8.16E-08	9.33E-03	1.24E-03	7.12E-03
118	1.64E+03	1.91E+00	7.56E-04	4.68E-01	0.00E+00	0.00E+00	7.96E-11	3.29E+01	0.00E+00	0.00E+00	0.00E+00	7.13E-06	1.07E+02	1.79E-03	2.72E-01	8.66E-04	0.00E+00	0.00E+00	6.60E-01	1.09E+02	2.00E-07	2.58E-01	3.53E-02	2.42E-01
119	2.32E+03	2.44E+00	6.19E-04	6.24E-01	0.00E+00	0.00E+00	5.29E-11	4.68E+01	0.00E+00	0.00E+00	0.00E+00	8.48E-06	1.52E+02	2.06E-03	3.85E-01	8.99E-04	0.00E+00	0.00E+00	9.33E-01	1.54E+02	1.92E-07	3.65E-01	5.01E-02	3.44E-01
120	4.09E+01	6.58E-01	1.89E-02	2.46E-01	0.00E+00	0.00E+00	6.43E-08	1.26E-01	0.00E+00	6.46E-06	0.00E+00	0.00E+00	1.45E+00	2.54E-03	3.85E-03	4.01E-04	0.00E+00	0.00E+00	1.90E-02	1.53E+00	3.83E-08	4.49E-03	7.06E-04	3.04E-03

참고문헌

19-1 허탁, 전과정 평가의 기본원리, 한국경영자총협회, 1995.

19-2 채창우, 친환경 건축자재 평가 및 순환재활용 기술, 한국건설기술연구원, 2000.

19-3 LCA실무입문편집위원회, LCA 실무입문, 시그마프레스(주), 2003.

19-4 한국건설기술연구원, "건축물의 LCA를 위한 원단위 작성 및 프로그램 개발 연구", 2004.

19-5 한국건설교통기술평가원, "건축자재 환경성정보 국가 D/B 구축사업 최종보고서", 국토해양부, 2008.

19-6 국토교통과학기술진흥원, "탄소저감형 건설재료의 CO_2 통합관리 기술개발 보고서", 국토교통부, 2013~2015.

19-7 한국환경산업기술원, 2015년도 탄소성적표지 인증안내서, 2015.

19-8 한국환경산업기술원 국가 LCI DB 정보망, http://www.edp.or.kr.(2015)

제20장 콘크리트 구조물의 전과정 CO_2 평가

양근혁, 경기대학교 플랜트·건축공학과 교수, yangkh@kgu.ac.kr

20.1 개요

우리나라에서 CO_2 배출량 평가는 주로 건축 구조물의 사용단계에서 에너지 소비량에 기반하여 수행하여 왔다. 그러나 콘크리트 구조물에 대한 환경영향 평가는 구조물의 설계, 재료의 생산, 구조물의 시공, 사용 및 최종단계에 이르는 전과정에 대한 환경영향의 정량적 산출을 요구한다. 따라서 이 장에서는 콘크리트 구조물의 전과정 CO_2(LCCO_2) 평가에 대해 그 방법론 및 예제를 포함하여 기술하였다.

20.2 전과정 CO_2 평가 방법론

20.2.1 콘크리트 구조물의 전과정

콘크리트 구조물의 전과정은 그림 20.1과 같이 구성재료 생산단계, 운송 및 콘크리트 생산단계, 시공단계, 사용단계 및 최종단계로 구분할 수 있다.

① 재료단계 : 천연자원의 추출로부터 시작하여 콘크리트를 구성하는 각 재료의 생산까지 배출하는 CO_2 양을 포함한다.

② 운송단계 : 각 구성재료의 출구에서부터 레디믹스트 콘크리트 공장까지 운송으로부터 배출되는 CO_2 양과 레디믹스트 콘크리트 공장에서부터 현장까지 에지테이터 트럭에 의해 배출되는 CO_2 양을 포함한다.

③ 콘크리트 생산단계 : 레디믹스트 콘크리트 공장 또는 현장에서 각 구성재료의 계량 및 배합 시 배출되는 CO_2 양을 포함한다.

④ 시공단계 : 현장에서 콘크리트 타설을 위해 사용되는 펌프카 및 진동기 등으로부터 배출

되는 CO_2 양을 포함한다(단, 시공단계에서 거푸집과 관련된 활동은 환경 영향이 비교적 작기 때문에 이 장에서는 전과정 CO_2 평가에 포함하지 않는다.)

⑤ 사용단계 : 콘크리트 구조물의 사용 시 콘크리트와 관련된 활동은 없기 때문에 사용단계에서 배출되는 CO_2 양은 무시되지만 구조물의 유지보수와 관련된 활동으로부터 배출되는 CO_2 양이 포함한다. 또한 사용단계에서 콘크리트 탄산화에 의한 CO_2 포집양이 고려될 수도 있다.

⑥ 최종단계 : 콘크리트 구조물의 해체 및 폐기 시 이용되는 장비로부터 배출되는 CO_2 양을 포함한다.

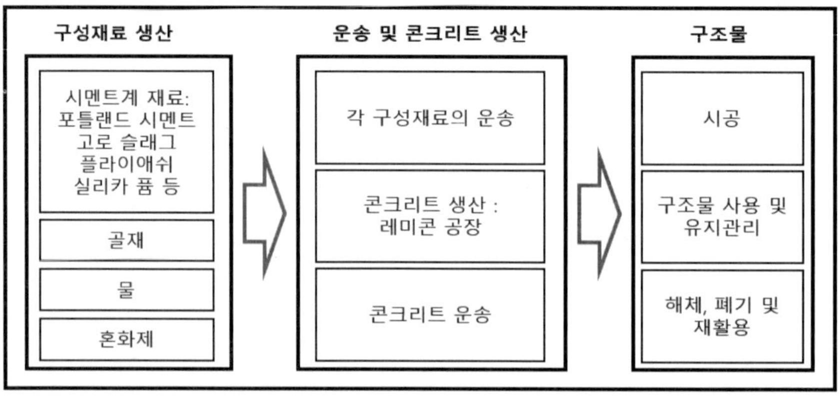

그림 20.1 콘크리트 및 콘크리트 구조물의 전과정 단계

20.2.2 시스템 경계

콘크리트 구조물의 전과정 CO_2 평가를 수행함에 있어서 먼저 시스템 경계를 명확히 정의하여야 한다. 시스템 경계는 전과정 CO_2 평가를 위해 고려되는 범위를 정의하는 것이다. 목록 데이터(inventory data)의 취득이 어렵거나 비용 제약이 있을 경우 임의의 공정이 시스템 경계에서 제외될 수 있는데, 이때 제외되는 범위는 cut-off rule에 의하여 명확히 제시되어야 한다. 또한 콘크리트 생산, 시공, 해체 및 재활용을 위해 필요한 장비 또는 기계의 생산과 관련된 CO_2 배출량은 일반적으로 콘크리트 구조물의 전과정 CO_2 평가를 위한 시스템 경계에 포함하지 않는다. ISO 13315-2에는 콘크리트 및 콘크리트 구조물의 전과정 평가를 위한 시스템 경계로서 다음의 활동을 포함할 것을 요구하고 있다.[20-1)]

-콘크리트 구성재료(시멘트, 물, 골재, 혼화재 및 혼화제)의 생산

-보강재(철근)의 생산

-콘크리트 구조물의 시공

–콘크리트 구조물의 사용과 해체

–콘크리트 부재의 재사용 및 폐콘크리트의 재활용과 폐기 등

ISO 13315-2에서 제시하는 각 공정별 시스템 경계를 요약하면 다음과 같다.

① 콘크리트 생산과 관련된 시스템 경계(그림 20.2 참고)

–구성재료의 운송 및 저장

–콘크리트 생산을 위해 필요한 연료의 운송

–콘크리트 생산과 관련된 모든 공정

–콘크리트 생산에서 발생되는 폐기물의 공장처리 및 매립지 또는 중간처리장까지의 운송

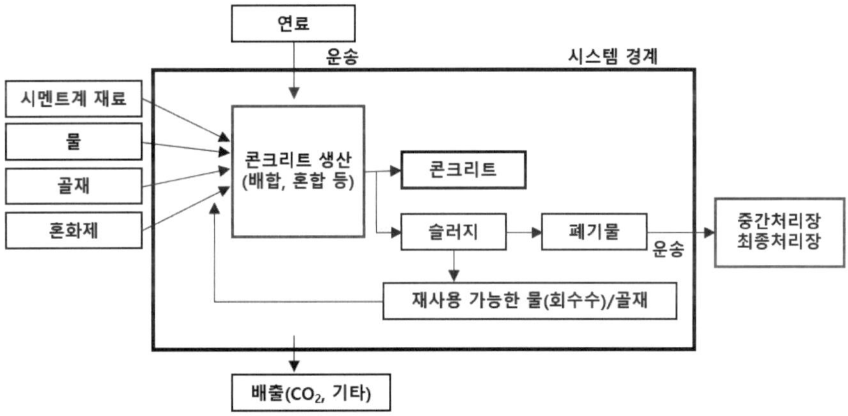

그림 20.2 콘크리트 생산의 시스템 경계

② 콘크리트 구조물의 시공단계에서 고려되는 시스템 경계(그림 20.3 참고)

–토공사 및 파일공사

–거푸집 공정

–철근 공정

–콘크리트 타설 공정

–폐기물 처리

③ 콘크리트 구조물의 사용단계에서 고려되는 시스템 경계(그림 20.4 참고)

–구조물의 사용

–구조물의 유지관리와 보수(개선) 활동

④ 콘크리트 및 콘크리트 구조물의 최종단계에서 고려되는 시스템 경계(그림 20.5 참고)

–해체

−중간처리
−최종처리 및 폐기

20.2.3 LCI 데이터베이스

콘크리트 구조물의 전과정 평가를 수행하기 위한 전과정 목록(lifecycle inventory, LCI) 데이터는 콘크리트 구성재료의 생산, 콘크리트 생산, 콘크리트 구조물의 시공, 사용 및 최종 단계에서 수반되는 각 활동에서 필요한 투입물(input)과 산출물(output)을 포함한다. 콘크리트 전과정에서 수집된 목록 데이터는 기후 조건, 에너지원 및 천연자원이 다르듯이 각 나라에 따라 상이하므로 자국에서 제공되는 데이터를 이용하여야 한다. 우리나라에서 제공되고 있는 콘크리트 구성재료 및 운반단계에서의 LCI 데이터 베이스 예를 표 20.1에 나타냈다. 콘크리트 구성재료 중 시멘트계 재료와 철근의 기능단위는 kg, 골재의 기능단위는 m^3로 제시되고 있다. 운송수단은 적재하중과 운송거리에 따라 CO_2 배출 양이 달라지며, 그 기능단위는 kg · km 이다.

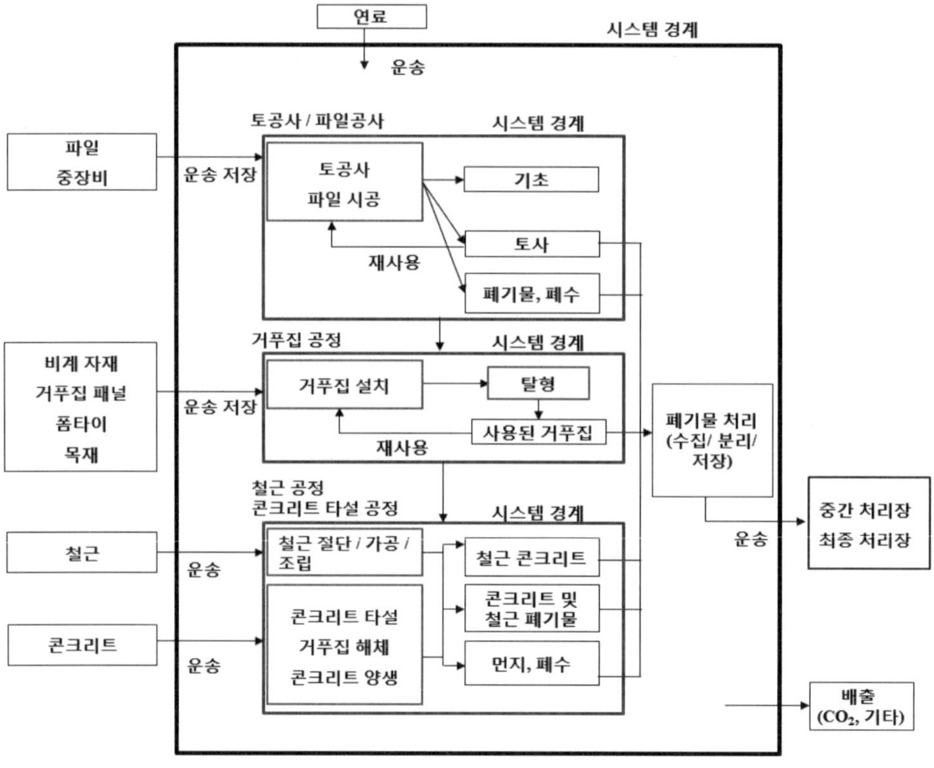

그림 20.3 콘크리트 구조물 시공단계의 시스템 경계

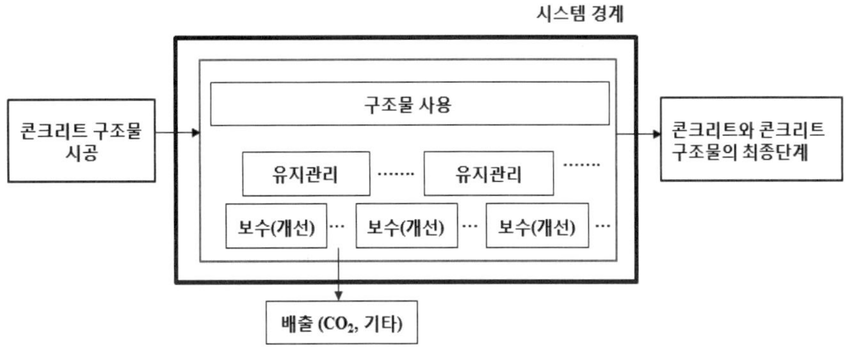

그림 20.4 콘크리트 구조물 사용단계의 시스템 경계

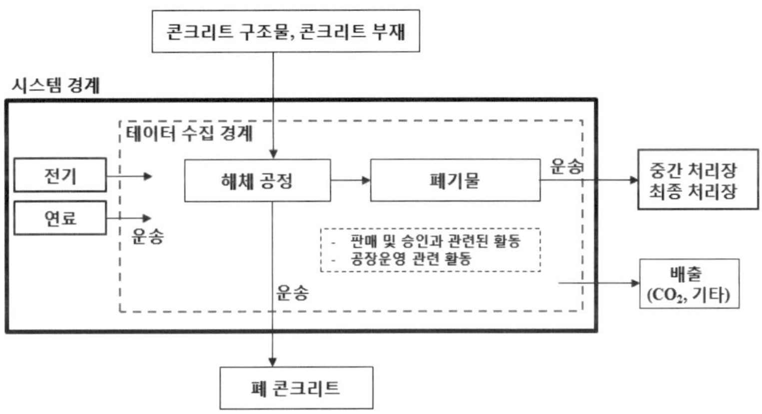

그림 20.5 콘크리트 구조물 최종단계의 시스템 경계

표 20.1 콘크리트 전과정 CO_2 평가에 사용된 목록 데이터

항목		CO_2 배출 원단위	참고
콘크리트 구성 재료	1종 포틀랜드 시멘트	9.31E−01 kg/kg	국가 LCI DB[1)]
	고로슬래그 미분말	3.40E−02 kg/kg	탄소연구단 LCI DB[2)]
	고로슬래그 시멘트	2.05E−01 kg/kg	국가 LCI DB
	정제 플라이애시	3.49E−03 kg/kg	탄소연구단 LCI DB
	바다모래	2.10E+00 kg/m^3	국토부 LCI DB
	자갈(쇄석)	1.11E+01 kg/m^3	국토부 LCI DB
	물(수도권 공업용수)	1.12E−04 kg/kg	국가 LCI DB
	철근	8.52E−02 kg/kg	국가 LCI DB
운송수단	8 ton 이상 12 ton 미만 트럭	3.62E−06 kg/km · kg	국가 LCI DB
	12 ton 이상 트럭	1.14E−06 kg/km · kg	국가 LCI DB
	1 ton 이상 3 ton 미만 트럭	4.19E−06 kg/km · kg	국가 LCI DB
	1 ton 미만 트럭	7.36E−06 kg/km · kg	국가 LCI DB
	벌크시멘트 트레일러	5.92E−07 kg/km · kg	국가 LCI DB

주 1) 환경산업기술원 데이터 베이스 www.edp.or.kr(2005)
2) 탄소저장건설재료 데이터베이스(미공개)

20.2.4 CO_2 산정 방법

그림 20.1에 나타낸 시스템 경계에서 콘크리트 구조물의 전과정 CO_2 배출 양(C_{total})은 각 단계에서 산정한 값들의 개별 적산에 의해 다음과 같이 산정된다.[20-2)]

$$C_{total} = C_M + C_T + C_P + C_C + C_S + C_D + C_B + C_R + C_{RE} \tag{20.1}$$

여기서, C_M, C_T, C_P, C_C, C_S, C_D, C_B 및 C_R는 각각 콘크리트 구성재료 생산, 운송, 콘크리트 생산, 타설, 구조물 사용, 해체, 폐콘크리트의 파쇄 및 재활용 단계에서의 CO_2 배출량이다. 철근에 의한 CO_2 배출 양(C_{RE})은 생산 공정의 배출과 생산된 철근을 현장까지 운반할 때 배출되는 것이다.

가. 재료단계

재료단계에서의 시스템 경계는 원료채취에서부터 가공·제조 후 출품되는 출구(cradle to gate)까지이다. 따라서 콘크리트 구성재료(시멘트계 재료, 골재, 물 및 혼화제)에 의한 CO_2 배출 양(C_M)은 식 (20.2)으로 산정된다.

$$C_M = \sum_{i=1}^{n} (W_i \times \mathrm{CO}_{2(i)LCI}) \tag{20.2}$$

여기서, i는 콘크리트 생산을 위해 이용된 각 재료, n는 이들 재료의 종류, W_i와 $\mathrm{CO}_{2(i)LCI}$는 각각 재료 i의 단위용적질량(kg/m^3) 및 이와 관련된 CO_2 배출 원단위(CO_2-kg/kg)이다.

철근에 의한 CO_2 배출 양(C_{RE})은 식 (20.3)으로 산정된다.

$$C_{RE} = (W_{RE} \times \mathrm{CO}_{2(RE)LCI}) \tag{20.3}$$

여기서 W_{RE}와 $\mathrm{CO}_{2(RE)LCI}$는 각각 콘크리트 기능단위(m^3)당 사용되는 철근의 중량(kg/m^3)과 철근의 CO_2 배출 원단위(CO_2-kg/kg)이다.

나. 운송단계

운송단계에서의 CO_2 배출 양은 각 재료별, 그리고 각 공정별에 따라 산정되어야 하므로 그 시스템 경계는 다음과 같다.

－콘크리트 구성재료 및 철근 : 각 재료의 공장 출구에서부터 레디믹스트 콘크리트 공장까지
－생산된 콘크리트 : 레디믹스트 콘크리트 공장 출구에서부터 현장까지
－최종단계에서 폐콘크리트 : 현장에서부터 중간처리장까지 혹은 최종 처리위치(매립지 등)까지

따라서 운송단계에서의 CO_2 배출 양(C_T)은 다음 식으로부터 산정된다.

$$C_T = \sum_{i=1}^{n}\left(W_i \times D_i \times \mathrm{CO}_{2(i)LCI_{TR}}\right) + D_B \times \mathrm{CO}_{2LCI_{TR-con}} + W_{RE} \times D_{RE} \times \mathrm{CO}_{2(RE)LCI_{TR}} + W_D \times D_D \times \mathrm{CO}_{2LCI_{TR}} \tag{20.4}$$

여기서, D_i는 콘크리트 구성재료 i의 출구에서부터 레디믹스트 공장까지의 운반거리(km), $\mathrm{CO}_{2(i)LCI_{TR}}$은 재료 i의 운송수단과 관련한 CO_2 원단위(CO_2-kg/km · kg), D_B는 레디믹스트 공장에서 구조물 현장까지의 운반거리(km), $\mathrm{CO}_{2LCI_{TR-con}}$은 에지테이터 트럭의 CO_2 원단위(CO_2-kg/km · m^3), D_{RE}는 철근의 출하공장에서부터 현장까지의 운반거리(km), $\mathrm{CO}_{2(RE)LCI_{TR}}$은 철근 운송수단의 CO_2 원단위(CO_2-kg/km · kg), W_D는 해체한 폐콘크리트의 무게(kg/m^3), D_D는 건축물 현장에서 폐콘크리트 파쇄공장까지의 거리(km), $\mathrm{CO}_{2LCI_{TR}}$은 폐콘크리트 운반 차량의 CO_2 원단위(CO_2-kg/km · m^3)이다.

다. 기타 단계

콘크리트 생산 및 타설단계와 구조물 해체단계, 폐콘크리트의 파쇄 및 재활용 단계에서의 CO_2 배출 양은 투입되는 장비의 에너지원으로부터 산정한다.

20.2.5 선택적 고려사항 : CO_2 포집

최근 관심을 끌고 있는 콘크리트의 CO_2 포집 양에 대한 평가는 탄산화 모델 및 적용단계의 선정에 따라 많은 차이를 보인다.[20-5~8] 그러므로 아직 콘크리트 탄산화에 의한 CO_2 포집 양을 합리적으로 평가하기 위한 절차의 정립은 미흡하다. 또한 우리나라에서 콘크리트 구조물의 사용단계와 재활용단계에서 CO_2 포집 양 평가 사례에 대한 사례 연구 자료도 매우 부족하다. 이 절에서는 Yang 등[20-8]이 제시한 모델을 기반으로 콘크리트 탄산화 및 그에 따른 CO_2 포집 양의 평가절차를 소개한다. 구조물의 사용 및 재활용단계에서 콘크리트 탄산화에 의한 CO_2 포집은 전과정 시스템 경계에 포함되지는 않는다.

재령 t(일)에서 탄산화에 의한 콘크리트 CO_2 포집 양(U_{co2})은 다음 식 (20.5)과 같이 나타낼 수 있다.

$$U_{co2}(t) = a_{co2}(t) \cdot A_{sf} \cdot x_c(t) \ (\mathrm{g}) \tag{20.5}$$

여기서 $a_{co2}(t)$는 재령 t에서 탄산화에 의해 흡수 가능한 CO_2 양(g/cm^3), A_{sf}는 CO_2에 노출된 콘크리트 부재의 표면적(cm^2), $x_c(t)$는 재령 t에서의 탄산화 깊이(cm)이다.

가. 흡수 가능한 CO_2 양

시멘트 페이스트의 수화도 및 수화생성물 중에서 탄산화 가능 요소의 몰농도에 따라 결정되는 $a_{co2}(t)$는 다음 식에 의해 산정될 수 있다.

$$a_{co2}(t) = \alpha_h(t) \cdot M_{ct}(t) \cdot M_{co2} \times 10^{-6} \ \ (\mathrm{g/cm^3}) \tag{20.6}$$

여기서, $\alpha_h(t)$는 재령 t에서 시멘트 페이스트의 수화도, $M_{ct}(t)$는 재령 t에서 콘크리트 단위체적당 페이스트의 탄산화 가능요소의 몰농도(mol/cm3), M_{co2}(=44 g/mol)는 CO_2의 몰질량이다.

재령 1년 후 $M_{ct}(t)$는 거의 변화가 없으므로 장기재령에서 $M_{ct}(t)$는 다음과 같이 단위 시멘트 양(C)의 함수로 단순화하여 일반화할 수 있다(그림 20.6).

보통강도 콘크리트에서 일반적인 분말도를 갖는 시멘트는 재령 100년 후에도 완전히 수화되지 않는다. 이를 고려하여 시멘트 페이스트의 수화도($\alpha_h(t)$)는 다음과 같이 물/시멘트비(W/C)의 함수로 나타낼 수 있다.

$$M_{ct}(t) = 8.06\,C(\times 10^{-6}\mathrm{mol/cm^3}) \tag{20.7}$$

$$\alpha_h(t) = \frac{t}{2.0+t}\alpha_\infty \tag{20.8}$$

$$\alpha_\infty = \frac{1.031\,W/C}{0.194 + W/C} \tag{20.9}$$

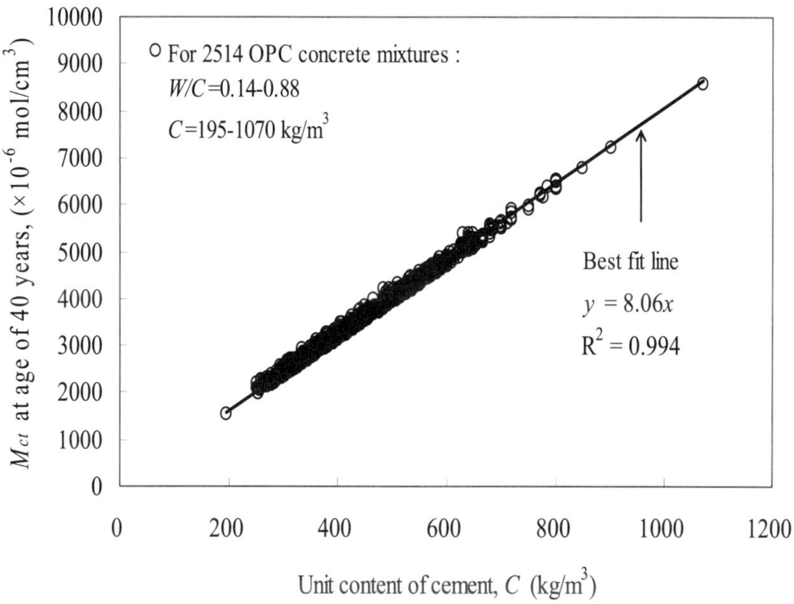

그림 20.6 탄산화 가능요소의 몰농도와 단위 시멘트 양의 관계

나. 탄산화 깊이 및 CO_2 확산계수

콘크리트의 탄산화 깊이 $x_c(t)$는 탄산화속도와 시간의 함수로서 다음과 같이 일반화된다.[20-9)]

$$x_c(t) = \sqrt{\frac{2D_{co2}(t)}{a_{co2}(t)} \cdot C_{co2} \cdot t} \tag{20.10}$$

여기서, $D_{co2}(t)$는 재령 t에서 CO_2 확산계수(cm^2/day), C_{co2}는 콘크리트 면에서 CO_2 질량 농도(g/cm^3)이다. CO_2의 부피농도(ppm)는 이상기체이론을 이용하여 질량농도로 환산된다.

콘크리트에서 CO_2 확산속도는 재료특성(물/시멘트비, 시멘트 수화도, 공극크기 분포와 포화도)뿐만 아니라 콘크리트의 노출조건(상대습도, 온도, 콘크리트 표면 마감상태)에 의해서도 영향을 받는다. 이를 고려하면 $D_{co2}(t)$를 다음 식으로 산정할 수 있다.

$$D_{co2}(t) = 136.6\beta_s \beta_f \beta_h (a/C)\left[\varepsilon_p(t)\right]^2 \tag{20.11}$$

여기서, β_s는 혼화재 치환에 대한 보정계수(표 20.2), β_f는 마감재에 대한 보정계수(표 20.3), $\beta_h\left[= (1 - RH/100)^{0.6}\right]$는 상대습도에 대한 보정계수, RH는 상대습도(%), a/C는 골재-시멘트 질량비, $\varepsilon_p(t)$는 재령 t에서 시멘트 페이스트의 공극률이다.

시멘트 페이스트의 공극은 수화도와 탄산화의 진행으로 인해 재령 증가와 함께 감소하지만, 재령 100일 이후에는 감소기울기는 거의 0에 가깝다. 따라서 $\varepsilon_p(t)$는 다음 식에 의해 산정된다.

$$\varepsilon_p(t) = \frac{0.1 + 2.62(W/C)^{4.2}}{1.5t \cdot (W/C)^2} t \tag{20.12}$$

표 20.2 혼화재 치환에 대한 보정계수(β_s)

혼화재 종류	혼화재 치환율(%)					
	0~10	10~20	20~30	30~40	40~50	60~80
플라이애시	1.05	1.05	1.10	1.10	–	–
고로슬래그	1.05	1.10	1.15	1.20	1.25	1.30
실리카퓸	1.05	1.10	–	–	–	–

표 20.3 콘크리트 표면의 마감재에 대한 보정계수(β_f)

마감조건	실내환경							실외환경			
	마감재 없음	석고 마감	모르타르 +회반죽	모르 타르	모르타르 +페인트	타일	페인트	마감재 없음	모르 타르	페인트	타일
보정계수	1.0	0.79	0.41	0.29	0.15	0.21	0.57	1.0	0.28	0.8	0.7

다. 재활용단계에서 파쇄된 콘크리트의 표면적

파쇄된 콘크리트에서 탄산화가 진행될 수 있는 표면적은 파쇄 전에 비해 매우 증가한다(그림 20.7). 따라서 콘크리트 탄산화에 의한 CO_2 포집 양은 콘크리트 구조물의 사용단계에서보다 재활용단계에서 훨씬 크다. 콘크리트 부재의 파쇄 후 재활용단계에서 탄산화 가능 표면적(A_{sf-re})은 다음 식에 의해 산정될 수 있다.

$$A_{sf-re} = \frac{\pi \cdot H \cdot L \cdot (D - 2x_c)}{d_a} \tag{20.13}$$

여기서, H, L 및 D는 각각 파쇄 전 콘크리트 부재의 높이, 길이 및 깊이이며, d_a는 콘크리트 덩어리를 완전 구형으로 가정하였을 때 평균 입도의 직경이다.

재활용 단계에서 탄산화는 개별 콘크리트 덩어리의 페이스트에서만 발생한다. 파쇄된 콘크리트는 덩어리 형태로 성토 및 뒷채움재 분야에서, 그리고 순환골재 형태로 새 콘크리트 제조를 위한 분야에서 재활용된다. 따라서 각 재활용 분야에서 최대 탄산화 깊이는 다음과 같이 제한된다.

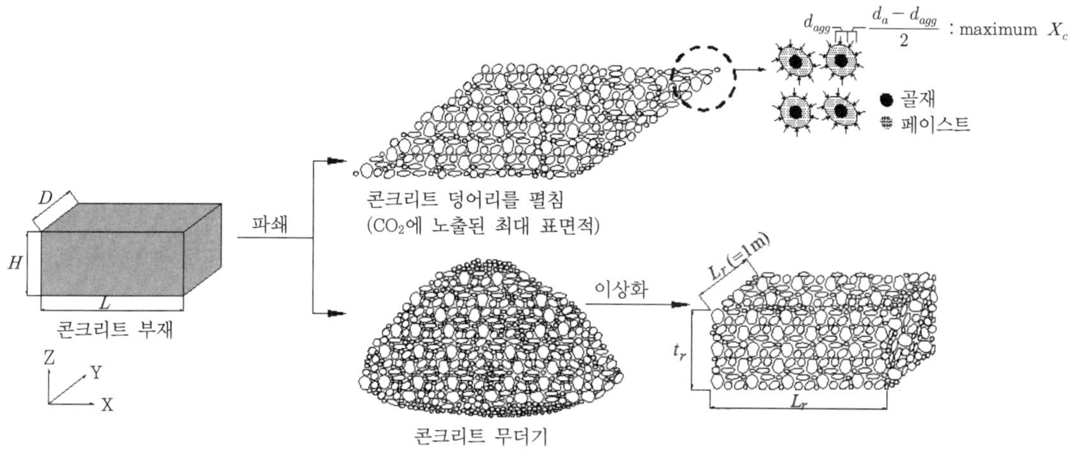

그림 20.7 폐콘크리트의 탄산화 가능 표면적

$$x_c(t) \leq \frac{d_a - d_{agg}}{2} \text{ : 폐콘크리트} \tag{20.14a}$$

$$x_c(t) \leq t_p \text{ : 순환골재} \tag{20.14b}$$

여기서, d_{agg}는 원 콘크리트 생산을 위해 사용된 천연골재의 평균직경이며, t_p는 순환골재에서 탄산화 가능한 페이스트의 평균 두께이다.

순환골재에 부착된 페이스트의 두께는 기하학적 풀이로부터 다음과 같이 근사적으로 산정된다.

$$t_p = \sqrt[3]{\frac{\rho_a}{\rho_c}\left(\frac{d_a}{2}\right)^3 \cdot p_w + \left(\frac{d_a}{2}\right)} - \frac{d_a}{2} \tag{20.15}$$

여기서, ρ_a와 ρ_c는 각각 골재와 시멘트의 밀도이며, p_w는 시멘트 페이스트/골재비이다.

라. 지하에서의 CO_2 확산계수 및 농도

일반적으로 땅속에서 CO_2의 확산계수는 대기 중에 비해 평균 65% 수준으로 평가된다.[20-9)] 한편, 땅속에서의 CO_2 농도는 유기물질들의 부패로 인해 지표면으로부터 그 깊이가 증가할수록 증가한다. 우리나라에서 측정된 땅속의 CO_2 농도는 그 깊이가 50 mm, 100 mm, 200 mm에서 지표면 대비 각각 9%, 18%, 27% 증가하였다.[20-9)] 따라서 구조물의 사용 중 흙과 접하는 부재의 표면 및 땅속으로 재활용되는 콘크리트 덩어리들의 표면에서 탄산화 깊이의 산정을 위해서는 감소된 CO_2 확산계수와 증가된 CO_2 농도를 고려해야 한다.

마. CO_2 포집 평가절차

콘크리트의 탄산화에 의한 CO_2 포집 평가절차를 그림 20.8에 요약하였다. 콘크리트의 탄산화에 의한 CO_2 포집 양은 구조물의 사용 단계와 재활용 단계에서 산정된다. 구조물의 사용단계에서는 외기에 노출된 콘크리트 표면적을 산정해야 하며, 구조물의 철거 후 재활용 단계에서는 각 재활용 분야에서는 콘크리트 덩어리 또는 순환골재의 표면적을 산정해야 한다.

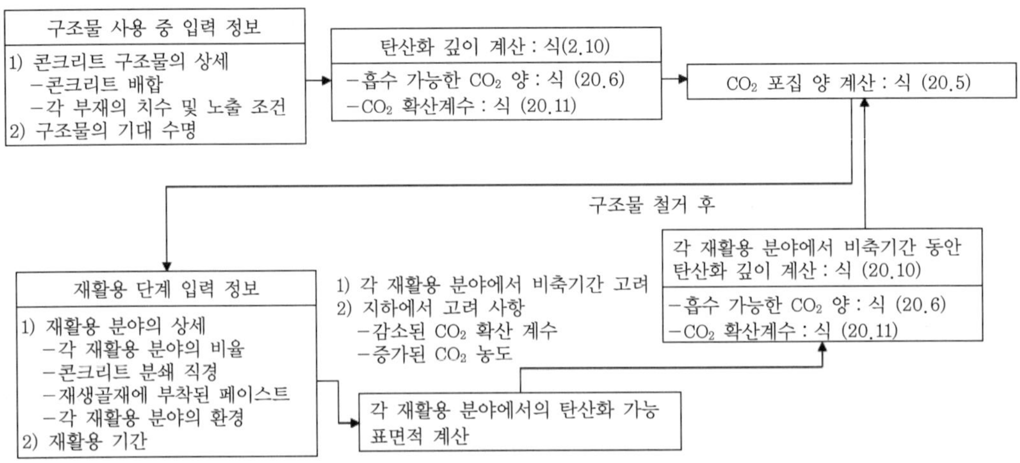

그림 20.8 콘크리트 탄산화에 의한 CO_2 포집 양 평가 절차

20.3 전과정 CO_2 평가 예

이 절에서는 20.2절에서 설명한 콘크리트 및 콘크리트 구조물의 전과정 CO_2 평가방법을 기반으로 그 적용 예를 나타냈다. 콘크리트 생산 시 CO_2 배출 양 평가를 위한 시스템 경계는 원료채취에서부터 생산까지이며, 콘크리트 구조물의 전과정 CO_2 배출 양의 평가를 위한 시스템 경계는 원료채취에서부터 폐기 및 재활용단계까지이다. 콘크리트 구조물의 전과정 CO_2 배출 양 평가의 예는 아파트 건축물을 대상으로 하였다.

20.3.1 콘크리트 생산단계에서의 CO_2 배출 양

이 예제에서 콘크리트 배합에 대한 데이터 품질로서 시간적 경계는 2012년이며, 지역적 경계는 한국의 서울이다. 콘크리트 배합에 대한 기술적 경계는 표준기(3~5월, 9~11월)이다.

레디믹스트 콘크리트 공장은 서울 방배동에 위치하는 것으로 가정하였으며, 각 구성재료의 출구는 가능한 먼 거리로 가정하였다.

표 20.4에는 콘크리트의 원료채취에서부터 생산단계까지의 CO_2 배출 양을 산정하기 위한 절차를 요약하였다. A열은 콘크리트 배합에 관련된 정보로서 각 재료의 단위용적질량, B열은 각 재료의 LCI에서 제공하는 CO_2 원단위, D열은 각 재료의 생산지, E열은 각 재료의 생산지 출구에서부터 레디믹스트 콘크리트 공장까지의 거리, F열은 각 재료의 운송을 위한 운송수단 CO_2 원단위이다. 운송수단으로서 시멘트계 재료는 벌크 시멘트 트레일러, 골재는 15톤 트럭으로 각각 가정하였다. 표에서 콘크리트 생산을 위한 콘크리트 구성재료의 생산에 의한 CO_2 배출 양은 A열과 B열의 곱으로 산정되며, 그 재료의 운반에 의한 CO_2 배출 양은 A열, E열 및 F열의 곱으로 산정된다. 레디믹스트 콘크리트 공장에서 콘크리트 생산단계에서 배출하는 CO_2 양은 C열의 아래에 별도로 나타냈다. 표 20.4의 A열에 나타낸 콘크리트 배합표는 설계압축강도 40 MPa에 대해 R사에서 실무적으로 이용하는 것이다. 즉 콘크리트 설계압축강도 40 MPa 생산을 위하여 각 구성재료에 의한 CO_2 배출 양 산정은 다음과 같다.

표 20.4 콘크리트의 CO_2 배출 양 평가 예($f_{ck}=40\text{MPa}$)

기능단위(FU) : m^3	재료			운송			
	A	B	C=A·B	D	E	F	G=A·E·F
구성재료 \ 단위	kg/FU	CO_2-kg/kg	CO_2-kg/FU	출구 위치	km	CO_2-kg/kg·km	CO_2-kg/FU
보통포틀랜드 시멘트	361	9.31E-01	336.09	담양	277	5.92E-07	0.059
고로슬래그	68	3.40E-02	2.31	광양	339	5.92E-07	0.0136
플라이애시	23	3.49E-03	0.08	하동	322	5.92E-07	0.004
모래	805	8.08E-04	0.65	인천	47	3.62E-06	0.137
굵은골재	918	4.27E-03	3.92	광주 (경기)	37.6	3.62E-06	0.125
물	163	1.12E-04	0.02	Sum			0.339
합계			343.07	–			
콘크리트 생산 (레디믹스트 콘크리트 공장 위치 : 방배동)	$1m^3$	0.71 CO_2-kg/FU	0.71				
총 배출 양=344.1 CO_2-kg/FU(=343.07+0.71+0.339)							

－보통 포틀랜드 시멘트(OPC) : 361 kg/m^3×0.931 CO_2-kg/kg=336.09 CO_2-kg/m^3

－고로슬래그 : 68 kg/m^3×0.034 CO_2-kg/kg=2.31 CO_2-kg/m^3

– 플라이애시 : 23 kg/m^3 × 0.00349 CO_2–kg/kg = 0.08 CO_2–kg/m^3

– 모래 : 805 kg/m^3 × 2.1 CO_2–kg/m^3 × (1/2,600 kg/m^3) = 0.65 CO_2–kg/m^3

– 굵은골재 : 918 kg/m^3 × 11.1 CO_2–kg/kg × (1/2,600 kg/m^3) = 3.92 CO_2–kg/m^3

– 물(상수도) : 163 kg/m^3 × 0.000112 CO_2–kg/kg = 0.02 CO_2–kg/m^3

– OPC 운반 : 361 kg/m^3 × 277 km × 5.92 × 10^{-7} CO_2–kg/kg · km = 0.059 CO_2–kg/m^3

– 고로슬래그 운반 : 68 kg/m^3 × 339 km × 5.92 × 10^{-7} CO_2–kg/kg · km = 0.0136 CO_2–kg/m^3

– 플라이애시 운반 : 23 kg/m^3 × 322 km × 5.92 × 10^{-7} CO_2–kg/kg · km = 0.0044 CO_2–kg/m^3

– 모래 운반 : 805 kg/m^3 × 47 km × 3.62 × 10^{-6} CO_2–kg/kg · km = 0.137 CO_2–kg/m^3

– 굵은골재 운반 : 918 kg/m^3 × 37.6 km × 3.62 × 10^{-6} CO_2–kg/kg · km = 0.125 CO_2–kg/m^3

콘크리트 생산단계에서의 CO_2 배출 양은 국내의 레디믹스트 콘크리트 공장에 대한 자료조사에서 콘크리트 1 m^3를 생산하기 위해 소비되는 에너지원으로부터 환산된 CO_2 원단위는 약 0.71 CO_2–kg/m^3로 평가된다.[20-3] 표 20.4에 나타낸 바와 같이 압축강도 40 MPa인 콘크리트 1 m^3 생산에서 CO_2 배출 양은 재료단계에서 343.07 CO_2–kg/m^3, 재료의 운반 단계에서 0.339 CO_2–kg/m^3, 공장에서의 계량 및 배합 등에 의한 생산단계에서 0.71 CO_2–kg/m^3이다. 따라서 총 배출 양은 344.11 CO_2–kg/m^3로 평가될 수 있다. 이 값은 콘크리트 배합설계와 운송거리 등에 따라 다소 변화될 수 있지만, 일반적으로 콘크리트 생산에 의한 CO_2 배출 양의 약 90% 이상이 시멘트에 기인하고 있으므로 운송거리에 대한 영향은 작다.(이 예제의 경우 97.6%)

20.3.2 콘크리트 구조물의 전과정 CO_2 배출량

철근콘크리트 구조물의 전과정 CO_2 평가는 각 부재에서 콘크리트 배합조건, 철근 배근 양 및 노출환경 등을 고려하여 산정한 값의 개별적산법에 의한다. 즉 철근콘크리트 구조물의 전과정 CO_2 평가 절차는 동일 조건의 각 부재에서 기능단위에 대한 값을 우선 산정하고 부재 수에 따라 적산하는 방식이 필요하다. 따라서 그림 20.9에 나타낸 철근콘크리트 구조물의 전과정 CO_2 평가 절차의 적용 예는 우선 부재단위에서 분석해야 한다. 20.2절에서 설명한 콘크리트 구조물의 전과정 CO_2 평가 절차에 따라 구조부재의 각 공정단계에서 평가되는 CO_2 양을 표 20.5에 요약하였다. 표에 나타낸 사례는 그림 20.9에 나타낸 기둥–보 모멘트 저항 골조 사무실 건물의 기준층에서 내부기둥(C1A)을 대상으로 한 것이다.

이 예에서 콘크리트와 철근의 기능단위는 각각 1 m^3와 1 kg이다. 콘크리트 배합 데이터의 품질에 대한 시간적 경계는 2012년이며, 지역적 경계는 한국이다. 콘크리트 배합, 시공 및 해체에 대한 기술적 경계는 표준기(3~5월, 9~11월)의 데이터를 이용한다. 콘크리트 생산, 타설, 해체 및 파쇄단계의 경우 사용장비들에 대한 LCI DB가 아직 마련되지 않았기 때문에 사용장비의 에너지소비원으로부터 제시된 CO_2 배출계수를 이용하였다.[20-10]

한편, 최근에는 콘크리트 구조물의 사용 중, 그리고 재활용 기간 동안 콘크리트의 탄산화에 의한 CO_2 포집도 북유럽을 중심으로 관심이 높아지고 있다. 콘크리트 탄산화에 의한 CO_2 포집 양은 ISO 13315-2에서 제시하는 시스템 경계에 포함되지는 않지만, 이 예제에서는 그 평가방법의 이해 및 CO_2 포집 양과 배출 양의 관계를 비교하기 위하여 콘크리트 구조물의 사용단계 및 폐콘크리트의 순환골재를 포함한 재활용단계에서 CO_2 포집 양을 시스템 경계에 포함하였다.

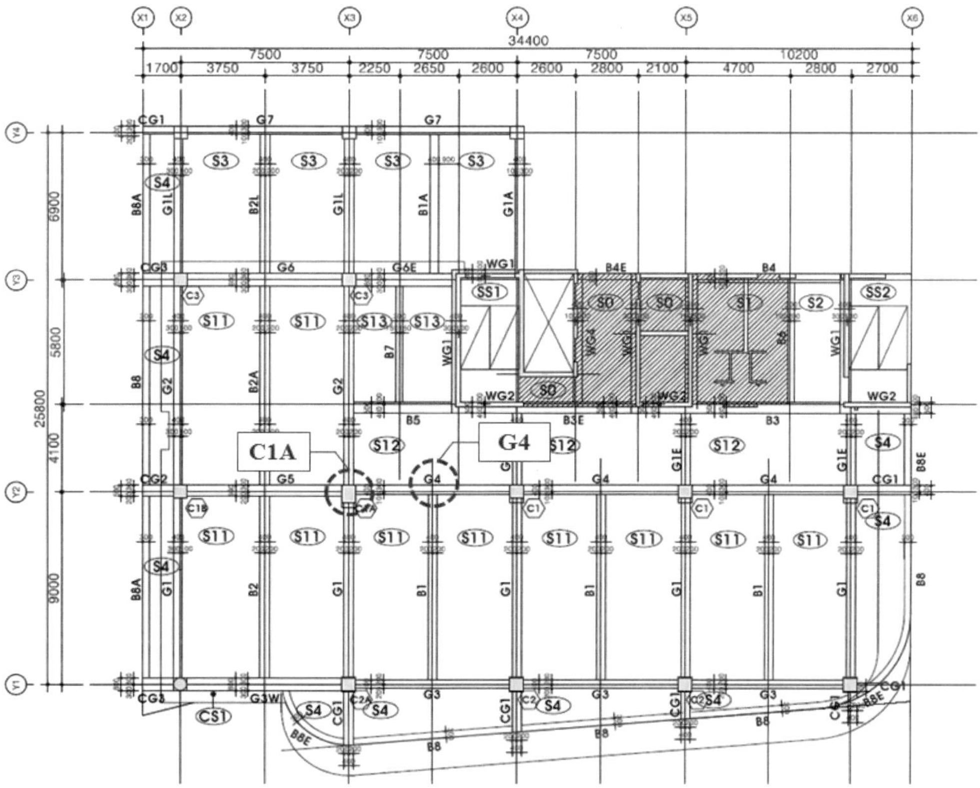

건물개요	
용도	업무시설, 근린생활시설
규모	지하 2층/지상 10층
구조형식	철근콘크리트 라멘조
기준층 면적	$817m^2$
층고	3.2m

그림 20.9 기둥-보 모멘트 저항 골조 RC 오피스 빌딩의 기준층 평면도

가. 재료 단계

기둥에 타설된 콘크리트의 설계압축강도(f_{ck})는 27 MPa이며, 그 배합표는 표 20.5의 재료 단계의 A열에 나타냈다. 콘크리트 생산단계에서의 CO_2 배출 양에 대한 예에서 나타낸 절차를 따라 산정한 결과 재료단계에서의 CO_2 배출 양은 414.45 CO_2-kg/m^{3}로 평가되었다. 철근의 경우 A열은 기둥 1개의 체적, B열은 기둥 1개에서 배근되는 철근의 중량, C열은 철근의 CO_2 원단위를 각각 나타내며, E열은 콘크리트 기능단위인 1 m^{3}로 환산한 배근된 철근의 CO_2 배출 양을 나타낸다. 배근된 철근에 의해 배출된 CO_2 양은 7.87 CO_2-kg/m^{3}이다.

나. 운송 단계

운송수단으로서 시멘트계 재료는 벌크 시멘트 트레일러를, 철근, 골재 및 해체한 콘크리트와 재활용 골재는 15톤 트럭을, 생산된 콘크리트는 6 m^3 용량의 에지테이터 트럭을 적용하였다. 철근의 운반거리는 380 km(경북 포항에서 인천 현장까지)로 가정하였으며, 철근의 운반과정에서 배출된 CO_2 양을 1 m^3 단위에서 환산하여 I열에 나타내었다. 구조물 해체 후 파쇄단계에서의 운반거리는 구조물 현장에서부터 파쇄 공장까지의 거리로서 50 km(E열)로 가정하였다. 재활용 단계에서 운반거리는 파쇄공장에서 재활용처까지의 거리로서 재활용 시나리오에 관계 없이 모두 50 km(K열)로 가정하였다. 운송 시 무게(J열)는 재료 단계에서 나타낸 배합표로부터 산정된 콘크리트 단위용적질량을 재활용 비율에 따라 산정하였다. 표 20.5에 나타낸 바와 같이 운송단계에서 산정된 CO_2 배출 양은 2.78 CO_2-kg/m^{3}이다.

다. 콘크리트 생산 단계

콘크리트 생산단계에서의 CO_2 배출 양에 대한 예에서와 같이 콘크리트 생산 시의 사용 장비들로부터 소비되는 에너지원으로터 산정된 CO_2 배출 양은 0.71 CO_2-kg/m^{3}를 적용하였다.

라. 구조물 시공 단계

구조물의 시공단계에서는 거푸집 공사에 따른 운송, 장비사용 및 폐기, 그리고 철근의 절단, 가공 및 조립 공정들은 무시하였으며, 단지 콘크리트 타설 만을 고려하였다. 콘크리트 구조물의 양생 및 타설 시 배출되는 폐콘크리트의 처리에 의한 CO_2 배출도 무시하였다. 콘크리트 타설 시 사용되는 기계장비로서 콘크리트 펌프차와 진동기를 고려하였다. 에너지원이 경유인 펌프차는 붐 길이가 28 m인 경우 CO_2 원단위는 3.06 CO_2-kg/m^3, 붐 길이가 52 m인 경우 그 값은 6.2 CO_2-kg/m^3이다.[20-10] 진동기는 에너지원이 전기로서 콘크리트 1 m^3의 진동을 위한 시간을 5분으로 가정하면, 진동기의 CO_2 원단위는 0.18 CO_2-kg/m^3이다.[20-10]

마. 구조물 사용 단계

구조물의 사용 단계에서는 냉·난방, 조명, 조리 등에 의한 에너지 소비에 따른 CO_2 배출 양은 무시하였으며, 구조물의 노후 및 열화에 의한 보수·보강공사도 무시하였다. 따라서 구조물의 사용 단계에서는 콘크리트의 탄산화에 의한 포집 양만을 고려하였다. 구조물 사용수명은 콘크리트 압축강도에 관계없이 법인세법 시행규칙의 건축물 기준내용년수에 따라 40년으로 가정하였다.[20-11] 콘크리트 기능단위에 대하여 부재의 노출면적(E열)을 계산하고, 흡수 가능한 CO_2 양(F열)과 탄산화깊이(G열)를 산정한다. 대기중 CO_2 농도는 2012년도 서울에서 측정한 데이터를 참고로 실외에서는 300 ppm, 실내에서는 2,000 ppm을 고려하였다.[20-6] 구조물 사용단계에서 CO_2 포집 양은 −16.29 CO_2-kg/m^3이었는데, 여기서 부호 (−)는 포집을 의미한다.

바. 구조물 해체 단계

구조물 해체 시 고려되는 압쇄기, 유압식 백호, 대형브레이크 및 살수차 등 장비에서의 소비 에너지로부터 산정된 CO_2 배출 양은 18.02 CO_2-kg/m^3이다.

사. 재활용 단계(CO_2 포집)

구조물 해체 후 폐콘크리트의 재활용 및 매립단계에서의 장비 사용에 대한 공정은 무시하였다. 이 시스템 경계에서 고려하지 않은 공정들은 구조물 규모 및 제품 종류에 따라 사용되는 장비들이 다양하고, 그에 따른 LCI 데이터가 부족하기 때문이다. 또한 이들 고려하지 않은 공정에서 사용장비들에 의한 CO_2 배출 양은 콘크리트 구조물의 전과정 CO_2 배출량에 비하면 현저히 작다. 콘크리트 구조물 철거 후 재활용 단계에서는 재활용 기간 동안 재생골재에 부착된 시멘트 페이스트의 탄산화에 의한 CO_2 포집량만을 고려한다. 재활용 단계에서 CO_2 포집량은 각 재활용 분야에서 재생골재의 표면적에 의해 중요한 영향을 받으므로, 2012년 국내에서 철거된 폐콘크리트의 재활용 상세(재활용 시나리오(B열) 및 그에 따른 적용 비율(C열)과 재생골재 직경(D열))를 이용하였다. 폐콘크리트는 파쇄 후 도로기층재, 뒷채움재 및 순환골재 등으로 100% 재활용됨을 가정하였다. 각 재활용 시나리오에서 탄산화 가능 노출면적, 흡수 가능한 CO_2 양 및 탄산화 깊이를 각각 E열, F열과 G열에 나타내었다. 파쇄공장에서 재활용처까지의 거리는 재활용 시나리오에 관계없이 모두 50 km(K열)로 가정하였으며, 운송 시 무게(J열)는 재료 단계에서 나타낸 배합표로부터 산정된 콘크리트 단위용적질량을 재활용 비율에 따라 산정하였다. 구조물의 철거 후 콘크리트 2차제품 또는 새로운 콘크리트 생산을 위한 순환골재로 재활용되는 경우 탄산화 기간은 2개월(일반적인 야적기간)로 가정하였다. 도로 보조기층 재활용 등의 활동에서 수명은 법인세법 시행규칙의 토조 및 블록조 기준내용년수에 따라 20년으로 한다. 구조물 해체 후 폐콘크리트의 재활용 기간 동안 CO_2 포집 양은 −103.5 CO_2-kg/m^{3}이다.

아. 전과정 CO_2 평가 결과

그림 20.9에 나타낸 철근콘크리트 기둥 C1A의 전과정 평가를 위해 고려된 각 단계에서의 CO_2 배출 양은 재료단계(콘크리트 구성재료 및 철근)에서 약 422.32 kg/m^3, 운송단계에서 2.78 kg/m^3, 콘크리트 생산단계에서 0.71 kg/m^3, 타설단계에서는 6.38 kg/m^3, 해체 및 파쇄단계에서 18.02 kg/m^{3}이다. 즉 콘크리트 구조물의 전과정 CO_2 평가절차에 의해 산정된 CO_2 배출 양은 450.2 kg/m^{3}이다. 한편 구조물 사용단계와 재활용단계에서 콘크리트 탄산화에 의한 CO_2 포집 양은 각각 −16.29 kg/m^{3}와 −103.5 kg/m^{3}이다. 즉 CO_2 배출과 포집을 모두 고려하였을 때 기둥 C1A의 전과정 CO_2양은 330.41 kg/m^{3}이다. 전과정 CO_2 배출 양(450.2 kg/m^3)에 대한 OPC의 점유율은 약 90.1%인 반면, 철근 때문에 배출된 CO_2 양은 약 1.7%에 불과하다. 콘크리트 탄산화에 의한 CO_2 포집 양은 전체 CO_2 배출 양의 약 26.6%이며, OPC 생산으로부터 배출된 CO_2 양에 대해서는 약 29.2%이다. 따라서 RC 구조물의 CO_2 저감을 위해서 가장 중요하게 고려해야 할 사항은 OPC 사용 양의 저감이다.

표 20.5의 예제에서 나타낸바와 같이 RC 구조물의 전과정 CO_2 양은 가정된 운송수단 및 운송거리에 따라 다소 달라질 수 있지만, 운송에 의한 CO_2 배출 양은 전과정 CO_2 양(450.2 kg/m^3)의 약 0.6%로서 그 영향은 매우 작다. 예를 들어 OPC의 운송거리가 277 km에서 100 km로 짧아졌을 때 OPC 운송에 의한 CO_2 배출량은 0.072 kg/m^{3}에서 0.026 kg/m^{3}로서 낮아지는데, 그 차이는 전과정 CO_2 양의 약 0.01%이다.

표 20.5 RC 구조물의 기능단위($1m^3$)당 CO_2 평가를 위한 성능 표(대상 부재 : Column C1A, $f_{ck}=27$ MPa)

재료 단계

기능단위 (FU) : m^3	콘크리트 구성 재료			운송(출구에서 레디믹스트 콘크리트 공장)		
	A	B	C = A · B	D	E	F=A · D · E
단위 / 구성재료	kg/FU	CO_2-kg/kg	CO_2-kg/FU	Distance (km)	CO_2-kg/kg · km	CO_2-kg/FU
보통 포틀랜드 시멘트	440	9.31E-01	409.64	277(담양)	5.92E-07	0.072
모래	643	8.08E-04	0.52	47(경기광주)	3.62E-06	0.109
골재	998	4.27E-03	4.26	37.6(인천)	3.62E-06	0.136
물	220	1.12E-04	0.025	–	–	–
소계			414.45	소계		0.317

기능 단위(FU) : kg	철근					운송(출구에서 공사현장)			
	A	B	C	D=B · C	E=B · C/A	F	G	H=B · F · G	I=H/A
종류	용적 (m^3)	kg/Column	CO_2 -kg/kg	CO_2 -kg/Column	CO_2 -kg/m^3	km	CO_2 -kg/kg · km	CO_2 -kg/Column	CO_2 -kg/m^3
D25	2.4	191.04	8.52E-02	1.63E+01	6.79	380	3.62E-06	0.263	0.109
D10		30.24	8.52E-02	2.58E+00	1.08	380	3.62E-06	0.045	0.017
소계					7.87	소계			0.127

콘크리트 생산 단계

단위 / 항목	콘크리트 생산			운송 (레디믹스트 콘크리트 공장에서 공사현장)		
	A	B	C=A · B	D	E	F=A · D · E
	FU	CO_2-kg/m^3	CO_2-kg/m^3	km	CO_2- kg/m^3 · km	CO_2- kg/FU
Facilities	$1m^3$	0.71	0.71	30	5.01E-02	1.50

콘크리트 타설 단계

단위 / 항목	A	B	C=A · B	
	FU	CO_2-kg/m^3	CO_2-kg/m^3	
펌프카	$1m^3$	6.2	6.2	–
진동기		0.18	0.18	
소계			6.38	

구조물 사용 단계

A	B	C	D	E	F	G	H=E · F · G	I=H/D
사용기간	Type	마감재	용적 (m^3)	노출면적(m^2)	a_{CO2} (g/cm^3)	x_c (cm)	CO_2 포집양 (kg/EA)	CO_2 포집양 (kg/mxc)
40years	Indoor column	Paint	2.4	10.8	0.11	3.29	−39.09	−16.29

해체 및 파쇄 단계

단위 / 항목	콘크리트			운송 (건물에서 파쇄 공장)			
	A	B	C=A · B	D	E	F	G=D · E · F
	FU	CO_2 -kg/m^3	CO_2 -kg/m^3	kg	km	CO_2 -kg/kg · km	CO_2 -kg/FU
유압식백호+브레이커	1 m^3	6.61	6.61	2,300	50	3.62E-06	0.4163
살수차		11.41	11.41	–			
소계			18.02				

재활용 단계												
A	B	C	D	E	F	G	H= E · F · G	I	운송 (파쇄공장에서 사용 현장)			
									J	K	L	M=J · K · L
기간	재활용 분야	Portion (%)	d_a (mm)	노출면적 (m^2)	a_{CO2} (g/cm^3)	x_c (cm)	CO_2 포집양 (kg/EA)	CO_2 포집양 (kg/m^3)	kg	km	CO_2 -kg/kg · km	CO_2-kg/FU
	매립	31	25	79.5		0.5	−39.75	−16.56	713			0.129
	도로기층	10	20	32.0		0.25	−8.00	−3.33	230			0.042
	도로보조기층	33	25	84.6		0.5	−42.3	−17.63	759			0.173
20 years	2차제품	5	2.5	128.2	0.10	0.94	−120.5	−50.2	115	50	3.62E−06	0.021
	레디믹스트 콘크리트	4	15	17.1		0.94	−16.07	−6.7	92			0.017
	뒷채움재	17	25	43.6		0.5	−21.8	−9.08	391			0.071
소계								−103.5	소계			0.416

전체 CO_2 배출 양=450.41 CO_2−kg/m^3 / 전체 CO_2 포집 양=−119.79 CO_2−kg/m^3

참고문헌

20-1 ISO 13315-2, "Environmental management for concrete and concrete structures- Part 2 : System boundary and inventory data", International Organization for Standardization, Geneva, Switzerland, 2014.

20-2 양근혁, 서은아, "콘크리트 배합설계를 고려한 구조물의 전과정 CO_2 평가모델", 한국콘크리트학회논문집, 한국콘크리트학회, Vol. 26, No. 2, 2014, pp.201~210.

20-3 Kim, T, H., and Tea, S, H., "A Study on the Development of an Evaluation System of CO_2 Emission in the Production of Concrete", Journal of the Korea Concrete Institute, Vol. 22, No. 6, 2010, pp.787~796.

20-4 한국콘크리트학회, 콘크리트 구조물의 환경영향 및 CO_2 평가, 기문당, 2013, pp.141~153.

20-5 Gajda, J., Absorption of Atmospheric Carbon Dioxide by Portland Cement, PCA, R&D, Chicago, USA, 2001.

20-6 Lee, S. H., Park, W. J., and Lee, H. S., "Lifecycle CO_2 Assessment Method for Concrete using CO_2 Balance and Suggestion to Decrease $LCCO_2$ of Concrete in South-Korean Apartment", Energy and Buildings, Vol. 58, 2013, pp.93~102.

20-7 Pade, C., and Guimaraes, M., "The CO_2 Uptake of Concrete in a 100 year Perspective", Cement and Concrete Research, Vol. 37, No. 9, 2007, pp.1348~1356.

20-8 Yang, K. H., Seo, E. A., and Tae, S. H., "Carbonation and CO_2 Uptake of Concrete", Environmental Impact Assessment Review, Vol. 46, 2014, pp.43~52.

20-9 Jung, S. H., Diffusivity of Carbon Dioxide and Carbonation in Concrete through Development of Gas Diffusion Measuring System, Ph.D Thesis, Seoul National University, Korea, 2003.

20-10 Han, S, W., A Study on Carbon Dioxide Emission of Input Resources according to Construction Method in Construction Phase, MS Dissertation, University of Seoul, 2011, p.73.

20-11 기획재정부, 법인세법 시행규칙, 2013.

부 록

부록 I 콘크리트 구조물의 친환경 시방서(안)

부록 II LCI DB

부록 III 환경용어

부록 I 콘크리트 구조물의 친환경 시방서(안)

제1장 일반사항

1.1 목적

(1) 콘크리트 구조물의 친환경시방서(이하 “이 시방서”라 함)는 콘크리트 구조물을 위한 콘크리트의 배합설계와 콘크리트 구조물의 생산 · 제조, 시공, 사용, 해체 및 재활용의 생애주기 동안 지속가능한 친환경 구조물로서 역할을 수행하도록 하기 위해 필요한 일반적이고 기본적인 사항을 규정한다.

(2) 이 시방서는 콘크리트 구조물이 생애주기 동안 환경에 미치는 영향을 고려하고 재료의 선정 및 시공에 있어 긍정적인 환경영향을 증가시키고 부정적인 환경영향을 저감시키는 것을 목적으로 한다.

1.2 적용 범위

(1) 이 시방서는 콘크리트를 재료로 활용하는 건축 구조물과 사회기반시설물을 포함하는 콘크리트 구조물 전반에 적용한다.

(2) 설계도서, 현장설명서 및 질의응답서에 기재된 사항 이외에는 이 시방서에 의하되, 이 시방서 중 당해 공사에 관계없는 사항은 이를 적용하지 않는다. 각 공사에 있어서 다른 공사와 관련이 있는 사항에 대하여는 각기 그 해당 공사의 설계도서 등에 기재된 사항을 준용한다.

1.3 관련법규 및 참고표준

1.3.1 관련법규

(1) 시공자는 공사와 관련된 모든 법령, 조례 및 규칙, 기타 기준 등을 준수하여야 한다.

(2) 이 시방서의 내용이 건설공사 중에 관련 법규가 변경되고 변경된 규정에 따라야 할 경우를 포함하여 관련 법규의 규정과 상호 모순되는 경우에는 관련 법규의 규정을 우선하여 준수하여야 한다.

(3) 이 시방서에서 참조된 법규 및 고시는 다음과 같다.

국무조정실 온실가스 배출권의 할당 및 거래에 관한 법률
국무조정실 저탄소 녹색성장 기본법
국토교통부 녹색건축물 조성 지원법
국토교통부 시설물별 탄소배출량 선정 가이드라인(항만, 댐, 하천정비, 도시재생)
국토교통부, 환경부 친환경건축물의 인증에 관한 규칙
산업통상자원부 산업기술혁신촉진법
산업통상자원부 신에너지 및 재생에너지 개발 · 이용 · 보급 촉진법
산업통상자원부 에너지이용합리화법
환경부 건설폐기물의 재활용 촉진에 관한 법률
환경부 녹색제품 구매촉진에 관한 법률
환경부 다중이용시설 등의 실내공기질관리법
환경부 대기환경보전법
환경부 온실가스 · 에너지 목표관리 운영 등에 관한 지침
환경부 소음 · 진동관리법
환경부 수질환경보전법
환경부 자원의 절약과 재활용촉진에 관한 법률
환경부 지속가능발전법
환경부 토양환경보전법
환경부 폐기물관리법
환경부 환경기술 및 환경산업 지원법
환경부 환경정책기본법

1.3.2 참고표준

(1) 시공자는 공사와 관련된 표준을 준수하여야 한다.

(2) 이 시방서에 참조된 표준은 국내법에 기준한 한국산업표준을 적용하는 것을 원칙으로 한다. 단, 현재 일반적으로 사용되고 있는 재료 및 제품 등에 대한 국내 표준이 없는 경우에 한하여 책임기술자의 지시에 따른다.

(3) 이 시방서에서 참고된 표준은 다음과 같다.

① KS D 3613 철근콘크리트용 아연 도금 봉강

② KS D 3629 에폭시 피복 철근

③ KS D 7017 용접 철망 및 철근격자

④ KS F 2402 콘크리트의 슬럼프 시험 방법

⑤ KS F 2526 콘크리트용 골재

⑥ KS F 2543 고로 슬래그 골재

⑦ KS F 2560 철근콘크리트용 화학 혼화제

⑧ KS F 2561 철근콘크리트용 방청제

⑨ KS F 2562 콘크리트용 팽창재

⑩ KS F 2563 콘크리트용 고로 슬래그 미분말

⑪ KS F 2567 콘크리트용 실리카 퓸

⑫ KS F 2573 콘크리트용 순환골재

⑬ KS F 3110 콘크리트 거푸집용 합판

⑭ KS F 4009 레디믹스트 콘크리트

⑮ KS F 5650 콘크리트 거푸집용 합성수지판

⑯ KS F 5651 콘크리트 거푸집용 합성수지 패널

⑰ KS I ISO 14001 환경경영시스템－요구사항 및 사용지침

⑱ KS I ISO 14025 환경성 표시 및 선언－제3유형 환경성 선언－원칙 및 절차

⑲ KS I ISO 14040 환경경영－전과정 평가－원칙 및 기본구조

⑳ KS I ISO 14044 환경경영－전과정 평가－요구사항 및 지침

㉑ KS L 5201 포틀랜드 시멘트

㉒ KS L 5210 고로 슬래그 시멘트

㉓ KS L 5211 플라이애시 시멘트

㉔ KS L 5405 플라이애시

㉕ KS Q ISO 14020 환경 라벨 및 환경 선언－일반 원칙

㉖ KS Q ISO 14021 환경성 표시 및 주장－환경성 자기 주장(제2유형 환경성 표시)

㉗ KS Q ISO 14064－1 온실가스－제1부 : 온실가스 배출 및 제거의 정량 및 보고를 위한 조직 차원의 사용규칙 및 지침

㉘ KS Q ISO 14064－2 온실가스－제2부 : 온실가스 배출 감축 또는 제거의 정량, 모니터 및 보고를 위한 프로젝트 차원의 사용규칙 및 지침

㉙ KS Q ISO 14064－3 온실가스－제3부 : 온실가스 선언에 대한 타당성 평가 및 검증을 위한 사용규칙 및 지침

1.4 용어 정의

(1) 이 시방서에 사용된 용어 중 그 일부의 정의는 다음과 같다.

① 가공(premanufactured materials and components) : 원재료나 반제품을 인공적으로 처리하여 물질 또는 물품을 만들어내는 행위

② 건설부산물(construction by-product) : 해체공사 과정에서 발생하는 가치가 있는 물건으로서 매각 등 재활용할 수 있는 물품으로 콘크리트류, 금속류, 토사, 폐목재를 지칭

③ 건설폐기물(construction waste) : 건설현장에서 공사를 시작할 때부터 완료할 때까지 발생하는 폐기물

④ 고로 슬래그(blast-furnace slag) : 철을 제련하는 제철 과정에서 발생하는 찌꺼기로 철광석 가운데 철분을 포함하지 않는 부분이 녹아 용광로로부터 나오는 비금속 생성물. 보온재, 방음재로 사용되는 슬래그 울, 특수비료, 고로 시멘트, 고로 벽돌의 원료 등으로 광범위하게 사용됨

⑤ 국지 환경(local environment) : 소음, 진동, 분진 등 구조물의 실내환경 및 실외환경

⑥ 내구성(durability) : 구조물 또는 부재의 품질, 안전성, 사용성을 설계기준에서 요구하는 수준으로 유지하는 성능, 장기간에 걸친 외부의 물리적, 화학적 또는 기계적 작용에 저항하여 변질되거나 변형되지 않고 처음의 설계조건과 같이 오래 사용할 수 있는 구조물의 성능

⑦ 공작도(shop drawing): 철근의 가공 및 조립, 현장배근을 위해 작성하는 시공 상세도면으로, 바-스케줄(bar schedule)과 바-리스트(bar list)를 포함하여 구조 평면상에 철근의 이음 위치, 조립순서 및 부재접합부 배근상세 등을 나타내는 도면

⑧ 배출(output) : 공정에서 나가는 재료, 제품, 물질 또는 에너지 흐름

⑨ 보강(strengthening) : 시설물의 내하력 회복 또는 향상을 목적으로 하는 행위

⑩ 보수(repair) : 손상된 시설물의 내구성, 안전성 및 미관 등 내하력 이외의 기능을 회복시킴을 목적으로 하는 행위

⑪ 부영양화(eutrophication) : 오염에 관한 환경 문제. 부영양화는 방출되는 물질로 인해 부영양화와 같은 원인이 되는 인산이온 PO_4^{3-}의 양(kg)으로 정의

⑫ 분리선별(separation and sorting) : 해체 과정에서 발생된 건설폐기물을 인력 또는 장비를 사용하여 성상별, 종류별로 분리해 내는 작업

⑬ 비산먼지(dust scattering) : 공사장 등에서 일정한 배출구를 거치지 않고 대기 중에 직접 배출되는 먼지

⑭ 산성화(acidification) : 오염에 관한 환경 문제. 산성화는 방출 물질과 비교하여 산

성화를 일으키는 SO_2의 양(kg)으로 정의

⑮ 사용수명(service life) : 콘크리트구조물 또는 구조물 일부의 특정한 사용 조건에서의 사용수명. 기준 사용 조건에 대한 재료, 설계, 환경, 사용 조건을 고려하여 결정

⑯ 상징수 : 슬러지수에서 슬러지 고형분을 침강 또는 기타 방법으로 제거한 물

⑰ 소음(noise) : 일반적으로 장애를 일으키는 소리, 음색이 불쾌한 소리, 음성 등의 청취를 방해하는 소리 등 인간의 쾌적한 생활 환경을 해치는 소리

⑱ 순환골재(recycled concrete aggregate) : 폐콘크리트로부터 재활용처리를 거쳐 생산된 골재로서 국가에서 제시한 품질기준을 만족시키는 골재

⑲ 슬러지수(sludge water) : 콘크리트의 회수수에서 상징수를 일부 활용하고 남은 슬러지를 포함한 물

⑳ 오염(pollution) : 주변 환경에 분해할 수 없는 물질 방출의 결과

㉑ 오존층 파괴(ozone layer depletion) : 오염과 관련된 환경문제로서 오존층 파괴는 오존층파괴의 원인이 되는 등가의 염화불화탄소류 CFCs의 양(kg)으로 정의

㉒ 온실가스(green house gas) : 지구의 표면, 대기 및 구름에 의해 복사되는 적외선 스펙트럼 중 특정 파장에서 복사열을 흡수하고 방출하는 대기 중의 자연적인 또는 인위적인 가스 성분

㉓ 원재료(raw material) : 제품을 생산하는 데 사용되는 1차 또는 2차 물질. 여기서, 2차 물질은 재활용된 물질을 포함함

㉔ 유지관리(maintenance) : 완공된 시설물의 기능을 보전하고 시설물 이용자의 편의와 안전을 높이기 위하여 시설물을 일상적으로 점검, 정비하는 여러 가지 활동. 즉 시설물의 및 부대시설 등의 기능이나 성능을 항상 적절한 상태로 유지할 목적으로 행하는 시설물 보전의 제 활동 및 관련 업무를 효과적으로 실시하기 위한 제반 관리 활동

㉕ 재사용(reuse) : 재료, 제품, 요소, 구조물 등을 폐기물로부터 추출하여 다시 사용함

㉖ 재활용(recycling) : 어떤 시스템으로부터 발생한 폐기물을 동일한 시스템이나 다른 시스템에서 유용하게 사용할 수 있도록 모으거나 재처리하는 것

㉗ 생애주기(life cycle) : 원료물질 채취에서부터 그들의 최종 폐기에 이르기까지 제품 시스템의 연속적인 그리고 상호 연결된 단계들 [KS I ISO 14040 참조]

㉘ 전과정 평가(life cycle assessment, LCA) : 제품 시스템의 생애주기에 걸쳐 투입물과 산출물을 작성하고 이들이 환경에 미치는 잠재적 영향을 종합 평가하는 기법

㉙ 지역 환경(regional environment) : 콘크리트구조물과 관련된 활동으로 주변지역에서 흙이나 물의 오염에 영향을 받는 환경으로 주로 환경적 측면에서 고려해야 할 점은 흙과 물의 오염물질 처리 등을 포함.

㉚ 책임기술자(supervisor) : 콘크리트 공사에 관한 전문지식을 가지고 콘크리트 공사의 설계 및 시공에 대하여 그 공사에 대하여 책임을 가지고 있는 자 또는 책임자로부터 각 공사에 대하여 책임의 일부분을 부담 받은 자

㉛ 취득(acquisition) : 인위적인 사전 변형없이 주위 환경에서 원료 획득 또는 채취

㉜ 친환경 자재(environmentally friendly construction product) : 제품 생애주기에 걸쳐 상대적으로 적은 자원 · 에너지를 사용하며, 인체 · 생태계에 유해영향을 최소화하며 폐기물 배출이 적은 자재

㉝ 폐기(disposal) : 소유자가 물질 또는 물건을 처분하는 행위

㉞ 폐기물(waste): 1) 생산시스템에서 발생한 버려질 생산물, 2) 긍정적인 상업적 가치가 없는 재료 및 경제과정의 생산물로서 가치가 작은 제품 또한 폐기물, 3) 소유자가 폐기하기를 원하거나 요구 받는 물질 또는 물건 [KS I ISO 14040 참조]

㉟ 플라이애시(fly ash) : 연소에 의해 형성된 입자로, 입자가 매우 작기 때문에 연도가스 내에서 운반되며, 배연가스 세정기의 필터로 걸러내는 방법으로 분리되는 것

㊱ 프리스트레스트 콘크리트(prestressed concrete) : 외력에 의하여 발생하는 응력을 소정의 한도까지 상쇄할 수 있도록 미리 인위적으로 그 응력의 분포와 크기를 정하여 내력을 준 콘크리트를 말하며, PS 콘크리트 또는 PSC 라고 약칭하기도 함

㊲ 해체(deconstruction) : 기능이 끝났거나 또는 내용연수가 경과된 시설물을 부숴 제거하는 것

㊳ 현장배합(field mix proportions) : 계획배합의 콘크리트를 얻을 수 있도록 공사현장에서 재료의 상태 및 계량방법에 따라 정한 배합

㊴ 혼화재(mineral admixture) : 콘크리트의 품질을 개선하기 위하여 시멘트, 골재, 물 이외에 필요에 따라 더 넣는 혼화재료 중 사용량이 비교적 많아서 그 자체의 부피가 콘크리트 등의 비비기 용적에 계산되는 것

㊵ 혼화재료(admixture) : 시멘트, 물, 골재 이외의 재료로서 콘크리트 등에 특별한 성질을 주기 위해 타설하기 전에 필요에 따라 더 넣는 재료

㊶ 혼화제(chemical admixture) : 혼화재료 중 사용량이 비교적 적어서 그 자체의 부피가 콘크리트 등의 비비기 용적에 계산되지 않는 것

㊷ 환경성능(environmental performance) : 환경영향 및 환경적 요소와 관련된 콘크리트 구조물의 성능

㊸ 환경영향(environmental impact) : 조직의 활동, 제품 또는 서비스로부터 전체적 또는 부분적으로 환경에 좋은 영향을 미치거나 또는 나쁜 영향을 미치는 환경 변화

㊹ 회수수(recycled water) : 레디믹스트 콘크리트 공장에서 운반차, 플랜트의 믹서, 호퍼 등에 부착된 콘크리트 및 현장에서 되돌아오는 레디믹스트 콘크리트를 세척하여

잔골재, 굵은골재를 분리한 세척 배수로서 슬러지수 및 상징수의 총칭

1.5 환경관리 및 친환경 시공 계획

1.5.1 일반사항

(1) 이 절은 콘크리트 공사가 환경에 미치는 영향을 최소화하기 위하여 콘크리트 구조물의 생애주기 관점에서 친환경적 고려를 할 수 있도록 하기 위한 표준적이고 일반적인 기준을 제시하여야 한다.

(2) "환경관리 및 친환경 시공계획"은 콘크리트 공사와 관련한 부정적인 환경영향은 감소시키고, 긍정적인 환경영향을 향상시키기 위하여 시공자가 공사 착공 전에 작성하고 책임기술자에게 제출하여야 한다.

(3) "환경관리 및 친환경 시공계획"에서는 환경관리 및 친환경 시공의 구체적인 목적을 명시하여야 한다.

(4) "환경관리 및 친환경 시공계획"은 환경관리 및 친환경 시공을 위하여 다음 1.5.2절에서 1.5.5절까지 규정된 사항을 고려하여야 한다.

1.5.2 에너지 소비 및 온실가스 배출 저감 계획

(1) 시공자는 "환경관리 및 친환경 시공계획"에 에너지 소비 및 온실가스 배출 저감 계획을 포함하여야 한다.

(2) 콘크리트 공사에 사용되는 각종 자재는 환경성적표지, 탄소성적표지 등의 공인된 친환경 재료를 우선 사용하여야 한다.

(3) 상기 항과 같은 에너지 소비 및 온실가스 배출 저감 계획이 공사 중 계속 유효하도록 정기적인 관리를 수행하여야 한다.

1.5.3 자원의 효율적인 관리 계획

(1) 시공자는 "환경관리 및 친환경 시공계획"에 자원의 효율적인 관리계획을 포함하여야 한다.

(2) 양질의 자재와 철저한 품질시공으로 부실시공에 따른 재시공을 억제하여 천연자원의 낭비를 최소화하여야 한다.
(3) 해당 공사에 대한 주요 건설폐기물의 종류 및 예상 발생량을 포함하고, 주요 건설폐기물에 대한 재사용 및 재활용 목표를 사전에 설정하여야 한다.
(4) 시공 중 건설폐기물 발생량이 최소화되도록 계획하여야 한다.
(5) 현장 내 기존 건축물 등 구조물의 해체는 재활용이 가능하도록 분리선별 해체로 수행하고, 해체 후 폐기물의 재사용 및 재활용, 현장 외 반출 및 폐기 계획을 수립한 후에 시행하여야 한다.
(6) 현장 내 도로 등 기존 아스팔트 포장 및 콘크리트 포장은 가능한 공사에 활용하도록 계획한다. 해체하는 경우, 보도 경계석 등을 포함하여 최대한 재사용 및 재활용하도록 계획하여야 한다.
(7) 해당 공사와 관련하여 발생한 건설폐기물은 그 종류, 물량, 현장 내 재사용 및 재활용, 매립, 소각, 기타 목적으로의 반출 등 관리 상황을 정기적으로 책임기술자에게 서면으로 보고하여야 한다.
(8) 주요 건설폐기물에 대한 재사용 및 재활용 목표를 책임기술자의 승인을 받아 변경할 수 있다.
(9) 상기 항과 같은 건설폐기물 저감 및 산업폐기물 재활용 계획이 공사 중 계속 유효하도록 정기적인 관리를 수행하여야 한다.

1.5.4 현장 환경관리 계획

(1) 시공자는 "환경관리 및 친환경 시공계획"에 작업장, 대지 및 대지 주변을 포함하는 현장의 환경관리계획을 포함하여야 한다.
(2) 환경공사 지점의 지형, 대지 조건 및 지세의 지리적 조건, 콘크리트구조물의 구조 형식, 사용 장비계획 및 환경 조건 등을 고려하여 작성하여야 한다.
(3) 시공자는 콘크리트 공사를 할 때 소음, 진동, 먼지 등 환경에 영향을 주는 사항에 대해서는 주위에 영향이 없도록 보완시설을 설치하여야 한다.
(4) 공사장에서 발생하는 폐기물, 분진, 오수 및 배수 등이 공사장과 공사장 인근의 대기, 토양 및 수질을 오염시키지 않도록 적절히 계획하고 조치하여야 한다.
(5) 세륜, 세차수와 살수한 물 및 공사장에서 발생되는 물 등은 지표나 지하에 유수되거나 또는 살포되지 않도록 한다.
(6) 시공으로 인하여 자연환경 파괴나 피해가 발생할 경우에는 관련 환경법규에 따라 조치

하여야 한다.

(7) 상기 항과 같은 현장의 환경관리 계획이 공사 중 계속 유효하도록 정기적인 관리를 수행하여야 한다.

1.5.5 수자원 관리 계획

(1) 시공자는 "환경관리 및 친환경 시공계획"에 수자원 관리 계획을 포함하여야 한다.

(2) 현장에서 직접 관정을 통해 지하수원을 공사에 사용하는 경우, 지하 수자원에 대한 영향을 최소화하도록 하기 위해 사용량을 측정 기록하고, 공사 후 폐공에 대한 조치계획을 수립하여야 한다.

(3) 콘크리트 공사에 사용되는 공사용수는 사용량을 측정하여 환경관리계획에 포함될 수 있도록 하고, 공사의 품질에 영향을 미치지 않는 범위 내에서 우수 및 중수를 적극적으로 활용한다. 현장의 우수를 수자원으로 활용할 수 있도록 하기 위해서 현장 내에 존재하고 있는 기존 습지를 저수지로서 활용하거나, 우수의 포집 및 우수 관거를 사용하여 포집한 인공 집수정 등을 계획하여야 한다.

(4) 공사용 차도, 인도, 주차장 등의 표면은 가능하면 불투수성 표면 마감을 지양하고, 투수 콘크리트 등 투수성이 높은 재료의 사용을 적극 검토하여야 한다.

(5) 수자원 활용계획은 현장의 폐수를 수자원으로 재활용할 수 있는 계획을 포함하여야 한다.

(6) 상기 항과 같은 수자원 활용에 대한 관리 계획이 공사 중 계속 유효하도록 정기적인 유지관리를 수행하여야 한다.

1.6 제출 및 승인

(1) 시공자는 다음 사항을 포함한 "환경관리 및 친환경 시공계획"을 작성하여 발주자 또는 발주자가 지정하는 책임기술자에게 제출하여 승인을 받아야 한다.

① 에너지 소비 및 온실가스 배출 저감 계획

② 자원의 효율적인 관리 계획

③ 현장의 환경관리 계획

④ 수자원 관리 계획

⑤ 기타 친환경 시공 계획

1.7 검사 및 기록

(1) 공사 현장에는 제출하여 승인된 "환경관리 및 친환경 시공계획"을 검사 및 기록하는 책임기술자가 상주하여야 한다.

(2) 책임기술자는 공사 현장의 "환경관리 및 친환경 시공계획"의 적절한 수행 여부를 정기적으로 검사하고 이의 결과를 기록하여야 한다.

제2장 재료

2.1 재료의 선정

2.1.1 일반사항

(1) 콘크리트 재료는 배합설계, 생산 · 제조 단계뿐만 아니라 구조물의 시공 단계, 사용 단계, 해체 및 재활용 단계 등 생애주기 동안 환경에 미치는 영향이 고려된 것을 우선적으로 선정한다.
(2) 콘크리트 재료를 선정할 때에는 품질에 영향을 미치지 않는 범위 내에서 순환자원의 사용을 검토한다.
(3) 콘크리트를 제조할 때 시멘트, 혼화재, 골재 등 중량이 큰 재료는 인근에서 생산되어 운반 에너지가 작게 드는 것을 우선적으로 사용한다.
(4) 구조물의 사용수명을 연장함으로써 환경영향을 저감시키기 위해서는 콘크리트 내구성을 향상시킬 수 있는 재료와 공법을 우선적으로 적용한다.

2.1.2 시멘트

(1) 고로 슬래그 시멘트, 플라이애시 시멘트 등 산업부산물을 활용한 혼합시멘트를 우선적으로 사용한다.
(2) 고로 슬래그 시멘트나 플라이애시 시멘트를 사용하는 경우에는 강도 및 내구성에 영향을 미치지 않는 범위 내에서 혼화재료의 혼합비율을 높인 시멘트를 우선적으로 사용한다. 단, 구조물의 내구성 확보가 필요한 경우에는 혼합시멘트의 내구성 확보 여부에 대한 책임기술자의 승인을 받아야 한다.

2.1.3 골재

(1) 콘크리트의 품질 확보에 문제가 없는 한도 내에서 순환골재나 각종 산업부산물을 원재료로 활용한 골재의 사용을 검토한다.

2.1.4 배합수

(1) 레디믹스트 콘크리트의 제조·생산 및 시공과정에서 발생하는 회수수는 콘크리트 품질에 영향을 미치지 않는 범위 내에서 배합수로 활용한다.

(2) 콘크리트의 내구성이 요구되는 경우 또는 고강도 콘크리트를 사용하는 현장에서는 가항의 내용에 우선하여 상수도의 사용을 원칙으로 한다. 다만, 상수도 이외의 물 또는 회수수를 이용하는 경우에는 요구되는 품질기준에 적합한지에 대한 실험을 통하여 확인하고 책임기술자의 승인을 받아야 한다.

2.1.5 혼화재료

(1) AE제, AE감수제, 고성능감수제, 고성능 AE감수제 등의 유동화제를 이용하여 단위시멘트량을 저감시킨다.

(2) 철근의 부식이 우려되는 현장에서는 구조물의 내구성 확보를 통한 사용수명 연장을 위하여 철근 방청제의 사용을 검토한다.

(3) 해수의 영향을 받는 지역에서는 단위시멘트량의 감소와 수밀성 향상을 위하여 고로 슬래그 미분말이나 실리카 퓸 등의 혼화재료의 사용을 검토한다.

(4) 콘크리트 품질에 영향이 없는 범위 내에서 고로 슬래그 미분말이나 플라이애시 등의 시멘트 대체재의 사용을 검토한다.

(5) 콘크리트의 내구성이 요구되는 현장에서는 균열 발생의 저감을 통한 구조물의 사용수명 연장을 위하여 팽창제나 수축저감제의 사용을 검토한다.

2.1.6 철근

(1) 철근은 설계도서에 따라 정확한 치수 및 형상을 가지는 제품을 사용하고, 철근손실률을 최소화하기 위하여 철근 공작도를 작성하여 책임기술자의 승인을 받는다.

(2) 심한 부식환경 지역에 설치되는 철근콘크리트 구조물에서 철근의 부식이 예상되는 경우에는 사용수명 연장을 위하여 책임기술자의 승인을 받아 에폭시피복 철근 또는 아연도금 철근 등의 사용을 검토한다.

2.2 배합설계

2.2.1 일반사항

(1) 콘크리트의 배합설계는 요구되는 성능을 만족하는 한도 내에서 구조물의 전과정에 걸친 환경영향을 고려한다.

(2) 콘크리트 강도의 관리재령은 시공방법과 시공기간을 고려하여 91일 이내의 재령에서 결정하여 사용한다.

(3) 구조체의 품질에 악영향을 미치지 않는 범위 내에서 물결합재비는 가능한 작게 설계한다.

(4) 단위수량은 소정의 워커빌리티를 얻을 수 있는 범위 내에서 작은 값을 사용하도록 설계한다.

(5) 콘크리트의 배합에 사용되는 단위시멘트량은 소요 품질을 확보할 수 있는 범위 내에서 작은 값을 선택하도록 하며, 시멘트의 일부를 혼화재료로 치환할 수 있는 방법을 검토한다.

2.2.2 온실가스 저감을 고려한 배합설계

(1) 콘크리트의 배합단계에서 CO_2 배출량의 평가는 KS F ISO 13315-2(안)에서 요구하는 시스템 경계 내에서 각 구성재료들의 생산, 운반 그리고 콘크리트 생산공정 단계를 기본적으로 포함하여야 한다.

(2) 콘크리트 배합단계에서 고로 슬래그, 플라이애시 및 실리카 퓸 등의 혼화재 치환율은 목표 CO_2 저감률을 달성할 수 있도록 결정하여야 한다.

(3) 콘크리트 배합단계에서 단위결합재 양은 목표 CO_2 저감률에 대한 혼화재 치환율과 설계기준압축강도를 고려하여 결정하여야 한다. 이때 결정된 단위결합재 양 및 설계기준압축강도와 물결합재비의 관계를 이용하면 압축강도에 대한 단위수량을 결정할 수 있다.

2.2.3 기타 고려사항

(1) 시험 반죽된 콘크리트 등은 품질시험이 필요 없는 가설 콘크리트 등에 이용하는 방법을 적극적으로 검토한다.

2.3 제조 및 운송

2.3.1 일반사항

(1) 이 절은 콘크리트의 주문, 생산, 운송 및 반입을 할 때 환경영향을 고려하는 경우에 적용한다.
(2) 콘크리트의 제조 · 생산, 운송 및 현장 반입 시에는 소음 · 진동 방지를 비롯하여 수질, 토양 및 대기오염 등에 대한 관련 법규의 규정을 준수하여야 한다.

2.3.2 콘크리트 제조 공장의 선정

(1) 콘크리트의 제조는 KS I ISO 14001의 인증을 받은 회사 또는 이와 동등한 성능을 갖춘 회사를 우선 고려한다.
(2) 레디믹스트 콘크리트 공장은 순환골재의 반입이 가능한 설비를 갖추고, 적절한 저장 및 관리가 가능하며 환경친화적인 콘크리트의 제조가 가능한 곳을 선정한다.
(3) 레디믹스트 콘크리트 공장은 운송과 관련한 환경영향을 줄일 수 있도록 공사현장 인근의 공장을 선정한다.
(4) 현장배합 콘크리트의 경우에는 소음, 진동방지 대책의 수립과 토양오염, 수질오염 방지, 대기오염 및 폐기물 저감대책 등을 반영한 플랜트 설비를 갖추어야 한다.

2.3.3 발주 및 제조

(1) 콘크리트를 발주할 때는 주문하는 콘크리트의 특성을 이해하여 소정의 품질을 확보할 수 있도록 제조자와 협의하여야 한다.
(2) 콘크리트를 발주할 때는 여분의 콘크리트가 발생하지 않도록 계획하여 발주하여야 한다.
(3) 콘크리트를 제조할 때는 사용 재료의 저장 및 관리를 적절하게 수행하고, 환경관리에 적합한 콘크리트가 제조될 수 있도록 하여야 한다.
(4) 제조 과정에서 발생되는 부산물은 콘크리트의 제조에 재활용할 수 있는 방안을 강구하고 폐기물의 발생을 최대한 억제하여야 한다.
(5) 콘크리트를 비빔할 때는 비빔효율이 좋은 믹서를 사용하고, 한 배치의 비빔량을 과대하게 하여 비빔효율이 저하되지 않도록 적절한 용량을 적용하여야 한다.

2.3.4 운반

(1) 콘크리트 운반차량은 소음 및 배기가스 저감차량으로 한다.
(2) 콘크리트 운반차량을 운전할 때는 소음과 연비를 고려하여야 한다.
(3) 콘크리트의 운반은 적재량에 적합한 차량을 선정하여 운반효율을 높이도록 하여야 한다.
(4) 콘크리트의 운반 경로는 공사 현장에 신속하게 도달될 수 있는 경로를 선택하여야 한다.
(5) 시공자는 콘크리트 운반차량 및 경로, 도달시간 등의 검사기록을 작성하여 책임기술자에게 보고하여야 한다.
(6) 콘크리트를 하차한 이후 슈트에 부착된 콘크리트의 세정은 공사 현장 내의 세정 장소에서 행하고, 세정에 사용한 물은 트럭 에지테이터에 담아 지정된 공장으로 이동하여 배출한다.

2.3.5 반입

(1) 콘크리트의 반입은 1일 반입량, 시간별 반입량, 콘크리트 타설시간 등을 종합적으로 고려하여 운반차량이 공사현장에서 대기하는 시간이 최소화되도록 계획하여야 한다.
(2) 반입할 때 슬럼프가 저하된 콘크리트는 사용 가능성에 대한 책임기술자가 판단하여, 유동화제를 사용하여 슬럼프의 회복이 가능한 범위 내에서 사용하여야 한다.
(3) 현장에 반입된 콘크리트는 가능한 중단없이 연속적으로 압송하여 신속하게 타설을 종료하되 압송관에 남은 잔여 콘크리트는 수집하여 추가 콘크리트 타설에 활용한다.
(4) 콘크리트 펌프는 출력, 최대 콘크리트 압력, 타설량 등을 비교하여 현장 여건에 맞는 가장 경제적인 장비를 선정한다.

2.4 거푸집

(1) 거푸집은 사용 후 재자원화가 가능하며, 폐기물이 적게 생기는 거푸집을 선정한다.
(2) 자재의 구성 및 조립방법이 기계화, 표준화, 경량화될 수 있는 시스템 거푸집의 사용을 검토한다.
(3) 거푸집 박리제는 거푸집의 위치에 따라 요구되는 부착성, 박리성, 마감성을 고려하여 선정하여야 하며, 주변 환경에 미치는 영향이 최소화될 수 있는 제품을 선정한다.

제3장 시공

3.1 콘크리트 공사

(1) 이 절은 환경관리 및 친환경 시공을 실시하는 콘크리트 공사에 적용한다.

(2) 콘크리트의 운반, 반입, 타설 및 양생 등 각 작업에 대하여 콘크리트의 품질을 높일 수 있는 대책을 수립하여야 한다.

(3) 콘크리트공사에 따르는 소음, 진동, 배출가스 등의 억제에 도움이 되는 건설차량, 장비를 우선적으로 이용하고, 작업 장소와 작업시간을 충분히 고려하여 국지환경 보전에 노력한다.

(4) 공사에 사용되는 공정별 콘크리트의 양과 시간을 구체적으로 계획하여 잉여 콘크리트를 최소화하여야 하며, 부득이하게 이용할 수 없게 된 콘크리트 및 모르타르는 가설블록, 노반재 등으로 재자원화를 적극적으로 검토한다.

(5) 콘크리트의 품질저하 또는 환경영향 물질의 증대를 초래하지 않는 범위에서 천연자원의 보전 및 이산화탄소 배출의 삭감에 기여하는 공법 및 기계를 우선적으로 선정한다.

(6) 공사현장 내에서 발생하는 오염물질, 세정배수를 적절하게 처리하여, 환경영향 물질의 시공현장 외 배출을 억제한다.

(7) 콘크리트공사 공법 선정 시에는 녹색기술인증, 신기술 등 공인된 친환경공법의 사용을 고려한다.

3.2 철근 공사

(1) 이 절은 환경관리 및 친환경 시공을 실시하는 철근공사에 적용한다.

(2) 철근의 정착부에 배근되는 철근의 밀도가 높은 경우에는 철근량을 감소시킬 수 있는 공법을 적용한다.

(3) 가스압접을 실시하는 경우에는 가스 소비량을 감소시킬 수 있는 공법을 적용한다.

(4) 염해를 받는 지역에 건설되는 구조물은 에폭시 피복 철근 또는 아연도금 철근 등의 사용을 검토하도록 하며, 설계 피복두께를 확보할 수 있도록 시공 품질관리에 주의를 기울여야 한다.

(5) 콘크리트를 타설할 때 철근의 설계 피복두께가 확보될 수 있는 방안을 강구하여야 한다.

(6) 철근 및 용접 철망의 가공은 책임기술자의 특별한 지시가 없는 한 가열가공은 금하고 상온에서 냉간가공한다.
(7) 철근의 절단 가공은 산소 절단기 등을 사용해서는 안 되며 절단기, 전동톱 및 쉬어 커터 등의 기계적 방법에 의하여야 한다.
(8) 철근의 공장가공을 확대하고 합리적인 철근공사방식을 도입하여 과다 배근, 중복 이음, 과다 절단 등으로 인한 철근 손실률을 최소화한다.
(9) 설계도면에 따라 표준화된 철근 공작도를 작성하여 책임기술자의 승인을 받은 후 철근을 가공 및 조립하여야 한다.

3.3 거푸집 공사

(1) 이 절은 '환경관리 및 친환경시공'을 실시하는 콘크리트 공사의 거푸집 공사에 적용한다.
(2) 거푸집 공사는 전용 횟수가 많은 것을 사용하며, 공사계획 시 이를 적절하게 반영한다.
(3) 거푸집 공사를 할 때는 공기와 작업시간을 단축시킬 수 있는 공법을 우선적으로 사용한다.
(4) 투수성, 탈수성이 있는 거푸집을 사용하여 콘크리트 표면을 치밀하게 하는 공법이나 구조체의 보호효과가 높은 프리캐스트 콘크리트 제품을 이용한 공법을 우선적으로 검토한다.
(5) 거푸집 재료는 천연자원의 사용저감을 위하여 재자원화가 가능하거나 사용 후 폐기처분이 발생하지 않는 거푸집을 우선적으로 사용한다.
(6) 거푸집으로 사용된 폐목재류는 재활용 촉진을 위해 반드시 별도로 분류하여 재활용을 최대화하고 재활용이 불가한 폐목과 폐포장재는 적정하게 처리한다.
(7) 거푸집 박리제는 요구성능을 고려하여 선정하고, 적절한 도포횟수 및 수량계획을 통하여 잔류량을 최소화하여야 한다.
(8) 거푸집 폐박리제는 잔량을 일정한 용기에 수거하여 지정폐기물 보관소에 보관 후 지정된 수집/운반업체를 통해 적정처리한다.

3.4 폐기물 처리

(1) 이 절은 건설현장에서 발생되는 모든 폐기물의 관리 및 저감 활동에 적용한다.
(2) 이 절은 폐기물을 적정하게 수집, 분리, 보관 처리를 통하여 폐기되는 자원을 재활용하고 부정적인 환경영향 요소를 최소화하는 것을 목적으로 한다.

3.4.1 폐기물의 관리

(1) 현장에서 발생한 폐기물은 종류별로 구분 수거하여 보관, 관리하여야 한다.
(2) 시공자는 폐기물 발생 현황표를 폐기물 발생 처리시마다 기록하여 폐기물 발생량을 관리하여야 한다.
(3) 책임기술자는 폐기물의 보관 및 관리상태를 감시/측정 체크리스트에 따라 점검, 확인하고 부적합 사항 발생 시 시정조치를 요구한다.
(4) 시공자는 시정조치 요구에 대한 이행결과를 책임기술자에게 보고하여야 한다.
(5) 보관시설의 규모 및 설치 위치 등은 현장의 규모, 공사계획, 건설폐기물의 발생량 및 배출량을 고려한 배출계획에 따라 적정하게 정하여야 한다.

3.4.2 폐기물의 수거 및 처리

(1) 폐기물의 배출은 분리 배출하는 것을 원칙으로 하며, 현장에서 불가피하게 분리 배출이 불가능한 경우에만 혼합 건설폐기물로 배출한다.
(2) 분리 배출의 기준은 건설폐재류, 가연성, 불연성, 혼합건설폐기물 등과 같은 종류별 및 소각, 중화, 파쇄, 매립 등과 같은 처리방법별로 한다.
(3) 건설폐기물은 분류에 따라 재활용 대상은 재활용시설 또는 중간처리시설로, 소각 대상은 소각시설로, 매립 대상은 매립시설 등으로 배출하여야 한다.
(4) 가연성 폐기물 중 폐목재는 재활용 촉진을 위해 반드시 별도로 분류해야 하며, 재활용이 가능한 경우 재활용시설로 배출하고, 재활용이 불가능한 경우 소각시설로 배출하여야 한다.
(5) 불연성 폐기물 중 건설 폐재류는 순환골재로 재활용 촉진을 위해 다른 건설폐기물과 혼합되지 않도록 한다.
(6) 무기불연류, 혼합류 및 기타 폐기물 등은 재활용이 가능한 경우 재활용시설 또는 중간처리시설로 배출하고, 재활용이 불가능한 경우 매립시설로 배출하여야 한다.
(7) 폐기물 처리를 위탁처리하는 경우 위탁처리업체는 시공자가 선정 관리한다. 위탁처리업체는 폐기물 종류별 허가업체인지를 허가증 등으로 확인 관리하여야 한다.
(8) 폐기물 보관함 주변은 항상 청결히 유지하며 누수로 인한 2차 환경오염을 방지하여야 한다.
(9) 폐기물 보관장소로 지정된 장소는 지정폐기물 표지판을 부착하여 모든 사람이 알아 볼 수 있도록 하여야 한다.
(10) 폐기물 보관 장소에 문제가 발생된 경우에는 시정 및 예방 조치 규정에 따라 조치한다.

부록 II LCI DB

1 Inventory data for Construction Materials

LCI DB명	개발기관	구축년도	Unit	Inventory data						Impact assessment result					
				Air emission			Particulate Matter emission			자원 소모	지구 온난화	오존층 영향	산성화	부영 양화	광화학적 산화물 생성
				carbon dioxide (CO_2)	sulfur oxides (SOx)	nitrogen oxides (NOx)	Dust	Parti-culates	PM						
				(kg/*)	(kg/*)	(kg/*)	(kg/*)	(kg/*)	(kg/*)	(kg-antimony eq./*)	(kg-CO_2 eq./*)	(kg-CFC11 eq./*)	(kg-SO_2 eq./*)	(kg-PO_4^{3-} eq./*)	(kg-C_2H_4 eq./*)
1종 포틀랜드 시멘트	국가 LCI DB	2002	1kg	9.31E-01	0.00E+00	1.03E-03	1.43E-04	0.00E+00	0.00E+00	3.91E-03	9.48E-01	1.70E-08	1.28E-03	1.34E-04	2.60E-03
2종 포틀랜드 시멘트	국가 LCI DB	2002	1kg	9.41E-01	0.00E+00	7.18E-04	1.92E-04	0.00E+00	0.00E+00	4.48E-03	9.49E-01	1.39E-09	1.12E-03	9.43E-05	1.74E-04
3종 포틀랜드 시멘트	국가 LCI DB	2002	1kg	9.28E-01	0.00E+00	7.25E-04	1.89E-04	0.00E+00	0.00E+00	4.41E-03	9.36E-01	1.25E-09	1.09E-03	9.52E-05	1.66E-04
5종 포틀랜드 시멘트	국가 LCI DB	2002	1kg	9.36E-01	5.72E-04	7.00E-04	1.02E-04	0.00E+00	0.00E+00	1.49E-03	9.43E-01	1.28E-09	5.19E-04	9.20E-05	1.42E-04
고로 슬래그 시멘트	국가 LCI DB	2002	1kg	2.05E-01	0.00E+00	5.13E-04	3.48E-05	0.00E+00	0.00E+00	8.70E-04	2.08E-01	4.14E-09	5.51E-04	6.69E-05	5.01E-04
레미콘 25-210-12	국가 LCI DB	2003	$1m^3$	4.00E+02	1.47E-01	6.06E-01	7.09E-02	0.00E+00	0.00E+00	2.04E+00	4.09E+02	4.65E-05	6.82E-01	7.96E-02	1.10E+00
레미콘 25-210-15	국가 LCI DB	2003	$1m^3$	4.10E+02	1.44E-01	6.15E-01	7.22E-02	0.00E+00	0.00E+00	2.05E+00	4.19E+02	4.61E-05	6.94E-01	8.08E-02	1.13E+00
레미콘 25-240-12	국가 LCI DB	2003	$1m^3$	4.06E+02	1.48E-01	6.17E-01	6.80E-02	0.00E+00	0.00E+00	1.66E+00	4.14E+02	2.34E-05	6.79E-01	8.08E-02	1.07E+00
레미콘 25-240-15	국가 LCI DB	2003	$1m^3$	4.10E+02	1.44E-01	6.15E-01	7.22E-02	0.00E+00	0.00E+00	2.55E+00	4.29E+02	4.59E-05	7.06E-01	8.20E-02	1.16E+00
석회석	국가 LCI DB	2012	1kg	2.33E-03	4.31E-06	6.60E-05	1.60E-01	0.00E+00	0.00E+00	1.51E-05	2.53E-03	3.32E-10	6.42E-05	1.21E-05	6.49E-06
순환골재	국가 LCI DB	2010	1kg	1.47E-02	2.18E-05	1.17E-04	1.70E-05	0.00E+00	0.00E+00	1.02E-04	1.49E-02	2.77E-09	8.54E-05	1.53E-05	1.87E-05
시멘트	국가 LCI DB	2003	1kg	1.05E+03	8.71E-01	1.42E+00	3.43E+01	0.00E+00	0.00E+00	2.40E-03	1.06E+00	3.55E-08	1.30E-03	1.86E-04	3.03E-04
모래	국토부 LCI DB	2005-2008	$1m^3$	3.58E+00	9.92E-03	1.47E-02	9.33E-04	0.00E+00	0.00E+00	2.36E-02	3.87E+00	2.20E-07	1.10E-02	1.92E-03	3.23E-03
하천모래	국토부 LCI DB	2005-2008	$1m^3$	1.59E+00	3.62E-07	1.90E-02	1.02E-03	0.00E+00	0.00E+00	1.08E-02	1.62E+00	5.88E-07	1.57E-02	2.47E-03	2.69E-03
바다모래	국토부 LCI DB	2005-2008	$1m^3$	2.10E+00	2.90E-05	2.69E-02	1.75E-04	0.00E+00	0.00E+00	1.32E-02	4.42E+00	7.21E-07	1.95E-02	3.50E-03	2.23E-03
산림모래	국토부 LCI DB	2005-2008	$1m^3$	5.02E+00	1.66E-02	1.26E-02	1.13E-03	0.00E+00	0.00E+00	3.31E-02	5.10E+00	1.38E-08	1.38E-08	1.38E-08	3.98E-03
육상모래	국토부 LCI DB	2005-2008	$1m^3$	2.54E-01	5.79E-08	3.03E-03	1.64E-04	0.00E+00	0.00E+00	1.72E-03	2.60E-01	9.40E-08	2.51E-03	3.95E-04	4.30E-04
자갈(쇄석)	국토부 LCI DB	2005-2008	$1m^3$	1.11E+01	3.70E-02	2.81E-02	2.51E-03	0.00E+00	0.00E+00	7.35E-02	1.13E+01	3.06E-08	1.98E-02	3.67E-03	8.84E-03
갱폼	국토부 LCI DB	2005-2008	$1m^3$	3.95E-01	1.21E-03	8.93E-04	1.38E-04	0.00E+00	0.00E+00	2.55E-03	4.05E-01	2.26E-08	6.45E-04	1.17E-04	2.93E-04
점토벽돌	국토부 LCI DB	2005-2008	1kg	3.88E-01	2.78E-04	7.39E-04	2.08E-04	0.00E+00	0.00E+00	2.57E-03	3.98E-01	8.02E-08	9.56E-04	9.99E-05	2.54E-04

LCI DB명	개발기관	구축년도	Unit	Inventory data						Impact assessment result					
				Air emission			Particulate Matter emission								
				carbon dioxide (CO_2)	sulfur oxides (SOx)	nitrogen oxides (NOx)	Dust	Parti-culates	PM	자원 소모	지구 온난화	오존층 영향	산성화	부영 양화	광화학적 산화물 생성
				(kg/*)	(kg/*)	(kg/*)	(kg/*)	(kg/*)	(kg/*)	(kg-antimony eq./*)	(kg-CO_2 eq./*)	(kg-CFC11 eq./*)	(kg-SO_2 eq./*)	(kg-PO_4^{3-} eq./*)	(kg-C_2H_4 eq./*)
콘크리트벽돌	국토부 LCI DB	2005 -2008	1kg	1.22E-01	1.07E-04	1.73E-04	3.85E-03	8.42E-12	2.06E-07	3.02E-04	1.23E-01	4.71E-09	1.56E-04	2.26E-05	3.82E-05
합판	국토부 LCI DB	2005 -2008	$1m^3$	8.01E+02	2.69E-01	1.22E+00	6.12E+00	0.00E+00	0.00E+00	2.72E+00	8.18E+02	3.43E-05	5.07E+00	7.23E+00	4.05E-01
우레탄방수재	국토부 LCI DB	2005 -2008	1kg	1.84E+00	4.35E-03	5.56E-03	1.36E-03	0.00E+00	0.00E+00	2.52E-02	1.92E+00	7.07E-07	5.25E-03	7.44E-04	3.20E-03
우레탄판	국토부 LCI DB	2005 -2008	1kg	2.39E+00	3.89E-04	2.07E-02	3.50E-03	0.00E+00	0.00E+00	1.52E-01	2.51E+00	1.05E-08	3.98E-02	2.93E-03	5.01E-03
발포폴리 스티렌판	국토부 LCI DB	2005 -2008	1kg	2.02E+00	8.73E-04	2.08E-02	1.93E-03	0.00E+00	0.00E+00	1.74E-01	2.06E+00	2.89E-08	4.05E-02	2.77E-03	6.39E-03
유리면판	국토부 LCI DB	2005 -2008	1kg	1.32E+00	4.30E-04	1.55E-02	2.11E-03	0.00E+00	0.00E+00	1.28E-01	1.34E+00	2.25E-08	3.00E-02	2.06E-03	3.97E-03
알루미늄복합 (무기질)패널	국토부 LCI DB	2005 -2008	1kg	4.58E-01	1.24E-03	1.93E-03	1.74E-03	0.00E+00	0.00E+00	5.58E-03	4.93E-01	4.13E-08	1.94E-03	2.55E-04	6.15E-04
알루미늄복합 (PE)패널	국토부 LCI DB	2005 -2008	1kg	2.00E+00	5.16E-03	7.10E-03	6.12E-03	0.00E+00	0.00E+00	2.79E-02	2.17E+00	1.50E-07	6.29E-03	9.45E-04	3.41E-03
압출성형 콘크리트패널	국토부 LCI DB	2005 -2008	1kg	8.46E-01	7.29E-04	1.71E-03	1.64E-02	0.00E+00	0.00E+00	2.54E-03	8.57E-01	7.32E-08	1.40E-03	2.31E-04	4.16E-04
암면	국토부 LCI DB	2005 -2008	1kg	5.22E-01	5.88E-04	7.74E-04	1.51E-02	0.00E+00	0.00E+00	1.46E-03	5.26E-01	1.56E-08	6.78E-04	1.01E-04	1.81E-04
EPS층간소음 방지재	국토부 LCI DB	2005 -2008	1kg	6.14E+00	3.10E-03	1.43E-02	3.05E-04	0.00E+00	0.00E+00	2.04E-02	6.24E+00	1.23E-07	1.26E-02	1.98E-03	7.69E-03
EPP층간소음 방지재	국토부 LCI DB	2005 -2008	1kg	5.73E+00	2.37E-03	1.28E-02	2.67E-04	0.00E+00	0.00E+00	3.18E-02	5.89E+00	6.92E-08	1.02E-02	1.74E-03	3.35E-02
암면보온판	국토부 LCI DB	2005 -2008	1kg	4.00E+00	7.23E-04	9.64E-03	1.35E-02	0.00E+00	0.00E+00	2.38E-02	4.07E+00	1.25E-07	9.14E-03	1.26E-03	8.14E-03
PVC창호 용형재	국토부 LCI DB	2005 -2008	1kg	1.30E+00	2.42E-03	3.08E-03	2.68E-04	0.00E+00	0.00E+00	1.68E-02	1.36E+00	3.47E-08	3.00E-03	4.79E-04	1.95E-03
복층유리	국토부 LCI DB	2005 -2008	$1m^2$	2.21E+01	5.87E-03	1.68E-02	1.29E-02	0.00E+00	0.00E+00	1.26E-01	2.24E+01	1.81E-07	3.05E-02	2.21E-03	5.50E-02
강화유리	국토부 LCI DB	2005 -2008	$1m^2$	1.31E+01	3.74E-02	3.10E-02	2.74E-03	0.00E+00	0.00E+00	1.10E-01	1.34E+01	6.64E-08	2.57E-02	4.05E-03	2.32E-02
타일	국토부 LCI DB	2005 -2008	1kg	3.45E-01	2.69E-04	9.34E-04	2.05E-04	4.29E-08	0.00E+00	2.31E-03	3.53E-01	4.00E-09	8.45E-04	1.23E-04	6.36E-04
암면천장 마감재	국토부 LCI DB	2005 -2008	1kg	3.41E+00	5.40E-04	9.21E-03	8.08E-03	0.00E+00	0.00E+00	1.98E-02	3.46E+00	8.16E-08	9.33E-03	1.24E-03	7.12E-03
경보행용 바닥재	국토부 LCI DB	2005 -2008	1kg	1.07E+02	1.79E-03	2.72E-01	8.66E-04	0.00E+00	0.00E+00	6.60E-01	1.09E+02	2.00E-07	2.58E-01	3.53E-02	2.42E-01
중보행용 바닥재	국토부 LCI DB	2005 -2008	1kg	1.52E+02	2.06E-03	3.85E-01	8.99E-04	0.00E+00	0.00E+00	9.33E-01	1.54E+02	1.92E-07	3.65E-01	5.01E-02	3.44E-01
폴리염화 비닐관	국토부 LCI DB	2005 -2008	1kg	1.45E+00	2.54E-03	3.85E-03	4.01E-04	0.00E+00	0.00E+00	1.90E-02	1.53E+00	3.83E-08	4.49E-03	7.06E-04	3.04E-03
레디믹스트 콘트리트 25-21-120	탄소연구단 LCI DB	2014	$1m^3$	1.46E+02	2.88E-02	1.99E-01	2.33E-02	0.00E+00	0.00E+00	7.02E-01	1.65E+02	3.33E-06	2.43E-01	2.75E-02	4.34E-01
레디믹스트 콘트리트 25-24-120	탄소연구단 LCI DB	2014	$1m^3$	1.61E+02	3.29E-02	2.15E-01	2.57E-02	0.00E+00	0.00E+00	7.64E-01	1.80E+02	3.86E-06	2.67E-01	3.04E-02	4.73E-01
레디믹스트 콘트리트 25-24-150	탄소연구단 LCI DB	2014	$1m^3$	1.65E+02	3.04E-02	2.26E-01	2.63E-02	0.00E+00	0.00E+00	7.76E-01	1.84E+02	3.56E-06	2.67E-01	3.00E-02	4.83E-01

LCI DB명	개발기관	구축년도	Unit	Inventory data						Impact assessment result					
				Air emission			Particulate Matter emission			자원 소모	지구 온난화	오존층 영향	산성화	부영 양화	광화학적 산화물 생성
				carbon dioxide (CO_2)	sulfur oxides (SOx)	nitrogen oxides (NOx)	Dust	Parti-culates	PM						
				(kg/*)	(kg/*)	(kg/*)	(kg/*)	(kg/*)	(kg/*)	(kg-antimony eq./*)	(kg-CO_2 eq./*)	(kg-CFC11 eq./*)	(kg-SO_2 eq./*)	(kg-PO_4^{3-} eq./*)	(kg-C_2H_4 eq./*)
프리캐스트 콘크리트 (구조용 일반PC)	탄소연구단 LCI DB	2014	$1m^3$	6.16E+02	1.11E+00	1.90E+00	1.38E-01	0.00E+00	0.00E+00	1.48E+00	5.59E+02	1.18E-05	1.28E+00	1.65E-01	1.30E+00
프리캐스트 콘크리트 (HCS)	탄소연구단 LCI DB	2014	$1m^3$	6.16E+02	1.11E+00	1.90E+00	1.38E-01	0.00E+00	0.00E+00	6.03E-01	3.94E+02	9.52E-06	6.37E-01	7.70E-02	9.78E-01
콘크리트 파일 (PHC 파일)	탄소연구단 LCI DB	2014	1kg	6.16E+02	1.11E+00	1.90E+00	1.38E-01	0.00E+00	0.00E+00	4.81E-04	1.66E-01	4.81E-09	3.26E-04	3.49E-05	4.24E-04
경량기포 콘크리트 블록	탄소연구단 LCI DB	2013	$1m^3$	2.37E+02	3.29E-02	3.18E-01	1.11E-01	0.00E+00	0.00E+00	6.69E-01	2.39E+02	8.11E-06	3.61E-01	4.29E-02	4.86E-01
경량기포 콘크리트 패널	탄소연구단 LCI DB	2013	$1m^3$	2.57E+02	7.47E-02	3.91E-01	1.25E-01	0.00E+00	0.00E+00	8.08E-01	2.60E+02	8.59E-06	4.40E-01	5.31E-02	5.01E-01
건조시멘트 모르타르	탄소연구단 LCI DB	2013	1kg	4.27E-01	7.67E-04	8.67E-04	7.96E-03	0.00E+00	0.00E+00	1.78E-03	4.31E-01	1.46E-08	7.37E-04	1.14E-04	2.37E-04
백색 포틀랜드 시멘트	탄소연구단 LCI DB	2013	1kg	1.23E+00	1.78E-03	1.04E-03	6.99E-03	0.00E+00	0.00E+00	5.46E-03	1.22E+00	6.11E-08	1.67E-03	2.50E-04	1.90E-04
순환 잔골재	탄소연구단 LCI DB	2014	1kg	1.88E-02	3.04E-05	3.06E-05	3.90E-06	0.00E+00	0.00E+00	1.91E-04	2.94E-02	1.66E-12	3.38E-05	6.20E-06	1.05E-05
순환 굵은골재	탄소연구단 LCI DB	2014	1kg	1.88E-02	3.04E-05	3.06E-05	3.90E-06	0.00E+00	0.00E+00	1.27E-04	1.95E-02	1.11E-12	2.25E-05	4.13E-06	6.97E-06
정제 플라이애시	탄소연구단 LCI DB	2014	1kg	3.49E-03	7.20E-06	2.00E-05	2.80E-06	0.00E+00	0.00E+00	2.33E-05	3.55E-03	4.96E-10	1.46E-05	2.65E-06	3.91E-06
고로슬래그 미분말	탄소연구단 LCI DB	2014	1kg	3.40E-02	7.35E-05	8.26E-05	8.70E-05	0.00E+00	0.00E+00	2.37E-04	3.52E-02	9.72E-10	1.10E-04	1.13E-05	1.16E-04
표층용 아스팔트 콘크리트 WC-2, 13mm	탄소연구단 LCI DB	2014	1kg	3.91E+00	1.28E-02	9.86E-03	8.88E-04	0.00E+00	0.00E+00	2.68E-02	3.96E+00	5.42E-08	7.06E-03	1.30E-03	3.19E-03
표층용 아스팔트 콘크리트 WC-5, 20mm	탄소연구단 LCI DB	2014	1kg	3.93E+00	1.29E-02	9.89E-03	8.92E-04	0.00E+00	0.00E+00	2.69E-02	3.98E+00	5.23E-08	7.09E-03	1.30E-03	1.30E-03
기층용 아스팔트 콘크리트 BB-2, 25mm	탄소연구단 LCI DB	2014	1kg	4.04E+00	1.33E-02	1.02E-02	9.15E-04	0.00E+00	0.00E+00	2.76E-02	4.12E+00	4.34E-08	7.32E-03	1.35E-03	3.30E-03
각재	탄소연구단 LCI DB	2013	$1m^3$	2.40E-01	6.18E-05	2.87E-03	4.34E-04	0.00E+00	0.00E+00	3.83E-01	5.41E+01	5.08E-06	3.24E-01	5.85E-02	2.25E-01
화강석	탄소연구단 LCI DB	2014	$1m^3$	4.28E+01	5.19E-02	5.83E-01	2.04E-02	0.00E+00	0.00E+00	4.42E+01	2.90E-01	1.30E-05	4.27E-01	7.77E-02	4.33E-02
데크플레이트	탄소연구단 LCI DB	2014	$1m^2$	3.29E+01	1.79E-02	1.73E-01	7.76E-02	0.00E+00	0.00E+00	1.11E+00	3.35E+01	1.80E-06	2.96E-01	2.45E-02	9.73E-02

2 Inventory data for Transportation

LCI DB명	개발 기관	구축 년도	Unit	Inventory data						Impact assessment result					
				Air emission			Particulate Matter emission			자원 소모	지구 온난화	오존층 영향	산성화	부영 양화	광화학적 산화물 생성
				carbon dioxide (CO_2)	sulfur oxides (SOx)	nitrogen oxides (NOx)	Dust	Parti-culates	PM						
				(kg/*)	(kg/*)	(kg/*)	(kg/*)	(kg/*)	(kg/*)	(kg-antimony eq./*)	(kg-CO_2 eq./*)	(kg-CFC11 eq./*)	(kg-SO_2 eq./*)	(kg-PO_4^{3-} eq./*)	(kg-C_2H_4 eq./*)
11.5톤트럭수송 60km/h	국가 LCI DB	1999	1kg · km	6.17E+00	2.65E-03	3.52E+00	1.86E-01	0.00E+00	0.00E+00						
11.5톤트럭수송 80km/h	국가 LCI DB	1999	1kg · km	7.69E+00	3.30E-03	4.39E+00	2.32E-01	0.00E+00	0.00E+00						
12ton 이상 트럭	국가 LCI DB	2012	1ton · km	1.14E-03	0.00E+00	1.19E-05	2.29E-01	0.00E+00	0.00E+00	7.82E-06	1.16E-03	4.27E-10	8.76E-06	1.56E-06	2.60E-06
1ton 미만 트럭	국가 LCI DB	2012	1ton · km	7.36E-03	0.00E+00	7.75E-05	2.43E-02	0.00E+00	0.00E+00	5.08E-05	7.53E-03	2.77E-09	5.68E-05	1.01E-05	1.69E-05
1ton 이상 3ton 미만 트럭	국가 LCI DB	2012	1ton · km	4.19E-03	0.00E+00	4.41E-05	6.78E-02	0.00E+00	0.00E+00	2.88E-05	4.29E-03	1.57E-09	3.23E-05	5.75E-06	9.61E-06
3ton 이상 5ton 미만 트럭	국가 LCIDB	2012	1ton · km	2.74E-03	0.00E+00	2.88E-05	5.94E-02	0.00E+00	0.00E+00						
4.5톤 트럭수송 60km/h	국가 LCI DB	2000	1kg · km	3.93E+00	1.68E-03	2.48E+00	1.37E-01	0.00E+00	0.00E+00						
4.5톤 트럭수송 80km/h	국가 LCI DB	2000	1kg · km	4.97E+00	2.13E-03	3.14E+00	1.73E-01	0.00E+00	0.00E+00						
5ton 이상 8ton 미만 트럭	국가 LCI DB	2012	1ton · km	2.81E-03	0.00E+00	2.96E-05	2.34E-01	0.00E+00	0.00E+00						
8ton 이상 12ton 미만 트럭	국가 LCI DB	2012	1ton · km	3.62E-03	0.00E+00	3.39E-05	2.36E-01	0.00E+00	0.00E+00	1.36E-04	4.01E-03	7.41E-09	3.07E-05	4.47E-06	2.12E-05
공로수송	국가 LCI DB	2008	1kg · km	2.44E-04	0.00E+00	1.63E-06	3.64E-07	0.00E+00	0.00E+00						
기차수송	국가 LCI DB	2000	1kg · km	9.95E+02	1.14E+00	1.66E+01	1.11E+00	0.00E+00	0.00E+00						
기타트레일러	국가 LCI DB	2012	1ton · km	1.02E-03	0.00E+00	1.07E-05	2.45E-01	0.00E+00	0.00E+00						
냉장차량수송	국가 LCI DB	2008	1kg · km	2.44E-04	0.00E+00	1.63E-06	3.64E-07	0.00E+00	0.00E+00						
디젤기차수송	국가 LCI DB	2000	1kg · km	7.86E+02	7.16E-03	1.89E+01	1.24E+00	0.00E+00	0.00E+00						
벌크시멘트 트레일러	국가 LCI DB	2012	1ton · km	5.92E-04	0.00E+00	6.23E-06	2.29E-01	0.00E+00	0.00E+00	4.07E-06	6.06E-04	2.22E-10	4.57E-06	8.12E-07	1.36E-06
전기기차수송	국가 LCI DB	2000	1kg · km	1.66E+03	5.54E+00	4.06E+00	3.68E-01	0.00E+00	0.00E+00						
컨테이너 트레일러	국가 LCI DB	2012	1ton · km	4.83E-03	0.00E+00	5.09E-05	2.38E-01	0.00E+00	0.00E+00						
탱크로리	국가 LCI DB	2012	1ton · km	6.80E-04	0.00E+00	7.16E-06	3.10E-01	0.00E+00	0.00E+00						
내항_로로선	국가 LCI DB	2011	1ton · km	1.58E-02	2.15E-06	3.27E-04	2.00E-05	0.00E+00	0.00E+00						
외항_가스 운송선	국가 LCI DB	2011	1ton · km	8.48E-03	1.55E-06	1.97E-04	1.19E-05	0.00E+00	0.00E+00						

LCI DB명	개발 기관	구축 년도	Unit	Inventory data						Impact assessment result					
				Air emission			Particulate Matter emission			자원 소모	지구 온난화	오존층 영향	산성화	부영 양화	광화학적 산화물 생성
				carbon dioxide (CO_2)	sulfur oxides (SOx)	nitrogen oxides (NOx)	Dust	Parti-culates	PM						
				(kg/*)	(kg/*)	(kg/*)	(kg/*)	(kg/*)	(kg/*)	(kg-antimony eq./*)	(kg-CO_2 eq./*)	(kg-CFC11 eq./*)	(kg-SO_2 eq./*)	(kg-PO_4^{3-} eq./*)	(kg-C_2H_4 eq./*)
외항_벌크선 (~40,000 DWT)	국가 LCI DB	2011	1ton · km	4.70E-03	1.06E-06	9.80E-05	5.97E-06	0.00E+00	0.00E+00						
외항_벌크선 (150,000~ 200,000 DWT)	국가 LCI DB	2011	1ton · km	1.67E-03	3.85E-07	3.48E-05	2.12E-06	0.00E+00	0.00E+00						
외항_벌크선 (20,000 DWT)	국가 LCI DB	2011	1ton · km	1.42E-03	3.26E-07	2.94E-05	1.79E-06	0.00E+00	0.00E+00	8.93E-06	1.46E-03	4.90E-10	2.11E-05	3.84E-06	1.83E-06
외항_벌크선 (40,000~ 60,000 DWT)	국가 LCI DB	2011	1ton · km	4.00E-03	9.21E-07	8.32E-05	5.07E-06	0.00E+00	0.00E+00						
외항_벌크선 (60,000~ 80,000 DWT)	국가 LCI DB	2011	1ton · km	2.93E-03	6.74E-07	6.10E-05	3.72E-06	0.00E+00	0.00E+00						
항공수송_ 화물기	국가 LCI DB	2007	1ton · km	1.05E+00	5.01E-04	4.27E-03	7.51E-05	0.00E+00	0.00E+00						

부록 Ⅲ 환경용어

용어(한글)	용어(영어)	정의	출처
가중치 (환경영향)	weight factor (environmental impact)	다양한 환경영향의 상호 중요도에 따라 부여하는 가중치. ISO 14044 전과정 평가에 따른 가중치는 전과정 영향평가(LCIA, life cycle impact assessment) 단계에서 적용된다.	ISO 14044
건설 및 해체 폐기물	construction and demolition waste (C&DW)	건설 구조물의 시공 및 해체공사에서 발생되는 폐기물	
건설 부산물		해체공사에 따라 부차적으로 얻을 수 있는 물품으로써, 발주자로부터 임대한 물건을 제외한 모든 것이 건설부산물에 해당하며, 유가물로써 매각할 수 있는 것, 원자재로써 재이용의 가능성이 있는 것, 일반폐기물로써 처분되는 것, 산업폐기물로써 처분되는 것, 특별관리 산업폐기물로써 처분되는 것을 총칭함.	건축공사표준 시방서 (23장)
건설 폐기물	construction waste	「건설산업기본법」 제2조 제4호에 해당하는 건설공사로 인하여 건설현장에서 발생하는 5톤 이상의 폐기물 (공사를 착공할 때부터 완료할 때까지 발생하는 것만 해당한다) 로서 대통령령으로 정하는 것을 말한다.	건설폐기물의 재활용 촉진에 관한 법률
건설 폐재류		폐콘크리트, 폐아스팔트 콘크리트, 폐벽돌, 폐블록, 폐기와, 건설폐토석 등을 총칭한다.	건축공사표준 시방서 (23장)
건축 제품	building product	건축물의 전과정 또는 시공과정에서 사용되는 상품 또는 서비스	ISO 21930
검증	verification	규정된 요구사항이 충족되었음을 객관적 증거의 제시를 통하여 확인하는 것	ISO 14025
게이트	gate	건축제품이나 원료가 공장에서 떠나 다른 생산공정으로 투입되기 전이나 유통회사, 공장 또는 시공현장으로 가기 전의 지점	ISO 21931-1
국지 환경	local environment	소음, 진동, 분진 등 구조물의 실내환경 및 실외환경	ISO 13315-1
기능단위	functional unit	기준단위로 사용하기 위한 제품 시스템의 성능	ISO 14040
기대 사용 수명	estimated service life	건축물 또는 건물 일부의 특정한 사용조건 하에서 기대사용수명. 기준사용조건에 대한 재료, 설계, 환경, 사용 조건을 고려하여 결정	ISO 15686-1
기본 흐름	elementary flow	인위적인 사전 변형 없이 환경으로부터 채취되어 제품 시스템으로 들어가는 물질 또는 에너지 또한 인위적인 사후 변형 없이 환경으로 배출되어 제품 시스템에서 나가는 물질 또는 에너지	ISO 14040
기준 사용 수명	reference service life	건축물 또는 건물 일부의 일정한 기준사용조건 하에서 사용수명	ISO 15686-1
기후 변화		사람의 활동으로 인하여 온실가스의 농도가 변함으로써 상당 기간 관찰되어 온 자연적인 기후변동에 추가적으로 일어나는 기후체계의 변화를 말한다.	저탄소 녹색성장 기본법

용어(한글)	용어(영어)	정의	출처
내구성	durability	구조물 또는 부재의 품질, 안전성, 사용성을 설계기준에서 요구하는 수준으로 유지하는 성능, 장기간에 걸친 외부의 물리적, 화학적 또는 기계적 작용에 저항하여 변질되거나 변형되지 않고 처음의 설계조건과 같이 오래 사용할 수 있는 구조물의 성능.	콘크리트 용어집
내재 에너지	embodied energy	제품의 생산을 위한 원료 채취, 가공, 운반 등의 전과정을 고려하여 제품의 단위부피 혹은 단위질량 생산 시 소요되는 에너지의 양	건축공사 표준시방서 (1장)
내재 이산화탄소량	embodied CO_2	제품의 생산을 위한 원료 채취, 가공, 운반 등의 전과정을 고려하여 제품의 단위부피 혹은 단위질량 생산 시 발생되는 이산화탄소의 양	fib bulletin 28
녹색건축물		① 정부는 에너지 이용 효율 및 신·재생에너지의 사용비율이 높고 온실가스 배출을 최소화하는 건축물 (녹색건축물) 을 확대하기 위하여 녹색건축물 등급제 등의 정책을 수립·시행하여야한다. ② 정부는 건축물에 사용되는 에너지 소비량과 온실가스 배출량을 줄이기 위하여 대통령령으로 정하는 기준 이상의 건물에 대한 중장기 및 기간별 목표를 설정·관리하여야 한다. ③ 정부는 건축물의 설계·건설·유지관리·해체 등의 전과정에서 에너지·자원 소비를 최소화하고 온실가스 배출을 줄이기 위하여 설계기준 및 허가·심의를 강화하는 등 설계·건설·유지관리·해체 등의 단계별 대책 및 기준을 마련하여 시행하여야 한다. ④ 정부는 기존 건축물이 녹색건축물로 전환되도록 에너지 진단 및 「에너지이용 합리화법」 제25조에 따른 에너지 절약사업과 이를 통한 온실가스 배출을 줄이는 사업을 지속적으로 추진하여야 한다. ⑤ 정부는 신축되거나 개축되는 건축물에 대해서는 전력소비량 등 에너지의 소비량을 조절·절약할 수 있는 지능형 계량기를 부착·관리하도록 할 수 있다. ⑥ 정부는 중앙행정기관, 지방자치단체, 대통령령으로 정하는 공공기관 및 교육기관 등의 건축물이 녹색건축물의 선도적 역할을 수행하도록 제1항부터 제5항까지의 규정에 따른 시책을 적용하고 그 이행사항을 점검·관리하여야 한다. ⑦ 정부는 대통령령으로 정하는 일정 규모 이상의 신도시의 개발 또는 도시 재개발을 하는 경우에는 녹색건축물을 확대·보급하도록 노력하여야 한다. ⑧ 정부는 녹색건축물의 확대를 위하여 필요한 경우 대통령령으로 정하는 바에 따라 자금의 지원, 조세의 감면 등의 지원을 할 수 있다.	저탄소 녹색성장 기본법
다기준 분석	multi-criteria analysis	전과정평가에서 영향 지표에 가중치를 주는 정규화된 혹은 비정규화된 절차	fib bulletin 28

용어(한글)	용어(영어)	정의	출처
단위 공정	unit process	투입물과 산출물 데이터를 정량화하기 위하여 전과정 목록 분석에서 고려되는 최소 요소	ISO 14040
대기 오염 물질		대기 중에 존재하는 물질 중 제7조에 따른 심사·평가 결과 대기오염의 원인으로 인정된 가스·입자상 물질로서 환경부령으로 정하는 것을 말한다.	대기환경보전법
대체 연료	alternative fuel	천연연료를 대신할 수 있는 산업부산물을 사용한 연료	
대체 원료	alternative raw material	천연자원을 대신할 수 있는 산업부산물을 이용한 재료	
발주자 지시	client's brief	프로젝트의 필요성과 목적, 발주자 및 사용자의 자원, 프로젝트의 맥락 및 설계 요구 조건을 지시하는 작업서	ISO 13315-1
배출물	releases	대기와 수계, 토양으로 나가는 환경배출물	ISO 14040
배출 전망치	business as usual(BAU)	특별한 조치를 취하지 않을 경우 배출될 것으로 예상되는 온실가스 미래 전망치	시설물별 탄소 배출량 선정 가이드라인
보수	repair	유지관리의 목적으로 기존 구조물이나 부지 중 일부분을 수리하는 것	IgCC
보조 물질	ancillary input	제품에 포함되지 않으면서 제품을 생산하는 단위공정에서 사용되는 투입물	ISO 14044
부산물	co-product	같은 단위공정이나 제품 시스템에서 나온 둘 이상의 제품	ISO 14040
부영양화	Eutrophication	오염과 관련된 환경문제. 방출되는 물질로 인해 부영양화의 원인이 되는 PO_4^{3-}(kg)의 양으로 정의된다.	fib bulletin 28
분리 배출		건설폐기물을 종류별, 성상별, 처리방법별로 분리하여 배출하는 것을 말한다.	건축공사 표준시방서(23장)
분리 선별		해체과정에서 발생된 건설폐기물을 인력 또는 장비를 사용하여 성상별 종류별로 분리해 내는 작업을 말한다.	건축공사 표준시방서 (23장)
분별 해체		건설폐기물의 재활용을 고려하여 구조체의 해체 이전에 내·외장재, 창호, 문틀, 각종 설비 등을 성상별, 종류별로 나누어 해체하는 작업을 말한다.	건축공사 표준시방서(23장)
불침투성 표면	impervious surface	주차장, 자전거도로, 보도, 광장과 같이 포장콘크리트나 아스팔트 등의 재료로 처리되어 물을 흡수하지 않고 물의 흐름이 발생하는 표면	IgCC
비교 주장	comparative assertion	동일 기능을 수행하는 한 제품 대 경쟁 제품의 우수성 또는 동등성에 대한 환경성 주장	ISO 14025
비산먼지		공사장 등에서 일정한 배출구를 거치지 않고 대기 중에 직접 배출되는 먼지를 말한다.	건축공사 표준시방서(23장)
산성화		오염에 관련한 환경문제. 산성화는 방출물질과 비교하여 산성화를 일으키는 SO_2(kg)의 양으로 정의된다.	fib bulletin 28
산출물	output	단위공정에서 나가는 제품 또는 물질, 에너지 흐름. 제품과 물질은 원료, 중간 제품, 부산물, 그리고 배출물을 포함한다.	ISO 14040

용어(한글)	용어(영어)	정의	출처
상징수		슬러지수에서 슬러지 고형분을 침강 또는 기타 방법으로 제거한 물	KS F 4009
석면 폐기물		중량비로 석면이 1% 이상 함유된 모든 건축자재를 말하며, 석면함유 자재의 제거 작업에 사용된 비닐시트, 방진마스크, 작업복 등을 포함한다.	건축공사 표준시방서(23장)
선언 단위	declared unit	전과정 평가(LCA)에 근거하여 정보 모듈에 필요한 환경성 정보의 표현을 위해 환경제품선언에서 기준단위로 사용될 수 있는 건축제품의 양, 질량(kg), 부피(m^3), 비고 선언단위는 전생애주기 동안 기능과 기준 시나리오에 활용되나 건축물 단위에서는 지정될 수 없다.	KS 레미콘, 골재의 친환경성 선언 일반원칙
설계 수명	design life	설계자가 의도한 사용수명	ISO 15686-1
순환 골재		건설폐기물을 물리적 또는 화학적 처리과정 등을 통하여 「건설폐기물 재활용촉진에 관한 법률」 제35조에 따른 순환골재 품질기준에 적합하게 만든 골재를 말한다.	건축공사 표준시방서(23장)
슬러지수		콘크리트의 회수수에서 상징수를 일부 활용하고 남은 슬러지를 포함한 물	KS F 4009
시멘트 CO_2 프로토콜	cement CO_2 Protocol	시멘트 제조 시 발생되는 CO_2를 감소시키기 위한 조약 의정서	시멘트 산업의 CO_2 · 에너지 산정 및 보고 기준
시멘트 대체 재료	supplementary cementious material(SCM)	콘크리트의 결합반응에 사용되는 재료로서, 기존 콘크리트의 결합재인 시멘트를 대체하여 사용되는 재료	fib bulletin 67
시멘트 킬른 먼지	cement kiln dust	시멘트 제조과정 중에 발생하는 산업부산물	EPA
시스템 경계	system boundary	어떤 단위공정들이 제품 시스템의 일부라는 것을 상술하는 일련의 기준	ISO 14040
신에너지		기존의 화석연료를 변환시켜 이용하거나 수소 · 산소 등의 화학반응을 통하여 전기 또는 열을 이용하는 에너지로서 다음 각목의 어느 하나에 해당하는 것을 말한다. 가. 수소에너지 나. 연료전지 다. 석탄을 액화 · 가스화한 에너지 및 중질잔사유(重質殘渣油)를 가스화한 에너지로서 대통령령으로 정하는 기준 및 범위에 해당하는 에너지 라. 그 밖에 석유 · 석탄 · 원자력 또는 천연가스가 아닌 에너지로서 대통령령으로 정하는 에너지	신에너지 및 재생에너지 개발 이용 보급 촉진법
에너지 흐름	energy flow	에너지 단위에 의해 정량화된 단위공정이나 제품 시스템으로의 투입물 또는 산출물. 투입되는 에너지 흐름은 에너지 투입이라 하고 산출하는 에너지 흐름은 에너지 산출이라 한다.	ISO 14040
영향 범주	impact category	전과정 목록 분석 결과가 배분될 중요한 환경적인 이슈를 대표하는 부류	ISO 14044

용어(한글)	용어(영어)	정의	출처
영향 범주 지표	impact category indicator	영향 범주의 정량적 표시	ISO 14044
오존층 파괴	ozone layer depletion	오염과 관련된 환경문제. 오존층 파괴는 오존층 파괴의 원인이 되는 등가의 CFC-11의 양(kg)으로 정의된다.	fib bulletin 28
온실가스	greenhouse gas	지구의 표면, 대기 및 구름에 의해 복사되는 적외선 스펙트럼 중 특정 파장에서 복사열을 흡수하고 방출하는 대기중의 자연적인 또는 인위적인 가스성분. 온실가스는 이산화탄소(CO_2), 메탄(CH_4), 아산화질소(N_2O), 수소불화탄소(HFCs), 과불화탄소(PFCs) 및 육불화황(SF_6)이 포함된다.	ISO 14064-1
온실가스 및 에너지 목표 관리제	greenhouse gas and energy target management	정부와 관리업체간 협의하여 온실가스 감축, 에너지 절약 및 이용효율 등의 목표를 설정하고, 관리체계 구축과 제3자 이행실적 검증을 통해 절감목표를 효율적으로 달성하는 제도	저탄소 녹색성장 기본법
온실가스 배출 계수		단위 연료 사용량, 단위 제품 생산량, 단위 원료 사용량, 단위 폐기물 소각량 또는 처리량 등 단위 활동자료 당 발생하는 온실가스 배출량을 나타내는 계수로, 투입 물량과 온실가스 배출계수의 곱으로 탄소 배출량 산정	시설물별 탄소배출량 선정 가이드라인
우수재활용제품 인증마크 (GR 마크)		「자원의 절약과 재활용촉진에 관한 법률」 시행규칙 제2조 제1호에 의한 재활용제품으로서 국내에서 발생한 재활용 가능자원을 활용하여 개발·실용화된 재활용제품 중에서 제품심사(품질, 환경성)와 공장심사 등을 통과한 우수한 재활용 제품에 대하여 정부가 부여하는 인증마크를 말한다.	건축공사표준시방서(23장)
원료	raw material	제품을 생산하는 데 사용되는 1차 또는 2차 물질. 2차 물질은 재활용된 물질을 포함한다.	ISO 14040
유지 관리	maintenance	구조물이 설계 당시의 사용목적을 달성할 수 있도록 사용기간 동안 보수보강 등을 포함하는 지속적으로 관리하는 활동(CEN/TC 250)	CEN/TC 250
유해 폐기물		「폐기물관리법」에서 규정한 지정폐기물을 말한다. 여기에는 유류에 오염된 폐기물, 화학약품에 오염된 폐기물, 석면 폐기물 등이 포함된다.	건축공사 표준시방서(23장)
이해 관계자	interested party	환경성적표지의 개발과 사용에 관심이 있거나 이로 인해 영향을 받을 수 있는 개인 또는 단체	ISO 14040
자기 선언 환경성 주장	environmental self declaration	독립적인 제삼자의 인증 없이 그러한 주장으로부터 이익을 얻을 수 있는 제조업자나 수입업자, 유통업자, 소매업자 등에 의해 이루어지는 환경성 주장(제2유형 환경성 표시)	ISO 14021
재생 에너지		햇빛·물·지열 (地熱)·강수(降水)·생물유기체 등을 포함하는 재생가능한 에너지를 변환시켜 이용하는 에너지로서 다음 각목의 어느 하나에 해당하는 것을 말한다. 가. 태양에너지 나. 풍력	

용어(한글)	용어(영어)	정의	출처
재생 에너지		다. 수력 라. 해양에너지 마. 지열에너지 바. 생물자원을 변환시켜 이용하는 바이오에너지로서 대통령령으로 정하는 기준 및 범위에 해당하는 에너지 사. 폐기물에너지로서 대통령령으로 정하는 기준 및 범위에 해당하는 에너지 아. 그 밖에 석유 · 석탄 · 원자력 또는 천연가스가 아닌 에너지로서 대통령령으로 정하는 에너지	신에너지 및 재생에너지 개발 이용 보급 촉진법
전과정	life cycle	원료물질 채취에서부터, 그들의 최종 폐기에 이르기까지, 제품시스템의 연속적인, 그리고 상호 연결된 단계	ISO 14040
전과정 목록 분석	life cycle inventory analysis(LCI)	주어진 제품 시스템의 전과정에 걸쳐 투입물과 산출물을 종합하여 정량화하는 LCA의 한 단계	ISO 14040
전과정 영향 평가	life cycle impact assessment (LCIA)	제품 시스템의 전과정에 걸쳐 잠재적 환경영향의 크기와 중요성을 이해하고 평가하는 것을 목적으로 하는 LCA의 한 단계	ISO 14040
전과성 평가	life cycle assessment (LCA)	제품 시스템의 전과정에 걸쳐 투입물과 산출물을 작성하고 이들이 환경에 미치는 잠재적 영향을 종합 평가하는 기법	ISO 14040
전과정 해석	life cycle interpretation	결론과 권고에 이르기 위하여 전과정 목록분석이나 전과정 영향평가 중 하나 또는 두 가지의 연구결과를 정의된 연구목적과 범위와 일관성 있게 평가하는 LCA의 한 단계	ISO 14040
정보 모듈	information module	제품 전과정의 일부인 하나의 단위공정 또는 단위공정들의 조합을 포함하여 제3유형 환경성 선언의 근거로 사용될 수 있는 데이터의 단위 집합	ISO 14025
제1유형 환경성 표시	Type I environmental labelling	전과정적 사고를 기초로 특정 제품군 내에서 전반적인 환경적 우월성을 나타내는 제품에 환경성표시를 인정하는 인증서를 수여하는 자발적이고 복수의 기준에 기초한 제3자 프로그램	ISO 14021
제3유형 환경성 선언 (EPD)	Type III environmental declaration	사전에 정해진 매개변수를 사용한 정량적 환경 데이터 및 관련된 추가 환경 정보를 제공하는 환경성 선언	ISO 14025
제품 범주	product category	동등한 기능을 수행할 수 있는 제품 그룹	ISO 14025
제품 범주 규칙	product category rules (PCR)	하나 이상의 제품범주에 대해 제3유형 환경성 선언을 개발하기 위한 특정 규칙, 요구사항 및 지침. 제품범주 규칙은 제품군 작성지침이라고도 정의할 수 있다.	ISO 14025
중간 제품	intermediate product	시스템 내에서 계속적인 변형을 위하여 다른 단위공정의 투입물이 되는 한 단위공정에서의 산출물	ISO 14040

용어(한글)	용어(영어)	정의	출처
중간 처리업		건설폐기물을 분리, 선별, 파쇄하는 영업을 말한다.	건설폐기물 재활용 촉진에 관한 법률
중간 흐름	intermediate flow	연구할 제품 시스템의 단위공정 사이에 일어나는 제품, 물질 또는 에너지 흐름	ISO 14040
지구 환경	global environment	지구기후변화, 오존층 고갈, 생태계 변화, 자원사용 및 기타 지구차원의 요인에 의해 영향을 받는 환경	ISO 13315-1
지역 환경	regional environment	대기오염, 토양오염, 수질오염 등의 영향을 받는 중간 규모의 환경	ISO 13315-1
지오폴리머	geopolymer	프랑스의 다비도비츠(Davidovits)가 명명한 이름으로 플라이애시 등의 재료가 중합(polymerization)반응으로 경화된다는 의미를 가지고 있음. 최근의 연구결과에 따르면 지오폴리머 콘크리트가 기존 시멘트 콘크리트보다 환경적으로 큰 장점을 가지고 있는 것으로 나타남.	
지정 부산물		부산물 중 그 전부 또는 일부를 재활용하는 것이 그 자원을 효율적으로 이용하는데 특히 필요한 것으로서 대통령령으로 정하는 부산물(1. 철강슬래그 2. 석탄재)을 말한다.	자원의 절약과 재활용촉진에 관한 법률
지정 폐기물		사업장폐기물 중 폐유·폐산 등 주변 환경을 오염시킬 수 있거나 의료폐기물(醫療廢棄物) 등 인체에 위해(危害)를 줄 수 있는 해로운 물질로서 대통령령으로 정하는 폐기물을 말한다.	폐기물관리법
친환경 자재	environmentally friendly construction product	제품 전과정에 걸쳐 상대적으로 적은 자원·에너지를 사용하며, 인체·생태계에 유해영향을 최소화하며 폐기물 배출이 적은 자재	건축공사 표준시방서(1장)
클링커 계수	clinker factor	시멘트는 고온 소성하여 높은 에너지 공정을 통하여 나온 클링커를 분쇄한 것과 훨씬 낮은 에너지 공정을 통하여 나온 다른 재료들을 혼입하여 완성하는데 이때 혼합물에서 클링커가 차지하는 비율.	
탄소 성적 표지 제도	carbon labelling	제품의 생산, 수송, 사용, 폐기 등의 모든 과정에서 발생되는 온실가스 발생량을 CO_2 배출량으로 환산하여, 라벨 형태로 제품에 부착하는 것	
투명성	transparency	공개적이고 포괄적이며 이해할 수 있는 정보의 제시	ISO 14044
투수 콘크리트	pervious concrete	내부에 공극이 존재하여 특별한 저하 없이 물이 통과될 수 있는 시멘트 콘크리트	IgCC
투입물	input	단위공정으로 들어가는 제품 또는 물질, 에너지 흐름. 제품과 재료는 원료, 중간 제품, 부산물을 포함한다.	ISO 14040
특별 관리 산업 폐기물		산업폐기물 중에서 폭발 위험성, 독성, 감염성 그 외 사람의 건강 또는 생활환경과 관련된 피해유발 우려가 있는 것으로, 이에 관한 처리방법을 별도로 정한 것을 말함. 해체공사 시 발생하는 주된 특별관리 산업폐기물로서는 폐석면 등이 있음.	건축공사 표준시방서(23장)

용어(한글)	용어(영어)	정의	출처
특성화 인자	characterization factor	배분된 전과정 목록분석 결과를 범주지표의 일반적인 단위로 전환시키기 위하여 사용한 특성화 모델에서 유도된 인자. 범주 지표 결과에 대한 기본 단위(common unit)가 추가로 제시된다.	ISO 14040
폐기물	waste	소유자가 폐기하기를 원하는 물질 또는 물건	ISO 14040
할당	allocation	한 제품 시스템과 하나 이상의 다른 제품 시스템 사이에서 하나의 공정 또는 하나의 제품 시스템의 투입물과 산출물의 흐름을 분배하는 과정	ISO 14040
혼합 폐기물		2종류 이상의 건설폐기물이 혼합되어 배출되는 것을 말한다.	건축공사 표준시방서(1장)
환경 라벨, 환경(성) 선언	environmental label, environmental declaration	제품 또는 서비스의 환경측면(환경성)을 나타내거나 주장하는 것. 환경라벨 또는 환경선언은 주로 제품이나 포장의 라벨, 제품설명서, 기술회보, 광고나 선전 등에서 문구, 심벌 또는 그래픽의 형태로 표기될 수 있다.	ISO 14020
환경 라벨링 기관	ecolabelling body	제1유형 환경성 표시 프로그램을 수행하는 제3자 기관 및 그의 대행사.	ISO 14024
환경 영향	environmental impact	조직의 환경측면에 의해 전체적 또는 부분적으로 환경에 좋은 영향을 미치거나 나쁜 영향을 미칠 수 있는 모든 환경 변화.	ISO 14025
환경 설계	environmental design	환경영향을 고려한 구조물의 설계	ISO 13315-1
환경 성능	environmental performance	환경영향 및 환경적 요소와 관련된 건축물의 성능	
환경 마크 제도	eco labelling	친환경적이며 품질과 성능이 우수한 제품에 대해 환경마크를 표시토록 하는 국가공인 인증제도	
환경적 요소 (환경 측면)	environmental aspect	건축물, 건축물 일부, 공정, 서비스의 전과정에서 환경에 영향을 초래할 수 있는 요소	건축공사 표준시방서(1장)
회수수	reclaimed water	레디믹스트 콘크리트 공장에서 운반차, 플랜트의 믹서, 호퍼 등에 부착된 콘크리트 및 현장에서 되돌아오는 레디믹스트 콘크리트를 세척하여 잔골재, 굵은골재를 분리한 세척 배수(콘크리트의 세척 배수) 로서 슬러지수 및 상징수의 총칭	KS F 4009
휘발성 유기화합물		탄화수소류 중 석유화학제품, 유기용제, 그 밖의 물질로서 환경부장관이 관계 중앙행정기관의 장과 협의하여 고시하는 것을 말한다.	대기환경보전법
BEES	Building for Environmental and Economic Sustainability (BEES)	미국 NIST에서 발행한 환경영향평가 프로그램 및 LCIDB 모듈. Building for Environmental and Economic Sustainability 의 약자임.	

용어(한글)	용어(영어)	정의	출처
BREEAM	Building Research Establishment Environmental Assessment Method (BREEAM)	영국의 BRE에서 발행한 건물의 환경영향 평가 체계 (친환경 건축물 인증제도)	Building Research Establishment (BRE)
CO_2 당량	CO_2-e (CO_2-equivalent)	당량이라 함은 일반적으로 화학당량을 말하며, CO_2 당량은 온실가스에 지구온난화지수(GWP)를 곱하여 산출한 값	시설물별 탄소배출량 선정 가이드라인
EPA	Environmental Protection Agency	미국의 환경보호청	
IgCC	International green Construction Code	미국 ICC에서 발행한 녹색건설기준으로서 Standard 189.1과 함께 미국의 대표적인 건설분야 친환경시방서임	

찾아보기

단어	페이지
【ㄱ】	
고효율 설비	41, 42, 48
가중치	434, 436, 437
기능단위	427, 428, 429, 433, 446, 448, 455, 456, 458, 459, 461
기능단위당	438
기능단위별	432
가열마쇄	97
고로 슬래그	130, 131, 132, 135, 140, 141, 143, 144, 145, 146, 147, 149, 150, 151, 152, 153, 154, 155, 156, 160, 161, 162
고로 슬래그 굵은 골재	154
고로 슬래그 잔골재	154
급랭 고로 슬래그	145, 154
계획배합	202, 206, 210
계획배합(시방배합)	211
고형분율	222, 223, 224, 225, 226, 227, 230
공정배수	222, 223
고로 슬래그	331
규산나트륨	291, 296, 298, 316, 325, 326, 327, 328, 331, 333, 334, 335, 336, 339, 341, 344, 345, 348, 352, 353, 354, 358, 359, 364, 365, 366, 367, 375, 380, 385
규산칼슘 수화물	294, 303, 311, 366
【ㄴ】	
뉴서스펜션 프리히터 (new suspension preheater, NSP)	22
【ㄷ】	
단위수량	201, 202, 203, 206, 208, 209, 210, 211, 212, 213, 215, 217, 219, 223, 224, 233, 235, 248, 250, 281
대체연료	32, 33, 34, 35, 36, 41, 46, 47, 48, 60
대체원료	24, 25, 27, 28, 29, 34, 41, 47, 68, 69, 70
동 슬래그	165, 170, 171, 172, 173, 174, 182
동해 방지 기술	280
되돌림화장실	92

단어	페이지
등가내구성	399, 400, 401, 420
등가성능	399, 400, 401, 420
【ㅁ】	
마이크로파	99, 100
목록 데이터	408, 444, 446, 447
몰 비	330, 335, 336, 339, 340, 342, 343
몰농도	325, 345, 348
물유리	298, 315, 330, 332, 333, 335, 336, 339, 340
미량 성분	37, 63, 64, 65, 66, 67, 70, 72, 73, 75, 76, 77, 78
미연소탄분	305
바텀애시	113, 114, 115, 116, 118, 120, 121, 122, 125, 126, 127, 128, 135
【ㅂ】	
배합강도	203, 206, 207, 208, 212, 215
볼베어링 효과	332
부순골재	191, 241
분급 장치	95
분류화	433, 434, 435
분별해체	107, 108, 109
【ㅅ】	
3 · 4성분계	214, 215
서랭 고로 슬래그	146
석탄회	113, 114, 115, 116, 117, 119, 120, 121, 122, 123, 124, 125, 126, 127, 129
석회석 미분말	165, 174, 176, 177, 182
선별 장치	95
설계기준강도	201, 203, 206, 207, 213
소각재	165, 177
수산화나트륨	296, 297, 328, 329, 330, 331, 332, 333, 334, 335, 336, 339, 340, 341, 345, 348, 350, 352, 353, 354, 356, 357, 358, 364, 365, 366, 367
수용성 6가 크로뮴	63, 64, 65, 66, 67, 71, 78, 80
수은압입법	167
수축균열 저감 기술	281
수화생성물	295, 301, 304, 309, 311, 312, 314, 315, 334, 338, 352, 363, 364, 366
수화생성물 및 미세구조	301
순환골재 품질 기준	90

단어	페이지
순환유동층	118, 119, 130, 131, 132, 133, 134
순환자원	24, 25, 26, 27, 28, 29, 30, 31, 32, 34, 35, 36, 38, 39, 43
스크류 마쇄	98, 99
슬래그	118, 120, 122, 129, 139, 140, 141, 142, 143, 145, 147
슬럼프 로스	329
시멘트 클링커	20, 23, 24, 26, 34, 49, 79
시스템 경계	395, 427, 428, 429, 430, 431, 432, 433, 444, 445, 446, 447, 448, 449, 454, 457, 459
실리카 퓸	165, 166, 168, 169, 170, 180, 182
【O】	
알루미노실리케이트	292, 295, 302, 303
알루민산칼슘 수화물	294
알칼리 활성 고로 슬래그	290, 294, 311, 315, 329, 330, 331, 332, 334, 335, 336, 337, 338, 339, 340, 341, 343, 344, 345, 347, 348, 349, 350, 351, 352, 353, 354, 355, 356, 358, 359, 362, 363, 364, 366, 367, 368, 383
알칼리 활성 콘크리트	289, 290, 291, 292, 301, 304, 325, 326, 327, 328, 329, 342, 375, 376, 378, 379, 380, 381, 382, 383, 384, 385, 386, 387, 388, 389
알칼리 활성 플라이애시	290, 318, 326, 327, 332, 333, 334, 335, 337, 339, 340, 342, 343, 344, 345, 346, 348, 349, 350, 351, 354, 356, 357, 360, 361, 362, 364, 365, 367, 368, 389
알칼리 활성화제	290, 291, 292, 294, 295, 296, 298, 299, 301, 303, 308, 325, 326, 327, 328, 330, 331, 333, 341, 343, 375, 376, 377, 378, 379, 380, 381, 382, 384, 385, 387
알칼리-골재반응 방지 기술	280
양생온도	326, 337, 339, 340, 343, 355, 378
에트린자이트	309
연속 동제련 공법	171
염기도	157, 294, 301, 335, 363
염소 바이패스	26, 38, 39, 40, 58
염해 방지 기술	279
온실가스 고정화	51, 52, 53
온실가스 배출량	45, 46, 47, 58, 59
온실가스 산정방법	55
온실가스 저감	41, 45
왕겨재	165, 179, 180, 181
유리 마그네슘	143
유리질 피막	293

단어	페이지
【ㅈ】	
자용로 공법	171
자원순환형	85, 109
잔골재율	206, 208, 209, 210, 211, 223, 224
잠재수경성	291, 293, 294, 301
잠재수경성 반응	201, 237
전과정 CO_2	443, 444, 447, 448, 454, 456, 459, 460
전과정 CO_2 평가절차	290
전과정 목록분석	394, 396, 426, 427, 429, 431, 432, 433, 434
전과정 목록분석(life cycle inventory analysis, LCI) 데이터 베이스	395
전과정 영향평가	426, 427, 433, 434
전기로 산화 슬래그	143, 148, 149, 150, 152, 153, 155, 157, 158, 162
전기로 슬래그	140, 141, 147, 148, 150, 157, 161, 162
전기로 환원 슬래그	143, 149, 152, 157, 161
전력산업 부산물	115, 126, 132
전로	139
전로 및 전기로 슬래그	142
전로 슬래그	140, 143, 147, 153, 155, 157, 161, 162
정규화	434, 436
제1유형 환경성 표시	407
제2유형 환경성 표시	407, 408
제3유형 환경성 선언	407, 408, 409
제강 슬래그	140, 141, 143, 150, 151, 157, 160, 161, 162
중금속 용출 평가	75
중금속의 고정화	79
중치부여	434
지구온난화 지수	395, 396
지오폴리머	342, 345, 365, 366
【ㅊ】	
초기 강도	294, 342
친환경 배합설계	201, 202, 204
【ㅋ】	
칼슘 모노설포알루미네이트	309
칼슘실리케이트 수화물	302, 305
칼슘알루미네이트 수화물	302, 305, 311
콘크리트용 순환골재	90, 91, 101, 103

단어	페이지
【ㅌ】	291, 296, 297, 330, 335, 336, 339, 352, 353, 358, 359, 367
탄산나트륨	278
탄산화 억제 기술	399, 400, 415, 444, 449, 450, 451, 452, 453, 454, 457, 459, 460
탄산화	75, 76, 78
탱크 용출시험	434, 435
특성화	
【ㅍ】	
파쇄 장치	94
페로니켈 슬래그	140, 151, 152, 153, 158, 159
페트로 코크스 탈황석고	132, 134
편심로터	97, 98
폐유리	87, 165, 181, 182
포졸란반응	292, 295, 304, 305
포틀랜다이트	309
플라이애시	113, 114, 115, 116, 117, 118, 120, 122, 123, 124, 125, 126, 127, 130, 135, 169, 180, 182
【ㅎ】	
현장배합	202, 211
혼합시멘트	41, 42, 49, 50
화학적 부식 방지 기술	281
환경기준	29, 63, 64, 74, 80
환경기준값	65
환경영향 범주	396
황산나트륨	291, 299, 364, 365, 366
회수수	201, 206, 221, 222, 223, 224, 225, 226, 227, 228, 229, 230, 231
훼로실리콘	166
【기타】	
CO_2 포집	449, 450, 452, 454, 459, 460
CO_2 포집도	457
CO_2 포집양	444, 461, 462
CO_2 확산계수	451, 453, 454
HVFA(하이볼륨 플라이애시)	357
k-value	399, 401
LCI 데이터베이스	438, 446
NSP	23, 33, 34, 48

콘크리트와 환경

2010년 12월 30일 1판 1쇄 발행
2016년 4월 27일 2판 1쇄 발행

저　　자 사단법인 한국콘크리트학회
서울특별시 강남구 테헤란로7길 22
한국과학기술회관 신관 1009호
TEL. 02)568-5985~7
FAX. 02)568-1918
http://www.kci.or.kr

발 행 인 신 현 목
보 급 처 기 문 당
서울특별시 성동구 무학봉28길 4-1
TEL. 02)2295-6171(代)~5
FAX. 02)2296-8188
출판등록 1976. 10. 7(1-44)
홈페이지 http://기문당
http://www.kimoondang.com
I S B N 978-89-6225-720-5 93530
정　　가 28,000원

이 도서의 국립중앙도서관 출판시도서목록(CIP)은 서지정보유통지원시스템 홈페이지(http://seoji.nl.go.kr)와 국가자료공동목록(http://www.nl.go.kr/kolisnet)에서 이용하실 수 있습니다.(CIP제어번호:CIP2016009290)